“101 计划”核心教材

物理学领域

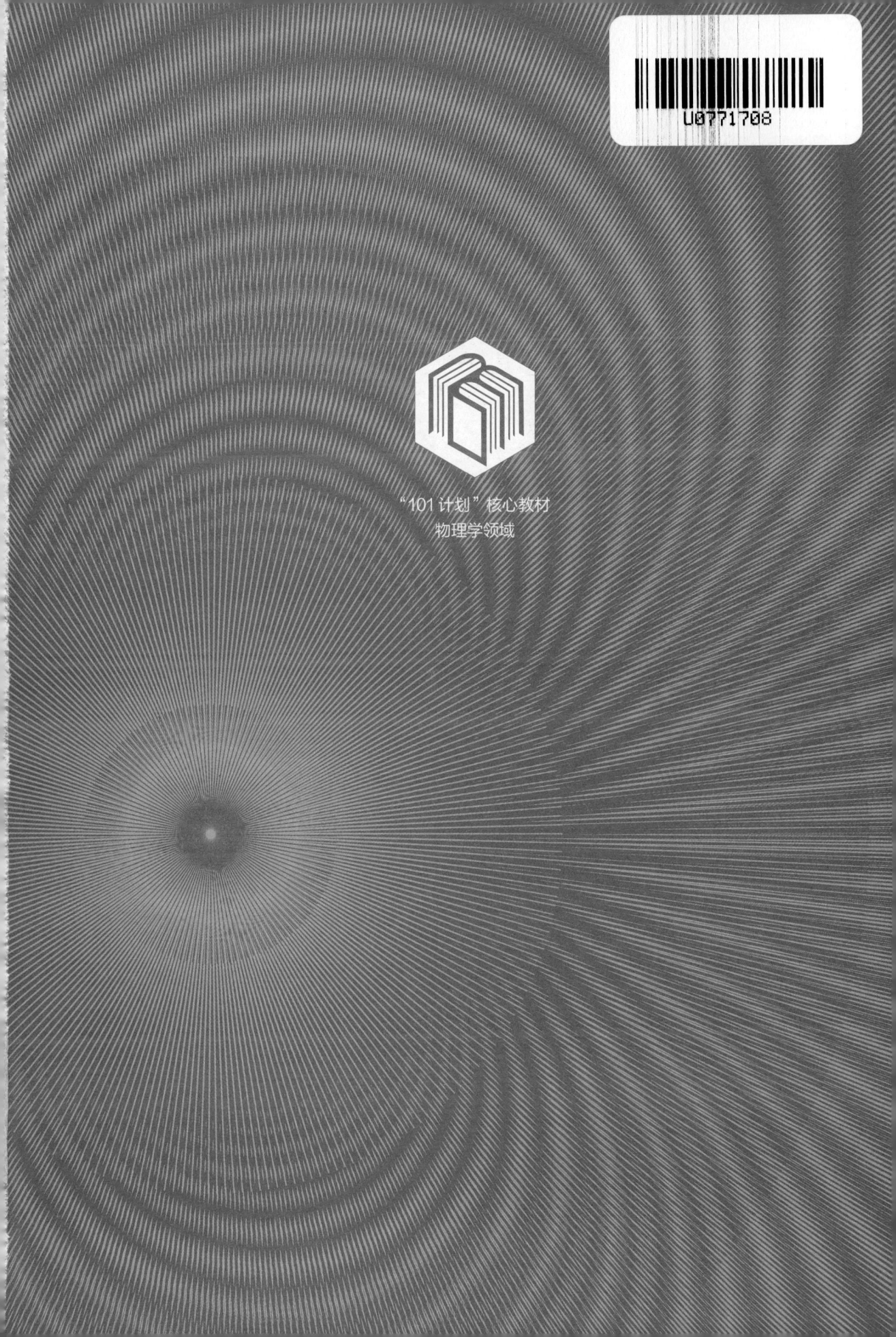

力 学

郑永令　贾起民　方小敏　原著
蒋最敏　改编

中国教育出版传媒集团
高等教育出版社 · 北京

内容提要

本书为物理学领域“101 计划”核心教材。

本书是在复旦大学郑永令、贾起民、方小敏教授原著《力学》及其修订版的基础上，结合近十几年在课程教学实践中学生和教师的体验改编而成的。原著曾获原国家教委第三届普通高校优秀教材一等奖，是面向 21 世纪课程教材。

本书第一章为质点运动学。第二章至第五章介绍了以质点为研究对象的牛顿力学的全部知识内容，分别为牛顿运动定律、动量、功与能和角动量。将前五章的知识内容应用于具体的物体构成了第六章刚体力学和第七章流体力学的内容。将前五章的知识内容应用于特殊形式的物体运动构成了第八章振动和第九章波的内容。第十章为相对论和相对论力学。

本书可以作为高等学校物理学类专业的教材或参考书，也可供非物理学类专业的师生参考。

图书在版编目(CIP)数据

力学 / 郑永令，贾起民，方小敏原著 ；蒋最敏改编.
北京 ：高等教育出版社，2024. 9 （2025. 6 重印）.
ISBN 978-7-04-063027-5

Ⅰ. O3

中国国家版本馆 CIP 数据核字第 2024GH0213 号

LIXUE

策划编辑 马天魁　　责任编辑 马天魁　　封面设计 王凌波 王 洋　　版式设计 杜微言
责任绘图 李沛蓉　　责任校对 胡美萍　　责任印制 刘思涵

出版发行 高等教育出版社
社　　址 北京市西城区德外大街 4 号
邮政编码 100120
印　　刷 运河（唐山）印务有限公司
开　　本 787 mm×1092 mm　1/16
印　　张 28.25
字　　数 690 千字
购书热线 010-58581118
咨询电话 400-810-0598
网　　址 http://www.hep.edu.cn
　　　　 http://www.hep.com.cn
网上订购 http://www.hepmall.com.cn
　　　　 http://www.hepmall.com
　　　　 http://www.hepmall.cn
版　　次 2024 年 9 月第 1 版
印　　次 2025 年 6 月第 2 次印刷
定　　价 71.00 元

物 料 号　63027-00

出版说明

为深入实施科教兴国战略、人才强国战略、创新驱动发展战略，统筹推进教育科技人才体制机制一体化改革，教育部于2023年4月19日正式启动基础学科系列本科教育教学改革试点工作（下称“101计划”）。物理学领域“101计划”工作组邀请国内物理学界教学经验丰富、学术造诣深厚的优秀教师和顶尖专家，及31所基础学科拔尖学生培养计划2.0基地建设高校，从物理学专业教育教学的基本规律和基础要素出发，共同探索建设一流核心课程、一流核心教材、一流核心教师团队和一流核心实践项目。这一系列举措有效地提高了我国物理学专业本科教学质量和水平，引领带动相关专业本科教育教学改革和人才培养质量提升。

通过基础要素建设的“小切口”，牵引教育教学模式的“大改革”，让人才培养模式从“知识为主”转向“能力为先”，是基础学科系列“101计划”的主要目标。物理学领域“101计划”工作组遴选了力学、热学、电磁学、光学、原子物理学、理论力学、电动力学、量子力学、统计力学、固体物理、数学物理方法、计算物理、实验物理、物理学前沿与科学思想选讲等14门基础和前沿兼备、深度和广度兼顾的一流核心课程，由课程负责人牵头，组织调研并借鉴国际一流大学的先进经验，主动适应学科发展趋势和新一轮科技革命对拔尖人才培养的要求，力求将“世界一流”“中国特色”“101风格”统一在配套的教材编写中。本教材系列在吸纳新知识、新理论、新技术、新方法、新进展的同时，注重推动弘扬科学家精神，推进教学理念更新和教学方法创新。

在教育部高等教育司的周密部署下，物理学领域“101计划”工作组下设的课程建设组、教材建设组，联合参与的教师、专家和高校，以及北京大学出版社、高等教育出版社、科学出版社等，经过反复研讨、协商，确定了系列教材详尽的出版规划和方案。为保障系列教材质量，工作组还专门邀请多位院士和资深专家对每种教材的编写方案进行评审，并对内容进行把关。

在此，物理学领域“101计划”工作组谨向教育部高等教育司的悉心指导、31 所参与高校的大力支持、各参与出版社的专业保障表示衷心的感谢；向北京大学郝平书记、龚旗煌校长，以及北京大学教师教学发展中心、教务部等相关部门在物理学领域“101 计划”酝酿、启动、建设过程中给予的亲切关怀、具体指导和帮助表示由衷的感谢；特别要向 14 位一流核心课程建设负责人及参与物理学领域“101 计划”一流核心教材编写的各位教师的辛勤付出，致以诚挚的谢意和崇高的敬意。

基础学科系列“101 计划”是我国本科教育教学改革的一项筑基性工程。改革，改到深处是课程，改到实处是教材。物理学领域“101 计划”立足世界科技前沿和国家重大战略需求，以兼具传承经典和探索新知的课程、教材建设为引擎，着力推进卓越人才自主培养，激发学生的科学志趣和创新潜力，推动教师为学生成长成才提供学术引领、精神感召和人生指导。本教材系列的出版，是物理学领域“101 计划”实施的标志性成果和重要里程碑，与其他基础要素建设相得益彰，将为我国物理学及相关专业全面深化本科教育教学改革、构建高质量人才培养体系提供有力支撑。

物理学领域“101 计划”工作组

前 言

原著具有层次分明、说理透彻等优点。原著的修订版（第三版）在保持这些优点的基础上，特别强调矢量分析方法和微积分思想在学习力学课程中的重要性；强调非惯性系中惯性力与引力等效原理，并将此原理应用于非惯性系中的力学问题分析；增加了万有引力定律、引力叠加原理和质点的引力势能等相关内容，将描述质点之间的万有引力定律推广到物体之间的引力和引力势能计算；并重新撰写了变质量系统、两自由度的振动和简振模式等方面的内容。

此次改编的新版继续保持原著的优点和修订版中的修订，基本保留原著第三版中的思考题和习题，对例题作些增删，进一步强调矢量分析方法、微积分思想和惯性力与引力等效原理在力学问题中的应用。除第十章狭义相对论外，对第一至第九章的正文内容作了较多的改动，这些改动及其指导思想体现在以下几个方面。

1. 强调物理学统一思想。利用数学工具，由牛顿第二定律和第三定律导出以质点为研究对象的牛顿力学的全部知识内容。（不包括牛顿万有引力定律，它是描述力的性质的规律。）明确指出质点的动量定理、动能定理和角动量定理都是牛顿第二定律的等价形式，并给予证明。体会牛顿力学的系统性、严谨性和完整性，领悟千变万化的力学现象统一于 $\boldsymbol{F}=m\boldsymbol{a}$。

2. 强调从质点到质点系定理或公式推导的普遍法则。普遍法则包括三步：第一步，对单个质点应用物理定理或公式；第二步，区分内力和外力、内力矩和外力矩。第三步，求和，内力和内力矩抵消。质点系是连接质点和刚体的桥梁，质点系的知识内容对于理解刚体力学的知识内容起着重要作用。

3. 强调对称性分析推理。对于一个体系，其中的个体或研究对象的物理作用地位或作用机制等同，则它们相应的物理量在公式中呈现的形式完全一样，具有对称性。该思想在公式推导和力学问题分析中常被应用。例如，对于变质量体系，从一个喷口情形到多个喷口和既有喷口又有吸口情形的动力学方程推导；从两个质点的引力势能公式到 N 个质点的引力势能公式推导。再例如，由对称性分析推理两个质点的质心位置，选择坐标原点得到具有对称性的质心位矢计算公式，由此再由对称性分析推理得到 N 个质点的质心位矢计算公式。

4. 强化运动合成与分解概念。运动叠加原理专门设为一节。详细讨论了质点的实际运动正交分解和非正交分解的区别，以及分解得到的分运动是否具有物理意义。

5. 强调质心参考系。质心参考系是一个特殊的并且十分重要的参考系。在质心参考系中的两体正碰图像是理解一切碰撞的基础。要养成在质心参考系中分析力学问题的习惯。要熟悉质心参考系中与一般参考系中的一些物理量之间的关系。

6. 强化势能概念。势能对应一对保守力及其做的功之和。势能是一对保守力所作用的两个质点（物体）相对位置的函数，因而与参考系无关。势能差具有物理意义，等于两个质点相对位置变化时这对保守力做的功之和的负值，势能本身可相差一个常量，因而其数值没有绝对的物理意义。势能为这对保守力所作用的两个质点共同拥有、无法分割。一对保守力对应一个势能。

7. 阐述简谐振动的统一图像。一般而言，不受外力的保守体系在稳定平衡位置附近的小振动均可以看成简谐振动，其动力学方程可写成简谐振动的统一形式，若势能函数对相对位置坐标的二阶导数不为零。

8. 强化波的概念。波的共性来自波动方程的统一形式；由统一的波动方程得到统一形式的解——波函数，揭示了波的传播特性；由 $\boldsymbol{F}=m\boldsymbol{a}$ 导出机械波的波动方程，揭示了波的自然特性；以弦上横波为例，由边界条件导出波的振幅反射系数和透射系数，揭示了半波损失的物理原因。驻波不是波，本质上是一种振动。有线长度弦上的驻波为该系统的简正模，相应的频率为该系统的简正频率（固有频率）。

9. 体现现代科学技术发展。在介绍单位制时，指出 2019 年 5 月 20 日生效的国际单位制中的基本物理量的基本单位的新定义全部基于物理学常量，各种基本单位的定义不再受限于任何实体，而取决于事物的基本性质和人类技术的测量能力。秒的计量误差主要来自铯原子的热运动引起的多普勒频移，目前发展的激光冷却技术获得的最低温度达 10^{-11} K，美籍华裔科学家朱棣文在激光冷却技术研究方面的成就于 1997 年获得诺贝尔物理学奖。我国科学家在引力常量测量研究方面取得的最新进展和我国火箭技术与矢量发动机的研究进展等均在适当之处介绍。

10. 重组教材部分内容。例如，按照刚体的运动形式调整刚体力学章节内容。从刚体的平衡到刚体的进动，运动形式从简单到复杂。而刚体的能量、动能定理是质点系的知识内容的自然结果，融合到相关的章节中，不单独成节。

11. 增加隆格-楞茨矢量的介绍。基于隆格-楞茨矢量，通过推导展示定律之间的关系，从开普勒三定律导出牛顿万有引力定律；从牛顿万有引力定律导出开普勒三定律。

12. 增加导学内容和改编小结内容。各章开头的导学和结尾的小结帮助学生和老师学习和把握教材各章的核心知识内容。

在本书正式出版前，上海交通大学高景教授、东北大学公卫江教授和华中科技大学吴书朝教授审阅了全书，提出了许多珍贵的、非常有建设性的意见和建议，编者在此表示衷心的感谢。在本书的出版过程中得到了高等教育出版社缪可可、马天魁和程福平三位同志的大力支持和帮助，编者在此一并表示感谢。由于编者知识有限，教材中难免出现不妥和错误之处，敬请读者批评指正。

蒋最敏
2024 年 7 月于复旦大学

目 录

001_ 绪 论

003_ 第一章 质点运动学

004_ 1.1 基本物理量 单位制与量纲
006_ 1.2 物理模型
007_ 1.3 参考系
008_ 1.4 位矢、位移、速度和加速度
013_ 1.5 曲线运动
018_ 1.6 运动的叠加原理
022_ 1.7 相对运动
025_ 小结
026_ 思考题
028_ 习题

035_ 第二章 牛顿运动定律

036_ 2.1 牛顿运动定律
039_ 2.2 常见的力
043_ 2.3 牛顿运动定律的应用
051_ 2.4 力学相对性原理
054_ 2.5 非惯性系与惯性力
056_ 2.6 非惯性系中的力学现象与力学问题分析
065_ 小结
065_ 思考题
068_ 习题

077_ 第三章 动量

078_ 3.1 动量与动量定理
083_ 3.2 动量守恒定律
084_ 3.3 变质量体系
088_ 3.4 质心与质心参考系
091_ 3.5 质心运动定律
093_ 小结
094_ 思考题
094_ 习题

101_ 第四章 功与能

102_ 4.1 功与功率
108_ 4.2 动能与动能定理
112_ 4.3 保守力与势能
120_ 4.4 功能原理、机械能和机械能守恒定律
123_ 4.5 质心系中的功能原理和机械能守恒定律
126_ 4.6 两体碰撞
131_ 小结
132_ 思考题
135_ 习题

143_ 第五章 角动量

144_ 5.1 力矩
146_ 5.2 质点角动量定理
152_ 5.3 质点系角动量定理
155_ 5.4 质心系中的角动量定理
156_ 5.5 质点在有心力场中的运动
163_ 5.6 开普勒定律和万有引力定律
169_ 5.7 两体问题和约化质量
173_ 5.8 守恒定律与对称性
175_ 小结
176_ 思考题
177_ 习题

181_ 第六章 刚体力学

182_ 6.1 刚体运动学
186_ 6.2 刚体的平衡
190_ 6.3 刚体的平动
190_ 6.4 刚体的定轴转动
201_ 6.5 刚体的平面平行运动
213_ 6.6 刚体的进动
218_ 6.7 角动量守恒及其物理现象
221_ 小结
222_ 思考题
223_ 习题

231_ 第七章 流体力学

232_ 7.1 流体运动的描述
236_ 7.2 定常流动连续性方程
238_ 7.3 伯努利方程
245_ 7.4 黏性流体的流动
255_ 小结
255_ 思考题
257_ 习题

261_ 第八章 振动

262_ 8.1 简谐振动
274_ 8.2 阻尼振动
278_ 8.3 受迫振动
285_ 8.4 振动的合成与分解
294_ 8.5 两个自由度的振动和简正模式
299_ 小结
300_ 思考题
301_ 习题

307_ 第九章 波

308_ 9.1 波的形成、分类及其运动学描述

311_ 9.2 波动方程的解——波函数及其物理意义
314_ 9.3 波动方程
319_ 9.4 简谐波
323_ 9.5 波的能量、能流和强度
330_ 9.6 惠更斯原理 波的传播、衍射、反射与折射
333_ 9.7 波的叠加原理 波的干涉
334_ 9.8 驻波
337_ 9.9 边界条件与边界反射
341_ 9.10 驻波与共振
344_ 9.11 多普勒效应
347_ 小结
349_ 思考题
350_ 习题

355_ **第十章 相对论和相对论力学**

356_ 10.1 牛顿时空观和伽利略变换回顾
359_ 10.2 狭义相对论的实验背景
363_ 10.3 狭义相对论的基本假设
372_ 10.4 时间延缓和长度收缩
383_ 10.5 洛伦兹变换
394_ 10.6 相对论的速度和加速度变换
396_ 10.7 多普勒效应 孪生子佯谬
403_ 10.8 相对论的动量和能量
411_ 10.9 质量、动量和力的变换公式
415_ 10.10 广义相对论简介
423_ 小结
424_ 思考题
425_ 习题

431_ **附录 A 常用矢量公式**

433_ **附录 B 常用数据**

435_ **参考文献**

绪论

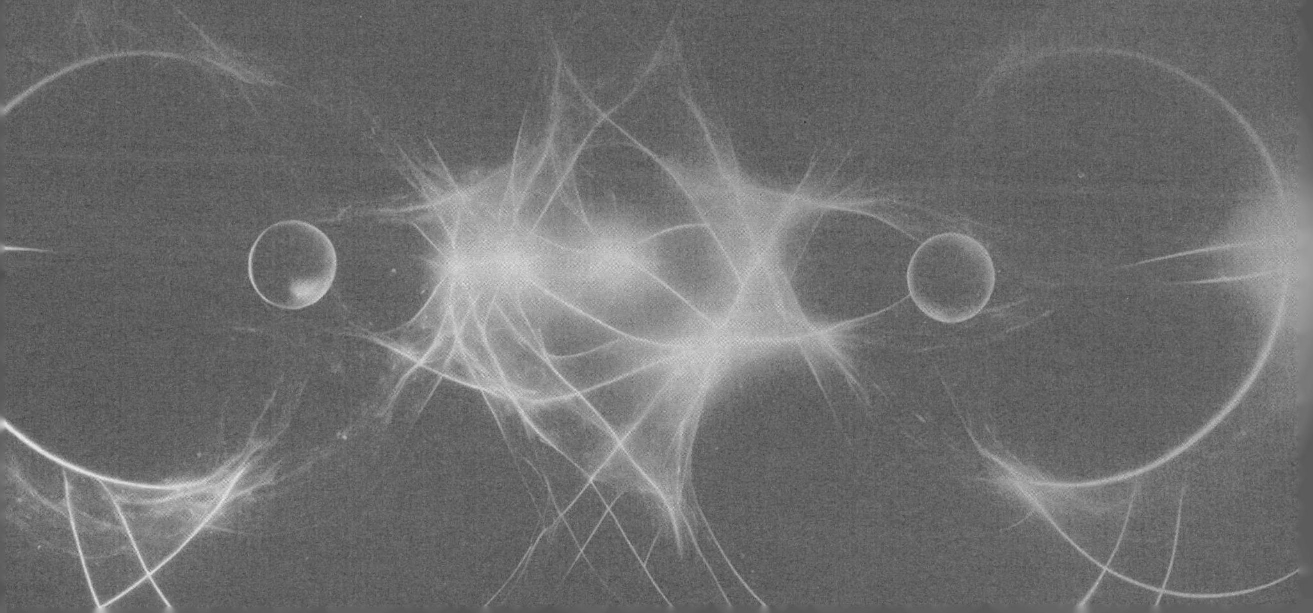

物理学的一个基本追求，就是对自然界的统一和普遍联系的描述. 人们总是企求用尽量少的基本原理描述或解释自然界的各种现象.

牛顿（1643—1727）之前的亚里士多德（前 384—前 322）理论认为，支配天上物体（天体）运动的规律与支配地上物体运动规律是完全不同的. 牛顿运动定律和万有引力定律统一了天上物体和地上物体的运动，天上的月亮绕地球运动与地上苹果下落都是由地球引力引起的，并遵从同样的运动规律，这是物理学的第一次大统一.

亚里士多德认为，地上物体作落体运动时，越是重的物体下落得越快. 由于此观点符合人们日常经验常识，因此在之后的近两千年里此观点得到了人们普遍认同. 直到伽利略（1564—1642）对此观点进行反驳. 伽利略利用逻辑推理指出，物体下落的快慢与它的轻重无关，并进一步通过实验研究了自由落体规律，建立了瞬时速度、加速度的概念，发现了匀加速运动规律，开创了实验研究和逻辑推理相结合的现代科学研究方法.

关于天体运动，地心学说从提出开始也统治人们的认知近两千年，直到哥白尼（1473—1543）日心体系新学说的建立. 哥白尼日心说是自然科学向神学的第一次严正挑战，标志着自然科学从神学中解放出来的一次革命，恩格斯称它为“自然科学的独立宣言”. 丹麦天文学家第谷（1546—1601）把天文观测角度从 10′提高到 2′，几十年内获得了大量精确的行星测量数据. 开普勒（1571—1630）从这些浩若烟海的数据中总结出规律，提出了开普勒三定律.

在伽利略和开普勒等科学家成就的基础上，牛顿受苹果下落所受的力与月亮绕地球运动所受的力是同一种力的启发，发现了万有引力定律，建立了牛顿力学体系. 他的《自然哲学的数学原理》于 1687 年问世. 这部著作的出版标志着牛顿力学（经典力学）体系的建立. 它是影响人类历史进程和文明的巨著. 这部巨著第一次找到自然定律的数学形式体系，构建了第一个时空模型，标志着物理学的第一次大统一，也是第一个科学工作者的纲领. 在此纲领指引下，物理学的发展不再像牛顿之前的时代那样，在黑暗中缓慢前进，此纲领是一盏明灯，照亮了物理学发展的道路.

本教材的主线从牛顿第二定律出发，利用数学的两大利器，即微积分思想方法和矢量分析方法，导出牛顿力学的全部知识内容（万有引力定律除外），并阐述牛顿第二定律的各种等价形式，充分体现牛顿力学知识体系的系统性、逻辑性、严谨性与完整性，充分展示牛顿力学的简约美和物理学统一思想.

本教材的第一章为质点运动学，第二至五章介绍了以质点为研究对象的牛顿力学的全部知识内容，第六、七章将这些知识内容应用于具体的物体——刚体与流体，第八、九章将这些知识内容应用于特殊形式的运动——振动与波. 最后一章介绍狭义相对论，指出牛顿力学的局限性，否定牛顿力学的绝对时空观，简要介绍广义相对论的基本思想和重要结论及其实验验证.

第一章

质点运动学

1.1 基本物理量 单位制与量纲 _004

1.2 物理模型 _006

1.3 参考系 _007

1.4 位矢、位移、速度和加速度 _008

1.5 曲线运动 _013

1.6 运动的叠加原理 _018

1.7 相对运动 _022

从参考系与坐标系出发，利用矢量分析方法和微积分思想方法，理解描述质点位置及其运动的物理量，位矢、位移、速度和加速度等，以及它们之间的相互关系.

引入描述圆周运动的角速度与角加速度矢量，由此完整理解质点作一般曲线运动时的速度与加速度.

理解运动叠加原理，并将此原理应用于力学问题的分析. 推导不同参考系描述同一质点的位矢、速度与加速度之间的关系，建立相对运动图像，分析相对运动问题.

1.1 基本物理量　单位制与量纲

物理学本质上是一门实验科学，即使早些时候，理论研究领先于实验研究，但理论都要接受实践检验，理论研究成果只有通过实践检验才能成为科学认识. 实验研究的最基本的工作就是测量，测量时就涉及一些基本物理量及其单位标准. 物理学涉及的基本物理量有 7 个，即时间、长度、质量、电流、热力学温度、物质的量、发光强度. 涉及的单位标准，也就是这 7 个物理量的单位标准. 在牛顿力学范围内涉及的基本物理量有 3 个，即时间、长度与质量.

1. 时间的单位和标准

一切周期运动都可以用来量度时间. 较早定义时间的单位时，人们就定义地球自转一周的时间为 1 天，继而把 1 天分为 24 小时，把 1 小时分为 60 分，再把 1 分分为 60 秒，则秒的定义为“平均太阳日”的 1/86 400.

由于地球自转的不均匀性，这种标准使时间计量的精度仅为 10^{-7} s. 1956 年起，人们改用以地球公转周期为基准的时间标准，并规定秒为 1900 年 1 月 1 日 12 时起算的回归年的 1/31 556 925.974 7，使计时精度提高到 10^{-9} s. 在 1960 年，这个秒的定义由第 11 届国际计量大会通过. 为了进一步提高计时的精度，1967 年，国际计量大会决定采用原子的跃迁辐射作为计时标准，并规定秒是铯-133 原子基态的两个超精细能级之间跃迁所对应辐射的 9 192 631 770 个周期的持续时间. 这样的时间标准称为原子时. 这一计时标准使时间计量的精度达到 10^{-13} ~ 10^{-12} s. 这种时间计量的误差主要来自铯原子的热运动. 科学上正在发展一种利用激光使铯原子冷却的方法，这将使时间计量的精度进一步提高. 目前原子被冷却到的最低温度为 10^{-11} K，美籍华裔科学家朱棣文因在激光冷却研究方面的成就于 1997 年获得诺贝尔物理学奖.

2. 长度的单位和标准

1889 年，第 1 届国际计量大会确定“米原器”为国际长度基准，它规定 1 米就是米原器在 0 ℃时两端的两条刻线间的距离. 米原器的精度可达到 0.1 微米，米原器保存在法国的国际计量局. 世界各国都依照这个米原器制作自己的标准原器，并且要经常到巴黎与米原器进行校准. 1983 年，第 17 届国际计量大会正式通过了米的新定义，即米是 1/299 792 458 秒时间间隔内光在真空中行程的长度. 注意，这实质上定义的是真空中的光速为常量，按照这个定义，真空中的光速将精准地等于299 792 458米/秒，没有任何误差，我们不再需要测量光速，因为它是被定义的．这样将长度标准和时间标准统一了起来，并使长度计量的精度提高到与时间计量相同的精度．

3. 质量的单位和标准

1889年确定的千克原器为一个高和直径均为39 mm的圆柱，用90%白金和10%铱合金制成．千克是最后一个靠人造物而非基本物理特性来定义的物理量基准．英国物理学家布莱思·基布尔于1975年提出一种瓦特平衡法，即瓦特秤，2016年为纪念他，将其新命名为基布尔秤，以此来定义千克．

基布尔秤将电磁力与引力、宏观量与微观量巧妙地联系起来，让普朗克常量的精确测量成为可能，从而使质量与普朗克常量建立关系，由此定义1千克对应普朗克常量为$6.626\,070\,15\times10^{-34}\ \mathrm{kg\cdot m^2\cdot s^{-1}}$时的质量单位．从此普朗克常量也不再需要测量，因为它也是被定义的．2018年11月16日，第26届国际计量大会正式投票决定改变千克、安培、开尔文和库仑这4个基本单位的定义，并于2019年5月20日第20个国际计量日开始生效．新定义全部采用基本物理常量来定义，分别以普朗克常量、元电荷、玻耳兹曼常量和阿伏伽德罗常量的固定数值来实现．从此，7个基本物理量的基本单位的定义不再受限于任何实物，而取决于事物的基本性质和人类技术的测量能力．

4. 单位制

由于各个物理量之间存在定义或规律性的联系，因此我们不必独立地规定每个物理量的单位．事实上，我们可以选定一些物理量（例如，上述的7个物理量，在力学范围内有3个物理量）作为基本量，并为每个基本量规定一个基本单位，其他物理量的单位则可按照它们与基本量之间的关系式（定义或定律）导出来．这些其他物理量称为导出量，它们的单位称为导出单位，例如速度、加速度为导出量，它们的单位为导出单位．

建立单位制时，首先要确定基本量和基本单位，再由各物理量之间存在的定义或规律性的联系，确定导出量的单位，由此制定的一套单位构成了一种单位制．基本量和基本单位的选择不同，构成的单位制就不同．

力学中常用的是MKS和CGS两种单位制，它们的基本量都是长度、质量、时间，但基本量的单位选取不同．在MKS单位制中，3个基本量的单位为米（m）、千克（kg）和秒（s），叫米·千克·秒制（缩写为MKS）．现今国际单位制（SI）为标准单位制，其中力学部分就是MKS制；而在CGS单位制中，3个基本量的单位为厘米（cm）、克（g）和秒（s），叫厘米·克·秒制（缩写为CGS，现已不推荐使用）．

5. 量纲

由于物理量之间有规律性的联系，因此，当一个单位制中的基本量选定后，其他物理量都可通过既定的物理关系与基本量联系起来．为了定性地描述物理量，特别是定性地给出导出量与基本量之间的关系，我们引入量纲的概念．在不考虑数字因数时，表示一个量是由哪些基本量导出的及如何导出的式子，称为此量的量纲（或量纲式）．例如在力学中，CGS 和 MKS 单位制的基本量是长度 l、质量 m 和时间 t，对每个力学量 Q 可写出下列量纲式：

$$\dim Q = \mathrm{L}^{\alpha}\mathrm{M}^{\beta}\mathrm{T}^{\gamma}$$

其中 $\dim Q$ 表示物理量 Q 在这两种单位制中的量纲，L、M、T 分别表示基本量 l、m、t 的量纲，指数 α、β、γ 称为量纲指数．例如，速度 v、加速度 a 的量纲式分别为

$$\dim v = \mathrm{LT}^{-1}$$

$$\dim a = \mathrm{LT}^{-2}$$

只有量纲相同的物理量才能相加、相减和相等，这一法则叫量纲法则．量纲法则是量纲分析的基础．量纲分析是一种有用的方法，它的主要用处有：

（1）在基本量相同的单位制之间进行单位换算．例如，要知道牛顿与达因的换算关系，可以由力的量纲 $\dim F = \mathrm{LMT}^{-2}$ 得到．由 1 m = 100 cm，1 kg = 1 000 g，得 1 N = 100×1 000 dyn = 10^5 dyn．

（2）验证公式．因为只有量纲相同的量才能相加、相减、相等，所以一个物理公式只有在量纲正确的情况下才可能正确．例如 $v^2 = 2ax$，两边的量纲都是 $\mathrm{L}^2\mathrm{T}^{-2}$，所以此公式可能是正确的．若有人得出 $v^2 = 2ax^2$，则由于两边量纲不同，此公式必定是错误的．

（3）根据量纲分析可定出方程中比例系数的量纲和单位．

例如，$F = G\dfrac{m_1 m_2}{r^2}$，$G = \dfrac{Fr^2}{m_1 m_2}$，$\dim G = \mathrm{L}^3\mathrm{M}^{-1}\mathrm{T}^{-2}$

1.2 物理模型

研究任一物理现象，将会发现某些因素起决定性作用，另一些因素只起次要作用或根本不起什么作用，还有一些因素只是偶然性的因素．

例如，在研究地球绕太阳运行问题中，起决定性作用的是太阳对地球的引力，而月亮或其他行星对地球的引力则起次要作用，至于地球上的潮汐、打雷、刮风下雨则根本不起什么作用，且是偶然性因素．

为了揭示物理现象的本质，对研究问题中涉及的实际对象可以只保留在问题中起决定性、主要作用的某些性质，将实际对象简化成一种理想化与抽象化的东西——模型．以适当的抽象模型代替实际研究对象并不是脱离实际，反而使人更深刻、更正确地抓住问题的本质．

正如列宁指出的那样，“一切科学抽象，都更深刻，更正确，更完全地反映着自然”．力学中一个极其重要的模型是质点，牛顿力学就是以质点作为研究对象的．

实际的物体却有一定的大小、形状和内部结构．如果物体的大小远远小于所研究的问题中的有关距离，问题又不涉及物体的转动，我们就可以忽略实际物体的体积，用一个没有体积和大小，因而也说不上有什么形状的“点”代替实际物体．但

是，在物体的运动中，质量起主要作用，没有质量就没有动力学方程，因此这个“点”还必须保留质量，这就是质点.

物体能否抽象为质点，取决于在研究的问题中，物体的大小和形状能否忽略不计. 例如，大如地球，在讨论它的公转时，就可以看成质点，但是在讨论其自转时则不能看成质点. 小如分子，在讨论它内部振动时就不能看成质点. 至于作平动（物体上任意两点的连线在运动过程中始终保持平行的一种运动）的物体，在研究其动力学问题时，可以看成质点，因为其上任一点的加速度都相同，当然任一点的速度也都相同. 但是在研究运动学问题时，往往不能将物体看成质点. 例如研究火车通过站台的时间，涉及车头进入站台时刻和车尾离开站台时刻，火车的线度就必须考虑，火车就不能看成质点.

刚体是力学中另一个重要的物理模型. 所谓刚体，是指形状与大小均保持不变的物体，它是实际物体（固体）的一种抽象模型. 实际物体在外力作用下，其形状和大小或多或少会发生一些变化，但当这种变化对所研究的现象不起什么作用或可忽略不计时，我们就可以将实际物体看成刚体. 理想气体、理想流体、点电荷均是物理模型. 物理模型对揭示物理规律起着关键作用，例如没有点电荷的概念，就没有库仑定律；没有质点的概念，就没有万有引力定律. 在科学研究中，要善于构建物理模型，从而揭示物理现象的本质和规律.

1.3 参考系

牛顿力学研究物体的机械运动规律. 所谓机械运动，是指物体位置随时间的变化. 牛顿力学的研究对象是质点，刚体力学与流体力学本质上是牛顿力学在具体客体中的应用，振动与波动是牛顿力学在特殊运动形式下的应用. 牛顿力学分为两大部分，即运动学部分和动力学部分. 描述物体运动的内容属于运动学范畴，探究引起物体运动或运动改变的内容属于动力学范畴.

在描述物体位置随时间的变化时，必须选择参考系. 当我们说一个物体相对于另一个物体运动或静止时，我们已经选择另一个物体为参考系，在此参考系中这另一个物体是静止的.

为了更好或定量描述物体的运动，还要在参考系中建立坐标系. 坐标系包括三要素，一是原点，二是坐标轴方向，三是坐标轴上单位长度. 我们最熟悉的坐标系是直角坐标系，除了直角坐标系还有平面极坐标系、球坐标系和自然坐标系等. 物体的运动状态完全由参考系决定，与参考系中坐标系的选择无关. 对于不同的坐标系，只是描述运动的变量不同，对应物体运动的状态并无不同，也就是说物体的运动状态独立于坐标系的选取.

严格而言，参考系还需要一个时钟，需要用它描述物体位置随时间的变化. 就牛顿力学而言，时钟与参考系的选择无关，因而也就不去强调参考系的时钟了.

1.4 位矢、位移、速度和加速度

下面选取直角坐标系来描述物体位置和物体运动的物理量. 在下列直角坐标系中, 一质点在空间运动一段时间后的轨迹如图 1.4-1 所示. 设质点在 t_1 时刻位于空间 P_1 点, 在 t_2 时刻位于空间 P_2 点. 定义位矢描述质点在空间的位置, 连接坐标原点到 P_1 的直线线段, 再给此线段加上从原点指向 P_1 点的方向, 这根有向线段, 即矢量, 就是描述 t_1 时刻质点空间位置的位矢 $\boldsymbol{r}(t_1)$. 位矢 $\boldsymbol{r}(t_2)$ 则描述了质点在 t_2 时刻的空间位置.

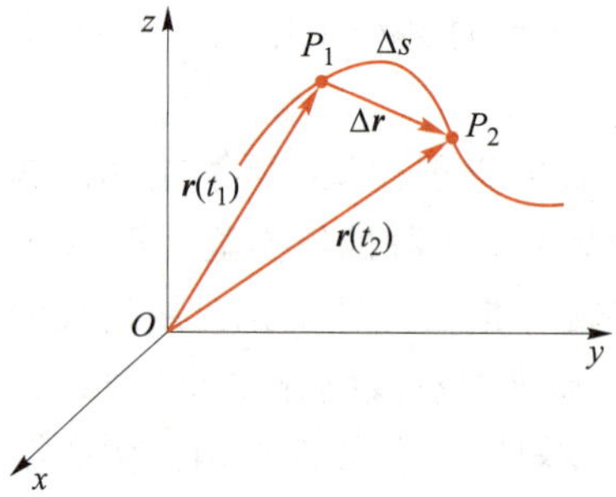

图 1.4-1　质点运动轨迹、位矢、位移和路程

质点位矢 $\boldsymbol{r}(t)$ 随时间的变化曲线就是质点运动的轨迹. 位矢 $\boldsymbol{r}(t)$ 在直角坐标系中的分量分别为 $x(t)$、$y(t)$、$z(t)$, 则 $\boldsymbol{r}(t)$ 可表示为分矢量的形式:

$$\boldsymbol{r}(t)=x(t)\boldsymbol{i}+y(t)\boldsymbol{j}+z(t)\boldsymbol{k} \tag{1.4-1}$$

其中, $\boldsymbol{i}$、$\boldsymbol{j}$、$\boldsymbol{k}$ 为 x、y、z 轴方向的单位矢量.

定义 t_1 时刻到 t_2 时刻质点的位移 $\Delta\boldsymbol{r}$ 为

$$\Delta\boldsymbol{r}=\boldsymbol{r}(t_2)-\boldsymbol{r}(t_1) \tag{1.4-2}$$

将其写成分量形式:

$$\Delta\boldsymbol{r}=[x(t_2)-x(t_1)]\boldsymbol{i}+[y(t_2)-y(t_1)]\boldsymbol{j}+[z(t_2)-z(t_1)]\boldsymbol{k}=\Delta x\boldsymbol{i}+\Delta y\boldsymbol{j}+\Delta z\boldsymbol{k} \tag{1.4-3}$$

质点的路径指质点运动的轨迹, 质点运动的路程指某个时间段内质点运动轨迹的长度. 位移是矢量, 路程是标量.

对于一条给定的路径, 路径上 P_1、P_2 两点确定后, 其路程 Δs 也就确定了. 一般而言, P_1 与 P_2 两点位移的大小不等于路程, 即 P_1 与 P_2 两点之间曲线的长度不等于直线的长度. 若只给定空间两点 P_1 与 P_2, 则位移 $\Delta\boldsymbol{r}$ 是确定的并且是唯一的, 而路程不是唯一的, 因为质点可以通过不同路径从 P_1 点到达 P_2 点.

质点 t 时刻到 $t+\Delta t$ 时刻的位移为 $\Delta\boldsymbol{r}$, 则质点在这时间段 Δt 内的平均速度为

$$\bar{\boldsymbol{v}}=\frac{\Delta\boldsymbol{r}}{\Delta t}=\frac{\boldsymbol{r}(t+\Delta t)-\boldsymbol{r}(t)}{\Delta t} \tag{1.4-4}$$

写成分量形式:

$$\begin{aligned}\bar{\boldsymbol{v}}&=\frac{\Delta x}{\Delta t}\boldsymbol{i}+\frac{\Delta y}{\Delta t}\boldsymbol{j}+\frac{\Delta z}{\Delta t}\boldsymbol{k}\\&=\bar{v}_x\boldsymbol{i}+\bar{v}_y\boldsymbol{j}+\bar{v}_z\boldsymbol{k}\end{aligned} \tag{1.4-5}$$

平均速度 $\overline{\boldsymbol{v}}$ 的方向与 $\Delta\boldsymbol{r}$ 方向一致，其大小为

$$|\overline{\boldsymbol{v}}|=\sqrt{\left(\frac{\Delta x}{\Delta t}\right)^2+\left(\frac{\Delta y}{\Delta t}\right)^2+\left(\frac{\Delta z}{\Delta t}\right)^2} \tag{1.4-6}$$

平均速度反映质点在 Δt 时间段内运动的平均效果，不能反映质点在某一时刻的运动状态. 令 Δt 趋于零，则此平均速度即无限小时间段内的平均速度，即 t 时刻的瞬时速度 $\boldsymbol{v}$，它精确地反映了质点在 t 时刻的运动状态，即运动的快慢和方向.

$$\boldsymbol{v}=\lim_{\Delta t\to 0}\frac{\Delta\boldsymbol{r}}{\Delta t}=\lim_{\Delta t\to 0}\frac{\boldsymbol{r}(t+\Delta t)-\boldsymbol{r}(t)}{\Delta t} \tag{1.4-7}$$

这个极限就是位矢 $\boldsymbol{r}(t)$ 对时间的导数，用 $\frac{\mathrm{d}\boldsymbol{r}}{\Delta t}$ 或 $\dot{\boldsymbol{r}}$ 表示.

$$\boldsymbol{v}=\frac{\mathrm{d}\boldsymbol{r}}{\mathrm{d}t}=\dot{\boldsymbol{r}} \tag{1.4-8}$$

类似地，写成分量形式：

$$\begin{aligned}\boldsymbol{v}&=\lim_{\Delta t\to 0}\left(\frac{\Delta x}{\Delta t}\boldsymbol{i}+\frac{\Delta y}{\Delta t}\boldsymbol{j}+\frac{\Delta z}{\Delta t}\boldsymbol{k}\right)=\frac{\mathrm{d}x}{\mathrm{d}t}\boldsymbol{i}+\frac{\mathrm{d}y}{\mathrm{d}t}\boldsymbol{j}+\frac{\mathrm{d}z}{\mathrm{d}t}\boldsymbol{k}\\&=\dot{x}\boldsymbol{i}+\dot{y}\boldsymbol{j}+\dot{z}\boldsymbol{k}\end{aligned} \tag{1.4-9}$$

其大小为

$$|\boldsymbol{v}|=\sqrt{\left(\frac{\mathrm{d}x}{\mathrm{d}t}\right)^2+\left(\frac{\mathrm{d}y}{\mathrm{d}t}\right)^2+\left(\frac{\mathrm{d}z}{\mathrm{d}t}\right)^2} \tag{1.4-10}$$

当 $\Delta t\to 0$ 时，$\Delta\boldsymbol{r}$ 记作 $\mathrm{d}\boldsymbol{r}$，用 d 替代 Δ 表示取极限的概念，后面学习中请记住这两种符号的区别.

参见图 1.4-1，当 $\Delta t\to 0$ 时，P_2 逼近 P_1，对于一质点运动后留下的一条确定的路径，$\mathrm{d}\boldsymbol{r}$ 的方向为 t（图中 t_1）时刻质点所在路径处的切线方向（沿前进方向），记该方向上的单位矢量为 $\boldsymbol{e}_{\mathrm{t}}$，$\mathrm{d}\boldsymbol{r}$ 的大小 $|\mathrm{d}\boldsymbol{r}|$ 等于 $\mathrm{d}s$，即 $\mathrm{d}t$ 时间段内路径的长度，因为曲线无限分割的小段均可看作直线，曲线运动可以看作无限多个无限小段的直线运动的连接. 于是瞬时速度也可写为

$$\boldsymbol{v}=\frac{\mathrm{d}s}{\mathrm{d}t}\boldsymbol{e}_{\mathrm{t}} \tag{1.4-11}$$

定义瞬时速率为

$$v=|\boldsymbol{v}|=\frac{\mathrm{d}s}{\mathrm{d}t} \tag{1.4-12}$$

则平均速率为

$$\bar{v}=\frac{\Delta s}{\Delta t} \tag{1.4-13}$$

Δs 为 Δt 时间段内质点的路程. 注意它不是平均速度的大小.

如上所述，速度是反映质点运动快慢与方向的物理量，反映速度变化快慢的物理量称为加速度.

设质点在 t 时刻的速度为 $\boldsymbol{v}(t)$，$t+\Delta t$ 时刻的速度为 $\boldsymbol{v}(t+\Delta t)$，则质点在时间段 Δt

内的平均加速度为

$$\bar{\boldsymbol{a}}=\frac{\boldsymbol{v}(t+\Delta t)-\boldsymbol{v}(t)}{\Delta t}=\frac{\Delta \boldsymbol{v}}{\Delta t} \tag{1.4-14}$$

类似地，瞬时加速度（或加速度）为

$$\boldsymbol{a}=\lim_{\Delta t\to 0}\frac{\Delta \boldsymbol{v}}{\Delta t}=\frac{\mathrm{d}\boldsymbol{v}}{\mathrm{d}t}=\frac{\mathrm{d}^2\boldsymbol{r}}{\mathrm{d}t^2} \tag{1.4-15}$$

将加速度写成分量形式：

$$\begin{aligned}\boldsymbol{a}&=a_x\boldsymbol{i}+a_y\boldsymbol{j}+a_z\boldsymbol{k}\\&=\frac{\mathrm{d}v_x}{\mathrm{d}t}\boldsymbol{i}+\frac{\mathrm{d}v_y}{\mathrm{d}t}\boldsymbol{j}+\frac{\mathrm{d}v_z}{\mathrm{d}t}\boldsymbol{k}\\&=\frac{\mathrm{d}^2x}{\mathrm{d}t^2}\boldsymbol{i}+\frac{\mathrm{d}^2y}{\mathrm{d}t^2}\boldsymbol{j}+\frac{\mathrm{d}^2z}{\mathrm{d}t^2}\boldsymbol{k}\end{aligned} \tag{1.4-16}$$

其大小为

$$|\boldsymbol{a}|=\sqrt{a_x^2+a_y^2+a_z^2} \tag{1.4-17}$$

根据前面的讨论，质点运动学的问题可以分为两类．一类是由质点的位矢与时间的关系，求质点任一时刻的速度和加速度；另一类是已知质点的加速度以及初始速度和初始位置，求质点任一时刻的速度和位矢．数学上，两类问题涉及求导与积分，归纳如下：

$$\boldsymbol{r}(t)\ \underset{\boldsymbol{r}(t)=\int_0^t\boldsymbol{v}(t)\,\mathrm{d}t+\boldsymbol{r}(0)}{\overset{\boldsymbol{v}=\frac{\mathrm{d}\boldsymbol{r}}{\mathrm{d}t}}{\rightleftarrows}}\ \boldsymbol{v}(t)\ \underset{\boldsymbol{v}(t)=\int_0^t\boldsymbol{a}(t)\,\mathrm{d}t+\boldsymbol{v}(0)}{\overset{\boldsymbol{a}=\frac{\mathrm{d}\boldsymbol{v}}{\mathrm{d}t}=\frac{\mathrm{d}^2\boldsymbol{r}}{\mathrm{d}t^2}}{\rightleftarrows}}\ \boldsymbol{a}(t)$$

特别注意，积分运算时，必须考虑质点的初始速度和初始位矢．

在实际运动学问题中，有时只涉及上述的部分求导或积分，或只涉及其中的一个维度或两个维度；有时需要先构建一些等式，对等式两边求导或积分来求解问题．下面一些例题将展示两类问题的求解过程．

例题1 **有一个小球在液体中竖直下落，液体足够深，小球所受的重力与浮力平衡，其初始速度大小为 10 m/s，其加速度大小与速率成正比，比例系数为 1/s，方向与速度方向相反．问：**

（1）经过多少时间后小球可以认为已停止运动？

（2）此小球在停止运动前经历的路径有多长？

解：（1）根据题意可知这是一个一维运动．建立一维坐标系如图 1.4-2 所示，原点为小球初始位置，y 轴方向竖直向下．

由题意可得等式如下：

$$a_y=\frac{\mathrm{d}v_y}{\mathrm{d}t}=-v_y$$

这是一个微分方程，可利用分离变量法求解.

$$\int_{v_0}^{v}\frac{dv_y}{v_y}=-\int_0^t dt$$

$$v_y=v_0e^{-t}$$

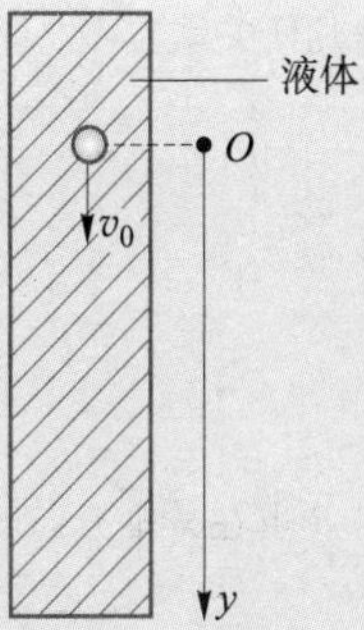

图 1.4-2　例题 1 图示

由公式得知，小球 y 方向的速度随时间呈指数下降. 若我们认为小球的速度降为初始速度的千分之一时即可视为停止运动，则有

$$\frac{1}{1\ 000}v_0=v_0e^{-t}$$

由此得

$$t=6.9\ \text{s}$$

即小球经过 6.9 s 就停止运动.

(2) 因为

$$v_y=\frac{dy}{dt}=v_0e^{-t}$$

再用分离交量法求解，

$$\int_0^y dy=\int_0^t v_0e^{-t}dt$$

$$y=10(1-e^{-t})$$

将 $t=6.9$ s 代入上式，得

$$y=9.99\ \text{m}$$

即停止运动前小球经历的路程为 9.99 m. 当然，若我们认为小球的速度为初始速度的万分之一时停止运动，则 $t=9.2$ s，$y=10.0$ m.

例题2 **如图 1.4-3 所示，长为 l 的棒的一端 A 靠在墙上，另一端 B 搁在地面上. A 以恒定速度 $\boldsymbol{u}$ 向下运动，当棒与地面成 θ 角时，求 B 点的速度与加速度.**

解： 建立如图所示的二维坐标系. 设 A 点坐标为 y，B 点坐标为 x，它们是时间的函数，根据几何关系可得

$$x^2+y^2=l^2$$

两边对时间求导，

$$2x\dot{x}+2y\dot{y}=0$$

$$\dot{x}=-\frac{y}{x}\dot{y}$$

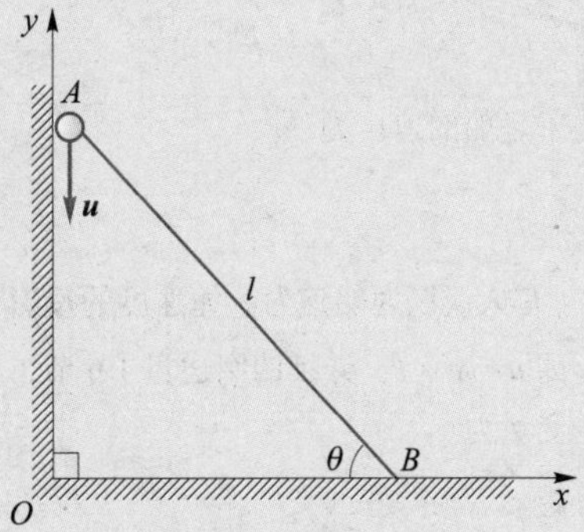

图 1.4-3　例题 2 图示

对 A 点，y 轴方向的速度为 $\dot{y}$，于是 $\dot{y}=-u$，u 为 A 点速度的大小，则 B 点在 x 轴方向上的速度为

$$v_B=\dot{x}=-\tan\theta(-u)$$
$$=u\tan\theta$$

B 点在 x 轴方向的加速度为

$$a_B=\ddot{x}$$
$$=u\frac{d(\tan\theta)}{dt}$$
$$=u\frac{1}{\cos^2\theta}\dot{\theta}$$

根据几何关系，

$$y=l\sin\theta$$

则
$$\dot{y}=l\cos\theta\,\dot{\theta}$$

$$-u=l\cos\theta\,\dot{\theta}$$

$$\dot{\theta}=\frac{-u}{l\cos\theta}$$

于是 B 点在 x 轴方向的加速度为

$$a_B=\frac{-u^2}{l\cos^3\theta}$$

例题3 在离水面高度为 h 的岸上，一人用绳索跨过定滑轮拉船靠岸，如图 1.4-4 所示. 人以恒定速率 u 拉绳，求当绳与水面成 θ 角时船的速度与加速度.

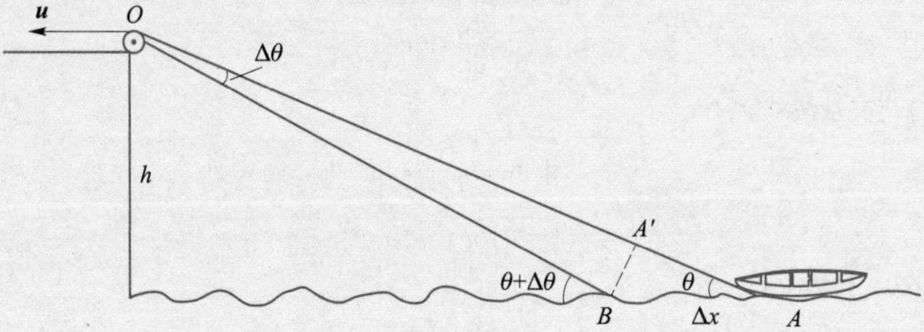

图 1.4-4　例题 3 图示

方法一： 该方法基于速度与加速度的定义. 船既不作匀速运动，也不作匀加速运动，所以只能从定义出发求船的速度与加速度.

设经 Δt 时间后，船从现在的位置 A 到达 B，$AB=\Delta x$. 在这段时间内绳收缩了 $u\Delta t=AO-BO=AA'$，其中 $BO=A'O$. 当 $\Delta t\to 0$ 时，$\angle AOB=\Delta\theta\to 0$，$\angle BA'A\approx\dfrac{\pi}{2}$，于是有

$$AA'=u\Delta t\approx\Delta x\cos\theta$$

于是船的速度为

$$v=\lim_{\Delta t\to 0}\frac{\Delta x}{\Delta t}=\frac{u}{\cos\theta}$$

（有人误以为船速为收绳速度的投影，即 $v=u\cos\theta$，其实恰恰相反，收绳速度才是船速的投影，即 $u=v\cos\theta$. 详细的阐述见 1.6 节，运动的叠加原理.）可见 v 随 θ 而变. 在 Δt 时间内速度的改变量为

$$\Delta v=\frac{u}{\cos(\theta+\Delta\theta)}-\frac{u}{\cos\theta}$$

将上式展开，并略去二阶以上小量，可得

$$\Delta v=u\frac{\cos\theta-\cos\theta\cos\Delta\theta+\sin\theta\sin\Delta\theta}{\cos(\theta+\Delta\theta)\cos\theta}$$

$$\approx\frac{u\sin\theta\Delta\theta}{\cos^2\theta}$$

故船的加速度为

$$a=\lim_{\Delta t\to 0}\frac{\Delta v}{\Delta t}=\frac{u\sin\theta}{\cos^2\theta}\lim_{\Delta t\to 0}\frac{\Delta\theta}{\Delta t}$$

但

$$\Delta\theta \approx \frac{BA'}{OB} \approx \frac{u\Delta t\tan\theta}{h/\sin\theta}$$

因此

$$a = \frac{u\sin\theta}{\cos^2\theta}\frac{u\tan\theta}{h/\sin\theta}$$

$$= \frac{u^2}{h}\tan^3\theta$$

方法二：该方法基于函数的求导计算，也是大学物理课程要求学生熟练掌握的方法. 设船沿 x 轴的负方向运动，x 轴的原点位于岸边与水面相交处. 设 O 点到船的绳长为 l. 由几何关系得

$$h^2+x^2=l^2$$

两边对 t 求导得

$$2x\frac{\mathrm{d}x}{\mathrm{d}t}=2l\frac{\mathrm{d}l}{\mathrm{d}t}$$

由题意得

$$\frac{\mathrm{d}l}{\mathrm{d}t}=-u$$

则船向左运动的速率为

$$v=-\frac{\mathrm{d}x}{\mathrm{d}t}=-\frac{l}{x}(-u)=\frac{l}{x}u=\frac{u}{\cos\theta}$$

则船向左边运动的加速度为

$$a=\frac{\mathrm{d}v}{\mathrm{d}t}=\frac{u\sin\theta\,\mathrm{d}\theta}{\cos^2\theta\,\mathrm{d}t}$$

又根据几何关系得

$$h=l\sin\theta$$

两边求导得

$$0=\frac{\mathrm{d}l}{\mathrm{d}t}\sin\theta+l\cos\theta\frac{\mathrm{d}\theta}{\mathrm{d}t}$$

$$\frac{\mathrm{d}\theta}{\mathrm{d}t}=\frac{u\sin\theta}{l\cos\theta}=\frac{u}{l}\tan\theta$$

于是得

$$a=\frac{u\sin\theta}{\cos^2\theta}\cdot\frac{u}{l}\tan\theta=\frac{u^2\sin^2\theta}{l\cos^3\theta}=\frac{u^2}{h}\tan^3\theta$$

1.5 曲线运动

不限制在一条直线上的运动为曲线运动. 圆周运动是典型的曲线运动，关于圆周运动的知识是理解一般曲线运动的基础. 因此我们从讨论圆周运动开始. 如图 1.5-1 所示，设质点在 xy 平面内作圆周运动，选取圆周运动的圆心为坐标原点 O，建立直角坐标系. 设位矢与 x 轴的夹角为 θ，θ 是 t 的函数，随着质点的运动而变化. 则圆周运动的角速度 ω 为

$$\omega=\frac{\mathrm{d}\theta}{\mathrm{d}t} \tag{1.5-1}$$

现定义角速度矢量 $\boldsymbol{\omega}$，其大小为 $\left|\frac{\mathrm{d}\theta}{\mathrm{d}t}\right|$，方向垂直于圆周平面，由右手螺旋定则决定. 右手螺旋定则：让右手的四指顺着质点的转动方向，则大拇指指向 $\boldsymbol{\omega}$ 方向. 在此作一特别提醒，角速度与角速度矢量是由圆周运动引入的，也只用于圆周运动的描述.

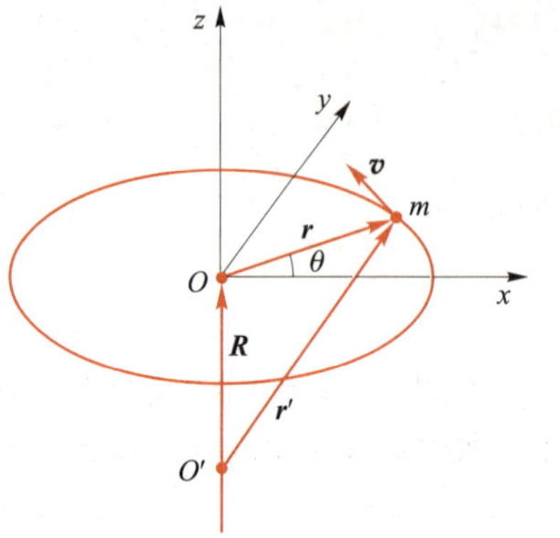

图 1.5-1　质点 m 作圆周运动

（注：原点选择 O 时位矢为 $\boldsymbol{r}$，选择 O' 时位矢为 $\boldsymbol{r}'$. O 与 O' 在过圆心且垂直于圆周运动平面的直线上.）

有了角速度矢量 $\boldsymbol{\omega}$，则质点运动的速度可表达为

$$\boldsymbol{v}=\boldsymbol{\omega}\times\boldsymbol{r} \tag{1.5-2}$$

根据求导法则和矢量运算法则，

$$\begin{aligned}\boldsymbol{a}&=\frac{\mathrm{d}\boldsymbol{\omega}}{\mathrm{d}t}\times\boldsymbol{r}+\boldsymbol{\omega}\times\frac{\mathrm{d}\boldsymbol{r}}{\mathrm{d}t}\\&=\boldsymbol{\alpha}\times\boldsymbol{r}+\boldsymbol{\omega}\times\boldsymbol{v}\\&=\boldsymbol{\alpha}\times\boldsymbol{r}+\boldsymbol{\omega}\times(\boldsymbol{\omega}\times\boldsymbol{r})\\&=\boldsymbol{\alpha}\times\boldsymbol{r}+(\boldsymbol{\omega}\cdot\boldsymbol{r})\boldsymbol{\omega}-(\boldsymbol{\omega}\cdot\boldsymbol{\omega})\boldsymbol{r}\\&=\boldsymbol{\alpha}\times\boldsymbol{r}+(-\omega^2\boldsymbol{r})\\&=\boldsymbol{a}_\mathrm{t}+\boldsymbol{a}_\mathrm{n}\end{aligned} \tag{1.5-3}$$

其中 $\boldsymbol{\alpha}$ 为角加速度矢量，其方向与 $\boldsymbol{\omega}$ 方向相同或相反. 根据矢量运算法则，$\boldsymbol{\alpha}\times\boldsymbol{r}$ 与速度方向相同或相反. 因为质点作曲线运动时，质点的速度沿轨迹的切线方向，故 $\boldsymbol{\alpha}\times\boldsymbol{r}$ 为切向加速度，记为 $\boldsymbol{a}_\mathrm{t}$，它反映了速度大小的变化快慢. $-\omega^2\boldsymbol{r}$ 的方向指向圆心，故为向心加速度，记为 $\boldsymbol{a}_\mathrm{n}$，它反映了速度方向的变化快慢. 因此，质点作圆周运动时，速度只有切向分量，加速度既有切向分量又有法向分量. 如果质点作匀速圆周运动，则 $\boldsymbol{\omega}$ 不变，速率不变，加速度只有法向分量.

这里需要作一点补充说明. 定义了角速度矢量 $\boldsymbol{\omega}$ 后，描述圆周运动坐标的原点可以是图 1.5-1 中 z 轴上的任意一点，例如 O'，速度的表达式相同，即

$$\boldsymbol{v}=\boldsymbol{\omega}\times\boldsymbol{r}'$$

这是因为 $\boldsymbol{r}'$ 与 $\boldsymbol{r}$ 相差一个矢量 $\boldsymbol{R}$，即 $\boldsymbol{r}'=\boldsymbol{r}+\boldsymbol{R}$，$\boldsymbol{R}$ 是以 O' 为原点 O 点的位矢. $\boldsymbol{R}$ 平行或反平行于 $\boldsymbol{\omega}$，两者的叉乘结果为零. 相应的加速度也具有相同的表达式. 上式推导过程的中间表达式也相同.

$$\begin{aligned}\boldsymbol{a}&=\boldsymbol{\alpha}\times\boldsymbol{r}'+\boldsymbol{\omega}\times\boldsymbol{v}'\\&=\boldsymbol{\alpha}\times\boldsymbol{r}'+\boldsymbol{\omega}\times(\boldsymbol{\omega}\times\boldsymbol{r}')\\&=\boldsymbol{\alpha}\times\boldsymbol{r}'+(\boldsymbol{\omega}\cdot\boldsymbol{r}')\boldsymbol{\omega}-(\boldsymbol{\omega}\cdot\boldsymbol{\omega})\boldsymbol{r}'\end{aligned}$$

前面指出，一般曲线运动可以看作无限多个无限小段的直线运动的连接，即所谓的“以直代曲”. 有了圆周运动的图像后，一般曲线运动也可以看作无限多个无限小段的圆周运动的连接，即所谓的“以圆代曲”. 为了更好地说明这个观点，我们引入自然坐标系.

虽然物体的运动独立于坐标系，不依赖于坐标系种类的选择，但是选择合适的坐标系，可以帮助人们对物体的运动理解得更加清楚. 直角坐标系是最常用的，三

个轴方向上的单位矢量不随时间变化，相互正交.

在轨道给定的情况下，研究质点的运动，常用自然坐标系. 假设在二维平面内有一给定轨道，如图1.5-2所示. 在轨道上选取一点为坐标原点 O，质点的位置用所谓的弧坐标 s 表示，其大小为质点所在位置 P 点到 O 点曲线的长度，并且规定从 O 点起，沿运动方向的一侧 $s>0$，另一侧 $s<0$. 取点处曲线的切线方向和法线方向作为自然坐标系的坐标轴方向. 切线方向与弧坐标增加方向一致，即运动方向，其方向的单位矢量为 $\boldsymbol{e}_t$；法线方向垂直于 $\boldsymbol{e}_t$ 方向，并指向轨迹凹侧，其方向的单位矢量为 $\boldsymbol{e}_n$. 显然，坐标轴及其方向上的单位矢量随质点的运动而变化. 在自然坐标系下，速度

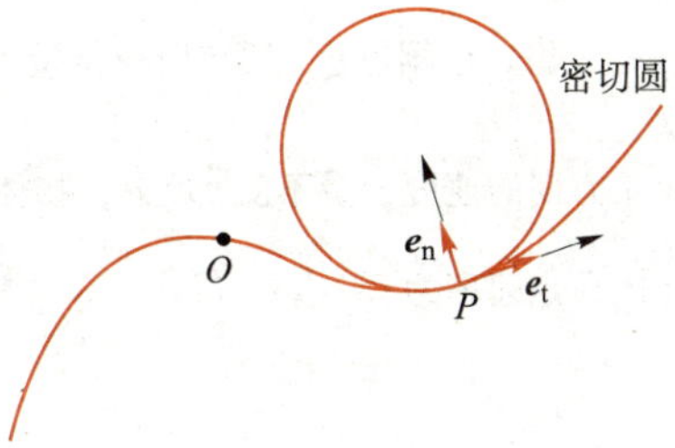

图 1.5-2　自然坐标系

$$\boldsymbol{v}=\frac{\mathrm{d}\boldsymbol{r}}{\mathrm{d}t}=\frac{\mathrm{d}s}{\mathrm{d}t}\boldsymbol{e}_t=v\boldsymbol{e}_t \tag{1.5-4}$$

加速度

$$\begin{aligned}\boldsymbol{a}&=\frac{\mathrm{d}\boldsymbol{v}}{\mathrm{d}t}=\dot{v}\boldsymbol{e}_t+v\dot{\boldsymbol{e}}_t\\&=\dot{v}\boldsymbol{e}_t+\frac{v^2}{\rho}\boldsymbol{e}_n\\&=a_t\boldsymbol{e}_t+a_n\boldsymbol{e}_n\end{aligned} \tag{1.5-5}$$

$\boldsymbol{e}_t$ 方向上的加速度分量为速率 v 的变化率，$\boldsymbol{e}_n$ 方向上的加速度分量为 $\frac{v^2}{\rho}$，其中 ρ 为轨道曲线在 P 点的密切圆的半径，也称曲率半径. 推导过程涉及一些数学内容，设轨道在直角坐标系中由 $y=f(x)$ 描述，则密切圆的半径

$$\rho=\left(\sqrt{1+\left(\frac{\mathrm{d}y}{\mathrm{d}x}\right)^2}\right)^3\Bigg/\left|\frac{\mathrm{d}^2y}{\mathrm{d}x^2}\right|$$

如果将一曲线运动应用于圆周运动的特殊情形，相应的推导和讨论就容易被理解，其中密切圆半径就是圆周运动的半径. 由此可见，一般曲线运动可以看作无限多个无限小段的圆周运动的连接，关于圆周运动的知识可以应用到曲线运动中，以此加深对曲线运动的理解.

例题1　图 1.5-3 为初始速度大小为 v_0、发射角为 α 的斜抛物体的轨道示意图. 求斜抛物体发射后在空中经历 $\frac{3}{4}$ 时间处轨道的曲率半径.

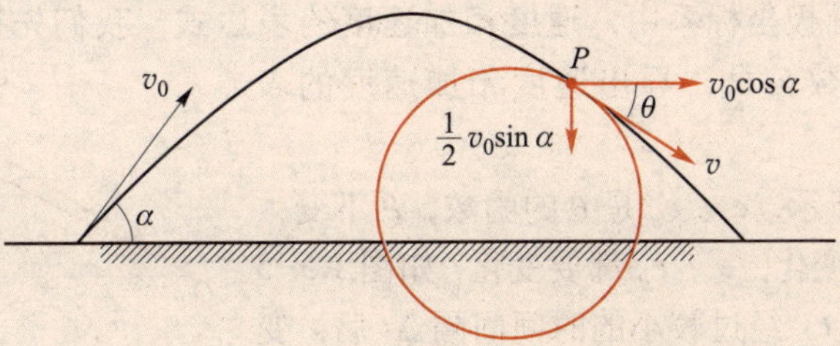

图 1.5-3　例题 1 斜抛物体轨道

解： 根据题意．质点所在位置 P 点位于水平方向上从发射点到落地点距离的$\frac{3}{4}$处，因为水平方向的速度分量不变．此处，物体竖直方向的速度分量向下，大小为$\frac{1}{2}v_0\sin\alpha$．由此可得此处的质点速率为

$$v=v_0\sqrt{\cos^2\alpha+\frac{1}{4}\sin^2\alpha}$$

速度方向与水平方向夹角的余弦为

$$\cos\theta=\frac{\cos\alpha}{\sqrt{\cos^2\alpha+\frac{1}{4}\sin^2\alpha}}$$

总加速度不变，大小为 g，方向竖直向下，因而此处物体加速度在法向上的分量为

$$a_{\mathrm{n}}=g\cos\theta=g\frac{\cos\alpha}{\sqrt{\cos^2\alpha+\frac{1}{4}\sin^2\alpha}}$$

则此处物体轨道的曲率半径为

$$\rho=\frac{v^2}{a_{\mathrm{n}}}=\frac{v_0^2\left(\cos^2\alpha+\frac{1}{4}\sin^2\alpha\right)}{g\frac{\cos\alpha}{\sqrt{\cos^2\alpha+\frac{1}{4}\sin^2\alpha}}}=\frac{v_0^2\left(\cos^2\alpha+\frac{1}{4}\sin^2\alpha\right)^{\frac{3}{2}}}{g\cos\alpha}$$

对于物体在平面中的运动，有时也用平面极坐标系描述，例如，物体在有心力作用下的运动．下面我们介绍平面极坐标系．

其建立过程如下：选择坐标原点 O，并取一极轴，其方向如图 1.5-4 所示．质点所在平面位置 P 点由一组坐标（r，θ）表示，r 为 P 点到原点的距离，θ 为 OP 连线与极轴的夹角，逆时针方向为 θ 增加的方向．定义两个单位矢量 $\boldsymbol{e}_r$、$\boldsymbol{e}_\theta$，均沿 r 和 θ 增大方向，即径向方向和如图 1.5-4 所示的横向方向．在此平面极坐标系下，平面内的任意矢量 $\boldsymbol{A}$ 可表示为

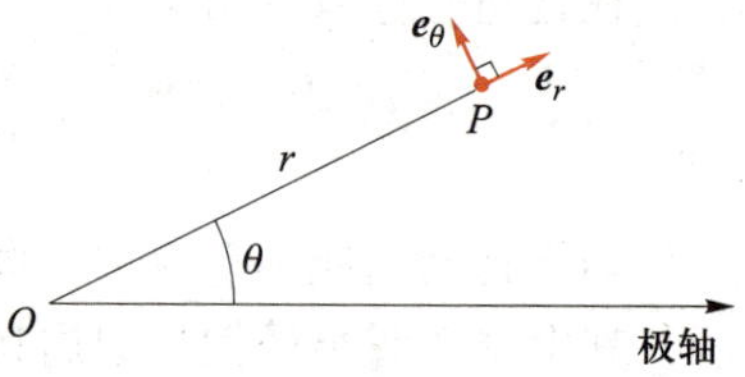

图 1.5-4　极坐标

$$\boldsymbol{A}=A_r\boldsymbol{e}_r+A_\theta\boldsymbol{e}_\theta$$

A_r 和 A_θ 分别为矢量 $\boldsymbol{A}$ 在 $\boldsymbol{e}_r$ 和 $\boldsymbol{e}_\theta$ 方向上的分量．于是质点的位矢可表示为

$$\boldsymbol{r}=r\boldsymbol{e}_r$$

为了求出平面极坐标系中，速度和加速度的表达式，我们先推导两个公式．然后利用矢量的导数公式，导出速度和加速度的表达式．

如图 1.5-4 所示，$\boldsymbol{e}_r$、$\boldsymbol{e}_\theta$ 是 θ 的函数，θ 不变，$\boldsymbol{e}_r$、$\boldsymbol{e}_\theta$ 也不变，θ 变化，$\boldsymbol{e}_r$、$\boldsymbol{e}_\theta$ 都要变化．如图 1.5-5 所示，t 时刻，$\boldsymbol{e}_r(t)$ 经过较小的时间间隔 Δt 后，变为 $\boldsymbol{e}_r(t+\Delta t)$，其间 θ 改变 $\Delta\theta$，则

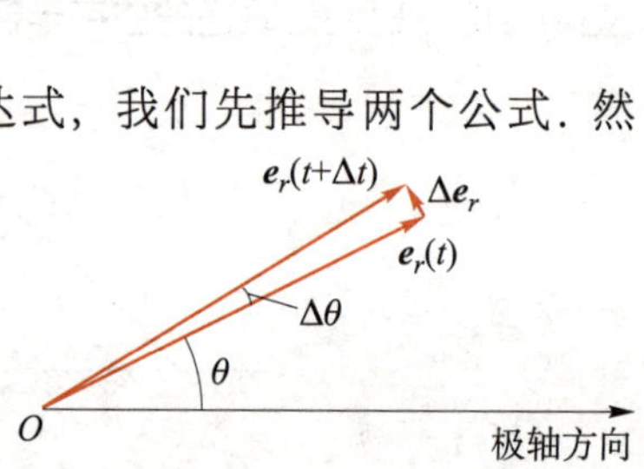

图 1.5-5

$$\Delta \boldsymbol{e}_r=\boldsymbol{e}_r(t+\Delta t)-\boldsymbol{e}_r(t)$$

当 $\Delta\theta$ 很小时，$|\Delta \boldsymbol{e}_r|\approx|\boldsymbol{e}_r|\Delta\theta=\Delta\theta$，$\Delta \boldsymbol{e}_r$ 的方向近似垂直于 $\boldsymbol{e}_r(t)$ 的方向，即 $\boldsymbol{e}_\theta(t)$ 方向. 于是取极限可得

$$\dot{\boldsymbol{e}}_r=\frac{\mathrm{d}\boldsymbol{e}_r}{\mathrm{d}t}=\lim_{\Delta t\to 0}\frac{\Delta \boldsymbol{e}_r}{\Delta t}=\frac{|\mathrm{d}\boldsymbol{e}_r|}{\mathrm{d}t}\boldsymbol{e}_\theta=\frac{\mathrm{d}\theta}{\mathrm{d}t}\boldsymbol{e}_\theta=\dot{\theta}\boldsymbol{e}_\theta \tag{1.5-6}$$

同理可得

$$\dot{\boldsymbol{e}}_\theta=-\dot{\theta}\boldsymbol{e}_r \tag{1.5-7}$$

下面利用上述两个公式推导极坐标系下的速度和加速度公式:

$$\boldsymbol{r}=r\boldsymbol{e}_r$$

$$\boldsymbol{v}=\dot{\boldsymbol{r}}=\dot{r}\boldsymbol{e}_r+r\dot{\boldsymbol{e}}_r=\dot{r}\boldsymbol{e}_r+r\dot{\theta}\boldsymbol{e}_\theta=v_r\boldsymbol{e}_r+v_\theta\boldsymbol{e}_\theta \tag{1.5-8}$$

则速度沿 $\boldsymbol{e}_r$、$\boldsymbol{e}_\theta$ 的两个分量，即径向速度分量和横向速度分量，分别为 $\dot{r}$ 和 $r\dot{\theta}$. 加速度为

$$\begin{aligned}\boldsymbol{a}&=\dot{\boldsymbol{v}}=\dot{v}_r\boldsymbol{e}_r+v_r\dot{\boldsymbol{e}}_r+\dot{v}_\theta\boldsymbol{e}_\theta+v_\theta\dot{\boldsymbol{e}}_\theta\\&=\ddot{r}\boldsymbol{e}_r+\dot{r}\dot{\theta}\boldsymbol{e}_\theta+(\dot{r}\dot{\theta}+r\ddot{\theta})\boldsymbol{e}_\theta+r\dot{\theta}(-\dot{\theta}\boldsymbol{e}_r)\\&=(\ddot{r}-r\dot{\theta}^2)\boldsymbol{e}_r+(r\ddot{\theta}+2\dot{r}\dot{\theta})\boldsymbol{e}_\theta\\&=a_r\boldsymbol{e}_r+a_\theta\boldsymbol{e}_\theta\end{aligned} \tag{1.5-9}$$

从上述推导可知，径向加速度不仅来自径向速度分量的变化率 $\dot{v}_r=\ddot{r}$，还有来自横向速度方向变化的贡献 $-r\dot{\theta}^2$. 对横向加速度的理解类似，其不仅来自横向速度分量的变化率 $\dot{v}_\theta=\dot{r}\dot{\theta}+r\ddot{\theta}$，还有来自径向速度方向变化的贡献 $\dot{r}\dot{\theta}$.

例题2 **转盘上沿径向运动的质点. 设质点在匀速转动（角速度为 $\boldsymbol{\omega}$）的水平转盘上从 $t=0$ s 开始自中心出发以恒定的速率 u 沿一半径运动，求质点的轨道、速度和加速度.**

解: 尽管质点沿一半径作匀速运动，但由于转盘在转动，质点相对地面的运动是相当复杂的. 若采用极坐标系，并把原点取在盘心处，则质点沿半径的运动正好是极坐标系中的径向运动，即

$$v_r=\frac{\mathrm{d}r}{\mathrm{d}t}=u$$

而横向速度为

$$v_\theta=r\frac{\mathrm{d}\theta}{\mathrm{d}t}=r\omega$$

因为

$$\frac{\mathrm{d}\theta}{\mathrm{d}t}=\omega$$

取质点运动所沿的半径在 $t=0$ 时的位置为极轴，由此得

$$r=ut$$

$$\theta=\omega t$$

这就是极坐标系中的运动方程. 消去 t，便得轨道方程:

$$r=\frac{u}{\omega}\theta$$

故质点运动轨道为阿基米德螺线（图 1.5-6）. 由（1.5-8）式，速度为

$$\boldsymbol{v}=u\boldsymbol{e}_r+r\omega\boldsymbol{e}_\theta$$

质点径向速度的大小不变，横向速度随 r 增大而增大.

由（1.5-9）式，注意到 $\ddot{r}=0$，$\ddot{\theta}=0$，得加速度：

$$\boldsymbol{a}=-r\omega^2\boldsymbol{e}_r+2u\omega\boldsymbol{e}_\theta$$

尽管质点的径向速度大小不变，但径向加速度并不为零. 这是横向速度方向的变化引起的. 即使 $u=0$，质点停在半径上某一位置处，这一项还是有的，它就是向心加速度. 第二项横向加速度一半是由于径向速度的方向改变引起的，另一半则是由于半径的增大造成的横向速度增大引起的.

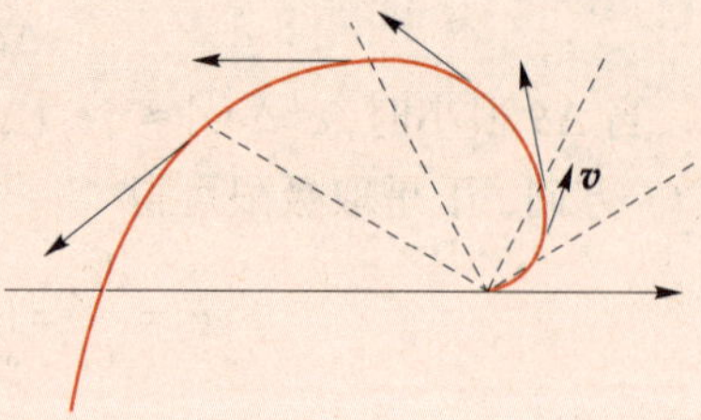

图 1.5-6 在转盘上沿径向作匀速运动的质点的轨道和速度

1.6 运动的叠加原理

如前所述，选定参考系后在直角坐标系中，描述质点的实际运动的位矢可表示为

$$\boldsymbol{r}(t)=x(t)\boldsymbol{i}+y(t)\boldsymbol{j}+z(t)\boldsymbol{k} \tag{1.6-1}$$

上式表明质点的实际运动为其在 x 方向上的分运动、y 方向上的分运动与 z 方向上的分运动的矢量和. 这就是质点运动的叠加原理. 所谓原理就是没有道理或是大道理，十分明了的道理不需要阐述或不可能被证明. 运动的叠加原理往往对质点力学问题的分析与理解提供帮助与指引. 特别要强调的是，三个分运动分别对应质点实际运动在三个正交方向上的投影运动，是正交分解后的分运动.

事实上，$\boldsymbol{r}(t)$ 也可以在不共面的三个方向上分解，设 $\boldsymbol{a}$、$\boldsymbol{b}$、$\boldsymbol{c}$ 为二个方向上的单位矢量，即

$$\boldsymbol{r}(t)=A(t)\boldsymbol{a}+B(t)\boldsymbol{b}+C(t)\boldsymbol{c} \tag{1.6-2}$$

此式也表明，质点的实际运动为其在 $\boldsymbol{a}$ 方向上的分运动、$\boldsymbol{b}$ 方向上的分运动与 $\boldsymbol{c}$ 方向上的分运动的矢量和. 这种非正交分解方式下质点的实际运动与分运动的关系，也可称为运动的叠加原理.

那么，正交分解与非正交分解获得的分运动有什么区别呢？在三个方面有区别：首先，正交分解获得的分运动是唯一的，代表实际运动在此方向上的运动，而非正交分解获得的分运动是不唯一的，不代表实际运动在此方向上的运动；其次，正交分解时，质点的动能为三个方向上的分运动的动能之和，而非正交分解时，这个结论不成立；再者，正交分解时，动能定理也可分解，即动能定理等于三个正交方向上的一维运动的动能定理之和，而非正交分解时，动能定理不可分解. 对于这些区别的深刻理解，需要学到相关知识. 下面以二维运动情形为例，对上面的某些区别作进一步阐述.

如图 1.6-1（a）所示，选定直角坐标系，$\boldsymbol{r}(t)$ 在 x 方向上的正交分解分量是唯一的，不依赖于 y 方向的选择. 当然，在二维情形下，x 方向选定后，右手系的正交坐标系下 y 方向就确定了. 然而，若选定非直角坐标系，如图 1.6-1（b）所示，则 $\boldsymbol{r}(t)$ 在 $\boldsymbol{a}$ 方向上的非正交分解分量不是唯一的，依赖于 $\boldsymbol{b}$ 方向的选择，对于不同的 $\boldsymbol{b}$ 方向，$\boldsymbol{a}$

方向上的分量是不一样的，如图 1.6-1（b）中 $\boldsymbol{a}$ 方向上的两个不同分量 $A(t)\boldsymbol{a}$.

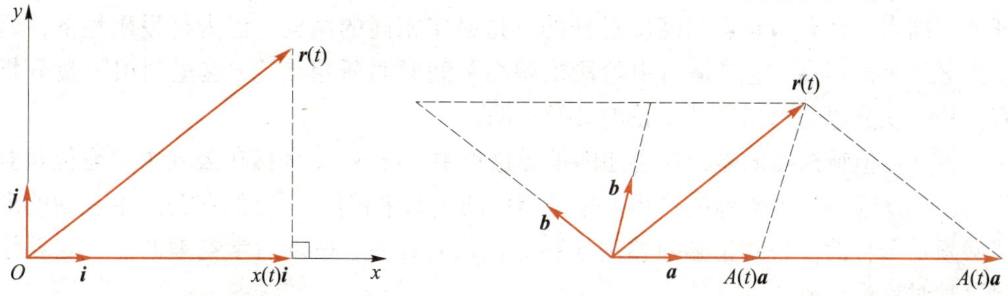

(a) 正交分解　　(b) 非正交分解

图 1.6-1

在应用运动的叠加原理分析力学问题时，一切从质点的实际运动出发，根据物理问题进行分运动矢量分解，分运动的矢量之和具有物理意义，为质点的实际运动；而绝对不能反过来，把实际运动作为某个分运动. 这一点要特别注意. 事实上，单个分运动矢量的物理意义，甚至单个分运动是否具有物理意义由实际物理问题确定，因为单从数学的角度来看，$\boldsymbol{i}$、$\boldsymbol{j}$、$\boldsymbol{k}$ 和 $\boldsymbol{a}$、$\boldsymbol{b}$、$\boldsymbol{c}$ 方向均可以作许多选择或者任意选择. 下面我们首先讨论一个普遍问题，接着结合三个例题进一步阐述上述观点.

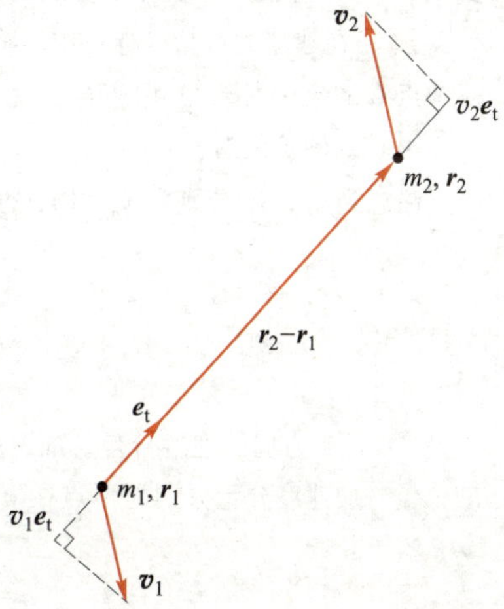

图 1.6-2　空间中两质点的距离随时间变化与质点速度的关系

这个普遍问题是关于空间中两质点之间的距离随时间变化与质点速度的关系. 设空间两质点 m_1 与 m_2 的位矢为 $\boldsymbol{r}_1$、$\boldsymbol{r}_2$，则两质点之间的距离为

$$l=|\boldsymbol{r}_2-\boldsymbol{r}_1|$$

在直角坐标系下，可表示为

$$l=\sqrt{(x_2-x_1)^2+(y_2-y_1)^2+(z_2-z_1)^2}$$

此距离随时间的变化率是 l 对时间的导数，即

$$\frac{\mathrm{d}l}{\mathrm{d}t}=\frac{(x_2-x_1)(v_{2x}-v_{1x})+(y_2-y_1)(v_{2y}-v_{1y})+(z_2-z_1)(v_{2z}-v_{1z})}{\sqrt{(x_2-x_1)^2+(y_2-y_1)^2+(z_2-z_1)^2}}$$

由矢量的点乘可以得到

$$\frac{\mathrm{d}l}{\mathrm{d}t}=\frac{\boldsymbol{r}_2-\boldsymbol{r}_1}{|\boldsymbol{r}_2-\boldsymbol{r}_1|}\cdot(\boldsymbol{v}_2-\boldsymbol{v}_1)=\boldsymbol{e}_\mathrm{t}\cdot(\boldsymbol{v}_2-\boldsymbol{v}_1)=v_{2\mathrm{t}}-v_{1\mathrm{t}} \tag{1.6-3}$$

其中 $\boldsymbol{e}_\mathrm{t}$ 为从质点 m_1 指向质点 m_2 的单位矢量，$v_{2\mathrm{t}}$、v_{1t} 就是速度 $\boldsymbol{v}_2$ 和 $\boldsymbol{v}_1$ 在 $\boldsymbol{e}_\mathrm{t}$ 方向上的分量，即空间两质点之间的距离随时间的变化率为这两个质点速度沿两质点连线方向上投影分量之差. 若连线方向 $\boldsymbol{e}_\mathrm{t}$ 取由质点 m_1 指向质点 m_2 的方向，则 $\frac{\mathrm{d}l}{\mathrm{d}t}=v_{2\mathrm{t}}-v_{1\mathrm{t}}$；若连线方向 $\boldsymbol{e}_\mathrm{t}$ 取由质点 m_2 指向质点 m_1 的方向，则 $\frac{\mathrm{d}l}{\mathrm{d}t}=v_{1\mathrm{t}}-v_{2\mathrm{t}}$.

基于上述公式，可以求解运动学中许许多多的追赶问题．将此公式应用到刚性杆的两端点，则有两端点的速度沿杆的分量必定相同的结论，因为杆是刚性的，两端点之间距离不变．这就是高中阶段求解相关问题时所用结论．这里利用矢量分析方法和微积分思想给出了此结论的数学证明．

另外，值得注意的是，在上述的推导过程中，x、y、z 坐标在公式中的地位是对称的，这是因为三个坐标的作用地位是等同的（即平权的），它们在公式中表现的形式必须是一样的，公式也必须体现这种等同的对称性．在以后学物理时，一定要注意这种对称性分析推理．

例题1 **参见 1.4 节的例题 2．求棒中点的速度与加速度．**

解：在建立的直角坐标系中，将棒中心点 C 的运动作正交分解成 x 与 y 方向上的分运动．设棒中点 C 的坐标为 $x(t)$ 和 $y(t)$．

则 C 点的位矢为
$$\boldsymbol{r}_C(t)=x_C(t)\boldsymbol{i}+y_C(t)\boldsymbol{j}$$

注意到 x_C、y_C 分别为 x_B 和 y_A 的一半，即

$$x_C=\frac{1}{2}x_B$$

$$y_C=\frac{1}{2}y_A$$

于是，C 点 x 方向的速度分量、加速度分量分别为 B 点在 x 方向上运动的一半；C 点 y 方向的速度分量、加速度分量分别为 A 点在 y 方向上运动的一半．则

$$v_{Cx}=\frac{1}{2}u\tan\theta,\ v_{Cy}=-\frac{1}{2}u$$

$$a_{Cx}=-\frac{u^2}{2l\cos^3\theta},\ a_{Cy}=0$$

例题2 **利用运动的叠加原理分析斜抛运动，并用图示表示．**

将斜抛运动非正交分解成两个分运动，取单位矢量 $\boldsymbol{a}$ 的方向为初速度方向，单位矢量 $\boldsymbol{b}$ 的方向取重力加速度方向．选取这样的 $\boldsymbol{a}$ 和 $\boldsymbol{b}$，使得速度只有 $\boldsymbol{a}$ 方向分量，加速度只有 $\boldsymbol{b}$ 方向分量，且 $\boldsymbol{a}$ 方向的运动为匀速直线运动，$\boldsymbol{b}$ 方向的运动为初速度为零的匀加速直线运动．取质点的初始位置为坐标原点，则质点的位矢为

$$\boldsymbol{r}(t)=v_0t\boldsymbol{a}+\frac{1}{2}gt^2\boldsymbol{b}$$

$$=\boldsymbol{v}_0t+\frac{1}{2}\boldsymbol{g}t^2$$

其中 v_0 为质点的初始速度 $\boldsymbol{v}_0$ 的大小，g 为重力加速度 $\boldsymbol{g}$ 的大小．图 1.6-3 描绘了基于质点的运动叠加原理对斜抛运动的理解，即质点的实际运动为 $\boldsymbol{v}_0$ 方向上的匀速直线分运动和 $\boldsymbol{g}$ 方向上的匀加速直线分运动的矢量和．

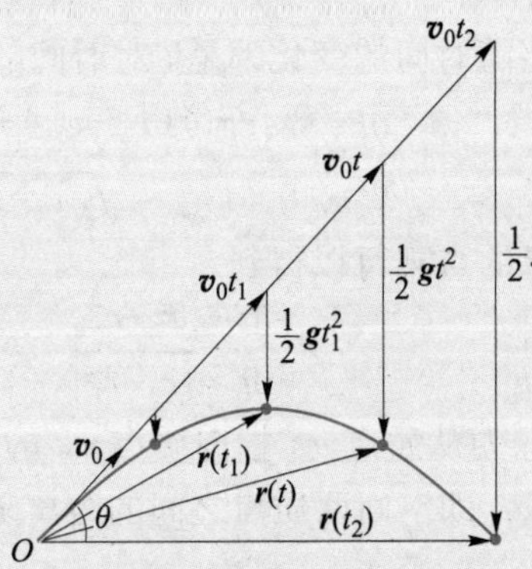

图 1.6-3　利用运动叠加原理表示斜抛运动

例题3 如图 1.6-4（a）所示，一根不可伸长的绳绕过 A、B 两个定滑轮，绳的两端分别悬挂着物体 1 与 2. 在绳上 C 点又悬挂物体 3. 三个物体都在竖直方向上运动，已知物体 3 的速度向上、大小为 v_3，加速度也向上、大小为 a_3，利用 a、b、c，求物体 1 与 2 的速度和加速度.

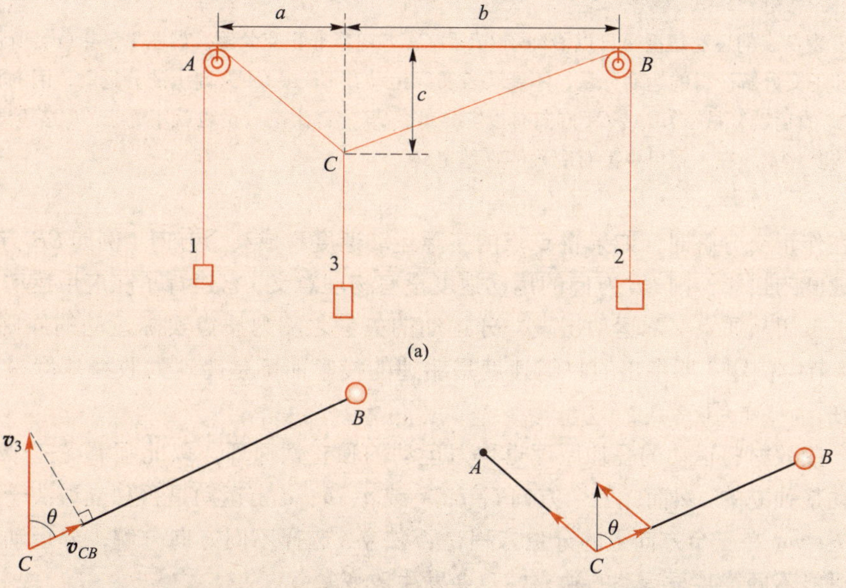

(b) C 点实际运动速度 $\boldsymbol{v}_3$ 沿 CB 方向正交分解分量 $\boldsymbol{v}_{CB}$

(c) C 点实际运动速度 $\boldsymbol{v}_3$ 沿 CB 方向与 CA 方向作非正交分解

图 1.6-4

解： 首先这是运动学问题，不用考虑保持物体均沿竖直上下运动的机制. 其次需要寻找描述物体 1 或 2 运动与物体 3 运动速度和加速度之间的关系.

一切从物体的实际运动出发，物体 3 竖直向上运动，即绳子上的 C 点竖直向上运动，两者的运动速度与加速度均相同，对 C 点实际运动速度沿 CB 方向进行正交分解，得沿 CB 方向分量 $\boldsymbol{v}_{CB}$，如图 1.6-4（b）所示. 因为 B 点不动，没有速度，由式（1.6-3）可知 C 点沿两点连线的分量 v_{CB} 对应两者之间距离随时间的变化率，即 CB 这段绳的长度缩短的变化率，也就是物体 2 到 B 点绳的长度伸长的变化率，即物体 2 向下运动的速率 v_2，则

$$
\begin{aligned}
v_2 &= v_3\cos\theta \\
&= v_3\frac{c}{\sqrt{b^2+c^2}}
\end{aligned}
$$

对 v_2 求导得物体 2 向下运动加速度

$$
\begin{aligned}
a_2 &= \dot{v}_3\frac{c}{\sqrt{b^2+c^2}}+v_3\cdot\frac{\dot{c}}{\sqrt{b^2+c^2}}-v_3c\frac{c\,\dot{c}}{(\sqrt{b^2+c^2})^3} \\
&= a_3\frac{c}{\sqrt{b^2+c^2}}-\frac{v_3^2b^2}{(\sqrt{b^2+c^2})^3} \\
&= \frac{c}{\sqrt{b^2+c^2}}a_3-v_3^2\frac{b^2}{(\sqrt{b^2+c^2})^3}
\end{aligned}
$$

类似的过程或直接根据对称性分析推理，即长度 a 对物体 1 运动的作用与长度 b 对物体 2 运动的作用完全相同，将相应公式中的 b 换成 a 就可以得到物体 1 的相关运动物理量. 则

$$v_1=v_3\frac{c}{\sqrt{a^2+c^2}}$$

$$a_1=\frac{c}{\sqrt{a^2+c^2}}a_3-v_3^2\frac{a^2}{\sqrt{a^2+c^2}}$$

当然 C 点的运动速度也可以沿绳子 CB 和 CA 方向作非正交分解，如图 1.6-4（c）所示. 然而这样非正交分解获得的运动分量，不能代表实际运动在 CB 或 CA 方向上的分运动，因为沿 CA 或 CB 方向的运动分量在 CB 或 CA 方向有投影分量；CB 方向上的分量也就不等于 CB 这段绳的长度缩短的变化率，在本题目中没有明确的物理定义.

在作正交分解时，如果将 C 点的实际运动速度看成某个方向（例如 CB 方向）上运动速度的投影，则 CB 方向的运动速度没有物理意义. 它违背了在应用运动叠加原理时，一切从质点实际运动出发，分运动的矢量之和为质点实际运动的原则. 这就是 1.4 节中例题 3 所指出的收绳速度是船速的投影而不是船速为收绳速度投影的原因所在.

一些教材将运动的叠加原理也称为运动的独立性原理，以此强调在三个方向上的运动是独立的. 然而，三个方向 $\boldsymbol{i}$、$\boldsymbol{j}$、$\boldsymbol{k}$ 或 $\boldsymbol{a}$、$\boldsymbol{b}$、$\boldsymbol{c}$ 上运动是否独立取决于动力学方程 $\boldsymbol{F}=m\boldsymbol{a}$ 在三个方向上的分量方程是否独立. 选择不同方向分解，分运动的运动特征可能不同，甚至运动的独立性也会发生改变.

当 $\boldsymbol{F}=m\boldsymbol{a}$ 动力学方程中某个方向上的受力与质点运动学物理量，例如位移、速度、加速度无关时，或者若有关系，也只与该方向上的质点运动学物理量分量有关，而与其他方向的分量无关时，该方向上的运动是独立的，是独立的一维运动. 否则该方向上的运动是不独立的，与其他方向上运动学物理量有关. 例如，在上述斜抛运动例题中，物体受的力沿竖直向下方向，是恒力，质点沿初速度方向和竖直向下方向的运动是独立的. 作为比较，带电粒子在磁场中运动时，粒子在某个方向上受的力与其他方向的速度分量有关，则该方向上的运动是非独立的.

由此可见，运动的叠加原理不能等价称为运动的独立性原理，运动的独立性原理不是普适的，严格而言没有这个原理，而运动的叠加原理是普适的.

1.7 相对运动

同一物体的运动，在不同的参考系中有不同的描述. 有时，实际测得的或已知的是物体相对某一参考系 S′ 的运动，但希望知道的是它相对另一个参考系 S 的运动，而 S′ 系相对 S 系在运动. 例如天文观察总是相对地球进行的，但天文学家却总是希望知道天体相对于恒星系的运动. 再如，有关粒子碰撞的实验总是相对于实验室参考系完成的，但要对问题作定量分析，又不如在所谓“质心参考系”中来得简便. 这就要知道在两个参考系上观察到的运动的关系.

通常，把相对观察者静止的参考系称为固定参考系或静止参考系，把相对观察者运动的参考系称为运动参考系；把物体相对于运动参考系的运动称为相对运动（相应地有相对速度和相对加速度），物体相对静止参考系的运动称为绝对运动（相应地有绝对速度和绝对加速度).

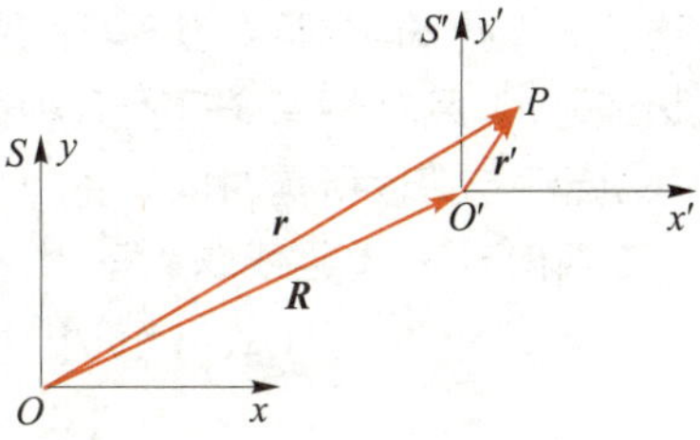

图 1.7-1　质点 P 在两平动参考系中的位矢关系

首先考察 S 系与 S′系为平动关系的情况，所谓平动指 S′系的轴的方向在 S 系中观察始终保持不变，不失普遍性可以设 S′系的轴方向始终平行于 S 系中相应的轴方向，即 x' 平行于 x，y' 平行于 y，z' 平行于 z，如图 1.7-1 所示. 设任意时刻质点 P 在 S 系和 S′系中的位矢分别为 $\boldsymbol{r}$ 和 $\boldsymbol{r}'$，O' 可以作任意运动、在 S 系中的位矢为 $\boldsymbol{R}$，则由几何关系得

$$\boldsymbol{r}=\boldsymbol{r}'+\boldsymbol{R} \tag{1.7-1}$$

两边对时间求导，

$$\frac{\mathrm{d}\boldsymbol{r}}{\mathrm{d}t}=\frac{\mathrm{d}\boldsymbol{r}'}{\mathrm{d}t}+\frac{\mathrm{d}\boldsymbol{R}}{\mathrm{d}t}$$

$$\boldsymbol{v}=\boldsymbol{v}'+\boldsymbol{u} \tag{1.7-2}$$

其中 $\boldsymbol{u}$ 为运动参考系 S′原点在 S 系中的速度，称为牵连速度，则质点的绝对速度等于相对速度与牵连速度的矢量和. 此等式两边再次对时间求导，

$$\frac{\mathrm{d}\boldsymbol{v}}{\mathrm{d}t}=\frac{\mathrm{d}\boldsymbol{v}'}{\mathrm{d}t}+\frac{\mathrm{d}\boldsymbol{u}}{\mathrm{d}t}$$

$$\boldsymbol{a}=\boldsymbol{a}'+\boldsymbol{a}_u \tag{1.7-3}$$

其中 $\boldsymbol{a}_u$ 为牵连加速度，则质点的绝对加速度等于相对加速度与牵连加速度的矢量和.

下面考察 S′系相对于 S 系为转动的情况. 不妨设两参考系的原点 O 与 O' 始终保持重合，S′系相对于 S 系以角速度 $\boldsymbol{\omega}$、角加速度 $\boldsymbol{\alpha}$ 转动，则质点在两参考系中的位矢、速度与加速度存在下列关系：

$$\boldsymbol{r}=\boldsymbol{r}' \tag{1.7-4}$$

$$\boldsymbol{v}=\boldsymbol{v}'+\boldsymbol{\omega}\times\boldsymbol{r}' \tag{1.7-5}$$

$$\boldsymbol{a}=\boldsymbol{a}'+\boldsymbol{\omega}\times(\boldsymbol{\omega}\times\boldsymbol{r}')+\boldsymbol{\alpha}\times\boldsymbol{r}'+2\boldsymbol{\omega}\times\boldsymbol{v}' \tag{1.7-6}$$

其中，$\boldsymbol{\omega}\times\boldsymbol{r}'$ 为牵连速度，与 $\boldsymbol{r}'$ 有关. 位置不同牵连速度不同，这一点与平动情况不同；$\boldsymbol{\omega}\times(\boldsymbol{\omega}\times\boldsymbol{r})$ 和 $\boldsymbol{\alpha}\times\boldsymbol{r}$ 统称为牵连加速度，前者也称为向心加速度，后者为由角加速度引起的横向加速度，均与 $\boldsymbol{r}'$ 有关. 位置不同，牵连加速度也不同，这一点也与平动情况不同；$2\boldsymbol{\omega}\times\boldsymbol{v}'$ 为科里奥利加速度，与 $\boldsymbol{v}'$ 有关. 关于这些关系式的推导，可扫描右边二维码阅读.

位矢、速度与加速度关系式推导

如果 S′系相对于 S 系既有平动，又有转动，则可以用另一个参考系 S″作一桥梁. S″相对于 S 是平动关系，但 O'' 始终与 O' 重合，则 S″与 S′的关系为原点重合的转动关系. 由上述讨论就可以找到在 S′系与 S 系中描述同一质点运动物理量的关系：

$$\boldsymbol{r}=\boldsymbol{r}'+\boldsymbol{R} \tag{1.7-7}$$

$$\boldsymbol{v}=\boldsymbol{v}'+\boldsymbol{\omega}\times\boldsymbol{r}'+\boldsymbol{u} \tag{1.7-8}$$

$$\boldsymbol{a}=\boldsymbol{a}'+\boldsymbol{\omega}\times(\boldsymbol{\omega}\times\boldsymbol{r}')+\boldsymbol{\alpha}\times\boldsymbol{r}'+2\boldsymbol{\omega}\times\boldsymbol{v}'+\boldsymbol{a}_u \tag{1.7-9}$$

例题1 飞机从 A 城飞向相距 L 的 B 城，又从 B 城飞回 A 城. 设飞机的飞行速度（相对空气）为 $\boldsymbol{v}'$，风速为 $\boldsymbol{u}$，风向水平. 在下列几种情况下，求飞机从 A 城出发又回到 A 城所需的时间（忽略飞机起飞与降落所需时间）：（1）风向沿 A、B 的连线；（2）风向与 A、B 的连线垂直；（3）风向与 A、B 连线成 θ 角.

解： 由（1.7-2）式，飞机相对地面的速度为

$$\boldsymbol{v}=\boldsymbol{v}'+\boldsymbol{u}$$

（1）$\overrightarrow{AB}/\!/\boldsymbol{u}$，$v=v'\pm u$.

$$t_1=\frac{L}{v'+u}+\frac{L}{v'-u}=\frac{2L}{v'}\ \frac{1}{1-u^2/v'^2}=t_0\ \frac{1}{1-u^2/v'^2}$$

式中 $t_0=\dfrac{2L}{v'}$ 即无风时飞机从 A 城出发又回到 A 城所需的时间.

（2）$\overrightarrow{AB}\perp\boldsymbol{u}$，$v=\sqrt{v'^2-u^2}$.

$$t_2=\frac{2L}{\sqrt{v'^2-u^2}}=t_0\ \frac{1}{\sqrt{1-u^2/v'^2}}$$

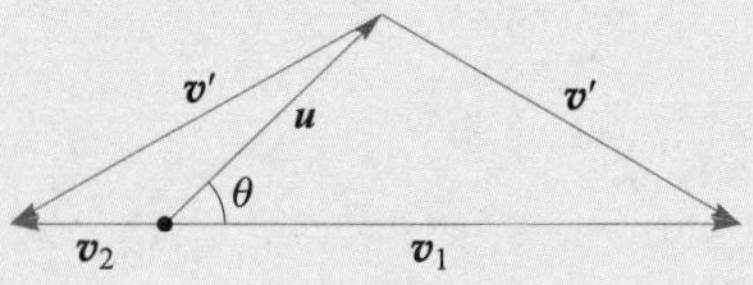

图 1.7-2

（3）$(\overrightarrow{AB},\ u)=\theta$. 由图 1.7-2 可知，

$$v_1=\sqrt{v'^2-u^2\sin^2\theta}+u\cos\theta$$

$$v_2=\sqrt{v'^2-u^2\sin^2\theta}-u\cos\theta$$

$$\begin{aligned}t_3&=\frac{L}{v_1}+\frac{L}{v_2}=\frac{L}{\sqrt{v'^2-u^2\sin^2\theta}+u\cos\theta}+\frac{L}{\sqrt{v'^2-u^2\sin^2\theta}-u\cos\theta}\\&=\frac{2L\sqrt{v'^2-u^2\sin^2\theta}}{v'^2-u^2\sin^2\theta-u^2\cos^2\theta}\\&=t_0\ \frac{\sqrt{1-u^2\sin^2\theta/v'^2}}{1-u^2/v'^2}\end{aligned}$$

不难看出，$t_1\geqslant t_3\geqslant t_2>t_0$.

例题2 一半径为 R 的半圆柱面在水平面上向右作加速度为 $\boldsymbol{a}$ 的匀加速运动. 在柱面上有一系在绳子一端的小球 P，绳子的另一端水平地连在墙上，如图 1.7-3（a）所示. 当小球相对半圆柱面的角位置为 θ 时，半柱面的速度为 $\boldsymbol{v}$，求此时小球的速度与加速度的大小.

解： 建立参考系 S 与 S′，墙在 S 中静止，半圆柱面在 S′中静止，S 与 S′为平动关系，牵连速度 $\boldsymbol{u}$ 与牵连加速度 $\boldsymbol{a}_u$ 的方向向右，大小分别为 v 与 a. 坐标轴方向如图 1.7-3（a）所示，半圆柱面横截面半圆的圆心选为 S′的原点.

随着半圆柱面以速率 v 向右运动，无论从 S 还是 S′中看，绳子直线部分长度增长速率应相等并等于 v，因绳子总长度不变，绳子圆弧部分长度缩短速率等于直线部分增大速率 v. 在 S′中看，小球 P 作圆周运动，小球 P 的相对速度 $\boldsymbol{v}'_{\mathrm{P}}$ 的方向沿圆弧切线方向，其大小等于圆弧长度的缩短速率 v. 根据绝对速度等于相对速度与牵连速度的矢量和，画出速度矢量运算图如图 1.7-3（b）所示. 考虑到 $\boldsymbol{v}'_{\mathrm{P}}$ 与 $\boldsymbol{u}$ 的大小均等于 v，$\boldsymbol{v}_{\mathrm{P}}$ 的大小等于其水平分量与竖直分量平方和的平方根. 由图 1.7-3（b）得

$$\begin{aligned}v_{\mathrm{P}}&=\sqrt{(v-v\cos\theta)^2+(v\sin\theta)^2}\\&=2v\sin\frac{\theta}{2}\end{aligned}$$

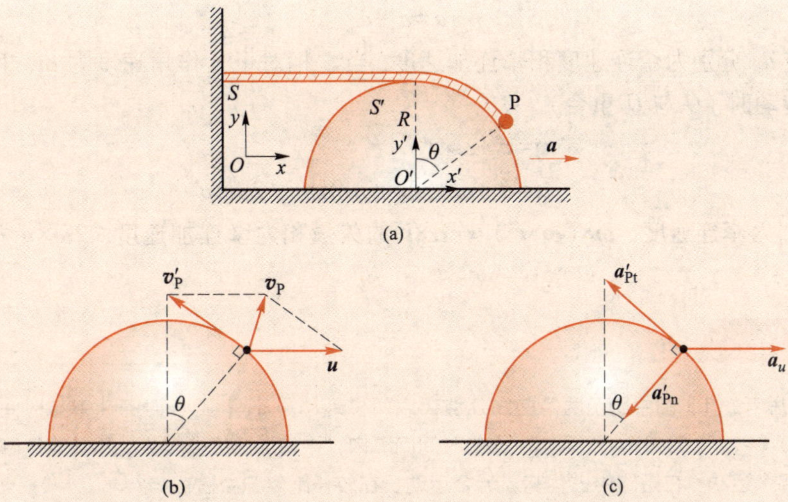

图 1.7-3

在 S′中，P 球作圆周运动，其向心加速度 $\boldsymbol{v}_{\mathrm{Pn}}$ 的大小为 v^2/R，切向加速度 $\boldsymbol{a}'_{\mathrm{Pt}}$ 的大小等于其速率的变化率的大小 a.

如图 1.7-3（c）所示，所求加速度的大小为三个矢量之和的大小，由此得

$$a_{\mathrm{P}}=\sqrt{\left(a-a\cos\theta-\frac{v^2}{R}\sin\theta\right)^2+\left(a\sin\theta-\frac{v^2}{R}\cos\theta\right)^2}$$

小　结

1. 质点运动学问题分为两类，分别对应求导和积分运算.

$$\boldsymbol{r}(t)\ \xrightleftharpoons[\boldsymbol{r}=\int_0^t \boldsymbol{v}(t)\,\mathrm{d}t+\boldsymbol{r}(0)]{\boldsymbol{v}=\frac{\mathrm{d}\boldsymbol{r}}{\mathrm{d}t}}\ \boldsymbol{v}(t)\ \xrightleftharpoons[\boldsymbol{v}=\int_0^t \boldsymbol{a}(t)\,\mathrm{d}t+\boldsymbol{v}(0)]{\boldsymbol{a}=\frac{\mathrm{d}\boldsymbol{v}}{\mathrm{d}t}=\frac{\mathrm{d}^2\boldsymbol{r}}{\mathrm{d}t^2}}\ \boldsymbol{a}(t)$$

在实际运动学问题中，往往涉及上述的部分运算，或涉及基于某些几何关系等式的求导或积分运算.

2. 质点只有在作圆周运动时才可以定义角速度 $\boldsymbol{\omega}$ 和角加速度 $\boldsymbol{\alpha}$，其速度 $\boldsymbol{v}$ 与加速度 $\boldsymbol{a}$ 和 $\boldsymbol{\omega}$ 与 $\boldsymbol{\alpha}$ 的关系为

$$\boldsymbol{v}=\boldsymbol{\omega}\times\boldsymbol{r}$$

$$\boldsymbol{a}=\boldsymbol{\alpha}\times\boldsymbol{r}+\boldsymbol{\omega}\times(\boldsymbol{\omega}\times\boldsymbol{r})$$

$\boldsymbol{r}$ 为质点位矢，原点可取过圆心且垂直于运动平面轴上的任意一点.

3. 质点的实际运动可以作正交分解或非正交分解，其实际运动为分解后的分运动的矢量和，这种实际运动与分运动的关系均可称为运动的叠加原理. 然而，两种分解获得的分运动及其物理意义有所不同，实际运用时需注意这些差别.

4. 同一质点在不同参考系 S 和 S′中的位矢、速度与加速度存在关系. 当 S′相对于 S 作平动时,

$$\boldsymbol{v}=\boldsymbol{v}'+\boldsymbol{u}$$

$$\boldsymbol{a}=\boldsymbol{a}'+\boldsymbol{a}_u$$

其中 $\boldsymbol{u}$ 与 $\boldsymbol{a}_u$ 分别为牵连速度和牵连加速度．当 S′相对于 S 作角速度为 $\boldsymbol{\omega}$、角加速度为 $\boldsymbol{\alpha}$ 的转动时（O 与 O'重合），

$$\boldsymbol{v}=\boldsymbol{v}'+\boldsymbol{\omega}\times\boldsymbol{r}'$$

$$\boldsymbol{a}=\boldsymbol{a}'+\boldsymbol{\omega}\times(\boldsymbol{\omega}\times\boldsymbol{r}')+\boldsymbol{\alpha}\times\boldsymbol{r}'+2\boldsymbol{\omega}\times\boldsymbol{v}'$$

其中 $\boldsymbol{\omega}\times\boldsymbol{r}'$为牵连速度，$\boldsymbol{\omega}\times(\boldsymbol{\omega}\times\boldsymbol{r}')$ 与 $\boldsymbol{\alpha}\times\boldsymbol{r}'$的矢量和为牵连加速度，$2\boldsymbol{\omega}\times\boldsymbol{v}'$为科里奥利加速度．

思考题

1.1　思考题 1.1 图中所示两条曲线分别代表两位运动员 a、b 跑步时的速率与时间关系图，试问在（1）$0\sim t_1$；（2）$0\sim t_2$；（3）$0\sim t_3$ 的时间间隔内，平均加速度哪个大，平均速率哪个大？由此判断，哪个运动员在短跑中占优势，哪个运动员在较长距离跑中占优势？

1.2　如思考题 1.2 图所示，某人在岸上 A 点看到一小孩从位于河中 B 点的船上掉入水中，为了在尽量短的时间内赶到 B 点去救小孩，他应取图中 $AC'B$、ACB、$AC''B$ 中哪一条路线较好？设河水静止，而人在岸上跑步的速度比在水中游泳的速度快得多．

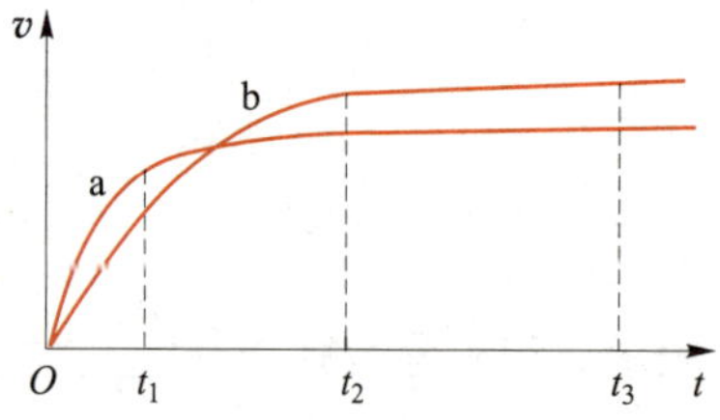

思考题 1.1 图

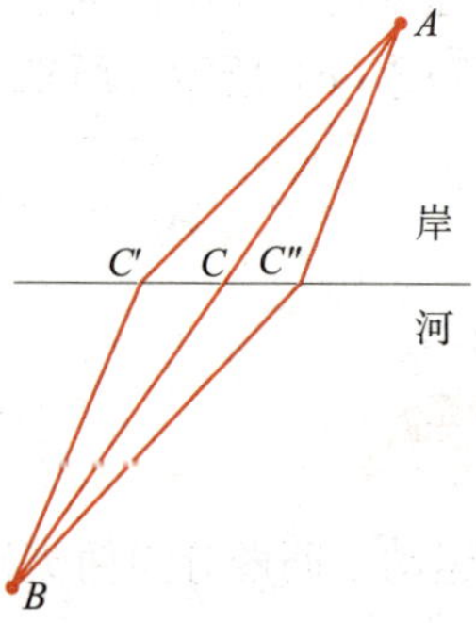

思考题 1.2 图

1.3　某猎人带着狗从家里出发向相距 l 的林中小屋走去，狗的行走速度为人的 3 倍，狗先到达目的地，见主人未到立即返回，遇到主人又回头往小屋走去，如此往返不已，问当猎人走到小屋时，狗共走了多少路？

1.4　质点作匀变速直线运动，它在某段时间间隔内的平均速度，有人说等于质点在该时间间隔中间时刻的瞬时速度，有人说等于质点通过该时间间隔所经路程中点时的瞬时速度．你认为哪一种说法正确？两个速度哪个较大？

1.5　设矢量 $\boldsymbol{a}$、$\boldsymbol{b}$、$\boldsymbol{c}$ 均不等于零．

（1）若 $\boldsymbol{a}\cdot\boldsymbol{b}=0$，是否可说 $\boldsymbol{a}$ 与 $\boldsymbol{b}$ 垂直？

（2）若 $\boldsymbol{a}\times\boldsymbol{b}=\boldsymbol{0}$，是否可说 $\boldsymbol{a}$ 与 $\boldsymbol{b}$ 平行？

（3）若 $\boldsymbol{a}\cdot\boldsymbol{b}=\boldsymbol{a}\cdot\boldsymbol{c}$，是否可说 $\boldsymbol{b}$ 必与 $\boldsymbol{c}$ 相等？

（4）若 $\boldsymbol{a}\times\boldsymbol{b}=\boldsymbol{a}\times\boldsymbol{c}$，是否可说 $\boldsymbol{b}$ 必与 $\boldsymbol{c}$ 相等？

1.6　平均速率通常是指速率的平均值，它与平均速度（矢量）的大小是否相同？

1.7　判定下列各种说法的正确性：

（1）物体具有向东的速度，却具有向西的加速度；

（2）物体具有向东的速度，却具有向南的加速度；

（3）物体的速度为零，但加速度不为零；

(4) 物体具有恒定的加速度，必作匀加速直线运动；

(5) 物体的速率在减小，其加速度必在减小；

(6) 物体的加速度在减小，其速率必在减小；

(7) 物体具有恒定的速度，却具有变化的加速度.

1.8 已知质点的运动学方程为 $x(t)$、$y(t)$、$z(t)$，为计算质点的速度和加速度的大小，有人先求出 $r=\sqrt{x^2+y^2+z^2}$，从而得出速度 $v=\frac{\mathrm{d}r}{\mathrm{d}t}$，加速度 $a=\frac{\mathrm{d}^2 r}{\mathrm{d}t^2}$；有人先求出 $v_x=\frac{\mathrm{d}x}{\mathrm{d}t}$，$v_y=\frac{\mathrm{d}y}{\mathrm{d}t}$，$v_z=\frac{\mathrm{d}z}{\mathrm{d}t}$，从而得出速度：

$$v=\sqrt{\left(\frac{\mathrm{d}x}{\mathrm{d}t}\right)^2+\left(\frac{\mathrm{d}y}{\mathrm{d}t}\right)^2+\left(\frac{\mathrm{d}z}{\mathrm{d}t}\right)^2}$$

再求出 $a_x=\frac{\mathrm{d}^2 x}{\mathrm{d}t^2}$，$a_y=\frac{\mathrm{d}^2 y}{\mathrm{d}t^2}$，$a_z=\frac{\mathrm{d}^2 z}{\mathrm{d}t^2}$，从而得出加速度：

$$a=\sqrt{\left(\frac{\mathrm{d}^2x}{\mathrm{d}t^2}\right)^2+\left(\frac{\mathrm{d}^2y}{\mathrm{d}t^2}\right)^2+\left(\frac{\mathrm{d}^2z}{\mathrm{d}t^2}\right)^2}$$

你认为谁的做法对？为什么？

1.9 对于如思考题 1.9 图所示的位移 $\mathrm{d}\boldsymbol{r}$，若写成分量式，是否应写成

$$\mathrm{d}\boldsymbol{r}=-\mathrm{d}x\boldsymbol{i}+\mathrm{d}y\boldsymbol{j}$$

说明理由.

1.10 设想竖直上抛一球，如果考虑到空气阻力，问球上升所需时间比下落所需时间长些还是短些？还是相等？为什么？当小球落回抛出点时，其速率比抛出时大还是小？还是相等？为什么？

1.11 判断下列说法的正确性：

(1) 作曲线运动的物体，必有切向加速度；

(2) 作曲线运动的物体，必有法向加速度；

(3) 具有加速度的物体，其速率必随时间改变.

1.12 物体沿曲线 M 运动，试问物体在 P 点是否可能具有思考题 1.12 图中所示的加速度 $\boldsymbol{a}_1$（或 $\boldsymbol{a}_2$，或 $\boldsymbol{a}_3$，或 $\boldsymbol{a}_4$）？为什么？

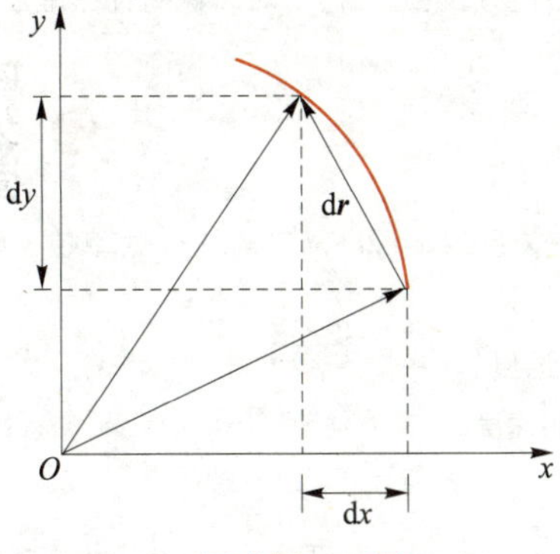

思考题 1.9 图

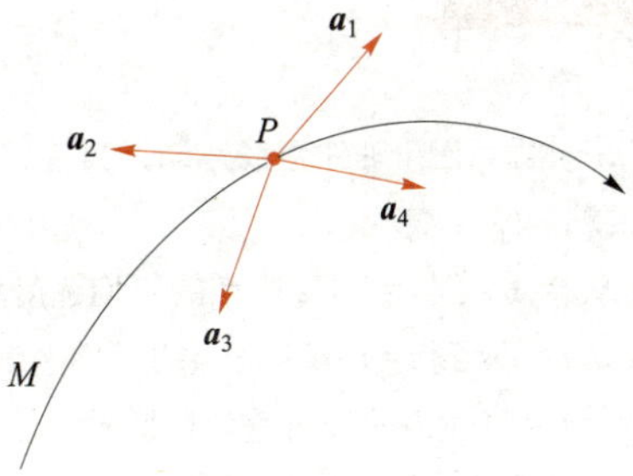

思考题 1.12 图

1.13 矢量导数的绝对值与矢量绝对值的导数是否相等？

$$\left|\frac{\mathrm{d}\boldsymbol{v}}{\mathrm{d}t}\right|=0 \text{ 和 } \frac{\mathrm{d}|\boldsymbol{v}|}{\mathrm{d}t}=0$$

各代表什么样的运动？两者有无区别？

1.14 在极坐标系中，$v_r=0$，$v_\theta=0$ 各代表什么样的运动？

1.15 如思考题 1.15 图所示，有一个精彩的演示实验是这样的，一小球 a 自枪口 A 瞄准悬挂于 B 点的小球 b 以初速 $\boldsymbol{v}_0$ 出射，在 a 离开枪口的同时，b 即自由下落．无论 $\boldsymbol{v}_0$ 的大小如何，两球总是能相碰，试解释之．

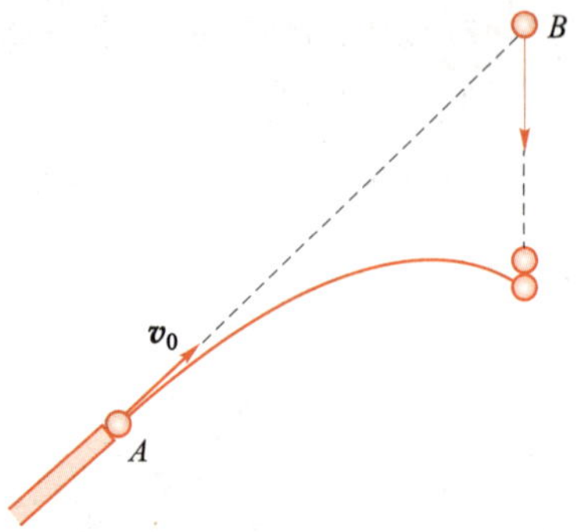

思考题 1.15 图

1.16 一群质点自空中一点以相同的速率向四面八方出射．(1) 在以后的任一时刻，所有质点将位于一球面上，试解释之；(2) 任一对质点间的相对速度是否会随时间发生变化？

1.17 若物体的速度 $\boldsymbol{v}$ 恒定不变，你是否可得到：(1) 速度的 x 分量、y 分量是常量；(2) 速度的 r 分量和 θ 分量是常量的结论？

1.18 下列表示式中哪些是正确的，哪些是错误的？

(1) $a_x=\dfrac{\mathrm{d}v_x}{\mathrm{d}t}$； (2) $v_r=\dfrac{\mathrm{d}r}{\mathrm{d}t}$； *(3) $a_r=\dfrac{\mathrm{d}v_r}{\mathrm{d}t}$； *(4) $a_\theta=\dfrac{\mathrm{d}v_\theta}{\mathrm{d}t}$

1.19 $\int_0^t a_x\mathrm{d}t$， $\int_0^t a_t\mathrm{d}t$ 各代表什么？$\int_0^t a_n\mathrm{d}t$ 呢？

1.20 用置于地面的水桶盛雨水，在刮风与不刮风两种情况下，哪一种情况盛得快些？设风的方向与地面平行．

1.21 篮球运动员跑步投篮时，若瞄准篮投反而投不进，为什么？应如何投才能投准？

1.22 雨滴相对地面以恒定速率竖直下落．有人坐在车厢内观察雨滴的运动，问在下列各种情况下，他将观察到什么结果？

(1) 车厢在地面上作匀速直线运动；

(2) 车厢在地面上作匀加速直线运动；

(3) 车厢在地面上作匀速圆周运动．

1.23 飞机在无风天气沿某一水平圆轨道匀速飞行一周需时间 T，当刮风（风向水平）时，若保持相对空气的速率不变，飞机沿同一圆轨道（相对地面而言）飞行一周需时间 T'，问：(1) T' 与 T 是否相同？为什么？(2) 为使飞机能保持沿该圆轨道飞行，对风速有什么限制？

习　题

1-1 一质点沿 x 轴作直线运动，其位置与时间的关系为 $x=2t+3t^3$（x 以 m 为单位，t 以 s 为单位）．试求：

(1) 从 $t=1$ s 到 $t=1.1$ s 质点的平均速度和平均加速度；

(2) 从 $t=1$ s 到 $t=1.01$ s 质点的平均速度和平均加速度；

(3) $t=1$ s 时质点的瞬时速度和瞬时加速度．

1-2 沿 x 轴运动的质点，其速度与时间的关系为 $v=3t+2\pi\sin\dfrac{\pi}{6}t$（$t$ 以 s 为单位，v 以 m/s 为单位）．在 $t=0$ 时，质点的位置 $x_0=-2$ m．试求：

(1) $t=2$ s 时质点的位置；

(2) 自 $t=0$ 至 $t=2$ s 质点的位移；

（3）$t=0$ 和 $t=2$ s 两时刻质点的加速度.

1-3　一质点从 $\boldsymbol{r}_0=-5\boldsymbol{j}$ m 位置开始运动，其速度与时间的关系为 $\boldsymbol{v}=2t\boldsymbol{i}+5\boldsymbol{j}$（$t$ 以 s 为单位，$\boldsymbol{v}$ 以 m/s 为单位）. 试问：

（1）经过多少时间质点到达 x 轴？

（2）此时质点位于 x 轴上哪一点？

1-4　一质点以初速 $\boldsymbol{v}_0=5\boldsymbol{i}$ m/s 开始离开原点，其运动加速度为 $\boldsymbol{a}=(-\boldsymbol{i}-\boldsymbol{j})$ m/s^2. 求：

（1）质点到达 x 坐标最大值时的速度；

（2）此时质点的位置.

1-5　质点运动学方程为

$$\boldsymbol{r}=a\cos\omega t\boldsymbol{i}+a\sin\omega t\boldsymbol{j}$$

其中 a、b、ω 均为正常数（量）.

（1）求质点速度和加速度与时间的关系式；

（2）问质点作什么运动？

1-6　为了测量楼房的高度，有人在楼顶拿着两端各系有一石块的绳子一端，而把另一端悬在楼外，从静止开始释放. 已知绳长 $l=2$ m，测得两石块落地的时间间隔 $\Delta t=0.1$ s. 求楼房的高度 H.

1-7　一小球作竖直上抛运动，测得小球两次经过 A 点和两次经过 B 点的时间间隔分别为 Δt_A 和 Δt_B，如题 1-7 图所示. 求 A、B 两点间的高度差 h.

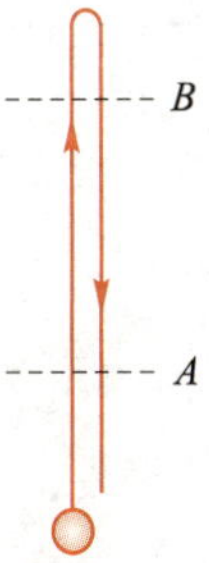

题 1-7 图

1-8　汽车沿平直公路匀加速行驶，它通过某一段距离 s 所需的时间为 t_1，而通过下一段相同距离 s 所需的时间为 t_2. 求汽车的加速度.

1-9　一物体沿长度为 l_1 的斜面从静止开始匀加速下滑，接着又沿水平面匀减速滑行了距离 l_2 后静止. 已知物体在整个滑行过程中所用的时间为 t. 求物体沿斜面及沿水平面运动的加速度 a_1 和 a_2.

1-10　火车从 A 城由静止开始沿平直轨道驶向 B 城，A、B 两城相距 s. 若火车先以加速度 a_1 作匀加速运动，当速率达到 v 后再匀速行驶一段时间，然后刹车，并以加速度大小为 a_2 作匀减速行驶，则刚好停在 B 城. 求火车行驶的时间 t.

1-11　上题中若火车在加速时所能达到的最大加速度的值为 a_1'，而减速时所能达到的最大加速度的值为 a_2'，求火车从 A 城行驶到 B 城所需的最短时间.

1-12　如题 1-12 图所示，物体从底边相等、倾角不同的若干光滑斜面顶端由静止开始自由滑下. 问当倾角为何值时，才能使物体滑至底端所需的时间最短？

1-13　汽车用绳跨过定滑轮与高为 h 的平台上的板车相连，如题 1-13 图所示. 汽车以恒定速度 $\boldsymbol{u}$ 在地面上运动，求当绳与水平面成 θ 角时板车的速度与加速度.

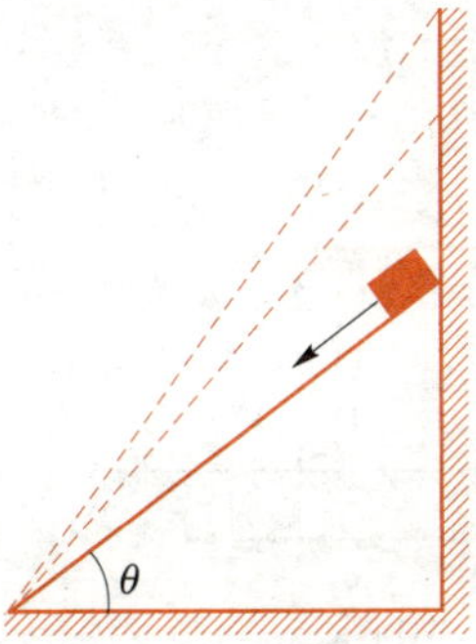

题 1-12 图

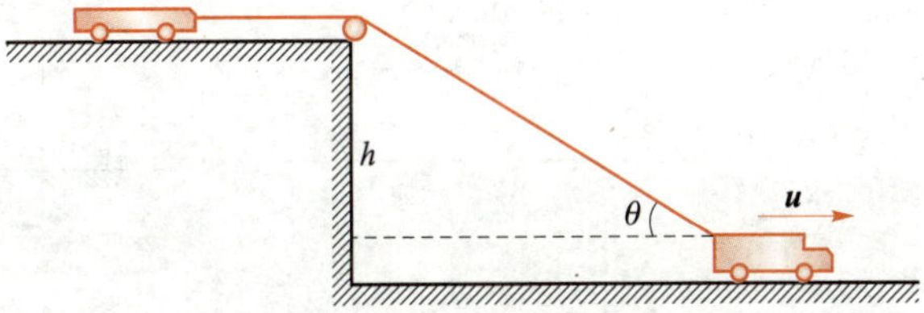

题 1-13 图

1-14　如题 1-14 图所示，长为 l 的棒的一端 A 靠在墙上，另一端 B 搁在地面上．当棒与地面成 θ 角时，A 端以速度 $\boldsymbol{u}$、加速度 $\boldsymbol{a}$ 向下运动，求棒的中点的速度与加速度．

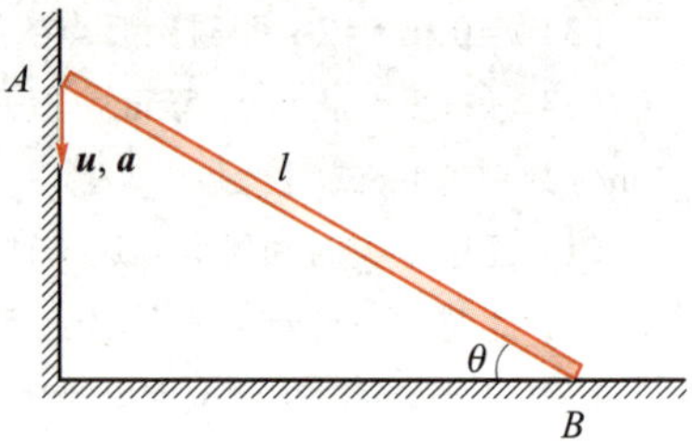

题 1-14 图

1-15　石块从楼顶以 $v_0 = 10\ \mathrm{m/s}$ 的速率被水平抛出．它落地时速度方向与水平方向之间成 60° 角．求楼房的高度．

1-16　物体被水平抛出，经过 2.5 s 后，它的速度与加速度之间的夹角为 45°，问又经过多少时间，它的速度与加速度之间的夹角变为 30°？

1-17　一小球从离地面高为 H 的 A 点处自由下落．当它下落了距离 h 时，与一斜面发生碰撞，并以原速水平弹出，如题 1-17 图所示．问 h 为多大时，小球弹得最远？

1-18　一小孩在一长楼梯的顶部水平抛出一球，设楼梯是光滑的，但小球速度的竖直分量经与楼梯碰撞后减为碰前的 e 倍．为使小球能如题 1-18 图所示沿长楼梯逐级下跳，求小球抛出时的高度 h 和初速 $\boldsymbol{v}_0$．已知楼梯每级宽度均为 l．

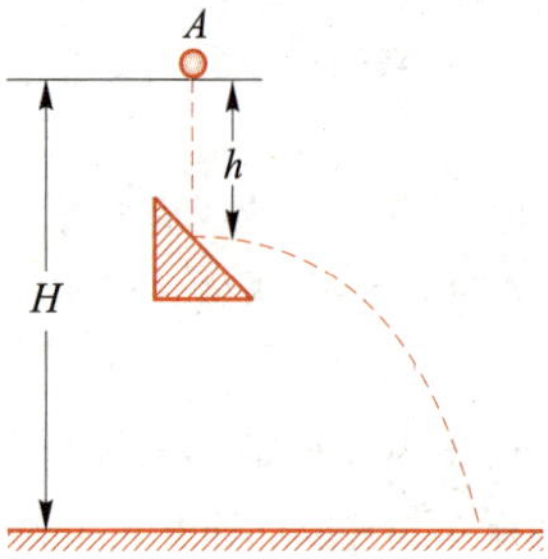

题 1-17 图

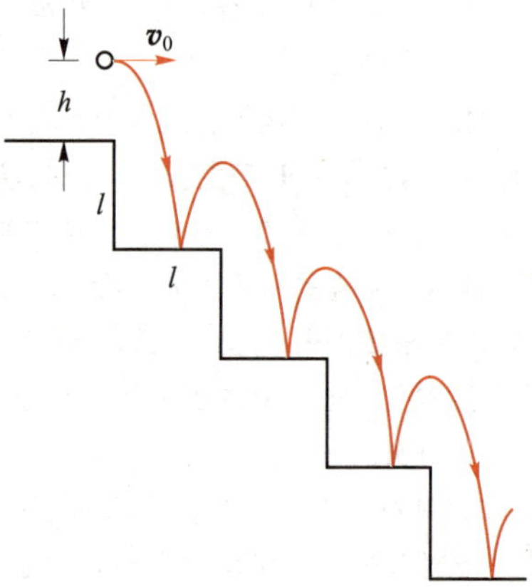

题 1-18 图

1-19　在与水平面成 θ 角的山坡上，一石块以初速 $\boldsymbol{v}_0$ 作斜抛运动，如题 1-19 图所示．

（1）若抛射角为 φ，求石块沿山坡方向的射程 s；

（2）问抛射角 φ 为多大时，s 最大？

1-20　如题 1-20 图所示，在桌面的一边，一小球作斜抛运动．已知桌面高 $h = 1.0\ \mathrm{m}$，宽 $a = 2.0\ \mathrm{m}$．若欲使小球能从桌面的另一边切过，并掉在离该边水平距离 $b = 0.50\ \mathrm{m}$ 处，求小球的初速 $\boldsymbol{v}_0$ 和抛射角 θ．

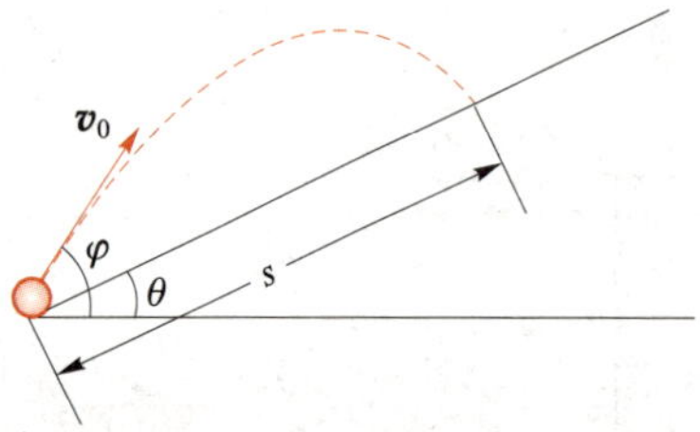

题 1-19 图

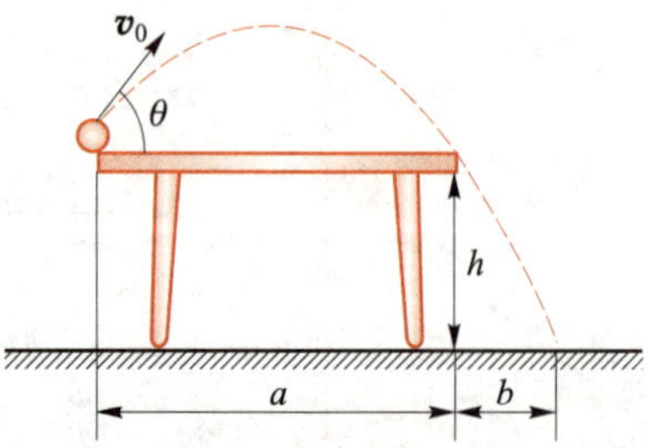

题 1-20 图

1-21　从原点在竖直平面内以相同的初速率 v_0 向各个方向投出许多质点．试证明：

（1）任何时刻这些质点都处在同一圆周上；

（2）它们轨道的最高点位于同一椭圆上．

1-22　一人造地球卫星在地球表面以上 430 km 高处的圆形轨道上运动，今测得它绕地球一周的时间为 93 min，求它作圆周运动的向心加速度．已知地球半径 $R=6.37\times10^3$ km．

1-23　若地球自转的速率增大为现在的 n 倍，为使赤道上的物体不与地球脱离，求 n 的最大值．已知现在赤道上静止物体的向心加速度约为 3.4×10^{-2} m/s²，设赤道处的重力加速度大小为 9.8 m/s²．

1-24　有一半径为 R 的定滑轮，沿轮周绕着一根绳子，悬在绳子一端的物体按 $s=\dfrac{1}{2}bt^2$ 的规律向下运动，如题 1-24 图所示．若绳子与轮周间没有相对滑动，试求轮周上一点 A 在任一时刻 t 的速度、切向加速度、法向加速度和总加速度．

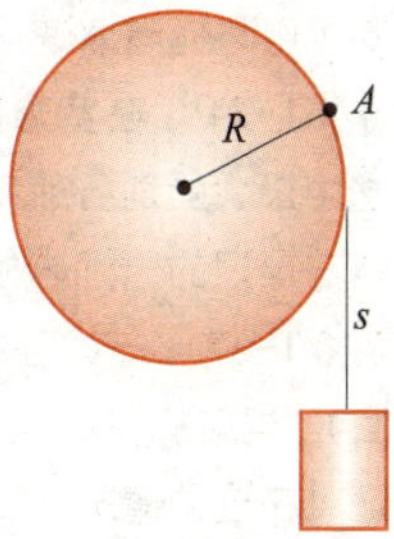

题 1-24 图

1-25　汽车沿一圆周以 $v_0=7.0$ m/s 的初速匀减速行驶．经过 $t_1=5$ s 后，汽车的加速度与速度之间的夹角 $\theta_1=135°$．又经过 $t_2=3$ s 后，其加速度与速度之间的夹角 $\theta_2=150°$．求：(1) 圆的半径 R；(2) 切向加速度 a_t；(3) 两时刻的法向加速度 a_{n1} 和 a_{n2}．

1-26　纸面上有一半径为 R 的圆，直线 MN 沿纸面以速度 $\boldsymbol{v}$ 向垂直于直线的方向作匀速运动，如题 1-26 图所示．当直线运动到图示位置，即交点 P 与圆心 O 的连线与直线成 θ 角时，求 P 点的速度与加速度．

1-27　三质点 A、B、C 各位于边长为 l 的等边三角形的三顶点，今三质点各以恒定速率 u 向着其右邻（即 A 向 B，B 向 C，C 向 A）运动．(1) 三质点经多长时间将相遇？(2) 在开始时每个质点的加速度．

1-28　某人在静水中游泳的速率为 3 km/h，现在流速为 2 km/h 的河水中游泳．问：

（1）若此人想与河岸垂直地游到对岸，他应向什么方向游？

（2）他向什么方向游时，到达对岸历时最短？

1-29　某人以 2.5 m/s 的速度向正西方向跑时，感到风来自正北．如他将速度增加一倍，则感到风从正西北方向吹来．求风速和风向．

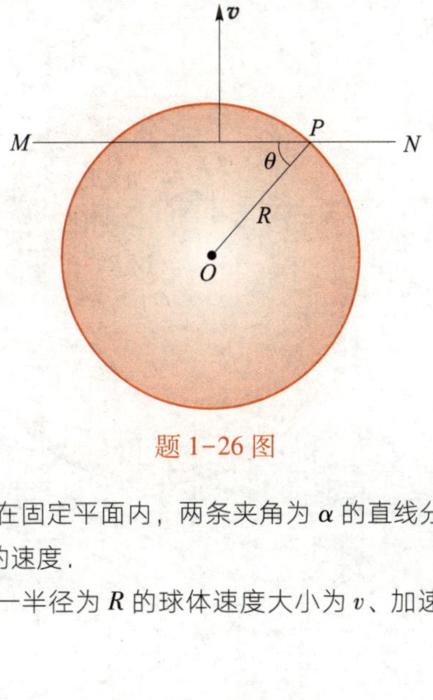

题 1-26 图

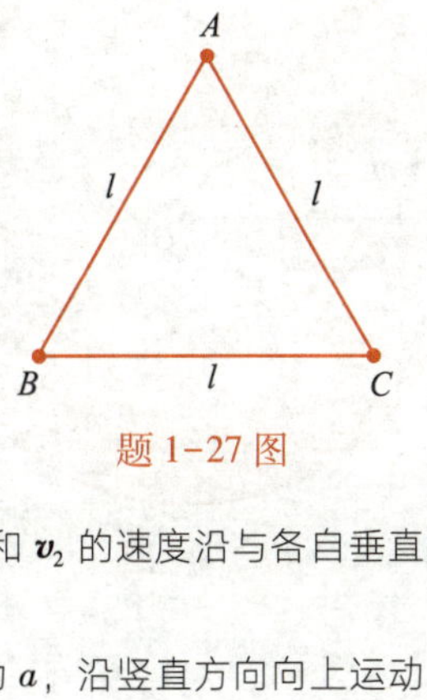

题 1-27 图

1-30　在固定平面内，两条夹角为 α 的直线分别以 $\boldsymbol{v}_1$ 和 $\boldsymbol{v}_2$ 的速度沿与各自垂直的方向作平动，求交点的速度．

1-31　一半径为 R 的球体速度大小为 v、加速度大小为 a，沿竖直方向向上运动，一质点以相对于球体的恒定速率 v_1，沿球面的水平赤道线逆时针方向运动．求：（1）质点的速度大小和加速度大小；（2）若球体绕过球心的竖直轴以角速度大小 ω 转动，质点的速度大小和加速度大小．

1-32　从离地面等高且相距 l 的 A、B 两点同时抛出两小石块，A 处石块以初速 $\boldsymbol{v}_1$ 上抛，B 处石块以初速 $\boldsymbol{v}_2$ 向 A 点方向平抛，求在以后的运动中两石块之间的最短距离．设此时两石块均未落地．

1-33　一溜冰者在冰面上以 $v_0=7\ \mathrm{m/s}$ 的速率沿半径 $R=15\ \mathrm{m}$ 的圆周溜冰．某时刻他平抛出一小球，为使小球能击中冰面上圆心处，他应以多大的相对于他的速度抛球？并求出该速度的方向（用与他溜冰速度之间的夹角 θ 表示）．已知人抛球时手的高度 $h=1.5\ \mathrm{m}$．

1-34　在宽为 l 的河的两岸停着两艘小船，它们的连线与河岸线成 α 角．已知两艘小船在静水中最大的划行速率分别为 u_1 和 u_2，河水流速为 v．若它们同时出发，则各应向什么方向划行才能在最短的时间内相遇？并求出此时间．

1-35　一架飞机在无风时以匀速 v 相对地面飞行，能飞出的最远距离为 R（包括飞出和飞回）．现飞机在风速为 u、方向为北偏东 α 角的风中飞行，而飞行的实际航向为北偏东 β 角．求证：在这种情况下，飞机能飞出的最远距离为

$$\frac{R(v^2-u^2)}{v\sqrt{v^2-u^2\sin^2(\beta-\alpha)}}$$

1-36　一艘船欲横渡宽为 d 的小河，船行驶时相对水流的速率是河水流速的一半．则船应向什么方向行驶，才能使船在渡河后被河水冲向下游的距离最短？并求出此距离．设河水流速均匀．

1-37　一半径为 R 的圆在圆面内以匀角速度 ω 绕圆周上的一点 P 作逆时针方向的转动．圆周上的 M 点以恒定的相对速率 ωR 沿圆周运动，运动方向同为逆时针方向．当 M 点运动到与圆心 O 的连线 OM 与 OP 成以下两个相对位置时，分别求 M 点的速度与加速度：

（1）OM 与 OP 在一条直线上；

（2）OM 与 OP 相互垂直（题 1-37 图示位置）．

1-38　某种游乐机由大、小两种圆盘组成，小圆盘绕其固定在大圆盘上的 O' 轴以角速度 ω'（相对大圆盘）旋转，大圆盘又以角速度 ω（相对地面）绕中心轴 O 旋转，人坐在小圆盘的边缘上的 P 点．求两圆盘转至图示位置时（见题 1-38 图，此时 $O'P$ 与 OO' 成 φ 角），P 点相对地面的速度和加速度．为简单起见，设 $\omega'=\omega$，$OO'=O'P=R$.

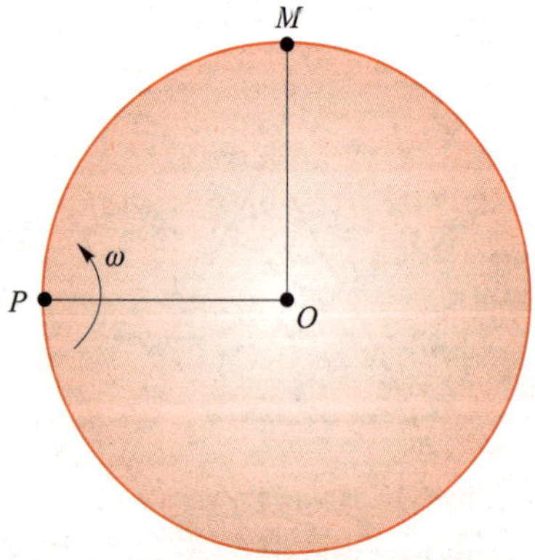

题 1-37 图

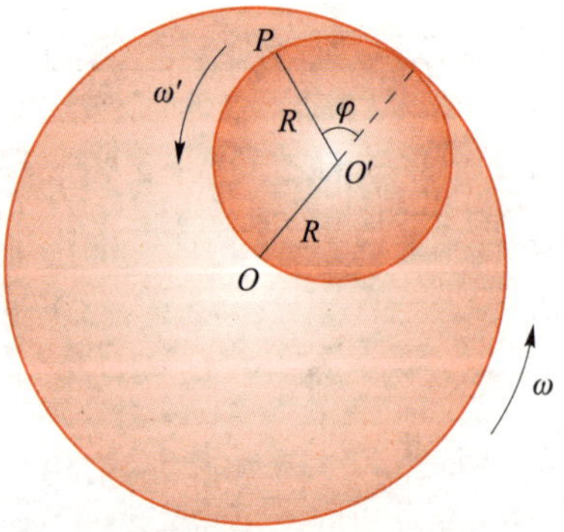

题 1-38 图

1-39　超光速之谜.

1994 年的某次天文观察发现，银河系中距地球 $R=12.5$ kpc 远处的某无线电辐射源突然分离出两个辐射源 A、B，其视运动如题 1-39 图（a）所示，A 向左运动，B 向右运动. 图下方线段的长度表示 1″（弧秒）= 1°/3 600.（1）由图求出 A、B 的中心在垂直观察方向上相对固定中心 O（图中用 "×" 表示）的速度 $\boldsymbol{v}_1$ 和 $\boldsymbol{v}_2$. 你将发现 $v_1>c$（光速）. 为解释此现象，有人认为这是由于两辐射源的运动方向与它们至地球的连线并不垂直，而有一倾角 φ 造成的，如图（b）所示. 设想两辐射源以相同速率 u 互相分离.（2）试分析这种看法的正确性. 在什么情况下有 $v_1>c$？（3）试由观察值 v_1 和 v_2 表示真实速率 u，及其运动方向与辐射源至地球连线的夹角 φ. 因 u 接近光速，可设 $u=\beta c$，β 为小于 1 的常数. 显然，$OA=OB\ll R$.（4）由（1）的数值结果，求出 u 和 φ 的数值.

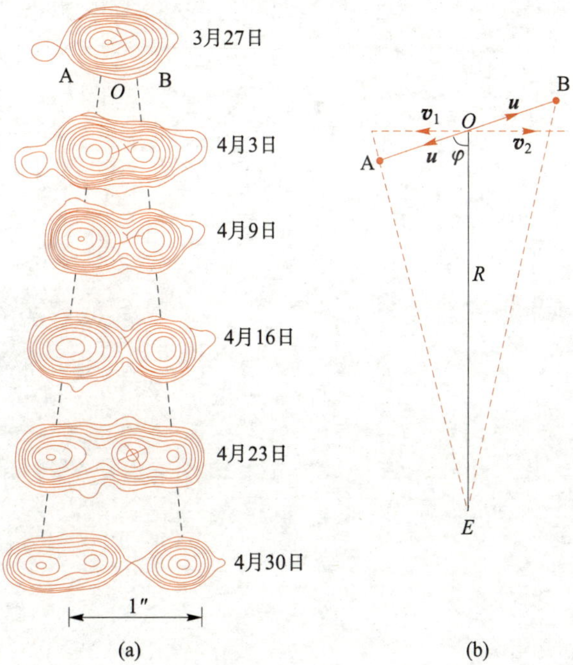

题 1-39 图

第二章

牛顿运动定律

2.1　牛顿运动定律 _036

2.2　常见的力 _039

2.3　牛顿运动定律的应用 _043

2.4　力学相对性原理 _051

2.5　非惯性系与惯性力 _054

2.6　非惯性系中的力学现象与力学问题分析 _056

牛顿运动定律，即牛顿三定律是在实验的基础上进行定义、抽象与概括出来的物理规律，与万有引力定律成为牛顿力学的两大基石. 通过对牛顿三定律的阐述，加深对惯性参考系、力、惯性及惯性质量等概念的理解；通过对常见的力的介绍，掌握在应用牛顿运动定律求解力学问题时对物体的受力分析；通过对力学相对性原理的介绍，确立一切惯性系等价的观念，进一步理解牛顿力学的绝对时空观及其与相对性原理的关系；通过对非惯性系中惯性力的引入与阐述，拓展对力学现象的理解，学会在非惯性系中分析力学问题.

第一章为质点运动学内容，本章为质点动力学内容，其核心内容为牛顿第二定律 $\boldsymbol{F}=m\boldsymbol{a}$，除了万有引力定律，牛顿力学的全部知识内容几乎来自此公式，可以说牛顿力学就是围绕此公式展开的，此公式是力学课程的魂.

2.1 牛顿运动定律

牛顿在前人研究的基础上，于 1687 年出版了《自然哲学的数学原理》一书，该书的出版标志着牛顿力学体系大厦的建成、第一次找到自然定律的数学形式体系. 在该书中，把视为质点的物体在力的作用下如何运动的规律归纳为三条，分别叙述如下.

牛顿第一定律：每个物体继续保持其静止或沿一直线作等速运动的状态，除非有力加于其上迫使它改变这种状态.

牛顿第一定律提出了力和惯性这两个重要概念.

从动力学角度来认识力，把力与物体运动状态正确地联系起来，主要是伽利略和牛顿的功绩. 伽利略通过对斜面上物体的运动的研究，得出了不受加速或减速因素作用的物体将作匀速直线运动的结论. 牛顿则将这种加速（或减速）因素明确地称为力，从而确立了力不是维持物体运动的原因，而是物体运动状态发生变化的原因的观点. 牛顿第一定律阐明了这一思想，提出力是迫使物体改变静止或匀速直线运动状态的一种作用，这样就给出了力的定性定义.

牛顿第一定律指出，每个物体在不受外力时都有“保持其静止或沿一直线作等速运动的状态”的属性，这就是惯性. 牛顿在其《原理》一书中的另一处明确提出了“惯性”这一名词，指出它是“每个物体按其一定的量而存在于其中的一种抵抗能力”，这种抵抗能力使“物体保持其原来的静止状态或者在一直线上等速运动的状态”. 因而牛顿第一定律常称惯性定律.

物体不仅在不受力时表现出惯性，在受力时也表现出惯性，这也许是牛顿称其为“抵抗能力”的含义所在. 这一思想在牛顿第二定律中得到了进一步阐明.

牛顿第一定律定义了惯性系.

牛顿第一定律中所谓不受力作用的物体保持静止或作匀速直线运动，是相对什么参考系而言的？也就是说，牛顿第一定律在什么参考系中成立？显然，牛顿第一定律不可能在任何参考系中都成立，因为若一物体相对于某参考系 S 作匀速直线运动，它相对于另一个相对 S 作加速运动的参考系 S′就不可能作匀速直线运动. 牛顿声称自己研究的运动是在“绝对空间”和“绝对时间”中进行的“绝对运动”，因而在他看来，牛顿第一定律应在“绝对空间”成立．但脱离物质的绝对空间是没有意义的，至少是无法判定的．参考系必须与具体的物体群相联系．根据牛顿第一定律，我们总可以找到一种特殊的物体群（参考系），在这种参考系中，不受任何作用的物体（质点）保持静止或作匀速直线运动．这也就是牛顿第一定律在其中成立的参考系．我们把这样的参考系称为惯性系．从这个意义上说，牛顿第一定律定义了惯性系，同时也断言了惯性系的存在．

牛顿第一定律是大量观察与实验事实的抽象与概括．

牛顿第一定律不能直接用实验证明，因为世界上没有完全不受其他物体作用的“孤立”物体．光滑水平面上的物体作匀速直线运动的事实并没有证明牛顿第一定律，因为物体并非不受力，而物体所受合力为零这一点本身并不是自明的，从逻辑上说，此定律也无法直接用实验证明，只能通过抽象推理得出．因为要在实验上证明此定律，需知道物体不受力，要知道物体不受力，需要先有一个惯性参考系，物体在其中保持静止或沿直线作等速运动的状态时表明物体不受力；然而惯性参考系的建立，又需要先知道物体不受力，这个物体在其中保持静止或沿直线作等速运动的状态的参考系为惯性参考系．简而言之，用实验证明时，知道物体不受力与建立惯性系互为前提，进入死循环．但值得庆幸的是，迄今为止力的定律表明物体间的作用力都随物体间距离的增加而迅速递减，因而远离其他所有物体的物体可近似看成孤立物体．而远离其他所有物体的物体的运动状态的确十分接近匀速直线运动状态（如远离星体的彗星的运动）．这一事实使我们相信牛顿第一定律是正确的，是客观事实的合理概括．但由此也可以看到，牛顿第一定律必须与力的定律联系起来才有确定的意义．

综上所述，牛顿第一定律具有丰富的内容，它既提出了力和惯性的概念，又定义了惯性系；而且，它的成立并不依赖于力和惯性的定量量度．它比牛顿第二定律具有更大的兼容性．

尽管牛顿第一定律给出了惯性系的定义，并断言了惯性系的存在，但实际使用的惯性系都是近似的．

地球是最常用的惯性系．伽利略就是在地球上发现惯性定律的．但精确观察表明，地球不是严格的惯性系．离地球最近的恒星是太阳，两者相距约 1.5×10^8 km．由于太阳的存在，地球中心相对太阳有 5.9×10^{-3} m/s^2 的加速度，这就是公转加速度．至于地球的自转所造成的加速度则更大，达 3.4×10^{-2} m/s^2．但对大多数精度要求不很高的实验，这一自转的加速效应仍可以忽略．

日心系通常是指以太阳中心为原点、以太阳与邻近恒星的连线为坐标轴的参考系．这是更好的惯性系．但精确的观察表明，由于太阳受银河系整个分布质量的作用，它与整个银河系的其他星体一起绕其中心（称为银心）旋转，使它相对银心仍有约 10^{-10} m/s^2 的加速度．它与惯性系的偏离在观察恒星运动时仍会显示出来．

为进一步提高惯性系的精度，人们还在寻找比太阳更好的惯性系，如以相对于选定的若干颗恒星平均静止的位形为基准的参考系（FK_4 系），以一系列射电源为基准的参考系和以微波背景辐射为基准的参考系等.

马赫（E.Mach，1838—1916）曾指出，所谓惯性系，其实是相对整个宇宙（或说整个物质分布）的平均加速度为零的参考系. 由以上分析可知，这一思想是有见地的. 由于宇宙的无限性，这样的理想惯性系只能逐步接近.

牛顿第二定律：运动的改变与所加的动力成正比，并发生在所加的力的那个直线方向上.

牛顿第二定律中所说的运动，后来叫动量，即质量与速度的乘积.

牛顿第二定律的数学表述为

$$\boldsymbol{F}=\frac{\mathrm{d}}{\mathrm{d}t}(m\boldsymbol{v}) \tag{2.1-1}$$

在牛顿力学的范围内，质量是不随时间变化的恒量，于是上式可写成

$$\boldsymbol{F}=m\boldsymbol{a} \tag{2.1-2}$$

这就是牛顿第二定律的通常形式，此公式是牛顿力学最基本的公式.

牛顿第二定律涉及力、质量和加速度三个物理量之间的定量联系，这就要求对这三个物理量作定量的量度，加速度的量度在有了长度和时间的量度后是不成问题的，剩下的是质量和力的量度问题.

质量的量度

上述公式表明，相同的力作用于不同质量的质点时，获得的加速度大小不一样，质量越大，加速度越小. 而加速度描述物体运动速度的变化率，物体质量越大，同样的力作用下获得的加速度越小，表示物体保持原有状态的能力越强、惯性越大. 因此，质量是物体惯性的量度，也称惯性质量. 将巴黎计量局所保存的铂铱合金圆柱体（所谓千克原器）或者后来用普朗克常量定义的千克质量物体取为标准千克，则其他物体的质量可以通过比较相同力作用下获得的加速度大小得到.

力的量度

牛顿第二定律本身就是力的量度的基础. 规定使单位质量获得单位加速度的力为一个单位力. 例如，取质量的单位为 1 kg，加速度的单位为 1 $\mathrm{m/s^2}$，则力的单位为 1 $\mathrm{kg\cdot m/s^2}$. 这一力的单位称为 N（牛顿），即

$$1\ \mathrm{N}=1\ \mathrm{kg\cdot m/s^2}$$

加速度是矢量，力也是矢量. 力的方向与在该力作用下物体所产生的加速度的方向相同. 当有几个力同时作用于质点时，公式左端的力 $\boldsymbol{F}$ 应理解为这几个力的合力.

牛顿第二定律是矢量式，可以写成分量形式，例如在直角坐标系中其分量式为

$$F_x=ma_x,\quad F_y=ma_y,\quad F_z=ma_z \tag{2.1-3}$$

应用牛顿第二定律时，往往将此公式在相关方向上投影分解列出等式求解问题.

牛顿第三定律：每一个作用力总有一个相等的反作用力和它对抗；或者说，两物体彼此之间的相互作用永远相等，并且各自指向对方.

强调作用力和反作用力必须在同一直线上是牛顿第三定律的“强形式”. 只说两物体的作用力与反作用力相等而反向，但不一定在同一直线上，这称为牛顿第三

定律的“弱形式”．引力和静电力服从前一形式，两电荷在平行线上作匀速直线运动时的作用力服从后一形式．

作用力与反作用力大小相等而反向，是以力的传递不需要时间即传递速度为无限大为前提的．如果力的传递速度是有限的，作用力与反作用力大小就不一定相等，而且也不是反向．设想物体 2 静止不动，物体 1 以一定速度向右运动（图 2.1-1）．如果力的传递速度有限，当 1 处在图中实线位置时，它在前一时刻（例如虚线位置）对 2 的作用力刚传到 2 上，于是物体 2 受到的作用力 $\boldsymbol{F}_{21}$ 向下，而物体 1 受到物体 2 的作用力 $\boldsymbol{F}_{12}$ 指向右上方，因为物体 2 静止不动，它的作用早已传到空间各处．故 $\boldsymbol{F}_{21} \neq -\boldsymbol{F}_{12}$．在通常的力学问题中，物体的运动速度往往不大，即使力以有限的速度传递，但因传递速度比物体运动的速度大得多（如引力以光速传递），力以有限速度传递的效应并不显著，可不必考虑．

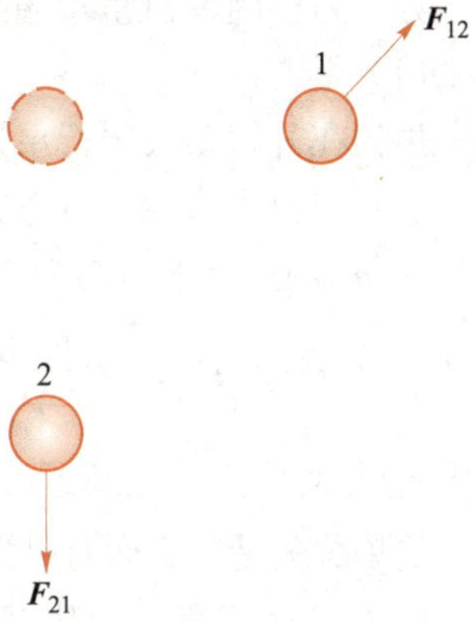

图 2.1-1　当力传递速度有限时，作用力不等于反作用力

2.2 常见的力

动力学的任务是研究物体在周围其他物体作用下的运动．将周围物体的作用简化为力，是牛顿等人的一大功绩．当作用于物体的力已知时，物体的运动即可由牛顿运动定律求出．但周围物体如何对考察物体施力，则是由力的定律来确定的．只有在解决了这个问题以后，运动定律才能成为解决实际力学问题的有力工具．

就现在所知，自然界物体之间的相互作用，即力，从基本性质上说，有四种类型：引力相互作用、电磁相互作用、强相互作用和弱相互作用．

（1）引力相互作用．

这是存在于一切物体之间的作用．但这种作用只在大质量物体（如天体、地球）之间或其附近才有明显效应，这种相互作用的表现就是万有引力．重力是最常见的一种万有引力．

（2）电磁相互作用．

这是存在于一切带电体之间的作用．带电粒子间的静电力和磁力就是这种作用的表现．电磁力比引力强得多，例如电子和质子间的静电力比引力大 10^{39} 倍．但它们都满足平方反比律，相互作用力程可到无限远处，故称为长程力．

（3）强相互作用和弱相互作用．

这两种力都只在原子核范围内起作用，表现为短程力．强相互作用存在于质子、中子、介子等强子之间，其力程约为 10^{-15} m，约比静电力大 100 倍．弱相互作用的力程更短，约为 10^{-17} m，其大小约为电力的 10^{-12} 倍．

在力学中，通常把力分为接触力和非接触力两种．

所谓接触力，是指两物体因接触而产生的相互作用力，例如弹性力和摩擦力等．

非接触力是指物体间未接触时即存在的力，主要是引力、静电力和磁力. 在本课程内，主要讨论引力，包括重力.

分析力学问题时常常遇到下面几种力.

(1) 引力.

牛顿在开普勒关于行星运动三定律的基础上建立了万有引力定律. 质量为 m_1 的质点受到的质量为 m_2 的质点的引力为

$$\boldsymbol{F}_{12}=-G\frac{m_1m_2}{r_{12}^2}\boldsymbol{e}_{r_{12}} \qquad (2.2-1)$$

式中 r_{12}为两质点的距离，$\boldsymbol{e}_{r_{12}}$为从质点 2 指向质点 1 的单位矢量，G 称为引力常量(图 2.2-1).

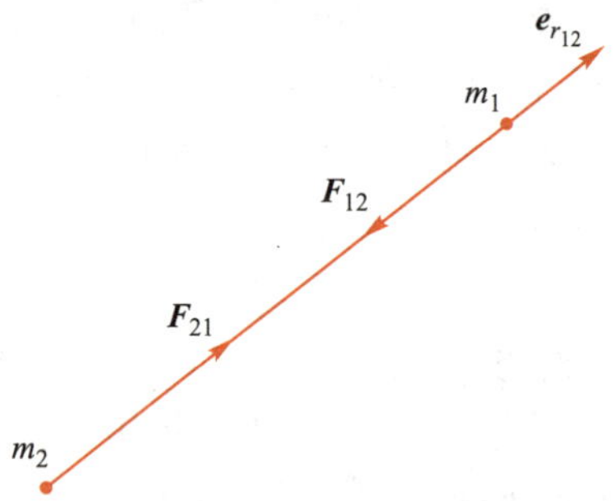

图 2.2-1　两质点间的万有引力

牛顿建立万有引力定律时，并不知道 G 的精确值. 卡文迪什（H. Cavendish，1731—1810）在 1798 年第一次对 G 的值作了测定，用的是扭秤法，示意图如图 2.2-2 所示. 他利用细金属丝作扭丝以获得较大的扭转，又用光杠杆来放大这一微小的扭转所造成的线偏转. 在卡文迪什实验中，小球是质量为 m、直径为 2 英寸的铅球，大球是质量为 m_0、直径为 12 英寸的铅锤，连接两小球的木杆长为 6 英尺，悬挂木杆的细丝长 $39\frac{1}{4}$英寸（1 英寸 = 0.025 4 米，1 英尺 = 0.304 8 米）.

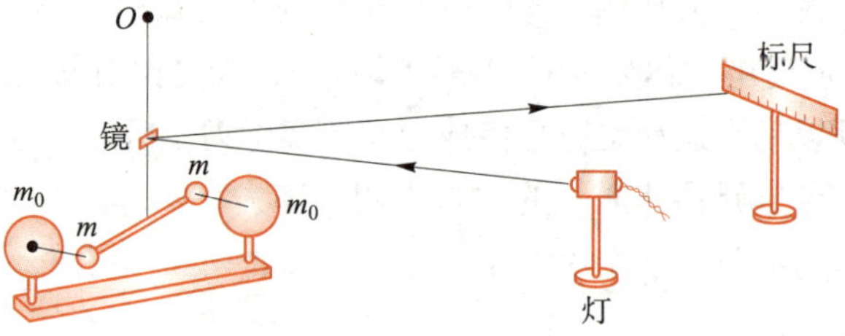

图 2.2-2　卡文迪什实验示意图

他先将两大球放在两小球的一侧，再将它们放在两小球的另一侧，观察两次间悬丝的扭转角. 用现在的单位，卡文迪什所得的 G 值为

$$G=6.754\times10^{-11}\ \mathrm{N\cdot m^2/kg^2}$$

引力常量在天体、地学、航天及引力理论方面均有重要意义，因而两百多年来，人们对它的测量给予了极大的关注. 尤其是近 30 年来，科学家用多种方法测量 G 值，使 G 的测量精度有了较大提高. 图 2.2-3 是我国科学家用扭秤周期法测量 G 值的实验示意图. 实验在有、无两圆柱体 m_a、m_b 两种情况下分别测量扭秤周期，通过适当计算得出 G 值. 我国科学家在华中科技大学引力中心的山洞实验室里，历经 30 多年，对完全自制的扭秤系统进行改良，同时使用扭秤周期法、扭秤角动速度反馈法，测出了两个不同的 G 值，相对差别约为 0.004 5%，给出了 2018 年当时国际上最高精度的 G 值，相对不确定度优于 12 ppm. 目前 G 的公认值为

$$G=6.674\ 30(15)\times10^{-11}\ \mathrm{N\cdot m^2/kg^2}$$

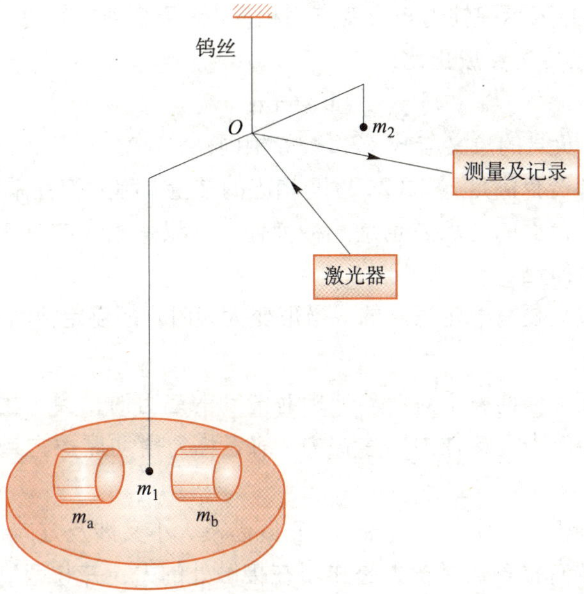

图 2.2-3　用扭秤周期法测 G 实验示意图

万有引力定律本来是对质点而言的，但可以证明，对于两个质量均匀分布的球体，它们之间的万有引力也可以用此定律计算，只要将式中的 r_{12} 理解为两球心之间的距离即可. 这一结论和万有引力与距离平方成反比相联系. 平方反比关系的另一重要结果是均匀球壳对壳内质点的引力为零（思考题2.16）. 公式中的 m_1、m_2 作为引力大小量度的质量，称为引力质量. 实验结果表明，引力质量与惯性质量成正比或者相等（取适当的量度标准）. 引力质量与惯性质量相等具有深刻的含义，它是广义相对论等效原理的基础.

（2）重力.

重力就是地球与物体的万有引力. 在地球的表面，质量为 m 的物体所受的引力（重力）为

$$F_g = G\frac{mm_e}{R_e^2}$$

式中 m_e 为地球质量，R_e 为地球半径. 因而重力加速度为

$$g = G\frac{m_e}{R_e^2} \qquad (2.2\text{-}2)$$

物体的视重，即在地球上实际测得的物体所受的表观重力，要受到所在高度、地球密度分布不均匀以及由地球自转所造成的离心力等因素的影响，在表观重力作用下物体的重力加速度 $\boldsymbol{g}$ 因地而异，但相差不大. 在水平范围和高度变化不大的区域内，重力可以看作恒力.

（3）弹性力.

物体因形变而产生的回复力称为弹性力. 大多数物体，当形变不太大时，其回复力与形变成正比，这就是胡克定律. 当形变为拉伸与压缩时，弹性力 F 与伸长（或压缩）量 x 成正比：

$$F = -kx \qquad (2.2\text{-}3)$$

k 是一个常量，负号表示弹性力与形变方向相反. 当形变为扭转时，产生的是回复力矩，此力矩 M 与扭转角 α 成正比：

$$M=-C\alpha \tag{2.2-4}$$

C 也是一个常量，负号的意义与式（2.2-3）相同.

通常所用的弹簧也满足式（2.2-3），相应的常量 k 称为弹性系数.

绳子的张力和台面的支承力也是一种弹性力，只是相应的常量 k 很大，因而形变很小，可以忽略而已.

胡克定律的成立是有一定限度的，当形变太大时，胡克定律将不再成立.

（4）摩擦力.

当两物体的接触面间有相对滑动或相对滑动的趋势时，会产生一种阻碍相对滑动或相对滑动趋势的力，这种力叫摩擦力. 前者称为滑动摩擦力或动摩擦力，后者称为静摩擦力.

对摩擦力的分析是力学的一个难点. 它既涉及大小又涉及方向.

首先两物体要有接触，摩擦力是作用在接触处的力，并与两物体在接触处的相对运动或相对运动趋势方向有关.

当两物体在接触处有相对滑动时，摩擦力的方向与相对运动方向相反，摩擦力阻碍物体的相对运动. 其大小为 μF_N，

$$F_f=\mu F_N \tag{2.2-5}$$

μ 为动摩擦因数，F_N 为两物体相互接触时的正压力；当两物体在接触处无相对滑动时，摩擦力的方向与相对运动趋势的方向相反，摩擦力阻碍相对运动的发生. 相对运动趋势方向可以这样确定，假设没有摩擦力，判断或通过计算确定两物体在接触处的相对运动方向，该方向就是存在摩擦力时的相对运动趋势方向. 静摩擦力 F_f 的大小可在一个范围内变化，即 $0<F_f\leqslant\mu_s F_N$，具体数值由题意确定，其中 μ_s 为静摩擦因数，

$$F_{f\max}=\mu_s F_N \tag{2.2-6}$$

$\mu_s F_N$ 为最大静摩擦力. 一般情况下 μ_s 略大于 μ，除非特别指出，μ_s 与 μ 一般认为相等. 摩擦力形成机制相当复杂，主要与接触面的局部形变和表面分子相互作用力有关，动摩擦因数只可近似看作常数. 当静摩擦力方向确定难以判断时，可以在可能的两个方向中任意定一个方向为摩擦力的方向，通过解题，若得到的静摩擦力数值大于零，则摩擦力方向与选定的方向一致，否则相反.

（5）黏性力.

物体在流体中运动时，受到的阻力称为黏性力. 其大小为

$$F_f=-bv-cv^2 \tag{2.2-7}$$

当速度较小时，其近似与速率成正比；当速度较大时，其近似与速率的平方成正比.

（6）洛伦兹力.

带电粒子在电磁场中受的力由洛伦兹力公式给出：

$$\boldsymbol{F}=q(\boldsymbol{E}+\boldsymbol{v}\times\boldsymbol{B}) \tag{2.2-8}$$

q 和 $\boldsymbol{v}$ 为粒子的电荷量和速度. 第一项是电场力，其中 $\boldsymbol{E}$ 是电场强度；第二项是磁场力（又称为洛伦兹力），其中 $\boldsymbol{B}$ 为磁感应强度.

2.3 牛顿运动定律的应用

牛顿运动定律的应用就是指求解物体的动力学问题，包括静止平衡状态. 基于物体受力与运动情况的分析，根据牛顿第二定律 $\boldsymbol{F}=m\boldsymbol{a}$ 和约束条件列出方程组，求解方程组得到物体的加速度、物体所受的合力或分力等物理量. 解题的基本思路如下.

(1) 受力与运动情况分析. 根据题意，大致弄清题目所描述的物理过程，并对所研究物体进行受力分析和运动情况分析，隔离每个物体，画每个物体的受力图和加速度方向.

(2) 选取坐标系. 根据物体运动特征建立适当的坐标系.

(3) 列方程组. 取 $\boldsymbol{F}=m\boldsymbol{a}$ 的分量形式，列出方程组，即找出矢量方程在坐标方向投影分量的等式.

(4) 列补充方程组. 根据题意或约束条件（例如，绳子长度不能伸长等）列出相应的关系式.

(5) 求解方程组. 所列的方程也许是代数方程，也许是微分方程，利用相关的数学分析方法，求出题目所要求的物理量.

例题1 **如图 2.3-1（a）所示，滑轮和绳子的质量均不计，滑轮与绳间无相对滑动，滑轮与轴间的摩擦力不计且 $m_1>m_2$. 求重物释放后，物体的加速度和绳的张力.**

解： 由题意可知，m_1 与 m_2 受力均沿竖直方向，$m_1>m_2$，则 m_1 竖直向下加速运动，m_2 竖直向上加速运动.

隔离 m_1 作受力分析，并选取一维坐标系，如图 2.3-1（b）所示. 列 $\boldsymbol{F}=m\boldsymbol{a}$ 在 y 方向上的投影分量方程:

$$m_1g-F_{T1}=m_1a_1 \tag{1}$$

隔离 m_2 作受力分析，并选取一维坐标系，如图 2.3-1（c）所示. 列 $\boldsymbol{F}=m\boldsymbol{a}$ 在 y 方向上的投影分量方程:

$$F_{T2}-m_2g=m_2a_2 \tag{2}$$

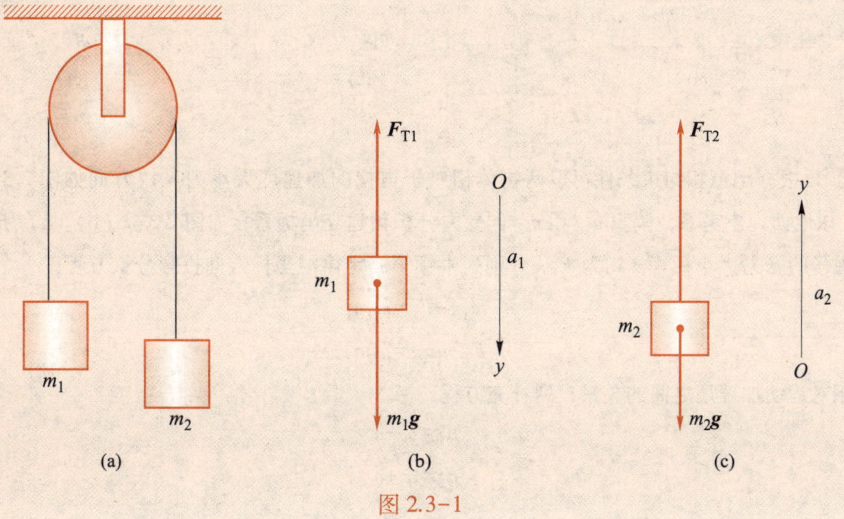

图 2.3-1

根据题意，滑轮和绳子的质量均不计，则

$$F_{T1}=F_{T2}=F_T \tag{3}$$

根据约束条件，绳子不能伸长，则有

$$a_1=a_2=a \tag{4}$$

求解方程组，得

$$a=\frac{m_1-m_2}{m_1+m_2}g \tag{5}$$

$$F_T=\frac{2m_1m_2}{m_1+m_2}g \tag{6}$$

作隔离物体受力分析和选取坐标系时，完全可以将其看作孤立物体单独分析，不要纠结它与其他物体的牵连. 它与其他物体的牵连由在后面的根据题意分析和约束条件分析后的补充方程保证. 当然，也可以直接根据题意和约束条件，判断绳子张力相等，两物体加速度大小相等，省掉补充方程.

由上述加速度公式可知，加速度的大小可以通过两物体的质量之差改变. 历史上阿特伍德机就是两边选用质量相等的两物体，再在另一边物体上加放一个小质量的物块，从而获得较小加速度的运动. 它是阿特伍德为研究落体定律而发明的一种著名装置，与伽利略所用的斜面一样，具有减小落体加速度的作用，从而使实验易于观测.

例题2 **若将此装置置于电梯顶部，如图 2.3-2（a）所示，当电梯以加速度 $\boldsymbol{a}$ 相对地面竖直向上运动时，求两物体相对电梯的加速度和绳的张力.**

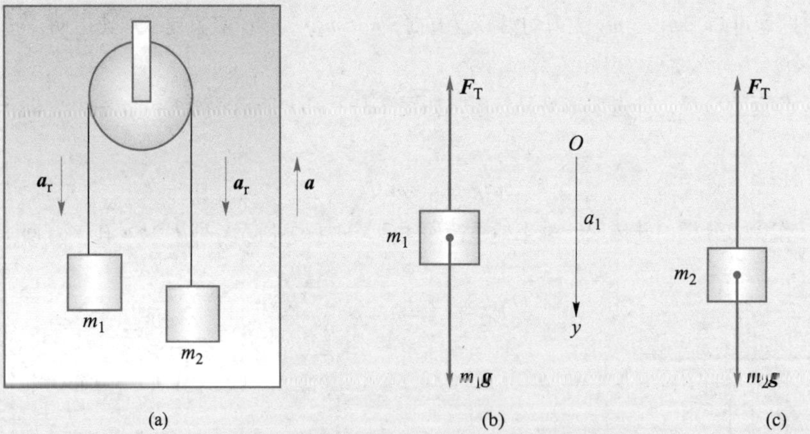

图 2.3-2

解： 根据题意和约束条件可设两物体相对于电梯的加速度大小为 a_r，方向如图 2.3-2（a）所示. 以地面为参考系，隔离 m_1 和 m_2 作受力分析和建立坐标系，如图 2.3-2（b）（c）所示，考虑到绳子的张力大小相等，均为 F_T. 分别列牛顿第二定律沿坐标方向投影分量方程：

$$m_1g-F_T=m_1a_1 \tag{1}$$

$$F_T-m_2g=m_2a_2 \tag{2}$$

根据相对运动加速度之间的关系，列补充方程：

$$a_1=a_r-a \tag{3}$$

$$a_2=a_r+a \tag{4}$$

求解方程组，得

$$a_r=\frac{m_1-m_2}{m_1+m_2}(g+a) \tag{5}$$

$$F_T=\frac{2m_1m_2}{m_1+m_2}(g+a) \tag{6}$$

相对于例题 1，例题 2 的不同之处在于需要考虑相对运动. 然而两个例题的结果比较引人深思. 从电梯中的观察者看，g 与 a 的作用地位完全等同，即它们在公式中的位置具有对称性. 换个角度说，设想一种情形对应没有地球，但 $a=g$，如图 2.3-3（a）所示；另一种情形对应地球存在，但 $a=0$，如图 2.3-3（b）所示. 在这两种情形下，在电梯中的观察者看到的力学效应完全相同，即相同的 a_r 和相同的张力，从而无法区别电梯处在哪种情形. 既然无法区别这两种情形，这两种情形就被认为是等效的. 即一个相对固定恒星以恒定加速度运动的参考系（第一种情形）与在均匀的引力场中的静止的惯性系（第二种情形）等效. 这就是等效原理. 爱因斯坦基于等效原理和相对性原理构建了广义相对论.

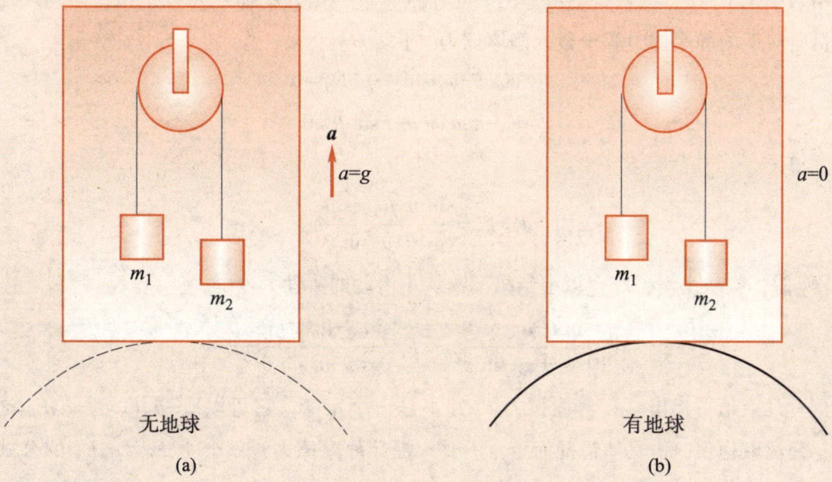

图 2.3-3

例题3 一质量为 m 的物块置于倾角为 θ 的固定斜面上，如图 2.3-4（a）所示. 物块与斜面间的静摩擦因数为 μ_0，$\mu_0<\tan\theta$. 现用一水平外力 $\boldsymbol{F}$ 推物块，欲使物块不滑动，$\boldsymbol{F}$ 的大小应满足什么条件？

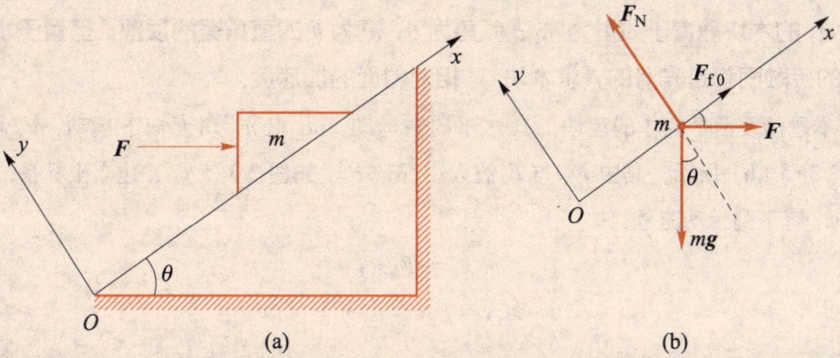

图 2.3-4

解： 这是一个平衡问题. 平衡问题可看成动力学的特例，即合力为零的情形. 根据题意，$\boldsymbol{F}$ 较小时，物块可沿斜面向下运动，$\boldsymbol{F}$ 足够大时，物块可沿斜面向上运动.

物块受重力 $m\boldsymbol{g}$、水平外力 $\boldsymbol{F}$、斜面的法向支承力 $\boldsymbol{F}_N$ 及静摩擦力 $\boldsymbol{F}_{f0}$ 四个力作用，如图 2.3-4（b）所示．根据平衡条件，有

$$m\boldsymbol{g}+\boldsymbol{F}_N+\boldsymbol{F}_{f0}+\boldsymbol{F}=\boldsymbol{0}$$

取如图所示的坐标，考察即将下滑的情形，沿斜面向上的静摩擦力等于最大静摩擦力，平衡方程的分量式为

$$F\cos\theta+F_{f0}-mg\sin\theta=0 \tag{1}$$

$$F_N-F\sin\theta-mg\cos\theta=0 \tag{2}$$

而

$$F_{f0}=\mu_0 F_N \tag{3}$$

由（1）式、（2）式和（3）式可解得

$$F=F_1=\frac{\sin\theta-\mu_0\cos\theta}{\cos\theta+\mu_0\sin\theta}mg \tag{4}$$

即当作用力小于 F_1 时，物块将下滑，但 F 也不能太大，因为物体还可以上滑，当物块即将上滑时，沿斜面向下的静摩擦力等于最大静摩擦力．平衡方程为

$$F\cos\theta-mg\sin\theta-\mu_0 F_N=0 \tag{5}$$

$$F_N-mg\cos\theta-F\sin\theta=0 \tag{6}$$

解此两式得

$$F=F_2=\frac{\sin\theta+\mu_0\cos\theta}{\cos\theta-\mu_0\sin\theta}mg \tag{7}$$

即当 $F>F_2$ 时，物块上滑，综合以上结果，物块不滑动的条件为

$$\frac{\sin\theta-\mu_0\cos\theta}{\cos\theta+\mu_0\sin\theta}mg<F<\frac{\sin\theta+\mu_0\cos\theta}{\cos\theta-\mu_0\sin\theta}mg$$

此例有几点值得指出：a．静摩擦力 F_{f0} 并不是一个定值，它可以取 $-\mu_0 F_N$ 到 $+\mu_0 F_N$ 之间的任一个值，究竟取何值，由具体情况而定，不要一提起静摩擦力，就套上 $F_{f0}=\mu_0 F_N$ 的公式．b．斜面上的物体对斜面的正压力，也不能简单地套用 $mg\cos\theta$，而要由运动方程决定．如本例中，F 垂直于斜面的分力使正压力增大．c．当 $\tan\theta\geqslant\dfrac{1}{\mu_0}$ 时，F_2 为负值或∞，表明 F 无论多大，物块 m 都不能沿斜面向上运动．

例题4 **一质量为 m_1 的木块静置于质量为 m_2、倾角为 θ、高为 h 的直角劈的顶部，劈置于水平面上．已知所有的接触面都是光滑的，求木块 m_1 相对斜面的加速度．**

解： 本题涉及两个物体的运动．m_2 水平向右运动，m_1 沿 m_2 斜面向下运动．m_2 和 m_1 的受力图如图 2.3-5（b）所示，其中 $\boldsymbol{F}_N$ 与 $\boldsymbol{F}_N'$ 的大小都是 F_N．如图 2.3-5（a）建立坐标系，根据投影关系，对 m_1 有下列运动方程：

$$m_1\ddot{x}_1=-F_N\sin\theta \tag{1}$$

$$m_1\ddot{y}_1=F_N\cos\theta-m_1 g \tag{2}$$

对 m_2：

$$m_2\ddot{x}_2=F_N\sin\theta \tag{3}$$

$$m_2\ddot{y}_2=O=F_R-F_N\cos\theta-m_2 g \tag{4}$$

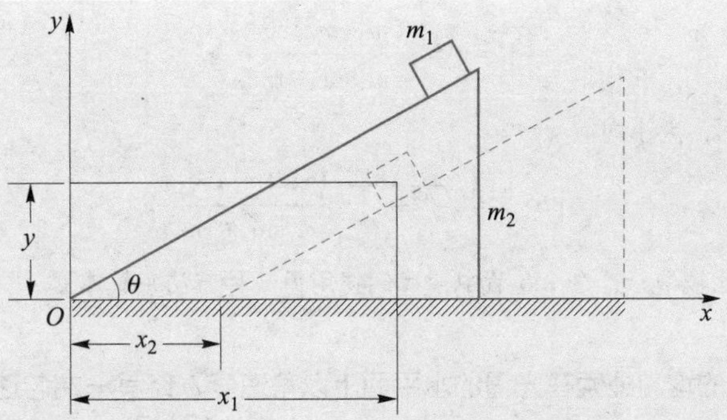

(a)

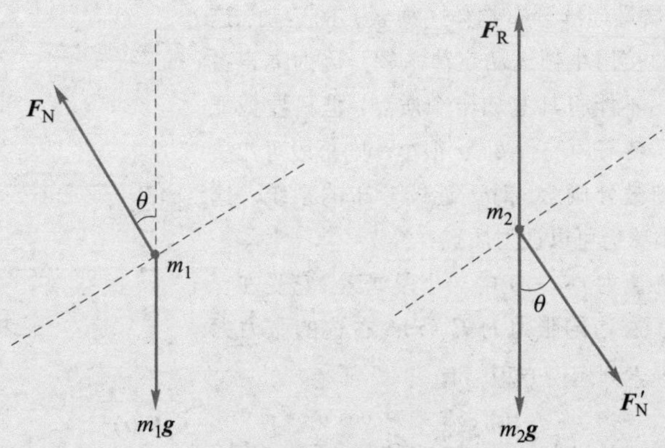

(b) m_1 和 m_2 的受力图

图 2.3-5

m_1 的坐标 x、y 与 m_2 的坐标 x_2 间还有约束联系. 由于 m_1 只能在斜面上运动，由图 2.3-5（a）可得约束方程:

$$y=(x_1-x_2)\tan\theta \tag{5}$$

若不涉及 F_R，可以暂时不考虑（4）式，由（1）式、（2）式、（3）式和（5）式即可求出 $\ddot{x}_1$、$\ddot{y}_1$、$\ddot{x}_2$和 F_N. 求解方程组，可得

$$\begin{aligned}
F_N&=\frac{m_1m_2g\cos\theta}{m_1\sin^2\theta+m_2}\\
\ddot{x}_2&=\frac{m_1\sin\theta\cos\theta}{m_1\sin^2\theta+m_2}g\\
\ddot{x}_1&=\frac{m_2\sin\theta\cos\theta}{m_1\sin^2\theta+m_2}g\\
\ddot{y}_1&=\frac{(m_2+m_1)\sin^2\theta}{m_1\sin^2\theta+m_2}g
\end{aligned} \tag{6}$$

本题要求 m_1 相对斜面的加连度，根据相对运动加速度之间的关系式,

$$a'=a-a_u$$

故有

$$\ddot{x}'=\ddot{x}_1-\ddot{x}_2=-\frac{(m_2+m_1)\sin\theta\cos\theta}{m_1\sin^2\theta+m_2}g$$

$$\ddot{y}'=\ddot{y}_1=-\frac{(m_2+m_1)\sin^2\theta}{m_1\sin^2\theta+m_2}g \tag{7}$$

$\boldsymbol{a}'$的方向显然沿斜面，大小为

$$|\boldsymbol{a}'|=\sqrt{\ddot{x}'^2+\ddot{y}'^2}=\frac{(m_2+m_1)\sin\theta}{m_1\sin^2\theta+m_2}g \tag{8}$$

本题求解过程比较复杂，在 2.6 节中，我们将用另一种方法来解本题.

例题5 **质量为 m_1、长为 l 的均匀绳索在光滑的水平面上以角速度 ω 绕其一端匀速旋转，在其自由端系有一质量为 m_2 的小球，求绳索中各点的张力（图 2.3-6）.**

解： 本例考察质量连续分布物体（绳索）的运动. 这种物体的运动不能直接用牛顿运动定律求解，因为绳索各部分运动情况不同，不能将其看成一个质点. 但只要把绳索分割成许多小段，使每段的长度 Δr 很小，则每段可作质点处理. 这就要用到微分概念. 对于连续分布的系统，这种方法是常用的. 小球仍可以视为质点.

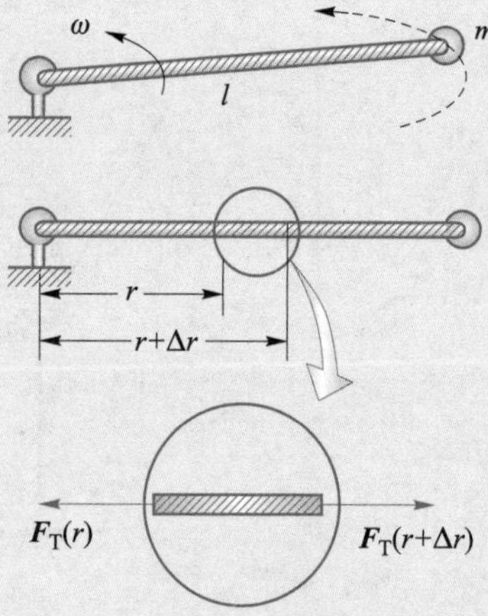

图 2.3-6　旋转绳索

考察到距中心距离为 $r\sim r+\Delta r$ 的一小段绳索. 它受左、右两边张力的作用，左边的张力为 $\boldsymbol{F}_\mathrm{T}(r)$，右边的张力为 $\boldsymbol{F}_\mathrm{T}(r+\Delta r)$，对该段绳索列运动方程，有

$$F_\mathrm{T}(r)-F_\mathrm{T}(r+\Delta r)=\frac{m_1}{l}\Delta r\cdot\omega^2 r \tag{1}$$

当 Δr 很小时，$F_\mathrm{T}(r)-F_\mathrm{T}(r+\Delta r)=-\frac{\mathrm{d}F_\mathrm{T}}{\mathrm{d}r}\Delta r$，上式变为

$$\mathrm{d}F_\mathrm{T}=-\frac{m_1}{l}\omega^2 r\mathrm{d}r$$

对上式两边分别积分，得

$$F_\mathrm{T}(l)-F_\mathrm{T}(r)=-\frac{m_1\omega^2}{2l}(l^2-r^2) \tag{2}$$

但

$$F_\mathrm{T}(l)=m_2\omega^2 l$$

代入（2）式，得

$$F_\mathrm{T}(r)=\frac{m_1\omega^2}{2l}(l^2-r^2)+m_2\omega^2 l \tag{3}$$

可见张力是 r 的函数，越接近固定端点，张力越大.

通过本题的求解可以看出，对有质量的绳索，当绳索作加速运动时，绳索各部分的张力并不相等. 在许多问题中，一般总认为绳索各处张力相同，那是忽略绳索质量或绳索无加速度（如静止）的情况. 例如本题中若认为 $m_1=0$，张力 F_T 就变为常量 $m_2\omega^2 l$ 了.

本题的运算过程表明，尽管我们不能直接用运动定律求出有质量的绳索中的张力，但应用微积分，我们可求得绳索中张力的微分所满足的方程，然后，用积分即可求出张力本身.

例题6 如图 2.3-7（a）所示，在固定不动的圆柱体上绕有绳索，绳两端挂大、小两桶，其质量分别为 $m'=1\ 000$ kg 和 $m=10$ kg，绳与圆柱体之间的摩擦因数为 $\mu=0.050$，绳的质量可以忽略．试问：为使两桶静止不动，绳至少需绕多少圈？

解： 这题同样将绳索分割成许多小段，每个小段可看作质点（质量忽略不计）处理．

对绳索微元进行受力分析，设绳索微元对应的圆心角为 $\mathrm{d}\theta$，如图 2.3-7（b）所示，考察绳子提供最大静摩擦力的情形，则有平衡方程（沿 $\mathrm{d}\boldsymbol{F}_{\mathrm{N}}$ 方向与垂直于 $\mathrm{d}\boldsymbol{F}_{\mathrm{N}}$ 方向）：

$$[(F_{\mathrm{T}}+\mathrm{d}F_{\mathrm{T}})+F_{\mathrm{T}}]\sin\frac{\mathrm{d}\theta}{2}=\mathrm{d}F_{\mathrm{N}} \quad (1)$$

$$(F_{\mathrm{T}}+\mathrm{d}F_{\mathrm{T}})\cos\frac{\mathrm{d}\theta}{2}=F_{\mathrm{T}}\cos\frac{\mathrm{d}\theta}{2}+\mu\mathrm{d}F_{\mathrm{N}} \quad (2)$$

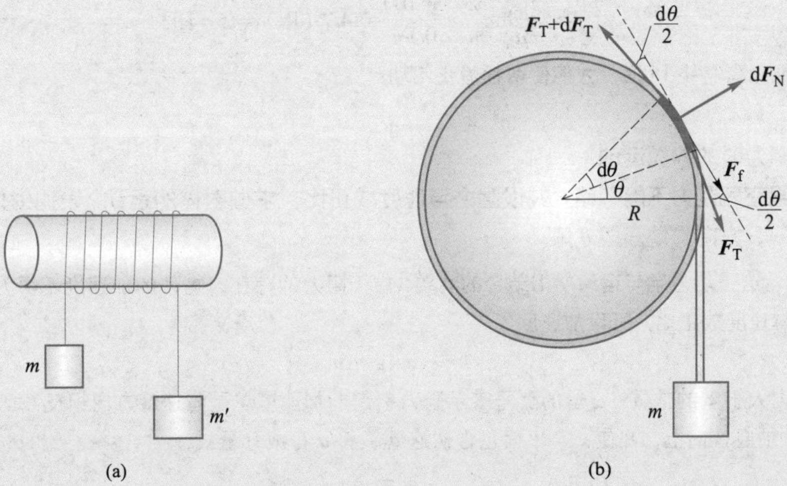

图 2.3-7

其中 $\mathrm{d}F_{\mathrm{N}}$ 为绳索微元所受到的柱体对其的支承力，即绳索微元对柱体的正压力．化简后，

$$(2F_{\mathrm{T}}+\mathrm{d}F_{\mathrm{T}})\sin\frac{\mathrm{d}\theta}{2}=\mathrm{d}F_{\mathrm{N}}$$

$$\mathrm{d}F_{\mathrm{T}}\cos\frac{\mathrm{d}\theta}{2}=\mu\mathrm{d}F_{\mathrm{N}}$$

因 $\mathrm{d}\theta$ 很小，有

$$\sin\frac{\mathrm{d}\theta}{2}\approx\frac{\mathrm{d}\theta}{2},\qquad \cos\frac{\mathrm{d}\theta}{2}\approx 1$$

故有

$$2F_{\mathrm{T}}\frac{\mathrm{d}\theta}{2}+\mathrm{d}F_{\mathrm{T}}\frac{\mathrm{d}\theta}{2}=\mathrm{d}F_{\mathrm{N}} \quad (3)$$

$$\mathrm{d}F_{\mathrm{T}}=\mu\mathrm{d}F_{\mathrm{N}} \quad (4)$$

忽略高阶小量，得

$$F_{\mathrm{T}}\mathrm{d}\theta=\mathrm{d}F_{\mathrm{N}} \quad (5)$$

$$\mathrm{d}F_{\mathrm{T}}=\mu\mathrm{d}F_{\mathrm{N}}$$

消去 $\mathrm{d}F_{\mathrm{N}}$，得

$$\frac{\mathrm{d}F_{\mathrm{T}}}{F_{\mathrm{T}}}=\mu\mathrm{d}\theta$$

对两边分别积分，得

$$\ln F_T=\mu\theta+C \tag{6}$$

因 $\theta=0$ 时，$F_T=mg$，故积分常量为 $C=\ln mg$，代入得

$$F_T=mge^{\mu\theta} \tag{7}$$

这就是在绳索提供最大静摩擦力的情形下为使两桶静止，绳索中张力随 θ 的变化. 与小桶连接处（$\theta=0$），绳的张力最小，为 $F_{T\min}=mg$；与大桶连接处，绳提供的张力应大于等于 $m'g$. 设绳索共绕 n 圈，得

$$mge^{\mu\cdot 2\pi n}\geqslant m'g$$

即

$$n\geqslant\frac{1}{2\pi\mu}\ln\frac{m'}{m}=\frac{\ln 100}{0.1\pi}=14.7\ (\text{圈})\approx 15\ (\text{圈})$$

即绳至少需绕 15 圈，才能使两桶静止不动.

例题7 **有空气阻力时的斜抛运动.**

如果空气阻力不能忽略，并设阻力与速度成正比，求抛射体的运动. 设抛射体初速度的大小为 v_0，方向与地面成 θ 角.

解： 这是动力学与运动学相结合的问题. 由于阻力的存在，物体的加速度不再为常量 $\boldsymbol{g}$. 既然阻力与速度成正比，可设加速度

$$\boldsymbol{a}=\boldsymbol{g}-\alpha\boldsymbol{v} \tag{1}$$

式中 α 为大于零的常量，α 前的负号表示阻力引起的加速度总是与速度方向相反. 取 x 轴沿水平方向，y 轴竖直向上，并使 x-y 平面包含初速 $\boldsymbol{v}_0$，将 $\boldsymbol{a}$ 写成分量式：

$$a_x=-\alpha v_x \tag{2}$$

$$a_y=-g-\alpha v_y \tag{3}$$

由于加速度的 x 分量（y 分量）仅与速度的 x 分量（y 分量）有关，则根据第一章运动学中的知识，x 方向与 y 方向的运动是独立的，从而可以分别独立求解.

$$a_x=\frac{dv_x}{dt}=-\alpha v_x$$

即

$$\frac{dx}{v_x}=-\alpha dt$$

对两边分别积分：

$$\int_{v_{0x}}^{v_x}\frac{dv_x}{v_x}=\int_0^t-\alpha dt$$

得

$$\ln(v_x/v_{0x})=-\alpha t$$

即

$$v_x=v_{0x}e^{-\alpha t}=v_0\cos\theta e^{-\alpha t} \tag{4}$$

又

$$v_x=\frac{dx}{dt}$$

即

$$dx=v_x dt=v_0\cos\theta e^{-\alpha t}dt$$

对两边再分别积分：

$$\int_0^x dx=\int_0^t v_0\cos\theta e^{-\alpha t}dt$$

得

$$x=\frac{v_0\cos\theta}{\alpha}(1-e^{-\alpha t}) \tag{5}$$

同理，

$$a_y=\frac{dv_y}{dt}=-g-\alpha v_y$$

即

$$\frac{dv_y}{\frac{g}{\alpha}+v_y}=-\alpha dt$$

对两边分别积分得

$$\ln\left(\frac{g}{\alpha}+v_y\right)\Bigg|_{v_{0y}}^{v_y}=-\alpha t$$

将 $t=0$ 时 $v_y=v_{0y}=v_0\sin\theta$ 代入，得

$$v_y=\left(v_0\sin\theta+\frac{g}{\alpha}\right)e^{-\alpha t}-\frac{g}{\alpha} \tag{6}$$

同理得

$$y=\frac{1}{\alpha}\left(v_0\sin\theta+\frac{g}{\alpha}\right)(1-e^{-\alpha t})-\frac{g}{\alpha}t \tag{7}$$

图 2.3-8 画出了抛体运动空气中的实际轨道和真空中轨道，空气中的射程和射高均减小.

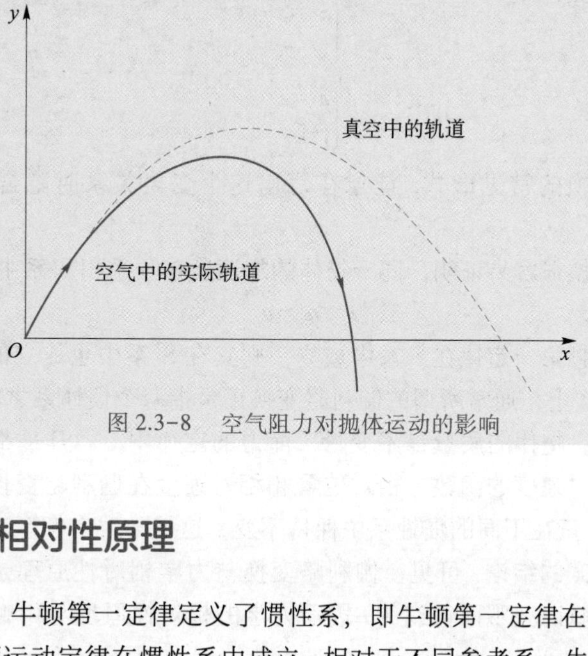

图 2.3-8　空气阻力对抛体运动的影响

2.4　力学相对性原理

如前面所述，牛顿第一定律定义了惯性系，即牛顿第一定律在其中成立的参考系为惯性系. 牛顿运动定律在惯性系中成立. 相对于不同参考系，牛顿力学定律的形

式是否完全一样呢？在任何惯性系中，力学定律具有相同的形式．这一原理称为力学相对性原理，这一原理从逻辑推理的角度不难理解．牛顿运动定律在惯性系中成立，这句话本身就意味着在任何惯性系中力学定律应具有相同的形式．

伽利略首先对这一原理作了详细的描述．他在《关于托勒密和哥白尼两大世界体系的对话》中，详细记载了在船上观察到的力学现象："只要运动是匀速的……你无法从其中任何一个现象来确定船是在运动还是停着不动……你跳向船尾也不会比跳向船头来得远，虽然你跳在空中时，脚下的船底板向着你跳的相反方向移动．你把无论什么东西扔给你的同伴时，如果你的同伴在船头而你在船尾，你所用的力并不比你们两个站在相反位置时所用的力更大．水滴将像先前一样，滴进下面的罐子，一滴也不会滴向船尾，虽然水滴在空中时，船已行驶了相当距离……"故通常又把力学相对性原理称为伽利略相对性原理．不过伽利略并没有提出相对性原理这一名称．历史上，是惠更斯首先应用这一原理并把它看成力学的基本规律的．我国两汉成书的《春秋纬·考灵曜》中也早已有类似的记载："地恒动不止，而人不知，比如人在大舟中，闭牖而坐，舟行不觉也．"

力学相对性原理与牛顿的绝对时空观是紧密联系在一起的．可以说它们互为前提条件，由牛顿的绝对时空观可以导出牛顿力学的相对性原理，反之亦然．牛顿的绝对时空观认为，时间和空间的量度和参考系无关，长度和时间间隔的测量是绝对的，在不同参考系中测量值相同，与参考系无关．

力学相对性原理与牛顿的时空观的联系可以由伽利略变换进一步说明．设参考系 S′相对于惯性参考系 S 沿 x 轴方向以速率 u 作匀速直线运动，在 $t=0$ 时刻，两坐标系的原点重合，选取坐标轴 x'、y'、z'分别与 x、y、z 平行．则同一物体在 S 与 S′系中的坐标变换和时间变换关系为

$$\begin{cases} x'=x-ut \\ y'=y \\ z'=z \\ t'=t \end{cases}$$

这就是伽利略变换的常见形式．注意在写出这个变换关系时隐含着采用了牛顿时空观．

由伽利略变换很容易证明，同一物体的加速度在 S 系和 S′系中相等，即

$$\boldsymbol{a}'=\boldsymbol{a}$$

这就导致如果牛顿第一定律在 S 系中成立，则其在 S′系中也成立的结论．因而 S′系也是惯性系．事实上，通常所谓的伽利略变换正是指两个惯性系之间的坐标变换．在牛顿力学范围内，物体的质量是不变量，而力的定律中，力几乎都表现为物体相对位置的函数或相对速度的函数，相对位置和相对速度在伽利略变换下又是不变的，所以 $\boldsymbol{F}$、m、$\boldsymbol{a}$ 各量在不同的惯性系中保持不变，这就导致牛顿运动定律在任何惯性系内具有相同形式的结论．可见，伽利略变换与力学相对性原理是一致的，而伽利略变换是基于牛顿时空观而得到的．因而力学的相对性原理与牛顿时空观是紧密联系着的．

力学相对性原理及伽利略变换为解决某些力学问题带来了方便. 有时一个问题在某一个惯性参考系中考察比较复杂，而在另一个惯性参考系中考察却比较简单，于是只要变换一下参考系，问题就迎刃而解了. 下面看两个例子.

例题1 **一汽车轮子在地面上以速度 $\boldsymbol{u}$ 匀速滚动. 在某一瞬时，一小石块轻轻地掉在轮的顶部，随即与轮一起运动，设石块与轮子的静摩擦因数 $\mu_0=1$，问轮子滚过多少距离后石块将开始滑动？设轮子的半径为 R.**

解： 本题可不考虑石块对轮子运动的影响. 如果取地面为参考系，石块的运动比较复杂，滑动的条件也难以判断. 如果取与轮子中心一起运动的平动参考系，问题就简单得多了. 在此参考系（也是惯性系）中轮子只作绕轮子中心的转动.

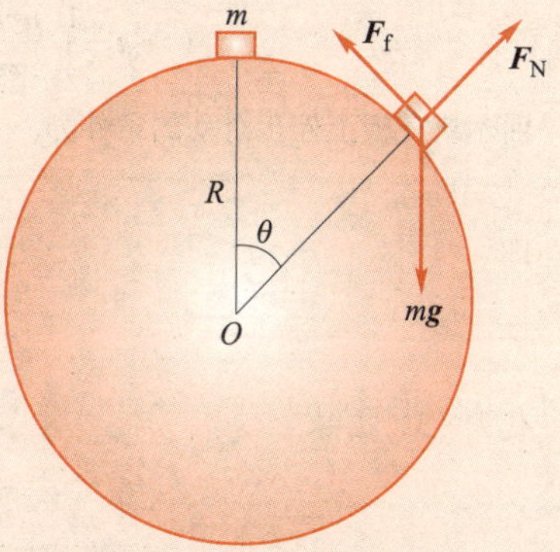

图 2.4-1　车轮上的石块

当石块随车轮转过 θ 角时（图 2.4-1），作用于石块的三个力为重力 $m\boldsymbol{g}$，轮的支承力 $\boldsymbol{F}_N$ 和摩擦力 $\boldsymbol{F}_f$. 石块的切向和法向运动方程分别为

$$mg\sin\theta-F_f=0 \quad (\text{切向}) \qquad (1)$$

$$mg\cos\theta-F_N=m\omega^2R \quad (\text{法向}) \qquad (2)$$

式中 m 为石块质量，ω 为轮子转动角速度. 随着 θ 的增大，$mg\sin\theta$ 增大，当 $mg\sin\theta$ 增大到等于最大静摩擦力时，石块开始滑动，此时应有

$$F_f=\mu_0F_N=F_N \qquad (3)$$

由（3）式及（1）式、（2）式即得

$$mg\sin\theta=F_N=mg\cos\theta-m\omega^2R$$

$$\cos\theta-\sin\theta=\frac{\omega^2R}{g}$$

利用 $\cos\theta=\sin\left(\theta+\frac{\pi}{2}\right)$ 及 $\sin\alpha-\sin\beta=2\sin\frac{1}{2}(\alpha-\beta)\cdot\cos\frac{1}{2}(\alpha+\beta)$，不难求得

$$\theta=\arccos\left(\frac{1}{\sqrt{2}}\frac{\omega^2R}{g}\right)-\frac{\pi}{4}$$

但由滚动条件，$\omega R=u$，故

$$\theta=\arccos\left(\frac{1}{\sqrt{2}}\frac{u^2}{Rg}\right)-\frac{\pi}{4}$$

轮子滚过的距离为

$$s=\theta R=R\arccos\left(\frac{1}{\sqrt{2}}\frac{u^2}{Rg}\right)-\frac{\pi R}{4}$$

例题2 **水平放置的平板以恒定速度 $\boldsymbol{u}$ 向东运动，板上一木块以初速度 $\boldsymbol{v}_0$ 朝北（相对地球而言）出射，设木块与板的摩擦因数为 μ，求木块在板上停止滑动时的位置.**

解： 取 x 轴向东，y 轴向北，木块出射处为原点. 相对地球参考系，木块的运动相当复杂，因为木块所受摩擦力的方向不易确定（与相对速度反向，从而与待求的木块速度有关，读者可自行分析一下木块相对地球运动的大致情况）. 但若取板为参考系，并取板参考系的 x'、y' 坐标轴

与 x、y 轴平行，$t=0$ 时两原点重合，则木块在水平方向只受摩擦力作用，摩擦力方向与木块相对板的速度方向相反，所以木块在板上作匀减速直线运动，从而问题大大简化.

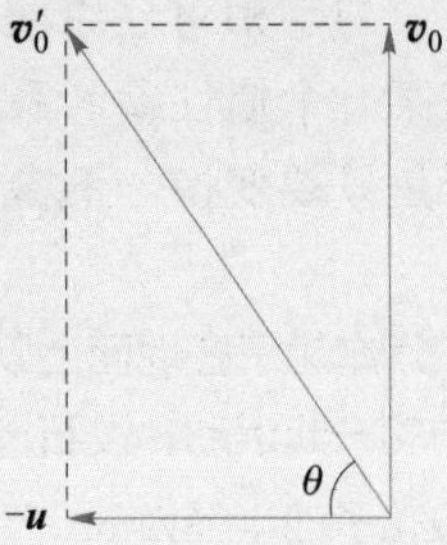

图 2.4-2　木块相对平板的速度

木块相对板的初速（图 2.4-2）:

$$\boldsymbol{v}_0'=\boldsymbol{v}_0-\boldsymbol{u}=-u\boldsymbol{i}+v_0\boldsymbol{j} \tag{1}$$

$$v_0'=\sqrt{v_0^2+u^2} \tag{2}$$

设木块在板上的运动路程为 s，则

$$s=v_0't-\frac{1}{2}\frac{\mu mg}{m}t^2=v_0't-\frac{\mu g}{2}t^2 \tag{3}$$

而木块在板上停止滑动的条件为

$$v'=v_0'-\mu gt=0$$

即

$$t=\frac{v_0'}{\mu g}$$

代入（3）式得

$$s=\frac{1}{2}\frac{v_0'^2}{\mu g}$$

由此，停止时的 x'、y' 坐标为

$$x'=-s\cos\theta=-\frac{v_0'^2}{2\mu g}\cdot\frac{u}{v_0'}=-\frac{v_0'u}{2\mu g}$$

$$y'=s\sin\theta=\frac{v_0'^2}{2\mu g}\cdot\frac{v_0}{v_0'}=\frac{v_0'v_0}{2\mu g} \tag{4}$$

相对于 Oxy 坐标系，由伽利略变换得

$$x=x'+ut=-\frac{v_0'u}{2\mu g}+u\frac{v_0'}{\mu g}=\frac{uv_0'}{2\mu g}=\frac{u\sqrt{u^2+v_0^2}}{2\mu g}$$

$$y=y'=\frac{v_0v_0'}{2\mu g}=\frac{v_0\sqrt{u^2+v_0^2}}{2\mu g} \tag{5}$$

读者不难求得木块位置（x，y）与时间的关系.

2.5 非惯性系与惯性力

我们知道，牛顿运动定律在所有惯性系中成立，牛顿运动定律可以描述一切宏观力学现象，因而在惯性系中的一切力学现象都可以用牛顿运动定律解释. 但是，严格定义下的惯性系是没有的，在实际应用中往往将实际的参考系近似看作惯性系，以此对宏观力学现象作出较好的描述. 然而，当实际的参考系无法近似为惯性系，或者当某些力学现象无法用近似的惯性参考系的力学规律解释时，我们该怎么办？这就涉及非惯性系中力学现象的分析与理解. 所谓非惯性系，是指牛顿第一定律（惯性定律）在其中不成立的参考系，或者指除了惯性系的其他参考系. 在非惯性系中，牛顿运动定律不适用，但是也可以假想，在非惯性系中，除了物体相互作用的真实力以外，还有一种由于非惯性系引起的虚拟力——惯性力，这样在形式上可以仍然运用牛顿运动定律（主要是牛顿第二定律）描述非惯性系中的力学现象. 惯性力是虚拟力，没有真正施力者，所以也就没有反作用力. 从惯性系拓展到非惯性系，大大拓宽了我们观察力学现象的视野，其中关键点是弄清楚非惯性系中的各种惯性力. 下面分析与讨论两种典型的非惯性系中的惯性力.

（1）平动非惯性系中的惯性力.

设想一小球静置于原来静止的火车内的光滑台面上. 当火车沿直轨道加速前进时，小球将相对火车加速后退（图 2.5-1）. 这一现象对相对地面静止的观察者来说完全符合牛顿运动定律，因小球在水平方向不受力，当火车加速前进时它仍应相对地面静止，故它相对火车加速后退. 但在火车上的观察者看来，小球在水平方向不受力，却向后加速，这是不符合牛顿运动定律的. 但如果设想小球受到一个与火车的加速度 $\boldsymbol{a}_{\mathrm{f}}$ 方向相反、大小为 ma_{f}（m 为小球质量）的假想的力（虚拟力）$\boldsymbol{F}_{\mathrm{i}}=-m\boldsymbol{a}_{\mathrm{f}}$ 的作用，小球的运动就符合牛顿运动定律了.

设想将此小球系于弹簧一端，弹簧另一端固定在车厢前壁（图 2.5-2）. 当火车以加速度 $\boldsymbol{a}_{\mathrm{f}}$ 前进时，小球将相对火车后退，同时拉伸弹簧. 当将弹簧拉伸到适当长度时，可使小球相对台面静止. 在地面上的观察者看来，这时小球受弹簧拉力而与火车一起加速前进，符合牛顿运动定律；但在火车上的观察者看来，小球受向前的弹簧拉力，却静止不动，不符合牛顿运动定律. 但如设想小球除受弹簧拉力外还受一虚拟力 $\boldsymbol{F}_{\mathrm{i}}=-m\boldsymbol{a}_{\mathrm{f}}$ 的作用，小球的运动又符合牛顿运动定律了.

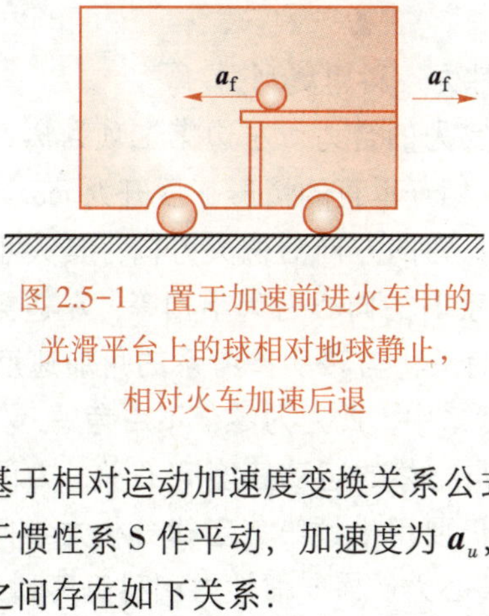

图 2.5-1　置于加速前进火车中的光滑平台上的球相对地球静止，相对火车加速后退

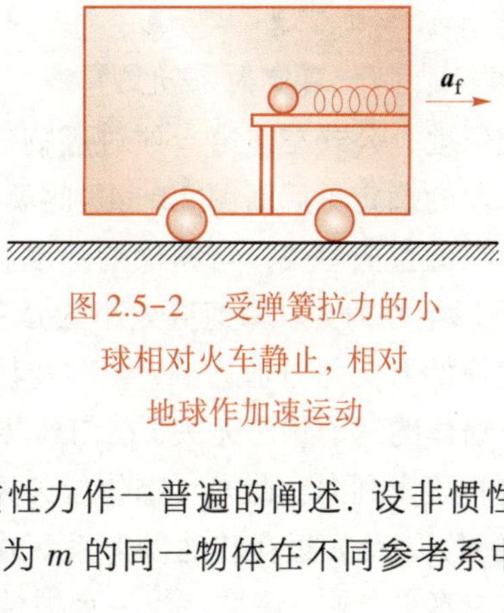

图 2.5-2　受弹簧拉力的小球相对火车静止，相对地球作加速运动

基于相对运动加速度变换关系公式可对惯性力作一普遍的阐述. 设非惯性系 S′ 相对于惯性系 S 作平动，加速度为 $\boldsymbol{a}_u$，则质量为 m 的同一物体在不同参考系中的加速度之间存在如下关系：

$$\boldsymbol{a}=\boldsymbol{a}'+\boldsymbol{a}_u$$

其中 $\boldsymbol{a}$ 与 $\boldsymbol{a}'$ 分别为物体在 S 和 S′ 系中的加速度. 公式两边乘以 m 得

$$m\boldsymbol{a}=m\boldsymbol{a}'+m\boldsymbol{a}_u$$

移项后，

$$m\boldsymbol{a}+(-m\boldsymbol{a}_u)=m\boldsymbol{a}'$$

在 S′ 系中，如果想在形式上回到 $\boldsymbol{F}'=m\boldsymbol{a}'$ 去描述力学现象，只需将公式的左边理解为在 S′ 系中物体所受的合力即可. 根据在 S 系中对力学现象的理解，$m\boldsymbol{a}$ 这一项对应物体所受真实力的合力，则 $-m\boldsymbol{a}_u$ 对应 S′ 系中物体所受的惯性力. 其对应关系如下所示：

$$m\boldsymbol{a}+(-m\boldsymbol{a}_u)=m\boldsymbol{a}'$$

⬇ ⬇

真实力　惯性力

因此，在S′系中，对物体作受力分析时，除了分析物体所受的真实力外，还须多考虑一个力，即惯性力，此力表示为$-m\boldsymbol{a}_u$，其方向与$\boldsymbol{a}_u$方向相反，大小正比于S′系的加速度a_u、正比于物体的惯性质量. 在力的大小正比于物体的惯性质量这一点上，它跟与引力质量成正比的引力有相似之处. 值得指出的是，此惯性力与物体所处的位置无关，与其运动状态无关，类似于重力. 在分析力学问题时，可以将它看作另一个重力（引力），与重力（引力）作等效处理. 这往往大大方便对非惯性系中力学问题的分析和求解. 前面关于加速火车参考系中小球的力学现象在考虑小球所受真实力和这个惯性力后就很容易在形式上用牛顿第二定律解释.

（2）转动非惯性系中的惯性力.

设S′系与S系原点始终重合，S′系相对于惯性系S系以角速度$\boldsymbol{\omega}$、角加速度$\boldsymbol{\alpha}$转动，则根据第一章相对运动的结果，质量为m的同一物体在两参考系中的加速度之间存在下列变换关系：

$$\boldsymbol{a}=\boldsymbol{a}'+\boldsymbol{\omega}\times(\boldsymbol{\omega}\times\boldsymbol{r}')+\boldsymbol{\alpha}\times\boldsymbol{r}'+2\boldsymbol{\omega}\times\boldsymbol{v}'$$

两边乘以m，并移项后，有

$$m\boldsymbol{a}+[-m\boldsymbol{\omega}\times(\boldsymbol{\omega}\times\boldsymbol{r})]+(-m\boldsymbol{\alpha}\times\boldsymbol{r})+2m\boldsymbol{v}'\times\boldsymbol{\omega}=m\boldsymbol{a}'$$

⬇ ⬇ ⬇ ⬇

真实力　离心力　横向惯性力　科里奥利力

类似地，公式左边第一项对应物体所受真实力的合力；左边第二项为离心力，此力方向的确定见后面图2.6-4. 此项在$\boldsymbol{\omega}$与$\boldsymbol{r}'$相互垂直的情形下展开为$m\omega^2\boldsymbol{r}'$，与物体所在的位矢有关，与物体的运动状态无关，力的方向沿位矢方向，其大小与物体m作以半径为r'、角速度大小为ω的圆周运动时的向心力大小相等；左边第三项为横向惯性力，此力垂直于$\boldsymbol{r}'$，与物体的位矢有关，与转动参考系的角加速度$\boldsymbol{\alpha}$有关，与物体的运动状态无关. 在匀速转动的参考系中，此力为零，不用考虑. 左边第四项为科里奥利力，此力与物体位矢无关，但与物体的运动速度$\boldsymbol{v}'$有关，力的方向垂直于$\boldsymbol{v}'$. 因此如果在转动参考系S′中形式上仍要用牛顿第二定律分析力学问题，除了考虑真实力外，还需考虑三个惯性力，即离心力、横向惯性力和科里奥利力. 在某些情况下，三个惯性力中的某个力或某两个力可能为零，不用考虑. 这取决于转动参考系S′是否存在角加速度以及物体在转动参考系S′中是否运动，即$\boldsymbol{v}'$是否为零.

2.6 非惯性系中的力学现象与力学问题分析

原则上对于所有力学现象，都可以在惯性参考系中，基于受力分析，利用牛顿第二定律给予解释. 然而，对于某些物理现象，通过引入惯性力，形式上仍然利用牛顿第二定律，在非惯性系中能够得到更直观更清晰的解释. 下面先介绍非惯性系中的一些力学现象及其与惯性力的关系，接着介绍一些力学问题的分析与求解.

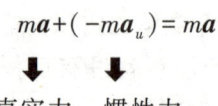

(1) 潮汐现象.

涨潮、落潮是海水受太阳和月亮引力及地球这个非惯性系中的惯性力共同作用的结果. 下面以太阳的作用为例解释这一现象.

地球绕太阳公转，考虑地心这个平动加速参考系. 在地心 O 处，质元受太阳引力 F_O 与惯性力 f_O 相等（为什么，请同学思考）. 在这个平动参考系中，相同质量质元所受的惯性力处处相同. 在一天时间内，太阳与地球的相对位置几乎不变，如图 2.6-1 所示. 下面主要分析相同质元在地球不同之处受力的差别，它是引起潮汐现象的原因.

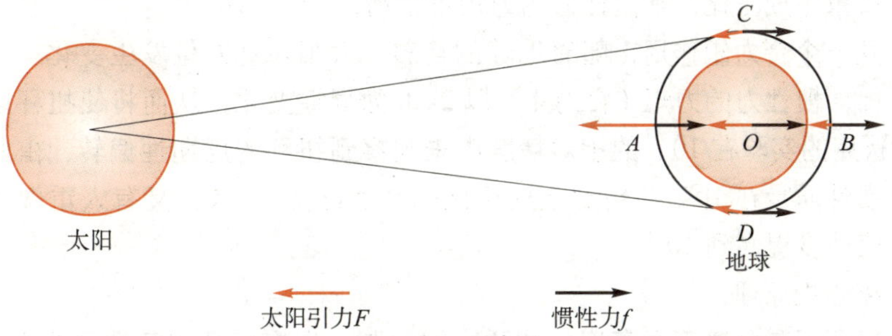

图 2.6-1

在 A 处，由于距离太阳更近，同质量海水质元受到的引力大于惯性力，故有

$$F_A > f_A$$

在 B 处，由于距离太阳较远，同质量海水质元受到的引力小于惯性力，故有

$$F_B < f_B$$

A、B 两处海水所受的太阳引力与惯性力的合力的指向均背离地球，在 C、D 两处，太阳引力与惯性力大小基本相等，合力指向地心，如图 2.6-2 所示.

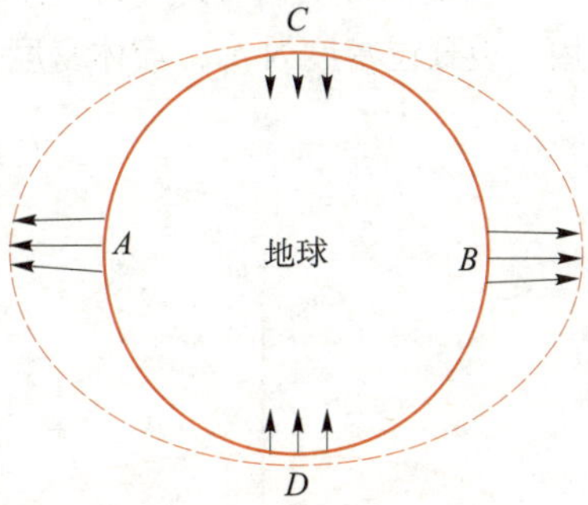

图 2.6-2

由于上述相同质元在地球不同之处受力的差别，使得海水表面呈图 2.6-2 中虚线所示的形状. 当地球自转一周时，地球上任一点（两极除外）的海面高度将有两次涨落变化（经过 A、B 及附近区域时出现涨潮，经过 C、D 及附近区域时出现落潮）.

以上讨论没有涉及月球的引力作用. 实际上，由于月球离地球较近，由地球半径这一距离差造成的引力改变更可观，故月球对潮汐的作用比太阳更大.

(2) 厄特沃什实验.

利用惯性力与惯性质量成正比的性质，匈牙利物理学家厄特沃什在 1908 年完成了一个证明引力质量与惯性质量成正比的令人信服的实验. 20 世纪 60 年代，狄克与他的合作者在厄特沃什的基础上，对实验的方法和技术进行了改进. 这里简单介绍一下狄克的实验.

图 2.6-3 是这一实验的示意图. 不同质量的物体 A 和 B 系在一根棒的两端，并用细丝将棒水平地悬挂起来，构成一个扭秤. 由于地球绕太阳公转，在地球这一平动非惯性系中，A、B 不仅要受到太阳的引力 $\boldsymbol{F}$ 的作用，而且要受到惯性力 $\boldsymbol{F}_i$ 的作用，其中 F 与引力质量成正比，F_i 与惯性质量成正比. 设想扭秤位于地球北极，太阳在水平方位并且将扭秤调整到引力力矩平衡位置，如果引力质量与惯性质量不成正比，则惯性力的力矩不平衡，扭秤就要受一个合力矩作用，随着地球的自转，太阳表观方位发生变化，引力的力矩始终平衡，惯性力的力矩（合力矩）以 24 h 为周期变化，从而将使扭秤以相同周期摆动. 狄克的实验在 10^{-11} 的相对精度内未观察到扭秤的周期性偏转，由此证明引力质量与惯性质量在 10^{-11} 的精度上成正比. 20 世纪 70 年代，又有人重做厄特沃什实验，并使精度提高到 10^{-13}.

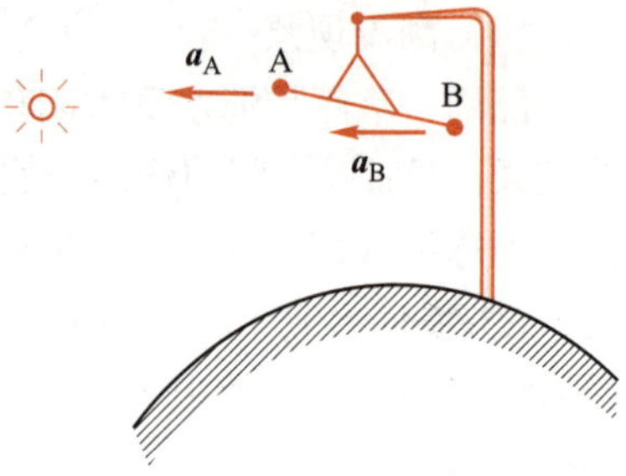

图 2.6-3　厄特沃什实验（狄克所做）示意图

（3）离心机原理.

离心机可用来分离不同密度的物质，如油脂、生物制品和各种同位素. 离心机的原理可用转动参考系中的离心力来说明. 在转动参考系中，离心力为 $-m\boldsymbol{\omega}\times(\boldsymbol{\omega}\times\boldsymbol{r}')$ 其方向如图 2.6-4 所示.

离心机的构造如图 2.6-5 所示，当它绕竖直轴高速旋转时，原处于竖直位置的盛有待分离溶液的试管因受离心力而逐渐倾斜，直至近于水平. 这时处于管内的溶质颗粒 P 将受向外的离心力（另一个重力）和向中心的浮力（对应于另一个重力）共同作用，设颗粒密度为 ρ_P，液体密度为 ρ_V，颗粒的半径为 r_a，则颗粒所受向外合力 F 为

$$F=\frac{4}{3}\pi r_a^3(\rho_P-\rho_V)\omega^2 r'$$

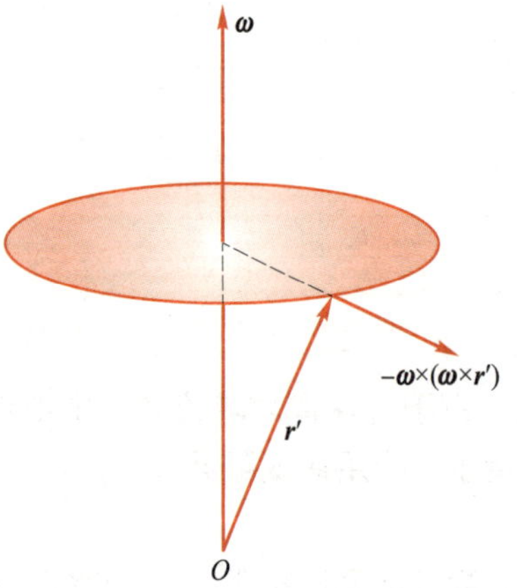

图 2.6-4　离心力方向的确定

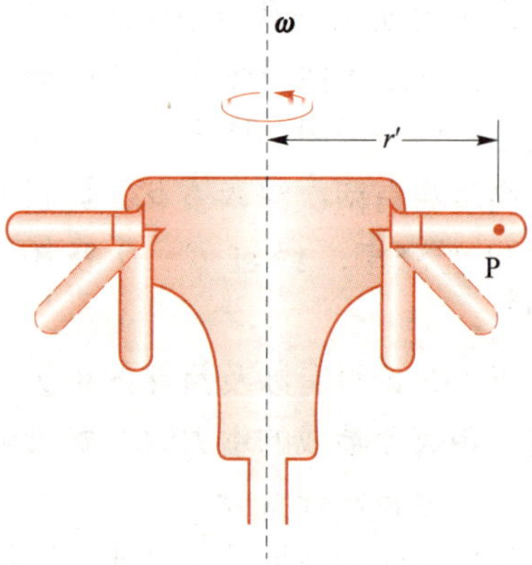

图 2.6-5　离心机的构造

当 $\rho_P<\rho_V$ 时，此力指向中心；当 $\rho_P>\rho_V$ 时，此力背离中心. 而在重力场中，溶质颗粒在溶液内受到的向下的合力为

$$F_0=\frac{4}{3}\pi r_a^3(\rho_P-\rho_V)g$$

两者之比为

$$\frac{F}{F_0}=\frac{\omega^2 r'}{g} \tag{2.6-1}$$

近代离心机，此比值可达数千，这就大大加快了沉淀或分离的速度. 现代超离心机可使此比值高达 $10^4\sim10^6$，在小范围内甚至可达 10^9，从而使原子量仅相差 1%的同位素的分离成为可能.

(4) 重力和纬度的关系.

由于地球的自转，在地球上测得的物体的重力并非物体的真实重力，而是表观重力. 表观重力 $\boldsymbol{P}_\lambda$ 与物体所在处的纬度有关，它是物体所受引力 $\boldsymbol{P}$ 和离心力 $\boldsymbol{F}_c$ 的矢量和（图 2.6-6）. 在纬度 λ 处，离心力

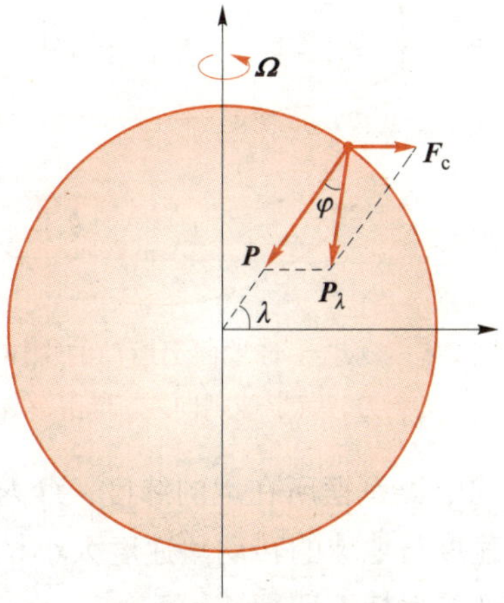

图 2.6-6　重力与纬度的关系

$$F_c=m\Omega^2R\cos\lambda$$

式中 Ω 是地球的自转角速率，R 是地球半径. 由于 $F_c\ll P$，表观重力 P_λ 近似等于

$$P_\lambda\approx P-F_c\cos\lambda=P-m\Omega^2R\cos^2\lambda \tag{2.6-2}$$

因 $\Omega=(2\pi/86\,400)\ \mathrm{rad/s}=7.3\times10^{-5}\ \mathrm{rad/s}$，$R=6.4\times10^6\ \mathrm{m}$，由此算得 $\frac{\Omega^2R}{g}\approx0.3\%$，故 P_λ 与 P 相差最大（赤道处）不过 0.3%. 而 $\boldsymbol{P}_\lambda$ 与 $\boldsymbol{P}$ 的夹角 φ 由图 2.6-6 可知，

$$\varphi\approx\frac{F_c\sin\lambda}{P}=\frac{m\Omega^2R\cos\lambda\sin\lambda}{mg}=\frac{\Omega^2R\sin2\lambda}{2g} \tag{2.6-3}$$

可见 φ 在 $\lambda=45^\circ$ 处最大，$\varphi_{max}=\frac{\Omega^2R}{2g}=0.15\%\approx6'$.

(5) 傅科摆.

地球是一个转动系，在地球上运动的物体也受科里奥利力的作用.

例如，在北半球，$\boldsymbol{\Omega}$ 向上，沿水流方向河流对右岸的冲击较剧烈；沿火车前进方向火车对右轨的偏压较大（在南半球则对左岸和左轨作用大）. 夏季强热带风暴的漩涡为逆时针方向（俯视）（图 2.6-7）.

自由落体因受科里奥利力的作用，会向东偏斜.

在北半球的单摆由于受科里奥利力的作用，摆球轨迹每次都向运动方向的右方偏斜，最后使摆平面沿顺时针方向转动（图 2.6-8）. 由计算可得，转动角速度为

$$\omega=-\Omega\sin\lambda$$

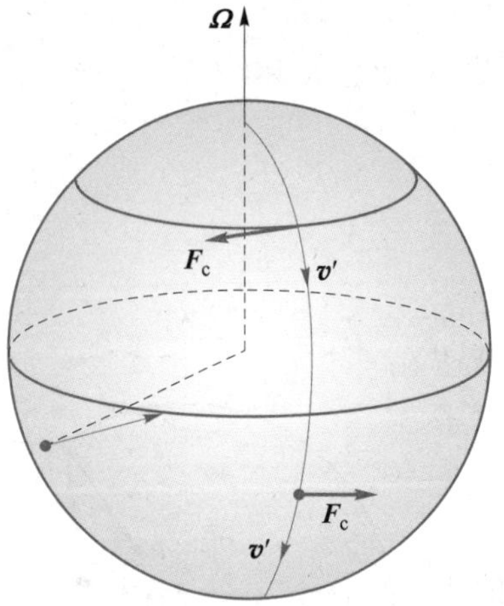

图 2.6-7　北半球地面上运动的物体受向右的科里奥利力，南半球则向左. 自由落体向东偏斜

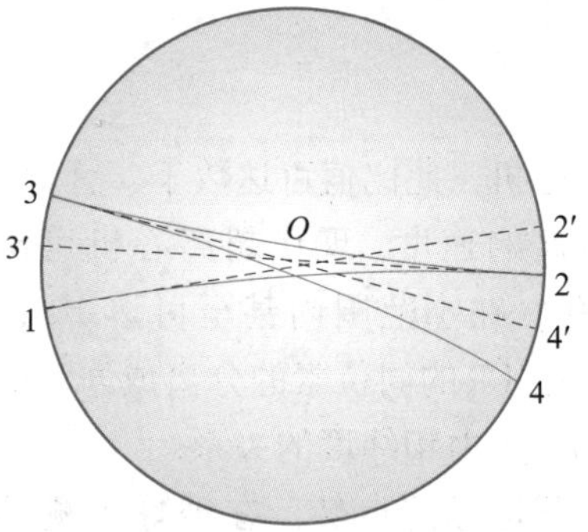

图 2.6-8　傅科摆摆面的旋转

式中 λ 是摆所在地的纬度，Ω 为地球的自转角速度. 当摆位于北极时，摆面转动角速度与地球的转动角速度大小相同（方向相反）. 这是可以理解的，因为摆面相对惯性系保持不动. 在上海，$\sin\lambda \approx 0.5$，故 $\omega = 180°/\mathrm{d}$. 在两节课的时间内，摆平面沿顺时针方向转过约 15°. 1851 年，傅科（J.L.Foucault，1819—1868）在巴黎先贤祠用长 67 m 的摆做了实验，摆的振动周期 $T = 16.5$ s，每摆动一次，摆面转动 0.05°，经 32 h，摆面转动一周，直接证明了地球在自转.

例题1　水车在斜面上的水平面分析.

（1）水车在斜面上静止；

（2）水车沿斜面自由下滑；

（3）水车沿斜面向上匀加速运动.

解： 在水车静止的平动参考系中看，若水车相对于地面加速运动，则水车上的所有质元都将受到另一个重力的作用，两个重力形成合重力，水平面与合重力方向垂直. 则各种情况下的水平面如图 2.6-9（a）（b）（c）所示.

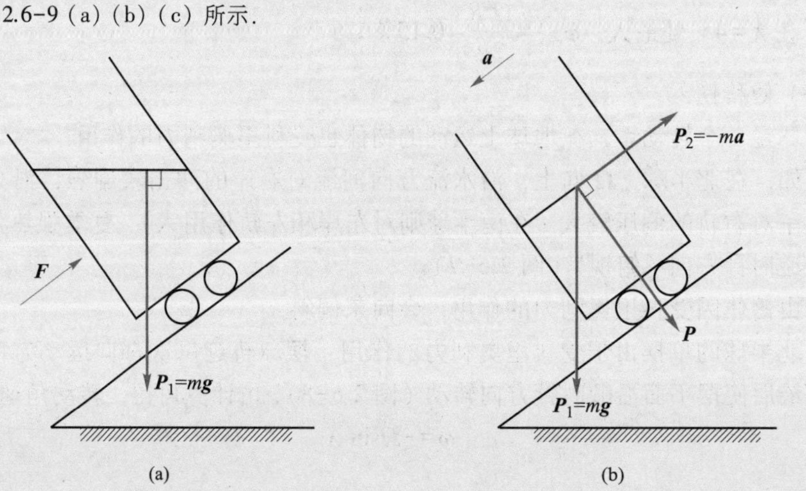

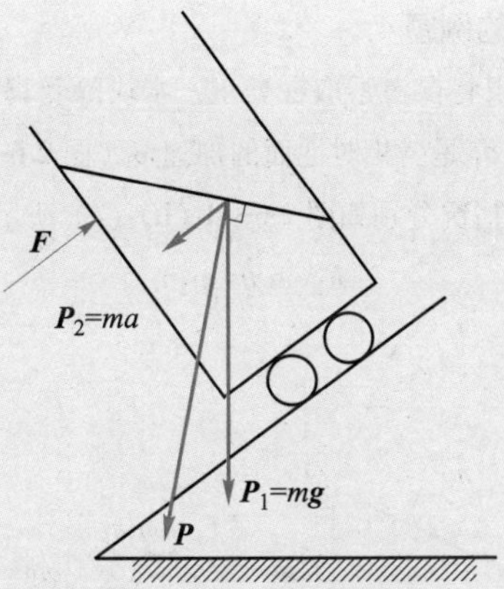

(c)

图 2.6-9

例题2 **一水桶绕自身的竖直轴以角速度 ω 旋转，当水与桶一起转动时，求水面的形状.**

解： 根据惯性力与引力等效的观点，在匀速转动参考系中静止的物体受到两个重力（引力）的作用，一个是重力 $m\boldsymbol{g}$，另一个是惯性离心力 $m\omega^2\boldsymbol{r}$. 如图 2.6-10 所示. 水面处处与该处的总重力 $\boldsymbol{P}$（即两个重力之和）垂直. 建立如图 2.6-10 所示坐标系，于是，绕 z 轴对称的水面与某一过 z 轴竖直截面的交线的切线斜率满足如下方程:

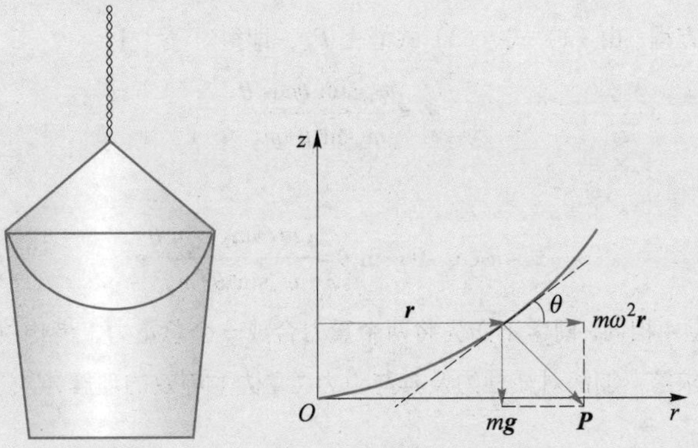

(a) (b)

图 2.6-10 旋转水桶液面呈旋转抛物面状

$$\frac{\mathrm{d}z}{\mathrm{d}r}=\tan\theta=\frac{m\omega^2 r}{mg}=\frac{\omega^2}{g}r$$

即

$$\mathrm{d}z=\frac{\omega^2}{g}r\mathrm{d}r$$

两边积分得

$$z=\frac{\omega^2}{2g}r^2+c$$

由 $r=0$ 时 $z=0$，得 $c=0$，故

$$z=\frac{\omega^2}{2g}r^2$$

此为抛物线方程，故液面为旋转抛物面.

例题3 试用非惯性系观点解 2.3 节中的例题 4.

解： 直角劈向后加速，如果将参考系取在劈上，木块除受真实力 $\boldsymbol{F}_N$ 和 $m_1\boldsymbol{g}$ 外，还受惯性力（另一个重力）$\boldsymbol{F}_i=-m_1\boldsymbol{a}_f$，这里 $\boldsymbol{a}_f$ 是劈相对地面的加速度（图 2.6-11）. 而劈的运动仍可以地面为参考系来考察. m_1 和 m_2 的受力情况分别如图 2.6-11（b）（c）所示. 劈的运动方程（水平方向）为

$$F_N\sin\theta=m_2a_f \tag{1}$$

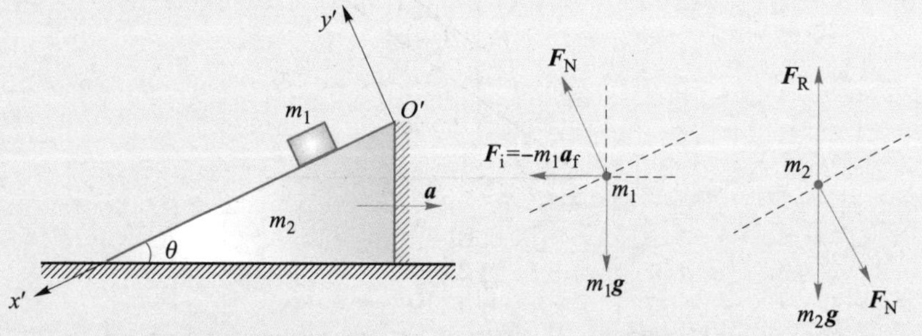

(a) 系统示意图　(b) m_1受力图　(c) m_2受力图

图 2.6-11

取 x' 沿斜面，y' 垂直于斜面. 在 $O'x'y'$ 参考系里，木块的运动方程为

$$m_1a_f\cos\theta+m_1g\sin\theta=m_1\ddot{x}' \tag{2}$$

$$F_N+m_1a_f\sin\theta=m_1g\cos\theta \tag{3}$$

现在不再需要约束方程. 由（1）式、（3）式消去 F_N，即得

$$a_f=\frac{m_1g\sin\theta\cos\theta}{m_1\sin^2\theta+m_2}$$

代入（2）式，即得

$$\ddot{x}'=a_f\cos\theta+g\sin\theta=\frac{(m_1+m_2)\sin\theta}{m_1\sin^2\theta+m_2}g \tag{4}$$

结果与 2.3 节的例题 4 相同. 同学不妨先将两个重力合成一个总重力，考虑物体 m_1 在一个总重力下沿斜面的运动来求解，加深对惯性力及其与引力（重力）等效的理解.

例题4 一双摆系统由摆长各为 a、b 的轻绳和质量各为 m_1、m_2 的两质点组成，如图 2.6-12（a）所示. 当双摆处于平衡位置（竖直下垂）时，突然给 m_1 一水平冲力，使之具有速度 $\boldsymbol{v}$，试求此时两段绳子的张力大小 F_{T1} 与 F_{T2}.

解： 在该瞬时，m_1 虽具有速度 $\boldsymbol{v}$（设为向右），但尚未发生明显位移，m_2 则既无速度又无位移，两段绳索仍处于竖直下垂状态. 这时，m_1 正绕悬挂点作圆周运动，有向上的加速度 v^2/a，其运动方程为

$$F_{T1}-F_{T2}-m_1g=m_1v^2/a \tag{1}$$

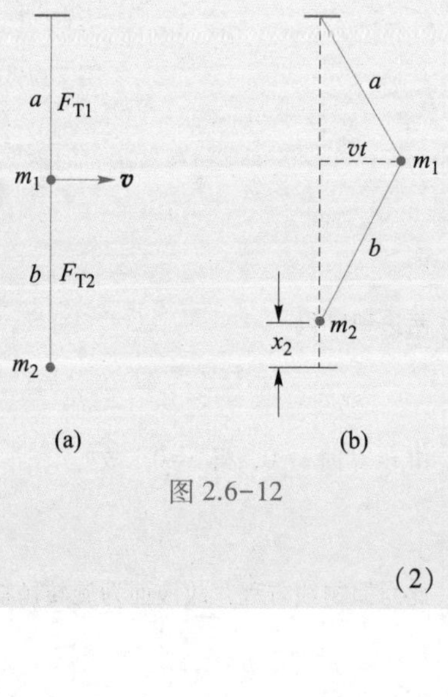

(a)　(b)

图 2.6-12

在地球参考系中，m_2 虽无位移和速度，但有向上的加速度，其运动方程为

$$F_{T2}-m_2g=m_2\ddot{x}_2 \tag{2}$$

$\ddot{x}_2$ 可以由约束关系求得. 设想经短时间 t，m_1 将向右移动 vt，由于绳不可伸长，m_2 将向上移动 x_2，由图 2.6-12（b）不难看出：

$$x_2=a-\sqrt{a^2-v^2t^2}+b-\sqrt{b^2-v^2t^2}$$

因 vt 远小于 a 和 b，将上式按级数展开，保留小量 v^2t^2/a^2 的一次方，得

$$x_2=\frac{v^2t^2}{2}\left(\frac{1}{a}+\frac{1}{b}\right)$$

设想 m_2 自静止开始作匀加速直线运动，由上式，其加速度 $\ddot{x}_2=v^2\left(\frac{1}{a}+\frac{1}{b}\right)$，代入（2）式得

$$F_{T2}-m_2g=m_2v^2\left(\frac{1}{a}+\frac{1}{b}\right) \tag{3}$$

由此得

$$F_{T2}=m_2g+m_2\frac{v^2}{a}+m_2\frac{v^2}{b}$$

代入（1）式，得

$$F_{T1}=(m_1+m_2)g+(m_1+m_2)\frac{v^2}{a}+m_2\frac{v^2}{b}$$

如果在与 m_1 相对静止的平动参考系中考察，m_2 以 v 向左运动，绕 m_1 作圆周运动，其向心加速度大小为 v^2/b，方向向上. 但与 m_1 相对静止的平动参考系是非惯性系，相对地面具有向上的加速度 v^2/a，故 m_2 除受真实力 F_{T2} 和 m_2g 外，还受向下的惯性力 m_2v^2/a 的作用，m_2 的运动方程为

$$F_{T2}-m_2g-m_2\frac{v^2}{a}=m_2\frac{v^2}{b}$$

此即上面的（3）式. 可见，本题在与 m_1 相对静止的非惯性系中考察，比在地球参考系中考察简便得多.

例题5 **试近似计算物体在赤道上空高 h 处自由下落时由于受科里奥利力的影响所造成的偏东值.**

解： 物体下落时，因受科里奥利力的影响，其轨道将偏离竖直线，而成逐渐向东的曲线（图 2.6-13）. 随着曲线偏离竖直线，物体所受的科里奥利力的方向也不尽偏东，而略向上，如图所示. 但由于地球自转角速度很小，相应的科里奥利力很小，物体的实际轨道与竖直线的偏离很小，在近似处理时，可以认为 $\boldsymbol{F}_c$ 始终向东，确定 $\boldsymbol{F}_c$ 大小的物体速度值可用未受科里奥利力时的自由落体的速度值替代. 这样，物体的运动可看成原来的自由下落运动与在科里奥利力作用下的向东加速运动的合运动，向下的分运动是加速度为 $\boldsymbol{g}$ 的运动，而向东的分运动则是加速度随下落速度不断增大的运动.

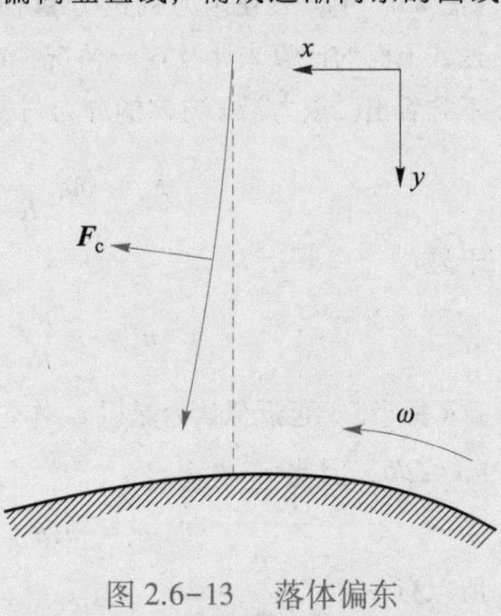

图 2.6-13　落体偏东

取 x 轴向东，y 轴向下，物体起始位置为坐标原点，则

$$m\ddot{x}=2m\dot{y}\Omega=2mgt\Omega$$

Ω 为地球的自转角速率. 根据第一章的讨论，注意到 $\dot{x}_0=0$，$x_0=0$，有

$$\dot{x}=\int_0^t \ddot{x}(t)\,\mathrm{d}t=2g\Omega\int_0^t t\,\mathrm{d}t=g\Omega t^2$$

$$x=\int_0^t \dot{x}(t)\,\mathrm{d}t=\frac{1}{3}\Omega g t^3$$

而 t 即物体的下落时间，

$$t=\sqrt{\frac{2h}{g}}$$

代入上式，得向东偏离值：

$$x=\frac{1}{3}\Omega g\sqrt{\left(\frac{2h}{g}\right)^3}=\frac{\Omega}{3}\sqrt{\frac{8h^3}{g}}$$

当 $h=100$ m 时，可得偏离值：

$$x=\frac{1}{3}\sqrt{\frac{8\times100^3}{9.8}}\times\frac{2\pi}{86\ 400}\ \mathrm{m}=0.022\ \mathrm{m}=2.2\ \mathrm{cm}$$

这是很小的值，实际观察时，常因风力和空气阻力的干扰，无法测量.

我们也可以从惯性系来解此题. 在惯性系中自地球北极往下看，物体并不是自由下落的，而是以初速率 $v_0=\Omega(R+h)$ 抛出，同时地面以 ΩR 的速率向同一方向转动，在一级近似下，可认为物体沿 x 方向的速度不变，于是物体落地时的 x 坐标为

$$x_1=v_0t=\Omega(R+h)\sqrt{\frac{2h}{g}}$$

地面向 x 方向移动距离为

$$x_2=\Omega Rt=\Omega R\sqrt{\frac{2h}{g}}$$

故得向东偏离值：

$$\Delta x=x_1-x_2=\Omega h\sqrt{\frac{2h}{g}}$$

此结果比上面的偏大. 实际上，物体在下落过程中，x 方向的速度并不能保持不变，因为重力在不断改变方向（图 2.6-14），它在 x 方向的分量使物体沿 x 方向不断减速，上面的计算未计及这一情况，故使偏离值偏大. 由图不难看出，重力沿 x 方向的分力与 x 成正比，近似地有

$$F_x=-mg\frac{x}{R}$$

于是

$$a_x=-g\frac{x}{R}$$

x/R 很小，x 可近似认为是以 v_0 作匀速运动的位移，即 $x=v_0t=\Omega Rt$，因此

$$a_x=-g\Omega t$$

所以有

$$v_x=v_0+\int_0^t a_x\,\mathrm{d}t=v_0-g\Omega\frac{t^2}{2}$$

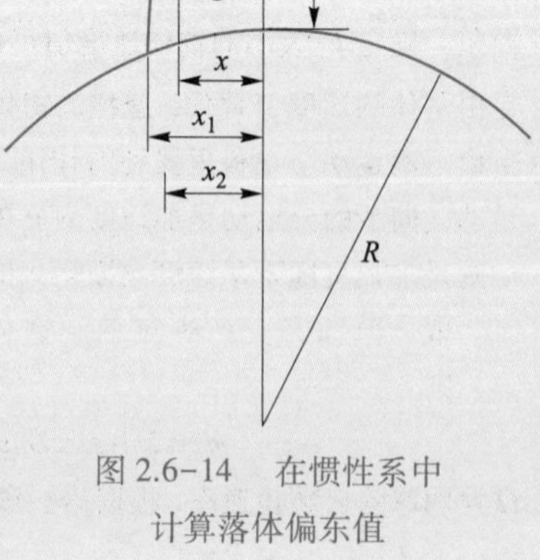

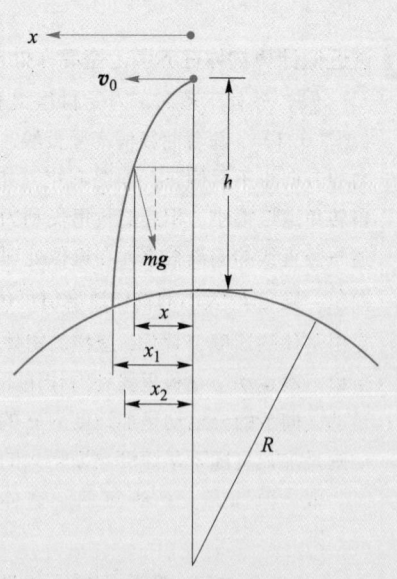

图 2.6-14　在惯性系中计算落体偏东值

$$x_1=\int_0^{\sqrt{\frac{2h}{g}}} v_x\mathrm{d}t=v_0\sqrt{\frac{2h}{g}}-\frac{g\Omega}{2}\frac{1}{3}\left(\sqrt{\frac{2h}{g}}\right)^3$$

$$=\Omega(R+h)\sqrt{\frac{2h}{g}}-\frac{\Omega h}{3}\sqrt{\frac{2h}{g}}$$

于是

$$\Delta x=x_1-x_2=\Omega h\sqrt{\frac{2h}{g}}-\frac{\Omega h}{3}\sqrt{\frac{2h}{g}}=\frac{2}{3}\Omega h\sqrt{\frac{2h}{g}}=\frac{\Omega}{3}\sqrt{\frac{8h^3}{g}}$$

结果与上面一致. 显然在非惯性系中求解要简便得多.

小结

1. 牛顿第一定律在其中成立的参考系为惯性参考系. 在一切惯性系中力学规律具有相同的形式. 这一论断称为力学相对性原理. 力学相对性原理与牛顿的时空观互为前提条件.

2. 质点的动力学问题就是求解物体的受力和加速度. 基于物体受力分析, 列出 $\boldsymbol{F}=m\boldsymbol{a}$ 沿某个或某几个方向上的投影分量方程; 根据题意和约束条件列补充方程; 求解方程组得到相应的物理量.

3. 摩擦力是受力分析的难点. 摩擦力作用在两物体接触处, 其方向总是阻碍两物体的相对运动或相对运动趋势, 前者为滑动摩擦力, 其大小为 μF_{N}, 后者为静摩擦力, 其大小介于 0 和 $\mu_{\mathrm{s}}F_{\mathrm{N}}$ 之间, 具体数值根据题意确定.

4. 在非惯性系中对物体进行受力分析时, 除了考虑真实力, 还需考虑惯性力, 然后形式上用 $\boldsymbol{F}'=m\boldsymbol{a}'$ 求解物体的动力学问题. 在加速度为 $\boldsymbol{a}_u$ 的平动非惯性系中, 惯性力为 $-m\boldsymbol{a}_u$; 在以角速度为 $\boldsymbol{\omega}$、角加速度为 $\boldsymbol{\alpha}$ 转动的非惯性系中, 有三种惯性力, 分别为惯性离心力 $-m\boldsymbol{\omega}\times(\boldsymbol{\omega}\times\boldsymbol{r}')$, 横向惯性力 $-m\boldsymbol{\alpha}\times\boldsymbol{r}'$ 和科里奥利力 $2m\boldsymbol{v}'\times\boldsymbol{\omega}$.

思考题

2.1　有人说, 牛顿第一定律只是牛顿第二定律的一个特例, 因而是多余的. 你的看法如何?

2.2　伽利略曾使用亚里士多德本人的逻辑推理方法来批驳亚里士多德的重物比轻物下落得快（即天然速率快）的运动理论. 在《关于两门新科学的对话》一书中, 伽利略借萨尔维阿蒂（伽利略观点的代言人）的口说: "如果我们取天然速率不同的两个物体, " 并将它们连接成一个物体, "显而易见, 速率较大的那个物体将会因受到速率较慢物体的影响其速率要减慢一些, 而速率较小的物体将因受到速率较大物体的影响其速率要加快一些". 我们略去了以下的引文. 你能否根据以上引文中的思想进一步完成伽利略的推理?

2.3　如思考题 2.3 图所示, 斜面体放在水平的光滑桌面上, 物体 m 静止于斜面体上, 斜面体是否会向右运动?（斜面体不是受到物块的作用力吗?）

2.4　如思考题 2.4 图所示, 串在同一木芯上的两磁环以同极相对, 上面的磁环因受磁斥力而悬浮于下面磁环的上方. 将两磁环置于盘秤上, 问盘秤的读数如何? 设两磁环的质量都是 m', 木芯的质量为 m. 若让两磁环异极相对, 结果又如何?

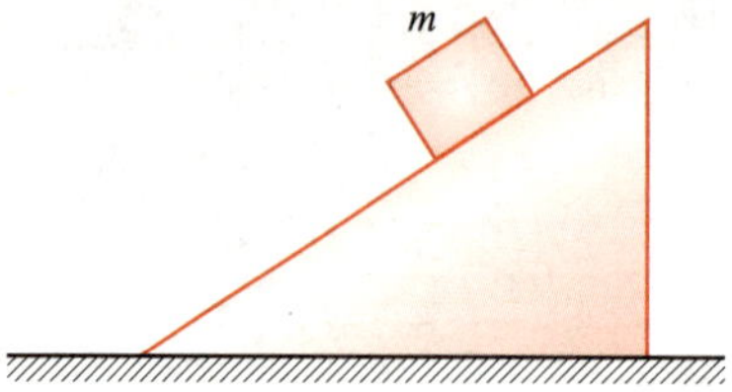

思考题 2.3 图

思考题 2.4 图

2.5　下式是在重力和表面张力共同作用下流体表面波的波速表示式：

$$v=\sqrt{\frac{g\lambda}{2\pi}+\frac{2\pi\alpha}{\rho\lambda}}$$

式中 λ 为波长，ρ 为流体密度，α 为表面张力系数（单位长度上的表面张力）. 试问，就量纲而论，上述表示式是否正确？

2.6　若某单位制的长度单位为米，但时间和质量的单位是这样选取的，使光速 c 和引力常量 G 均为 1，问在这种单位制中，质量的单位合多少千克？设牛顿第二定律的形式不变.

2.7　长为 l、质量为 m、张力为 F_{T} 的细丝架在温度为 T 的玻璃箱中，由于受到空气分子的撞击，细丝具有大小为 kT 若干倍的动能而作无规振动，k 为玻耳兹曼常量. 试用量纲分析法确定振动的幅度如何依赖于上述各个量.

2.8　一重物 m 用线 C 悬挂于支点，重物下面另系一线 D，如思考题 2.8 图所示，两线粗细与质料均相同，今用手猛力拉 D，则 D 断；若慢慢拉 D，则 C 断，试说明理由.

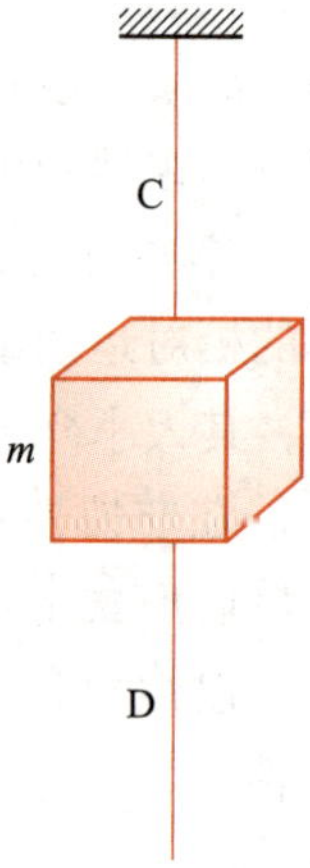

思考题 2.8 图

2.9　试判断下列几种关于摩擦力的说法是否正确：

（1）摩擦力总是与物体运动方向相反；

（2）摩擦力可能与物体运动方向垂直；

（3）摩擦力总是阻碍物体间的相对运动.

2.10　在汽车行驶过程中，汽车与地面的摩擦力究竟是推力还是阻力？试分析之

2.11　将弹性系数各为 k_1、k_2，原长相同的两弹簧（1）串联；（2）并联，问由此而构成的新弹簧的弹性系数各为多少？

2.12　如思考题 2.12 图所示，一轻绳跨过一无摩擦的轻质定滑轮，一猴子抓住绳的一端，绳的另一端系着一面与猴子质量相等的镜子，原先，镜子与猴子均静止，镜子比猴子略高，问：

（1）猴子能否沿着绳向上爬而照见镜子？

（2）猴子能否沿着绳向下爬而照见镜子？

（3）猴子能否放开绳让镜子下落而照见镜子？

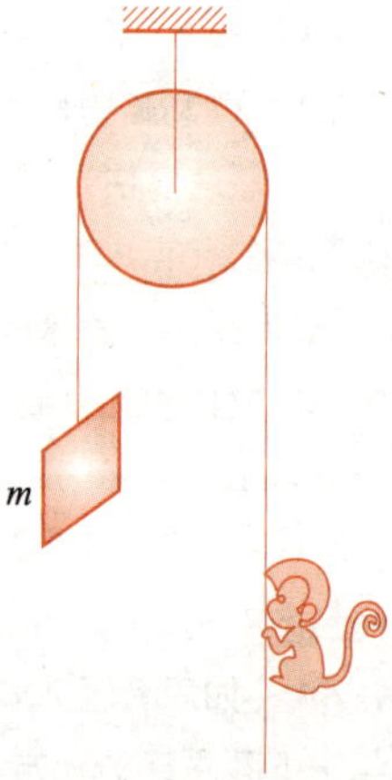

思考题 2.12 图

2.13　将一辆自行车静置于地面上，使它不能侧向倒下，但可前后运动，其踏脚板各置于上下位置. 一人蹲在车旁，处在齿轮的另一侧，对置于下方的踏脚板施一向后的水平推力，问：

（1）自行车将怎样运动？

（2）链条-齿轮将向什么方向转动（在此人看来）？

（3）受推力作用的踏脚板相对地面将向什么方向运动？

2.14　思考题 2.14 图中实线表示在太阳参考系中月球轨道（夸大）的三种可能形状（虚线为地球轨道），你认为哪一种是正确的？试从运动学或动力学角度证明你的观点.（参考数据：月球与地球间的平均距离为 3.8×10^5 km，地球与太阳间的平均距离为 1.5×10^8 km.）

2.15　试证均匀球壳对壳内质点的引力为零.（提示：如思考题 2.15 图所示，考察从质点引出的对顶锥面在球壳上所截两面元 ΔS_1 和 ΔS_2 对质点 P 的引力.）如果引力不与距离平方成反比，此结论是否还成立？

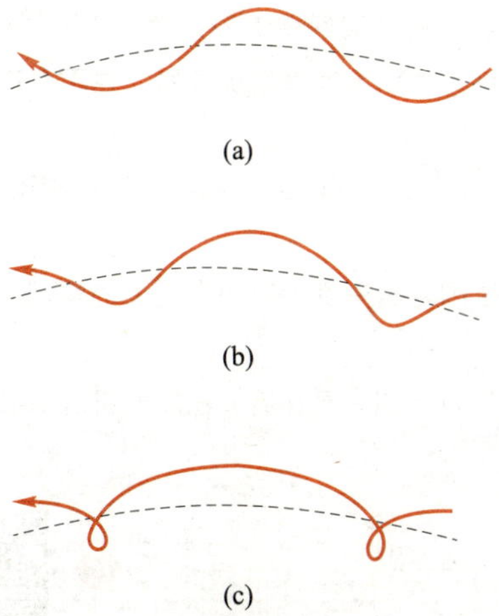

思考题 2.14 图

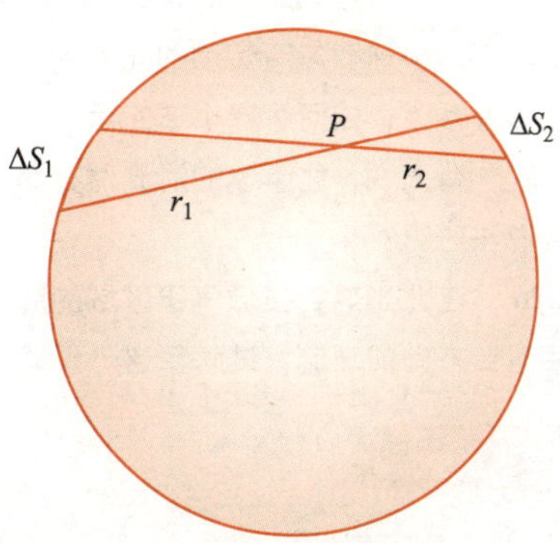

思考题 2.15 图

2.16　在一没有窗户的车厢里，你是否有办法测量车厢行进的速度？你是否有办法测量车厢的加速度？如不能，说明理由；如能，请提出（至少一种）具体测量方案.

2.17　质量为 m 的书静置于不动的电梯地板上，根据牛顿第三定律，地板的反作用力 R 等于书的重量 mg. 当电梯以 $\frac{1}{3}g$ 的加速度下落时，力 R 等于 $\frac{2}{3}mg$，不再等于书的重量了. 这是否说明在加速参考系中牛顿第三定律不再成立了？

2.18　如思考题 2.18 图所示，两个串在木棒上的磁环，它们以异极相对，当用手托住木棒时，由于摩擦力，两环并不互相靠拢，若放手让系统自由下落，两磁环就相互靠拢而合在一起. 试解释这一现象. 若让系统以一定初速竖直上抛，情况又如何？

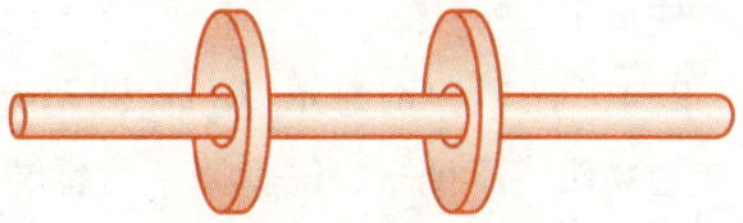

思考题 2.18 图

2.19　S 是惯性系，S′相对 S 作加速运动，S′是非惯性系. 但根据运动的相对性，也可认为 S 相对 S′作加速运动，为什么不能认为 S′是惯性系，而 S 是非惯性系呢？

2.20　牛顿在《原理》中紧接牛顿运动定律后有若干条推论，其中推论 6 说：“如果相互间以任何方式运动的各物体，受到相等而方向平行的加速力的推动，那么它们将仍然继续它们的相互之间的运动，犹如没有受这些力的推动一样.”试用非惯性系的观点证明这一推论的正确性，并说明这里“相等”一词的正确含义（牛顿在其下文中对此作了说明）.

2.21 思考题 2.21 图中所示为一两端略上翘的密封玻璃管，管内盛有水，密度比水小的石蜡球浮向外端，密度比水大的塑料球沉在中心附近. 若将管绕着过中心的竖直轴快速旋转，将发生什么现象？为什么？

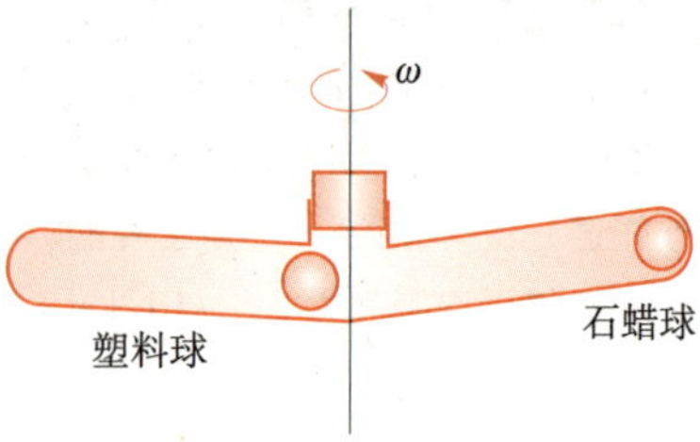

思考题 2.21 图

2.22 由计算可知，太阳对海水的引力比月球对海水的引力大得多，前者约为后者的 180 倍，但月球对潮汐的作用却比太阳大，约为太阳的 2 倍，这是为什么？已知日地距离约为月地距离的 400 倍.

2.23 有人认为，地球的质量比太阳小得多，故地球相对太阳在作加速运动，从而与地球相联系的平动参考系可看作加速系，其上有平移惯性力存在，由此可解释潮汐现象. 但月球的质量比地球小得多，对地、月系统而言，作加速运动的是月球，地球不能看成加速系，也不存在惯性力，因而月球引力对潮汐不应有贡献. 你同意这种看法吗？

2.24 一小球在匀速转动的光滑圆盘上相对地面静止不动，因而相对圆盘作匀速圆周运动. 在圆盘参考系上，如何解释小球的运动？

2.25 有人说，北半球的河流对右岸的冲击较剧，是因为右岸受到科里奥利力的作用，你认为这种说法对吗？

2.26 在北半球，在低气压区域的周围常形成逆时针方向的空气环流，在高气压区域周围则形成顺时针方向的环流，试解释这一现象.

习 题

2-1 一人手里拿着质量为 4.9 kg 的物体站在磅秤上. 当他以 2.0 m/s^2 的加速度将物体向上举起时，试问，磅秤上的读数变化了多少？

2-2 一质量为 50 kg 的人站在电梯里的磅秤上. 问：

(1) 当电梯以 4.9 m/s 的速度匀速上升或下降时，磅秤上的读数各是多少？

(2) 当电梯以 4.9 m/s^2 的加速度上升或下降时，磅秤上的读数又各是多少？

2-3 一质量 $m_1=60$ kg 的人，拉着细绳的一端，站在质量 $m_2=40$ kg 的底板上，底板又通过细绳和滑轮悬挂在天花板上，如题 2-3 图所示. 人若想使底板和人都保持静止，则必须以多大的力拉住绳子*？

2-4 质量分别为 m_1 和 m_2 的两物块，在水平力 $\boldsymbol{F}$ 的作用下紧靠在墙上，如题 2-4 图所示. 为使两物块均不掉下，试就以下两种情况，问 F 至少应为多大？

(1) 各接触面间的静摩擦因数均为 μ_0；

(2) m_1 与 m_2 之间的静摩擦因数为 μ_1，m_2 与墙面间的静摩擦因数为 μ_2.

2-5 一个三棱柱固定在桌面上，形成两个倾角分别为 α 和 β 的斜面，一细绳跨过顶角处的滑轮与两斜面上质量分别为 m_1 和 m_2 的两物体相连，如题 2-5 图所示. 已知物体与斜面间的静摩擦因数均为 μ，求两物体在斜面上保持静止的条件.

2-6 物体 A 和 B 的质量分别为 m_A 和 m_B，用跨过定滑轮的细线相连，静止地叠放在倾角为 θ 的斜面上，如题 2-6 图所示. 各接触面间的静摩擦因数均为 μ. 现有一平行于斜面的力 $\boldsymbol{F}$ 作用在物体 B 上，问 F 至少为多大才能使两物体运动？

---

* 凡本章习题中有滑轮及细绳的，均忽略它们的质量及滑轮轴承处的摩擦力，且细绳不能伸长.

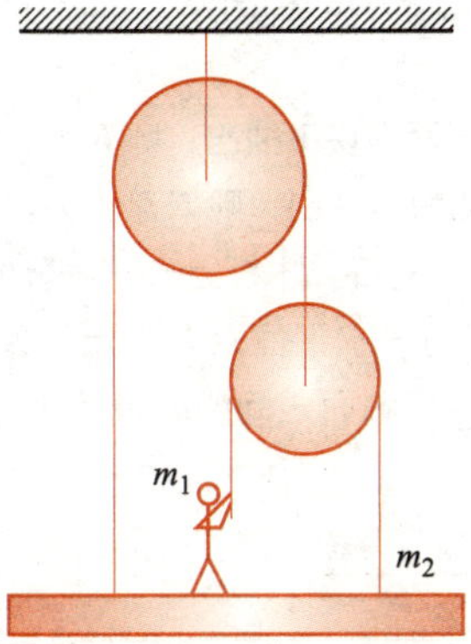

题 2-3 图

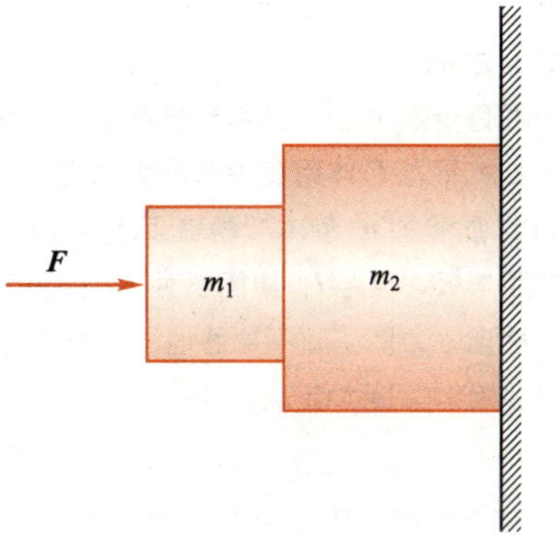

题 2-4 图

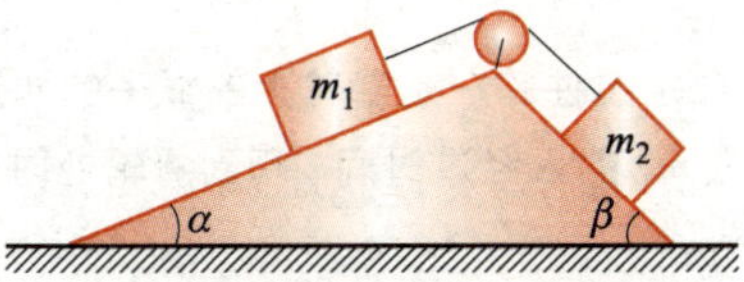

题 2-5 图

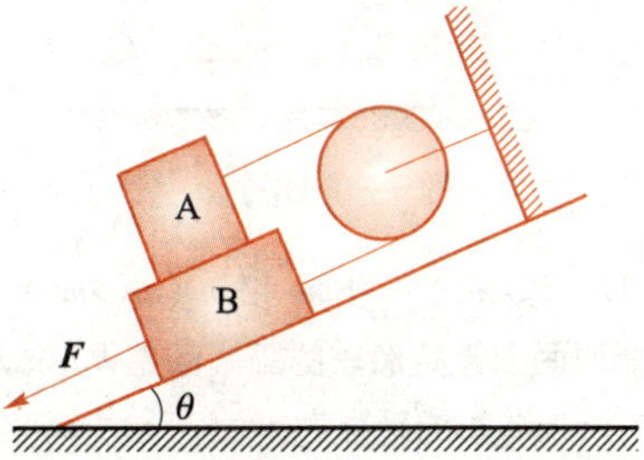

题 2-6 图

2-7　如题 2-7 图所示，两个物体的质量分别为 $m_1 = 15\ \text{kg}$，$m_2 = 20\ \text{kg}$，作用在物体 m_1 上的水平力 $F = 280\ \text{N}$．设所有接触面都光滑，试求：

（1）m_1 的加速度的大小和方向；

（2）m_2 的加速度的大小和方向；

（3）两物体间的相互作用力．

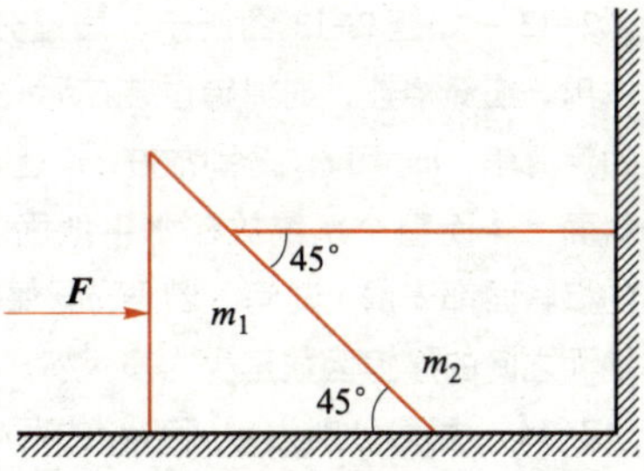

题 2-7 图

2-8　质量为 m_1 的圆柱体与质量为 m_2 的直角劈靠在一起，劈与圆柱的接触面竖直，两者又分别靠在倾角均为 α 的固定斜面上，如题 2-8 图所示．设所有的接触面均光滑，试求：

（1）运动时圆柱体和直角劈的加速度；

（2）两者之间的相互作用力．

2-9　一质量为 m 的物体静置于倾角为 θ 的固定斜面上，如题 2-9 图所示．已知物体与斜面间的静摩擦因数为 μ．试问，至少要用多大的力作用在物体上，才能使它运动？并指出该力的方向．

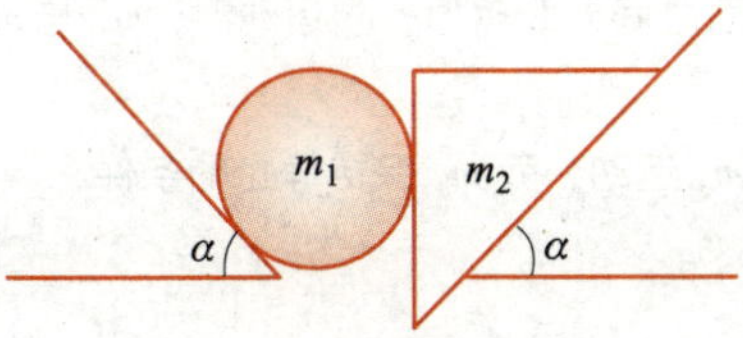

题 2-8 图

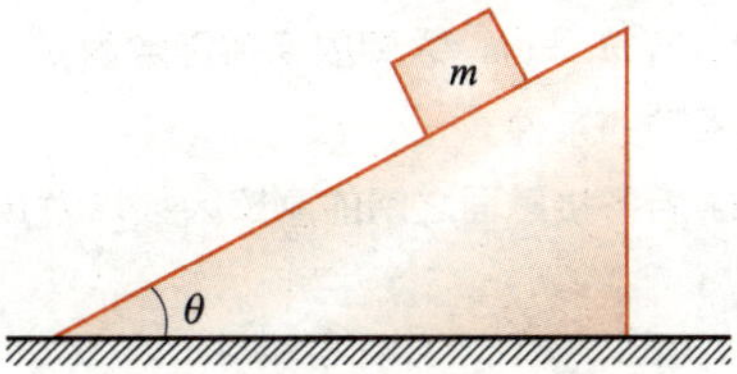

题 2-9 图

2-10　三块质量均为 m 的相同物块叠放在水平面上，如题2-10 图所示. 已知各接触面间的摩擦因数均为 μ.

（1）现有一水平力 $\boldsymbol{F}$ 作用在最底下的物块上，使之从上面两物块下抽出，则 $\boldsymbol{F}$ 至少为多大?

（2）若水平力 $\boldsymbol{F}$ 作用在中间的物块上，使它从上、下两物块中抽出，则 $\boldsymbol{F}$ 至少为多大?

2-11　质量为 m_1 的木板静置于水平桌面上，其一端与桌边对齐，木板上放一质量为 m_2 的小花瓶，花瓶与板端相距 l，桌面长为 L，如题 2-11 图所示. 现有一水平恒力 $\boldsymbol{F}$ 作用于板上，将板从花瓶下抽出，为使花瓶不掉落地下，则 $\boldsymbol{F}$ 至少为多大? 设各接触面之间的摩擦因数均为 μ；设抽板时，板始终保持水平.

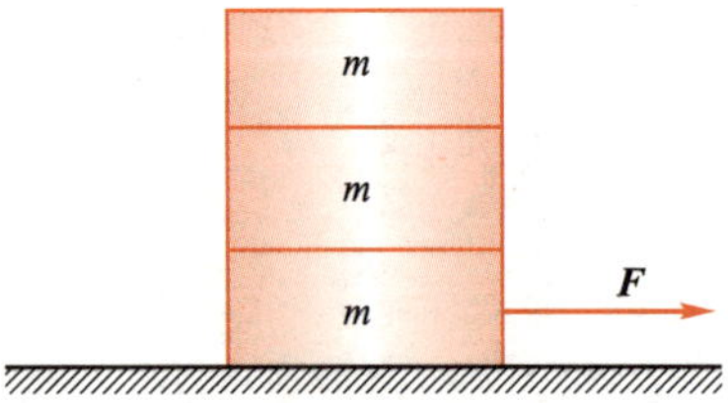

题 2-10 图

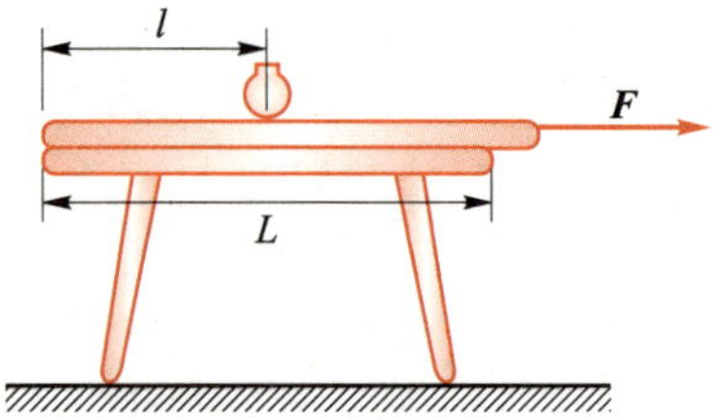

题 2-11 图

2-12　质量分别为 m_1 和 $m_2(m_2>m_1)$ 的两个人，分别拉住跨在定滑轮上的绳子的两边往上爬. 开始时两人至定滑轮的距离都是 h. 试证明：质量为 m_1 的人经过时间 t 爬到滑轮处时，质量为 m_2 的人与滑轮的距离为

$$\frac{m_2-m_1}{m_2}\left(h+\frac{1}{2}gt^2\right)$$

2-13　如题 2-13 图所示，质量分别为 m_1 和 m_2 的两物体用一细绳相连，细绳跨过装在另一质量为 m_0 的大物体上的定滑轮，m_1 和 m_2 分别放在 m_0 上的水平面和倾角为 θ 的斜面上，而整个系统放在水平地面上. 设 m_1、m_2 与 m_0 间的接触面都光滑. 试问，若要 m_0 保持静止，则 m_0 与水平地面之间的摩擦因数至少为多大?

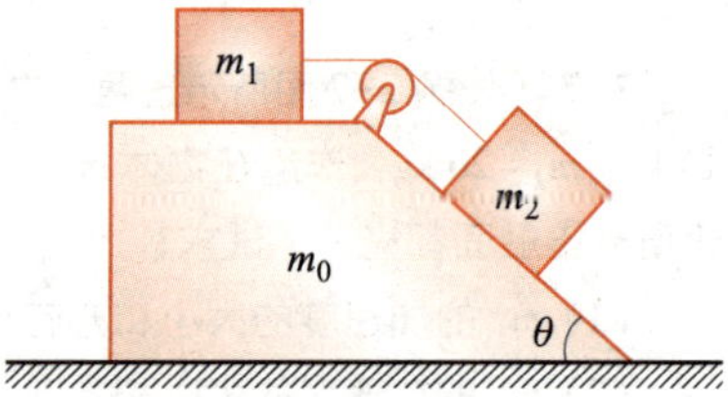

题 2-13 图

2-14　质量分别为 m_1 和 m_2 的两物块叠放在倾角为 θ 的斜面上，如题 2-14 图所示. m_1 与 m_2 之间的摩擦因数为 μ_1，m_2 与斜面之间的摩擦因数为 μ_2，试分别就以下几种情况讨论这些量之间应满足的关系：

（1）m_1 与 m_2 均静止在斜面上；

（2）m_1 与 m_2 之间没有相对滑动地一起沿斜面向下滑动；

（3）m_2 静止在斜面上，而 m_1 向下滑动；

（4）m_1、m_2 均向下滑动，且 m_1 比 m_2 滑得更快.

2-15　如题 2-15 图所示，质量分别为 m_1 和 m_2（$m_1>m_2$）的两物体叠放在水平桌面上，另一质量为 m_3 的物体通过细绳和滑轮组与 m_1、m_2 相连并悬在桌边.

（1）若 m_1 与 m_2 之间的摩擦因数为 μ，而 m_1 与桌面之间无摩擦力，求运动时，m_1 与 m_2 之间无相对滑动的条件；

（2）若各接触面之间的摩擦因数均为 μ，求 m_2 与 m_3 运动，而 m_1 保持静止的条件.

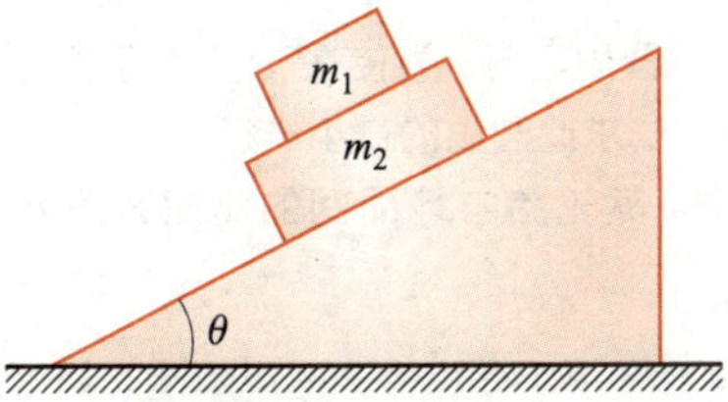

题 2-14 图

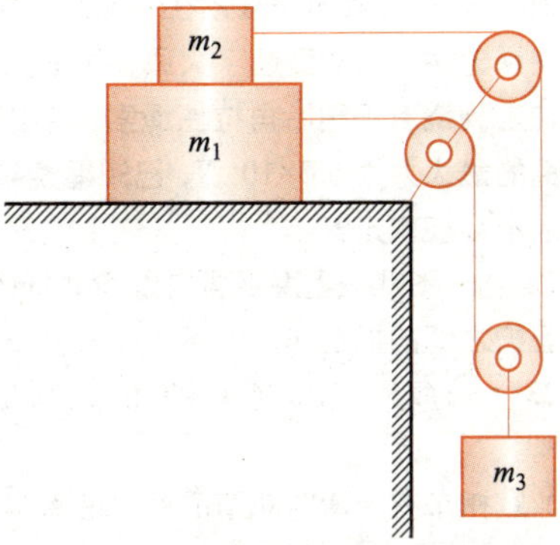

题 2-15 图

2-16　空中有许多大小不等的雨滴（可看成圆球形）由静止开始下落．若受到的空气阻力 F_f 与其速度 v 的一次方成正比，即 $F_f=-kv$，其中 k 为常量．

（1）求在任一时刻 t 雨滴的速度 $v(t)$；

（2）证明雨滴的速度最终将趋于一极限值 v_f（称为终极速度），并求出此 v_f；

（3）若常量 k 正比于各雨滴的大圆面积，即 $k\propto\pi r^2$（r 为雨滴的半径），试问，大、小雨滴中哪种雨滴获得的终极速度较大？

2-17　估算由月球引起之潮汐的最高潮位与最低潮位之高度差的近似表示式．已知月球质量为 m_m，地球质量为 m_e，月、地平均距离为 L，地球半径为 R，并求出数值结果（有关数据见本书末常量表）．

2-18　一子弹以 v_0 的初速和 45° 的仰角自地面射出，子弹在飞行时受到的空气阻力为其速度的 km 倍（m 为子弹的质量，k 为常量）．试求子弹的速度与水平线又成 45° 角时，子弹与发射点之间的水平距离 s．

2-19　如题 2-19 图所示，一条质量为 m 的绳索悬结于两座高度相等的山顶之间，绳索在悬结处与竖直方向的夹角均为 θ．

（1）问两山顶受到绳索的作用力各为多大？

（2）求绳索中点处的张力．

2-20　如题 2-20 图所示，一长为 l、质量为 m 的均匀链条套在一表面光滑、顶角为 α 的圆锥上，当链条在圆锥面上静止时，求链中的张力．

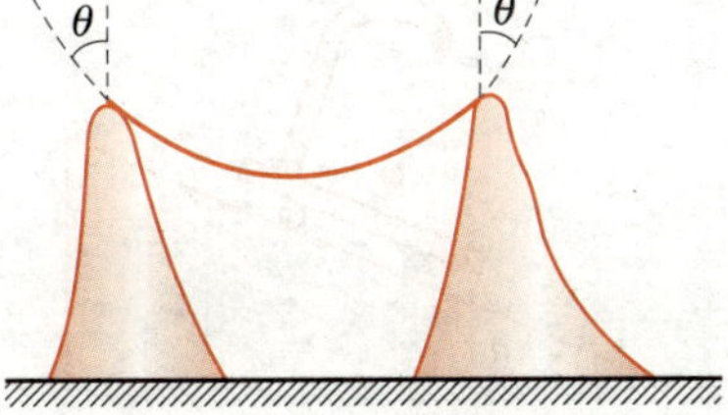

题 2-19 图

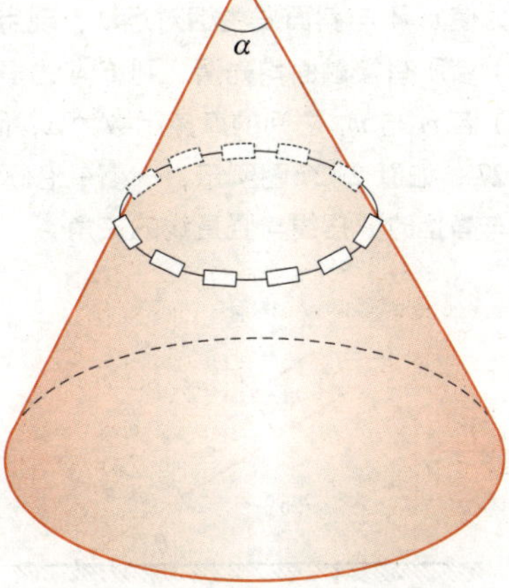

题 2-20 图

2-21 一条绳索的一端系在停泊在河中的小船上，另一端由站在岸上的人拿着．人正欲收绳把船拉往岸边时，突然刮起了大风，风把船吹向河心．为了不让风把船吹走，人把绳索在岸边的固定圆柱上缠绕若干圈后再拉住绳索．若由于大风使船与圆柱间的绳索中的张力变为 5.0×10^4 N，而人拉绳的最大力为 5.0×10^2 N．已知绳索与圆柱之间的摩擦因数为 0.32，问绳索至少在圆柱上绕几圈船才不会被吹走？

2-22 一飞机在竖直平面内以 540 km/h 的速度沿一圆周飞行．为使在飞机飞行过程中，驾驶员与座椅之间的相互作用力不大于驾驶员重力的 8 倍，试求此圆周的最小半径．

2-23 一摩托车以 36 km/h 的速率在地面上行驶．其轮胎与地面间的摩擦因数 $\mu=0.3$．试求：

（1）摩托车在转弯时轨道的最小曲率半径；

（2）摩托车与铅垂线之间的最大倾斜角．

2-24 如题 2-24 图所示，一辆汽车驶入曲率半径为 R 的弯道，弯道倾斜角度为 θ，车轮与路面之间的摩擦因数为 μ．求汽车在路面上不作侧向滑动时的最大和最小速度．

2-25 一根绳子的两端分别固定在顶板和底板上，两固定点位于同一铅垂线，相距 h．一质量为 m 的小球系于绳上某点处，当小球两边的绳均被拉直时，两绳与铅垂线的夹角分别为 θ_1 和 θ_2，如题 2-25 图所示．当小球以一定的速度在水平面内作匀速圆周运动时，两绳均被拉直．试问：

（1）若下面绳子中的张力为零，则小球的速度为多大？

（2）若小球的速度是（1）小题中求得的速度的 $\sqrt{2}$ 倍，则上、下两段绳中的张力各为多大？

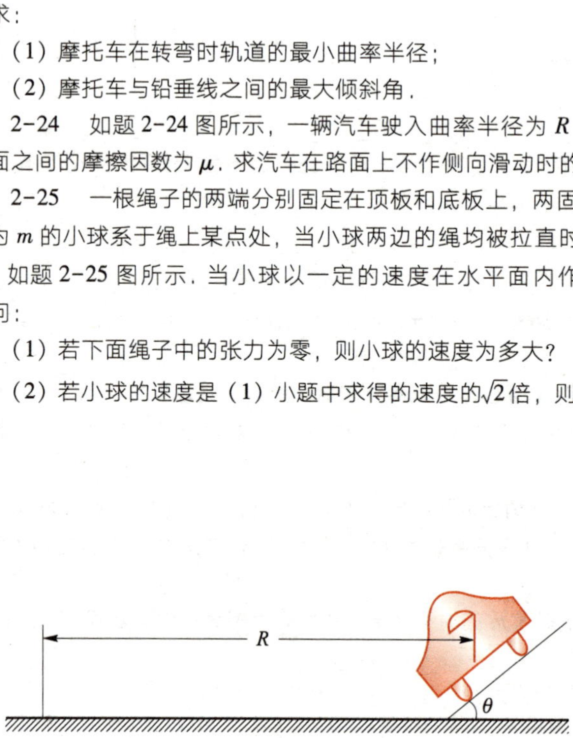

题 2-24 图

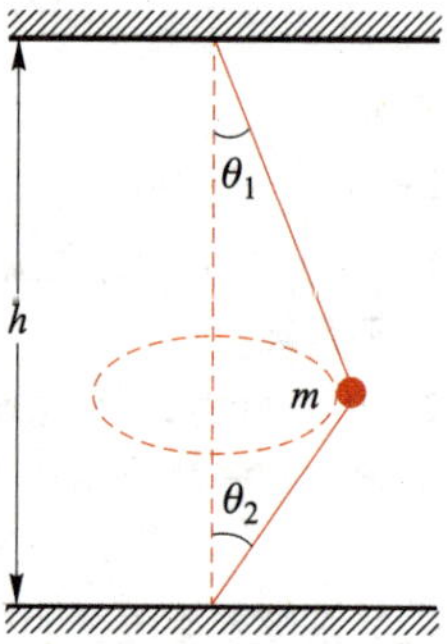

题 2-25 图

2-26 一质量为 m_0、倾角为 θ 的斜面体放在水平面上，在斜面体的斜面上有一质量为 m 的物体，为使 m 不与斜面发生相对运动，现用一水平力 $\boldsymbol{F}$ 作用在 m_0 上，如题 2-26 图所示．

（1）若所有接触面均光滑，则 $\boldsymbol{F}$ 应为多大？

（2）若 m 与 m_0 之间的摩擦因数为 μ，而 m_0 与水平面间无摩擦，求 $\boldsymbol{F}$ 的大小范围．

2-27 如题 2-27 图所示，一小车沿倾角为 θ 的光滑斜面滑下．小车上悬挂一摆锤．求当摆锤相对小车静止时，摆线与竖直线的夹角．

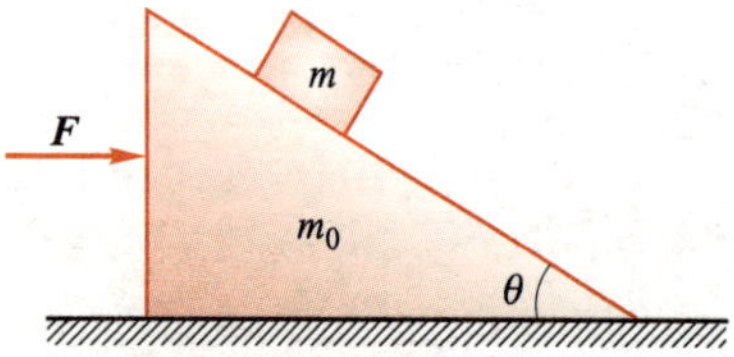

题 2-26 图

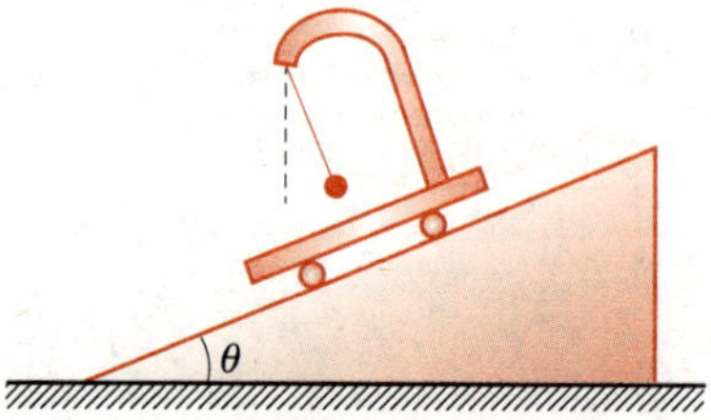

题 2-27 图

2-28　在一根与水平方向成 α 角的固定光滑细杆上，套有一质量为 m_1 的小环 A，小环通过一根长为 l 的细线与质量为 m_2 的小球 B 连接.

（1）系统从 A、B 间细线为题 2-28 图所示的竖直位置由静止释放瞬时，求线中的张力；

（2）问系统从 A、B 间细线与竖直线成多大角度的位置由静止释放后，细线将不发生摆动？

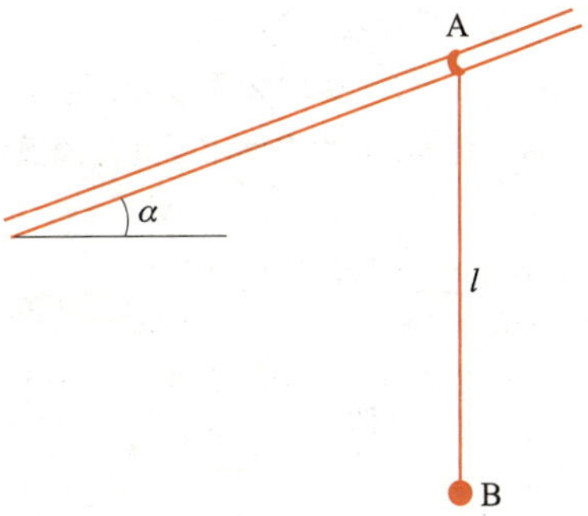

题 2-28 图

2-29　如题 2-29 图所示，在卡车的尾部通过一根绳子拖着一根粗细均匀的圆木. 绳长为 d，圆木长为 l，绳与卡车的连接点距地高 h. 问卡车至少以多大的加速度 $\boldsymbol{a}$ 行驶，才能使圆木与地面脱离？

2-30　如题 2-30 图所示，质量为 $m_2=2$ kg 和 $m_3=1$ kg 的两个物体分别系在一根跨过动滑轮 B 的细绳的两端，而滑轮 B 又与质量为 $m_1=3$ kg 的物体系在另一根跨过定滑轮 A 的细绳的两端. 试求：

（1）m_1、m_2 和 m_3 的加速度 a_1、a_2 和 a_3 的大小；

（2）跨过滑轮 A 的绳和跨过滑轮 B 的绳中的张力 F_{TA} 和 F_{TB}.

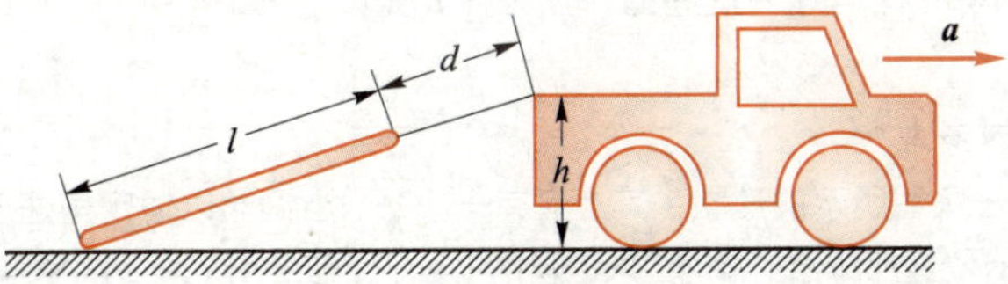

题 2-29 图

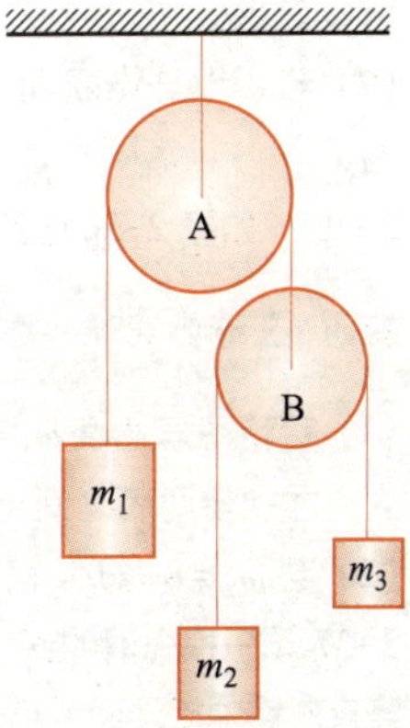

题 2-30 图

2-31　如题 2-31 图所示，在一体积为 V、质量为 m 的铁盒内置有一阿特伍德机，已知两物体的质量分别为 m_1 和 m_2，现将此铁盒放入密度为 ρ 的液体中，试求铁盒在下沉过程中的加速度. 忽略液体对铁盒的阻力作用.

2-32　在如题 2-32 图所示的装置中，质量分别为 m_2 和 m_3 的两物体由一细绳相连. 细绳跨过装在一质量为 m_1 的大物体上的定滑轮. 已知所有的表面都光滑. 试问：

（1）m_1 的加速度为多大？

（2）若在 m_1 上作用一水平力 $\boldsymbol{F}$，使 m_2 和 m_3 相对 m_1 静止，则 F 为多大？

2-33　在光滑的水平面上置有一质量为 m_0 的大物体，在其平台上有一质量为 m_1 的物块通过一根细绳与另一质量为 $m_2(m_2<m_1)$ 的物块相连，细绳跨过装在大物体上的定滑轮，如题 2-33 图所示. 在大物体上施加一水平力 $\boldsymbol{F}$，

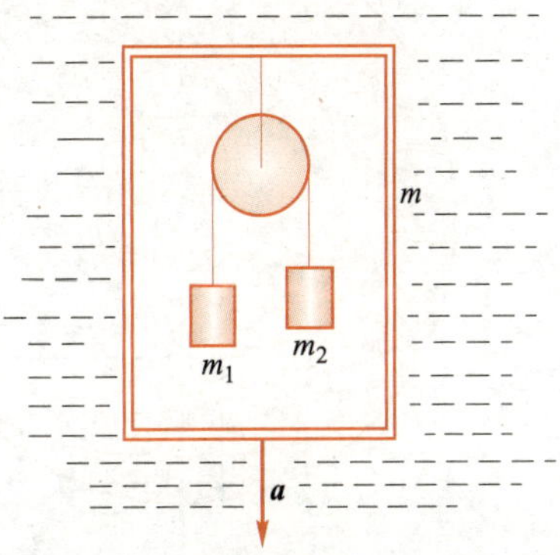

题 2-31 图

使之与物体保持相对静止.

(1) 设 m_1 与大物体平面间无摩擦，则 $\boldsymbol{F}$ 应为多大?

(2) 设 m_1 与大物体平面间的摩擦因数为 μ，且 $m_1=m_2=m$，则 $\boldsymbol{F}$ 至少为多大?

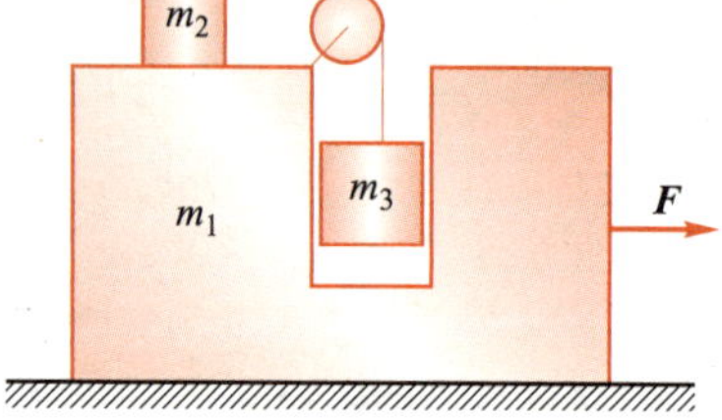

题 2-32 图

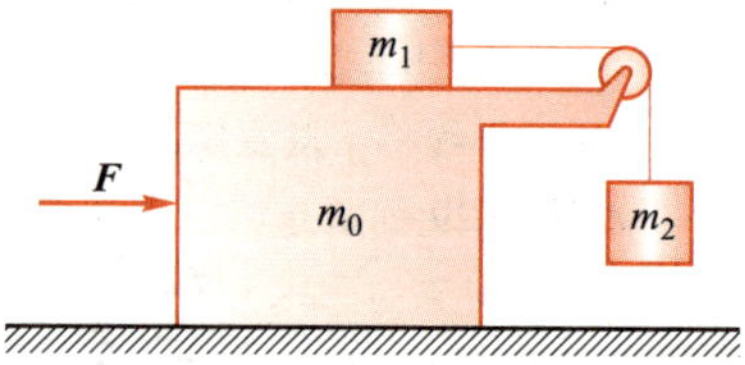

题 2-33 图

2-34　如题 2-34 图所示，一半顶角为 α 的倒立圆锥面的内表面光滑，内表面上一质点绕对称轴作半径为 r 的匀速圆周运动，求质点的速率.

2-35　设上题的圆锥面以恒定的角速度 ω 绕其对称轴旋转. 在内表面距轴为 r 处有一质点.

(1) 若内表面光滑，要使质点随锥面一起匀速转动，即与锥面相对静止，求 ω 的值;

(2) 若质点与锥面间的摩擦因数为 μ，为使质点相对锥面静止，求 ω 的范围.

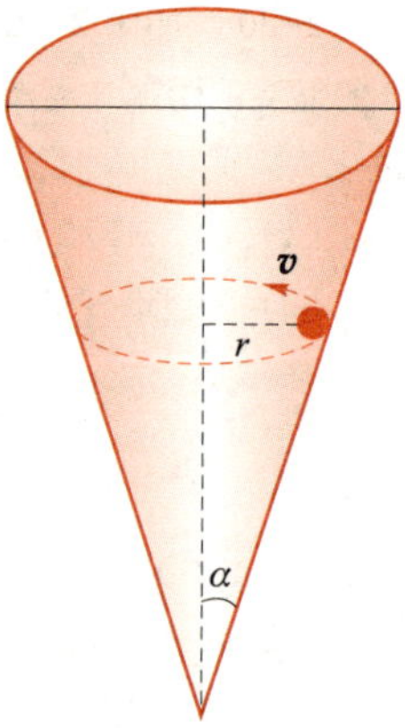

题 2-34 图

2-36　如题 2-36 图所示，一半径为 $R=0.5\ \mathrm{m}$ 的空心球绕其竖直直径匀速转动. 在球内离球底高度 $h=\dfrac{1}{2}R$ 处有一小石块与球一起转动. 试问:

(1) 若转动角速度 $\omega_1=5\ \mathrm{rad/s}$，则小石块与球内壁间的摩擦因数 μ 至少多大，才能使两者之间无相对滑动?

(2) 若 $\omega_2=8\ \mathrm{rad/s}$，则 μ 又至少为多大?

2-37　一根光滑的钢丝弯成如题 2-37 图所示的形状，其上套有一小环. 当钢丝以恒定角速度 ω 绕其竖直对称轴旋转时，小环在其上任何位置都能相对静止. 求钢丝的形状. (即写出 y 与 x 的关系.)

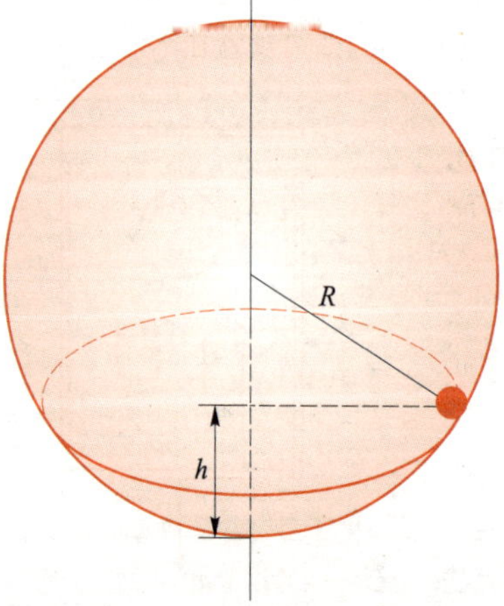

题 2-36 图

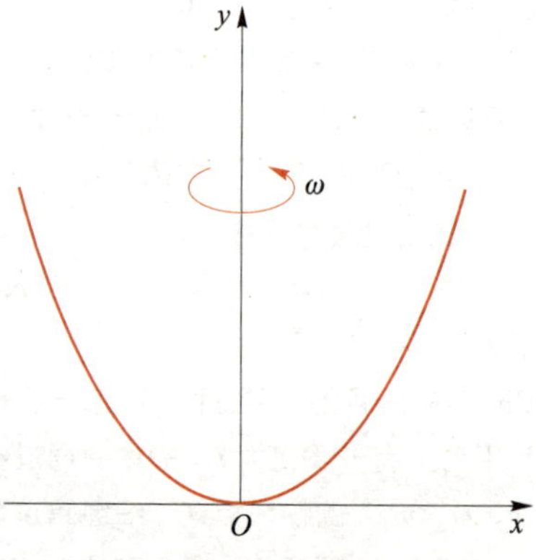

题 2-37 图

2-38　如题 2-38 图所示，一水平圆台绕过圆心的竖直轴以角速度 $\boldsymbol{\omega}$ 匀速转动、在台面上沿一弦有一直槽，圆心与直槽的距离为 d，一质量为 m 的玩具小车从槽中心以恒定的相对速度 $\boldsymbol{u}$ 沿槽开始运动．设槽的侧壁光滑，求小车在离开圆台前受到槽的侧壁对它的作用力大小 F_N，以及槽底沿槽方向的摩擦力大小 F_f 与时间 t 的关系．

2-39　一圆柱形刚性杆 OA 上套有一质量为 m 的小环，杆的一端固定，整个杆绕着通过固定端 O 的竖直轴以恒定的角速度旋转，旋转时杆与竖直轴的夹角 α 保持不变．设小环与杆之间的摩擦因数为 μ，已知当小环相对杆运动到题 2-39 图所示位置 x 时其相对于杆的速度为 $\dot{x}$，试列出此时小环沿杆的运动方程（不要求解出此方程）．

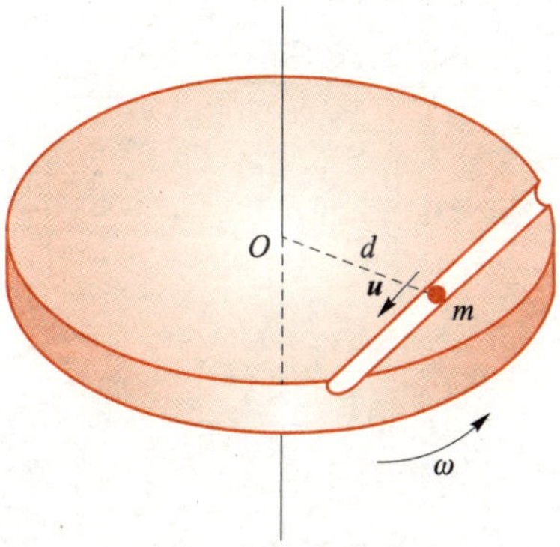

题 2-38 图

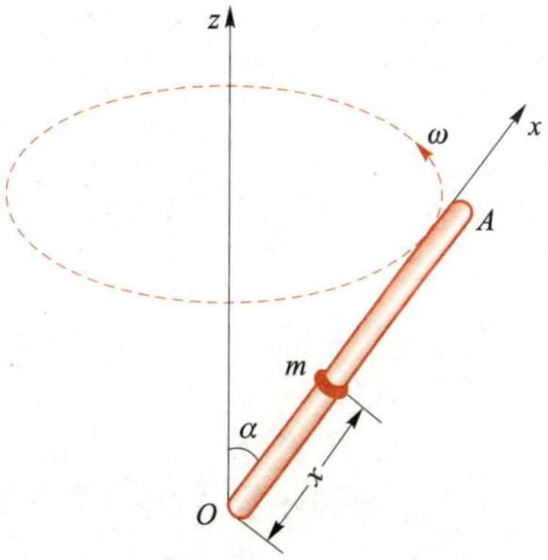

题 2-39 图

2-40　质量为 m 的小球置于光滑水平台面上，用长为 l 的细线系于台面上的 P 点，水平台面绕着过 O 点的竖直轴以恒定角速度 $\boldsymbol{\omega}$ 旋转，P 点与 O 点的距离为 b．试列出小球的运动方程．设在小球运动过程中，线始终保持拉直状态．

2-41　受人类成功发射同步卫星的启发，有人提出所谓“地球同步缆绳”的设想：将一根缆绳沿地球径向竖立在赤道上空，使缆绳随着地球同步自转，让人们可以沿着这条通天缆绳到太空中去游览．

（1）要使缆绳不会坠落，其长度应为多少？

（2）要使此缆绳不断裂，其抗拉强度与密度之比应为多少？

第三章

动 量

3.1 动量与动量定理 _078

3.2 动量守恒定律 _083

3.3 变质量体系 _084

3.4 质心与质心参考系 _088

3.5 质心运动定律 _091

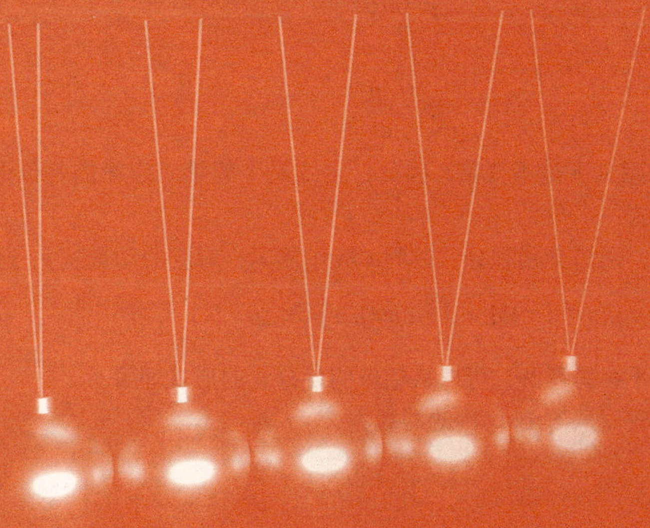

牛顿力学动力学的基础是牛顿三定律，其中最核心的定律是 $\boldsymbol{F}=m\boldsymbol{a}$，它是牛顿力学的根或魂. 将 $\boldsymbol{F}=m\boldsymbol{a}$ 说成根，一方面告诉我们此后力学的知识内容必然与这根有着紧密的联系，事实上它们是围绕 $\boldsymbol{F}=m\boldsymbol{a}$ 展开的，一些定理也是 $\boldsymbol{F}=m\boldsymbol{a}$ 的等价形式；另一方面告诉我们虽然一切力学现象统一于 $\boldsymbol{F}=m\boldsymbol{a}$ 这个根，但是我们总不能停留在这根上，即停留在力、速度和加速度的角度去理解一切力学现象. 我们需要有新的视野、新的角度、新的物理量，以及新的定理或定律去理解这些力学现象. 这就构成了牛顿力学的一个个新篇章，即动量、角动量和功与能.

动量就是一个新的物理量，动量定理就是牛顿第二定律的等价形式，动量定理的积分形式考察了力的时间积分效果. 冲量这个物理量，描述动量从一个物体到另一个物体的传递，即从施力物体传递到受力物体. 学会将物理规律从单个质点推广到由多个质点构成的质点系的普遍法则，从而引入内力和外力、质心和质心参考系，揭示质心运动定律. 引入动量这个新的物理量后，一个新的定律——动量守恒定律将被揭示，它是自然界中更为普遍的定律. 学会从动量的角度，特别是利用动量定理和动量守恒定律分析力学问题. 变质量体系的动力学方程推导，展示了质量连续变化时的动量定理的应用.

通过本章的学习，要弄清楚以下几个问题，为什么要引入动量？引入的动量与 $\boldsymbol{F}=m\boldsymbol{a}$ 的关系是什么？引入这个量后揭示的新的规律是什么？这个新的规律与 $\boldsymbol{F}=m\boldsymbol{a}$ 的关系又是什么？如何用这个物理量分析求解力学问题？

3.1 动量与动量定理

由牛顿第二定律

$$\boldsymbol{F}=m\boldsymbol{a}=m\frac{\mathrm{d}\boldsymbol{v}}{\mathrm{d}t}=\frac{\mathrm{d}(m\boldsymbol{v})}{\mathrm{d}t}$$

定义动量

$$\boldsymbol{p}=m\boldsymbol{v} \tag{3.1-1}$$

则

$$\boldsymbol{F}=\frac{\mathrm{d}\boldsymbol{p}}{\mathrm{d}t} \tag{3.1-2}$$

质量 m 在牛顿力学的定义下是不变量，因此，上式是牛顿第二定律的等价形式，也是动量定理的微分形式.

公式两边乘以 $\mathrm{d}t$，两边分别积分，时间 t 从 t_1 到 t_2，对应的动量从 $\boldsymbol{p}_1$ 到 $\boldsymbol{p}_2$，则

$$\int_{t_1}^{t_2}\boldsymbol{F}\mathrm{d}t=\int_{\boldsymbol{p}_1}^{\boldsymbol{p}_2}\mathrm{d}\boldsymbol{p}=\boldsymbol{p}_2-\boldsymbol{p}_1=\Delta\boldsymbol{p} \tag{3.1-3}$$

若对此矢量积分形式不容易理解，可以从相应的各分量的形式理解.

定义力对质点在时间从 t_1 到 t_2 内的冲量为

$$\boldsymbol{I}=\int_{t_1}^{t_2}\boldsymbol{F}\mathrm{d}t \tag{3.1-4}$$

则

$$\boldsymbol{I}=\Delta\boldsymbol{p} \qquad (3.1\text{-}5)$$

为动量定理的积分形式，即力对质点的冲量等于质点动量的增量．它描述动量从一个物体到另一个物体的传递，即从施力物体传递到受力物体．事实上，动量定理的积分形式与微分形式是等价的，可以相互导出．

引入动量后，对力的理解并不局限于质量乘以加速度，也可以理解为物体动量随时间的变化率，这扩展了对力的理解，也为力学问题的分析，尤其是质量连续分布体系的力的分析与求解，提供了新思路．另外，这里强调一下，无论是动量定理的微分形式，还是动量定理的积分形式，其中的 $\boldsymbol{F}$ 均指质点所受的合力．其实，这一点是不言而喻的，因为它们来自 $\boldsymbol{F}=m\boldsymbol{a}$，这里的 $\boldsymbol{F}$ 当然指质点所受的合力．

上述动量定理是一个质点情形下的形式，将此形式推广到由多个质点组成的质点系，可以采用下面所述的普遍法则．这一普遍法则将会常常被用到，它是将定理或定律从质点扩展到质点系、质量连续分布物体或者刚体的一种普遍思想与方法．该普遍法则包括下列三步．

第一步：单个质点物理定理应用．对一个质点，例如第 i 个质点应用动量定理，

$$\boldsymbol{F}_i=\frac{\mathrm{d}\boldsymbol{p}_i}{\mathrm{d}t}$$

第二步：区分内力和外力．将第 i 个质点所受的合力 $\boldsymbol{F}_i$ 分为合内力和合外力．内力指施力物体为体系内的物体，外力则指施力物体为体系外的物体．

$$\boldsymbol{F}_{i内}+\boldsymbol{F}_{i外}=\frac{\mathrm{d}\boldsymbol{p}_i}{\mathrm{d}t}$$

第三步：求和，内力抵消．因为内力成对作用于体系内的物体，互为作用力和反作用力，所以对所有内力求和，等同于对所有合内力求和，结果为零，如图 3.1-1 所示．则由上式对所有质点求和得

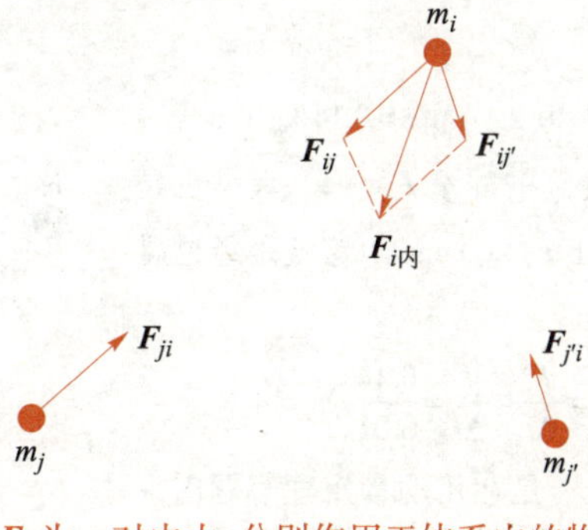

图 3.1-1　$\boldsymbol{F}_{ij}$ 与 $\boldsymbol{F}_{ji}$ 为一对内力，分别作用于体系内的物体 m_i 和 m_j，互为作用力与反作用力．$\boldsymbol{F}_{ij'}$ 与 $\boldsymbol{F}_{j'i}$ 也互为作用力与反作用力，分别作用于物体 m_i 和 $m_{j'}$．物体 m_i 所受的合内力 $\boldsymbol{F}_{i内}$ 为内力 $\boldsymbol{F}_{ij}$ 和 $\boldsymbol{F}_{ij'}$ 的合力．

$$\sum\boldsymbol{F}_{i内}+\sum\boldsymbol{F}_{i外}=\sum\frac{\mathrm{d}\boldsymbol{p}_i}{\mathrm{d}t}$$

$$\boldsymbol{0}+\boldsymbol{F}_{\mathrm{ex}}=\frac{\mathrm{d}\left(\sum\boldsymbol{p}_i\right)}{\mathrm{d}t}$$

$$\boldsymbol{F}_{\mathrm{ex}}=\frac{\mathrm{d}\boldsymbol{p}}{\mathrm{d}t} \tag{3.1-6}$$

其中$\boldsymbol{F}_{\mathrm{ex}}$为体系所受的外力的矢量和，$\boldsymbol{p}$ 为体系的总动量或动量，自然等于每个质点的动量之和. 这就是质点系动量定理的微分形式. 即体系所受外力矢量之和，等于体系总动量随时间的变化率. 其等价的形式为质点系动量定理的积分形式:

$$\boldsymbol{I}=\int_{t_1}^{t_2}\boldsymbol{F}_{\mathrm{ex}}\mathrm{d}t=\Delta\boldsymbol{p}=\boldsymbol{p}_2-\boldsymbol{p}_1$$

$\boldsymbol{I}$ 为外力对体系在时间从 t_1 到 t_2 内的冲量，等于体系总动量或动量的增量.

由上述推导可知，内力可以改变单个质点的动量，但不改变体系的动量，即不改变体系内所有质点的动量之和；如果体系只包括一个质点，质点系的动量定理就回到了质点的动量定理.

应强调的是，质点的动量定理是牛顿第二定律的等价形式，牛顿第二定律适用于惯性系，动量定理当然也只适用于惯性系，在非惯性系中应用动量定理必须考虑惯性力. 在质点系的动量定理推导过程中，用到了牛顿第三定律，且外力可以作用于不同质点，因而它不可以被认为是牛顿第二定律的等价形式. 事实上，牛顿第二定律是针对单个质点的，它的等价形式也只能对应于质点的动量定理.

例题1 **质量为 $m=10$ g 的乒乓球以 10 m/s 的速率沿与木块法线成 45° 角的方向投击木块，并以同一角度、几乎相同的速率沿法线另一侧被弹回（图 3.1-2）.（1）求木块得到的动量；（2）若乒乓球与木块撞击时间为 0.01 s，求木块所受的平均冲力.**

解： 这里要研究的是木块的运动状况，但我们可以从研究乒乓球动量的变化入手，因为木块的动量是由乒乓球传递给它的.

（1）在木块的反弹力作用下，乒乓球的动量由 $m\boldsymbol{v}_0$ 变为 $m\boldsymbol{v}$，有

$$\boldsymbol{I}=m\boldsymbol{v}-m\boldsymbol{v}_0$$

由图 3.1-2，$I=\sqrt{2}mv_0=\sqrt{2}\times0.01\times10$ kg · m/s $=0.14$ kg · m/s. $\boldsymbol{I}$ 的方向显然沿法线 $\boldsymbol{e}_{\mathrm{n}}$. 木块受到的冲量 $\boldsymbol{I}'=-\boldsymbol{I}$，大小也是 I，方向与 $\boldsymbol{e}_{\mathrm{n}}$ 相反，即 $\boldsymbol{I}'=-0.14\boldsymbol{e}_{\mathrm{n}}$ kg · m/s. 这就是经过碰撞木块获得的动量.

（2）由于 $I'=F'\Delta t$，则 $F'=\dfrac{I'}{\Delta t}=\dfrac{I}{\Delta t}=\dfrac{0.14}{0.01}$ N $=14$ N.

本例题有两点值得注意. 一是在用动量定理解题时，必须注意动量是矢量，尽管乒乓球的末动量与初动量大小相等，但它们的差并不等于零；另一点是作用于木块的冲量使木块获得动量，这动量可以大于乒乓球本身的动量，本例就是如此（但因木块质量很大，它获得的速度仍可忽略）. 这正是动量的矢量性的结果. 因为乒乓球的末动量的法向分量与初动量的法向分量方向相反. 若作用时间 Δt 更短，则碰撞的平均冲力更大.

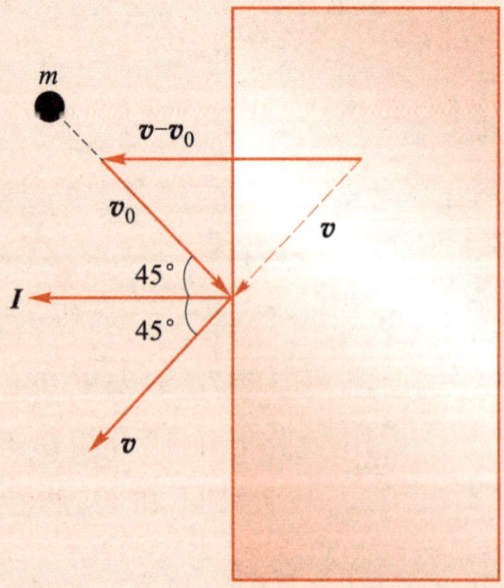

图 3.1-2

例题2 长为 l、线密度为 ρ_l 的柔软绳索，原先两端 A、B 并合在一起，悬挂在支点上，现让 B 端脱离支点自由下落，求当 B 端下落了 x 时，支点上所受的力 F_T(图 3.1-3).

方法一： 这也是体系动量问题. 整条绳作为体系，由许多个小段连接而成，小段可看成质点. 绳索受重力 $\rho_l l\boldsymbol{g}$ 和支点拉力 $\boldsymbol{F}_\mathrm{T}$ 两个外力作用，前者向下，后者向上. 在合外力作用下，体系的动量不断变化，体系的动量也就是右半部分绳索的动量. 由于右半部分（未成为左半部的那部分）的运动不受左半部影响，下落运动就是自由落体运动. 取 x 轴的方向竖直向下，当 B 端下落 x 时，右半部分绳索的长为 $l'=\dfrac{l-x}{2}$，速率为 v，体系的动量为

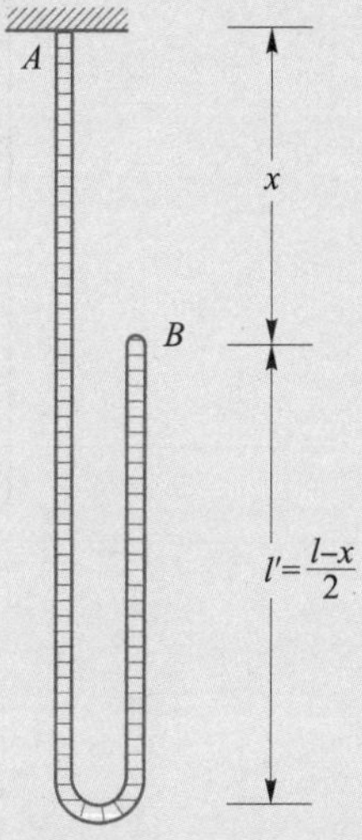

图 3.1-3

$$p=\frac{l-x}{2}\rho_l v$$

经 $\mathrm{d}t$ 时间后，B 点下落距离为 $x+\mathrm{d}x$，体系动量的变化率为

$$\frac{\mathrm{d}p}{\mathrm{d}t}=-\frac{\rho_l v}{2}\frac{\mathrm{d}x}{\mathrm{d}t}+\frac{l-x}{2}\rho_l\frac{\mathrm{d}v}{\mathrm{d}t}$$

由（3.1-6）式，注意到

$$\frac{\mathrm{d}x}{\mathrm{d}t}=v=\sqrt{2gx},\qquad \frac{\mathrm{d}v}{\mathrm{d}t}=g$$

得

$$\rho_l lg-F_\mathrm{T}=-\rho_l gx+\frac{l-x}{2}\rho_l g$$

$$=\frac{l\rho_l g}{2}-\frac{3}{2}\rho_l gx$$

因此，

$$F_\mathrm{T}=\rho_l lg-\frac{\rho_l lg}{2}+\frac{3}{2}\rho_l gx$$

$$=\frac{l+x}{2}\rho_l g+\rho_l gx$$

其中第一项就是左半部分绳索所受的重力，而第二项则可看成右边部分绳索在下落过程中转到左边部分时的拖力.

由例题 2 可以清楚看到，质点系的动量定理可以用来求解体系所受的外力，通过体系的动量变化率求力为力学问题的分析与求解提供了新思路.

方法二： 虽然方法一求出了支点上所受的力的大小，但该方法没有将这个力的来源显示得足够清楚. 方法二将从质元的角度进一步揭示这个力的来源，即组成部分. 设 0 时刻 B 端开始自由下落，t 时刻绳索下落的样子如图 3.1-4（a）所示，$t+\Delta t$ 时刻绳索下落的样子如图 3.1-4（b）所示，Δt 很小.

在 Δt 时间内，B 点自由落体下落 Δx 长度，因 Δt 很小，故 $\Delta x=\sqrt{2gx}\,\Delta t$. 根据几何关系，绳索底部向下伸长$\dfrac{\Delta x}{2}$，即有$\dfrac{\Delta x}{2}$长度的绳索从右边转到左边. 在$\dfrac{\Delta x}{2}$长度绳索从右边转到左边过程中，速度从 t 时刻的自由落体速度变为零，这小段绳索动量的变化率对左边绳索产生拉力，则 Δt 时间内支点上所受的力的平均值 $\overline{F}_\mathrm{T}$ 分为三个部分，

$$\overline{F}_\mathrm{T}=\overline{F}_\mathrm{T1}+\overline{F}_\mathrm{T2}+\overline{F}_\mathrm{T3}$$

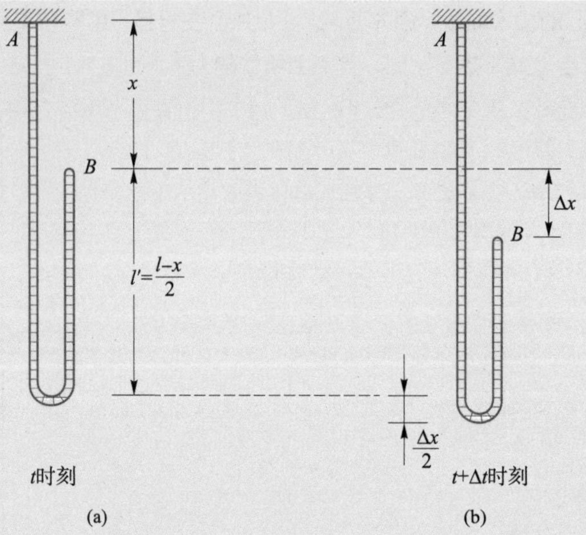

图 3.1-4

其中，$\overline{F}_{T1}$为 t 时刻左边绳索的重力，$\overline{F}_{T2}$为 Δt 时间内$\frac{\Delta x}{2}$长度的绳索从右边转到左边对左边绳索的平均拉力，$\overline{F}_{T3}$为 Δt 时间内由于左边绳索长度增加$\frac{\Delta x}{2}$所引起的左边绳索重力增量的平均值，则

$$\overline{F}_{T1}=\left(\frac{l+x}{2}\right)\rho_l g$$

$$\overline{F}_{T2}=\frac{\Delta p}{\Delta t}=\frac{\Delta mv}{\Delta t}=\frac{\frac{\Delta x}{2}\rho_l v}{\Delta t}=\frac{\frac{\rho_l}{2}\Delta xv}{\Delta t}=\frac{\frac{\rho_l}{2}v\Delta tv}{\Delta t}=\frac{\rho_l}{2}v^2=\frac{\rho_l}{2}(\sqrt{2gx})^2=\rho_l gx$$

$$\overline{F}_{T3}=\frac{1}{2}\ \frac{\Delta x}{2}\rho_l g=\frac{\Delta x}{4}\rho_l g=\frac{v\Delta t}{4}\rho_l g=\frac{\sqrt{2gx}}{4}\rho_l g\Delta t$$

$\overline{F}_{T3}$公式中的$\frac{1}{2}$因子来自 t 时刻左边绳索没有增长，$t+\Delta t$ 时刻绳索增长$\frac{\Delta x}{2}$，即重力增加量从零到$\frac{\Delta x}{2}\rho lg$，则平均值为后者的$\frac{1}{2}$. 当 $\Delta t\to 0$ 时，$\overline{F}_{T3}$为零. 力的平均值即 t 时刻力的瞬时值. 因此，B 端自由下落 x 距离时支点上受的力为

$$\begin{aligned}F_T&=F_{T1}+F_{T2}\\&=\frac{(l+x)}{2}\rho lg+\rho gx\end{aligned}$$

从质元的角度看，上式的第二项为 t 时刻绳索底部小质元从右边转到左边由动量随时间的变化率引起的对左边绳索的拉力. 这里可以再次体会从动量变化率而不是从加速度的角度求力的新方法和新思路.

对比图 3.1-4（a）和（b），人们不禁要问，在 Δt 时间内，左边增加的$\frac{\Delta x}{2}$段基本上是由 t 时刻偏左边弯曲绳索段转到 $t+\Delta t$ 时刻左边竖直段的，怎么可以认为是由右边竖直段转到左边竖直段的呢？这是等效的看法. 事实上，Δt 时间内，这一段确实是由偏左边弯曲段转到左边竖直段的，但是在 Δt 时间内，这一段的后一段由 t 时刻偏右边弯曲段转到 $t+\Delta t$ 时刻偏左边弯曲段，而这一段的后一段的后一段又由 t 时刻右边竖直段变为偏右边的弯曲段. Δt 时间内，这些段发生变化的总效应等于 t 时刻右边竖直段转到 $t+\Delta t$ 时刻的左边竖直段. 当然我们假定弯曲绳索部分的长度是非常小的.

3.2 动量守恒定律

由质点系的动量定理，

$$\int_{t_1}^{t_2} \boldsymbol{F}_{\text{ex}} \mathrm{d}t = \boldsymbol{p}_2 - \boldsymbol{p}_1$$

若

$$\boldsymbol{F}_{\text{ex}} = \sum_i \boldsymbol{F}_{i外} = \boldsymbol{0}$$

则

$$\boldsymbol{p}_2 = \boldsymbol{p}_1 = 常矢量 \tag{3.2-1}$$

即不受外力或所受外力的矢量和为零的体系，动量守恒．这称为动量守恒定律．

体系的动量守恒定律是引入动量这个物理量后揭示的新的物理规律．虽然它是由牛顿运动定律导出的，但它比牛顿运动定律更为普遍．例如，在高速运动、微观尺度情况下，牛顿第二定律不再成立，但动量守恒定律依然成立．

守恒量是全过程任何时刻不变量．体系的动量守恒是指体系的动量不变，而体系内任一物体的动量是可变的．当然这个体系可以只有一个物体，在这种情形下，该物体不受外力或所有外力的合力为零，这个物体的动量守恒．

在应用动量守恒定律分析力学问题时，可以采用其分量形式．若 $\boldsymbol{F}_{\text{ex}}$ 的 x 分量为零，则体系动量的 x 分量 p_x 守恒，其余分量类推．在某些过程（例如爆炸、碰撞等过程）中，体系虽受外力，但外力是有限的，而过程的进行时间 Δt 很短，在整个过程中，外力的冲量 $\int_{t_0}^{t_0+\Delta t} \boldsymbol{F}_{\text{ex}} \mathrm{d}t = \boldsymbol{F}_{\text{ex}} \Delta t$ 非常小，即由外界传递到体系的动量很小，因而可以利用动量守恒定律来研究在很短时间 Δt 的过程中由于很大内力引起的体系内部各部分间的动量再分配问题．

例题1 炮身的反冲．

设炮车以仰角 α 发射炮弹，炮身和炮弹的质量分别为 m_0 和 m，炮弹在出口处相对炮身的速率为 v'，试求炮身的反冲速度大小 v_0．设地面摩擦力可以忽略（图 3.2-1）．

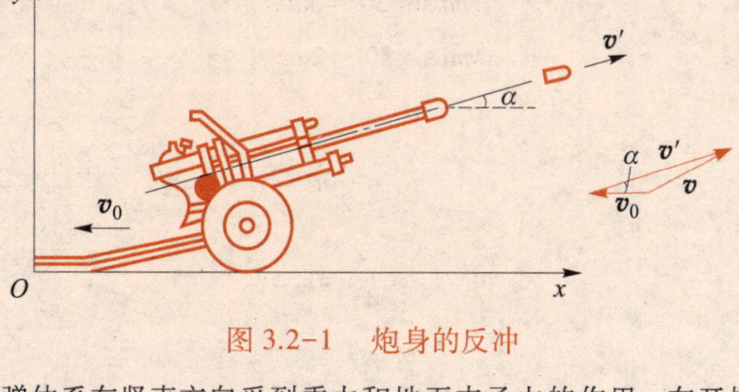

图 3.2-1　炮身的反冲

解： 炮身和炮弹体系在竖直方向受到重力和地面支承力的作用，在开炮的瞬间，两者的大小并不相等（支承力可以很大），但在水平方向（取为 x 方向）不受外力的作用，故水平方向体系的动量守恒．在发射炮弹前体系的动量为零，发射炮弹后，其动量的水平分量仍应为零．由于炮弹的速度 $\boldsymbol{v}'$ 是相对炮身的，因此必须将它化为相对地面的．利用相对运动公式，炮弹相对地面的速度 $\boldsymbol{v}$ 为

$$\boldsymbol{v} = \boldsymbol{v}_0 + \boldsymbol{v}' \tag{1}$$

故水平方向的动量守恒要求

$$mv_x - m_0 v_0 = 0 \tag{2}$$

但由（1）式可知

$$v_x = v'\cos\alpha - v_0$$

代入（2）式，得

$$mv'\cos\alpha - mv_0 - m_0 v_0 = 0$$

因此，

$$v_0 = \frac{m}{m+m_0} v'\cos\alpha$$

本题有一点要注意. 由于动量守恒是相对一定惯性系而言的，所有物理量必须化为相对同一惯性系的量，因而在以地面为参考系时，炮弹的速度必须化为相对地面的值，这是解本题的关键. 当然，只要相对同一惯性系即可，不一定要相对地面. 例如，若取反冲结束后的炮身作为参考系（它也是惯性系），问题同样可以解出. 当然，在此参考系中，虽然炮弹的速度为 $\boldsymbol{v}'$，但体系在发射炮弹前的动量并不为零.（思考题 3.5）.

例题2 **质量均为 m 的小球 A、B 用长为 l 的轻绳相连，放在光滑水平台面上，两球相距 $l/2$，绳处于松弛状态. 给小球 A 以冲击力，使之获得与两球连线相垂直的速度 $\boldsymbol{u}$，求在绳伸直的瞬时两球的速度. 设绳不可伸长且无弹性.**

解： 在绳伸直的瞬时，小球 B 受到绳的拉力的冲量而沿绳方向运动，小球 A 受到反方向的绳的冲量而使速度发生变化. B 的速度 $\boldsymbol{v}_B$ 的方向沿绳；将 A 的速度 $\boldsymbol{v}_A$ 分解为与绳垂直的分量 $\boldsymbol{v}_\perp$ 和沿绳的分量 $\boldsymbol{v}_{/\!/}$ 两部分，如图 3.2-2 所示. 由于绳不可伸长且无弹性，两球沿绳方向的速度相等，因而有

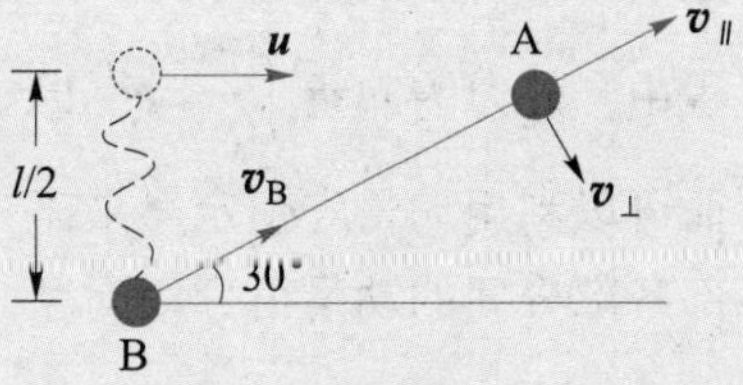

图 3.2-2

$$v_B = v_{/\!/}$$

显然，两球组成的体系动量守恒. 将动量分解为与绳垂直的分量和与绳平行的分量两部分，而绳伸直时与 $\boldsymbol{u}$ 的方向成 30° 角，注意到 $v_B = v_{/\!/}$，故有

$$mu\sin 30° = mu_\perp$$

$$mu\cos 30° = 2mv_{/\!/}$$

由以上两式解得

$$v_\perp = \frac{1}{2}u$$

$$v_{/\!/} = \frac{\sqrt{3}}{4}u = v_B$$

3.3 变质量体系

在火箭发射时，火箭的质量随时间连续变化，称之为变质量体系. 下面我们从动量定理出发讨论变质量体系的运动，推导其动力学方程，即运动方程.

设 t 时刻体系的质量为 $m(t)$、速度为 $\boldsymbol{v}(t)$，$t+\Delta t$ 时刻（Δt 很小）体系的质量为

$m(t)+\Delta m$、速度为 $\boldsymbol{v}(t)+\Delta\boldsymbol{v}$，$\Delta t$ 时间内喷出去的质量为 Δm，速度为 $\boldsymbol{u}$，如图 3.3-1 所示.

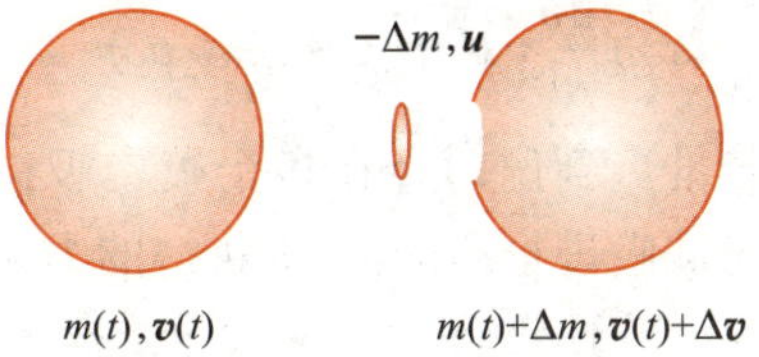

图 3.3-1

设体系所受外力为 $\boldsymbol{F}$，利用动量定理，两个时刻间的动量变化量为

$$\Delta\boldsymbol{p}=(m+\Delta m)(\boldsymbol{v}+\Delta\boldsymbol{v})+(-\Delta m\boldsymbol{u})-m\boldsymbol{v}$$

应等于外力的冲量 $\boldsymbol{F}\Delta t$，即

$$\boldsymbol{F}\Delta t=\Delta\boldsymbol{p}$$

$$\boldsymbol{F}\Delta t=m\boldsymbol{v}+\Delta m\boldsymbol{v}+m\Delta\boldsymbol{v}+\Delta m\Delta\boldsymbol{v}-\Delta m\boldsymbol{u}-m\boldsymbol{v}$$

因为 Δm 正比于 Δt，是与 Δt 同量级的小量；$\Delta\boldsymbol{v}$ 与喷出去的质量 Δm 成比例，也是与 Δt 同量级的小量，因此 $\Delta m\Delta\boldsymbol{v}$ 大小为 Δt 的二级小量. 忽略二级小量，并对上式整理得

$$\boldsymbol{F}\Delta t=m\Delta\boldsymbol{v}+(\boldsymbol{v}-\boldsymbol{u})\Delta m$$

移项得

$$m\Delta\boldsymbol{v}=\boldsymbol{F}\Delta t+(\boldsymbol{u}-\boldsymbol{v})\Delta m$$

等式两边除以 Δt，并令 Δt 趋于 0，得

$$m\frac{\mathrm{d}\boldsymbol{v}}{\mathrm{d}t}=\boldsymbol{F}+(\boldsymbol{u}-\boldsymbol{v})\frac{\mathrm{d}m}{\mathrm{d}t}$$

$$=\boldsymbol{F}+\boldsymbol{v}_{相对}\frac{\mathrm{d}m}{\mathrm{d}t} \qquad (3.3\text{-}1)$$

其中 $\boldsymbol{v}_{相对}$ 是指喷出去的 Δm 相对于 m 的速度.（3.3-1）式就是变质量体系的动力学方程.

如何理解和记住该公式，作下面讨论. 如果什么都不喷出去，质量不变.（3.3-1）式回到 $\boldsymbol{F}=m\boldsymbol{a}$ 的形式.（3.3-1）式的第二项对应喷出质量时，m 获得的推力或阻力，是推力还是阻力取决于喷出去的质量 $-\Delta m$ 相对于 m 的速度方向. 此力的方向始终与 $\boldsymbol{v}_{相对}$ 相反、大小正比于 $|\boldsymbol{v}_{相对}|$，向后喷为推力，向前喷为阻力. 此力对应由于 m 以相对速度 $\boldsymbol{v}_{相对}$ 喷出质量而引起 m 的动量变化率.

（3.3-1）式的推导针对喷出物质的情形，即 $\frac{\mathrm{d}m}{\mathrm{d}t}<0$ 的情形，其实它同样适用于吸进物质的情形，即 $\frac{\mathrm{d}m}{\mathrm{d}t}>0$. m 吸进物质获得的力的方向与吸进物质相对于 m 的速度方向相同.

此公式也可以推广到吸进物质和喷出物质同时存在的情形. 飞机飞行时，发动机吸进机外气体，气体与油燃烧后喷出机外就是这种情形. 设单位时间吸进物质的质量为 α_1，吸进物质的相对速度为 $\boldsymbol{v}_1$，则吸进物质时 m 获得的力为 $\alpha_1\boldsymbol{v}_1$. 单位时间

喷出物质的质量为 α_2，喷出物质的相对速度为 $\boldsymbol{v}_2$，则喷出物质时 m 获得的力为 $-\alpha_2\boldsymbol{v}_2$.（3.2-1）式将改写为

$$m\frac{\mathrm{d}\boldsymbol{v}}{\mathrm{d}t}=\boldsymbol{F}+\alpha_1\boldsymbol{v}_1+(-\alpha_2\boldsymbol{v}_2) \tag{3.3-2}$$

上述公式还可以进一步推广到同时存在多个喷口吸进和喷出物质的情形. 只要在公式右边把每个喷口喷出或吸进物质时 m 所获得的力求和就行了. 每个喷口喷出或吸进物质时，m 所获得的力的计算公式在形式上完全一样，因为它们的作用地位是等同的，即

$$m\frac{\mathrm{d}\boldsymbol{v}}{\mathrm{d}t}=\boldsymbol{F}+\sum\alpha_{1i}\boldsymbol{v}_{1i}+\sum(-\alpha_{2j}\boldsymbol{v}_{2j}) \tag{3.3-3}$$

公式第二项对每个吸进物质的喷口求和，第三项对每个喷出物质的喷口求和.

值得指出的是，变质量体系的动力学方程是个矢量方程，类似于 $\boldsymbol{F}=m\boldsymbol{a}$，在实际应用时，必须在某个方向上投影，列出该方向上的投影分量的等式.

例题1 一束速率为 v_0 的水流沿水平方向向质量为 m 的木块喷射，使原来静止的木块获得水平速度. 水与木块撞击后即附着于木块，随即自行流失. 设水流的横截面积为 S，密度为 ρ，木块与水平地面的摩擦因数为 μ，求木块获得的最终速率.

解： 根据前面分析得到的公式（3.3-2），

$$m\frac{\mathrm{d}\boldsymbol{v}}{\mathrm{d}t}=\boldsymbol{F}+\alpha_1\boldsymbol{v}_1+(-\alpha_2\boldsymbol{v}_2)$$

体系为木块，$\boldsymbol{F}$ 为外力，即摩擦力，大小为 μmg，方向与 $\boldsymbol{v}$ 相反，木块单位时间吸进物质的质量与喷出物质的质量相同，即 $\alpha_1=\alpha_2=(v_0-v)\rho S$. 相对速度 $\boldsymbol{v}_1=\boldsymbol{v}_0-\boldsymbol{v}$，$\boldsymbol{v}_2=\mathbf{0}$. 再考虑到相互作用时水和木块均为同方向上的一维运动，向 $\boldsymbol{v}_0$ 方向投影，则上式变为

$$m\frac{\mathrm{d}v}{\mathrm{d}t}=-\mu mg+(v_0-v)^2\rho S$$

木块的最终速率与 $\frac{\mathrm{d}v}{\mathrm{d}t}=0$ 对应，于是有

$$(v_0-v_\mathrm{f})^2\rho S=\mu mg$$

则最终速率

$$v_\mathrm{f}=v_0-\sqrt{\frac{\mu mg}{\rho S}}$$

例题2 竖直发射火箭过程分析. 设单位时间喷出气体的质量不变，为 α，喷出气体相对于火箭的速度大小不变为 v_1，$t=0$ 时刻发射，$m(0)=m_0$.

（1）忽略所有外力，求火箭速度随 t 的变化；

（2）只考虑重力且 g 不变，求火箭速度随 t 的变化.

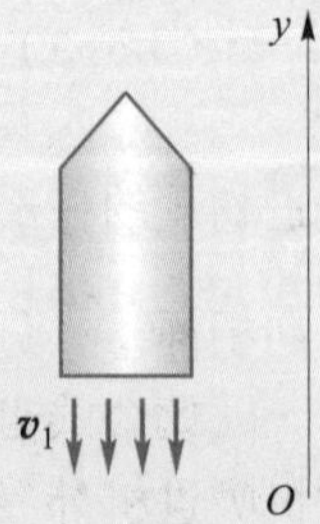

图 3.3-2

解：（1）建立如图 3.3-2 所示坐标系. 根据（3.3-1）式沿 y 轴方向投影分量得

$$m\frac{\mathrm{d}v}{\mathrm{d}t}=-v_1\frac{\mathrm{d}m}{\mathrm{d}t}$$

即

$$m\mathrm{d}v=-v_1\mathrm{d}m$$

分离变量:
$$dv=-v_1\frac{dm}{m}$$
两边积分:
$$\int_0^v dv=-v_1\int_{m_0}^{m}\frac{dm}{m}$$
得
$$v(t)=v_1\ln\frac{m_0}{m}=v_1\ln\frac{m_0}{m_0-\alpha t}$$
（2）根据（3.3-1）式沿 y 轴方向投影分量得
$$m\frac{dv}{dt}=-mg-v_1\frac{dm}{dt}$$
改写成
$$dv=-gdt-v_1\frac{dm}{dt}$$
上式虽然出现三个变量 v、t、m 的微分，但是每个变量微分的系数或是常量或只与自身变量有关，在此情况下，同样可用分离变量积分，得
$$\int_0^v dv=-\int_0^t gdt-v_1\int_{m_0}^{m}\frac{dm}{m}$$
$$v(t)=-gt+v_1 ln\frac{m_0}{m_0-\alpha t}$$

由例题 2 可知，火箭起飞时，火箭喷出物质获得的推力 $-v_1\frac{dm}{dt}$ 必须大于火箭的起飞重量 m_0g；火箭起飞质量 m_0 越大，则所带的燃料越多，经过化学反应喷出的物质越多，从而火箭获得的最终速度就越大．那么火箭的起飞质量和起动推力为多少呢？长征一号是我国第一枚三级运载火箭，箭长为 29.46 m，最大直径为 2.25 m，起飞质量为 81.5 t，起动推力约为 100 t．长征一号运载火箭于 1970 年 4 月 24 日在酒泉发射中心首次发射，将我国第一颗 300 kg 人造地球卫星“东方红一号”射入高为 440 km 的轨道．五十多年来，中国的火箭技术取得了长足的发展，运载能力进入国际先进行列，由航天大国迈向航天强国．长征五号运载火箭高度为 57 m，直径为 5 m，起飞质量为 870 t，起动推力为 1 060 t，近地轨道运载能力达到 25 t．我国航天发射次数位于国际前列，例如，2021 年中国航天发射 55 次，美国发射 45 次，全球累计发射 144 次．

如前面所述，飞机发动机是通过吸进机外气体，气体与燃油混合燃烧后喷出获得推力．但是一般飞机喷出气体的速度方向相对于机身是固定的，即动力方向相对于机身不变．而矢量发动机喷出的气体方向相对于机身可以改变，动力的方向和力矩都可以调节，这可大大提高飞机的机动性．若喷出气体的方向只能上下偏转，则称之为二元矢量发动机；若既可以上下又可以左右偏转，则称之为三元矢量发动机．2018 年 11 月 6 日，装备矢量发动机的歼-10 战机在珠海上空大秀机动性，表演了“眼镜蛇机动”．中国已经成为继美俄之后世界上第三个掌握矢量发动机技术的国家．但是，必须指出的是，我国在航空发动机的整体研制方面与国际上的最高水平仍有巨大的差距，期待同学们树立远大的学术志向，勇攀科学技术高峰．

3.4 质心与质心参考系

当考察一个物体上某些点（小质元）的运动时，例如考察体育课上掷出的手榴弹上某些点的运动，这些点的运动看上去较复杂，不是按质点的斜抛运动那样运动. 然而，如果我们把注意力集中在手榴弹上一个特别的点上，运动就变得非常简单，按质点斜抛运动那样运动，当然这里忽略空气阻力. 这个特殊点称为质心. 顾名思义，质心就是质量中心. 那么如何确定物体或质点系质心的位置、坐标或位矢呢？

一种方法从动力学的角度出发，采用前面所述的普通法则从单质点运动规律推导出质点系的运动规律. 对于质点系而言，存在一个特殊点 C，使得

$$\boldsymbol{F}_{\mathrm{ex}}=m_{总}\boldsymbol{a}_C \tag{3.4-1}$$

其中 $\boldsymbol{a}_C$ 是该特殊点 C 的加速度，这个特殊点称为质心，$m_{总}$ 为质点系的总质量. 详细的推导在下一节中给出. 这个特殊点 C 的位矢为

$$\boldsymbol{r}_C=\frac{\sum m_i\boldsymbol{r}_i}{\sum m_i} \tag{3.4-2}$$

可见，质心位矢不是简单的质点位矢的平均值，而是质点位矢的加权平均值，这个权就是质点的质量. 因此，质点系的质心位矢为质点质量加权平均位矢.

另一种方法就直接给出. 公式定义质心位矢，即公式（3.4-2）. 事实上纯粹从动力学的角度，质心的位矢可以叠加任意一个可表示为 $\boldsymbol{r}=\boldsymbol{v}_0t+\boldsymbol{r}_0$ 的位矢，其中 $\boldsymbol{v}_0$、$\boldsymbol{r}_0$ 为常矢量. 因为将 $\boldsymbol{r}_C+\boldsymbol{r}$ 代入动力学方程（3.4-1），公式成立. 下面我们先从对称性分析推理，导出由两个质点构成的质点系的质心位矢的计算公式，再根据对称性分析推理将质心位矢计算公式推广到多个质点的质点系.

如图 3.4-1（a）所示，$m_1=m_2$ 的两质点构成质点系. 由对称性要求，质心位置在连线上，且为二质点连线的中点. 若质心位置偏离连线，则等价的质心位置有无穷多个，因为这个质点系具有连线轴旋转对称性. 再考虑到两质点质量相等，质心与两质点在连线上具有对称性. 因此，质心只能是连线的中心.

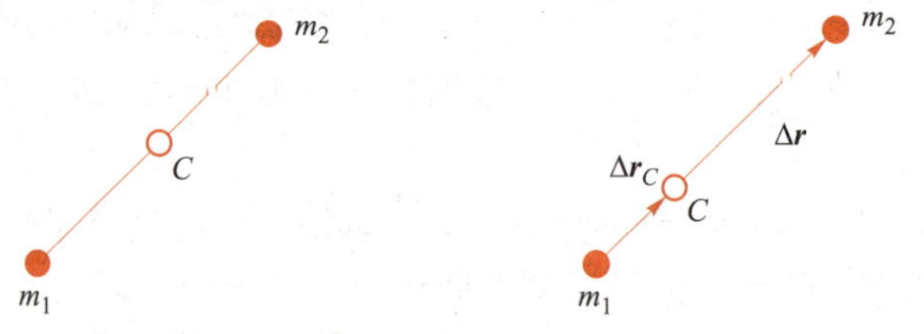

图 3.4-1

如图 3.4-1（b）所示，若 $m_1>m_2$，对称性分析表明质心只能位于两质点的连线上. 考虑到极端情形，m_2 趋于 0，则质心趋于 m_1 位置. 设 m_2 相对于 m_1 的位矢为 $\Delta\boldsymbol{r}$，则相对于 m_1 质心的位矢为

$$\Delta\boldsymbol{r}_C=\frac{m_2}{m_1+m_2}\Delta\boldsymbol{r}$$

写出上式就隐含着质量加权计算质心的概念. 然而，此公式没有体现对质点 m_1 与

m_2 位矢的对称性，需要改写. 设坐标原点为 O，相对于原点，m_1 的位矢为 $\boldsymbol{r}_1$，m_2 的位矢为 $\boldsymbol{r}_2$，如图 3.4-2 所示. 考虑到

$$\Delta \boldsymbol{r}=\boldsymbol{r}_2-\boldsymbol{r}_1$$

则

$$\begin{aligned}\boldsymbol{r}_C &=\boldsymbol{r}_1+\Delta \boldsymbol{r}_C\\ &=\boldsymbol{r}_1+\frac{m_2}{m_1+m_2}\Delta \boldsymbol{r}\\ &=\frac{m_1\boldsymbol{r}_1+m_2\boldsymbol{r}_2}{m_1+m_2}\end{aligned}$$

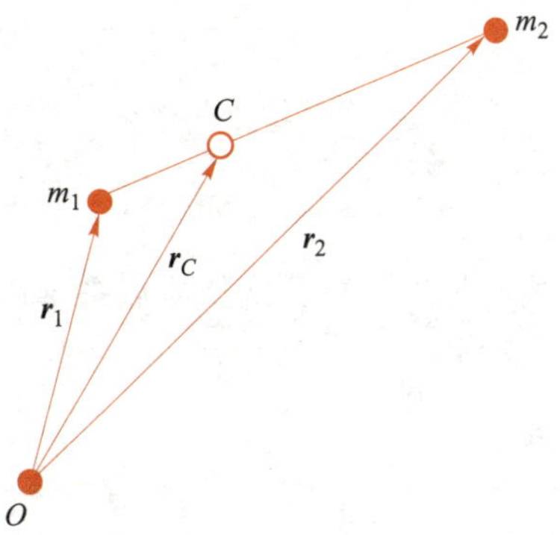

图 3.4-2

此式体现了质心位矢对质点 m_1 与 m_2 位矢的对称性. 写成这种形式，可更加明确表达质心的物理定义，且具有推广性. 推广到多个质点的质点系的质心位矢为

$$\boldsymbol{r}_C=\frac{\sum m_i\boldsymbol{r}_i}{\sum m_i}$$

因为每个质点位矢相对质心位矢的物理作用地位是等同的，它们的物理量在质心位矢计算公式中必具有对称性. (3.4-2) 式即体现了这种对称性.

将上式稍作改写，

$$\boldsymbol{r}_C=\frac{\dfrac{m_1\boldsymbol{r}_1+m_2\boldsymbol{r}_2}{m_1+m_2}(m_1+m_2)+\sum\limits_{i\neq 1,2} m_i\boldsymbol{r}_i}{(m_1+m_2)+\sum\limits_{i\neq 1,2} m_i} \tag{3.4-3}$$

就体现了计算质心位矢的一种思想. 可以先求部分质点的质心位矢，然后将这部分质点等效于一个质点再与其余质点一起求所有质点的质心位矢. 这部分质点等效的质点位矢为这部分质点的质心位矢，等效的质点的质量为这部分质点的总质量. (3.4-3) 式对应的部分质点就是质点 m_1 和 m_2. 利用这种思想往往可以使质心位矢计算变得简单.

将 (3.4-2) 式两边对时间求导，

$$\boldsymbol{v}_C=\dot{\boldsymbol{r}}_C=\frac{\sum m_i\dot{\boldsymbol{r}}_i}{\sum m_i}=\frac{\sum m_i\boldsymbol{v}_i}{\sum m_i} \tag{3.4-4}$$

即质心的速度为质点质量加权平均速度，则体系的动量为

$$\boldsymbol{p}=\sum m_i\boldsymbol{v}_i=m_{总}\ \boldsymbol{v}_C \tag{3.4-5}$$

即体系的动量等于体系的总质量乘以质心速度.

再对 (3.4-4) 式求导，

$$\boldsymbol{a}_C=\ddot{\boldsymbol{r}}_C=\frac{\sum m_i\ddot{\boldsymbol{r}}_i}{\sum m_i}=\frac{\sum m_i\boldsymbol{a}_i}{\sum m_i} \tag{3.4-6}$$

即质心的加速度为质点质量加权平均加速度.

矢量公式对应的三个分量公式是不言而喻的，即

$$x_C=\frac{\sum m_ix_i}{\sum m_i}$$

$$y_C=\frac{\sum m_i y_i}{\sum m_i} \tag{3.4-7}$$

$$z_C=\frac{\sum m_i z_i}{\sum m_i}$$

质心位矢计算公式从质点系推广到质量连续分布的物体也是不言而喻的，即求和变为积分：

$$\boldsymbol{r}_C=\frac{\int \boldsymbol{r}\mathrm{d}m}{\int \mathrm{d}m}=\frac{\int \rho\boldsymbol{r}\mathrm{d}V}{\int \rho\mathrm{d}V} \tag{3.4-8}$$

式中 ρ 为密度，$\mathrm{d}V$ 为体积元.

在力学课程学习中，一种非常特殊而且非常重要的参考系称为质心参考系. 与质心相对静止的平动参考系叫质心参考系，简称质心系. 显然，质心在质心系中是静止的，质心速度为零. 而体系的动量为总质量乘以质心速度，因而在质心系中，体系的动量为零. 质心参考系也可定义为体系的动量在其中为零的平动参考系. 如果质心加速度恒为零，则质心参考系为惯性参考系. 在质心系中看问题，许多力学问题会变得比较简单，随着力学课程的进展，同学们一定会越来越体会到这一点，并且要养成在质心系中分析问题的习惯.

例题1 **匀质半圆盘的质心.**

半径为 R 的半圆盘质量均匀分布，求其质心的位置（图 3.4-3）.

解： 由对称性，质心必在对称轴（取为 y 轴）上，即 $x_C=0$，因而只要求出质心的 y 坐标 y_C 即可. 取平行于 x 轴的窄条（图中阴影部分）作为积分元，其 y 坐标相同，该部分长为 $2R\cos\theta$，宽为 $\mathrm{d}y=R\mathrm{d}\theta\cdot\cos\theta$，设盘的质量面密度（单位面积的质量）为 ρ_S，则有

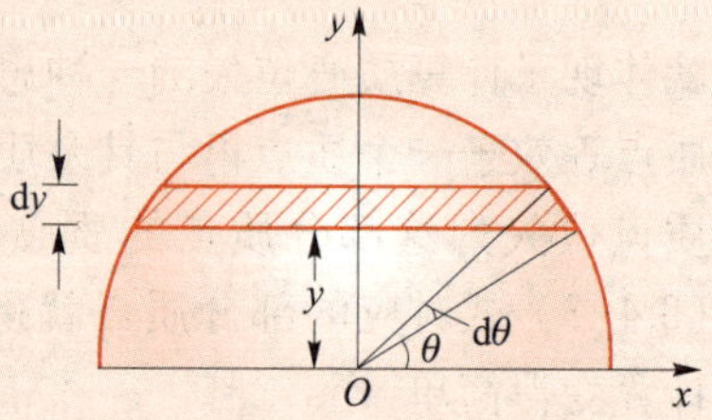

图 3.4-3　半圆盘的质心

$$y_C=\frac{\int y\mathrm{d}m}{\int \mathrm{d}m}=\frac{\int_0^{\frac{\pi}{2}} R\sin\theta\cdot\rho_S\cdot 2R\cos\theta\cdot R\cos\theta\mathrm{d}\theta}{\rho_S\cdot\frac{1}{2}\pi R^2}$$

$$=\frac{4R}{\pi}\int_0^1\cos^2\theta\mathrm{d}(\cos\theta)=\frac{4}{3\pi}R$$

例题2 **一个半径为 $2R$ 匀质金属圆盘，移掉一个半径为 R 的圆盘，如图 3.4-4. 求剩余金属盘的质心位置.**

解： 建立如图所示的坐标系. 由于 x 轴为剩余金属盘的对称轴，质心一定在 x 轴上. 如果将移掉的补回来，则补回后的金属圆盘质心位置在坐标轴的原点. 设剩余部分的质心位置为 x_C，补回后金属圆盘由补回来的圆盘和剩余部分两部分组成，相应的质心位矢可以看作这两部分等效的两个质点的位矢质量加权平均. 则

$$0=\frac{m_D x_D+m_C x_C}{m_D+m_C}$$

其中 m_D、x_D 分别为补回的圆盘部分的质量和质心的 x 坐标；$m_C x_C$ 分别为剩余部分的质量和质心的 x 坐标．由此得

$$x_C=-\left(\frac{m_D}{m_C}\right)x_D$$

考虑到质量正比于面积，则

$$x_C=-\frac{\pi R^2}{\pi(2R)^2-\pi R^2}(-R)=\frac{1}{3}R.$$

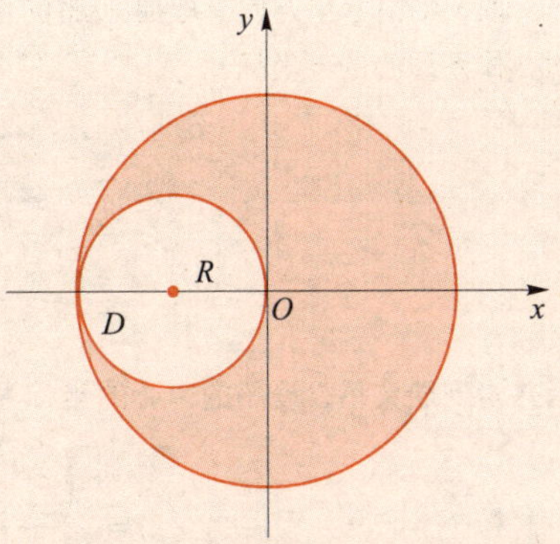

图 3.4-4

例题 2 的解答代表了一种基于对称性的分析推理的思想与方法．移掉的物体自身和移掉的物体补回后的物体均具有很高的几何对称性，它们的质心位置或某种物理量容易求得，而这些物理量的求得为实际问题的求解带来了便利．

3.5 质心运动定律

如上一节所述，虽然掷出的手榴弹许多点的运动变得很复杂，但手榴弹的质心运动又显得简单．这是为什么？我们将先导出质心运动定律，然后回答这个问题．

根据普遍法则的三步法，

第一步：对单个质点利用牛顿第二定律，

$$\boldsymbol{F}_i=m_i\boldsymbol{a}_i$$

第二步：区别内力与外力，则

$$\boldsymbol{F}_{i内}+\boldsymbol{F}_{i外}=\sum m_i\boldsymbol{a}_i$$

第三步：求和，内力抵消，则

$$\sum\boldsymbol{F}_{i内}+\sum\boldsymbol{F}_{i外}=\sum m_i\boldsymbol{a}_i$$

$$\boldsymbol{0}+\boldsymbol{F}_{ex}=\left(\sum m_i\right)\cdot\frac{\sum m_i\boldsymbol{a}_i}{\sum m_i}$$

$$\boldsymbol{F}_{ex}=m_{总}\boldsymbol{a}_C \tag{3.5-1}$$

此即公式（3.4-1）．此式表明，质心的运动好像所有的质量集中于质心，合外力作用于其上的质点运动．即体系总质量与质心加速度的乘积等于外力的矢量和．此即质心运动定律．质心运动定律告诉我们，掷出的手榴弹的质心运动就相当于质点斜抛运动，这显得简单明了．质心运动定律又告诉我们，质心不仅是质量中心的概念，而且是一个动力学概念．

例题1 质量为 $m'=500\ \text{kg}$、长为 $L=4\ \text{m}$ 的木船浮在静止水面上，一质量为 $m=50\ \text{kg}$ 的人站在船尾．现在人以时快时慢的不规则速率从船尾走到船头，问船相对岸移动了多少距离？设水的阻力可以忽略．

解： 此题如果直接用动量守恒定律来解比较麻烦，因为人的速度不规则．但若用质心概念就很容易求解．人和船的体系在水平方向不受外力作用，其质心加速度恒为零．体系原来静止，所以质心在水平方向的位置保持不变．

取 x 轴沿水平方向，取原来船的中点为坐标原点，以人的行走方向为 x 正方向. 人在船尾时，体系质心的 x 坐标 x_C 为

$$x_C=\frac{m\left(-\frac{L}{2}\right)+m'\cdot 0}{m+m'}$$

$$=-\frac{mL}{2(m+m')}=-\frac{500\times 4}{2(500+50)}\ \text{m}=-\frac{2}{11}\ \text{m}$$

当人走到船头后，设船的中心的坐标为 x，则体系质心坐标为

$$x'_C=\frac{m\left(x+\frac{L}{2}\right)+m'x}{m+m'}=x+\frac{mL}{2(m+m')}=x+\frac{2}{11}\ \text{m}$$

质心水平位置不变，即 $x'_C=x_C$，故

$$x=-\frac{4}{11}\ \text{m}$$

例题2 **质量为 m 的炮弹以初速 v_0、仰角 θ 发射，当其飞行到最高点时炸裂成质量各为 $m_1=\frac{2}{3}m$ 和 $m_2=\frac{1}{3}m$ 的两部分，m_1 部分竖直自由下落，m_2 部分则继续向前飞行. 求 m_2 部分的射程（即其落地点与炮弹发射点的水平距离）.**

解： 若炮弹不炸裂成两部分，则其射程为

$$R=\frac{v_0^2\sin 2\theta}{g}$$

炮弹炸裂成两块后，根据质心运动定律，其质心仍沿原炮弹的路径飞行，其射程也不变. 炸裂成两块时，由于两块在竖直方向均无初速，因此它们在竖直方向的分运动与质心无异，并与质心同时落地. 因而 m_2 的射程可由质心坐标间接求出. 建立如图 3.5-1 所示的坐标系. 落地时，m_1 的坐标为 $x_1=\frac{1}{2}R$，由

$$x_C=\frac{\frac{2}{3}mx_1+\frac{1}{3}mx_2}{m}$$

可得

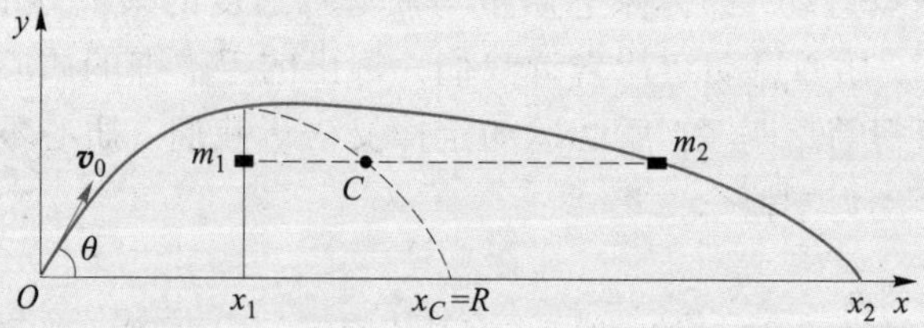

图 3.5-1

$$\frac{1}{3}x_2=x_C-\frac{2}{3}\cdot\frac{1}{2}R=R-\frac{2}{3}\cdot\frac{1}{2}R=\frac{2}{3}R$$

解得

$$x_2=2R=\frac{2v_0^2\sin 2\theta}{g}$$

小 结

1\. 引入动量 $\boldsymbol{p}=m\boldsymbol{v}$，公式 $\boldsymbol{F}=m\boldsymbol{a}$ 两边对时间积分得到质点动量定理的积分形式：

$$\boldsymbol{I}=\int_{t_1}^{t_2}\boldsymbol{F}\mathrm{d}t=\Delta\boldsymbol{p}=\boldsymbol{p}_2-\boldsymbol{p}_1$$

质点动量定理的微分形式：

$$\boldsymbol{F}=\frac{\mathrm{d}\boldsymbol{p}}{\mathrm{d}t}$$

动量定理是牛顿定律 $\boldsymbol{F}=m\boldsymbol{a}$ 的等价形式. 力表示为质点动量随时间的变化率，这为力学问题的分析与求解提供了新思路.

2\. 质点系的动量定理：

$$\boldsymbol{I}=\int_{t_1}^{t_2}\boldsymbol{F}_{\mathrm{ex}}\mathrm{d}t=\Delta\boldsymbol{p}=\boldsymbol{p}_2-\boldsymbol{p}_1$$

$$\boldsymbol{F}_{\mathrm{ex}}=\frac{\mathrm{d}\boldsymbol{p}}{\mathrm{d}t}$$

$\boldsymbol{p}$ 为质点系的总动量或动量，$\boldsymbol{F}_{\mathrm{ex}}$ 为质点系所受的外力矢量和.

3\. 动量守恒定律：

若 $\boldsymbol{F}_{\mathrm{ex}}=\boldsymbol{0}$，则体系的动量为恒量，动量守恒.

4\. 变质量体系的动力学方程：

$$m\frac{\mathrm{d}\boldsymbol{v}}{\mathrm{d}t}=\boldsymbol{F}+\boldsymbol{v}_{相对}\frac{\mathrm{d}m}{\mathrm{d}t}$$

推广到多个喷口吸进和喷出物质的情形：

$$m\frac{\mathrm{d}\boldsymbol{v}}{\mathrm{d}t}=\boldsymbol{F}+\sum\alpha_{1i}\boldsymbol{v}_{1i}+\sum(-\alpha_{2j}\boldsymbol{v}_{2j})$$

5\. 质点系质心位矢：

$$\boldsymbol{r}_C=\frac{\sum m_i\boldsymbol{r}_i}{\sum m_i}$$

$$\boldsymbol{r}_C=\frac{\int\boldsymbol{r}\mathrm{d}m}{\int\mathrm{d}m}$$

以及与之对应的三个分量的等式，类似的质心速度与质心加速度的表达式.

6\. 质心参考系：

与质心相对静止的平动参考系叫质心参考系，简称质心系. 或者，体系的动量在其中为零的平动参考系.

7\. 质心运动定律：

$$\boldsymbol{F}_{\mathrm{ex}}=m_{总}\boldsymbol{a}_C$$

思考题

3.1 两个质量相同的猴子 A、B，各抓住跨过轻质定滑轮的轻绳的一端，由同一高度同时从静止开始攀绳往上爬，其中猴子 A 的攀绳速度始终是猴子 B 的两倍，问猴子 A 是否将先爬到顶点？为什么？

3.2 船浮于静水中，一只狗站在船的一端，一竹竿插在水中，恰贴近船的中间，竿上挂着一块肉，当狗以恒定速度 v（相对船）跑去抓肉时，问：(1) 所花时间是否与 v 有关？(2) 在船上所走的路程是否与 v 有关？

3.3 如思考题 3.3 图所示为一幅幽默画．试问，为什么画中的人费了那么大劲仍提不起盒子？你能教给他提起盒子的办法吗？

提不起的盒子

思考题 3.3 图

3.4 木架上放着一桶开水，其龙头下放着一只木桶，整个装置放在大的磅秤上．若打开龙头，水就流进木桶．问在打开龙头以后的过程中，磅秤的读数与龙头打开前相比，将发生什么变化？

3.5 试用反冲后的炮身作为参考系，重新求解 § 3.2 例 1．是否可以在整个过程中均取炮身（而不是反冲后的炮身）为参考系解题？为什么？

3.6 有人说，在 § 3.2 例 1 的开炮过程中，只要开炮的时间很短，体系在竖直方向的动量也应守恒．你认为对吗？为什么？

3.7 体系的质心处，是否必定要有质点？

3.8 质心与重心（重力合力的作用点）是否一定重合？

3.9 一杯子盛水后的总质量为 m'，质量为 m 的木块浮在水面上，木块对水的作用力等于木块重力 mg，因而这时桌面对杯底的支承力为 $(m'+m)g$．若让木块从杯底加速上浮，有人说这时桌面的支承力大于 $(m'+m)g$，因为这时水对木块的浮力大于木块重力，由牛顿第三定律，木块对水的作用力也大于木块重力．你认为对吗？

3.10 试判断下列几种现象的可能性：

(1) 质量相同的两球以相等速率相向而行，碰撞后以相同速率同向而行；

(2) 质量不同的两球以相等速率相向而行，碰撞后各以原来速率互相分开；

(3) 两球相碰，一球动量绝对值的减少必等于另一球动量绝对值的增加；

(4) 质量不同的两球以相等速率相向而行，碰撞后沿质量较大球的原运动方向以某一相同速率同向而行．

习　题

3-1 小孩在拍一质量为 $m=0.50$ kg 的球．当球跳至高度为 $h_1=1.0$ m 的最高点时，小孩向下拍球，拍球时的平均力为 $\overline{F}=15$ N，作用时间为 $\Delta t=0.10$ s，球落地后反跳起，反跳的最大高度为 $h_2=1.5$ m．求球与地面碰撞时给地面的冲量 I．

3-2 一质量为 0.15 kg 的棒球以 $v_0=40$ m/s 的水平速度飞来，被棒打击后，速度仍沿水平方向，但与原来方向成 135° 角，大小为 $v=50$ m/s．如果棒与球的接触时间为 0.02 s，求棒对球的平均打击力．

3-3　如题 3-3 图所示，水枪以 $v_0 = 30\ \mathrm{m/s}$ 的速率向墙垂直喷出截面积 $S=3.0\times10^{-4}\ \mathrm{m^2}$ 的水柱．与墙冲击后，水滴向四周均匀飞溅形成一个半顶角 $\theta=60^\circ$ 的圆锥面，飞溅速率 $v=4.0\ \mathrm{m/s}$，求水柱对墙的冲击力．

3-4　如题 3-4 图所示，漏斗中的煤粉不断地落到速度 $v=1.5\ \mathrm{m/s}$ 的自动传送带上，每秒落下的煤粉量为 20 kg．求煤粉作用在传送带上的水平方向的力．

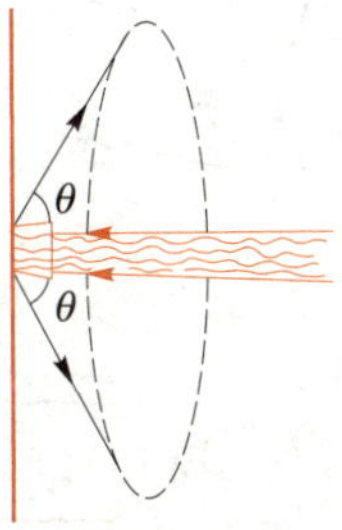

题 3-3 图

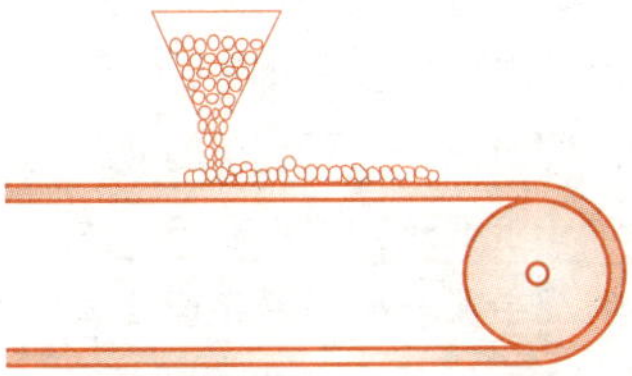
题 3-4 图

3-5　将一空盒放在秤盘上，并将秤的读数调整到零．然后，从高出盒底 h 处将小钢珠以 B 个每秒的速率由静止开始释放掉入盒内，每一小钢珠的质量为 m．若钢珠与盒底碰撞后即静止，试求自钢珠落入盒内起，经过时间 t 后秤的读数．

3-6　如题 3-6 图所示，水流冲击在静止的涡轮叶片上，水流冲击叶片曲面前后的速率都等于 v，单位时间内冲向叶片的水的质量 μ 保持不变，求水作用于叶片的作用力．

3-7　一圆锥摆的摆线长为 l，摆锤的质量为 m，圆锥的半顶角为 α．试求当摆锤从题 3-7 图示位置 A 沿圆周匀速运动到位置 B 的过程中线中张力的冲量．

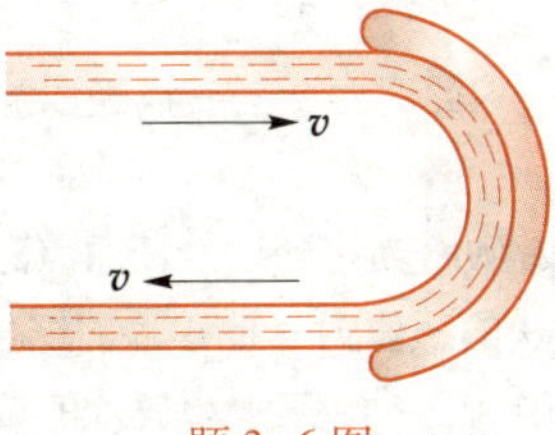

题 3-6 图

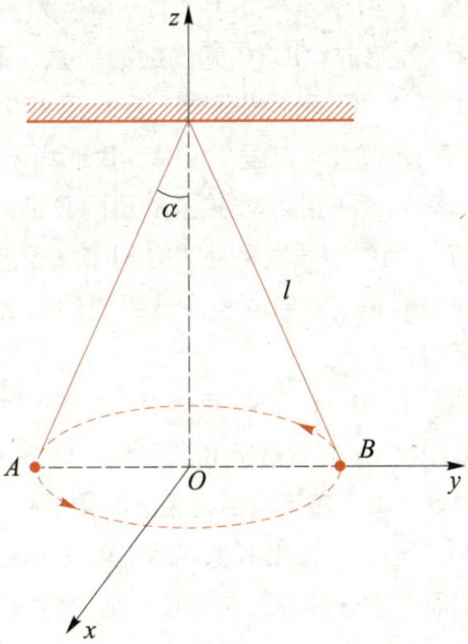

题 3-7 图

3-8　一质量为 $m=3.5\times10^3$ kg 的直升机在空中"盘旋"，其螺旋桨的直径为 $d=18$ m．试问螺旋桨应以多大的速度竖直向下排打气流？设气流的直径等于螺旋桨的直径．

3-9　一质量为 m_1 的杂技演员，从蹦床上沿竖直方向跳起．当他上升到某一高度时，迅速抱起边上栖木上的猴子，结果他又上升了相同的高度然后落下．已知猴子的质量为 m_2，试求此高度 H 与他不抱猴子所能达到的最大高度 H_0 之比．

3-10　两个质量分别为 m_1 和 $m_2(m_1>m_2)$ 的人身高相同，他们同时以相同的速率竖直上跳，在空中二人用力互推. 若胖的人的落地点到起跳点距离为 s，则瘦的人到起跳点距离为多少?

3-11　一发炮弹以初速率 $v_0=160\ \text{m/s}$、$\theta=30^\circ$ 的仰角被射出，当它达到最高点时突然爆炸，炸成质量相等的两块，其中一块以速率 $v_1=60\ \text{m/s}$ 竖直下落，求另一块的落地点与炮弹射出点之间的水平距离.

3-12　两质量皆为 m' 的冰车头尾相接地静止在光滑的水平冰面上. 一质量为 m 的人从一车跳到另一车，然后再跳回. 试证明，两冰车的末速度之比为 $\dfrac{m'+m}{m'}$.

3-13　有 N 个人站在停在铁路上的平板车上，每人的质量为 m，平板车的质量为 m'. 他们以相对于平板车的速度 u 跳离平板车. 设平板车与轨道间无摩擦力.

(1) 若所有的人同时跳，则平板车的最终速度是多少?

(2) 若他们一个一个地跳，则平板车的最终速度又是多少?

(3) 以上两种情况中哪一种的最终速度大些? 你能对此结果作出简单的解释吗?

3-14　如题 3-14 图所示，在光滑水平面上并排静放着两块质量分别为 m_1 和 m_2 的木块. 一质量为 m 的子弹以 v_0 的初速水平地射向两木块，当它射穿两木块后以 v' 的速度沿原方向运动.

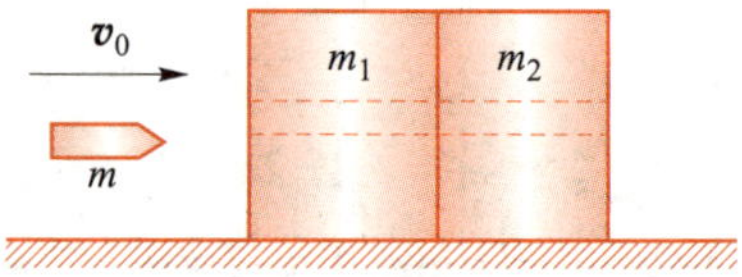

题 3-14 图

求这时两木块的速度 v_1 和 v_2. 设子弹在两木块中受到的阻力（可视为恒力）相等，而穿过 m_1 所用的时间为穿过 m_2 所用时间的一半.

3-15　一质量为 $m_1=50\ \text{kg}$ 的人 A 手里拿着一质量为 $m=5.0\ \text{kg}$ 的小球以 $v_1=1.2\ \text{m/s}$ 的速率在光滑冰面上沿直线滑冰，而另一质量为 $m_2=45\ \text{kg}$ 的人 B 以 $v_2=0.8\ \text{m/s}$ 的速率向 A 对面滑来，为避免碰撞，A 把球以相对于他的速率 u 向 B 水平抛去，让 B 接住. 试问 u 至少应多大?

3-16　在光滑水平面上，质量分别为 m_1、m_2 和 m_3 的三个小球 A、B 和 C 由两根长均为 l 的细线连接. 开始时，B、C 间的细线拉直，而 A、B 两球心间的连线与 B、C 间细线垂直，且间距为 $0.6l$，如题 3-16 图所示. 现使小球 A 以垂直于 A、B 连线方向的初速 $\boldsymbol{v}_0$ 开始运动. 求 A、B 间细线刚拉紧的瞬间 C 球的速度.

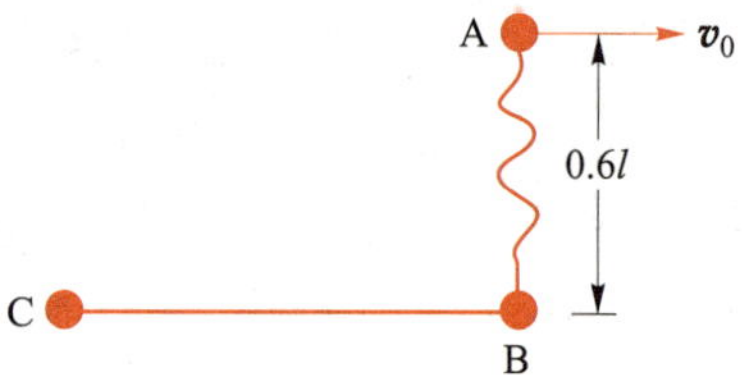

题 3-16 图

3-17　地球的质量是月球的 81 倍，地球和月球的中心相距 $3.84\times10^8\ \text{m}$，求地球和月球组成的系统的质心与地球中心的距离.

3-18　A、B、C 三个质点在某一时刻的位置坐标分别为：(3，−2，0)、(−1，1，4)、(−3，−8，6)，A 的质量是 B 的两倍，而 B 的质量是 C 的两倍. 求此时由此三质点组成的体系的质心的位置（本题和下题中位置坐标的单位为 m）.

3-19　一物体在光滑水平面上以 5 m/s 的速度沿 x 正方向运动. 当它到达坐标原点时，由于内部原因而突然分裂成五块碎片，其中四块质量相等，而另一块的质量为其他碎片的三倍. 这些碎片均沿水平面继续运动，经过 2 s 后，大碎片的位置坐标为 (15，−6)，某一小碎片的位置坐标为 (4，9)，求由另三块小碎片组成的系统的质心在此时的位置.

3-20　求半径为 R、质量分布均匀的半圆形铁丝的质心位置. 设圆心在原点，铁丝位于 xOy 平面中的 $y>0$ 的一侧.

3-21　一块长为 L 的大平板静放在光滑水平冰面上，一小孩骑着儿童自行车以 $\boldsymbol{v}_0$ 的速度从板的一端驶上平板，在板上他的速度忽快忽慢，在将近板的另一端时，他相对板的速度为 $\boldsymbol{u}$. 此时，他突然刹车，在板的另一端边缘车相对板静止. 已知人在板上骑车的时间为 t，板的质量为 m_1，小孩与车一起的质量为 m_2. 试求:

（1）刹车前瞬时板的速度；

（2）车相对板刚静止时板的位移.

3-22　质量为 m、长为 l 的小船静浮于河中，小船的两头分别站着质量为 m_1 和 $m_2(m_1>m_2)$ 的两个人，他们同时相对船以相同的速率 u 走向原位于船正中、但固定在河中的木桩，如题 3-22 图所示. 若忽略水对船的阻力作用，试问：

（1）谁先走到木桩处？

（2）他用了多少时间？

3-23　在光滑的水平面上有两个质量分别为 m_1 和 m_2 的物体. 它们中间用一根原长为 l、弹性系数为 k 的轻弹簧相连，如题 3-23 图所示. 开始时，将 m_1 紧靠墙，并将弹簧压缩至原长的 $\frac{1}{2}$，然后将 m_2 释放，若以 m_1、m_2 和弹簧为系统. 试求在以后的运动中：

（1）系统质心的加速度的最大值；

（2）系统质心的速度的最大值.

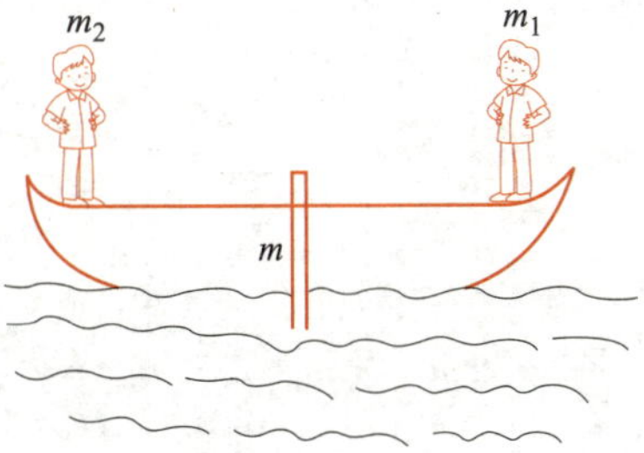

题 3-22 图

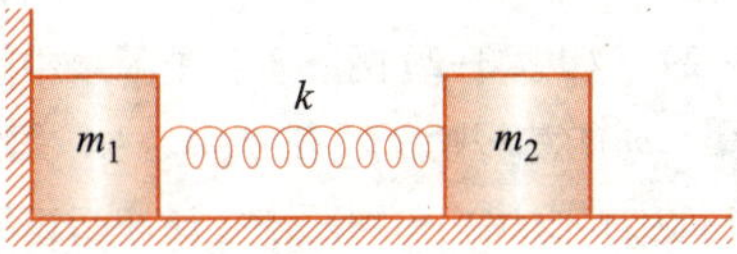

题 3-23 图

3-24　如题 3-24 图所示，用手握住一根质量为 m、长为 l 的柔软链条的上端，其一端正好与地面接触，然后由静止释放链条. 试求当链条的上端下降高度为 x 时，链条对地面的作用力.

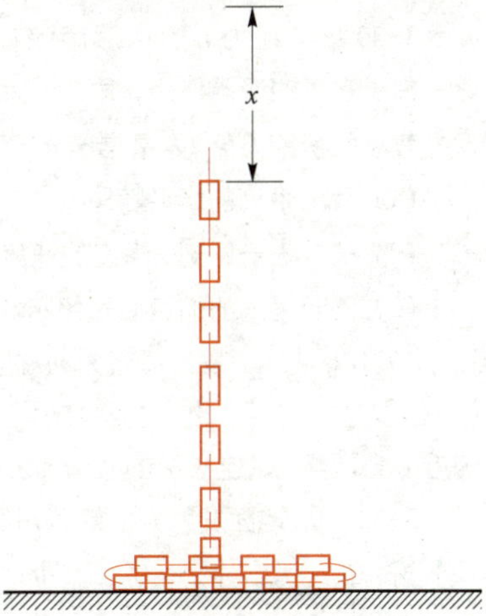

题 3-24 图

3-25　某人用木桶从深井中打水. 木桶的质量为 m_0，刚开始提桶（$t=0$）时，桶内装有质量为 m 的水，由于桶的底部有一个面积为 S 的小洞，桶内的水以相对于桶的恒定速率 u 从洞口流出.

（1）若人以恒定的速率向上提桶，求提桶力随时间的变化关系；

（2）若人以恒力 F 向上提桶，求水桶在时刻 t 的速率. 设 $t=0$ 时桶静止.

3-26　如题 3-26 图所示，质量为 m 的卡车关闭发动机后在雨中行驶. 每秒竖直滴进敞开的车厢的雨水质量为 B. 设 $t=0$ 时，车厢是空的，车速为 v_0. 车厢内总共可容纳质量为 m_0 的水. 若忽略地面对卡车的阻力作用，试求卡车的速率随时间的变化关系 $[t\in(0,\ \infty)]$.

3-27　两质量分别为 m_1 和 m_2 的小车 A、B 尾尾相接地停在水平路面上，如题 3-27 图所示. 两车之间用粗绳连接，A 车上装有质量为 m 的水. 在 $t=0$ 时，B 车开始受到一水平恒力 $\boldsymbol{F}$ 的作用，而 A 车同时开始以相对于自身的速率 u 将水水平地喷向 B 车，并且水全部进入 B 车. 设水柱的截面积为 S，忽略地面对两车的阻力作用，并忽略在空中飞行的水柱. 试求绳中张力随时间的变化关系.

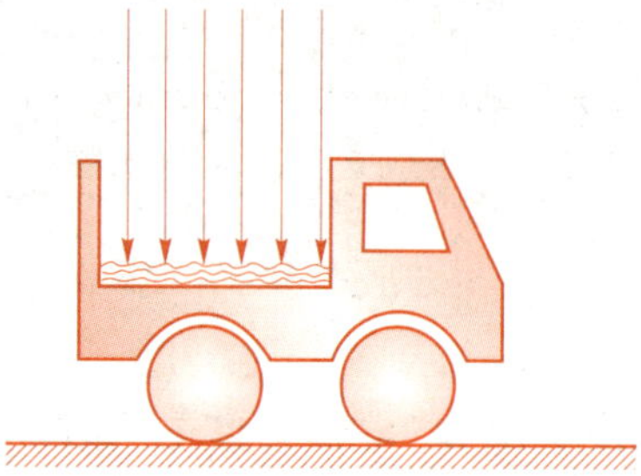

题 3-26 图

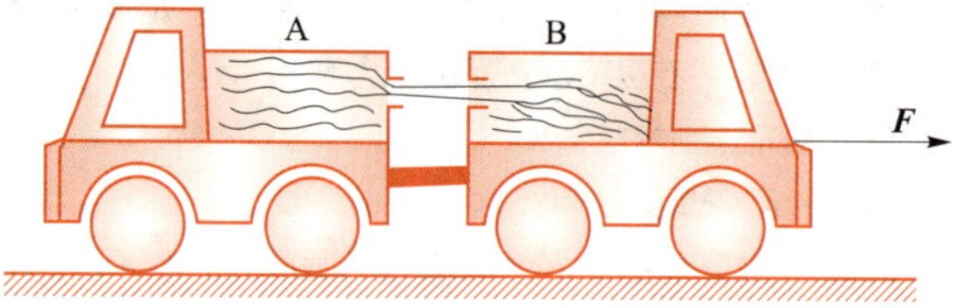

题 3-27 图

3-28　若上题中两车之间没有粗绳连接，(1) 在 A 车喷水以后，B 车在外力作用下始终与 A 车保持一定的距离. 试求此外力随时间的变化关系；(2) 若两车均无外力作用，试求直到水不能喷进 B 车以前，A、B 两车的速度随时间的变化关系.

以上两小题均忽略地面对车的阻力作用，并可忽略在空中飞行的水柱.

3-29　如题 3-29 图所示，由喷泉中喷出的水柱，把一个质量为 m 的垃圾桶倒顶在空中. 水以恒定的速率 v_0 从面积为 S 的小孔喷出，射向空中，在冲击垃圾桶桶底以后，有一半的水吸附在桶底，并顺内壁流下，其速度可忽略，而另一半则以原速竖直溅下. 求垃圾桶停留的高度 H.

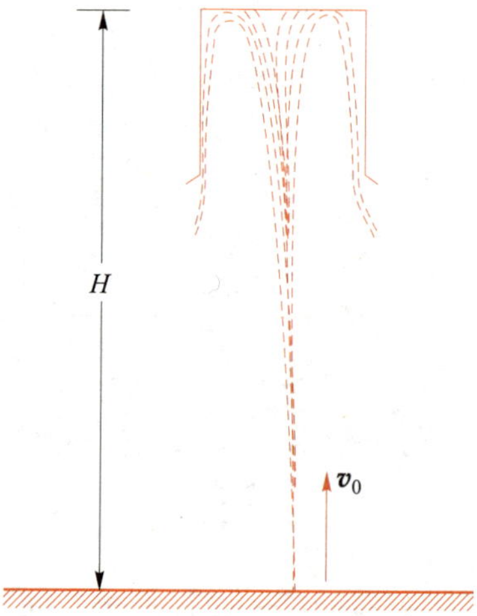

题 3-29 图

3-30　半径为 r 的球形雨滴在云层中由静止开始下落，由于水汽的吸附作用，雨滴不断增大. 若其体积的增长率是其表面积的 k 倍（k 是常量），忽略空气的阻力作用.

(1) 写出雨滴的半径随时间的变化关系；

(2) 试求任一时刻 t 雨滴的速度；

(3) 证明雨滴的加速度最终将趋于一极限值，并求出此加速度.

3-31　从地面发射质量为 m 的火箭（包括燃料），其喷射的燃料气体相对火箭的速度大小为 v_r，经过时间 t_0 后，燃料全部喷射完，此时火箭正好获得逃逸速度. 设在燃料喷射过程中重力加速度 g 为常量. 求空火箭的质量 m_0.

3-32　从地面发射一火箭，初始质量为 m_0，喷射的燃料相对火箭的速度大小为 v_r.

(1) 若其燃料的每秒消耗量 $\frac{dm}{dt}$ 可调节，为使火箭在地面以上某个高度处保持静止，求 $\frac{dm}{dt}$ 与时间 t 的函数关系；

(2) 若其燃料的每秒消耗量 $\frac{dm}{dt}$ 正比于火箭的瞬时质量 m，即 $\frac{dm}{dt}=-\alpha m$，其中 α 为正的常量，证明当 $\alpha v_r>g$ 时，火箭将以恒定加速度向上加速，并求出此加速度；

(3) 若其燃料的每秒消耗量 $\frac{dm}{dt}$ 正比于 m_0，即 $\frac{dm}{dt}=-km_0$，其中 k 为正的常量，试求火箭在任一时刻 t 的速度；

(4) 在 (3) 的情况下，若火箭本身的质量为 m，试求火箭所能达到的最大高度. 设火箭达最大高度时，仍未脱离地球引力范围，并设此过程中重力加速度 g 为常量.

3-33　一火箭总质量为 m，其中机壳重为 βm（$\beta<1$），每秒喷出的燃料质量为 αm（α 为常量）. 为了使火箭在开始喷射燃料的瞬时即能竖直起飞，燃料的喷射速度大小（相对火箭）v_r 至少为多大？维持这样的速度喷射燃料，火箭能上升的最大高度 H 为多少？设重力加速度 g 为常量.

第四章

功与能

4.1 功与功率 _102

4.2 动能与动能定理 _108

4.3 保守力与势能 _112

4.4 功能原理、机械能和机械能守恒定律 _120

4.5 质心系中的功能原理和机械能守恒定律 _123

4.6 两体碰撞 _126

前一章对 $\boldsymbol{F}=m\boldsymbol{a}$ 两边对时间积分得到动量定理，冲量描述动量从一个物体到另一个物体的传递，动量定理是 $\boldsymbol{F}=m\boldsymbol{a}$ 的等价形式. 本章应用 $\boldsymbol{F}=m\boldsymbol{a}$ 两边对空间积分得到动能定理，功描述能量从一个物体到另一个物体的传递. 动能定理也是 $\boldsymbol{F}=m\boldsymbol{a}$ 的等价形式. 从 $\boldsymbol{F}=m\boldsymbol{a}$ 出发，公式两边对空间积分，引入功的概念和动能的概念，得到动能定理. 基于功的性质引入保守力与势能.

保守力以作用力和反作用力成对出现，势能对应于一对保守力做的功之和，是这对保守力所作用的两个物体共同拥有的，无法分割. 质点系的势能与动能之和为其机械能，当外力做的功与非保守内力做的功之和恒为零时，体系的机械能守恒. 正如前一章所指，质心系是一个非常特殊的参考系，要习惯在质心系中分析力学问题，理解与熟悉质心系中的质点系的物理量与一般（惯性）参考系中的物理量之间的关系. 柯尼希定理描述了质心系中的动能与一般参考系中动能之间的关系. 即使质心系是非惯性系，在质心系中功能原理与机械能守恒定律依然成立. 质心系中两体正碰图像直观、简单明了，是深刻理解两体碰撞的基础.

4.1 功与功率

能量的概念是牛顿没有传给我们的少数力学要素之一，直到 19 世纪中叶这个概念一直未被清楚阐述. 不过它的萌芽在牛顿之前就被发现，伽利略在小球在斜面上滚动的实验中发现，无论球下滚的第一个斜面是什么倾角，也无论球滚下来后又沿第二个斜面上滚的斜面倾角是多少，小球在第二个斜面上达到的最大高度与小球在第一个斜面开始下滚的高度相等. 与其说小球记住了刚开始下滚的高度，不如说某个东西或某个物理量守恒，这个守恒的物理量就是能量.

由上一章内容可知，力对时间的积分称为冲量，它描述动量从一个物体到另一个物体的传递. 在这一章将看到力对空间的积分，称之为功，它描述能量从一个物体到另一个物体的传递. 功的概念在高中物理中有所涉及，但它只限于恒力对直线运动质点做的功，如图 4.1-1 所示.

设物体（质点）在恒力作用下作直线运动，从 a 点运动到 b 点，其位移为 $\Delta\boldsymbol{r}$（图 4.1-1）. 在此过程中，设恒力 $\boldsymbol{F}$ 始终作用于物体，力 $\boldsymbol{F}$ 的方向与物体位移方向成 θ 角（$0\leqslant\theta\leqslant\pi$），则力 $\boldsymbol{F}$ 对物体所做的功 W 定义为力在质点位移方向的分量（F_t）与质点位移大小的乘积：

$$W=F_t\,|\Delta\boldsymbol{r}|=F\,|\Delta\boldsymbol{r}|\cos\theta$$

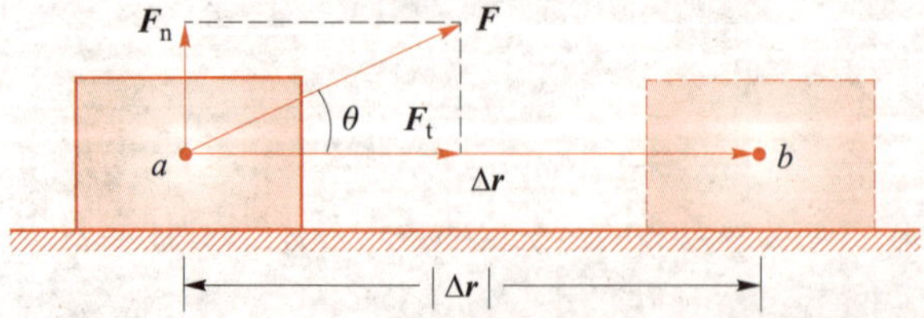

图 4.1-1　恒力 $\boldsymbol{F}$ 对物体做功

根据矢量标积的定义，功又可表示为力与质点位移的标积：

$$W=\boldsymbol{F}\cdot\Delta\boldsymbol{r} \tag{4.1-1}$$

功的定义表明，功与力在垂直于位移方向上的分量无关，考虑到平行于位移方向力的分量改变速度大小，这说明力对物体做的功只与物体速度大小的变化相联系．功是标量，它有大小和正负之分．当 $0<\theta<\dfrac{\pi}{2}$ 时，$W>0$，称力对物体做正功．

基于微积分思想，功的概念及其计算公式可以推广到任何情景下．

设质点在外力作用下沿路径 C 运动（图 4.1-2）．在质点从 a 点移动到 b 点的过程中，作用于物体上的力 $\boldsymbol{F}$ 的大小和方向随时都在变化，因而不能直接用（4.1-1）式计算力 $\boldsymbol{F}$ 的功．然而，可将物体运动的轨迹分为 n 个小段，使任一小段（序号为 i）都很短，物体在这么短的曲线上的运动可以看成沿着对应的小位移 $\Delta\boldsymbol{r}_i$（从小段的始点指向终点的矢量）的直线运动，而在每一小段上力 $\boldsymbol{F}_i$ 可以看成恒力（更准确地说，$\boldsymbol{F}_i$ 的变化是小量，略去小量，$\boldsymbol{F}_i$ 可看作不变量）．因而，在任一小位移 $\Delta\boldsymbol{r}_i$ 上，力对物体做的元功可近似用（4.1-1）式表示：

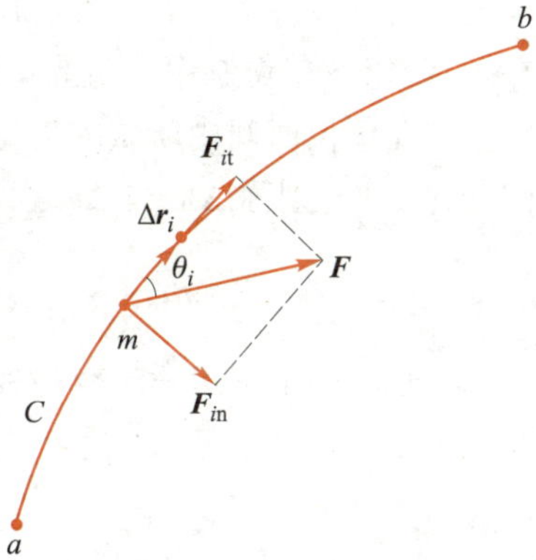

图 4.1-2　计算变力的功

$$\Delta W_i\approx\boldsymbol{F}_i\cdot\Delta\boldsymbol{r}_i$$

在质点从 a 沿曲线 C 移动到 b 的过程中，力 $\boldsymbol{F}$ 对物体所做的功等于元功的总和，即

$$W\approx\sum_{i=1}^{n}\boldsymbol{F}_i\cdot\Delta\boldsymbol{r}_i \tag{4.1-2}$$

在 $|\Delta\boldsymbol{r}_i|\to0$、$n\to\infty$ 的极限情况下，上式即积分，近似等于变成准确等于，即

$$W=\int_{a\atop C}^{b}\boldsymbol{F}\cdot\mathrm{d}\boldsymbol{r} \tag{4.1-3}$$

积分号下的符号 C 表示积分沿路径 C 进行．

事实上，在数学上公式（4.1-1）和（4.1-3）是等价的，它们可以相互导出，即可从公式（4.1-1）导出公式（4.1-3），反之亦然．这体现了物理概念功的普适性．

在直角坐标系中，功的计算公式为

$$W=\int_{a\atop C}^{b}(F_x\mathrm{d}x+F_y\mathrm{d}y+F_z\mathrm{d}z) \tag{4.1-4}$$

在自然坐标系中 $|\mathrm{d}\boldsymbol{r}|=\mathrm{d}s$，功的计算公式为

$$W=\int_{a\atop C}^{b}F\cos\theta\mathrm{d}s \tag{4.1-5}$$

其中 θ 为 $\mathrm{d}\boldsymbol{r}$ 与 $\boldsymbol{F}$ 的夹角．

合力的功等于各分力的功的代数和，

$$\begin{aligned}W&=\int_{a\atop C}^{b}\boldsymbol{F}\cdot\mathrm{d}\boldsymbol{r}=\int_{a\atop C}^{b}(\boldsymbol{F}_1+\boldsymbol{F}_2+\cdots)\cdot\mathrm{d}\boldsymbol{r}\\&=\int_{a\atop C}^{b}(\boldsymbol{F}_1\cdot\mathrm{d}\boldsymbol{r}+\boldsymbol{F}_2\cdot\mathrm{d}\boldsymbol{r}+\cdots)\end{aligned}$$

$$= W_1 + W_2 + \cdots \tag{4.1-6}$$

一般来说，功的值与质点运动的路径有关，因此在积分号下标注路径 C. 然而，在许多场合下也可不特别强调路径，往往也可不标注.

功的单位可以从力和长度的单位得到. 在 SI 中，功的单位称为 J（焦耳）:

$$1\ \mathrm{J} = 1\ \mathrm{N \cdot m}$$

在 CGS 单位制中，功的单位称为 erg（尔格）:

$$1\ \mathrm{erg} = 1\ \mathrm{dyn \cdot cm} = 10^{-7}\ \mathrm{J}$$

在 SI 和 CGS 单位制中，功的量纲都是 $\mathrm{ML^2T^{-2}}$.

力在单位时间内所做的功，称为功率. 设在 $t \sim t+\Delta t$ 时间内，作用力对物体所做的功为 ΔW，则称 ΔW 与 Δt 之比为这段时间内的平均功率，用 $\overline{P}$ 表示:

$$\overline{P} = \frac{\Delta W}{\Delta t} \tag{4.1-7}$$

当 $\Delta t \to 0$ 时，平均功率的极限称为时刻 t 的瞬时功率，或简称功率:

$$P = \lim_{\Delta t \to 0} \frac{\Delta W}{\Delta t} = \frac{\mathrm{d}W}{\mathrm{d}t}$$

可将功率与作用力联系起来. 因为 $\Delta W = \boldsymbol{F} \cdot \Delta \boldsymbol{r}$，而 $\lim\limits_{\Delta t \to 0} \frac{\Delta \boldsymbol{r}}{\Delta t} = \frac{\mathrm{d}\boldsymbol{r}}{\mathrm{d}t} = \boldsymbol{v}$，于是

$$P = \boldsymbol{F} \cdot \boldsymbol{v} \tag{4.1-8}$$

即作用力对质点的瞬时功率等于作用力与质点在该时刻速度的标积.

基于功率，功的计算可以转化到时域内，变成功率对时间积分:

$$W = \int_{t_1}^{t_2} P \mathrm{d}t \tag{4.1-9}$$

通常，动力机的输出功率是有一定限制的，最大输出功率称为额定功率. 当额定功率一定时，负荷力越大，速度就越小；负荷力越小，速度就越大. 这就是汽车在上坡时行驶得慢，下坡时行驶得快的道理.

功率的单位可由功的单位确定. 在 SI 中，功率的单位称为 W（瓦特）:

$$1\ \mathrm{W} = 1\ \mathrm{J/s}$$

瓦特的千倍为 kW（千瓦）. 功率的量纲是 $\mathrm{ML^2T^{-3}}$.

一般而言，做功与参考系有关，这是因为位移与参考系有关，但是，对于两个相对平动的参考系，一对内力做的功之和与参考系无关. 下面从功率的角度证明此结论.

一对力指作用力与反作用力，作用于不同物体 m_1 与 m_2，分别为 $\boldsymbol{F}_1$ 与 $\boldsymbol{F}_2$，且 $\boldsymbol{F}_1 = -\boldsymbol{F}_2$. 在 S 系中，此时间内这对力做的功之和为

$$\mathrm{d}W = \boldsymbol{F}_1 \cdot \boldsymbol{v}_1 \mathrm{d}t + \boldsymbol{F}_2 \cdot \boldsymbol{v}_2 \mathrm{d}t$$

其中 $\boldsymbol{v}_1$ 和 $\boldsymbol{v}_2$ 为质点 m_1 与 m_2 在 S 系中的速度. 类似地，在 S′系中，$\mathrm{d}t$ 时间内这对力做的功之和为

$$\mathrm{d}W' = \boldsymbol{F}_1 \cdot \boldsymbol{v}_1' \mathrm{d}t + \boldsymbol{F}_2 \cdot \boldsymbol{v}_2' \mathrm{d}t$$

其中 $\boldsymbol{v}_1'$ 和 $\boldsymbol{v}_2'$ 为质点 m_1 与 m_2 在 S′ 系中的速度. 设 S′ 系相对于 S 系的牵连速度为 $\boldsymbol{u}$，则

$$\boldsymbol{v}_1=\boldsymbol{v}_1'+\boldsymbol{u}$$
$$\boldsymbol{v}_2=\boldsymbol{v}_2'+\boldsymbol{u}$$
$$\begin{aligned}\mathrm{d}W'&=\boldsymbol{F}_1\cdot(\boldsymbol{v}_1-\boldsymbol{u})\mathrm{d}t+\boldsymbol{F}_2\cdot(\boldsymbol{v}_2-\boldsymbol{u})\mathrm{d}t\\&=\boldsymbol{F}_1\cdot\boldsymbol{v}_1\mathrm{d}t+\boldsymbol{F}_2\cdot\boldsymbol{v}_2\mathrm{d}t-(\boldsymbol{F}_1+\boldsymbol{F}_2)\cdot\boldsymbol{u}\mathrm{d}t\\&=\boldsymbol{F}_1\cdot\boldsymbol{v}_1\mathrm{d}t+\boldsymbol{F}_2\cdot\boldsymbol{v}_2\mathrm{d}t\\&=\mathrm{d}W\end{aligned}$$

而 dt 时间内这对力做的功之和在两个参考系中相等，即与参考系无关，则

$$\begin{aligned}W&=\int_{t_1}^{t_2}\mathrm{d}W=\int_{t_1}^{t_2}(\boldsymbol{F}_1\cdot\boldsymbol{v}_1+\boldsymbol{F}_2\cdot\boldsymbol{v}_2)\mathrm{d}t\\&=\int_{t_1}^{t}\mathrm{d}W'=\int_{t_1}^{t_2}(\boldsymbol{F}_1\cdot\boldsymbol{v}_1'+\boldsymbol{F}_2\cdot\boldsymbol{v}_2')\mathrm{d}t\\&=W'\end{aligned}$$

证明完毕.

对于相对转动的参考系，此结论是否成立，请同学们思考并回答.

下面考察几种常见力的功及其特点.

(1) 重力的功.

考察质量为 m 的物体在重力场中从位置 a 移动到位置 b 的过程中，重力对物体所做的功. 设物体沿任一曲线路径 aCb 移动（图 4.1-3），在此过程中重力所做的功可以用积分表示:

$$W=\int_{\substack{a\\C}}^{b}m\boldsymbol{g}\cdot\mathrm{d}\boldsymbol{r}$$

如图 4.1-3 所示，在路径 aCb 的任一小位移 d$\boldsymbol{r}$ 上重力所做的功与 d$\boldsymbol{r}$ 在竖直方向的分位移 d$y\boldsymbol{j}$ 上重力所做的功相同（这里 dy<0，故 d$y\boldsymbol{j}$ 向下，沿 d$\boldsymbol{r}$ 的水平分位移 d$x\boldsymbol{i}$ 上重力不做功)，因而物体沿曲线 aCb 移动时重力所做的功与物体沿折线 aa_1b 移动时重力所做的功相同. 可见，重力的功只与物体的始末位置有关，而与具体路径无关，上式积分号下的“C”可以省去，而写为

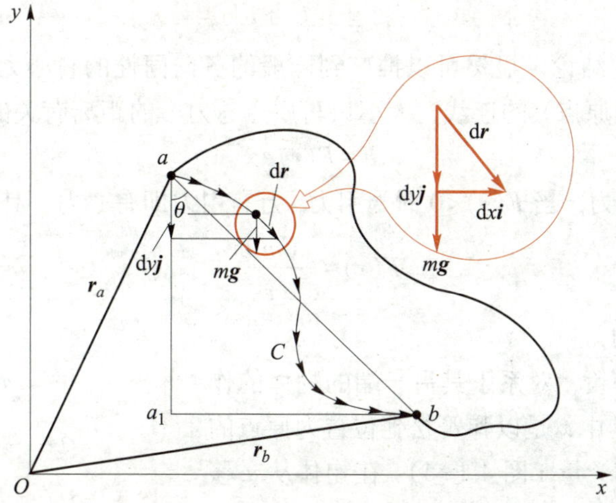

图 4.1-3　重力的功与路径无关

$$W=\int_a^b m\boldsymbol{g}\cdot \mathrm{d}\boldsymbol{r}=\int_a^b(-mg)\,\mathrm{d}y=mg(y_a-y_b) \tag{4.1-10}$$

以上论述并不限于 Oxy 平面上的曲线路径，而适用于任一三维曲线路径；也不限于重力，而适用于一切恒力．当然，我们的计算是在相对地球（或恒力源）静止的参考系中进行的．

（2）万有引力的功．

设质点 m 在 m' 的引力场中从 a 沿任一曲线 C 运动到 b（图 4.1-4）．在与 m' 相对静止的参考系中，取 m' 为坐标原点，当 m 发生位移 $\mathrm{d}\boldsymbol{r}$ 时，引力的元功为

$$\mathrm{d}W=-G\frac{m'm}{r^2}\boldsymbol{e}_r\cdot\mathrm{d}\boldsymbol{r}=-G\frac{m'm}{r^2}\mathrm{d}r$$

$$\begin{aligned}W&=\int_a^b \mathrm{d}W \\ &=-\int_{r_a}^{r_b}G\frac{m'm}{r^2}\mathrm{d}r=Gm'm\left(\frac{1}{r_b}-\frac{1}{r_a}\right)\end{aligned} \tag{4.1-11}$$

由于所取的路径是任意的，因此上述结果说明，在与力源相对静止的参考系中，引力所做的功也只和物体始末位置有关，而与具体路径无关．

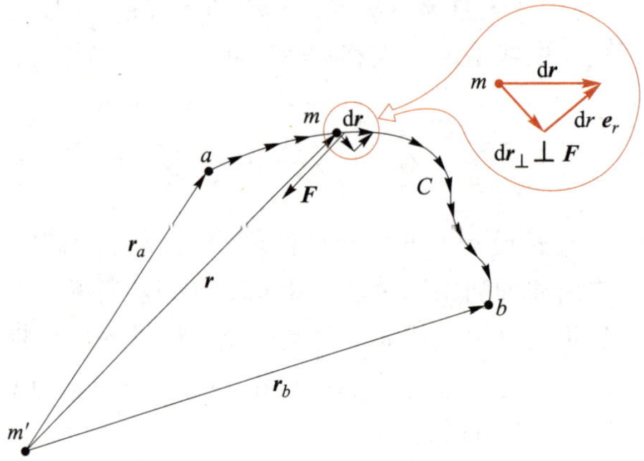

图 4.1-4　万有引力的功与路径无关

对引力的功的结论，显然可以推广到一般的各向同性的有心力，即力的方向沿质点与力心（取为原点）的连线，大小只与质点与力心的距离有关的力：

$$\boldsymbol{F}=F(r)\boldsymbol{e}_r \tag{4.1-12}$$

当 $F(r)>0$ 时为斥力，当 $F(r)<0$ 时为引力．万有引力即有心力，其力函数为

$$F(r)=-\frac{Gm'm}{r^2}$$

（3）弹力的功．

一端固定的弹簧，对系于其另一端的物体的作用力为 $F=-kx$，其中 x 是以弹簧松弛位置为原点的弹簧伸长（或压缩）量（图 4.1-5）．在物体从 a 移动到 b 的过程中，弹力的功为

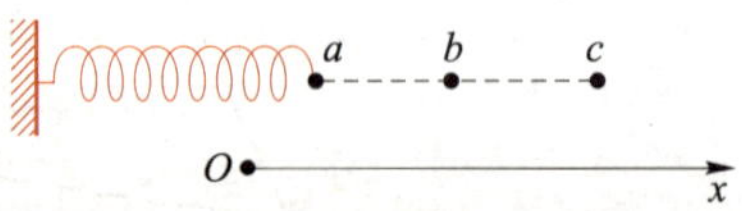

图 4.1-5　弹力的功与路径无关

$$W=\int_{x_a}^{x_b}(-kx)\,\mathrm{d}x=\frac{1}{2}k(x_a^2-x_b^2)$$

若运动路径不是从 a 直接到 b，而是 $a\to c\to b$，则

$$\begin{aligned}W&=\int_a^c(-kx)\,\mathrm{d}x+\int_c^b(-kx)\,\mathrm{d}x\\&=\frac{1}{2}k(x_a^2-x_c^2)+\frac{1}{2}k(x_c^2-x_b^2)\\&=\frac{1}{2}k(x_a^2-x_b^2)\end{aligned}\qquad(4.1-13)$$

在与弹簧的另一端相对静止的参考系中，弹力的功也只与始末位置有关，而与具体路径无关.

一般而言，一端固定的弹簧，对系于其另一端的物体的作用力也可以看成各向同性的有心力，这时，弹力可写为

$$\boldsymbol{F}=-k(r-r_0)\boldsymbol{e}_r$$

其中 r_0 是弹簧的原长，因而弹力做功与具体路径无关.

(4) 摩擦力的功.

质点 m 在地面上沿路径 c_1 从位置 a 移动到位置 b（图 4.1-6），其所受到地面的摩擦力大小为 μmg，方向始终与速度方向相反，即与 $\mathrm{d}\boldsymbol{r}$ 方向相反，于是根据公式（4.1-6）得摩擦力的功为

$$W=-\mu mgs$$

其中 s 为从 a 点到 b 点路径 c_1 的长度，即路程.

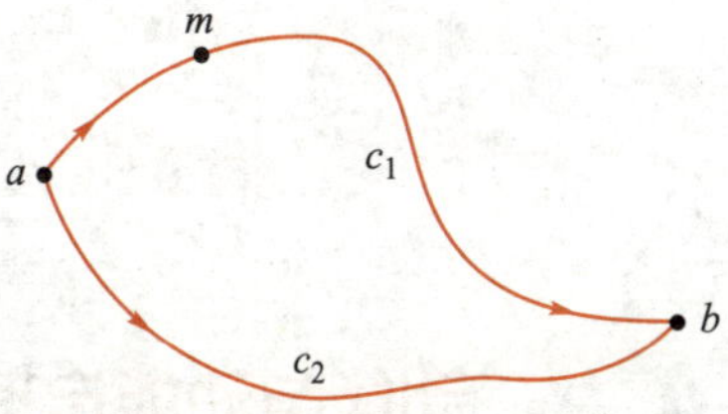

图 4.1-6　摩擦力的力与路径有关

通过类似的分析可得，若质点从 a 点沿路径 c_2 移动到 b 点，则

$$W=-\mu mgs'$$

其中 s' 为沿 c_2 的路程. 两条路径的长度显然不等. 由此可见，在相对于地面静止的参考系中，摩擦力的功不仅与始末位置有关，而且与质点所行经的路径有关.

例题1 质量为 10 kg 的质点，在外力作用下作平面曲线运动，该质点的速度为 $\boldsymbol{v}=4t^2\boldsymbol{i}+16\boldsymbol{j}$，开始时质点位于坐标原点. 求在质点从 $y=16$ m 运动到 $y=32$ m 的过程中，外力的功（本题采用 SI 单位）.

解： 由速度随时间变化关系可以求得加速度，从而求出质点所受的力.

$$F_x=m\frac{\mathrm{d}v_x}{\mathrm{d}t}=80t$$

$$F_y=m\frac{\mathrm{d}v_y}{\mathrm{d}t}=0$$

采用直角坐标系中功的计算公式，且将其转化为对功率的时间积分，

$$\begin{aligned}W&=\int(F_x\mathrm{d}x+F_y\mathrm{d}y)\\&=\int F_xv_x\mathrm{d}t=\int 320t^3\mathrm{d}t\end{aligned}$$

又 $v_y=\frac{\mathrm{d}y}{\mathrm{d}t}=16$，且考虑到 $t=0$ 时，质点位于坐标原点，则

$$y=16t$$

y 从 16 m 运动到 32 m 的过程对应时间从 1 s 到 2 s，于是积分得

$$W=\int_1^2 320t^3\,\mathrm{d}t=1200\ \mathrm{J}$$

例题2 **质量为 m_1、m_2 的两球原来相距 a，在万有引力作用下逐渐靠近至相距 b，求在此过程中引力所做的功.**

解： 因为这是求一对力做的功之和，所以在相对平动的参考系中计算结果相同. 不妨在与 m_2 相对静止的参考系中计算此功（图 4.1-7）. 在此参考系中，引力只对 m_1 做功，根据上文，此功为

$$W=\int \mathrm{d}W=-Gm_1m_2\int_a^b \frac{\mathrm{d}r_1}{r_1^2}=Gm_1m_2\left(\frac{1}{b}-\frac{1}{a}\right)$$

引力对 m_2 不做功，因为 m_2 无位移.

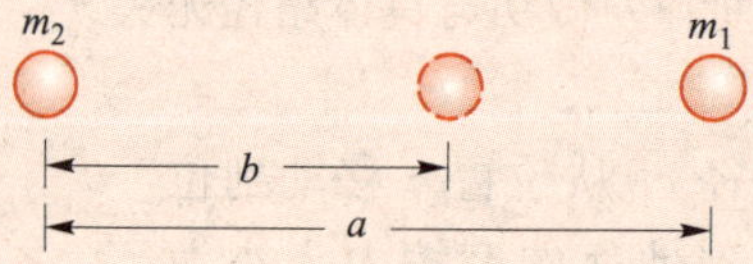

图 4.1-7　在与 m_2 相对静止的参考系中计算引力的功

4.2　动能与动能定理

由牛顿第二定律

$$\boldsymbol{F}=m\boldsymbol{a}=m\frac{\mathrm{d}\boldsymbol{v}}{\mathrm{d}t} \tag{4.2-1}$$

计算质点在合外力 $\boldsymbol{F}$ 作用下沿路径 L 从空间位置 a 运动到 b 做的功：

$$\begin{aligned} W &= \int_L \boldsymbol{F}\cdot\mathrm{d}\boldsymbol{r}=\int_a^b m\frac{\mathrm{d}\boldsymbol{v}}{\mathrm{d}t}\cdot\mathrm{d}\boldsymbol{r}=\int_a^b m\mathrm{d}\boldsymbol{v}\cdot\frac{\mathrm{d}\boldsymbol{r}}{\mathrm{d}t} \\ &= \int_a^b m\mathrm{d}\boldsymbol{v}\cdot\boldsymbol{v}=\int_a^b mv\mathrm{d}v=\frac{m}{2}(v_b^2-v_a^2)=\Delta E_\mathrm{k} \end{aligned} \tag{4.2-2}$$

等式表明，力对质点所做的功等于质点动能的增加量. $E_\mathrm{k}=\frac{1}{2}mv^2$ 称为动能. 这就是质点动能定理. 由推导过程可知，动能定理是从牛顿第二定律导出的，因而它只在惯性系内成立. 虽然动能定理的等式关系与惯性参考系无关，但等式两边数值的大小与惯性参考系有关. 在上述推导过程中，我们用到了等式 $\boldsymbol{v}\cdot\mathrm{d}\boldsymbol{v}=v\mathrm{d}v$. 大家不妨自己证明一下，对于任意矢量 $\boldsymbol{A}$，有 $\boldsymbol{A}\cdot\mathrm{d}\boldsymbol{A}=A\mathrm{d}A$.

关于质点的动能为什么是 $\frac{1}{2}mv^2$ 而不是 mv^2 的问题，只能回到 $\boldsymbol{F}=m\boldsymbol{a}$ 这个最基本的公式或这个根上的回答. 只有定义 $\frac{1}{2}mv^2$ 为物体的动能后，力的功才能描述能量

从一个物体传到另一个物体.

上一章指出，动量定理是 $\boldsymbol{F}=m\boldsymbol{a}$ 的等价形式，这里我们同样指出，动能定理也是 $\boldsymbol{F}=m\boldsymbol{a}$ 的等价形式. 因此可以进一步体会牛顿力学统一于 $\boldsymbol{F}=m\boldsymbol{a}$. 动能定理是 $\boldsymbol{F}=m\boldsymbol{a}$ 的等价形式，证明如下.

由 $\boldsymbol{F}=m\boldsymbol{a}$ 推导出动能定理过程如式（4.2-1）和式（4.2-2）所示. 动能定理的各种等价形式有

$$W=\Delta E_{\mathrm{k}}=\frac{1}{2}mv_2^2-\frac{1}{2}mv_1^2$$

$$\boldsymbol{F}\cdot \mathrm{d}\boldsymbol{r}=\mathrm{d}E_{\mathrm{k}}$$

$$\boldsymbol{F}\cdot \boldsymbol{v}=\frac{\mathrm{d}E_{\mathrm{k}}}{\mathrm{d}t} \tag{4.2-3}$$

由动能定理公式（4.2-3）中的 $\boldsymbol{F}\cdot \boldsymbol{v}=\dfrac{\mathrm{d}E_{\mathrm{k}}}{\mathrm{d}t}$ 导出 $\boldsymbol{F}=m\boldsymbol{a}$ 的过程如下所示:

$$\begin{aligned}\boldsymbol{F}\cdot \boldsymbol{v}&=\frac{\mathrm{d}\left(\dfrac{1}{2}mv^2\right)}{\mathrm{d}t}=\frac{\mathrm{d}\left(\dfrac{1}{2}m\boldsymbol{v}\cdot\boldsymbol{v}\right)}{\mathrm{d}t}=\frac{1}{2}m\left(\frac{\mathrm{d}\boldsymbol{v}\cdot\boldsymbol{v}}{\mathrm{d}t}+\frac{\boldsymbol{v}\cdot\mathrm{d}\boldsymbol{v}}{\mathrm{d}t}\right)\\&=\frac{1}{2}m(\boldsymbol{a}\cdot\boldsymbol{v}+\boldsymbol{v}\cdot\boldsymbol{a})=m\boldsymbol{a}\cdot\boldsymbol{v}\end{aligned}$$

即

$$(\boldsymbol{F}-m\boldsymbol{a})\cdot\boldsymbol{v}=0$$

由于 $\boldsymbol{v}$ 不恒为零，且对任意 $\boldsymbol{v}$ 都成立，因此上式成立的必要条件为

$$\boldsymbol{F}=m\boldsymbol{a}$$

证明完毕.

将质点动能定理推广到质点系的过程如下. 设质点系由 N 个质点组成，则第 i 个质点的动能增量应等于作用于第 i 个质点的外力的功和内力的功之和:

$$W_{i外}+W_{i内}=E_{\mathrm{k}i}-E_{\mathrm{k}i0} \tag{4.2-4}$$

对 i 求和，即得质点系动能定理:

$$W_{外}+W_{内}=E_{\mathrm{k}}-E_{\mathrm{k}0} \tag{4.2-5}$$

即，作用于质点系的所有外力所做的功与所有内力所做的功的总和等于质点系动能的增量. 与质点动能定理一样，质点系动能定理也只在惯性系内成立.

不妨将质点系动能定理与质点系动量定理作一比较，以加深对两定理及其不同之处的理解.

（1）质点系动量定理是矢量形式，而质点系动能定理是标量形式.

（2）内力的作用不改变质点系的总动量，但内力的作用一般要改变质点系的总动能，这一点往往被忽视. 造成这一差别的原因是作用力和反作用力作用的时间总是相等的，作用力和反作用力的冲量的矢量和恒为零，因而成对的内力对质点系动量的贡献相互抵消；而在作用力和反作用力作用下，两质点的位移一般并不相同，作用力和反作用力的功并不一定抵消，因而成对的内力对质点系动能的贡献一般并不抵消.

例题1 **地球引力场中竖直上抛物体的上升高度与逃逸速度.**

解: 如果物体上抛速率 v_0 很大，那么物体可上升至很高处. 在上升过程中，地球的引力不再是恒力. 根据万有引力定律和动能定理，在物体从地面沿径向上抛过程中，物体离地球中心的距离为 r 时的速率 v 可由下式决定:

$$\frac{1}{2}mv^2-\frac{1}{2}mv_0^2=\int_R^r -G\frac{m_e m}{r^2}\boldsymbol{e}_r\cdot d\boldsymbol{r}=Gm_e m\left(\frac{1}{r}-\frac{1}{R}\right) \tag{1}$$

式中 m_e 是地球的质量，m 为上抛物体的质量，R 是地球半径. 上升的最大高度 r_m 由 $v=0$ 决定:

$$-\frac{1}{2}mv_0^2=Gm_e m\left(\frac{1}{r_m}-\frac{1}{R}\right) \tag{2}$$

解得

$$r_m=\left(\frac{1}{R}-\frac{v_0^2}{2Gm_e}\right)^{-1} \tag{3}$$

上升高度为

$$h=r_m-R=\left(\frac{1}{R}-\frac{v_0^2}{2Gm_e}\right)^{-1}-R \tag{4}$$

当 v_0 较小时，$h\ll R$，上式化为

$$\begin{aligned}h&=R\left(1-\frac{v_0^2R}{2Gm_e}\right)^{-1}-R\approx R\left(1+\frac{v_0^2R}{2Gm_e}\right)-R\\&=\frac{v_0^2R^2}{2Gm_e}=\frac{v_0^2}{2g}\end{aligned} \tag{5}$$

此即均匀重力场中的结果. 如果物体的初速度足够大，以致物体上抛后不再回到地球，即物体被抛到脱离地球引力束缚的区域，与此对应的上抛速度就称为逃逸速度，又称第二宇宙速度，该速度也就是使 $r_m\to\infty$ 时的初速度. 由 (3) 式，逃逸速度为

$$v_0=\sqrt{\frac{2Gm_e}{R}} \tag{6}$$

将有关数据代入，得

$$v_0=\sqrt{\frac{2Gm_e}{R}}=\sqrt{2gR}=11.2\ \mathrm{km/s}$$

式 (6) 所表示的逃逸速度也适用于其他天体. 由于 G 是普适常量，因此逃逸速度正比于天体质量与半径比值的平方根. 对一定质量的天体，其半径越小，逃逸速度越大. 根据相对论，一切物体的速度不能大于光速，因而当某天体的逃逸速度达到光速时，任何物体（包括光子）都不能逃离此天体，任何射向此天体的物体或光子，也都一概被吸收，有进无出，外界无法看到它的光或辐射. 这样的天体称为"黑洞". 对于质量为 m 的天体，要成为黑洞的相应的半径 R_g 可由式 (6) 将 $v_0=c$ 代入而得到:

$$R_g=\frac{2Gm}{c^2}$$

R_g 称为引力半径. 以太阳质量 $m_s=1.99\times10^{30}$ kg 代入上式，可得 $R_g=2.95$ km. 这就是说，当太阳半径缩小至约 3 km 时，太阳将不可能发射任何物体（包括光子），从而成为"黑洞". 目前许多天文学家认为天鹅座 X-1 和天蝎座 V861 都是由一个正常星和一个黑洞组成的双星系统，前者的 X 射线即来自正常星上的气体受黑洞巨大引力作用而发热所产生的辐射（图 4.2-1）. 另外，星系

的核心也可能存在黑洞. 20 世纪 70 年代有人根据量子理论提出，黑洞也有微弱的辐射.

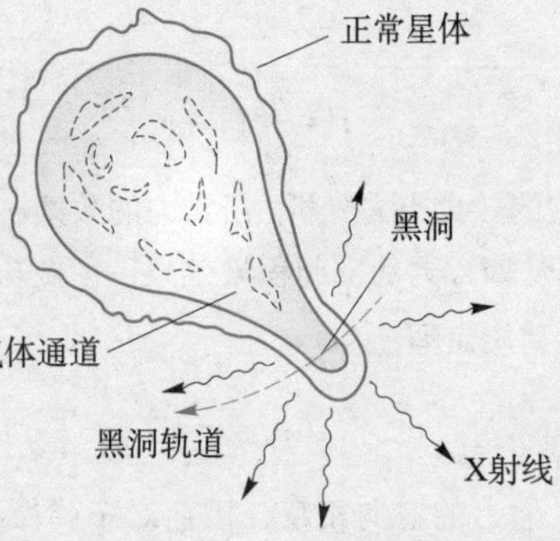

图 4.2-1　气体落入黑洞而发射 X 射线

例题2 一物块质量为 m，置于粗糙水平桌面上，并系于一橡皮绳的一端，橡皮绳的另一端系于墙上，如图4.2-2 所示. 橡皮绳原长为 a，当它拉伸时，相当于弹性系数为 k 的弹簧. 物块与桌面的摩擦因数为 μ. 现将物块向右拉伸至橡皮绳长为 b 后再由静止释放，问物块撞击墙时的速度有多大?

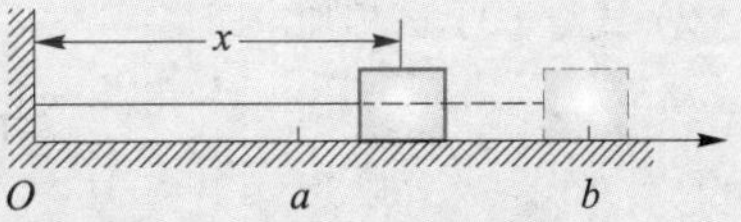

图 4.2-2

解: 以墙为原点，取 x 坐标向右为正. 由动能定理，物块到墙时的动能等于物块从释放位置到墙的运动过程中外力所做的功. 这里作用于物块的力（水平方向）有两个，一是弹力，它只存在于 x 从 $b\to a$ 的过程中；另一是摩擦力，它始终存在. 物体动能的增量等于这两个力单独做的功的代数和. 释放时 $v_0=0$，因而

$$\frac{1}{2}mv^2=\int_b^a -k(x-a)\,\mathrm{d}x-\mu mgb=\frac{1}{2}k(b-a)^2-\mu mgb$$

所以

$$v=\left[\frac{k}{m}(b-a)^2-2\mu gb\right]^{\frac{1}{2}}$$

例题3 质量为 m'、宽度为 l 的木块静置于光滑水平台面上，质量为 m 的子弹以速度 $\boldsymbol{v}_0$ 水平地射入木块，以速度 $\boldsymbol{v}$ 自木块穿出，求从子弹进入木块到离开木块的整个过程中木块行进的距离 L. 设子弹在木块中受到的摩擦阻力为常量（图 4.2-3）.

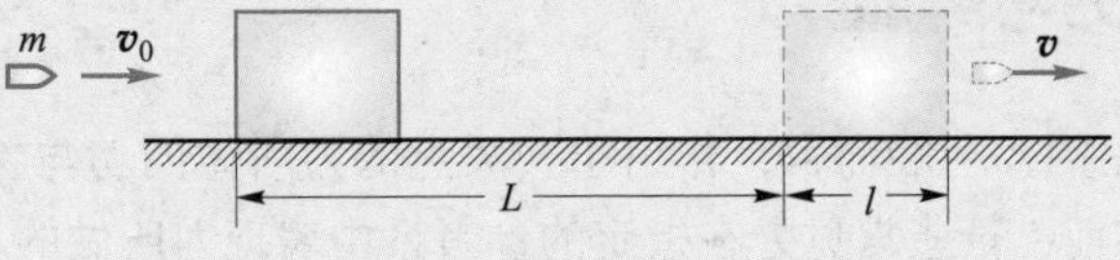

图 4.2-3

解: 木块是在子弹对木块的摩擦力作用下从静止开始运动的，为求得木块在摩擦力作用下的行进距离，必须知道摩擦力以及摩擦力作用时间或木块末速度. 在现在的情况下，木块的末速度容易求得，因为子弹和木块体系水平方向动量守恒，因而有

$$mv_0=m'v'+mv$$

由此即得木块的末速率

$$v'=\frac{m}{m'}(v_0-v) \tag{1}$$

如何求摩擦力？无非从它的效果上去分析．所谓力的效果，主要有时间积累效果和空间积累效果．顺着上面的思路，不妨从摩擦力的空间积累效果，即做功的角度去分析．设摩擦力为 F_f，此力对木块作用距离为 L，由动能定理，

$$F_fL=\frac{1}{2}m'v'^2 \tag{2}$$

摩擦力也同时作用在子弹上，但力的方向相反，因而对子弹做负功，而力对子弹作用的距离较长，为 $L+l$，因而由动能定理，

$$-F_f(L+l)=\frac{1}{2}mv^2-\frac{1}{2}mv_0^2 \tag{3}$$

(2) 式与 (3) 式相加，即得

$$-F_fl=\frac{1}{2}mv^2-\frac{1}{2}mv_0^2+\frac{1}{2}m'v'^2 \tag{4}$$

将 (1) 式代入 (4) 式，即可求得摩擦力 F_f：

$$F_f=\frac{1}{l}\left[\frac{1}{2}mv_0^2-\frac{1}{2}mv^2-\frac{1}{2}m'\frac{m^2}{m'^2}(v_0-v)^2\right]$$

$$=\frac{m}{2l}\left[v_0^2-v^2-\frac{m}{m'}(v_0-v)^2\right] \tag{5}$$

将 (1) 式、(5) 式代入 (2) 式即得

$$L=\frac{m'v'^2}{2F_f}=\frac{l(m^2/m')(v_0-v)^2}{m\left[v_0^2-v^2-\frac{m}{m'}(v_0-v)^2\right]}=\frac{lm(v_0-v)^2}{m'(v_0^2-v^2)-m(v_0-v)^2}$$

实际上，利用内力做功与参考系无关的性质，在木块参考系上考察摩擦力的功，再在地面参考系上应用质点系动能定理，可立即得出 (4) 式．

本例说明，摩擦力作为内力，对体系中的物体可以做正功（如对本题中的木块），也可以做负功（如对本题中的子弹），但负功大于正功，故对质点系而言，摩擦力做的总功总是负的，它使质点系的总动能减少．

请读者思考一下：从子弹射入木块到穿出木块，作用于 m' 的摩擦力的作用点发生了 $L+l$ 的位移，为什么公式 (2) 用 L 而不用 $L+l$？

4.3 保守力与势能

正如前面指出的，一般而言，作用于一质点的力所做的功与参考系和质点所经过的路径有关．然而，一些常见力在指定的参考系中表现为所做的功与路径无关．例如，以地面为静止的参考系，重力的功与路径无关；以固定弹簧的一端为静止的参考系，弹力的功与路径无关．在指定的参考系中，作用于一质点的力所做的功仅与该质点的始末位置有关，而与该质点所经的具体路径无关．我们称具有这种性质的力为保守力．

我们将证明，保守力做功与路径无关必导致沿任一闭合路径一周，保守力所做的功为零的结论.

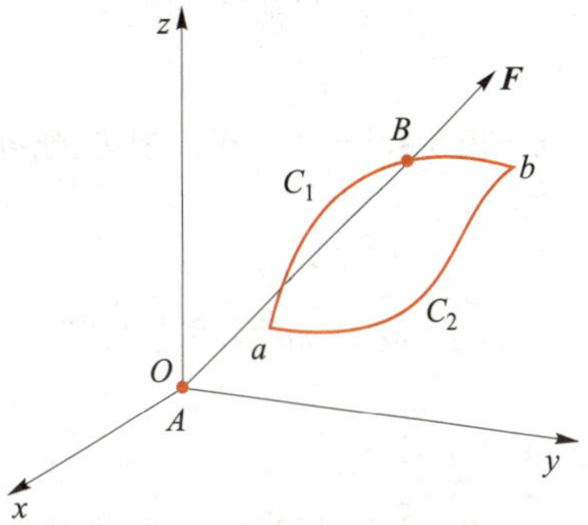

图 4.3-1　保守力沿任一闭合路径做功为零

若质点 A 和 B 之间的相互作用力为保守力，在质点 A 静止的参考系中，质点 A 对 B 的作用力为$\boldsymbol{F}=F(r)\boldsymbol{e}_r$，则在质点 B 沿任一路径 aC_1b（图 4.3-1）由起点 a 移动到终点 b 的过程中，$\boldsymbol{F}$ 所做的功为

$$W_{aC_1b}=\int_{C_1}\boldsymbol{F}\cdot\mathrm{d}\boldsymbol{r}=\int_a^b\boldsymbol{F}\cdot\mathrm{d}\boldsymbol{r}$$

若质点 B 沿另一任意路径 aC_2b 由起点 a 移到终点 b，则在此过程中，$\boldsymbol{F}$ 所做的功为

$$W_{aC_2b}=\int_{C_2}\boldsymbol{F}\cdot\mathrm{d}\boldsymbol{r}=\int_a^b\boldsymbol{F}\cdot\mathrm{d}\boldsymbol{r}$$

根据保守力的定义，

$$W_{aC_1b}=W_{aC_2b}=-W_{bC_2a}$$

即

$$W_{aC_1b}+W_{bC_2a}=0$$

或

$$W_{aba}=\int_a^b\boldsymbol{F}\cdot\mathrm{d}\boldsymbol{r}+\int_b^a\boldsymbol{F}\cdot\mathrm{d}\boldsymbol{r}=\oint_C\boldsymbol{F}\cdot\mathrm{d}\boldsymbol{r}=0 \tag{4.3-1}$$

由此可见，保守力做功与路径无关必导致沿任一闭合路径一周保守力做的功为零. 不难看出，若一个力沿任意闭合路径一周所做的功为零，则该力做功必与路径无关. 故（4.3-1）式是力做功与路径无关的充要条件，也可以看作保守力定义的数学表述.

凡做功不仅与始末位置有关，而且与具体路径有关，或沿闭合路径一周做的功不为零的力都叫非保守力. 沿闭合路径一周做的功小于零的力叫耗散力. 由此可见，重力是保守力，万有引力是保守力，弹簧弹力也是保守力. 但摩擦力是非保守力，因为摩擦力做功显然与具体路径有关. 而且不难证明，摩擦力是耗散力.

若质点系内任意两质点间的作用力都是保守力，则称该质点系为保守体系.

既然保守力做功与路径无关，则通过保守力做功定义一个势能（函数）E_{p}，它是空间位置的函数，反映物体所处空间的性质，保守力做的功等于势能（函数）的差. 设物体从空间 A 点移到 B 点，物体所受保守力做的功为 W_{AB}，则势能差为

$$\Delta E_{\mathrm{p}}=E_{\mathrm{p}}(B)-E_{\mathrm{p}}(A)=-W_{AB} \tag{4.3-2}$$

由（4.3-2）式，物体从空间 A 点移到 B 点，若保守力做正功，则势能减小；若保守力做负功，则势能增加. 若 E_{p} 是势能，则 E_{p} 加上一个常量，即 $E_{\mathrm{p}}+C$ 也是势能. 由此可见，势能的差值具有物理意义，对应保守力做功；势能的大小没有物理意义，因为它本身可以相差一个常量，与势能的零点的空间位置选取有关.

由（4.1-10）式，重力的功为

$$W_{AB}=mgz_A-mgz_B$$

z_A、z_B 为物体距地面的高度，选地面为势能零点，则重力势能为

$$E_{\mathrm{p}}=mgz \tag{4.3-3}$$

由（4.1-11）式，引力的功为

$$W_{AB}=\frac{Gmm'}{r_B}-\frac{Gmm'}{r_A}$$

r_A、r_B 为 m 与 m' 两质点的距离，选两质点相距无限远时为势能零点，则引力势能

$$E_{\mathrm{p}}=-G\frac{m'm}{r} \tag{4.3-4}$$

由（4.1-13）式，弹力的功为

$$W_{AB}=\frac{1}{2}kx_A^2-\frac{1}{2}kx_B^2$$

x_A、x_B 为弹簧的拉伸（或压缩）长度，选无拉伸（或压缩）处为势能零点，则弹性势能

$$E_{\mathrm{p}}=\frac{1}{2}kx^2 \tag{4.3-5}$$

将（4.3-3）式、（4.3-4）式和（4.3-5）式画成曲线，可直观地看出势能随坐标的变化，这种曲线称为势能曲线，如图 4.3-2（a）、图 4.3-3（a）和图 4.3-4（a）所示．图 4.3-5（a）为双原子分子的势能曲线，x 为两原子间距．

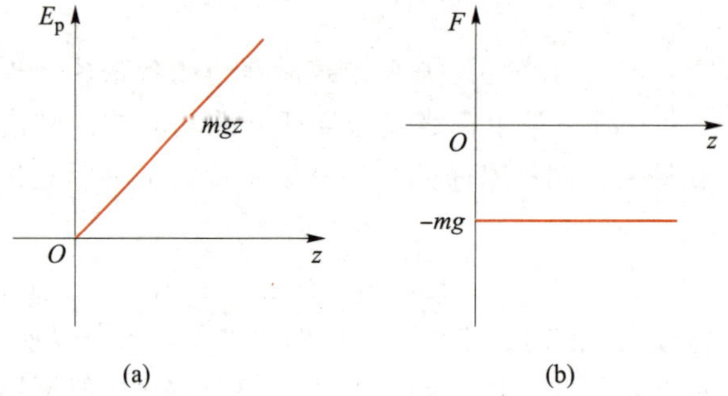

图 4.3-2　重力势能曲线

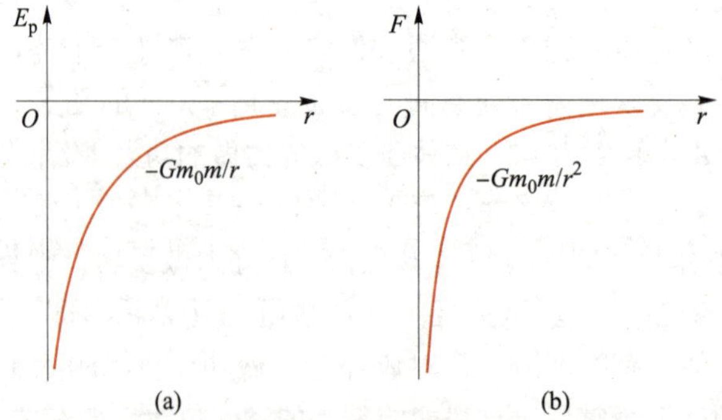

图 4.3-3　引力势能曲线

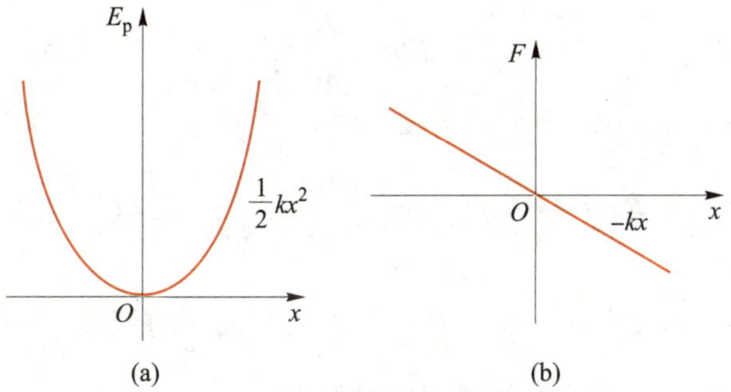

图 4.3-4　弹性势能曲线

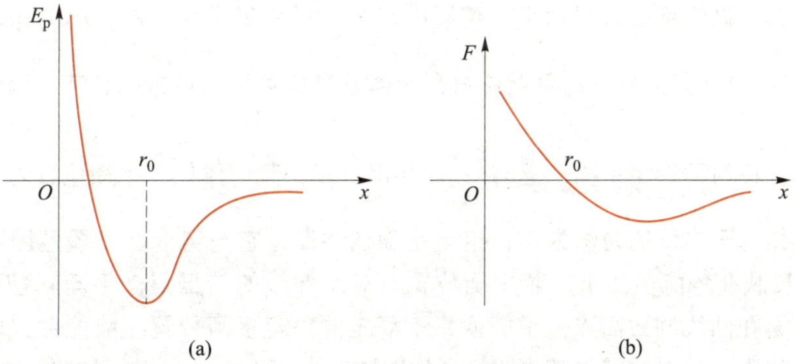

图 4.3-5　双原子分子的势能曲线

势能差是保守力对坐标或位移的积分，因而保守力就是势能对坐标的导数. 由于

$$\begin{aligned}\Delta E_p &= E_p(x+\Delta x)-E_p(x)\\ &= -\int_x^{x+\Delta x} F(x)\,\mathrm{d}x\\ &= -F(x)\Delta x\end{aligned}$$

因此

$$F(x)=\lim_{\Delta x\to 0}\left(\frac{-\Delta E_p}{\Delta x}\right)=-\frac{\mathrm{d}E_p}{\mathrm{d}x} \tag{4.3-6}$$

即保守力是势能函数对坐标导数的负值. 在势能曲线上，力就是曲线斜率的负值. 与各势能曲线相应的保守力 F 画在上面各图的（b）部分.

严格而言，由（4.3-6）式求得的是保守力沿这个坐标方向的投影分量. 当然，如果保守力就沿此坐标方向，由此求得的力就是完整的力，否则只是它的一个分量. 一般而言，势能是空间坐标 x、y 和 z 的函数，力是一个矢量，可以由 x、y 和 z 坐标方向的投影分量表示. 分别对势能的三个坐标求导，记为$\frac{\partial E_p}{\partial x}$、$\frac{\partial E_p}{\partial y}$和$\frac{\partial E_p}{\partial z}$，取其负值得到力沿三个坐标方向的投影分量:

$$F_x=-\frac{\partial E_p}{\partial x}$$

$$F_y=-\frac{\partial E_p}{\partial y}$$

$$F_z=-\frac{\partial E_p}{\partial z} \tag{4.3-7}$$

势能对应的保守力

$$\boldsymbol{F}=F_x\boldsymbol{i}+F_y\boldsymbol{j}+F_z\boldsymbol{k}=-\left(\frac{\partial E_p}{\partial x}\boldsymbol{i}+\frac{\partial E_p}{\partial y}\boldsymbol{j}+\frac{\partial E_p}{\partial z}\boldsymbol{k}\right) \tag{4.3-8}$$

所谓平衡位置，就是两质点间相互作用力为零的相对位置. 平衡位置可由$\frac{\partial E_p}{\partial x}=0$求得. 在势能曲线图上，就是切线斜率为零的点.

平衡的稳定性，取决于当物体偏离平衡位置时，它们所受的力指向何方. 若指向平衡位置，物体系就有回到平衡位置的趋势，平衡就是稳定的，称为稳定平衡，这与$\frac{\partial^2 E_p}{\partial x^2}>0$相对应；若背离平衡位置，物体系有偏离平衡位置的趋势，因而平衡是不稳定的，称为不稳定平衡，这与$\frac{\partial^2 E_p}{\partial x^2}<0$相对应；若物体处在平衡位置附近的任何位置时，作用于物体的力恒为零，这便是随遇平衡，它与势能在一段范围内为常量相对应. 反映在势能曲线上，若平衡位置对应于曲线的最低点，平衡就是稳定的；若平衡位置在曲线的最高点，平衡就是不稳定的；若平衡位置在势能曲线所含的一段水平直线上，对应的就是随遇平衡（如图 4.3-6，图中 x_0 为平衡位置）.

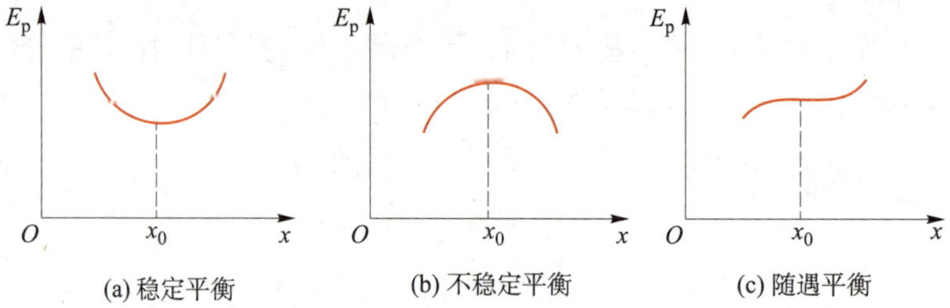

图 4.3-6　平衡性质与势能曲线形状的关系

在重力场中受几何约束的物体，其受力和平衡问题可类似处理. 这时，约束的几何图形相当于势能图，但不是势能曲线，而是二维势能曲面. 例如，位于光滑球形碗底的质点，其平衡是稳定的；位于光滑球顶部的质点，平衡是不稳定的；位于光滑水平面上的质点，则处于随遇平衡.

在二维、三维情况下，还可能出现在某个方向是一种平衡，在另一个方向是另一种平衡的情形. 例如，位于马鞍形势能曲面中心 O 处的质点（图 4.3-7）（参见例题 2）.

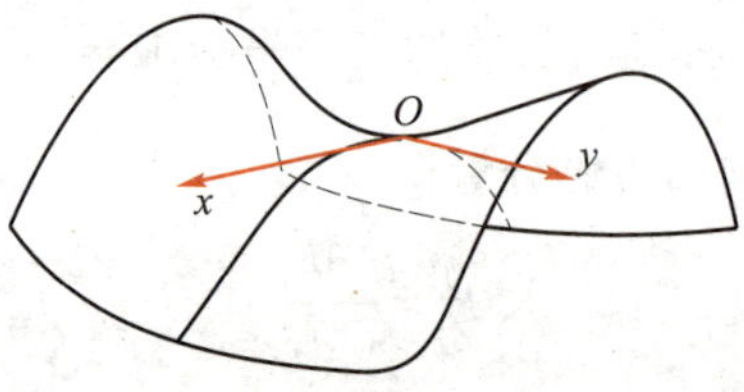

图 4.3-7　位于马鞍形势能曲面中心 O 处的质点，在 x 方向为不稳定平衡，在 y 方向为稳定平衡

到此为止，我们对保守力的定义都是在指定的参考系中考察力的做功性质而定义的. 例如，若作用于质点的力 $\boldsymbol{F}$ 沿任意闭合路径做的功为零，则 $\boldsymbol{F}$ 为保守力. 在一个参考系中质点的轨迹是闭合路径，在另一个参考系中不一定是闭合路径，例如，在运动的火车上看，一个人离开座位在火车上走动，后又回到座位，人的运动轨迹是闭合路径；而地面上看到的人的运动轨迹不是闭合路径，因为人离开座位这段时间内，火车已运动了一段路程. 另一方面，力是描述两物体相互作用的，是成对出现的，表现为作用力与反作用力，分别作用于两个发生相互作用的物体. 而在保守力的定义中，只对作用于一个物体的力 $\boldsymbol{F}$ 定义，那么其反作用力 $\boldsymbol{F}'$ 又是什么力呢？事实上，我们上述对保守力的定义选择了 $\boldsymbol{F}'$ 所作用的物体在其中是静止不动的参考系，在此参考系中，只涉及这对力中的一个力 $\boldsymbol{F}$ 做的功. 但是，就力的性质而言，这一对作用力与反作用力的地位是同等的，即一个力是保守力，则其反作用力也是保守力. 如果选择 $\boldsymbol{F}$ 所作用的物体为不动的参考系，那么作用于另一个物体的力 $\boldsymbol{F}'$ 沿任意闭合路径做的功也为零. 换句话说，保守力是成对出现的，这对保守力的作用地位是等同的.

在定义保守力指定的参考系中，这对保守力中的一个力 $\boldsymbol{F}'$ 不涉及做功，它所作用的物体静止不动，不妨将此物体所在的位置取为坐标原点，$\boldsymbol{F}$ 作用的物体空间位置（坐标）发生变化，直接反映了两物体的相对位置发生变化. 当相对位置发生变化时，由力 $\boldsymbol{F}$ 所做的功定义的势能反映了势能（势能差）是一对相互作用物体相对位置的函数，例如引力势能 $E_{\mathrm{p}}=-G\dfrac{mm'}{r}$，$r$ 为 m 与 m' 之间的距离.

在一般参考系中，势能的变化（差）对应一对保守力做的功之和. 或者说势能的定义对应于一对保守力做的功之和. 由于一对力做的功之和与参考系无关，因此我们定义势能时，选择了 $\boldsymbol{F}'$ 所作用的物体静止不动的参考系. 在这个选定的参考系中，要计算两物体相对位置发生变化所对应的势能差，只需要计算这对保守力中的一个力 $\boldsymbol{F}$ 所做的功.

既然势能对应一对保守力及其做的功之和，而这对保守力分别作用于两个物体，表现为同等地位的作用力与反作用力，这两个物体在势能中的作用地位就必然是等同的，一个物体的作用正是因另一个物体相同作用的存在而存在. 因此，势能只能被看作是这两个物体所共有的，并且无法分割.

这一点可以从引力势能的表达式 $E_{\mathrm{p}}=-G\dfrac{mm'}{r}$ 中看出，其大小正比于 m 与 m' 的乘积，两个物体的物理量（质量）在公式中具有同等地位，具有对称性.

既然势能对应一对保守力，一对保守力就具有一个势能. 当空间中存在三个质点 m_1、m_2 和 m_3 时，就存在三对保守力，分别是 m_1 与 m_2 之间的引力、m_1 与 m_3 之间的引力，以及 m_2 与 m_3 之间的引力. 由于每对引力的形式相同，因此每对引力对应的势能形式也必须相同，为

$$E_{\mathrm{p}12}=-G\frac{m_1m_2}{r_{12}}$$

$$E_{p13}=-G\frac{m_1m_3}{r_{13}}$$

$$E_{p23}=-G\frac{m_2m_3}{r_{23}} \tag{4.3-9}$$

其中 r_{12}、r_{13}和 r_{23}分别是 m_1 与 m_2、m_1 与 m_3 和 m_2 与 m_3 之间的距离. 于是，由三个质点构成的质点系的引力势能

$$E_p=-G\frac{m_1m_2}{r_{12}}-G\frac{m_1m_3}{r_{13}}-G\frac{m_2m_3}{r_{23}} \tag{4.3-10}$$

由此类推，由 N 个质点构成的质点系的引力势能为

$$E_p= -\sum_{i=1}^{N}\sum_{j>i}^{N}G\frac{m_im_j}{r_{ij}}=\sum_{i=1}^{N}\sum_{\substack{j=1\\ j\neq i}}^{N}-\frac{1}{2}G\frac{m_im_j}{r_{ij}} \tag{4.3-11}$$

其中 r_{ij}为第 i 个质点 m_i 与第 j 个质点 m_j 之间的距离.

例题1 **双原子分子的势能与原子间的距离 r 的关系可表示为**

$$E_p=E_{p0}\left[\left(\frac{r_0}{r}\right)^{12}-2\left(\frac{r_0}{r}\right)^{6}\right]$$

上式是伦纳德-琼斯势的一种形式. 试由此决定力与距离的关系、平衡位置和平衡性质.

解： 根据（4.3-6）式，力与距离的关系为

$$F(r)=-\frac{\partial E_p}{\partial r}=-E_{p0}\left[-\frac{12}{r_0}\left(\frac{r_0}{r}\right)^{13}+\frac{12}{r_0}\left(\frac{r_0}{r}\right)^{7}\right]$$

$$=\frac{12E_{p0}}{r_0}\left[\left(\frac{r_0}{r}\right)^{13}-\left(\frac{r_0}{r}\right)^{7}\right]$$

当 r 较小时为斥力，r 较大时为引力，势能和力与 r 的关系如图 4.3-5 所示.

平衡位置由$\frac{\partial E_p}{\partial r}=0$ 决定:

$$\frac{12E_{p0}}{r_0}\left[\left(\frac{r_0}{r}\right)^{13}-\left(\frac{r_0}{r}\right)^{7}\right]=0$$

由此得

$$r=r_0$$

平衡性质由$\left.\frac{\partial^2 E_p}{\partial r^2}\right|_{r=r_0}$ 决定:

$$\left.\frac{\partial^2 E_p}{\partial r^2}\right|_{r=r_0}=\frac{\mathrm{d}}{\mathrm{d}r}\left(-\frac{12E_{p0}}{r_0}\right)\left.\left[\left(\frac{r_0}{r}\right)^{13}-\left(\frac{r_0}{r}\right)^{7}\right]\right|_{r=r_0}$$

$$=-\frac{12E_{p0}}{r_0^2}\left.\left[-13\left(\frac{r_0}{r}\right)^{14}+7\left(\frac{r_0}{r}\right)^{8}\right]\right|_{r=r_0}$$

$$=\frac{12E_{p0}}{r_0^2}(13-7)=\frac{72E_{p0}}{r_0^2}>0$$

可见平衡是稳定的.

例题2 如图 4.3-8 所示，质量为 m_0 的两质点 A、B 固定在 x 轴上的 $(-a,\ 0)$、$(a,\ 0)$ 两点，试确定位于原点的质量为 m 的质点沿 x 方向和 y 方向的平衡性质.

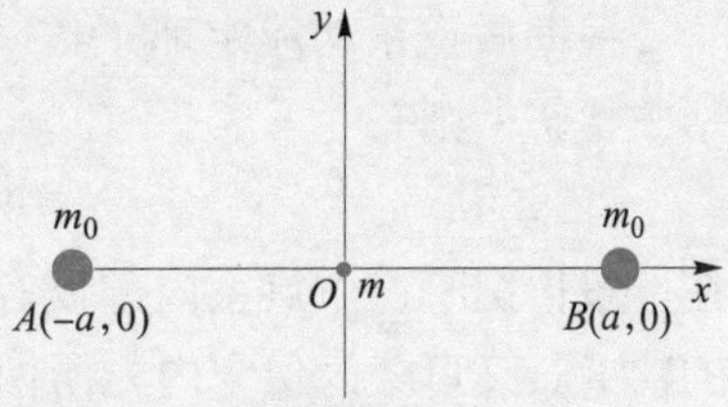

图 4.3-8

解： 这是质点在另两个固定质点的力场中运动的问题. 由于两力源质点 A 和 B 静止不动，因此质点系的势能可表示为该可动质点位置的函数. 从物理上很易判断质点 m 偏离原点时的受力情况. 先看沿 y 方向偏离时的受力情况：当质点向上偏离时，A、B 对 m 的作用力的合力向下；当质点向下偏离时，合力向上，故平衡是稳定的. 再看 x 方向：当质点向右偏离时，B 对它的引力增大，A 对它的引力减小，合力指向右方；而当质点向左偏离时，合力则指向左方，故平衡是不稳定的.

以上结果不难直接用计算得到. 在 xy 平面上，质点 m 的势能可表示为

$$E_p=-Gm_0m\left[\frac{1}{\sqrt{(x+a)^2+y^2}}+\frac{1}{\sqrt{(x-a)^2+y^2}}\right]$$

当质点 m 位于 x 轴上并处于 A、B 之间时，质点的引力势能为

$$E_p=-Gm_0m\left(\frac{1}{a+x}+\frac{1}{a-x}\right)$$

由此有

$$\frac{\partial E_p}{\partial x}=-Gm_0m\left[-\frac{1}{(a+x)^2}+\frac{1}{(a-x)^2}\right]$$

$$\left.\frac{\partial^2 E_p}{\partial x^2}\right|_{x=0}=-Gm_0m\left.\left[\frac{2}{(a+x)^3}+\frac{2}{(a-x)^3}\right]\right|_{x=0}=-Gm_0m\,\frac{4}{a^3}<0$$

可见沿 x 方向平衡是不稳定的. 当质点 m 在 y 轴上时，质点系的势能为

$$E_p'=-Gm_0m\left(\frac{1}{\sqrt{a^2+y^2}}+\frac{1}{\sqrt{a^2+y^2}}\right)=-Gm_0m\,\frac{2}{\sqrt{a^2+y^2}}$$

由此有

$$\frac{\partial E_p'}{\partial y}=-2Gm_0m\left[-\frac{1}{2}\,\frac{2y}{(a^2+y^2)^{3/2}}\right]=2Gm_0m\,\frac{y}{(a^2+y^2)^{3/2}}$$

$$\left.\frac{\partial^2 E_p'}{\partial y^2}\right|_{y=0}=2Gm_0m\left.\left[\frac{(a^2+y^2)^{3/2}-y\cdot\frac{3}{2}(a^2+y^2)^{1/2}\cdot 2y}{(a^2+y^2)^3}\right]\right|_{y=0}$$

$$=\frac{2Gm_0m}{a^3}>0$$

可见，沿 y 方向平衡是稳定的. 如果将本题中质点 m 在 xy 平面上的势能作图，以 z 坐标表示势能，那么其形状如图 4.3-9 所示，在原点附近呈马鞍形，原点即马鞍点.

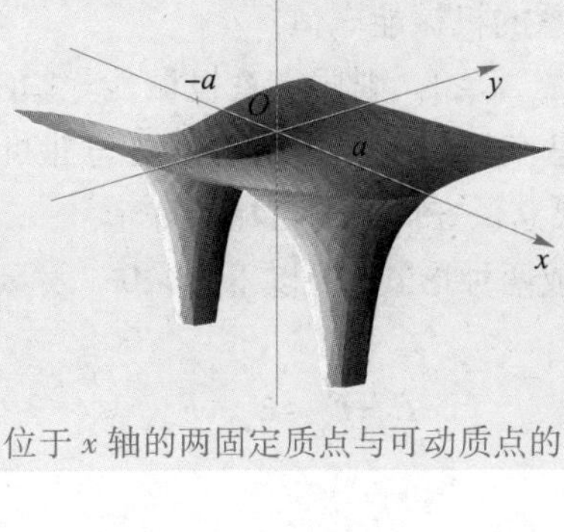

图 4.3-9　位于 x 轴的两固定质点与可动质点的引力势能图

4.4 功能原理、机械能和机械能守恒定律

根据质点系动能定理（4.2–5）式，并以 a 表示初状态（包括速度和位形），b 表示末状态，则有

$$W_{外}+W_{内}=E_k(b)-E_k(a)$$

在一般情况下，质点系内部既存在保守内力，又存在非保守内力. 因此，内力所做的功 $W_{内}$ 又可分为保守内力所做的功 $W_{保内}$ 和非保守内力所做的功 $W_{非保内}$，于是上式又可写成

$$W_{外}+W_{保内}+W_{非保内}=E_k(b)-E_k(a)$$

但根据（4.3–2）式，$W_{保内}=E_p(a)-E_p(b)$，代入上式，得

$$W_{外}+W_{非保内}=E_k(b)-E_k(a)+E_p(b)-E_p(a) \tag{4.4-1}$$

用 E 表示质点系动能与势能之和，称为质点系的机械能：

$$E=E_p+E_k$$

则

$$W_{外}+W_{非保内}=E(b)-E(a) \tag{4.4-2}$$

（4.4–2）式表示，外力的功和非保守内力的功之和等于质点系机械能的增量，这就是质点系的功能原理. 由于动能定理的基础是牛顿运动定律，因此功能原理仅在惯性系中成立.

由（4.4–2）式可知：

若 $W_{外}+W_{非保内}>0$，则质点系机械能增加；

若 $W_{外}+W_{非保内}<0$，则质点系机械能减少.

考虑一种重要情形，即 $W_{外}=0$. 这主要有三种情况：（1）质点系不受外力的作用，即质点系是孤立的；（2）虽有外力的作用，但受外力作用的质点没有位移，也就是外力的作用点没有位移，例如弹簧振子的固定端对弹簧所施的外力就属于这种情形；（3）各外力与其相应作用点的位移互相垂直，例如固定支承物的支持力就属于这种情形. 在这三种情形下，质点系机械能的变化仅由非保守内力做的功决定. 这时：

若 $W_{非保内}>0$，则质点系的机械能增大. 例如炸弹爆炸，人从静止开始走动等，就属于这种情形. 这里伴随着其他形式的能量（化学能、生物能）向机械能的转化.

若 $W_{非保内}<0$，则质点系的机械能减小. 这样的非保守内力常称为耗散力. 例如摩擦力，当它表现为体系的内力时，就属于这种情形. 这里伴随着机械能向其他形式能量（热能）的转化.

若 $W_{非保内}=0$，则质点系的机械能守恒.

因而，若 $W_{外}=0$ 且 $W_{非保内}=0$，则质点系机械能守恒. 这就是机械能守恒定律. 这时，质点系与外界无能量交换，内部也无机械能与非机械能的转化，只有动能与势能的相互转化. 显然，孤立保守体系的机械能守恒.

机械能守恒定律可写成两种形式. 仍以下标“0”表示初状态，无下标表示末状态，这两种形式分别为

$$E_k+E_p=E_{k0}+E_{p0} \tag{4.4-3}$$

$$E_k - E_{k0} = -(E_p - E_{p0}) \tag{4.4-4a}$$

即

$$\Delta E_k = -\Delta E_p \tag{4.4-4b}$$

前者即动能与势能之和保持不变，后者即动能的增加等于势能的减少.

由（4.4-2）式，我们不妨将 $W_{外}$ 与 $W_{非保内}$ 之和始终等于零的情况也归于机械能守恒定律所表述的范畴. 它并不要求 $W_{外}=0$ 和 $W_{非保内}=0$ 始终同时满足，只要求 $W_{外}+W_{非保内}=0$ 始终满足.

守恒是对整个过程而言的，不能只考虑始末两状态. 守恒定律是对一个体系而言的，尤其是在涉及势能的情况下，因为势能是发生相互作用的两个物体共同拥有的，不可分割. 例如，研究地面上自由落体时，若用机械能守恒定律，则体系包括地球和下落物体，重力势能是下落物体和地球共有的. 然而在解题时，由于将地球表面看作静止不动的惯性系，因此只需考虑落体的动能，势能默认看作由落体与地球共有. 当然，守恒定律不排斥由单个物体构成的体系. 例如，在光滑水平桌面上运动的物体，$W_{外}=0$，无非保守内力，物体的机械能守恒. 在有摩擦的水平桌面上，当施加于物体的外力与动摩擦力平衡时，$W_{外}=0$，也无非保守内力，物体的机械能守恒. 功能原理仅在惯性系中成立，基于功能原理的机械能守恒定律也仅在惯性系中成立.

在某个惯性系中体系的机械能守恒，但在另一个惯性系中，体系的机械能不一定守恒. 这是因为做功与参考系有关，在不同参考系中，即使都是惯性系，外力做的功也可能是不一样的. 例如，在与弹簧振子固定端相对静止的参考系中，弹簧固定端所受的外力不做功，$W_{外}=0$，无非保守内力，弹簧振子的机械能守恒. 而在相对于这固定端匀速运动的参考系中，$W_{外}\neq 0$，弹簧振子的机械能不守恒.

例题1 **一轻质光滑圆环，半径为 R，用细线悬挂在支点上. 环上串有质量都是 m 的两个珠子. 让两珠从环顶同时由静止释放向两边下滑，问滑到何处（用 θ 表示）时环将上升（图 4.4-1）？**

解： 由于环对珠的支承力不做功，因此两珠在重力场中机械能守恒. 利用（4.4-4）式，当滑到图示位置时，有

$$\frac{1}{2}mv^2 = mgR(1-\cos\theta) \tag{1}$$

珠子受重力 mg 和环的支承力 $\boldsymbol{F}_N$ 两个力，取 $\boldsymbol{F}_N$ 正方向沿半径向外，则珠子受力的法向分量为

$$F_n = mg\cos\theta - F_N \tag{2}$$

F_n 即使珠子作圆周运动的向心力，$F_n = m\dfrac{v^2}{R}$. 当 v 足够大时，F_n 的值将超过 $mg\cos\theta$，从而使 $\boldsymbol{F}_N$ 反向. 珠作用于环的力则为 $-\boldsymbol{F}_N$，两个珠子对环的合力大小为 $2F_N\cos\theta$. 当 θ 很小时，此合力向下，当 $\boldsymbol{F}_N$ 反向后，此合力向上. 开始上升的条件为

$$F = 2F_N\cos\theta = 0$$

即

$$F_N = 0$$

由（2）式、（1）式及条件 $F_N=0$，即得

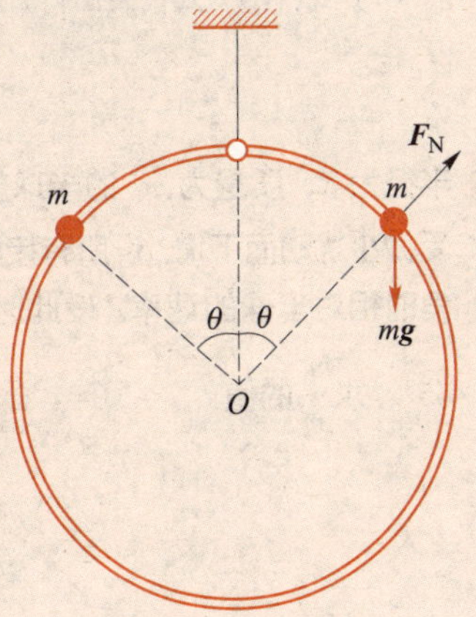

图 4.4-1

$$mg\cos\theta = 2mg(1-\cos\theta)$$

由此解得

$$\cos\theta = \frac{2}{3},\quad \theta = \arccos\frac{2}{3}$$

若环有质量（设为 m'），则结果如何？请读者自解（习题 4-20）.

例题2 质量为 m_1 和 m_2 的物块用弹性系数为 k 的轻弹簧相连，竖直地放在桌面上，如图 4.4-2 所示. 试问：用多大的力 $\boldsymbol{F}$ 压物块 m_1，然后放手，才能使 m_1 反弹时恰能将 m_2 自桌面拉起？

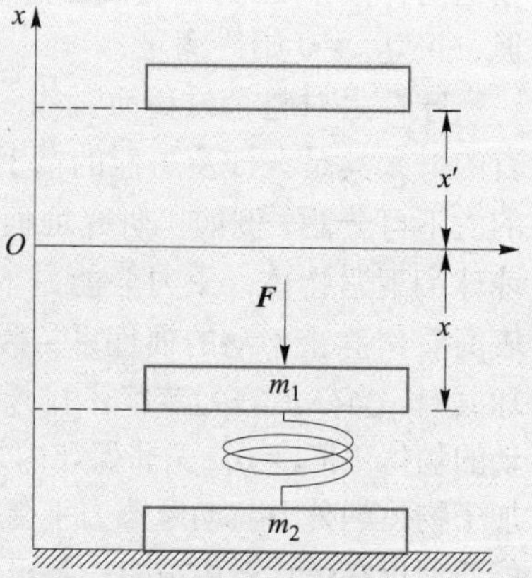

图 4.4-2

解： 设在 $\boldsymbol{F}$ 作用下，弹簧被压缩的总长度为 x，则有

$$F + m_1 g = kx \qquad (1)$$

放手后，m_1 仅受弹力和重力作用，其机械能守恒. 设 m_1 到达最高点时，弹簧的伸长量为 x'，此时 m_1 的速度为零，故有

$$\frac{1}{2}kx^2 = \frac{1}{2}kx'^2 + m_1 g(x+x') \qquad (2)$$

为使 m_2 能被从桌面拉起，弹簧的拉力至少应等于 m_2 的重力，因而有

$$kx' = m_2 g \qquad (3)$$

由（2）式，可知

$$k(x+x')(x-x') = 2m_1 g(x+x')$$

即

$$k(x-x') = 2m_1 g$$

将（1）式、（3）式代入即得

$$F = (m_1 + m_2)g$$

例题3 半径为 R、质量为 m_0 的半球放在水平台面上，在半球顶部放一质量为 m 的小物块，小物块受微小扰动而下滑. 设所有接触面都是光滑的.（1）求物块滑至它和球心连线与竖直线成 θ 角时相对半球的速率. 设此时物块未脱离半球（图 4.4-3）.（2）设物块脱离半球时的 $\theta = 45°$，求 $\dfrac{m_0}{m}$ 的值.

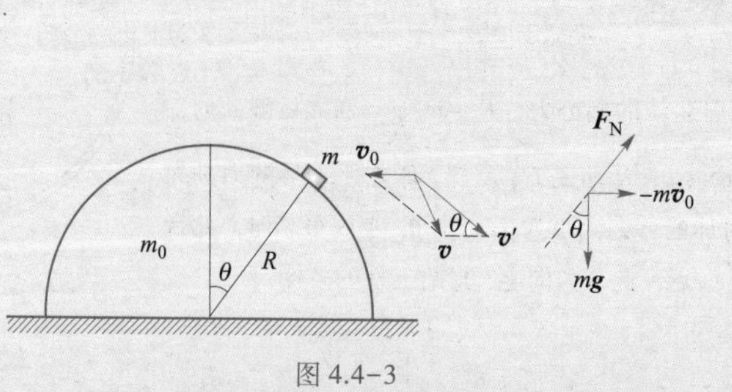

图 4.4-3

解：（1）设物块 m 下滑至图示位置时，相对半球的速率为 v'. 这时半球将向左运动，设运动速度大小为 v_0，根据机械能守恒定律，有

$$mgR(1-\cos\theta)=\frac{1}{2}mv^2+\frac{1}{2}m_0v_0^2 \tag{1}$$

其中 $\boldsymbol{v}$ 是物块相对地球的速度，显然，$\boldsymbol{v}=\boldsymbol{v}'+\boldsymbol{v}_0$. 由图 4.4-3 右边的矢量图，有

$$v^2=(v'\cos\theta-v_0)^2+(v'\sin\theta)^2 \tag{2}$$

而 $\boldsymbol{v}'$ 与 $\boldsymbol{v}_0$ 之间由动量水平分量守恒相联系，即

$$m(v'\cos\theta-v_0)=m_0v_0 \tag{3}$$

由（1）式、（2）式、（3）式即可解得

$$v'=\left[\frac{2gR(1-\cos\theta)(m+m_0)}{m_0+m\sin^2\theta}\right]^{1/2} \tag{4}$$

（2）要求物块脱离半球的 θ 角，必须进行受力分析. 在与半球相对静止的参考系中，物块 m 除受重力 $m\boldsymbol{g}$ 和支承力 $\boldsymbol{F}_{\mathrm{N}}$ 外，还受由半球加速度引起的惯性力 $m\dot{\boldsymbol{v}}_0$，方向向右. 在径向，m 的运动方程为

$$m\frac{v'^2}{R}=mg\cos\theta-F_{\mathrm{N}}-m\dot{v}_0\sin\theta$$

脱离的角度由 $F_{\mathrm{N}}=0$ 决定. 既然脱离时 $F_{\mathrm{N}}=0$，必有 $\dot{v}_0=0$，即此时与半球相对静止的参考系为惯性系，惯性力为零，于是脱离的角度由

$$\frac{v'^2}{R}=g\cos\theta \tag{5}$$

决定. 将（4）式代入（5）式，得

$$\frac{2g(1-\cos\theta)(m+m_0)}{m_0+m\sin^2\theta}=g\cos\theta \tag{6}$$

由此解得

$$\frac{m_0}{m}=\frac{2(1-\cos\theta)-\sin^2\theta\cos\theta}{\cos\theta-2(1-\cos\theta)} \tag{7}$$

将 $\theta=45^\circ$ 代入（7）式，即可求得

$$\frac{m_0}{m}=\frac{8-5\sqrt{2}}{6\sqrt{2}-8}=1.914$$

4.5 质心系中的功能原理和机械能守恒定律

正如上一章所指出的，质心系是一个非常特殊的参考系，在质心系中看问题，许多力学问题变得简单. 要学好力学，必须习惯在质心系中分析问题，必须熟悉质心系中的物理量与一般参考系（实验室体系）中的物理量之间的关系. 柯尼希定理给出了两个参考系中质点系的动能关系. 下面推导这个定理，接着证明，即使质心系为非惯性系，在质心系中功能原理和机械能守恒定律仍然适用.

一般参考系与质心系互为平动关系.

相对于一般参考系，质点系的动能为所有质点的动能之和：

$$E_{\mathrm{k}}=\sum_i\frac{1}{2}m_iv_i^2=\sum_i\frac{1}{2}m_i(\boldsymbol{v}_i\cdot\boldsymbol{v}_i)$$

设 $\boldsymbol{v}_C$ 为该质点系的质心的速度，$\boldsymbol{v}_i'$ 为第 i 个质点相对质心系的速度，则有

$$\boldsymbol{v}_i=\boldsymbol{v}_C+\boldsymbol{v}_i'$$

代入上式，得

$$E_k=\frac{1}{2}\sum_i m_i(\boldsymbol{v}_C+\boldsymbol{v}_i')\cdot(\boldsymbol{v}_C+\boldsymbol{v}_i')$$

$$=\frac{1}{2}\sum_i m_i(v_C^2+v_i'^2+2\boldsymbol{v}_C\cdot\boldsymbol{v}_i')$$

$$=\sum_i\frac{1}{2}m_iv_C^2+\sum_i\frac{1}{2}m_iv_i'^2+\boldsymbol{v}_C\cdot\sum_i m_i\boldsymbol{v}_i'$$

上式右边第一项$\frac{1}{2}mv_C^2$（m 是质点系的总质量）是将质点系的质量集中于质心的质点的动能，常称质心动能；第二项即质点系相对质心系的动能，可记为 E_{kC}；而第三项中

$$\sum_i m_i\boldsymbol{v}_i'=m\boldsymbol{v}_C'=\boldsymbol{0}$$

因 $\boldsymbol{v}_C'$是质心在质心系中的速度，显然为零，故第三项为零. 于是，

$$E_k=\frac{1}{2}mv_C^2+E_{kC} \tag{4.5-1}$$

其中

$$E_{kC}=\sum_i\frac{1}{2}m_iv_i'^2 \tag{4.5-2}$$

(4.5-1) 式说明，质点系动能等于质心动能和质点系相对质心系的动能之和. 此结论称为柯尼希定理. 在大多数教材中，柯尼希定理中的一般参考系指的是一般惯性参考系. 我们知道，质点系的动量等于质心的动量，但质点系的动能在一般情况下并不等于质心的动能.

以上对柯尼希定理的证明过程只涉及速度的叠加，未涉及动力学定律，因而无论质心系是惯性系还是非惯性系，此定理都成立.

如果质心参考系是非惯性系，在这样的质心系中如何应用功能原理和机械能守恒定律来分析问题呢？下面我们来研究这一问题.

在非惯性系中，牛顿运动定律以及由此导出的功能关系是不成立的. 但是，只要引入假想的惯性力，我们仍可以应用牛顿运动定律来分析物体相对非惯性系的运动. 从包含惯性力的牛顿第二定律出发，便可求得相对非惯性系的功能原理：

$$W_{外}+W_{非保内}+W_{惯}=E-E_0 \tag{4.5-3}$$

式中 $W_{惯}$ 是惯性力对体系所做的总功.

若非惯性系是质心系，则可以证明 $W_{惯}=0$. 设质点系由 m_1 和 m_2 两质点组成，质点系受外力作用，质心的加速度为 $\boldsymbol{a}_C$. 质心参考系是平动系，m_1 和 m_2 所受惯性力方向相同，大小与质量成正比，即

$$\boldsymbol{F}_1=-m_1\boldsymbol{a}_C,\qquad \boldsymbol{F}_2=-m_2\boldsymbol{a}_C$$

若两质点相对质心系的位移分别为 $\Delta\boldsymbol{r}_1'$和 $\Delta\boldsymbol{r}_2'$，则惯性力的功为

$$\Delta W_{惯}=\boldsymbol{F}_1\cdot\Delta\boldsymbol{r}_1'+\boldsymbol{F}_2\cdot\Delta\boldsymbol{r}_2'=-m_1\boldsymbol{a}_C\cdot\Delta\boldsymbol{r}_1'-m_2\boldsymbol{a}_C\cdot\Delta\boldsymbol{r}_2'$$

$$=-\boldsymbol{a}_C\cdot(m_1\Delta\boldsymbol{r}_1'+m_2\Delta\boldsymbol{r}_2')$$

$$=-\boldsymbol{a}_C\cdot\Delta(m_1\boldsymbol{r}_1'+m_2\boldsymbol{r}_2')$$

而 $(m_1\boldsymbol{r}_1'+m_2\boldsymbol{r}_2')/(m_1+m_2)=\boldsymbol{r}_C'$ 是质心系中质心的位矢，为常矢量，故 $\Delta(m_1\boldsymbol{r}_1'+m_2\boldsymbol{r}_2')=\boldsymbol{0}$，因而

$$\Delta W_{惯}=0$$

事实上，在质心系中，m_1 的任一位移 $\Delta\boldsymbol{r}_1'$ 必伴随着 m_2 的位移 $\Delta\boldsymbol{r}_2'$，两者方向相反，大小与质量成反比，故惯性力（大小与质量成正比）对 m_1 和 m_2 的总功为零（图 4.5-1）.

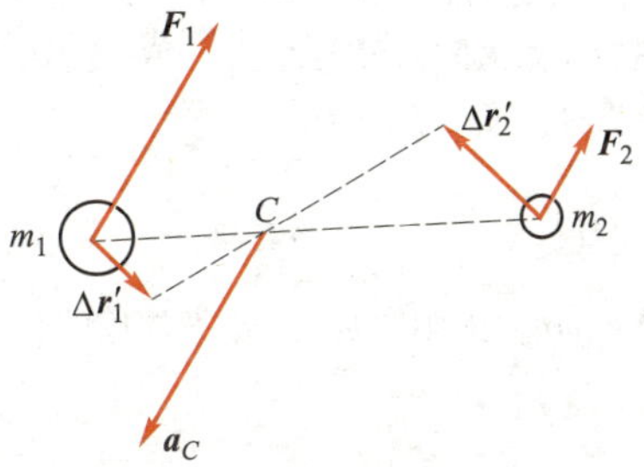

图 4.5-1　质心系中惯性力的总功为零

以上证明不难推广到多质点的情形：

$$\begin{aligned}\Delta W_{惯}&=\sum_i \boldsymbol{F}_i\cdot\Delta\boldsymbol{r}_i'=\sum(-m_i\boldsymbol{a}_C)\cdot\Delta\boldsymbol{r}_i'\\&=-\boldsymbol{a}_C\cdot\sum m_i\Delta\boldsymbol{r}_i'=-\boldsymbol{a}_C\cdot\Delta(\sum m_i\boldsymbol{r}_i')\\&=-\boldsymbol{a}_C\cdot\Delta[(\sum m_i)\boldsymbol{r}_C']\\&=-m\boldsymbol{a}_C\cdot\Delta\boldsymbol{r}_C'=0\end{aligned}$$

对 $\Delta W_{惯}$ 求和（或化为积分），即得

$$W_{惯}=0 \tag{4.5-4}$$

代入（4.5-3）式，并把 $W_{外}$、$W_{非保内}$、E_0、E 改成相对质心系的对应量 $W_{外}'$、$W_{非保内}'$、E_0' 和 E' 得

$$W_{外}'+W_{非保内}'=E'-E_0' \tag{4.5-5}$$

即在质心系中，外力的功与非保守内力的功之和等于体系机械能的增量，与惯性力无关. 上述结果与在惯性系中的相同. 由此可见，一般而言，在非惯性系中，功能原理与牛顿运动定律一样，也是不成立的，但只要该非惯性系是质心系，功能原理就仍成立，机械能守恒定律也成立. 这是质心系的另一个重要性质.

例题　第三宇宙速度.

从地球表面以一定速度发射宇宙飞船（或航天器），使它不仅能脱离地球的引力束缚，而且能摆脱太阳的引力束缚而飞向太空，这一速度（相对地球）的最小值称为第三宇宙速度. 求第三宇宙速度的值. 已知地球环绕太阳运动的轨道速度 $v_e=2.98\times10^4$ m/s.

解： 由图 4.5-2 可见，不计发射过程，在相对太阳静止的参考系上看，从地球上发出的飞船飞离太阳进入太空将经历两个过程. 首先，飞船应有足够的动能，以克服地球引力进入不受地球引力的区域，但飞船仍沿地球绕太阳运动的轨道运动；其次，这时飞船仍有足够的动能，

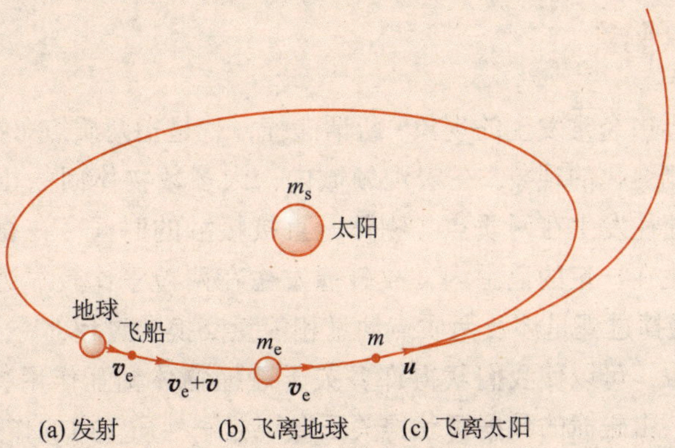

图 4.5-2　飞船飞向太空的过程

以克服太阳引力的束缚，飞离太阳进入太空. 所谓第三宇宙速度，就是指能完成这两个过程的飞船应具有的相对地球的最小初速度. 为充分利用地球的轨道速度，此初速度应与地球轨道速度同方向.

设想飞船已脱离地球引力作用，在地球轨道上运动，其相对太阳的速度大小为 u. 如果此飞船能飞离太阳而进入太空，u 的最小值可以利用与计算第二宇宙速度同样的方法求得，即由下式决定：

$$\frac{1}{2}mu^2-G\frac{m_s m}{r_e}=0 \tag{1}$$

式中 m_s 为太阳的质量，r_e 为地球的轨道半径，m 为飞船的质量. 由此得

$$u=\sqrt{\frac{2Gm_s}{r_e}}=\sqrt{2}v_e$$

其中 $v_e=\sqrt{Gm_s/r_e}$ 就是地球绕太阳运行的轨道速度. 将 $v_e=2.98\times10^4$ m/s 代入，得

$$u=4.21\times10^4\ \text{m/s}$$

这时飞船相对地球的速度为

$$u-v_e=1.23\times10^4\ \text{m/s}$$

所求的第三宇宙速度，也就是此飞船在未脱离地球引力束缚前尚处于地球表面时相对地球的速度. 为了求此速度，可在地球-飞船体系的质心系内应用功能原理. 在此质心系中，由于太阳引力对此体系不做功，此体系的机械能守恒.

由于地球质量比飞船大得多，地球-飞船体系的质心与地球中心实际上重合. 因而，在质心系中，无论飞船尚未飞离地球还是已经飞离地球，地球的速率都几乎是零. 设所求的第三宇宙速度大小为 v，利用质心系中的机械能守恒定律，立即可得

$$\frac{1}{2}mv^2-G\frac{m_e m}{R}=\frac{1}{2}m(u-v_e)^2 \tag{2}$$

即

$$v^2=\frac{2Gm_e}{R}+(u-v_e)^2$$

式中 $\frac{2Gm_e}{R}$ 即第二宇宙速度（1.12×10^4 m/s）的平方，于是

$$v=\sqrt{(1.12\times10^4)^2+(1.23\times10^4)^2}\ \text{m/s}=1.66\times10^4\ \text{m/s}=16.6\ \text{km/s}$$

4.6 两体碰撞

碰撞是自然界中经常发生的现象. 所谓碰撞，就是指两质点（物体）相互接近，运动状态发生急剧变化的现象. 在宏观领域内，大多数物体间的相互作用力表现为接触力，故碰撞往往发生在两质点（物体）直接接触的时候；在微观领域内，粒子间的相互作用发生在一定的范围内，故碰撞发生在两粒子比较靠近、彼此有明显相互作用的时候. 碰撞过程是涉及两质点动量和能量交换的过程.

研究碰撞现象，可以使我们获得许多关于碰撞物体相互作用特征的知识. 特别是在微观范围内，由碰撞的数据可获得关于微观粒子性质（力的作用范围、大小等）的信息. 微观粒子的碰撞又称为散射.

碰撞分为正碰和斜碰两种情况. 正碰指两质点（小球）碰撞前后的速度均在两质点的连线上，所有运动都发生在同一个方向，于是也称一维碰撞. 除正碰外，其余的碰撞均为斜碰. 斜碰一般为三维问题，碰撞后两质点的速度不一定在碰撞前两质点的速度所组成的平面上. 若碰撞前一个质点的速度处在静止状态，则这种斜撞是二维问题. 本节只讨论两体的一维碰撞，即正碰.

分析两体的一维碰撞，通常我们选择观察碰撞的惯性参考系是实验室参考系. 然而，在质心系中观察，两体的一维碰撞的图像变得非常简单. 简单的图像有利于对碰撞现象的深刻理解. 在碰撞过程中，假设两质点不受外力，则质心系也是惯性系，动量守恒定律成立. 我们知道质心系是质点动量为零的参考系. 在此参考系中，碰撞前两质点的初始动量必须大小相等、方向相反；碰撞后两质点的末动量也必须大小相等、方向相反. 如图 4.6-1 所示. 但是，碰撞后质点动量的具体取值即末动量矢量的大小由碰撞性质决定，可分为下面三种情况，即弹性碰撞、非弹性碰撞和完全非弹性碰撞.

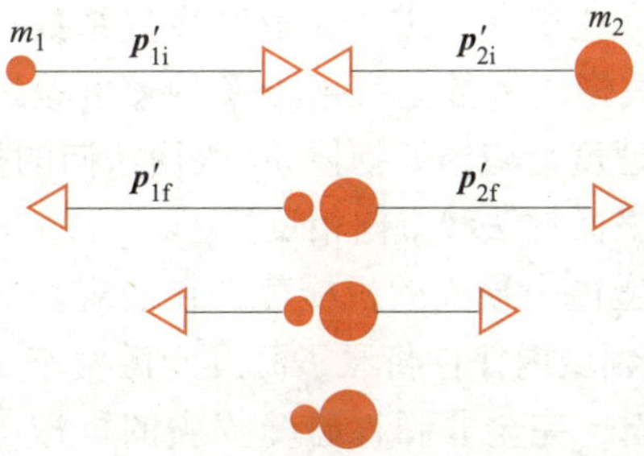

图 4.6-1　在质心系中一维碰撞图像

物体碰撞时间虽然很短，但一般可分为两个阶段. 第一个阶段是物体形变产生阶段，从两物体开始接触、发生形变，直到形变最大，即从两物体的相对速度最大到相对速度为零；第二个阶段为物体形变恢复阶段，从两物体相对速度为零变成相对速度最大，两物体分开.

弹性碰撞（完全弹性碰撞）指在碰撞过程中机械能守恒的碰撞. 在碰撞时两物体发生的形变是完全弹性的，在形变恢复阶段形变完全恢复，则

$$\begin{aligned} \boldsymbol{p}'_{1f} = -\boldsymbol{p}'_{1i}, \qquad \boldsymbol{v}'_{1f} = -\boldsymbol{v}'_{1i} \\ \boldsymbol{p}'_{2f} = -\boldsymbol{p}'_{2i}, \qquad \boldsymbol{v}'_{2f} = -\boldsymbol{v}'_{2i} \end{aligned} \tag{4.6-1}$$

$\boldsymbol{p}'_{1i}$和 $\boldsymbol{v}'_{1i}$分别为在质心系中物体 m_1 碰前的动量和速度；$\boldsymbol{p}'_{1f}$和 $\boldsymbol{v}'_{1f}$分别为碰后的动量和速度，它们分别与碰前反向，如图 4.6-1 所示. 物体 m_2 的情况类似.

非弹性碰撞指在碰撞过程中机械能不守恒的碰撞. 在碰撞时两物体发生的形变是非弹性的，在形变恢复阶段形变没有完全恢复，机械能损失. 于是碰后物体的动量与速度大小均分别小于碰前的，如图 4.6-1 所示，则

$$\begin{aligned} |\boldsymbol{p}'_{1f}| < |\boldsymbol{p}'_{1i}|, \qquad |\boldsymbol{v}'_{1f}| < |\boldsymbol{v}'_{1i}| \\ |\boldsymbol{p}'_{2f}| < |\boldsymbol{p}'_{2i}|, \qquad |\boldsymbol{v}'_{2f}| < |\boldsymbol{v}'_{2i}| \end{aligned} \tag{4.6-2}$$

完全非弹性碰撞指在碰撞过程中机械能损失最大的碰撞. 在碰撞时两物体发生的形变完全是范性的，一旦发生形变就永久保持，完全不能消失，相应的碰撞过程

没有形变恢复阶段，机械能损失最大，在质心系中，碰后两物体的动量（速度）均为零，如图 4.6-1 所示.

$$|\boldsymbol{p}'_{1f}|=0, \quad |\boldsymbol{v}'_{1f}|=0$$
$$|\boldsymbol{p}'_{2f}|=0, \quad |\boldsymbol{v}'_{2f}|=0 \tag{4.6-3}$$

为了进一步描述碰撞特性，定义恢复系数 e，其值为两物体碰后相对速度大小与碰前相对速度大小之比.

记所有速度沿物体 m_1 碰前运动方向投影分量分别为 u'_{1i}、u'_{2i}、u'_{1f}和 u'_{2f}，则

$$e=\frac{u'_{2f}-u'_{1f}}{u'_{1i}-u'_{2i}} \tag{4.6-4}$$

实验证明，恢复系数只与两物体的质料有关，而与碰前的速度无关，$e=1$ 为弹性碰撞，$e=0$ 为完全非弹性碰撞，对于一般非弹性碰撞，$0<e<1$.

恢复系数不依赖于参考系，因为在其表达式中涉及的物理量是两物体相对速度的大小，两物体的相对速度与两物体的相对位置一样不依赖于参考系. 这说明碰撞性质不会随参考系的选择不同而发生变化，进一步反映恢复系数只与两物体的质料有关. 在斜碰情况下，（4.6-4）式恢复系数定义所涉及的速度投影分量，需理解为两物体在碰撞处的两个小质元的速度沿碰撞处物体 m_1 表面法向的投影分量. 相碰处的两物体表面是相切的，两物体表面的法线方向相反.

在非弹性碰撞和完全非弹性碰撞中损失的机械能，在宏观领域内往往转化为物体的内能（热运动能量）；在微观领域内往往将原子激发到激发态或电离态并转化为激发能或电离能等. 在质心系中看，完全非弹性碰撞损失的机械能最大，从而通过碰撞可能获得的激发能或电离能也最大，其值为碰前两物体的动能之和. 我们称它为资用能.

事实上在任意平动惯性参考系中观测，非弹性碰撞损失的机械能是相同的. 这一结论可用柯尼希定理证明.

根据（4.5-1）式，

$$E_k=\frac{1}{2}mv_C^2+E_{kC}$$

则在任意平动惯性参考系中 E_k 的变化量为

$$\Delta E_k=\Delta\left(\frac{1}{2}mv_C^2\right)+\Delta E_{kC} \tag{4.6-5}$$

将上式用到两物体的碰撞前后，考虑到两物体不受外力，质心速度和质心动能不变，则有

$$\Delta E_k=\Delta E_{kC} \tag{4.6-6}$$

即碰撞损失的动能（机械能）在任意平动惯性参考系中的观测值与在质心参考系中的观测值相等. 实际上此结论可以拓展到任意参考系，不一定局限于平动惯性参考系，只要认为碰撞时间非常短即可.

碰撞损失的机械能 ΔE 与恢复系数 e 有关，通过推导得

$$\Delta E=\frac{1}{2}(1-e^2)\frac{m_1m_2}{m_1+m_2}(u'_{1i}-u'_{2i})^2 \tag{4.6-7}$$

显然，这个表达式也反映了碰撞损失的机械能在任意参考系中的观测值是相等的，因为 e 不依赖于参考系，相对速度沿某个方向的投影分量（$u'_{1i}-u'_{2i}$）与参考系无关．于是（4.6-7）式可改写为

$$\Delta E=\frac{1}{2}(1-e^2)\frac{m_1m_2}{m_1+m_2}(v_{1i}-v_{2i})^2 \tag{4.6-8}$$

其中 v_{1i}和 v_{2i}为在任意参考系中物体 m_1 和 m_2 的速度沿 m_1 运动方向的投影分量．

（4.5-1）式告诉我们，在实验室参考系中，若想将该参考系的动能通过碰撞尽可能转为激发能或电离能，则应使质心动能尽量小，以至于为零，因为质心动能在碰撞前后是不变的，无法转化为其他形式的能量，正负电子对撞机正是基于这一思想设计出来的．

前面关于两体一维碰撞的分析与讨论基本上是在质心系中展开的，但相关的概念和结论是普适的，例如，弹性碰撞、非弹性碰撞及其损失的机械能以及恢复系数等．下面我们在实验室参考系中定量分析一维弹性碰撞．根据（4.6-1）式，在质心参考系中，一维弹性碰撞后，m_1 与 m_2 的速度沿 m_1 运动方向的分量

$$\begin{aligned} u'_{1f}&=-u'_{1i}\\ u'_{2f}&=-u'_{2i} \end{aligned} \tag{4.6-9}$$

在实验室参考系中，质心速度分量

$$v_C=\frac{m_1v_{1i}+m_2v_{2i}}{m_1+m_2} \tag{4.6-10}$$

其中 v_{1i}和 v_{2i}为在实验室参考系中 m_1 与 m_2 碰撞前的速度分量．根据相对运动，

$$\begin{aligned} v_{1i}&=u'_{1i}+v_C\\ v_{1i}&=u'_{2i}+v_C \end{aligned} \tag{4.6-11a}$$

类似地，

$$\begin{aligned} v_{1f}&=u'_{1f}+v_C\\ v_{2f}&=u'_{2f}+v_C \end{aligned} \tag{4.6-11b}$$

由（4.6-9）、（4.6-10）、（4.6-11a）和（4.6-11b）式得

$$\begin{aligned} v_{1f}&=\frac{m_1-m_2}{m_1+m_2}v_{1i}+\frac{2m_2}{m_1+m_2}v_{2i}\\ v_{2f}&=\frac{2m_1}{m_1+m_2}v_{1i}+\frac{m_2-m_1}{m_1+m_2}v_{2i} \end{aligned} \tag{4.6-12}$$

下面考察一些特殊情况下物体碰撞前后的速度关系．

（1）$m_1=m_2$．

由（4.6-12）式，

$$\begin{aligned} v_{1f}&=v_{2i}\\ v_{2f}&=v_{1i} \end{aligned}$$

即碰后两物体 m_1 与 m_2 交换速度．若 m_2 初始静止，$v_{2i}=0$，则碰后 $v_{1f}=0$，$v_{2f}=v_{1i}$，结果是 m_1 被“冻住”了，而 m_2“拿走”了 m_1 的初始速度，“取而代之”，如图 4.6-2（a）所示．

（2）$m_2 \gg m_1$，且 m_2 静止，$v_{2i}=0$.

由（4.6-12）式，

$$v_{1f} \approx -v_{1i}$$

$$v_{2f} \approx 0$$

即当一个轻的物体与一个质量比它大得多的静止物体相碰后，轻的物体的速度近似倒转，重的物体近似保持静止，“巍然不动”，如图 4.6-2（b）所示.

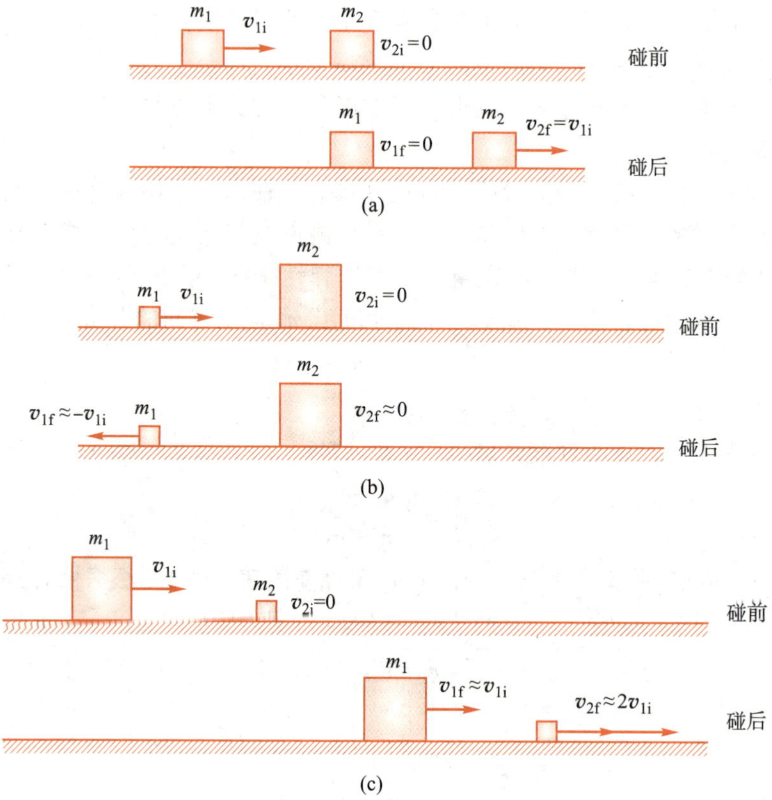

图 4.6-2

（3）$m_1 \gg m_2$，且 m_2 静止，$v_{2i}=0$.

由（4.6-12）式，

$$v_{1f} \approx v_{1i}$$

$$v_{2f} \approx 2v_{1i}$$

即 m_1 近似以原来的速度继续前进，运动几乎不受影响，“势不可当”，m_2 近似以两倍于 m_1 的初始速度前进，如图 4.6-2（c）所示.

这种情形可以通过选择另一个参考系变成（2）的情形. 选择牵连速度与 m_1 初始速度 v_{1i} 相同的惯性参考系，在此参考系中，碰前 m_1 不动，m_2 以 $-v_{1i}$ 速度与质量比它大得多的 m_1 相碰，碰后 m_1 “巍然不动”，m_2 速度倒转为 v_{1i}. 这是在另一个参考系中的情形（2），根据相对运动的速度关系得到在实验室参考系中的情形（3）.

空间探测器从星球旁边绕过时，可以看作与一个大质量的物体“相碰”，碰后绕过星球离开时，速度倒转，并获得 2 倍于星球速率的速率增量. 这种受引力作用而使绕过星球的空间探测器速率增大的现象叫弹弓效应. 在航天技术中对空间探测器的轨道设计都考虑弹弓效应, 并利用这种效应作为增大探测器速度的有效方法, 从而使探测器到达更远的地方. 在两体一维碰撞的分析中, 所谓物理概念就是指在碰撞过程中动量守恒以及在弹性碰撞过程中机械能守恒. 所谓物理图像指图 4.6-1, 在质心系中两体碰撞的图像. 所谓物理直觉指两体碰撞后质量大的物体速度改变小、质量小的物体速度改变大. 作到三者结合、相互贯通并相得益彰才能深刻理解碰撞现象.

例题 中子质量的测定.

1932 年, 查德威克 (J.Chadwick, 1891—1974) 用碰撞法测量了中子的质量. 由于中子不带电, 它的速度和质量都不易测定. 查德威克通过中子分别与氢核和氮核的碰撞, 在电离室内测量碰后氢核和氮核的最大速度 v_{H} 和 v_{N}, 求得中子的质量 m_{n}. 他测得的 $v_{\mathrm{H}}=3.3\times10^{9}$ cm/s, $v_{\mathrm{N}}=0.47\times10^{9}$ cm/s, 已知氢核的质量 $m_{\mathrm{H}}=1$ u(原子质量单位), 氮核质量 $m_{\mathrm{N}}=14$ u(原子质量单位), 试计算中子质量.

解: 最大速度 v_{H} 和 v_{N} 与正碰相对应. 由于碰撞是弹性的, 且 $v_{2\mathrm{i}}=0$, 由 (4.6-12) 式有

$$v_{\mathrm{H}}=\frac{2m_{\mathrm{n}}}{m_{\mathrm{n}}+m_{\mathrm{H}}}v_{1\mathrm{i}}$$

$$v_{\mathrm{N}}=\frac{2m_{\mathrm{n}}}{m_{\mathrm{n}}+m_{\mathrm{N}}}v_{1\mathrm{i}}$$

式中 $v_{1\mathrm{i}}$ 为碰前中子的速率. 消去 $v_{1\mathrm{i}}$, 得中子质量:

$$m_{\mathrm{n}}=\frac{v_{\mathrm{N}}m_{\mathrm{N}}-v_{\mathrm{H}}m_{\mathrm{H}}}{v_{\mathrm{H}}-v_{\mathrm{N}}}$$

将数据代入, 得

$$m_{\mathrm{n}}=1.16\ \mathrm{u}$$

现代精确测量表明, $m_{\mathrm{n}}=1.01$ u.

小　结

1. 力对空间积分为功, 描述能量从一个物体到另一个物体的传递, 从施力物体传递到受力物体.

$$W=\int_a^b \boldsymbol{F}\cdot\mathrm{d}\boldsymbol{r}$$

2. 对 $\boldsymbol{F}=m\boldsymbol{a}$ 两边空间积分得到动能定理:

$$W=\int_a^b \boldsymbol{F}\cdot\mathrm{d}\boldsymbol{r}=\Delta E_{\mathrm{k}}=\frac{1}{2}mv_b^2-\frac{1}{2}mv_a^2$$

相应的等价形式为

$$\boldsymbol{F}\cdot\mathrm{d}\boldsymbol{r}=\mathrm{d}E_{\mathrm{k}}$$

$$\boldsymbol{F}\cdot\boldsymbol{v}=\frac{\mathrm{d}E_{\mathrm{k}}}{\mathrm{d}t}$$

动能定理是 $\boldsymbol{F}=m\boldsymbol{a}$ 的等价形式.

3. 在指定的参考系中（$\boldsymbol{F}$ 的反作用力所作用的物体为静止不动的参考系），作用于一物体的力 $\boldsymbol{F}$ 所做的功仅与该物体的始末位置有关，而与该物体所经的具体路径无关．具有这种性质的力为保守力．保守力沿闭合路径做的功为零．

$$\oint_{c} \boldsymbol{F} \cdot \mathrm{d}\boldsymbol{r}=0$$

4. 势能对应一对保守力及其做的功之和．当这对保守力所作用的两质点的相对位置从构形 A 变化到 B 时，这对保守力做的功之和为 W_{AB}，则势能差

$$\Delta E_{\mathrm{p}}=E_{\mathrm{p}}(B)-E_{\mathrm{p}}(A)=-W_{AB}$$

势能是两质点相对位置的函数；势能差具有物理意义，对应一对保守力做的功之和，势能本身可以相差一个常量；势能是两质点共有的，无法分割；一对保守力对应一个势能．

5. 外力的功与非保守内力的功之和等于质点系机械能的增量，这就是质点系的功能原理：

$$W_{外}+W_{非保内}=\Delta E=E(b)-E(a)$$

a 为初状态，b 为末状态．若 $W_{外}+W_{非保内}=0$，则质点系机械能守恒，这就是机械能守恒定律．

6. 质心系是一种非常特殊的参考系．质点系动能等于质心动能和质点系相对质心系的动能之和．此结论称为柯尼希定理：

$$E_{\mathrm{k}}=\frac{1}{2}mv_C^2+E_{\mathrm{k}C}$$

在质心系中功能原理和机械能守恒定律仍然成立．质心系中一维碰撞图像如图 4.6-1 所示．

思考题

4.1　当几个力同时作用于一个物体（质点）时，合力的功是否等于各个力分别作用时所做的功的和？试就同一方向的两个力证明你的观点．

4.2　当几个力同时作用于多个物体组成的体系时，“合力”（指几个力的矢量和）的功是否等于各个分力所做的功的和？试举例证明你的观点．

4.3　思考题 4.3 图示滑轮系统是一种最简单的滑车（神仙葫芦），半径为 r 和 R 的两滑轮互相固连．当绳索 1 以恒定速率 v 向下拉时，重物（重 W）将怎样运动？速率是多少？绳索 1 上的拉力是多大？已知绳索与滑轮间无相对滑动．

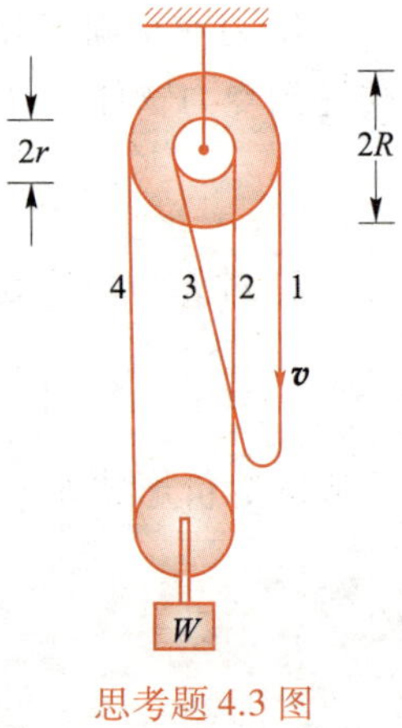

思考题 4.3 图

4.4　已知子弹要穿过厚度为 l 的木板，至少应具有速度 v．如果要穿过同样的两块木板，子弹是否至少应具有 $2v$ 的速度？

4.5　试从能量观点分析第一章思考题 1.10．

4.6　如果力不是位置的函数，动能定理是否成立？

4.7　有人这样计算思考题 4.7 图中质点 m 在固定质点 m' 的引力场中沿径向从 a 运动到 b 的过程中，引力对 m 所做的功：

$$W=\int_a^b \boldsymbol{F}\cdot \mathrm{d}\boldsymbol{r}$$

由于 $\boldsymbol{F}$ 与 $\mathrm{d}\boldsymbol{r}$ 同方向，故 $\boldsymbol{F}\cdot\mathrm{d}\boldsymbol{r}=F\mathrm{d}r$，从而有

$$W=\int_{r_a}^{r_b}F\mathrm{d}r=\int_{r_a}^{r_b}G\frac{m'm}{r^2}\mathrm{d}r=Gm'm\left(-\frac{1}{r}\right)\Bigg|_{r_a}^{r_b}$$

$$=Gm'm\left(\frac{1}{r_a}-\frac{1}{r_b}\right)$$

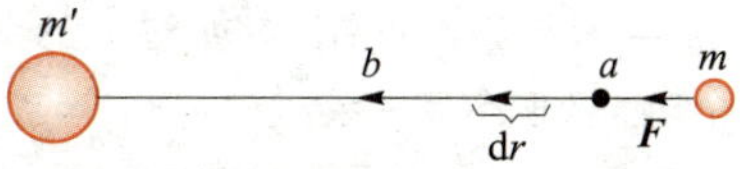

思考题 4.7 图

你认为这样做对吗？为什么？

4.8　在升降机中放着一梯子，人站在梯子上，问在下列两种情况下将升降机从底楼升到三楼的过程中，升降机马达所做的功是否相同？(1) 人站在梯子上不动；(2) 人沿着梯子以恒定速率往上爬．

4.9　一轻物体与一重物体具有相同的动量，它们是否也具有相同的动能？如果不同，哪个动能大？

4.10　物体在外力作用下动量发生变化，是否必然伴随着动能的变化？物体在外力作用下动能发生变化，是否必然伴随着动量的变化？

4.11　把装着土豆的箩筐摇动几下，大土豆往往会“浮”到上面来，小土豆则沉到筐底，这是为什么？

4.12　在水平桌面上放着一块木板 B，在木板上的一端放着木块 A，木块 A 在恒力 $\boldsymbol{F}$ 作用下沿木板运动，如思考题 4.12 图所示．问在下列两种情况下，木块 A 从木板一端移到另一端的过程中，因摩擦而放出的热量及力 $\boldsymbol{F}$ 所做的功是否相同？(1) 木板固定在桌面上不动；(2) 木板在桌面上无摩擦地滑动．

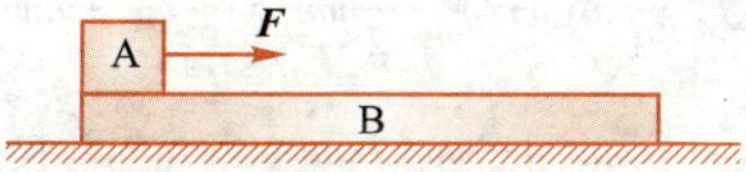

思考题 4.12 图

4.13　判断下列几种说法的正确性，并举例说明：

(1) 摩擦力不可能做正功；

(2) 摩擦外力不可能做正功；

(3) 摩擦内力对整个体系不可能做正功．

4.14　力所做的功是否与观察者所在的参考系有关？试按下列几种情况进行讨论：

(1) 外力对质点所做的功；

(2) 外力对质点系所做的功；

(3) 内力对质点系所做的功．

4.15　(1) 在惯性系 S 看来，体系的机械能为 E，在另一个惯性系 S′看来，体系的机械能是否仍为 E？

(2) 在 S 系看来，体系的机械能守恒，在 S′系看来，体系的机械能是否仍守恒？

(3) 如思考题 4.15 (3) 图所示的在光滑桌面上振动着的弹簧振子，其机械能显然守恒．若在沿 $-x$ 方向运动的惯性参考系看来，其机械能是否守恒？如何理解？

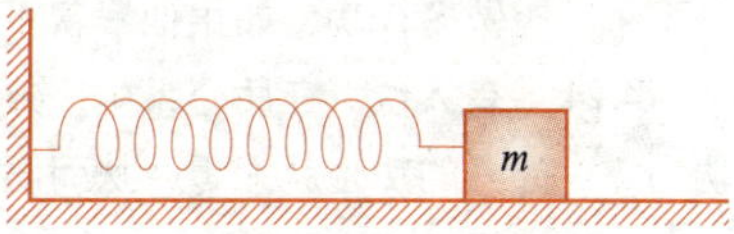

思考题 4.15 (3) 图

4.16　如思考题 4.16 图所示，自动电梯以恒定速率 v 上升，质量为 m 的人以相同速率沿电梯往下走，因而人相对地面的位置保持不变．电梯与水平面的夹角为 θ，问在此过程中，电梯每秒做了多少功？人是否做功？并解释之．

4.17　如思考题 4.17 图所示，劈形木块 m' 放在水平光滑台面上，在其光滑斜面上放有木块

m，当 m 沿斜面下滑时，m' 对 m 的支承力对 m 是否做功？m 对 m' 的作用力对 m' 是否做功？这两个功的数值有何关系？

如果 m 与 m' 之间有摩擦力存在，此摩擦力对 m 做正功还是负功？对 m' 做正功还是负功？对 m 和 m' 所组成的体系做正功还是负功？

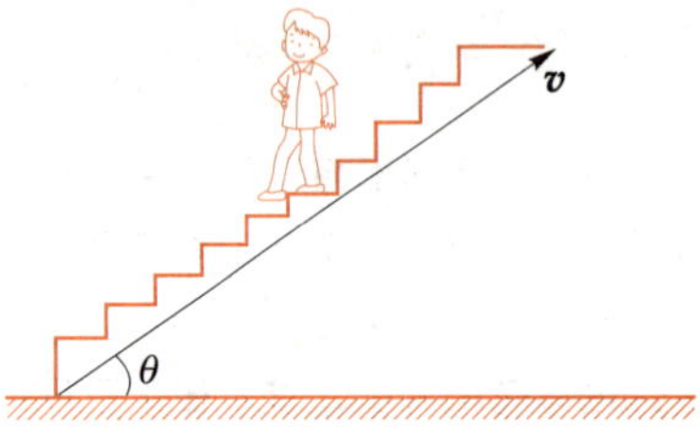

思考题 4.16 图

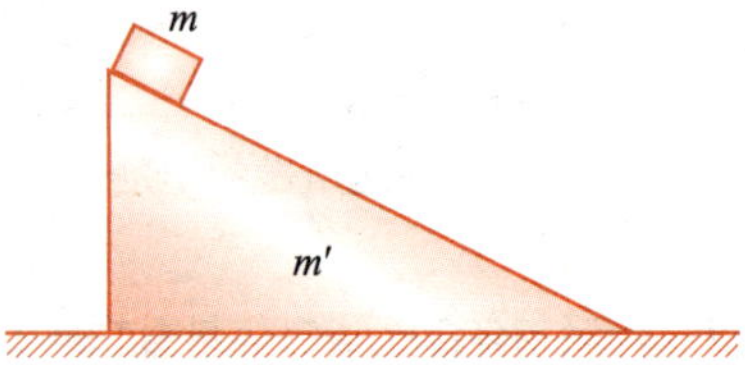

思考题 4.17 图

4.18　人由静止开始向前行进，其动能来自何方？有人说来自地面静摩擦力对人做的功，有人说来自人体内非保守内力所做的功．你认为哪种说法正确？为什么？

4.19　一人逆水划船，恰使船相对岸保持不动．(1) 试问，划船者是否做功？试从岸上观察者和与水流相对静止的观察者分别分析之．(2) 如果人停止划船，让船顺水而下，水流对船是否做功？也从岸上和与水流相对静止的观察者分别分析之．

4.20　某人在以速率 u 行驶的大船上先以速率 v（相对船）向船头方向投球，再以同样速率 v（相对船）向船尾方向投球．试问，在两次投球中，他所做的功是否相同？为回答此问题，甲说，在向船头投球时，球的动能增量为 $\frac{1}{2}m(u+v)^2-\frac{1}{2}mu^2=\frac{1}{2}mv^2+muv$，$m$ 为球的质量，在向后投球时，球的动能增量为 $\frac{1}{2}m(u-v)^2-\frac{1}{2}mu^2=\frac{1}{2}mv^2-muv$，既然向前投使球的动能增量大，根据动能定理，向前投时做功显然大．乙说，选船为参考系，他两次投球都使球的动能增加 $\frac{1}{2}mv^2$，因此两次投球做的功相等．你认为谁的说法正确？为什么？

4.21　一个物体系在参考系 S 中观察，其机械能守恒，在参考系 S′ 中观察，其机械能不守恒．下列几条理由中，哪些可以解释这一点？

(1) 因为在两参考系看来，外力对体系所做的功不同；

(2) 因为在两参考系看来，保守内力对体系所做的功不同；

(3) 因为在两参考系看来，非保守内力对体系所做的功不同．

4.22　一个保守体系（内力均为保守力），如果不受外力作用，其机械能是否一定守恒？如果所受外力的矢量和为零，其机械能是否一定守恒？

4.23　一人抓住橡皮绳的下端悬在空中，使橡皮绳由静长 a 伸长为 b．试问，若他攀绳缓慢上升至顶，需做多少功？如果他攀着不可伸长的长为 b 的绳缓慢上升至顶，需做多少功？

4.24　有人说，在质心系中，外力的矢量和与惯性力相抵，体系的动量为零．既然惯性力的功为零，外力的功也就为零，从而质心系中功能原理可简化为非保守内力的功等于机械能增量，这种说法对吗？

4.25　物体 A 与静止物体 B 发生一维弹性碰撞，为了使 B 的反冲具有 (1) 最大的速度；(2) 最大的动量；(3) 最大的动能，B 与 A 的质量之比应为多少？

4.26　(1) 在弹性碰撞的全过程中，动能是否守恒？动量是否守恒？(2) 弹性碰撞是否也可以定义为碰撞前后体系动能保持不变的碰撞？为什么？(3) 弹性碰撞是否也可定义为碰撞前后体系动量保持不变的碰撞？为什么？

4.27　在查德威克实验（4.6 节例题）中，为什么说氢核与氮核反冲速度的最大值与它们同中子的正碰撞相对应？证明你的结论．

4.28　在运动粒子 m_1 与静止粒子 m_2 发生的完全非弹性碰撞中，为了使尽量多的机械能转化为非机械能，m_1/m_2 之值应（1）尽量小些；（2）尽量大些；还是（3）尽量接近于 1？

4.29　试证明，在非弹性碰撞中损失的机械能的值与观察的参考系无关，尽管碰撞前后的机械能值与参考系有关．

4.30　N 个质点排列成一直线静置于光滑水平台面上，质点的质量分别为 m_1、m_2、…、m_N，坐标分别为 x_1、x_2、…、x_N．在此直线上某处另有一质量为 m 的质点 P 以初速 v_i 沿直线运动，从而使体系发生多次碰撞．设碰撞全部结束后，P 共发生了 n 次碰撞，最后速度为 v_f．试问，若 P 以 $3v_i$ 的初速运动，待碰撞全部结束后，它共发生了几次碰撞？其最后速度是多少？

4.31　质点系的势能仅与相对几何位形有关，如何理解？

4.32　有人说，在小质量质点和大质量质点组成的体系中，只要不受外力，大质量质点的速度实际上不发生改变，因而体系势能的增大（减少）等于小质量质点动能的减少（增大）．因而，第三宇宙速度可以这样来计算：设飞船发射结束后相对地球的速度为 v，地球的轨道速度为 v_e，飞船飞离地球后，地球的轨道速度为 v_e'，飞船的轨道速度为 u，则有

$$\frac{1}{2}m_e v_e^2+\frac{1}{2}m(v_e+v)^2-G\frac{m_e m}{R}=\frac{1}{2}m_e v_e'^2+\frac{1}{2}mu^2$$

但 $v_e\approx v_e'$，故有

$$\frac{1}{2}m(v_e+v)^2-G\frac{m_e m}{R}=\frac{1}{2}mu^2$$

$$(v_e+v)^2=\frac{2Gm_e}{R}+u^2$$

将 $\sqrt{\frac{2Gm_e}{R}}=11.2\ \text{km/s}$，$u=42\ \text{km/s}$，$v_e=30\ \text{km/s}$ 代入上式，可得第三宇宙速度为

$$v=\sqrt{11.2^2+42^2}\ \text{km/s}-30\ \text{km/s}=13.5\ \text{km/s}$$

你认为他的算法对吗？为什么？

习　题

4-1　如题 4-1 图所示，在水平地面上放着一质量 $m=50$ kg 的箱子，其上系有一绳子，绳子跨过距箱顶高 $h=2$ m 的定滑轮，另一端则受到一竖直向下的恒力 $F=256$ N 的作用．在此力的作用下，箱子从位置Ⅰ运动到位置Ⅱ．已知箱子在位置Ⅰ时处于静止状态，系着箱子的绳与水平面的夹角 $\alpha_1=30°$，在位置Ⅱ时，此夹角 $\alpha_2=45°$．忽略绳与滑轮的质量及滑轮轴承处的摩擦力．试就以下两种情况：（a）箱子与地面间无摩擦力；（b）箱子与地面间的摩擦因数 $\mu=0.1$，分别求：

（1）箱子从位置Ⅰ运动到位置Ⅱ过程中力 $\boldsymbol{F}$ 所做的功；

（2）箱子在位置Ⅱ时的速度．

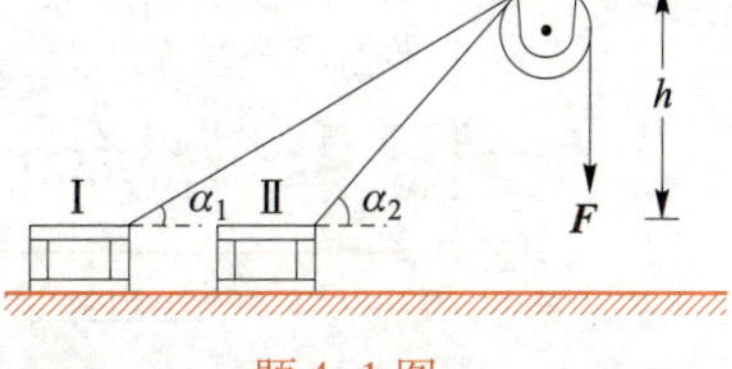

题 4-1 图

4-2　一块长为 l、质量为 m_1 的木板静置于光滑的水平桌面上，在板的左端有一质量为 m_2 的小物体（大小可忽略）以 $\boldsymbol{v}_0$ 的初速度相对板向右滑动，当它滑至板的右端时相对板静止．试求：

（1）物体与板之间的摩擦因数；

（2）在此过程中板的位移．

4-3　长度为 L 的均匀矩形板，以平行于其长边的速度 $\boldsymbol{v}_0$ 沿光滑水平面运动，经过一宽度为 d 的粗糙地带，粗糙地带的边缘线平行于板的短边，板从受阻到停下共经路程为 $s(d<s<L)$，如题 4-3 图所示，求板与粗糙地带间的摩擦因数．

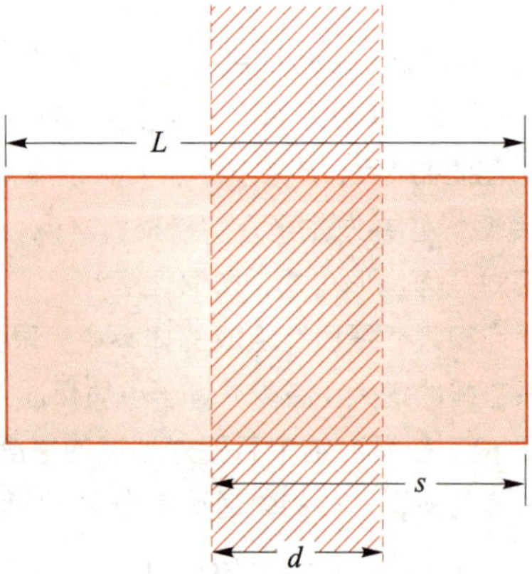

题 4-3 图

4-4　汽车沿着一坡度不大的斜坡以 $v_1 = 12\ \mathrm{m/s}$ 的速率向上匀速行驶，当此车用同样的功率沿斜坡向下匀速行驶时，车速为 $v_2 = 20\ \mathrm{m/s}$．若此车仍以此功率沿水平的同样路面以匀速 v 行驶，设汽车在水平路面上受到的阻力与在斜坡上受到的阻力相同，求 v 的大小．

4-5　一小球作竖直上抛运动，当它回到抛出点时，速度为抛出时的 $\dfrac{3}{4}$．设小球运动中受到的空气阻力为恒力．试求．

（1）小球受到的空气阻力与重力之比；

（2）小球上升的最大高度与不计阻力情况下的最大高度之比（$g = 10\ \mathrm{m/s^2}$）．

4-6　如题 4-6 图所示，质量为 m 的物体以 $\boldsymbol{v}_0$ 的速度在光滑的水平面上沿 x 正方向运动，当它到达原点 O 点时，撞击一弹性系数为 k 的轻弹簧，并开始受到摩擦力的作用，摩擦力是位置的函数，可表示为 $F_\mathrm{f} = \alpha mgx$（$\alpha$ 为一较小的常量）．求物体第一次返回 O 点时的速度．

4-7　在倾角为 θ 的斜面上，一质量为 m 的物体通过一弹性系数为 k 的弹簧与固定在斜面上的挡板相连，如题 4-7 图所示．物体与斜面间的摩擦因数为 μ．开始时，m 静止，弹簧处于原长．现有一沿斜面向上的恒力 $\boldsymbol{F}$ 作用在 m 上，使 m 沿斜面向上滑动．试求：

（1）从 m 开始运动到它运动至最高位置的过程中，力 $\boldsymbol{F}$ 所做的功 W；

（2）在此过程中 m 获得的最大速率 v_m．

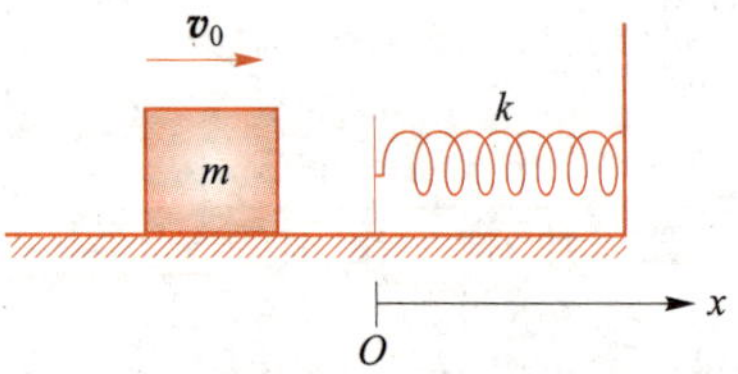

题 4-6 图

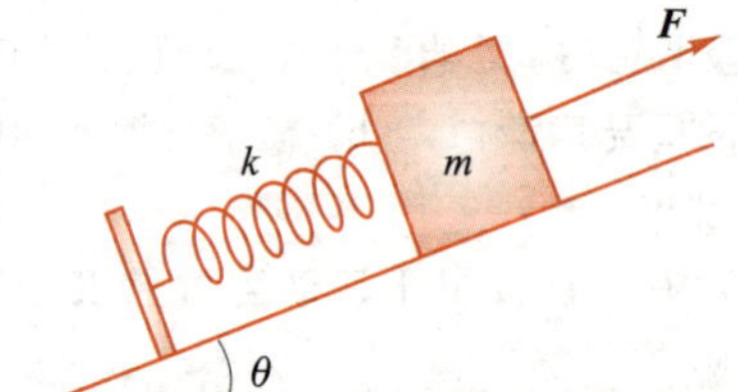

题 4-7 图

4-8　如题 4-8 图所示，边长为 a 的正方形木块静浮于横截面积为 $4a^2$ 的杯内水面上，水的深度 $h=2a$. 已知水的密度为 ρ_0，木块的密度为 $\frac{1}{2}\rho_0$. 现用力将木块非常缓慢地压至水底，忽略水的阻力作用，求在此过程中该力所做的功.

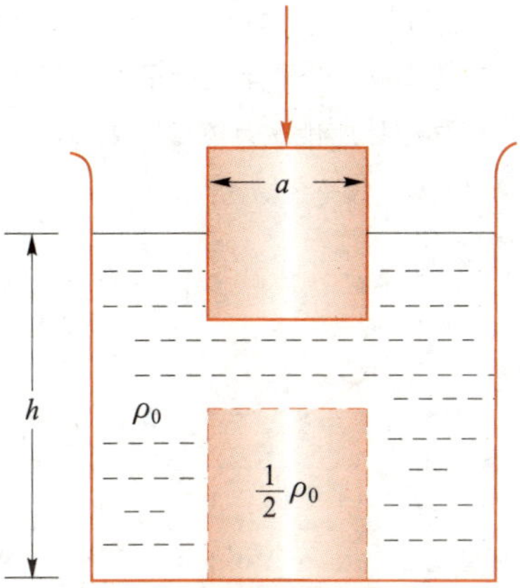

题 4-8 图

4-9　一颗质量为 m 的人造地球卫星以圆形轨道环绕地球飞行. 由于受到空气阻力的作用，其轨道半径从 r_1 变小到 r_2. 求在此过程中空气阻力所做的功.

4-10　试求月球表面的重力加速度和月球的逃逸速度. 已知月球的半径 $R_m=1.7\times10^6$ m，月球的质量 $m_m=7.3\times10^{22}$ kg.

4-11　在一半径为 $R=2.0\times10^8$ m 的无空气的星球表面，若以 $v_0=10$ m/s 的速度竖直上抛一物体，则该物体上升的最大高度为 $h=8$ m. 试问：

(1) 该星球的逃逸速度为多大?

(2) 若要该星球成为黑洞，则其半径应比现有的半径小多少?

4-12　一小球与两弹簧相连，如题 4-12 图所示. 当小球平衡时，两弹簧均受到拉伸. 若忽略重力，试讨论小球平衡的稳定性.

题 4-12 图

4-13　一质点在保守力场中沿 x 轴（在 $x>0$ 范围内）运动，其势能为 $E_p=\frac{kx}{x^2+a^2}$，式中 k、a 均为大于零的常量. 试求：

(1) 质点所受到的力的表示式；

(2) 质点的平衡位置；

(3) 若质点静止在平衡位置，试讨论平衡的稳定性.

4-14　一质量为 m 的质点在保守力的作用下沿 x 轴（在 $x>0$ 范围内）运动，其势能为 $E_p=\frac{A}{x^3}-\frac{B}{x}$，其中 A、B 均为大于零的常量.

(1) 作出势能曲线图；

(2) 确定势阱的深度；

(3) 找出质点运动中受到沿 x 负方向最大力的位置；

(4) 若质点的总能量 $E=0$，试确定质点的运动范围.

4-15　一质量为 m 的质点在保守力作用下沿 x 方向运动，其势能为 $E_p=ax^2(b-x)$，其中 a 和 b 均为大于零的常量.

(1) 试求质点所受力的表达式；

(2) 画出势能曲线图；

(3) 确定平衡位置，并讨论平衡位置的稳定性；

(4) 若质点从原点 $x=0$ 处以 v_0 开始运动，试问，v_0 在什么范围内质点不可能到达无穷远?

4-16　物体沿题 4-16 图示的光滑轨道自 A 点由静止开始滑下. 竖直轨道的圆环部分有一对称的缺口 BC，缺口的张角 $\angle BOC=2\alpha$，圆环的半径为 R. 试问：A 点的高度 h 应等于多少方能使物体恰好越过缺口而走完整个圆环?

4-17　如题 4-17 图所示，质量为 m 的小球通过一根长为 $2l$ 的细绳悬挂于 O 点．在距 O 点正下方 l 处有一个固定的钉子 P．开始时，把绳拉直至水平位置，然后释放小球．试求：当细绳碰到钉子后小球所能上升的最大高度．

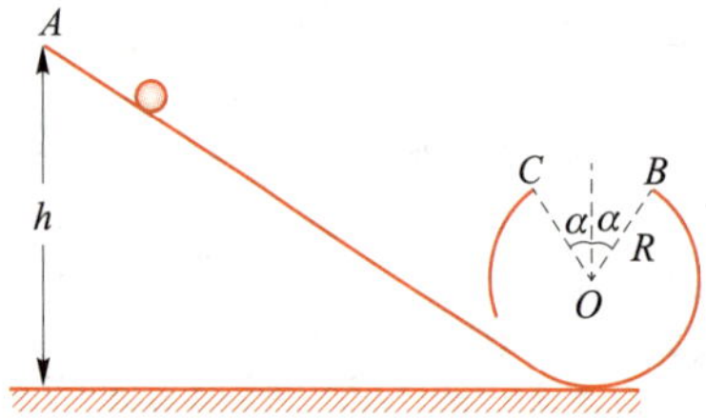

题 4-16 图

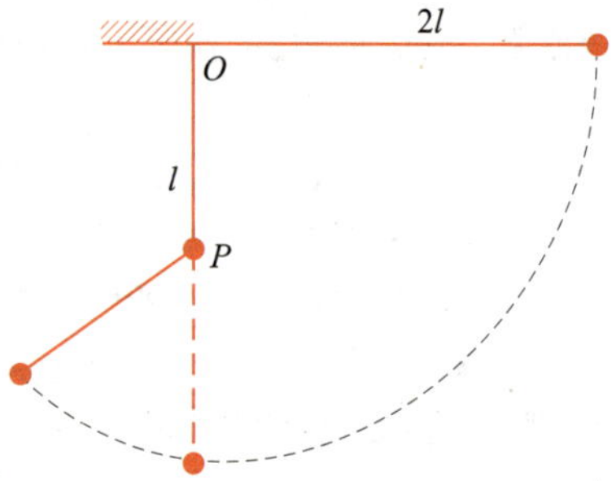

题 4-17 图

4-18　一条长为 $2l$、质量为 m 的柔软绳索，挂在一光滑的水平轴钉（粗细可忽略）上．当两边的绳长均为 l 时，绳索处于平衡状态．若给其一端加一个竖直方向的微小扰动，绳索就从轴钉上滑落．试求：

（1）当绳索刚脱离轴钉时，绳索的速度；

（2）当较长的一边绳索的长度为 x 时，轴钉上所受的力；并对解答进行讨论．

4-19　在竖直平面内有一光滑的半圆形管道，圆的半径为 R．管内有一条长度正好为半圆周长 πR 的链条，其线密度为 ρ_l，如题4-19 图所示．若由于微小的扰动，链条从管口向外滑出．试求：

（1）当链条刚从管口全部滑出时的速度；

（2）当链条从管口滑出的长度为 $x=\dfrac{\pi}{3}R$ 时的速度和加速度．

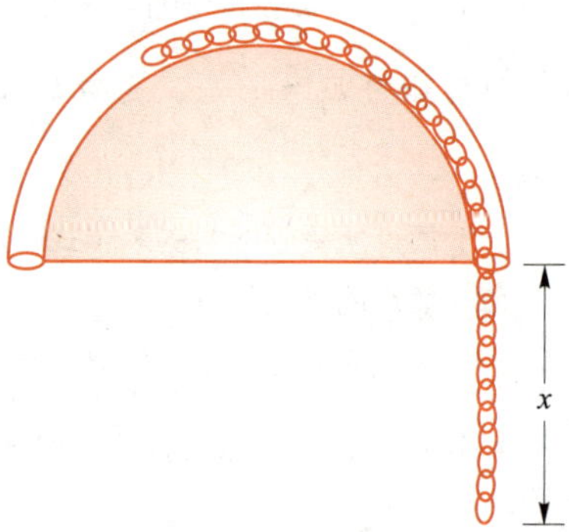

题 4-19 图

4-20　在 § 4.4 例题 1 中，若圆环的质量为 m_0，试证明：只有当$m>\dfrac{3}{2}m_0$ 时，圆环才会升起，并求出圆环开始上升时的角度 θ．

4-21　质量为 m_1 的小球用长为 l 的轻绳悬挂于支架的 O 点上，支架固连在矩形木板上，板与支架的质量为 m_2，整个装置放在光滑的水平桌面上，如题 4-21 图所示．今将小球拉至 A 点，即绳伸直处于水平位置，在小球与木板均静止的情况下释放小球．

（1）求当小球运动到最低位置 C 时木板的运动速率 v_1；

（2）求当小球运动到 B 点，即绳与竖直线成 $\theta=60^\circ$ 角时，木板的运动速率 v_2；

（3）试问，在小球从 A 点运动到 C 点的过程中，绳子张力对小球是否做功？若做功的话，则求出此功．

4-22　三个半径均为 R 的均匀小球 A、B、C，其中 B、C 两球质量为 m_0，紧靠着放在水平面上，A 球质量为 m，从题 4-22 图示位置由静止开始释放，若忽略所有接触面间的摩擦，则 A 球与 B、C 球脱离接触时，A 与 B（或 C）的球心连线与竖直线的夹角 $\theta=\arccos\dfrac{\sqrt{3}}{3}$，求$\dfrac{m}{m_0}$的值．

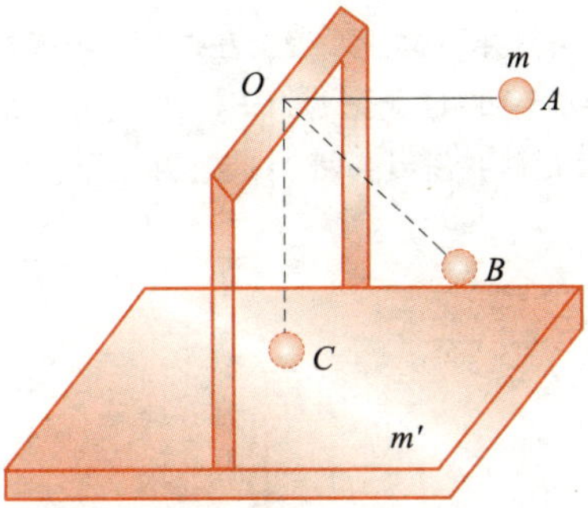

题 4-21 图

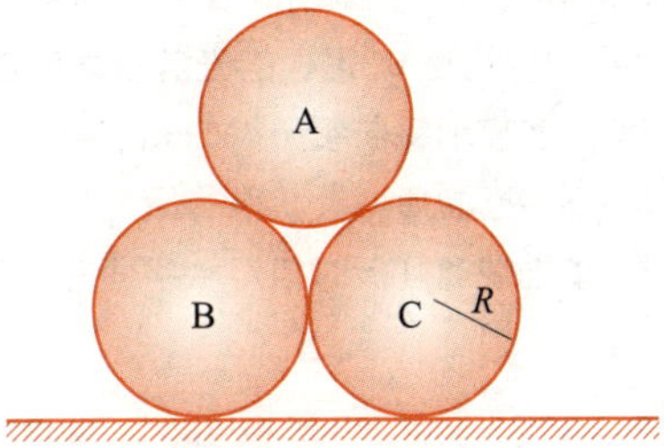

题 4-22 图

4-23　某人在地面上双脚起跳可使他的重心升高 h. 现在他和另一个体重同为 W 的人分站在轻滑轮两边的秤盘中，如题 4-23 图所示. 盘重均为 P. 当此人在秤盘中用和地面上起跳同样的能量双脚起跳时，他的重心可升高多少?

4-24　如题 4-24 图所示，一个人手持质量为 m 的小球乘坐在热气球下的吊篮里. 气球、吊篮和人的总质量为 m_0. 整个系统静止在空中. 突然，人将小球向上急速抛出，经过时间 t 后小球又返回人手. 若人手在抛接球时相对吊篮的位置不变，试求人在抛球过程中对系统做的功.

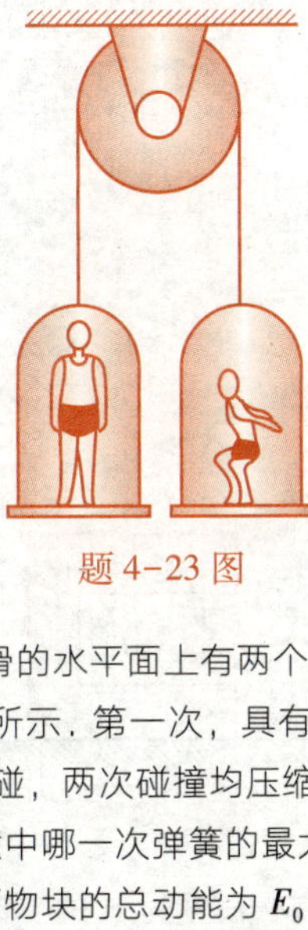

题 4-23 图

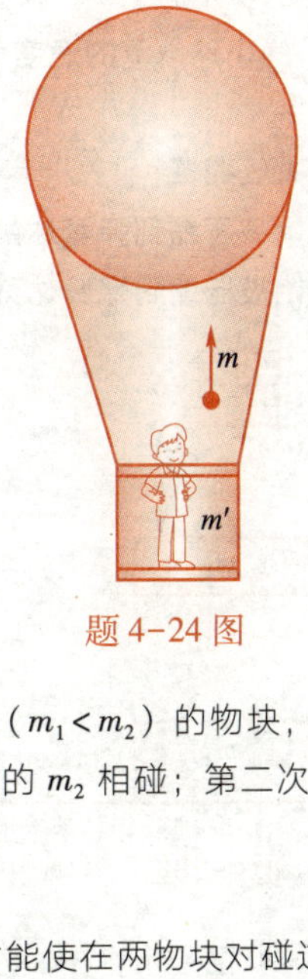

题 4-24 图

4-25　在光滑的水平面上有两个质量分别为 m_1 和 m_2（$m_1<m_2$）的物块，m_2 上连有一轻弹簧，如题 4-25 图所示. 第一次，具有动能 E_0 的 m_1 与静止的 m_2 相碰；第二次，m_2 具有动能 E_0 去和静止的 m_1 相碰，两次碰撞均压缩轻弹簧. 试问:

(1) 两次碰撞中哪一次弹簧的最大压缩量较大?

(2) 若碰前两物块的总动能为 E_0，则 E_0 如何分配，才能使在两物块对碰过程中弹簧的最大压缩量最大?

4-26　在光滑的水平面上有两质量均为 m 的物块 A 和 B，A 上连有一弹性系数为 k 的轻弹簧，B 虽固定在水平面上，但只要对它施加一水平力 $\boldsymbol{F}_0$ 便可使之开始自由移动. 现 A 以水平速度 $\boldsymbol{v}_0$ 向 B 的方向运动，如题 4-26 图所示. 求 A 与 B 相碰后分开时两物块的速度.

题 4-25 图

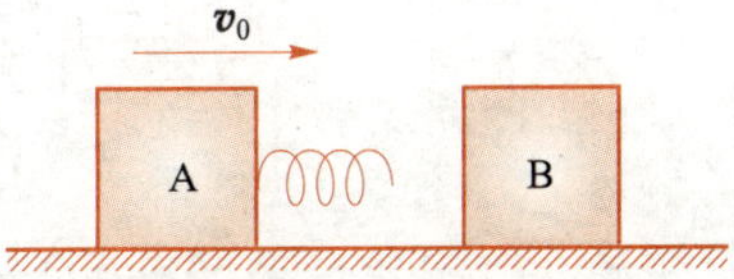

题 4-26 图

4-27　如题 4-27 图所示，质量为 m_1 的长板静置于光滑水平面上，板上左端固定一弹性系数为 k 的轻弹簧，板的右端用一细绳与墙相连，已知细绳能承受的最大张力为 F_{T0}. 板上有一质量为 m_2 的小物块以初速 $\boldsymbol{v}_0$ 沿板的光滑表面向左运动，与弹簧相碰并压缩弹簧. 试求：

（1）为了使细绳断裂所需的 v_0 的最小值；

（2）细绳断裂后，板获得的最大加速度；

（3）小物块离开板时相对水平面速度为零的条件.

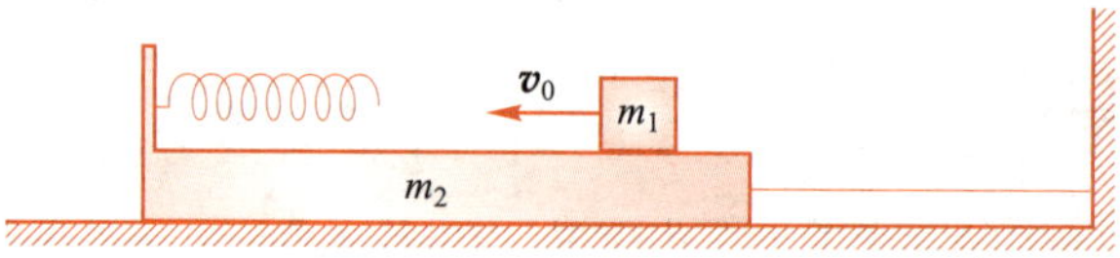

题 4-27 图

4-28　质量分别为 m_1 和 m_2 的两个物块由一弹性系数为 k 的轻弹簧相连，竖直地放在水平桌面上，如题 4-28 图所示. 另有一质量为 m 的物体从高于 m_1 为 h 的地方由静止开始自由落下，当与 m_1 发生碰撞后，即与 m_1 粘合在一起向下运动. 试问 h 至少应多大，才能当弹簧反弹起后使 m_2 与桌面脱离？

4-29　在光滑的水平面上，一质量为 m_1 的架子内连有一弹性系数为 k 的弹簧，如题 4-29 图所示. 一质量为 m_2 的小球以 $\boldsymbol{v}$ 的速度射入静止的架子内，并开始压缩弹簧. 设小球与架子内壁间无摩擦. 试求：

（1）弹簧的最大压缩量；

（2）从弹簧开始被压缩到弹簧达最大压缩所需的时间；

（3）从弹簧开始被压缩到弹簧达最大压缩过程中架子的位移.

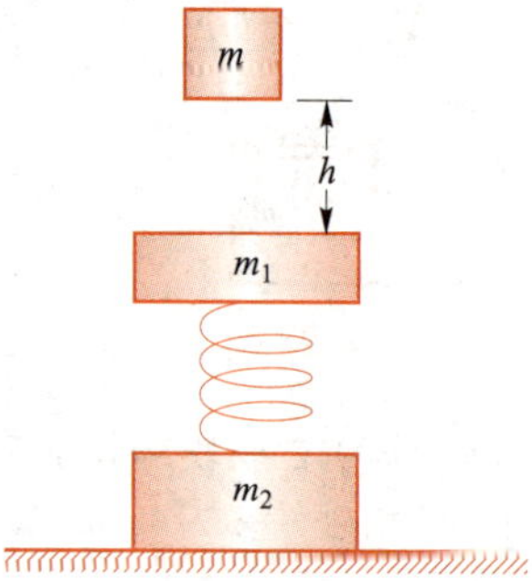

题 4-28 图

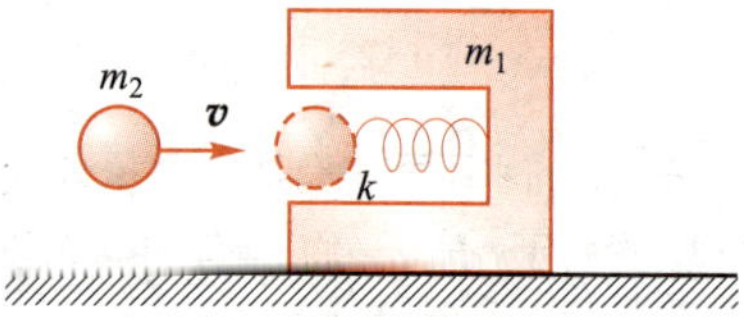

题 4-29 图

4-30　如题 4-30 图所示，在长为 $2a$ 的轻绳两端各系有一质量为 m 的小球，绳的中点系有另一质量为 m_0 的小球. 三球排成一直线静置于光滑水平面上，绳恰被拉直. 现对小球 m_0 施以冲力，使之在极短时间内获得与绳垂直的初速度 $\boldsymbol{v}_0$. 求：

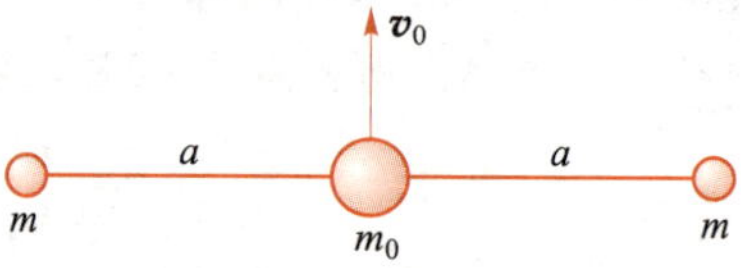

题 4-30 图

（1）在两小球 m 相碰的瞬时各球的速率；

（2）在两小球 m 相碰的瞬时绳中的张力；

(3) 若从 m_0 开始运动到两小球相碰历时为 T，而在此期间 m_0 行进的距离为 x，试证明：

$$(m_0+2m)x=m_0v_0T+2ma$$

4-31　在水平桌面上，质量分别为 m 和 $2m$ 的物块 A 和 B，由一弹性系数为 k 的轻弹簧相连．两物块与桌面间的摩擦因数均为 μ．开始时，弹簧处于原长，A 静止，而 B 以 $v_0=\sqrt{\dfrac{11m}{3k}}g\mu$ 的初速率开始拉伸弹簧．试求：当弹簧达最大拉伸时的伸长量．

4-32　试求在火星上发射人造天体的第三宇宙速度．已知火星的质量为 $m=6.46\times10^{23}$ kg，半径为 $R=3.39\times10^3$ km，环绕太阳运行的轨道速度为 $v=2.41\times10^4$ m/s．

4-33　如题 4-33 图所示，质量为 m_1 的物体从光滑轨道的顶端 A 点，由静止开始沿斜道滑下，在半径为 R 的竖直圆环部分的最低点 B 与另一质量为 m_2 的静止物体发生弹性正碰，碰后 m_2 沿圆环上升，并在高度为 h_0 处脱离圆环，而 m_1 则沿斜道上升后又滑下，并在 m_2 脱离点脱离圆环．试求：

(1) m_1 与 m_2 之比；

(2) A 点的高度 h．

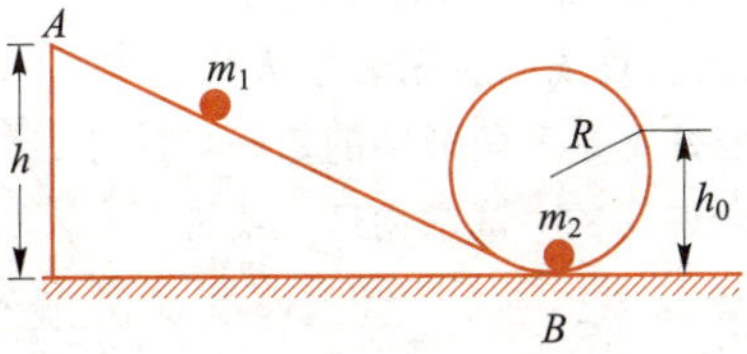

题 4-33 图

4-34　在光滑的水平桌面上有三个完全相同的光滑弹性小球，两个静止小球 B、C 互相紧靠着，另一小球 A 则以 $\boldsymbol{v}_0$ 的速度沿 B、C 球心连线的中垂线向着两球运动．求碰后三球的速度．

4-35　三个半径相同而质量不等的弹性小球 A、B 和 C，等高地悬挂于三根等长的细绳的下端，且两两恰好接触，如题 4-35 图所示．现将连接 A 球的细绳拉开一角度，使 A 球比原位置升高 h，然后释放，设各小球的碰撞为弹性碰撞，当碰撞刚结束时，三球具有相同的动量．试求：

(1) 三球的质量比；

(2) 碰后三球各能上升的最大高度．

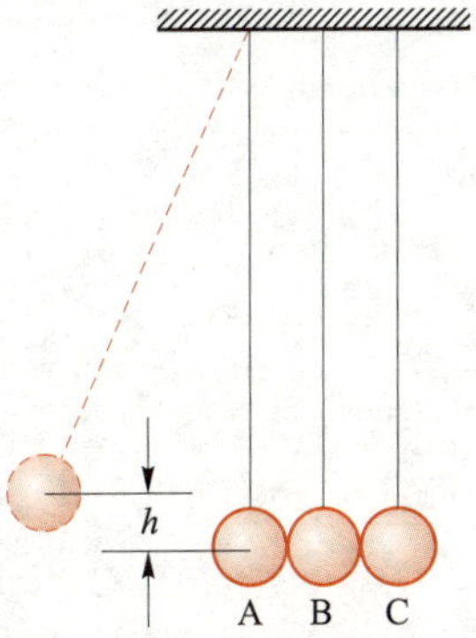

题 4-35 图

4-36　在原子核反应堆中，核裂变所产生的中子为快中子，这种中子打到 ^{235}U 核上，发生裂变的概率很小．为使快中子减速，通常用石墨作减速剂．已知石墨的碳核质量是中子的 12 倍，即 $m_C=12m_n$，把中子与碳核的碰撞看成两小球间的弹性正碰，碰前碳核静止．试求：

(1) 每次碰撞中子损失动能的百分比；

(2) 经多少次碰撞，中子的动能才会小于初动能的 10^{-6}？设每次中子均与静止的碳核发生碰撞．

4-37　如题 4-37 图所示，在光滑的水平地面上静置一质量为 m 的箱子，在箱内光滑的底面上质量也为 m 的物块以某一初速开始运动，并与箱子的两壁反复碰撞，已知碰撞的恢复系数 $e=0.95$．试问，物块与箱壁至少发生多少

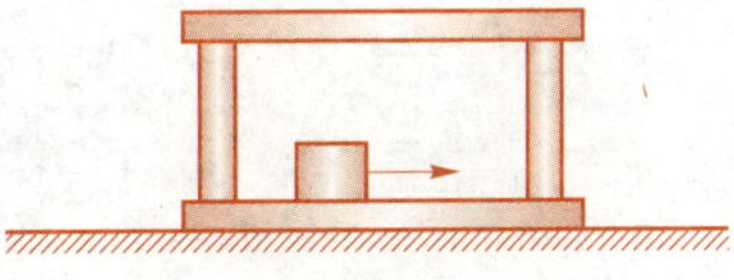

题 4-37 图

次碰撞，才能使系统总能量的损耗大于40%？

4-38　在光滑的水平地面上，以初速 $\boldsymbol{v}_0$、仰角 θ 抛出一小球，小球在地面上多次弹跳后最终停下. 设小球与地面碰撞的恢复系数为 e，试证明：小球的总运动时间为 $t=\dfrac{2v_0\sin\theta}{(1-e)g}$；总射程为 $L=\dfrac{v_0^2\sin 2\theta}{(1-e)g}$.

4-39　动能为 E_0 的 ^4He 核轰击静止的 ^7Li 核，作完全非弹性碰撞后成为复合核 ^{11}B，^{11}B 核进一步分裂为 ^{10}B 核和中子 ^1n，上述核反应过程需消耗能量 $Q=2.8$ MeV，反应方程为

$$^4\mathrm{He}+{}^7\mathrm{Li}\longrightarrow({}^{11}\mathrm{B})\longrightarrow{}^{10}\mathrm{B}+{}^1\mathrm{n}+2.8\ \mathrm{MeV}$$

试求上述核反应过程所需的 E_0 的最小值，以及相应的中子动能.

4-40　一质量为 m、速率为 v_0 的粒子与另一质量为 αm 的静止靶粒子发生弹性碰撞. 试问若碰撞是正碰，则 α 为多大时靶粒子获得的动能最大？

4-41　一静止的物块爆炸成质量相等的1、2、3三个碎片，设爆炸中释放的总动能为一定值 E_Q，但每一碎片所具有的动能 E_{k1}、E_{k2}、E_{k3} 有多种可能值，可用高为 E_Q 的等边三角形中的一点 P 对三条边所引垂线的长来表示 E_{k1}、E_{k2}、E_{k3}，如题4-41图所示. 但并不是三角形中的每一点所对应的三个动能都是物理上所许可的，试求物理上所许可的点的范围的边界.

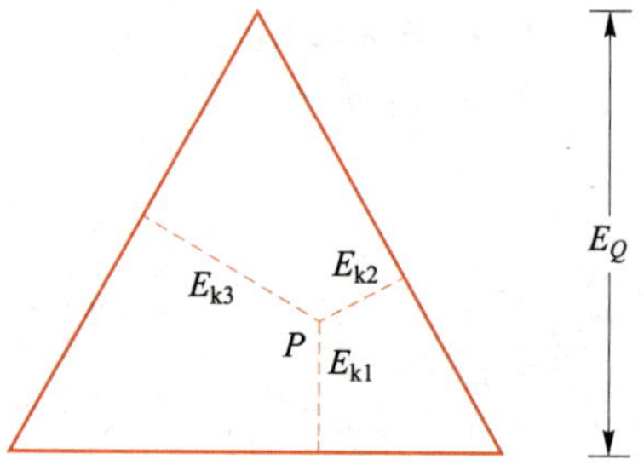

题4-41图

第五章

角动量

5.1 力矩 _144

5.2 质点角动量定理 _146

5.3 质点系角动量定理 _152

5.4 质心系中的角动量定理 _155

5.5 质点在有心力场中的运动 _156

5.6 开普勒定律和万有引力定律 _163

5.7 两体问题和约化质量 _169

5.8 守恒定律与对称性 _173

这是牛顿力学的第三个新篇章——角动量. 角动量从物体转动视角引入，因而从角动量的角度分析与求解物体的转动问题变得便利. 与动量和能量概念一样，角动量概念也为力学问题的分析与求解提供了新视野和新方法. 为此，首先引入力矩和角动量概念，由 $\boldsymbol{F}=m\boldsymbol{a}$ 推导出角动量定理 $\boldsymbol{M}=\frac{\mathrm{d}\boldsymbol{L}}{\mathrm{d}t}$，它也是 $\boldsymbol{F}=m\boldsymbol{a}$ 的等价形式.

角动量定理 $\boldsymbol{M}=\frac{\mathrm{d}\boldsymbol{L}}{\mathrm{d}t}$与动量定理 $\boldsymbol{F}=\frac{\mathrm{d}\boldsymbol{p}}{\mathrm{d}t}$在数学形式上完全一样，因而第三章关于动量的概念、结论、定理和定律完全可以照搬到角动量，只需将动量改成角动量，力改成力矩，冲量改成冲量矩. 同样基于普遍法则将角动量及其定理和定律从单个质点推广到质点系. 因此，可以与第三章动量对照着学习本章内容.

可以基于角动量守恒和机械能守恒分析和讨论质点在有心力场中运动的一般特征，以及在引力场中质点运动的有效势能与轨道特征. 开普勒三定律的解就是万有引力定律，即由开普勒三定律可以导出万有引力定律，由万有引力定律可以导出开普勒三定律. 两体问题是一类特殊的力学问题，可基于公式推导对两体问题给予系统和完整的阐述. 最后讨论守恒定律与时空对称性的关系.

通过本章的学习，要弄清楚以下几个问题：为什么要引入角动量？引入的角动量与 $\boldsymbol{F}=m\boldsymbol{a}$ 的关系是什么？引入这个量后揭示的规律是什么？这个规律与 $\boldsymbol{F}=m\boldsymbol{a}$ 的关系又是什么？以及如何用这个物理量分析求解力学问题.

5.1 力矩

力矩的一般定义是对某一点（参考点）而言的，例如，力 $\boldsymbol{F}$ 对坐标原点的力矩

$$\boldsymbol{M}=\boldsymbol{r}\times\boldsymbol{F} \tag{5.1-1}$$

其中 $\boldsymbol{r}$ 为力 $\boldsymbol{F}$ 作用点的位矢. 显然力矩与参考点（坐标原点）的选择有关，因而在讲到力矩时，必须指出对应的参考点，即力相对于哪一点的力矩.

根据矢积的意义，力矩的大小等于以 $\boldsymbol{r}$ 和 $\boldsymbol{F}$ 两矢量为邻边所构成的平行四边形的面积，方向与 $\boldsymbol{r}$、$\boldsymbol{F}$ 所在平面垂直并与 $\boldsymbol{r}$、$\boldsymbol{F}$ 成右手螺旋关系（图 5.1-1）.

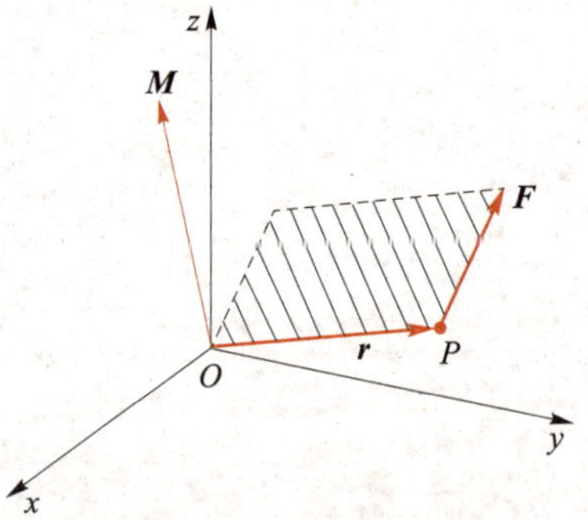

图 5.1-1　作用力 $\boldsymbol{F}$ 对参考点 O 的力矩

对参考点的力矩也可以用给定坐标系中的分量表示. 当参考点取为坐标原点时，力矩沿某坐标轴的分量也就是作用力对该轴的力矩.

根据（5.1-1）式，$\boldsymbol{F}$ 对参考点（坐标原点）的力矩为

$$\boldsymbol{M}=\boldsymbol{r}\times\boldsymbol{F}=\begin{vmatrix} \boldsymbol{i} & \boldsymbol{j} & \boldsymbol{k} \\ x & y & z \\ F_x & F_y & F_z \end{vmatrix}=M_x\boldsymbol{i}+M_y\boldsymbol{j}+M_z\boldsymbol{k} \tag{5.1-2}$$

$\boldsymbol{F}$ 对原点的力矩沿 z 轴的分量为

$$M_z = xF_y - yF_x \tag{5.1-3}$$

其中 x、y 是作用点位矢的 x、y 分量．这也称为力 $\boldsymbol{F}$ 对 z 轴的力矩．

当考察物体绕固定轴（z 轴）转动时，我们只需计算力矩沿固定轴（z 轴）的分量，即力 $\boldsymbol{F}$ 对固定轴的力矩．这一结论将由第六章刚体力学中的转动定律给出．显然这个力矩分量与在 z 轴上的原点选取无关，因为把在 z 轴上的任意点选作原点，均不会影响计算这个力矩分量对应的（5.1-3）式右边所涉及的各个物理量，即力沿 x 轴和 y 轴的分力、力作用点的 x 坐标与 y 坐标．也正是因为这个力矩分量与 z 轴上的原点选择无关，这个分量才可以说成力 $\boldsymbol{F}$ 对 z 轴的力矩．显然，这个力矩分量与力 $\boldsymbol{F}$ 沿 z 轴的分量也无关，因为（5.1-3）式右边不涉及 F_z．因而，作用力 $\boldsymbol{F}$ 对 z 轴的力矩，就是 $\boldsymbol{F}$ 在 π 平面（垂直于 z 的轴平面）上的投影 $\boldsymbol{F}_\perp$ 对 z 轴的力矩．因 π 平面与 x-y 平面平行，$\boldsymbol{F}_\perp = F_x\boldsymbol{i}+F_y\boldsymbol{j}$，记 $\boldsymbol{\rho}=x\boldsymbol{i}+y\boldsymbol{j}$，在 π 平面内，从 z 轴指向力的作用点 P．由图 5.1-2 不难看出，F_x 分量对 z 轴的力臂，即力的作用线到轴的距离，是 y，对 z 轴的力矩是 yF_x，但方向与 z 轴正方向相反，而 F_y 分量对 z 轴的力臂是 x，对 z 轴的力矩是 xF_y，方向与 z 轴相同，故根据力和力臂与力矩的关系，$\boldsymbol{F}$ 对 z 轴的力矩为

$$M_z = xF_y - yF_x$$

与（5.1-3）式一致．对 x、y 轴的力矩情况相仿，这里不再赘述．

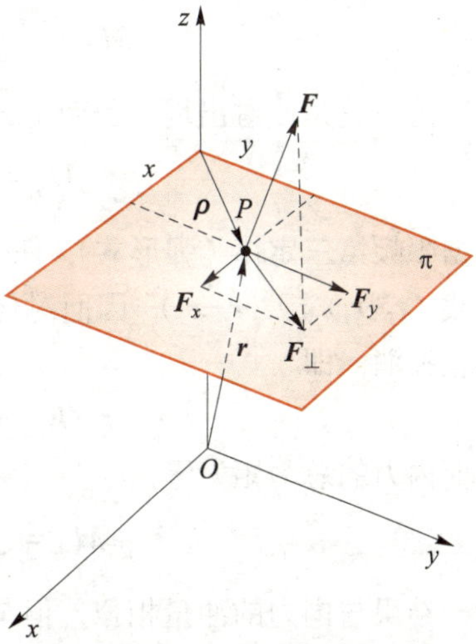

图 5.1-2　力对 O 点力矩沿 z 轴的分量等于力对 z 轴的力矩

力矩的单位是 N·m（牛顿米）；量纲是 ML^2T^{-2}，与功相同．

当质点受 N 个力 $\boldsymbol{F}_1$、$\boldsymbol{F}_2$、…、$\boldsymbol{F}_N$ 同时作用时，诸力对某参考点的力矩的矢量和等于合力 $\boldsymbol{F}=\boldsymbol{F}_1+\boldsymbol{F}_2+\cdots+\boldsymbol{F}_N$ 对同一参考点的力矩，即

$$\begin{aligned}\boldsymbol{r}\times\boldsymbol{F}_1+\boldsymbol{r}\times\boldsymbol{F}_2+\cdots+\boldsymbol{r}\times\boldsymbol{F}_N &= \boldsymbol{r}\times(\boldsymbol{F}_1+\boldsymbol{F}_2+\cdots+\boldsymbol{F}_N)\\ &= \boldsymbol{r}\times\boldsymbol{F}\end{aligned} \tag{5.1-4}$$

力矩概念也可应用于作用于质点系上的作用力．一般来讲，质点系内各质点受到的作用力有外力和内力的区别，因此应分别考察外力的力矩和内力的力矩．

（1）外力的力矩．

当质点系受多个外力作用时，若第 i 个质点受到的合外力为 $\boldsymbol{F}_i$，该质点相对某一给定参考点的位矢为 $\boldsymbol{r}_i$，则其力矩为 $\boldsymbol{M}_{i外}=\boldsymbol{r}_i\times\boldsymbol{F}_i$，各质点所受力矩的矢量和，即质点系所受的总力矩为

$$\boldsymbol{M}_{外} = \sum_i \boldsymbol{M}_{i外} = \sum_i \boldsymbol{r}_i\times\boldsymbol{F}_i \tag{5.1-5}$$

由于各外力作用在不同质点上，各质点的位矢 $\boldsymbol{r}_i$ 各不相同，因而外力对质点系的总力矩一般不能通过外力矢量和的力矩来计算．

但当质点系处在重力场中时，各质点所受重力与质点的质量成正比，方向又都

相同，因而作用于质点系的重力相对某一参考点的力矩，根据（5.1-5）式为

$$\boldsymbol{M}_{重力}=\sum_i \boldsymbol{r}_i\times m_i\boldsymbol{g}=\left(\sum_i m_i\boldsymbol{r}_i\right)\times\boldsymbol{g}=\boldsymbol{r}_C\times m\boldsymbol{g} \tag{5.1-6}$$

即作用于质点系的重力相对某参考点的力矩等于总重力作用于质心上时对该参考点的力矩. 在平动非惯性系中的惯性力显然也具有这种性质.

（2）内力的力矩.

若 $\boldsymbol{F}_{i内}$ 为作用于质点系中第 i 个质点上的合内力，$\boldsymbol{r}_i$ 为该质点的位矢，则内力的总力矩为

$$\boldsymbol{M}_{内}=\sum_i \boldsymbol{r}_i\times\boldsymbol{F}_{i内}=\sum_i \boldsymbol{r}_i\times\sum_{j\neq i}\boldsymbol{F}_{ij内}$$

由于内力总是成对出现，因而上式可写成

$$\boldsymbol{M}_{内}=\sum_{i<j}(\boldsymbol{r}_i\times\boldsymbol{F}_{ij内}+\boldsymbol{r}_j\times\boldsymbol{F}_{ji内})$$

根据牛顿第三定律（强形式），任一对内力 $\boldsymbol{F}_{ij内}$ 和 $\boldsymbol{F}_{ji内}$ 必定等值反向，且沿两质点的连线（$\boldsymbol{r}_i-\boldsymbol{r}_j$）或（$\boldsymbol{r}_j-\boldsymbol{r}_i$），因而对任一给定参考点 O 来说，力矩也必等值反向，两者相互抵消，即

$$\boldsymbol{r}_i\times\boldsymbol{F}_{ij内}+\boldsymbol{r}_j\times\boldsymbol{F}_{ji内}=(\boldsymbol{r}_i-\boldsymbol{r}_j)\times\boldsymbol{F}_{ij内}=\boldsymbol{0}$$

因而内力的总力矩为零：

$$\boldsymbol{M}_{内}=\sum_{i<j}(\boldsymbol{r}_i\times\boldsymbol{F}_{ij内}+\boldsymbol{r}_j\times\boldsymbol{F}_{ji内})=\boldsymbol{0} \tag{5.1-7}$$

这一结果与内力的冲量相似，但与内力的功不同.

（3）力偶的矩.

作用在质点系上的一对等值、反向但不沿同一直线的力称为力偶. 以 $\boldsymbol{F}_1$、$\boldsymbol{F}_2$ 表示这样的一对力（图 5.1-3），它们分别作用于质点 1 和质点 2，则力偶的矩（力偶矩）为

$$\begin{aligned}\boldsymbol{M}_{力偶}&=\boldsymbol{r}_1\times\boldsymbol{F}_1+\boldsymbol{r}_2\times\boldsymbol{F}_2\\&=(\boldsymbol{r}_1-\boldsymbol{r}_2)\times\boldsymbol{F}_1=\boldsymbol{r}_{12}\times\boldsymbol{F}_1\end{aligned} \tag{5.1-8}$$

式中 $\boldsymbol{r}_{12}=\boldsymbol{r}_1-\boldsymbol{r}_2$ 是从质点 2 指向质点 1 的矢量，它不因参考点而异，因而力偶矩与参考点无关. 事实上，从图 5.1-3 可知，力偶矩的大小等于力的大小与两力作用线间距离 d（称为力偶臂）的乘积，即

$$|\boldsymbol{M}_{力偶}|=Fd \tag{5.1-9}$$

因而与参考点无关，方向由右手螺旋定则决定.

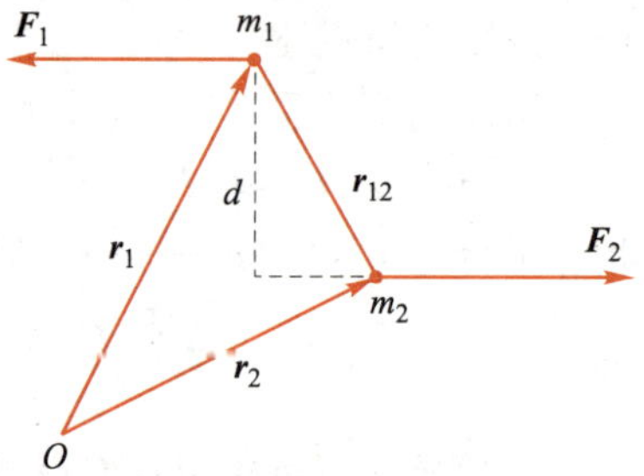

图 5.1-3　力偶矩与参考点无关

组成力偶的两个力的矢量和虽为零，但其力矩并不为零，因为力偶的两个力是非共线力.

5.2 质点角动量定理

从质点一般运动的角度，我们引入动量. 它为我们对力学问题的分析与求解带来了新视野、新思路和新方法. 从质点绕某一点转动的角度，能否引入其他物理量呢？当然，这个物理量的引入一定也要为我们对力学问题的分析与求解带来新视角

和新思路以及便利.

为此，依照力矩的定义引入动量矩的概念，从而力对应力矩，动量对应动量矩. 将给定参考点指向质点的矢量 $\boldsymbol{r}$ 和质点动量 $\boldsymbol{p}=m\boldsymbol{v}$ 的矢积称为质点对于参考点的动量矩，用 $\boldsymbol{L}$ 表示：

$$\boldsymbol{L}=\boldsymbol{r}\times\boldsymbol{p} \tag{5.2-1}$$

动量矩又称为角动量. 要特别强调的是，角动量与参考点选择有关，因而在讲到角动量时，必须指出对应的参考点.

角动量是矢量，它是 $\boldsymbol{r}$ 和 $\boldsymbol{p}$ 的矢积，因而既垂直于 $\boldsymbol{r}$，又垂直于 $\boldsymbol{p}$，即垂直于 $\boldsymbol{r}$ 与 $\boldsymbol{p}$ 所组成的平面，其指向由右手螺旋定则决定（图 5.2-1）.

质点的角动量是相对给定的参考点定义的，因此，同一质点对不同参考点的角动量是不同的. 例如，一圆锥摆的摆球以恒定的角速度 ω 作圆周运动，圆周的半径为 R，摆的悬线长度为 r（图 5.2-2），摆球对圆心 O 的角动量 $|\boldsymbol{L}|=mvR=m\omega R^2$，其大小和方向都恒定不变. 但摆球对悬挂点 O' 的角动量 $\boldsymbol{L}'$ 则不同，尽管其大小 $|\boldsymbol{L}'|=rmv=rmR\omega$ 保持不变，但方向却随时间而变.

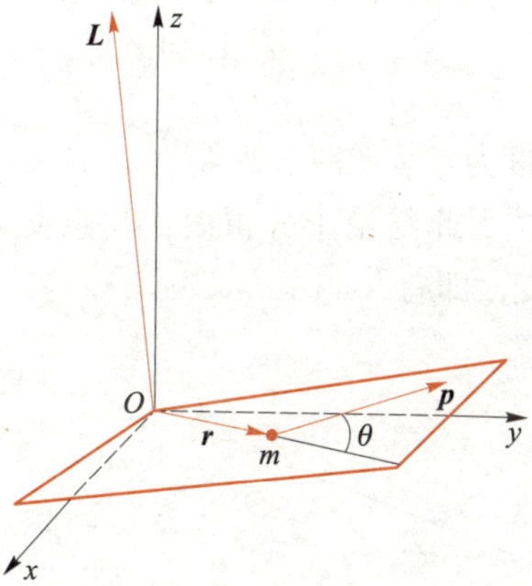

图 5.2-1　质点的角动量

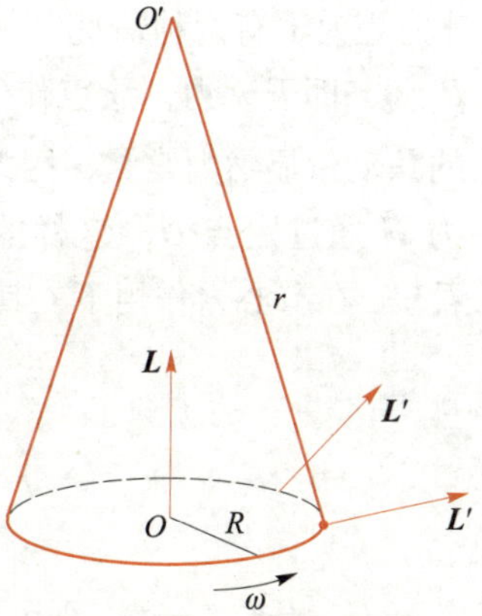

图 5.2-2　角动量与参考点有关

作直线运动的质点，对于不在该直线上的不同参考点的角动量也不相同.

通常把考察转动的参考点取为坐标原点，这样，(5.2-1) 式中的 $\boldsymbol{r}$ 就是质点的位矢.

角动量的单位是 $\mathrm{kg\cdot m^2/s}$（千克二次方米每秒），量纲是 $\mathrm{ML^2T^{-1}}$.

我们知道，质点动量的变化量等于外力的冲量. 质点的角动量如何随外力变化呢？这也不难从牛顿运动定律得到. 若质点对某一给定参考点的角动量 $\boldsymbol{L}=\boldsymbol{r}\times m\boldsymbol{v}=\boldsymbol{r}\times\boldsymbol{p}$，则其时间变化率为

$$\frac{\mathrm{d}\boldsymbol{L}}{\mathrm{d}t}=\frac{\mathrm{d}}{\mathrm{d}t}(\boldsymbol{r}\times\boldsymbol{p})=\frac{\mathrm{d}\boldsymbol{r}}{\mathrm{d}t}\times\boldsymbol{p}+\boldsymbol{r}\times\frac{\mathrm{d}\boldsymbol{p}}{\mathrm{d}t}$$

因 $\frac{\mathrm{d}\boldsymbol{r}}{\mathrm{d}t}=\boldsymbol{v}$，$\frac{\mathrm{d}\boldsymbol{r}}{\mathrm{d}t}\times\boldsymbol{p}=\boldsymbol{v}\times\boldsymbol{p}=\boldsymbol{v}\times m\boldsymbol{v}=\boldsymbol{0}$，故 $\frac{\mathrm{d}\boldsymbol{p}}{\mathrm{d}t}=\boldsymbol{F}$，$\boldsymbol{r}\times\frac{\mathrm{d}\boldsymbol{p}}{\mathrm{d}t}=\boldsymbol{r}\times\boldsymbol{F}$. 但力的作用点相对参考点的位矢和力的矢积即对参考点的力矩 $\boldsymbol{M}$，于是上式又可写为

$$\boldsymbol{M}=\frac{\mathrm{d}\boldsymbol{L}}{\mathrm{d}t} \tag{5.2-2}$$

即质点对任一固定点的角动量的时间变化率等于外力对该点的力矩. 这就是质点角动量定理的微分形式. 对 (5.2-2) 式积分, 得

$$\int_0^t \boldsymbol{M}\mathrm{d}t=\boldsymbol{L}-\boldsymbol{L}_0 \tag{5.2-3}$$

力矩对时间的积分 $\int_0^t \boldsymbol{M}\mathrm{d}t$ 称为冲量矩, 它描述角动量从一个物体到另一个物体的传递. 上式表示质点角动量的增量等于外力的冲量矩. 这就是质点角动量定理的积分形式. 无论是微分形式还是积分形式的角动量定理, 都可以写成分量形式.

由于 $\boldsymbol{r}\times\boldsymbol{v}$ 在数值上等于以 $\boldsymbol{r}$ 和 $\boldsymbol{v}$ 为邻边的平行四边形的面积, 也就是径矢 $\boldsymbol{r}$ 在单位时间内所扫过的面积 (面积速度) 的两倍, 所以角动量 $\boldsymbol{L}=\boldsymbol{r}\times m\boldsymbol{v}$ 与面积速度成正比, 为面积速度的 $2m$ 倍 (图 5.2-3).

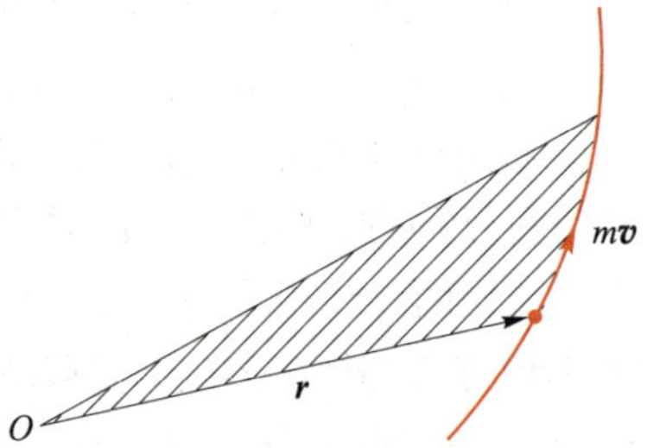

图 5.2-3　角动量与面积速度成正比

$$\text{当 } \boldsymbol{M}=\boldsymbol{0} \text{ 时, } \boldsymbol{L}=\text{常矢量} \tag{5.2-4}$$

即当外力对固定参考点 (简称定点) 的力矩为零时, 质点对该点的角动量守恒. 此即质点角动量守恒定律. 外力矩为零有两种情况:

(1) $\boldsymbol{F}=\boldsymbol{0}$, 即无外力, 质点作匀速直线运动, 它对定点的角动量显然为常量, 因为它的面积速度为常量 (图 5.2-4).

(2) 力 $\boldsymbol{F}$ 通过定点 O, 这样的力称为有心力. 此结论十分重要, 其意义可由图 5.2-5 看出. 在有心力作用下, 其面积速度不变, 即有

$$S_{\triangle OAB}=S_{\triangle OCD}$$

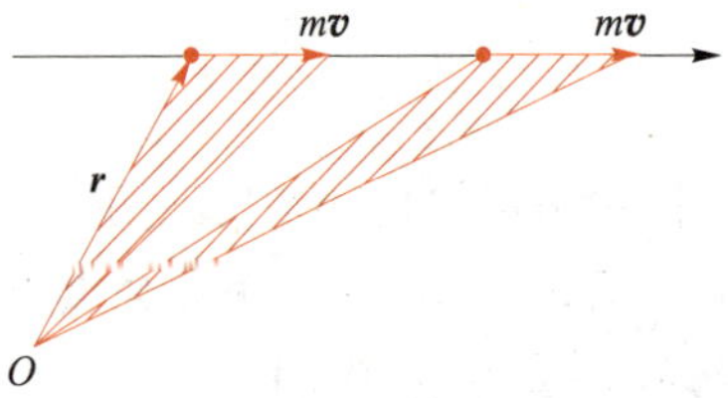

图 5.2-4　匀速直线运动的面积速度不变

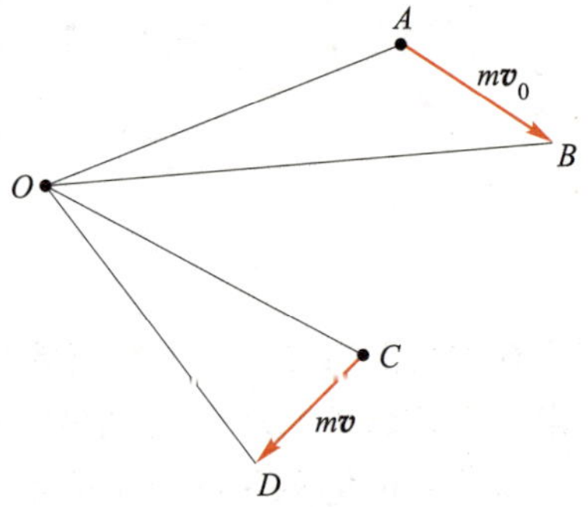

图 5.2-5　在通过 O 点的外力作用下, 角动量 (面积速度) 不变

由于角动量是矢量, 因此当外力对定点的力矩虽不为零, 但其某一分量为零时, 角动量的该分量守恒:

$$\begin{aligned}&\text{若 } M_x=0, \text{ 则 } L_x=\text{常量}\\&\text{若 } M_y=0, \text{ 则 } L_y=\text{常量}\\&\text{若 } M_z=0, \text{ 则 } L_z=\text{常量}\end{aligned} \tag{5.2-5}$$

前面的推导是由 $\boldsymbol{F}=\dfrac{\mathrm{d}\boldsymbol{p}}{\mathrm{d}t}$ 导出角动量定理 (5.2-2) 式. 该公式也是牛顿第二定律

$\boldsymbol{F}=\frac{\mathrm{d}\boldsymbol{p}}{\mathrm{d}t}$的等价形式. 为了进一步证明这一结论，我们还需由（5.2-2）式导出 $\boldsymbol{F}=\frac{\mathrm{d}\boldsymbol{p}}{\mathrm{d}t}$. 推导过程如下.

$$\begin{aligned}\boldsymbol{M}&=\frac{\mathrm{d}\boldsymbol{L}}{\mathrm{d}t}\\&=\frac{\mathrm{d}(\boldsymbol{r}\times\boldsymbol{p})}{\mathrm{d}t}\\&=\frac{\mathrm{d}\boldsymbol{r}}{\mathrm{d}t}\times\boldsymbol{p}+\boldsymbol{r}\times\frac{\mathrm{d}\boldsymbol{p}}{\mathrm{d}t}\\&=\boldsymbol{v}\times\boldsymbol{p}+\boldsymbol{r}\times\frac{\mathrm{d}\boldsymbol{p}}{\mathrm{d}t}\\&=\boldsymbol{0}+\boldsymbol{r}\times\frac{\mathrm{d}\boldsymbol{p}}{\mathrm{d}t}\end{aligned}$$

于是

$$\boldsymbol{r}\times\boldsymbol{F}=\boldsymbol{r}\times\frac{\mathrm{d}\boldsymbol{p}}{\mathrm{d}t}$$

即

$$\boldsymbol{r}\times\left(\boldsymbol{F}-\frac{\mathrm{d}\boldsymbol{p}}{\mathrm{d}t}\right)=\boldsymbol{0} \tag{5.2-6}$$

因（5.2-2）式对于选择惯性参考系中任意固定点为原点都应成立，即（5.2-6）式对任意 $\boldsymbol{r}$ 都成立，故有

$$\boldsymbol{F}=\frac{\mathrm{d}\boldsymbol{p}}{\mathrm{d}t}$$

证明完毕.

$\boldsymbol{F}=\frac{\mathrm{d}\boldsymbol{p}}{\mathrm{d}t}$和 $\boldsymbol{M}=\frac{\mathrm{d}\boldsymbol{L}}{\mathrm{d}t}$在数学形式上完全一样，第三章关于动量的概念、结论、定理与定律可完全照搬到角动量，只需将动量改成角动量，力改成力矩，冲量改成冲量矩. 这一点在学习角动量这章内容时要特别注意. 这也是物理学逻辑上一致性的必然结果. 除此以外，角动量还具有与面积速度成正比的意义，为面积速度的 $2m$ 倍.

例题1 锥摆.

摆长为 b 的锥摆作匀速圆周运动，摆线与竖直轴成 α 角，求摆球速率.

解： 我们知道，在锥摆的运动过程中，摆球相对支点 O' 的角动量 $\boldsymbol{L}'=\boldsymbol{r}'\times m\boldsymbol{v}$ 位于过 O' 点的竖直轴 $O'O$ 和以 O' 点为原点摆球的位矢 $\boldsymbol{r}'$ 组成的平面内，且与 $\boldsymbol{r}'$ 垂直，如图 5.2-6 所示. 尽管 $\boldsymbol{L}'$ 的大小恒定，但其方向随时间而变，即 $\boldsymbol{L}'=\boldsymbol{L}'(t)$. 若将角动量矢量 $\boldsymbol{L}'$ 的尾部画在同一点 O'，则 $\boldsymbol{L}'(t)$ 也将画出一个锥面. 可以把 $\boldsymbol{L}'(t)$ 分解成平行于 $O'O$ 轴的分量 $\boldsymbol{L}'_z$和垂直于 $O'O$ 轴的分量（水平分量）$\boldsymbol{L}'_\perp$ 两部分:

$$L'_z=mvb\sin\alpha$$

$$L'_\perp=mvb\cos\alpha$$

很明显，$\boldsymbol{L}'$ 的 z 方向分量 $\boldsymbol{L}'_z$的大小和方向都是恒定不变的，但 $\boldsymbol{L}'$ 的垂直于 $O'O$ 轴的分量 $\boldsymbol{L}'_\perp$ 则随

时间变化. $L'_\perp$ 的方向沿摆球运动圆周的半径，正是这一分量方向的变化导致角动量 L' 的变化. 可以看出

$$|\Delta L'|=|\Delta L'_\perp|=L'_\perp\Delta\theta=mvb\cos\alpha\Delta\theta \quad (1)$$

根据角动量定理，角动量的变化取决于外力矩的冲量. 在锥摆运动过程中，作用于摆球的外力有张力和重力两部分，但张力对支点 O' 无力矩，重力的力矩位于垂直 $O'O$ 的平面内，方向与圆周半径垂直. 正是此力矩的作用，使角动量 L' 随时间而变. 但重力的力矩 $M=mgb\sin\alpha$ 与 $O'O$ 轴垂直，无轴向分量，故角动量在 $O'O$ 轴向的分量 L'_z 的大小和方向恒定不变，M 的作用是引起 $L'_\perp$ 方向的变化. 故有

$$|\Delta L'|=|\Delta L'_\perp|=mgb\sin\alpha\Delta t \quad (2)$$

而由几何关系，有

$$v\Delta t=b\sin\alpha\Delta\theta \quad (3)$$

由 (1) 式、(2) 式、(3) 式即得

$$v=\sin\alpha\sqrt{\frac{gb}{\cos\alpha}}$$

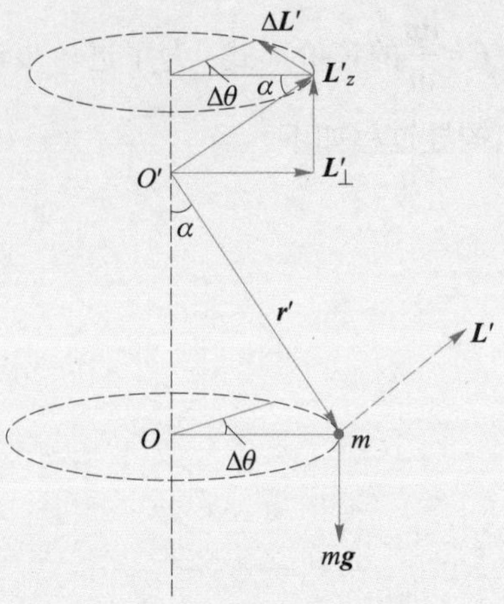

图 5.2-6　锥摆

从这一例子可以看出，尽管锥摆作匀速率圆周运动，但其对支点 O' 的角动量并不恒定. 另外，对某一点的角动量沿某一方向的分量，与角动量并不相同. 在此题中，角动量沿 z 方向的分量守恒，但角动量本身却不守恒.

例题2 **如图 5.2-7 所示，一质量为 m 的物块拴在穿过小孔的轻绳的一端，在光滑水平台面上以角速度 ω_0 作半径为 r_0 的圆周运动，自 $t=0$ 时刻起，手拉着绳的另一端以匀速率 v 缓慢向下运动，使半径逐渐减小，试求：(1) 角速度与时间的关系 $\omega(t)$；(2) 绳子的拉力与时间的关系.**

解：(1) 质点 m 在水平方向仅受通过小孔的绳子张力的作用，它相对于小孔的角动量守恒. 当质点与小孔的距离为 r 时，设其角速度的大小为 ω，则有

$$m\omega rr=m\omega_0r_0r_0$$

由此得

$$\omega=\frac{r_0^2}{r^2}\omega_0$$

由题意，$r=r_0-vt$，代入上式，

$$\omega=\frac{r_0^2}{(r_0-vt)^2}\omega_0$$

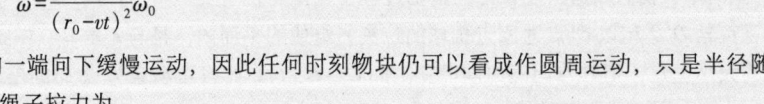

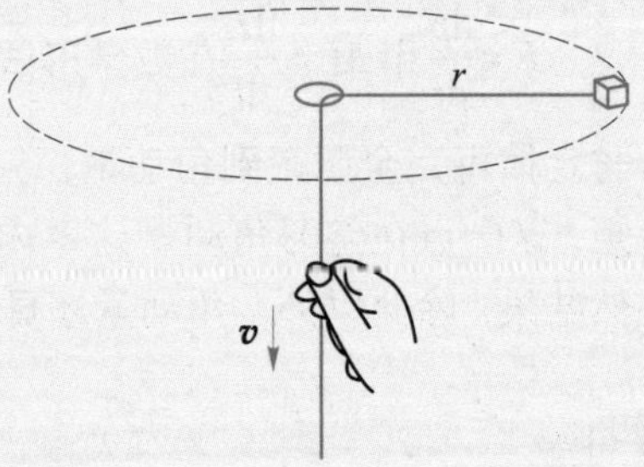

图 5.2-7

(2) 由于手拉的一端向下缓慢运动，因此任何时刻物块仍可以看成作圆周运动，只是半径随时间缓慢减小. 于是绳子拉力为

$$F\approx m\omega^2r=\frac{mr_0^4\omega_0^2}{(r_0-vt)^3}$$

作为比较，我们也可以由动能定理来解本题. 因物块任何时刻均可以看成作圆周运动，只是半径缓慢减小，故拉力也随半径而变. 设半径为 r 时物块速度大小为 v，由动能定理，有

$$\boldsymbol{F}\cdot \mathrm{d}\boldsymbol{r}=\mathrm{d}E_{\mathrm{k}}$$

即

$$-\frac{mv^2}{r}\mathrm{d}r=\mathrm{d}\left(\frac{1}{2}mv^2\right)=mv\mathrm{d}v$$

或

$$-\frac{\mathrm{d}r}{r}=\frac{\mathrm{d}v}{v}$$

两边积分，

$$\int_{r_0}^{r}-\frac{\mathrm{d}r}{r}=\int_{v_0}^{v}\frac{\mathrm{d}v}{v}$$

得

$$\ln\frac{r_0}{r}=\ln\frac{v}{v_0}$$

即

$$vr=v_0r_0$$

或

$$m\omega r^2=m\omega_0r_0^2$$

与上面用角动量守恒定律所得结果相同. 可见，用角动量守恒定律解本题似乎要方便得多，而且也并不要求拉速缓慢. 但是，角速度的概念只能用于圆周运动，拉速很快时角速度概念不适用，也就不存在 $\omega(t)$.

例题3 在半顶角为 α 的圆锥面内壁离锥顶 h 高处以一定初速度沿内壁水平射出一质量为 m 的小球，设锥面内壁是光滑的［图 5.2-8(a)］.

(1) 为使小球在 h 高度的水平面上作匀速圆周运动，初速 v_0 应为多少？

(2) 若初速 $v_1=2v_0$，求小球在运动过程中的最大高度和最小高度.

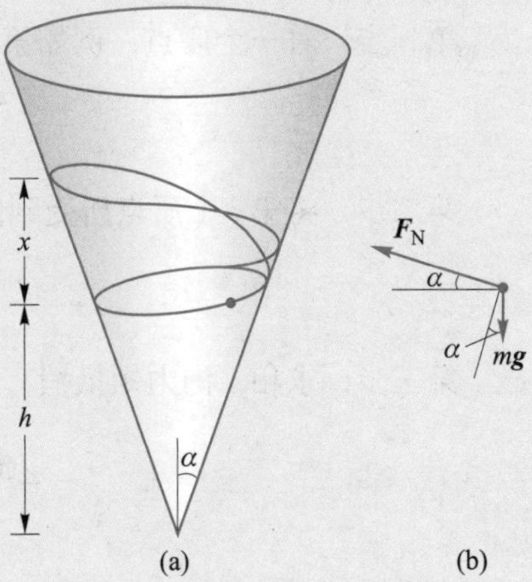

图 5.2-8

解：(1) 小球在重力 mg 和内壁支承力 $\boldsymbol{F}_{\mathrm{N}}$ 作用下作圆周运动［图 5.2-8(b)］，故有

$$mg\cot\alpha=mv_0^2/R \qquad (1)$$

R 是圆周半径. 将 $R=h\tan\alpha$ 代入上式，得

$$v_0=\sqrt{gh}$$

(2) 当初速大于 v_0 时，小球不可能维持在原来水平面上作圆周运动，因为这样不满足 (1) 式，小球对内壁施予更大的正压力，反过来内壁对小球施予更大的支承力，于是小球所受的合力在竖直方向的分量不为零，小球有竖直向上的加速度分量，小球必上升；但小球又不可能停留在某个高一些的水平面上作匀速圆周运动，小球必在一定的上下高度间往返作类似螺旋状的运动. 这是因为小球在竖直方向的加速度分量和速度分量不能同时为零，类似于单摆在质点运动轨迹切线方向的加速度分量与速度分量不能同时为零的情况. 为了求这两个极限高度，我们来寻找小球运动的守恒量. 首先，机械能必守恒，因为小球在重力场中运

动，且支承力 F_N 不做功. 其次，小球在作转动，如果还有守恒量，另一个守恒量必然是角动量或其分量. 不难发现，由于外力 F_N 和 mg 都在过 z 轴的平面内，因此外力矩无 z 方向分量，即 $M_z=0$，因而 $L_z=$常量. 用 $h+x$ 表示极限高度，注意到在极限高度上，小球速度必沿水平方向，于是可列出以下两个守恒方程.

能量守恒:

$$\frac{1}{2}mv^2+mg(h+x)=\frac{1}{2}mv_1^2+mgh \tag{2}$$

角动量的 z 分量守恒:

$$(h+x)\tan\alpha\cdot mv=h\tan\alpha\cdot mv_1 \tag{3}$$

由（2）式、（3）式可得 x 的三次方程:

$$2gx^3+(4gh-v_1^2)x^2-2h(v_1^2-gh)x=0 \tag{4}$$

由（4）式可见，$x=0$ 必为一个解. 这是合理的，因为出射速度沿水平方向，该高度必为一极值. 消去 x 后，得 x 的二次方程:

$$2gx^2+(4gh-v_1^2)x-2h(v_1^2-gh)=0$$

将 $v_1=2v_0=2\sqrt{gh}$ 代入上式，即得

$$x=\sqrt{3}h$$

这里舍去了负根. 即小球在 h 和 $(1+\sqrt{3})h$ 两极限高度间往返运动.

5.3 质点系角动量定理

对照关于动量的内容，利用普遍法则将角动量定理和角动量守恒定律从单个质点推广到质点系.

第一步：对一个质点，例如第 i 个质点应用角动量定理.

$$\boldsymbol{M}_i=\frac{\mathrm{d}\boldsymbol{L}_i}{\mathrm{d}t}$$

第二步：将第 i 个质点所受到的力矩分为内力矩和外力矩

$$\boldsymbol{M}_{i内}+\boldsymbol{M}_{i外}=\frac{\mathrm{d}\boldsymbol{L}_i}{\mathrm{d}t} \tag{5.3 1}$$

第三步：求和，内力矩抵消，则有

$$\sum\boldsymbol{M}_{i内}+\sum\boldsymbol{M}_{i外}=\sum\frac{\mathrm{d}\boldsymbol{L}_i}{\mathrm{d}t}$$

$$\mathbf{0}+\boldsymbol{M}_{外}=\frac{\mathrm{d}\boldsymbol{L}}{\mathrm{d}t}$$

$$\boldsymbol{M}_{外}=\frac{\mathrm{d}\boldsymbol{L}}{\mathrm{d}t} \tag{5.3-2}$$

其中 $\boldsymbol{L}=\sum\boldsymbol{L}_i$ 为质点系的角动量；$\boldsymbol{M}_{外}$ 为质点系所受的外力矩. 再次强调，上述推导中涉及的所有力矩和角动量都是相对于同一个参考点（原点）而言的.

（5.3-2）式告诉我们，质点系的角动量的时间变化率等于作用在体系上的外力矩. 这就是质点系角动量定理的微分形式. 相应的质点系角动量定理积分形式:

$$\int_{t_1}^{t_2}\boldsymbol{M}_{外}\,\mathrm{d}t=\boldsymbol{L}_2-\boldsymbol{L}_1 \tag{5.3-3}$$

式中 $\int_{t_1}^{t_2}\boldsymbol{M}_{外}\,\mathrm{d}t$ 为体系所受外力的冲量矩. (5.3-3) 式说明，体系角动量的增量等于外力的冲量矩. (5.3-2) 式、(5.3-3) 式也可以写成分量形式.

质点系角动量定理指出，只有外力矩才对体系的角动量变化有贡献. 内力矩对体系角动量变化无贡献，但对角动量在体系内的分配是有作用的.

当外力矩为零，即

$$\boldsymbol{M}_{外}=\sum_i \boldsymbol{M}_{i外}=\boldsymbol{0}$$

时，有

$$\boldsymbol{L}=常矢量 \tag{5.3-4}$$

即质点系的角动量守恒. 此即质点系角动量守恒定律.

下面给出 $\boldsymbol{M}_{外}=\boldsymbol{0}$ 的三种不同情况.

(1) 体系不受外力，即 $\boldsymbol{F}_i=\boldsymbol{0}$（孤立体系），显然有 $\boldsymbol{M}_{外}=\sum\limits_i \boldsymbol{M}_{i外}=\boldsymbol{0}$. 但是一般来说，当质点系受外力作用时，即使外力的矢量和为零，外力矩的矢量和也未必为零，力偶就是这种情况.

(2) 所有的外力通过参考点（原点）时，体系所受外力的矢量和未必为零，但每个外力的力矩皆为零.

(3) 每个外力的力矩不为零，但外力矩的矢量和为零. 例如，对重力场中的质点系，作用于各质点的重力对质心的力矩不为零，但所有重力对质心的力矩的矢量和却为零.

另外，由于角动量守恒定律的表示式是矢量式，它有三个分量，因此各分量可以分别守恒，即

$$\begin{aligned}&若\ M_x=0,\ 则\ L_x=常量\\&若\ M_y=0,\ 则\ L_y=常量\\&若\ M_z=0,\ 则\ L_z=常量\end{aligned} \tag{5.3-5}$$

其中 M_x、M_y、M_z 指外力矩分量.

例题1 如图 5.3-1 所示，轻绳跨过半径为 R 的轻滑轮，一端系一重物，质量为$\dfrac{m}{2}$，另一端被质量为 m 的人抓住. 人从静止开始上爬，为使自己不往下降，人必须以多大的加速度 a' 相对绳上爬?

解： 试以滑轮中心 O 为定点来考察人与重物体系的角动量. 设重物上升的速度为 $\dot{y}_1$，人上升的速度相对地面为 $\dot{y}_2$，相对绳为 $\dot{y}'$，则 $\dot{y}_2=\dot{y}'-\dot{y}_1$，体系相对 O 点的角动量均沿 z 轴，在 z 轴上的投影为

$$L=\frac{m}{2}\dot{y}_1R-m\dot{y}_2R=\frac{m}{2}\dot{y}_1R-m(\dot{y}'-\dot{y}_1)R$$

角动量的时间变化率为

$$\frac{\mathrm{d}L}{\mathrm{d}t}=\frac{m}{2}\ddot{y}_1R-m(\ddot{y}'-\ddot{y}_1)R$$

$$=\frac{3}{2}m\,\ddot{y}_1R-m\,\ddot{y}'R$$

作用在体系上的外力有重力、绳的张力和悬挂点的拉力，但拉力和张力对 O 点的力矩为零，故外力矩为

$$M=mgR-\frac{m}{2}gR=\frac{1}{2}mgR$$

由体系角动量定理可知

$$\frac{3}{2}m\ddot{y}_1R-m\ddot{y}'R=\frac{1}{2}mgR$$

为使人不下降，$\ddot{y}_2=\ddot{y}'-\ddot{y}_1=0$，即 $\ddot{y}_1=\ddot{y}'$，代入上式，有

$$\frac{3}{2}m\ddot{y}'R-m\ddot{y}'R=\frac{1}{2}mgR$$

故

$$a'=\ddot{y}'=g$$

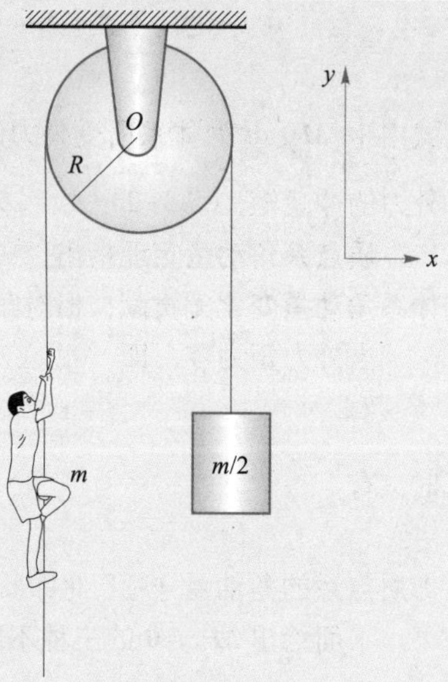

图 5.3-1

例题2 质量为 m 的两小球系于轻弹簧的两端，置于光滑水平桌面上．当弹簧处于自然状态时，长为 a，弹簧的弹性系数为 k．今两球同时受冲力作用，各获得与连线垂直的等值反向的初速度，若在以后运动过程中弹簧的最大长度 $b=2a$，求两球的初速度大小 v_0（图 5.3-2）．

解： 以初始时刻两球连线中点 O 为定点来考察体系的角动量．初始时，

$$L=mv_0\,\frac{a}{2}+mv_0\,\frac{a}{2}=mv_0a$$

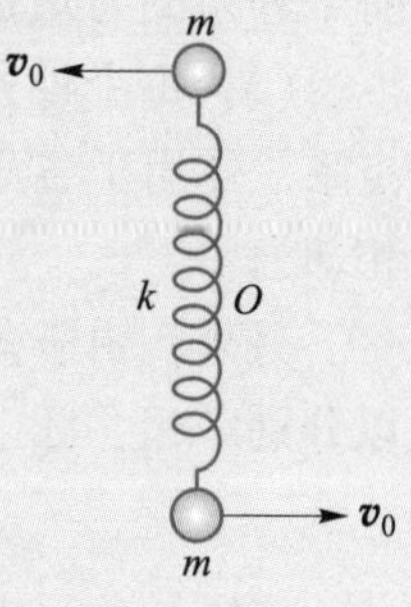

图 5.3-2

体系水平方向不受外力，竖直方向外力的合力为零，体系角动量守恒．当弹簧达到最大伸长时，小球无径向速度，体系的角动量为

$$L'=mv\,\frac{b}{2}+mv\,\frac{b}{2}=mvb$$

由于

$$L=L'$$

因此

$$mv_0a=mvb \tag{1}$$

体系机械能也守恒，由此可得另一关系式：

$$\frac{1}{2}mv_0^2+\frac{1}{2}mv_0^2=\frac{1}{2}mv^2+\frac{1}{2}mv^2+\frac{1}{2}k(b-a)^2$$

即

$$mv_0^2=mv^2+\frac{1}{2}k(b-a)^2 \tag{2}$$

由（1）式、（2）式消去 v，即得

$$v_0=b\sqrt{\frac{k(b-a)}{2m(b+a)}}$$

将 $b=2a$ 代入，得

$$v_0=a\sqrt{\frac{2k}{3m}}$$

5.4 质心系中的角动量定理

当在质心系中考察体系相对质心的角动量随时间的变化时，质心是固定点，选为坐标原点. 如果质心系是惯性系，角动量定理当然适用. 如果质心系是非惯性系，只要加上惯性力，牛顿运动定律仍然适用；因而只要加上相应的惯性力矩，角动量定理仍成立. 用 $\boldsymbol{L}'$ 表示在质心系中体系相对质心的角动量，$\boldsymbol{M}'_{外}$ 表示外力对质心的力矩，$\boldsymbol{M}'_{惯}$ 表示惯性力对质心的力矩，则有

$$\boldsymbol{M}'_{外}+\boldsymbol{M}'_{惯}=\frac{\mathrm{d}}{\mathrm{d}t}\boldsymbol{L}'$$

但由于质心系是平动系，惯性力的大小与质点质量成正比，方向均与质心加速度相反，这样的力与重力一样，对质心的总力矩为零［参见（5.1-6）式］，即 $\boldsymbol{M}'_{惯}=\boldsymbol{0}$，于是有

$$\boldsymbol{M}'_{外}=\frac{\mathrm{d}\boldsymbol{L}'}{\mathrm{d}t} \tag{5.4-1}$$

即质点系相对质心的角动量的时间变化率等于外力相对质心的力矩的矢量和. 此即质心系中角动量定理的微分形式. 与（5.4-1）式相应的积分形式为

$$\int_{t_1}^{t_2}\boldsymbol{M}'_{外}\mathrm{d}t=\boldsymbol{L}'_2-\boldsymbol{L}'_1 \tag{5.4-2}$$

即质点系相对质心的角动量的增量等于外力相对质心的冲量矩. 结果与惯性系中相同. 可见，无论质心系是惯性系还是非惯性系，在质心系中，角动量定理仍然适用.

（5.4-1）式、（5.4-2）式也可以写成分量形式.

当外力矩为零时，体系相对质心的角动量守恒. 即当 $\boldsymbol{M}'_{外}=\boldsymbol{0}$ 时，

$$\boldsymbol{L}'=常矢量 \tag{5.4-3}$$

此即质心系中的角动量守恒定律.（5.4-3）式也有相应的分量式.

类似于柯尼希定理，下面导出两个参考系中的角动量关系.

在惯性系中，质点系相对坐标原点的角动量：

$$\boldsymbol{L}=\sum_i \boldsymbol{r}_i\times m_i\boldsymbol{v}_i$$

以 $\boldsymbol{r}_C$ 表示质点系质心的位矢，取质心为质心系的坐标原点，$\boldsymbol{r}'_i$ 表示质点 i 在质心系中的位矢，$\boldsymbol{v}_C$ 表示质心速度，$\boldsymbol{v}'_i$ 表示质点 i 在质心系中的速度，则 $\boldsymbol{r}_i=\boldsymbol{r}_C+\boldsymbol{r}'_i$，$\boldsymbol{v}_i=\boldsymbol{v}_C+\boldsymbol{v}'_i$，代入上式，得

$$\begin{aligned}\boldsymbol{L}&=\sum_i(\boldsymbol{r}_C+\boldsymbol{r}'_i)\times m_i(\boldsymbol{v}_C+\boldsymbol{v}'_i)\\&=\boldsymbol{r}_C\times\boldsymbol{p}+\sum_i\boldsymbol{r}'_i\times m_i\boldsymbol{v}'_i+\boldsymbol{r}_C\times\sum_i m_i\boldsymbol{v}'_i+\left(\sum_i m_i\boldsymbol{r}'_i\right)\times\boldsymbol{v}_C\end{aligned}$$

根据质心和质心系的性质，上式后两项为零，于是

$$\boldsymbol{L}=\boldsymbol{r}_C\times\boldsymbol{p}+\sum_i\boldsymbol{r}'_i\times m_i\boldsymbol{v}'_i=\boldsymbol{r}_C\times\boldsymbol{p}+\boldsymbol{L}' \tag{5.4-4}$$

式中 $\boldsymbol{p}=\left(\sum_i m_i\right)\boldsymbol{v}_C$ 为体系动量，亦即质心的动量，$\boldsymbol{L}'$ 为体系在质心系中取质心为

坐标原点的角动量. 而角动量 $\boldsymbol{r}_C\times\boldsymbol{p}$ 等于质量全部集中于质心，并以质心速度运动的质点相对于坐标原点的角动量，通常称为质心角动量.（5.4-4）式表示体系在惯性系中的角动量等于质心角动量与体系在质心系中的角动量之和. 这里所谓体系在质心系中的角动量，就是指在质心系中体系对质心的角动量.

正如前面所指出的，质心参考系是一种非常特殊和十分重要的参考系. 许多力学问题在质心系中分析变得简单. 读者要养成在质心系中分析力学问题的习惯，熟悉在质心系中一些物理量与在一般参考系中相应的物理量之间的关系. 为此列表总结如下（表 5.4-1）.

表 5.4-1　在不同参考系中观测的物理量之间的关系

物理量	惯性参考系	关系式	质心参考系
动量	$\boldsymbol{p}$	$\boldsymbol{p}=m\boldsymbol{v}_C+\boldsymbol{p}'$	$\boldsymbol{p}'$
动能	E_k	$E_k=\frac{1}{2}mv_C^2+E_k'$	E_k'
势能	E_p	$E_p=0+E_p'$	E_p'
角动量	$\boldsymbol{L}$	$\boldsymbol{L}=\boldsymbol{r}_C\times(m\boldsymbol{v}_C)+\boldsymbol{L}'$	$\boldsymbol{L}'$

上表中的关系式写成这种形式主要是为了体现对称性，所有的物理量均表达为惯性参考系中的物理量等于质心的相应物理量加上质心参考系中的相应物理量. 其实 $\boldsymbol{p}'=\boldsymbol{0}$. 所谓质心的势能为零，可以理解为不可能出现新的保守力. 表中的惯性参考系也可为一般参考系，只要一般参考系与质心参考系为平动关系.

5.5　质点在有心力场中的运动

（1）有心力场.

在第四章中，我们曾提到过有心力. 所谓有心力，就是方向始终指向（或背向）固定中心的力，其表示式可写成

$$\boldsymbol{F}=F(\boldsymbol{r})\boldsymbol{e}_r \tag{5.5-1}$$

式中 $\boldsymbol{e}_r$ 是以固定中心为原点的径矢的单位矢量. 该固定中心称为力心. 在许多场合，有心力的大小仅与考察点至力心的距离有关，即

$$\boldsymbol{F}=F(r)\boldsymbol{e}_r \tag{5.5-2}$$

这样的有心力称为各向同性有心力，或保守有心力，通常就简称为有心力. 当 $F(r)>0$ 时，$\boldsymbol{F}$ 为斥力；当 $F(r)<0$ 时，$\boldsymbol{F}$ 为引力. 我们主要讨论质点在这种保守有心力作用下的运动. 为行文简单起见，以后我们讲有心力，就是指保守有心力. 有心力存在的空间称为有心力场.

质点在有心力场中的运动问题是常见的，如小物体在大物体的万有引力、库仑力或分子力等作用下的运动问题都是质点在有心力场中的运动问题，因为此时力的中心（大物体）可近似视为固定. 即使是一般的两个物体的运动，只要它们远离其他物体，它们之间的作用力又沿着它们的连线，且仅与两者间距离有关（这样的力通

常也称有心力)，它们的运动就可以化为单个物体在固定力心的有心力场中的运动问题.

(2) 有心力场中质点运动的一般特征.

设物体（视为质点）的质量为 m，在有心力作用下，其运动方程为

$$m\ddot{\boldsymbol{r}}=F(r)\boldsymbol{e}_r \tag{5.5-3}$$

(i) 运动必定在一个平面上.

由于质点所受的力始终指向中心，因此当质点在初始时刻的速度给定后，质点以后的运动就只可能在初速度和初始径矢所构成的平面内，因为在与该平面垂直的方向上，质点既无速度，又不受力.

(ii) 两个守恒量.

若取力心为坐标原点，则有心力对原点的力矩为零，故质点对原点的角动量守恒，即

$$\boldsymbol{L}=\boldsymbol{r}\times m\boldsymbol{v}=\text{常矢量}$$

在平面极坐标系中（图 5.5-1），

$$\boldsymbol{v}=\dot{r}\boldsymbol{e}_r+r\dot{\theta}\boldsymbol{e}_\theta$$

故

$$\begin{aligned}\boldsymbol{L}&=r\boldsymbol{e}_r\times m(\dot{r}\boldsymbol{e}_r+r\dot{\theta}\boldsymbol{e}_\theta)\\&=mr^2\dot{\theta}(\boldsymbol{e}_r\times\boldsymbol{e}_\theta)\end{aligned}$$

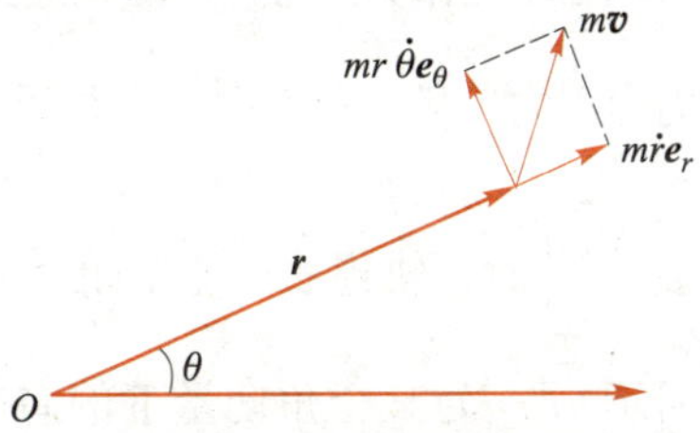

图 5.5-1　质点角动量的平面极坐标表示

$\boldsymbol{e}_r\times\boldsymbol{e}_\theta$ 是一个不变的单位矢量，方向垂直于运动平面. 故角动量守恒定律可简写成

$$mr^2\dot{\theta}=L\ (\text{常量}) \tag{5.5-4}$$

既然质点角动量守恒，质点径矢的面积速度保持不变.

由于有心力是保守力，质点的机械能也守恒，即

$$E_\text{k}+E_\text{p}=\frac{1}{2}mv_r^2+\frac{1}{2}mv_\theta^2+V(r)=E\ (\text{常量})$$

或

$$E_\text{k}+E_\text{p}=\frac{1}{2}m(\dot{r}^2+r^2\dot{\theta}^2)+V(r)=E\ (\text{常量}) \tag{5.5-5}$$

式中 $V(r)$ 为质点在有心力场中的势能.

(5.5-4) 式和 (5.5-5) 式中的 L 和 E 这两个常量由初始条件决定，即由初始时刻的 $\boldsymbol{r}_0$、$\boldsymbol{v}_0$ 或 r_0、$\dot{r}_0$、$\dot{\theta}_0$ 决定.

(iii) 质点的运动轨迹.

有心力作用下的二维运动与保守力作用下的一维运动不同. 一维运动的特征完全由能量 E(常量)决定. 例如一维弹簧振子的运动满足能量守恒定律：

$$\frac{1}{2}m\dot{x}^2+\frac{1}{2}kx^2=E$$

虽然能量 E 只能确定速度的大小，不能确定速度的方向，但因为运动发生在一直线上，在开始时刻，运动的方向（即所沿的直线）就完全确定了. 但二维运动则不同，

其速度的方向是可变的，$\boldsymbol{v}=v_r\boldsymbol{e}_r+v_\theta\boldsymbol{e}_\theta$，速度的两个分量都随时间而变．这时，机械能不仅分配在动能和势能之间，而且在径向运动和横向运动之间调配．所以，有心力作用下的二维运动由 E= 常量和 L= 常量两个条件共同决定．也就是说，在有心力作用下的质点运动，一方面，r、v_r、v_θ 应满足机械能守恒定律，另一方面，它们还得保证角动量守恒，即质点的运动由（5.5-4）式和（5.5-5）式共同决定．这两个方程是关于 r、θ 及它们的时间导数的联系方程，在一定的初始条件下，当 $V(r)$ 为已知时，从原则上讲，通过求解这两个方程，总可以求得 $r(t)$ 和 $\theta(t)$．由 $r(t)$、$\theta(t)$ 消去 t，就得到轨迹方程．因而质点的运动轨迹完全由 $V(r)$ 的具体形式及初始条件确定．

在有心力作用下的质点轨迹，分为有限与无限两类．所谓无限，是指轨迹的径矢可以趋于无限大．而有限的轨迹又可分为闭合和不闭合两大类．可以证明，只有当作用力为引力，且作用力的大小与质点至力心距离 r 的关系为 kr 或 $\frac{C}{r^2}$ $\left[\text{对应的 } V(r)\propto\frac{1}{2}kr^2 \text{ 或} -\frac{C}{r}\right]$ 时，轨迹才可能是闭合的．质点轨迹与 $V(r)$ 及总能量 E 的关系如表 5.5-1 所示．$E_{\min}$ 为某个角动量下的有效势能 V_{equ} 的最小值，V_{equ} 下面给出．$E_{\min}$ 为图 5.5-2 中的 E_0．角动量相同的所有轨迹中圆形轨迹能量最低．

表 5.5-1

能量		轨迹			
势能	**力**	$E>0$	$E=0$	$E_{\min}<E<0$	$E=E_{\min}$
$V(r)\sim r^2$	$F\sim -kr$	椭圆	—	—	—
$V(r)\sim\frac{-1}{r}$	$F\sim\frac{-1}{r^2}$	双曲线	抛物线	椭圆	圆
$V(r)\sim\frac{1}{r}$	$F\sim\frac{1}{r^2}$	双曲线	—	—	—

（3）引力场中质点运动的有效势能与轨迹特征．

下面我们仅就引力场情况对轨迹特征作些定性讨论．在引力场中质点运动轨迹方程的推导过程将在下节给出．

设在有心力作用下质点的角动量为 L，总能量为 E，将由（5.5-4）式得到的 $\dot{\theta}$ 代入（5.5-5）式，得

$$\frac{1}{2}m\dot{r}^2+\frac{L^2}{2mr^2}+V(r)=E \tag{5.5-6}$$

这便是径矢 $\boldsymbol{r}$ 的大小 r 所满足的方程．它与一动能为 $\frac{1}{2}m\left(\frac{\mathrm{d}r}{\mathrm{d}t}\right)^2$、势能为 $\frac{L^2}{2mr^2}+V(r)$ 的一维运动的质点的能量守恒方程相同．我们用

$$V_{\text{equ}}(r)=\frac{L^2}{2mr^2}+V(r) \tag{5.5-7}$$

表示这等效的一维运动质点的势能，称为有效势能．有效势能由两部分组成，$L^2/(2mr^2)(>0)$ 是一等效的斥力势能，对应于有一斥力 $L^2/(mr^3)$ 作用在质点上；$V(r)$ 则视有心力的具体形式而定，对于在力源 m_0 的万有引力作用下的质点，其势能为

$$V(r)=-G\frac{m_0m}{r}$$

这时有效势能为

$$V_{\text{equ}}=\frac{L^2}{2mr^2}-G\frac{m_0m}{r} \tag{5.5-8}$$

图 5.5-2 画出了与（5.5-8）式对应的势能曲线，其中细实线为等效的斥力势能曲线，虚线为引力势能曲线，粗实线为有效势能曲线，它由斥力势能和引力势能两曲线叠加而成．

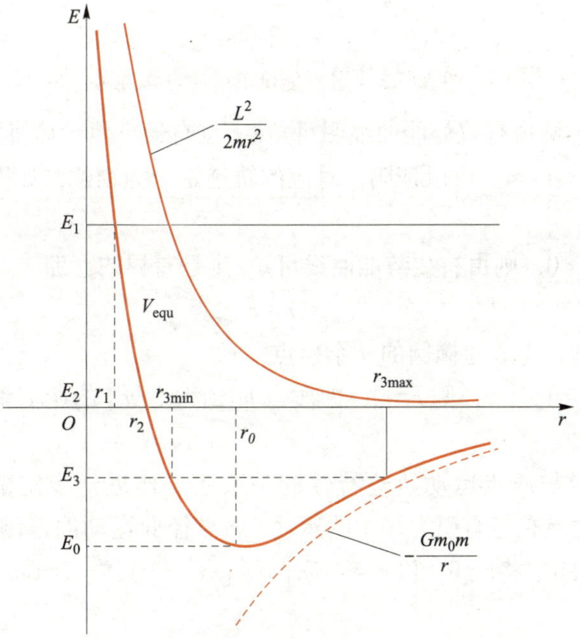

图 5.5-2　万有引力场中的有效势能曲线

利用有效势能曲线可以讨论质点运动径矢大小 r 的变化范围，此范围取决于质点的总能量 E.

（1）若 $E=E_1>0$，则由有效势能曲线图可知，r 有最小值 r_1，但最大值无限制，即 $r_1\leqslant r<\infty$．实际质点 m 在运动过程中除 r 随时间变化外，θ 亦随时间变化，若初始时质点位于 $\theta=\theta_0$、$r=\infty$ 处，则随着 m 接近 m_0，θ 由 θ_0 逐渐增大，其轨迹如图 5.5-3 中的曲线 C_1 所示．质点在轨迹上的不同位置对应不同的 r、θ 值，可用以 m_0 所在处为原点的径矢 $\boldsymbol{r}$ 表示．当 $\theta=\pi$ 时，$r=r_1$，m 离 m_0 最近．可以证明，此轨迹为一双曲线．

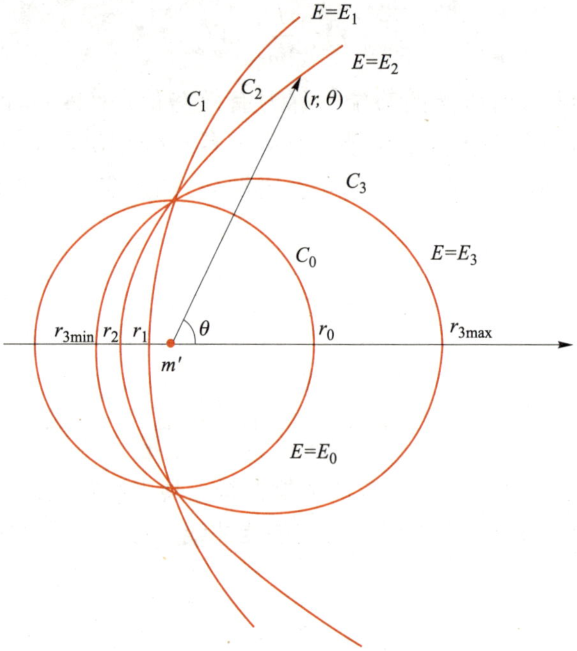

图 5.5-3　各种能量下的质点轨迹

（2）若 $E=0$，则由有效势能曲线图可知，r 也有最小值，其值为 r_2，比 r_1 略大. r 的变化范围为 $r_2 \leqslant r<\infty$. 可以证明，对应的轨迹是一抛物线，如图 5.5-3 中的曲线 C_2 所示.

（3）若 $E=E_3<0$，则由有效势能曲线可知，r 是有界的，即

$$r_{3\min} \leqslant r \leqslant r_{3\max}$$

对应的轨迹为椭圆，力心为椭圆的一个焦点.

（4）若 $E=E_0=V_{\text{equ极小}}$，则 $r=r_0$，即质点 m 到力心 m_0 的距离恒定不变，对应的轨迹为圆.

关于有效势能与质点运动轨迹特性的关系还可作进一步定量讨论. 为简单起见，我们仍讨论质点在万有引力场中的运动. 质点径向运动的范围由总能量决定，r 的极值则由 $\dot{r}=0$ 决定. 将 $\dot{r}=0$，$V(r)=-Gm_0m/r=-C/r$（其中 $C=Gm_0m$）代入（5.5-6）式，得

$$\frac{L^2}{2mr^2}-\frac{C}{r}=E \tag{5.5-9}$$

上式两边乘以 r^2/E，即得决定 r 范围的二次方程:

$$r^2+\frac{C}{E}r-\frac{L^2}{2mE}=0 \tag{5.5-10}$$

a. 当 $E=E_1>0$ 时，（5.5-10）式只有一个正根，此根即 r_1:

$$r_1=-\frac{C}{2E}+\sqrt{\left(\frac{C}{2E}\right)^2+\frac{L^2}{2mE}} \tag{5.5-11}$$

b. 当 $E=E_2=0$ 时，由（5.5-9）式，r 也只有一个根，此根即 r_2:

$$r_2=\frac{L^2}{2Cm} \tag{5.5-12}$$

c. 当 $E_0<E=E_3<0$ 时，（5.5-10）式有两个根，分别对应于 $r_{3\max}$ 和 $r_{3\min}$：

$$r_{3\max}=-\frac{C}{2E}+\sqrt{\left(\frac{C}{2E}\right)^2+\frac{L^2}{2mE}}$$
$$r_{3\min}=-\frac{C}{2E}-\sqrt{\left(\frac{C}{2E}\right)^2+\frac{L^2}{2mE}} \tag{5.5-13}$$

为保证根号内为正，其中 E 小于零但又大于一定值 E_0. $r_{3\max}$ 和 $r_{3\min}$ 之和的一半即椭圆轨迹的半长轴 a（图 5.5-4）. 而由韦达定理，得

$$a=\frac{1}{2}(r_{3\max}+r_{3\min})=-\frac{C}{2E} \tag{5.5-14}$$

可见，椭圆的半长轴只与能量有关，与角动量无关，能量越大，即 $|E|$ 越小，半长轴 a 就越大. 根据椭圆性质及韦达定理（图 5.5-4），椭圆的半短轴为

$$b=\sqrt{\left(\frac{r_{3\max}+r_{3\min}}{2}\right)^2-\left(\frac{r_{3\max}-r_{3\min}}{2}\right)^2}$$
$$=\sqrt{r_{3\max}r_{3\min}}=\sqrt{\frac{-L^2}{2mE}}=\frac{L}{\sqrt{-2mE}} \tag{5.5-15}$$

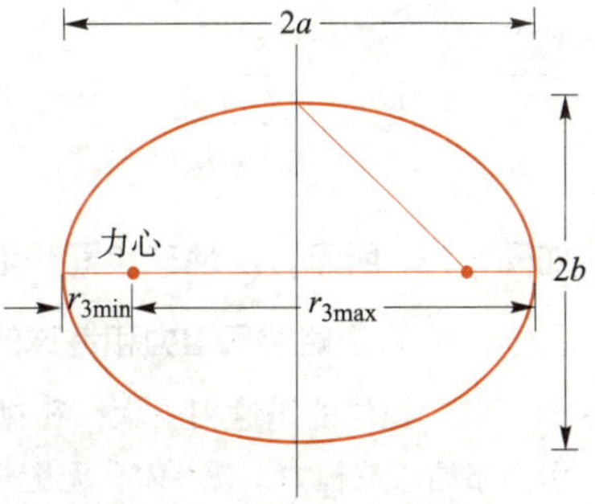

图 5.5-4 椭圆长、短轴与 $r_{3\max}$、$r_{3\min}$ 的关系

与能量和角动量都有关. 在能量一定的情况下，椭圆的半长轴一定，但半短轴则由角动量决定. 角动量越小，对应的半短轴越小，椭圆越扁；角动量越大，椭圆越胖. 其中角动量最大的对应圆（图 5.5-5）.

d. 当 $E=E_0=V_{\text{equ极小}}$ 时，（5.5-10）式也只有一个根，此根 r_0（即圆的半径）可由条件

$$\left(\frac{C}{2E}\right)^2+\frac{L^2}{2mE}=0 \tag{5.5-16}$$

求得，即

$$r_0=-\frac{C}{2E} \tag{5.5-17a}$$

但由（5.5-16）式，$E=E_0=-mC^2/(2L^2)$，代入（5.5-17a）式，r_0 又可写成

$$r_0=\frac{L^2}{Cm} \tag{5.5-17b}$$

对于其他形式的势能，可用有效势能作类似的讨论. 例如，当 $V(r)=-\frac{C}{r^n}$，$n>2$ 时，有效势能曲线如图 5.5-6 所示.

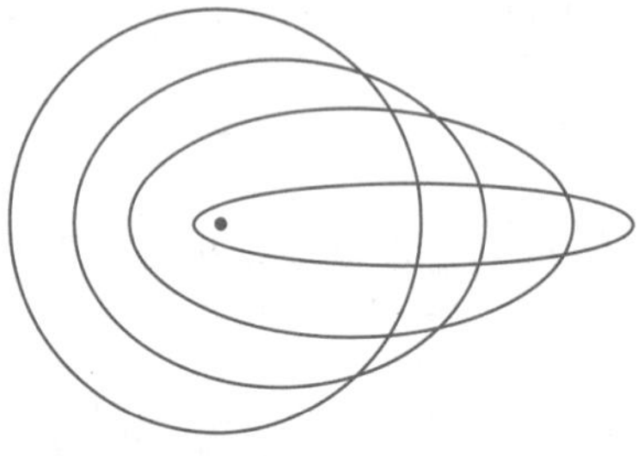

图 5.5-5　能量一定，角动量越小，椭圆越扁

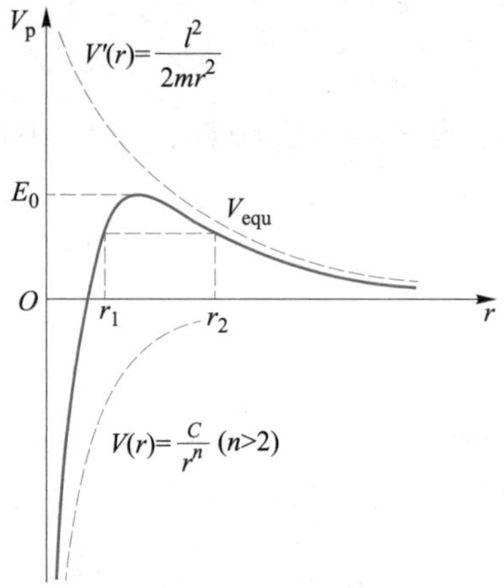

图 5.5-6　当引力势能中的 $n>2$ 时的有效势能曲线

例题　**如图 5.5-7 所示，从地球表面，沿着与竖直线成 $\alpha=60°$ 角的方向发射一抛体，初速率 $v_0=\sqrt{Gm_e/R_e}$，忽略空气阻力和地球的自转影响，问抛体能上升多高？**

解： 抛体的初速相当大，在抛体运动过程中地球的引力不能看成恒力. 取抛体在无穷远处的势能为零，则抛体发射时的机械能为

$$E=\frac{1}{2}mv_0^2-G\frac{m_e m}{R_e}=-\frac{1}{2}m\frac{Gm_e}{R_e}$$

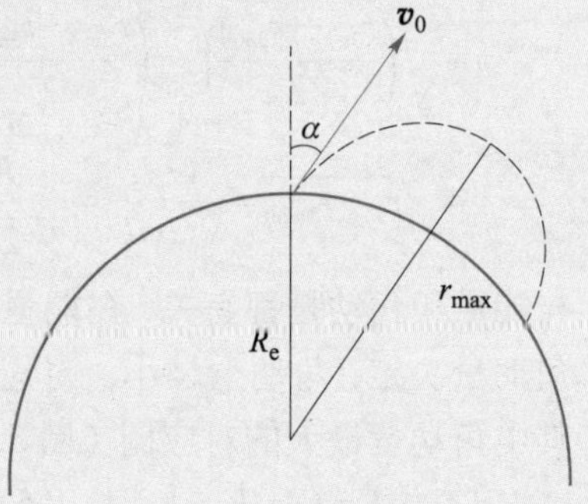

图 5.5-7

相对地球中心的角动量为

$$L=mv_0R_e\sin 60°=\frac{m}{2}\sqrt{3Gm_eR_e}$$

抛体在地球的引力场中运动，机械能和角动量均守恒，即

$$mr^2\dot{\theta}=L=\frac{m}{2}\sqrt{3Gm_eR_e} \qquad (1)$$

$$\frac{1}{2}m\dot{r}^2+\frac{1}{2}mr^2\dot{\theta}^2-G\frac{m_e m}{r}=E=-\frac{1}{2}m\frac{Gm_e}{R_e} \qquad (2)$$

由（1）式得

$$\dot{\theta}=\frac{1}{2r^2}\sqrt{3Gm_eR_e}$$

代入（2）式得

$$\frac{1}{2}m\dot{r}^2+\frac{1}{2}mr^2\cdot\frac{1}{4r^4}\cdot 3Gm_eR_e-G\frac{m_e m}{r}=-\frac{1}{2}m\frac{Gm_e}{R_e}$$

即

$$\frac{1}{2}m\dot{r}^2+\frac{3Gm_eR_em}{8r^2}-G\frac{m_e m}{r}=-\frac{1}{2}m\frac{Gm_e}{R_e} \qquad (3)$$

当抛体上升到最高时，$\dot{r}=0$，代入(3)式，并整理，即得 r 的二次方程：

$$4Gm_e r^2-8Gm_e R_e r+3Gm_e R_e^2=0 \tag{4}$$

解得

$$r_1=\frac{3}{2}R_e,\ r_2=\frac{1}{2}R_e(舍去)$$

故上升高度为

$$h=r_1-R=\frac{1}{2}R_e$$

5.6 开普勒定律和万有引力定律

（1）行星运动的开普勒定律.

在太阳系中，所有行星的质量都比太阳的质量小得多，以质量最大的木星为例，它的质量约为地球的318倍，但也只有太阳的9.5×10^{-4}，不到太阳质量的千分之一，因而行星在太阳的引力场中的运动可近似看成在以太阳为力心的有心力场中的运动，其中的势能为行星与太阳的引力势能. 根据上面的讨论，当行星总能量小于零时（这正是行星的情况），其轨道为椭圆. 描述行星运动规律的开普勒定律证明了这一点. 下面对开普勒定律作一介绍和说明.

开普勒（J.Kepler，1571—1630）在他的老师第谷（Tycho Brahe，1546—1601）对太阳系行星轨道长期观察所积累的丰富资料的基础上，用了近二十年时间，总结出了行星运动所遵循的三条定律（图5.6-1）:

（i）轨道定律. 每个行星都各在以太阳为焦点的一个椭圆轨道上运动.

（ii）面积定律. 由太阳到行星的径矢，在相等的时间内扫过相等的面积.

（iii）周期定律. 行星绕太阳运动的椭圆轨道半长轴a的立方与周期T的平方之比为常量，即

$$\frac{a^3}{T^2}=K \tag{5.6-1}$$

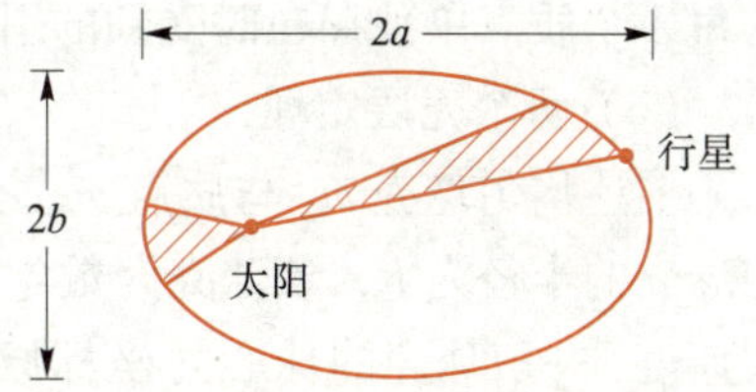

图5.6-1　行星在以太阳为焦点的椭圆轨道上运动，径矢的面积速度不变

其中常量K（称为开普勒常量）对所有行星均相同，仅与太阳性质有关（严格地说，K因行星不同而略有差异，见下一节内容）.

其中第一定律可以通过求出轨道方程直接证明；第二定律则是角动量守恒的直接结果；第三定律也可以由轨道方程和角动量守恒定律得到证明. 对大多数行星来说，运动轨道近似为圆（图5.6-2），在这种情况下，第三定律很容易证明（见本节例题）.

（2）万有引力定律.

万有引力定律定量描述了两个质点之间引力的大小和方向，其表现为两质点存在相互吸引力，方向沿两质点的连线方向，大小为

$$F=G\frac{m_1m_2}{r_{12}^2} \tag{5.6-2}$$

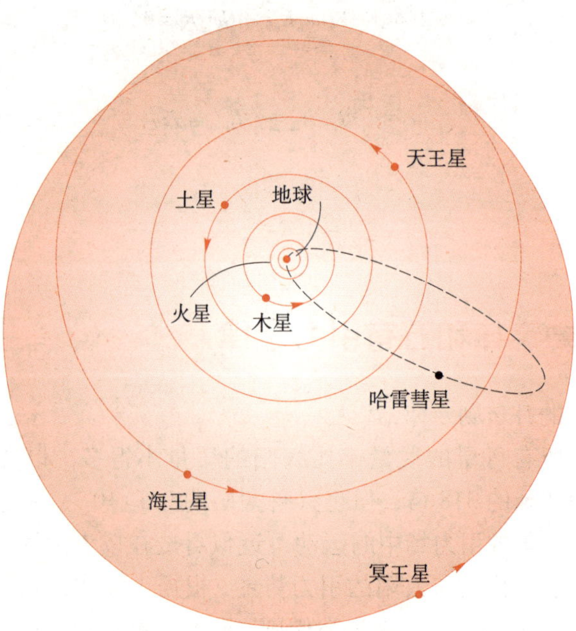

图 5.6-2　太阳系行星轨道大都近似为圆

其中，G 为引力常量，m_1、m_2 分别为两质点的质量，r_{12}为两质点之间的距离.

（i）引力的叠加原理.

某个质点受 N 个质点的引力等于 N 个质点中的每一个质点单独存在时受到的引力的矢量和.

（ii）两个壳层定理.

描述均匀球壳 m_2 与质点 m_1 之间的引力. 设均匀球壳的半径为 R，该球壳为数学上的几何面，没有厚度. 并取球壳的球心为坐标原点，如图 5.6-3 所示.

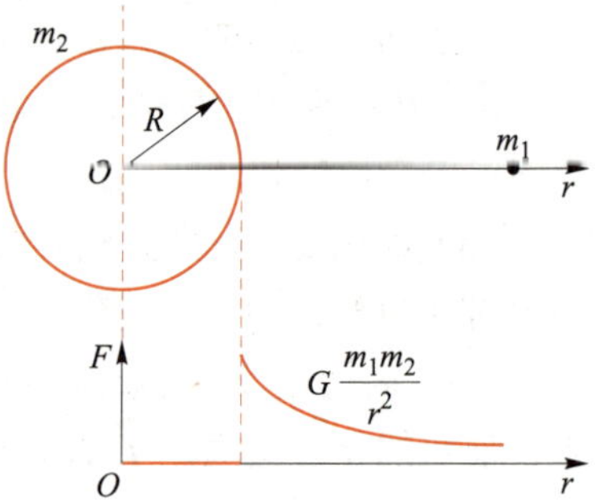

图 5.6-3

显然，m_1 受到 m_2 的引力大小具有球对称性，即与 m_1 到原点的距离有关.

壳层定理 1：当 $r>R$ 时，引力 F 的大小为 $G\dfrac{m_1m_2}{r^2}$，相当于 m_2 位于原点的质点与 m_1 的引力大小. 即，均匀球壳对其外部物体的引力可看作其质量集中到球心的质点对外部物体的引力.

壳层定理 2：当 $r<R$ 时，引力 F 为零. 即，均匀球壳对其内部物体的引力为零.

这两个定理均可以将球壳无限分割，分割后利用质点之间的万有引力定律加上引力叠加原理求证. 但是，这里我们并不希望读者去求证这两条定理，只希望读者记住这两条定理，并能应用这两条定理去解决关于物体之间的引力问题. 例如计算均匀球与质点之间的引力大小、均匀球与均匀球之间的引力大小等. 处理这类问题时，常常用到引力叠加原理.

$r=R$ 处的引力为多大，其答案为$\frac{1}{2}G\frac{m_1m_2}{R^2}$，这一点暂且知道就可以了，等学到静电学时是很容易理解的.

根据上述壳层引力结果，容易得到均匀球壳与质点之间的引力势能. 设均匀球壳的质量为 m_1，半径为 R，球心位于坐标原点，质点 m_2 距离原点 r，两者的引力势能为

$$E_p=\begin{cases}-G\frac{m_1m_2}{r} & (r\geqslant R)\\ -G\frac{m_1m_2}{R} & (r<R)\end{cases} \tag{5.6-3}$$

（3）由开普勒定律导出万有引力定律.

下面利用开普勒定律和牛顿运动定律来导出万有引力定律.

根据开普勒第二定律，行星必受以太阳为力心的有心力作用. 为求出此力 F 和行星与太阳距离 r 的关系，我们可利用功能原理. 由功能原理，行星动能的增量等于有心力所做的功，即

$$F\mathrm{d}r=\mathrm{d}E_k$$

所以

$$F=\frac{\mathrm{d}E_k}{\mathrm{d}r} \tag{5.6-4}$$

而在以太阳为极点的极坐标系中，行星动能可以表示为

$$E_k=\frac{1}{2}m(\dot{r}^2+r^2\dot{\theta}^2) \tag{5.6-5}$$

式中 m 为行星的质量. 由开普勒第一定律，行星在以太阳为焦点的椭圆轨道上运行. 此轨道用极坐标表示为

$$r=\frac{r_0}{1-e\cos\theta} \tag{5.6-6}$$

式中 r_0 为焦点参量，e 为偏心率. 用椭圆半长、短轴 a、b 表示，$r_0=\frac{b^2}{a}$，$e=\sqrt{1-\frac{b^2}{a^2}}$.

将（5.6-6）式对时间求导：

$$\dot{r}=\frac{-r_0e\sin\theta}{(1-e\cos\theta)^2}\dot{\theta}=-\frac{r^2}{r_0}e\sin\theta\cdot\dot{\theta}$$

但由开普勒第二定律可知

$$r^2\dot{\theta}=2\dot{S}=C\ (常量)$$

其中$\dot{S}$为面积速度. 由此得

$$\dot{\theta}=\frac{C}{r^2}$$

代入$\dot{r}$的表示式，得

$$\dot{r}=-\frac{Ce\sin\theta}{r_0}$$

将 $\dot{\theta}$ 和 $\dot{r}$ 代入 E_k 的表示式，得

$$E_k=\frac{1}{2}m\left(\frac{C^2e^2\sin^2\theta}{r_0^2}+\frac{C^2}{r^2}\right)$$

于是有

$$\begin{aligned}F&=\frac{\mathrm{d}E_k}{\mathrm{d}r}=\frac{\mathrm{d}E_k}{\mathrm{d}t}\bigg/\frac{\mathrm{d}r}{\mathrm{d}t}=\frac{1}{\dot{r}}\frac{\mathrm{d}E_k}{\mathrm{d}t}\\&=\frac{m}{2\dot{r}}\left(\frac{C^2e^2}{r_0^2}2\sin\theta\cos\theta\cdot\dot{\theta}-\frac{2C^2}{r^3}\dot{r}\right)\\&=m\left[\frac{C^2e^2\sin\theta\cos\theta\cdot\dot{\theta}}{r_0^2}\left(\frac{-r_0}{r^2e\sin\theta\cdot\dot{\theta}}\right)-\frac{C^2}{r^3}\right]\\&=\frac{-mC^2}{r^2}\left(\frac{e\cos\theta}{r_0}+\frac{1}{r}\right)\\&=-\frac{mC^2}{r_0r^2}\end{aligned}\qquad(5.6-7)$$

上式说明此力为引力（前有负号），且跟行星与太阳的距离 r 的平方成反比. 为进一步说明此力与太阳性质的关系，可以再利用开普勒第三定律. 半长轴、短轴为 a、b 的椭圆，其面积为 πab，故行星的周期为

$$T=\frac{\pi ab}{\dot{S}}=\frac{2\pi ab}{C}$$

即

$$C=\frac{2\pi ab}{T}$$

将此式及 $r_0=\dfrac{b^2}{a}$代入 F 表示式，得

$$F=-\frac{mC^2}{r_0}\frac{1}{r^2}=-\frac{m\cdot4\pi^2a^2b^2}{T^2b^2/a}\frac{1}{r^2}=-m\cdot4\pi^2\frac{a^3}{T^2}\frac{1}{r^2}\qquad(5.6-8)$$

由开普勒第三定律，$\dfrac{a^3}{T^2}=K$ 为与行星无关的太阳系普适常量，它只能与太阳的性质（质量 m_s）有关. 于是有

$$F=-G\frac{m_sm}{r^2}\qquad(5.6-9)$$

式中

$$G=\frac{4\pi^2}{m_s}K\qquad(5.6-10)$$

即引力常量.

历史上，其实正是先有开普勒定律（开普勒第一、第二定律发表于 1609 年，第

三定律发表于 1618 年)，后有万有引力定律，牛顿正是在开普勒定律的基础上导出万有引力定律的. 尽管牛顿所用的推导方法与我们上面的方法并不相同，但本质上是一致的. 牛顿万有引力定律的发现，把天体所服从的规律与地上物体所服从的规律统一起来，对物理学、天文学的贡献是非常巨大的，在人类对自然的认识史上，也具有十分重大的意义.

(4) 由万有引力定律导出开普勒定律.

开普勒定律的解就是万有引力定律. 前面由开普勒定律和牛顿运动定律导出万有引力定律，同样由万有引力定律和牛顿运动定律可以导出开普勒定律. 由万有引力定律导出开普勒定律的关键是推导出引力场中的行星轨道方程. 为此，先证明在引力场中的另一个特殊守恒量——隆格-楞茨矢量. 为了导出这个守恒量，先看 $\boldsymbol{v}\times\boldsymbol{L}$ 的时间变化率，

$$\begin{aligned}\frac{\mathrm{d}}{\mathrm{d}t}(\boldsymbol{v}\times\boldsymbol{L})&=\frac{\mathrm{d}\boldsymbol{v}}{\mathrm{d}t}\times\boldsymbol{L}=m\frac{\mathrm{d}\boldsymbol{v}}{\mathrm{d}t}\times(\boldsymbol{r}\times\boldsymbol{v})\\&=-G\frac{m'm}{r^3}\boldsymbol{r}\times(\boldsymbol{r}\times\boldsymbol{v})\\&=-G\frac{m'm}{r^3}[(\boldsymbol{v}\cdot\boldsymbol{r})\boldsymbol{r}-(\boldsymbol{r}\cdot\boldsymbol{r})\boldsymbol{v}]\\&=-G\frac{m'm}{r^3}(v_r r\boldsymbol{r}-r^2\boldsymbol{v})\\&=-Gm'm\left(\frac{\boldsymbol{r}}{r^2}\frac{\mathrm{d}r}{\mathrm{d}t}-\frac{1}{r}\frac{\mathrm{d}\boldsymbol{r}}{\mathrm{d}t}\right)\\&=Gm'm\left[\boldsymbol{r}\frac{\mathrm{d}}{\mathrm{d}t}\left(\frac{1}{r}\right)+\frac{1}{r}\frac{\mathrm{d}\boldsymbol{r}}{\mathrm{d}t}\right]\\&=Gm'm\frac{\mathrm{d}}{\mathrm{d}t}\left(\frac{\boldsymbol{r}}{r}\right)\end{aligned}$$

则

$$\frac{\mathrm{d}}{\mathrm{d}t}\left(\boldsymbol{v}\times\boldsymbol{L}-Gm'm\frac{\boldsymbol{r}}{r}\right)=\boldsymbol{0}\tag{5.6-11}$$

定义隆格-楞茨矢量 $\boldsymbol{B}$，则

$$\boldsymbol{B}=\boldsymbol{v}\times\boldsymbol{L}-Gm'm\frac{\boldsymbol{r}}{r}=\text{常量}\tag{5.6-12}$$

其中 m'、m 分别为恒星和行星的质量.

隆格-楞茨矢量反映了行星运动轨道的重要信息. 从 $\boldsymbol{B}$ 矢量就可以得到行星轨道方程，考察 $\boldsymbol{r}$ 与 $\boldsymbol{B}$ 的标积:

$$\begin{aligned}\boldsymbol{r}\cdot\boldsymbol{B}&=\boldsymbol{r}\cdot(\boldsymbol{v}\times\boldsymbol{L})-Gm'mr\\&=\boldsymbol{L}\cdot(\boldsymbol{r}\times\boldsymbol{v})-Gm'mr\\&=\frac{L^2}{m}-Gm'mr\end{aligned}$$

令 θ 为矢量 $\boldsymbol{r}$ 与 $\boldsymbol{B}$ 之间的夹角，如图 5.6-4 所示，则

$$rB\cos\theta=\frac{L^2}{m}-Gm'mr$$

$$r=\frac{r_0}{1+e\cos\theta} \tag{5.6-13}$$

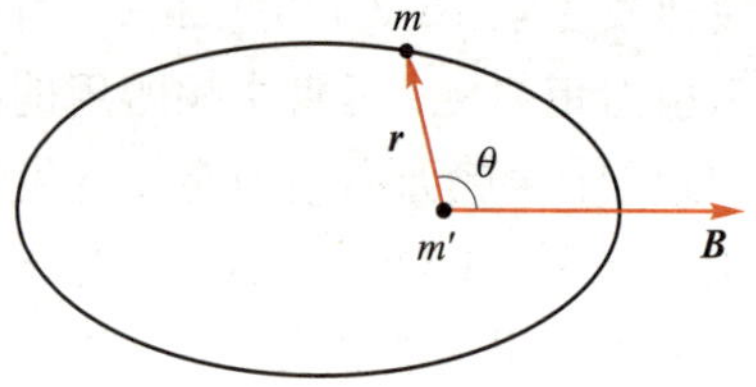

图 5.6-4　隆格-楞茨矢量与行星轨道

其中

$$r_0=\frac{L^2}{Gm'm^2} \tag{5.6-14}$$

$$e=\frac{B}{Gm'm} \tag{5.6-15}$$

（5.6-13）式就是行星运动轨道方程，是用平面极坐标（r，θ）描绘的圆锥曲线. e 为偏心率，r_0 为焦点参量. $e<1$ 时为椭圆，为开普勒三定律涉及的行星轨道；$e>1$ 时为双曲线；$e=1$ 时为抛物线；$e=0$ 时为圆. 由图 5.6-4 可以看出 $\boldsymbol{B}$ 矢量的几何意义：$\boldsymbol{B}$ 矢量位于轨道平面，并沿轨道的长轴方向，在行星运动过程中 $\boldsymbol{B}$ 矢量不变，其大小正比于偏心率.

（5.6-13）式所描述的轨道方程直接证明了开普勒第一定律. 开普勒第二定律为引力场中角动量守恒定律的直接结果，因为角动量与面积速度成正比，为面积速度的 $2m$ 倍. 开普勒第三定律的证明如下. 从（5.6-13）式得轨道椭圆半长轴 a、半短轴 b，以及椭圆面积 S 分别为

$$a=\frac{r_0}{1-e^2}$$

$$b=\frac{r_0}{\sqrt{1-e^2}}$$

$$S=\pi ab=\frac{\pi r_0^2}{(1-e^2)^{\frac{3}{2}}}$$

则轨道运动周期 T 为椭圆面积除以面积速度大小：

$$T=\frac{S}{\frac{L}{2m}}=\frac{2mS}{L}=\frac{2m\pi r_0^2}{(1-e^2)^{\frac{3}{2}}L}$$

由此得

$$\frac{a^3}{T^2}=\frac{\left(\frac{r_0}{1-e^2}\right)^3}{\left[\frac{2m\pi r_0^2}{(1-e^2)^{\frac{3}{2}}L}\right]^2}=\frac{L^2}{(2m\pi)^2r_0}$$

$$=\frac{Gm'}{4\pi^2} \tag{5.6-16}$$

为常量，证明完毕.

例题 质量为 m_2、半径为 R 的均匀球，球心在坐标原点处，如图 5.6-5 所示. 在 $x=-\frac{R}{2}$ 处挖去半径为 $R/2$ 的球体，求在 x 轴正方向上距离原点 r（$r>R$）处质点 m_1 所受剩余物体的引力大小.

解： 由壳层定理 1 可知，如果不挖走半径为 $R/2$ 的球体，即把挖走的球体填上，那么 m_1 所受的引力大小应为

$$G\frac{m_1m_2}{r^2}$$

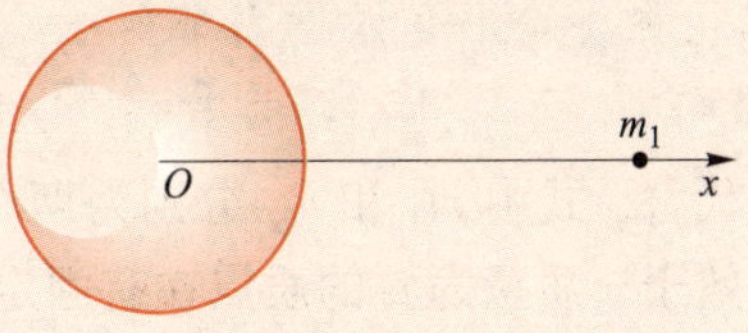

图 5.6-5

这是因为我们可以把 m_2 分成无限多个壳层，第 i 个壳层的质量为 Δm_{2i}，m_1 受第 i 个壳层的引力大小相当于第 i 个壳层质量集中于原点的质点与质点 m_1 之间的引力大小，即

$$G\frac{\Delta m_{2i}m_1}{r^2}$$

根据引力叠加原理，m_1 受到整个球体的引力为每个壳层对 m_1 引力的叠加. 于是总引力大小应为

$$F_1=\sum_{i=1}^{\infty}G\frac{\Delta m_{2i}m_1}{r^2}=G\frac{m_1}{r^2}\left(\sum_{i=1}^{\infty}\Delta m_{2i}\right)=G\frac{m_1m_2}{r^2}$$

求 m_1 受挖走半径为 $R/2$ 球体剩余物体的引力时，根据叠加原理，可以先求出 F_1，即把挖走的球体补上后，m_1 所受的引力，然后减去 m_1 所受补上球体的引力. 由以上分析，此值可直接写出，为

$$F_2=G\frac{m_1\frac{m_2}{8}}{\left(r+\frac{R}{2}\right)^2}$$

于是 m_1 所受剩余物体的引力大小为

$$F=F_1-F_2=G\frac{m_1m_2}{r^2}-G\frac{m_1m_2}{8\left(r+\frac{R}{2}\right)^2}=G\frac{m_1m_2(7r^2+8rR+2R^2)}{8r^2\left(r+\frac{R}{2}\right)^2}$$

由此可见，解题过程中反复使用壳层定理和叠加原理. 类似地，也可以计算 m_1 在全空间处所受剩余物体的引力.

5.7 两体问题和约化质量

所谓两体问题，指的是质点彼此相互作用，但不受其他力的作用. 这样的两体问题，可以看作质心的运动和两质点的相对运动. 质心的运动很简单，为静止或作匀速直线运动. 这一结论很容易从质心运动定律得出，因为该质点系不受外力. 两质点的相对运动可以等效于一质量为约化质量的质点在相同作用力下的运动. 可以证明，相对运动图像下计算的角动量和动能等于两质点在质心系中相对于质心的角动量和动能.

对于行星系统，由于太阳质量 m_s 比行星质量 m_p 大得多，可将太阳看作固定力心，行星的运动就是有固定力心的运动. 但如果两个星体的质量可以比拟，那么相对惯性系，任何一个星体都不能看成固定力心. 其实即使在行星运动中，由于太阳

质量并非无限大，把太阳看作固定力心也有一定的近似性．但我们可以证明，对于质量可以比拟的孤立两体问题，总可以把其中一个物体看作固定力心，只要另一物体的质量用折合质量

$$\mu=\frac{m_1m_2}{m_1+m_2} \tag{5.7-1}$$

代替，式中 m_1 和 m_2 分别为两个物体的质量．也就是说，无固定力心的两体问题等效于一质量为 μ 的质点在有固定力心的有心力作用下的运动．

设质量分别为 m_1 和 m_2 的两个质点相距 r，相互作用力为距离 r 的函数，以 $F(r)$ 表示，方向沿两质点的连线．以惯性系中的固定点 O 为原点，它们的运动学方程分别为

$$m_1\ddot{\boldsymbol{r}}_1=F(r)\boldsymbol{e}_r \tag{5.7-2}$$

$$m_2\ddot{\boldsymbol{r}}_2=-F(r)\boldsymbol{e}_r \tag{5.7-3}$$

式中 $\boldsymbol{e}_r$ 是从 m_2 指向 m_1 的矢量

$$\boldsymbol{r}=\boldsymbol{r}_1-\boldsymbol{r}_2 \tag{5.7-4}$$

的单位矢量（图 5.7-1）．

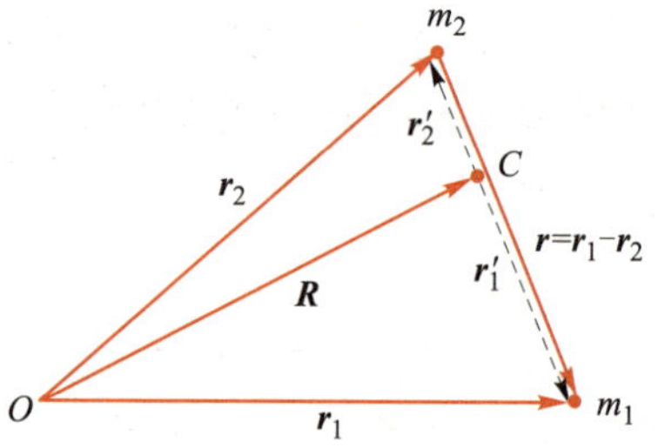

图 5.7-1　两体问题

对于这个孤立系统，研究其运动的方便方法是研究质心的运动和它们的相对运动．孤立体系的质心加速度为零，即质心作匀速直线运动.本质上两体问题是单个物体运动的问题．在质心系中，知道其中一个物体的运动就知道另一个物体的运动，也就知道两物体的相对运动；反之亦然．而两物体的相对运动不依赖于参考系．

为了求得相对运动，将（5.7-2）式、（5.7-3）式两边各除以 m_1、m_2 然后相减，得

$$\ddot{\boldsymbol{r}}_1-\ddot{\boldsymbol{r}}_2=F(r)\boldsymbol{e}_r\left(\frac{1}{m_1}+\frac{1}{m_2}\right)$$

$$=\frac{m_1+m_2}{m_1m_2}F(r)\boldsymbol{e}_r$$

由（5.7-1）式，用 μ 表示 $\frac{m_1m_2}{m_1+m_2}$，上式变为

$$\mu\ddot{\boldsymbol{r}}=F(r)\boldsymbol{e}_r \tag{5.7-5}$$

这个方程与（5.5-3）式完全相仿，只是由 μ 代替了 m．这样，尽管 m_2 本身并非固定，m_1 相对 m_2 的运动却与一个质量为 μ 的质点相对于固定质点 m_2 的运动相同．m_2 相对 m_1 的运动也是如此．μ 称为折合质量，或约化质量．

现以两个质量相等的质点为例来说明上述观点．设两质点质量都是 m，相距 r，它们之间的作用力为 $F(r)$．设两质点均绕质心 C 作圆周运动，则圆周运动的角速度满足

$$m\omega^2\cdot\frac{r}{2}=F(r)$$

此即

$$\frac{m}{2}\omega^2 r=F(r)$$

而后一式正好是质量为 $\mu=\frac{m\cdot m}{m+m}=\frac{m}{2}$ 的质点绕另一质点作的半径为 r 的圆周运动的方程（图 5.7-2）.

知道了 $\boldsymbol{r}(t)$ 和质心的位矢 $\boldsymbol{R}(t)$，立刻可以求出 $\boldsymbol{r}_1(t)$ 和 $\boldsymbol{r}_2(t)$. 由

$$\boldsymbol{R}=\frac{m_1\boldsymbol{r}_1+m_2\boldsymbol{r}_2}{m_1+m_2}$$

和（5.7-4）式可以解出 $\boldsymbol{r}_1$ 和 $\boldsymbol{r}_2$：

$$\boldsymbol{r}_1=\boldsymbol{R}+\frac{m_2}{m_1+m_2}\boldsymbol{r} \tag{5.7-6}$$

$$\boldsymbol{r}_2=\boldsymbol{R}-\frac{m_1}{m_1+m_2}\boldsymbol{r} \tag{5.7-7}$$

当用折合质量的质点运动来代替两体问题中实际质点的相对运动时，相应的角动量和能量也应用折合质量来表示，即

$$\boldsymbol{L}_\mu=\mu\boldsymbol{r}\times\dot{\boldsymbol{r}} \tag{5.7-8}$$

$$E_\mu=\frac{1}{2}\mu|\dot{\boldsymbol{r}}|^2+V(r) \tag{5.7-9}$$

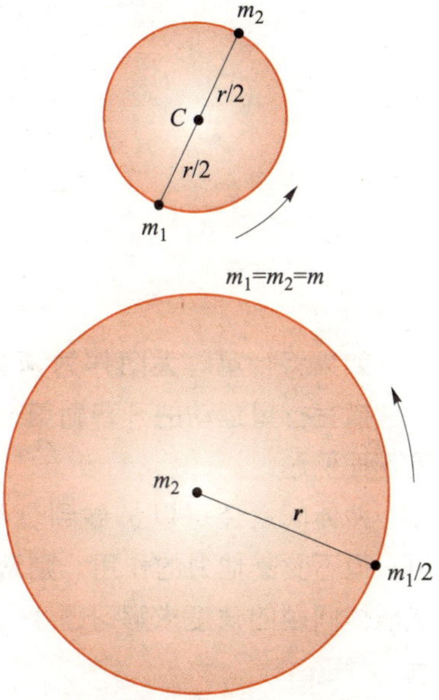

图 5.7-2　m_1 相对 m_2 的运动犹如 $m_1/2$ 相对固定质点 m_2 的运动

其中势能 $V(r)$ 的形式保持不变. 其实，用约化质量得到的角动量 $\boldsymbol{L}_\mu$ 和能量 E_μ 分别等于 m_1、m_2 在质心系中相对质心的角动量 $\boldsymbol{L}'$ 和能量 E'. 这可以证明如下. 在质心坐标系中，m_1、m_2 的位矢设为 $\boldsymbol{r}_1'$ 和 $\boldsymbol{r}_2'$（图5.7-1），由（5.7-6）式、（5.7-7）式，得

$$\boldsymbol{r}_1'=\boldsymbol{r}_1-\boldsymbol{R}=\frac{m_2}{m_1+m_2}\boldsymbol{r}$$

$$\boldsymbol{r}_2'=\boldsymbol{r}_2-\boldsymbol{R}=-\frac{m_1}{m_1+m_2}\boldsymbol{r}$$

故 $\boldsymbol{r}_1'-\boldsymbol{r}_2'=\boldsymbol{r}_1-\boldsymbol{r}_2=\boldsymbol{r}$，而

$$\dot{\boldsymbol{r}}_1'=\frac{m_2}{m_1+m_2}\dot{\boldsymbol{r}}$$

$$\dot{\boldsymbol{r}}_2'=-\frac{m_1}{m_1+m_2}\dot{\boldsymbol{r}}$$

代入（5.7-8）式和（5.7-9）式，得

$$\begin{aligned}\boldsymbol{L}_\mu&=\frac{m_1m_2}{m_1+m_2}\boldsymbol{r}\times(\dot{\boldsymbol{r}}_1'-\dot{\boldsymbol{r}}_2')\\&=m_1\boldsymbol{r}_1'\times\dot{\boldsymbol{r}}_1'+m_2\boldsymbol{r}_2'\times\dot{\boldsymbol{r}}_2'\end{aligned}$$

$$E_\mu=\frac{1}{2}\mu|\dot{\boldsymbol r}|^2+V(r)=\frac{1}{2}\mu\dot{\boldsymbol r}\cdot\dot{\boldsymbol r}+V(r)$$
$$=\frac{1}{2}\mu\dot{\boldsymbol r}\cdot(\dot{\boldsymbol r}_1'-\dot{\boldsymbol r}_2')+V(r)$$
$$=\frac{1}{2}\frac{m_1m_2}{m_1+m_2}\dot{\boldsymbol r}\cdot(\dot{\boldsymbol r}_1'-\dot{\boldsymbol r}_2')+V(r)$$
$$=\frac{1}{2}m_1\dot{\boldsymbol r}_1'\cdot\dot{\boldsymbol r}_1'+\frac{1}{2}m_2\dot{\boldsymbol r}_2'\cdot\dot{\boldsymbol r}_2'+V(r)$$
$$=\frac{1}{2}m_1|\dot{\boldsymbol r}_1'|^2+\frac{1}{2}m_2|\dot{\boldsymbol r}_2'|^2+V(r)$$

如果将行星与太阳作为两体问题来处理，那么，在与太阳相对静止的参考系中，描写行星运动的开普勒第一、第二定律保持不变，但是第三定律需略作修正，见下面例题.

两体问题还可以扩展到低维运动的情况. 在某一方向上若两质点彼此相互作用，但不受其他力的作用，则两质点在该方向上的运动可看作两体问题. 读者不妨从两体问题的角度求解习题 4-29.

例题 **(1) 将行星轨道视为以太阳为中心的圆，并设行星质量 m 比太阳质量 m_s 小得多，由此导出开普勒第三定律. (2) 设行星轨道仍可视为以太阳为中心的圆，但行星质量并不比太阳质量小得多，即 $m\ll m_s$ 并不满足，由此讨论开普勒第三定律的正确性，并以木星为例作定量说明.**

解：(1) 如果行星质量与太阳质量相比可以忽略，太阳就静止在惯性系中. 设行星质量为 m，太阳质量为 m_s，行星的轨道半径为 r，速率为 v，则由牛顿运动定律和万有引力定律，有

$$G\frac{m_sm}{r^2}=m\frac{v^2}{r} \tag{1}$$

设行星运行的周期为 T，由 $T=\frac{2\pi r}{v}$和(1)式得

$$T^2=\frac{4\pi^2r^2}{Gm_s/r}=\frac{4\pi^2}{Gm_s}r^3$$

$$\frac{r^3}{T^2}=\frac{Gm_s}{4\pi^2}=K \tag{2}$$

(2) 式即开普勒第三定律，其中 K 为仅与太阳质量有关的常量（即开普勒常量），对所有行星都相同.

(2) 当行星质量并不比太阳质量小得多时，根据对两体问题的讨论，只要用折合质量代替行星的实际质量，行星相对太阳的运动规律不变. 在 (1) 式右边以折合质量

$$\mu=\frac{mm_s}{m+m_s}$$

代替 m，则

$$T^2=\frac{4\pi^2 r^2}{Gm_s m/\mu r}=\frac{4\pi^2}{Gm_s}\frac{m_s}{m+m_s}r^3 = \frac{4\pi^2}{G(m_s+m)}r^3 \tag{3}$$

可见，$K=\frac{r^3}{T^2}=\frac{G(m_s+m)}{4\pi^2}$对不同行星并非同一常量，而与行星质量有关. 由此可见，开普勒第三定律是近似正确的. 但由于 m 比 m_s 小得多，因此这一差异并不大. 以最大的行星——木星为例，因$\frac{m_{木}}{m_s}\approx 9.5\times 10^{-4}$，相对差异为

$$\frac{[r^3/T^2]_{精确值}}{[r^3/T^2]_{近似值}}=\frac{G(m_s+m)/4\pi^2}{Gm_s/4\pi^2} = \frac{m_s+m}{m_s}=1+\frac{m}{m_s}=1+9.5\times 10^{-4}$$

对其他行星，差异则更小.

5.8 守恒定律与对称性

现在我们已经有了三条守恒定律：动量守恒定律、机械能守恒定律和角动量守恒定律. 从微观角度看无所谓耗散力，故机械能守恒定律可更一般地表述为能量守恒定律. 在以后的课程中，我们还将遇到其他的守恒定律，如电荷守恒定律等. 守恒定律常被看成最基本的自然规律，反映了物理规律的某种对称性，它们以坚实的可靠性和广泛的普遍性，为我们认识复杂的客观世界提供了有力的工具.

所谓对称性，就是指事物或物理规律经某种变动或操作后完全复原的性质，即经过某种变换的前后不可区分. 例如立方岩盐晶体绕中心轴转动 90° 后与自身完全重合，我们就说该晶体具有 90° 转动对称性. 这是事物的对称性.

客观事物的对称性只是对称性的表象，物理规律的对称性才是对称性的根基. 相比起来，物理学家更关注后一种对称性，正是后一种对称性造就了前一种对称性，后一种对称性应当具有更加普遍、更加深远的意义. 牛顿运动定律具有伽利略变换不变性，或者一切惯性系中的力学规律都是相同的，就是指的物理规律的对称性. 物理规律显然是不随时间变化的，“今天”的物理规律和“明天”的物理规律是相同的，这就反映了物理规律的时间平移对称性，即对于物理规律，时间的起点具有任意性，选择任何时间为时间原点，物理规律都应该相同. 或者说时间的绝对测量是不可能的. 同样，物理规律不随地点而变化，反映了物理规律的空间平移对称性，意味着空间的绝对位置不可观测；物理规律不随空间取向而变化，反映了物理规律的空间转动对称性，意味着空间的绝对方向不可观测. 物理规律的这些对称性是不言而喻的，否则就称不上规律. 正因如此，物理规律的对称性是人们普通认可的，它的地位甚至远远超出了牛顿力学，是绝对不可撼动的信念，是大自然最根本的法则，它指导我们去探索未知的领域，发现新的理论.

德国数学家诺特（E.Noether，1882—1935）在 1918 年提出了一条定理——诺特

定理，将守恒定律与自然界物理规律的对称性联系起来，认为每一条守恒定律都与物理规律的某一种对称性相联系，每一种对称性也都对应着一条守恒定律. 孤立体系的动量守恒是物理规律空间平移对称性的直接结果；角动量守恒是物理规律空间转动对称性的直接结果；能量守恒是物理规律时间平移对称性的直接结果. 物理规律还有一些其他对称性对应于其他物理量的守恒定律. 下面基于牛顿力学的力、力矩以及势能的概念，简要说明物理规律的时空对称性与守恒定律的关系.

首先看动量守恒定律与物理规律的空间平移对称性（即空间均匀性）的联系. 考虑一对粒子所组成的孤立体系. 设它们的相互作用势能为 V. 将这对粒子一起平移一小位移 $\Delta\boldsymbol{r}$，由于空间平移对称性，它们的相互作用势能（物理规律）应保持不变（即相互作用势能仅与两粒子的相对位置有关）. 设在此过程中粒子 1 和粒子 2 所受的力各为 $\boldsymbol{F}_{12}$ 和 $\boldsymbol{F}_{21}$（图 5.8-1），则应有

$$\Delta V=\Delta V_1+\Delta V_2=0$$

即

$$-\boldsymbol{F}_{12}\cdot\Delta\boldsymbol{r}-\boldsymbol{F}_{21}\cdot\Delta\boldsymbol{r}=-(\boldsymbol{F}_{12}+\boldsymbol{F}_{21})\cdot\Delta\boldsymbol{r}=0$$

但 $\Delta\boldsymbol{r}$ 是任意的，故有

$$\boldsymbol{F}_{12}+\boldsymbol{F}_{21}=\boldsymbol{0}$$

这与牛顿第三定律一致. 由此即可导出动量守恒定律.

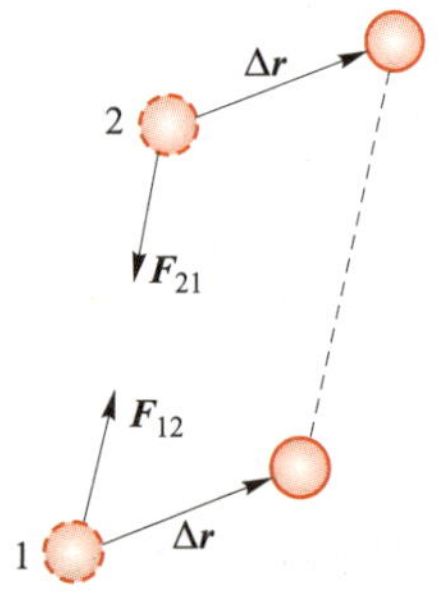

图 5.8-1　空间平移对称性

其次看能量守恒定律与物理规律的时间平移对称性（即时间均匀性）的联系. 如果两粒子体系的相互作用势能仅与两粒子的相对位置有关，而与时间无关，那么体系的总能量（动能与势能之和）自然守恒. 而如果两粒了体系的相互作用势能与时间有关，那么体系的总能量将与时间有关，不再守恒. 我们可以利用这种现象制造出一种永动机. 例如在重力较弱时把水提升到高处的蓄水池中，在重力变强时把水从蓄水池中放出来. 提升水时所需能量较少，放水时释放的能量较多，这就成为一架能创造能量的永动机. 而这是与能量守恒定律相违背的. 时间平移对称性不允许这种情况发生.

最后，看角动量守恒定律与物理规律的空间转动对称性（即空间各向同性）的联系. 仍考虑两粒子体系. 如图 5.8-2 所示，粒子 2 固定在 B 点，粒子 1 从 A 点沿着以 B 为中心的圆弧移动到邻近的 A' 点，体系相互作用势能的增量为

$$\Delta V=-(F_{12})_{\mathrm{t}}\Delta s$$

空间转动对称性要求两粒子体系的相互作用势能仅与它们的相对位置有关，而与两粒子连线在空间的取向无关. 因而应有 $\Delta V=0$，即 $(F_{12})_{\mathrm{t}}=0$. 这就是说两粒子间的作用力沿两者的连线. 由此即可导出角动量守恒定律.

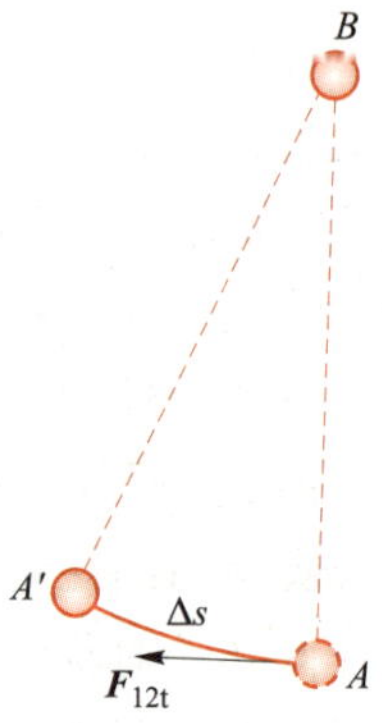

图 5.8-2　空间转动对称性

小　结

1. 作用于物体上的力 $\boldsymbol{F}$ 对于参考点（坐标原点）的力矩为

$$\boldsymbol{M}=\boldsymbol{r}\times\boldsymbol{F}$$

其中 $\boldsymbol{r}$ 为力 $\boldsymbol{F}$ 作用点的位矢．力矩与参考点的选择有关．

2. 运动的质点对于参考点（坐标原点）的角动量为

$$\boldsymbol{L}=\boldsymbol{r}\times\boldsymbol{p}$$

其中 $\boldsymbol{r}$ 为质点位矢，$\boldsymbol{p}$ 为质点动量．角动量也与参考点的选择有关．

3. 选择相同的参考点，质点的角动量定理为

$$\boldsymbol{M}=\frac{\mathrm{d}\boldsymbol{L}}{\mathrm{d}t}$$

它是牛顿第二定律 $\boldsymbol{F}=\frac{\mathrm{d}\boldsymbol{p}}{\mathrm{d}t}$ 的等价形式．两公式在数学形式上完全一样，与公式相关的结论、定理与定律存在一一对应关系．若 $\boldsymbol{M}=\boldsymbol{0}$，则质点的角动量守恒，此即质点角动量守恒定律．

4. 质点系的角动量定理为

$$\boldsymbol{M}_{外}=\frac{\mathrm{d}\boldsymbol{L}}{\mathrm{d}t}$$

$\boldsymbol{M}_{外}$ 为质点系所受的外力矩，$\boldsymbol{L}$ 为质点系的角动量．若 $\boldsymbol{M}_{外}=\boldsymbol{0}$，则质点系的角动量守恒，此即质点系角动量守恒定律

5. 质心系是非常特殊和十分重要的参考系．在质心系中选质心为坐标原点（参考点)，角动量定理和角动量守恒定律依然成立．在惯性参考系中观测的物理量与在质心系中观测的物理量之间的关系见表 5.4-1．

6. 选择力心为不动的参考系的坐标原点，质点在有心力场中运动时，其角动量守恒，机械能守恒，由此可以利用有效势能的概念研究质点的径向运动．此外，在引力场中质点的隆格-楞茨矢量 $\boldsymbol{B}=\boldsymbol{v}\times\boldsymbol{L}-Gm'm\ \frac{\boldsymbol{r}}{r}$ 守恒，由此容易导出质点运动的轨道方程．

7. 开普勒三定律的解就是万有引力定律，由开普勒三定律可以导出万有引力定律，由万有引力定律可以导出开普勒三定律．

8. 均匀球壳对球壳内质点的引力为零，对球壳外质点的引力等效于球壳质量集中于球心所产生的引力．

9. 两体问题指两质点 m_1 和 m_2 彼此相互作用，但不受其他力的作用．它们的质心静止或作匀速直线运动，它们的相对运动等效于约化质量为 $\mu=\frac{m_1m_2}{m_1+m_2}$ 的质点运动．

10. 守恒定律是物理规律对称性的直接反映．孤立体系的动量守恒是物理规律空间平移对称性的直接结果；角动量守恒是物理规律空间转动对称性的直接结果；能

量守恒是物理规律时间平移对称性的直接结果.

思考题

5.1　位矢、位移、速度、加速度、力、动量和角动量等矢量中，哪些矢量与参考系（指惯性参考系）的选择无关，哪些与坐标原点的选取无关？

5.2　系于细绳一端的质点在水平面上运动，同时细绳逐渐缠绕在竖直圆柱上，使质点与圆柱中心的距离逐渐缩短，如思考题 5.2 图所示．试问，在此过程中，质点对柱中心的角动量是否守恒？动能是否守恒？

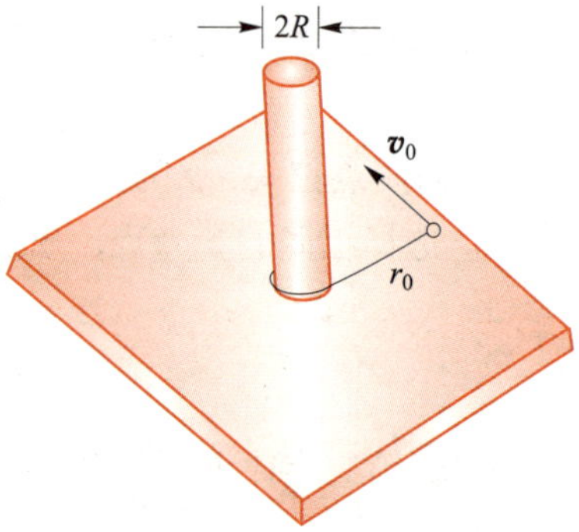

思考题 5.2 图

5.3　如果我国所有行人及车辆都从靠右走改为靠左走，这对地球的运动是否会有影响？试分析之．

5.4　如果一个体系的动量守恒，它的角动量是否也一定守恒？反过来，体系的角动量守恒，其动量是否一定守恒？举例证明你的观点．对机械能和角动量作相似的讨论．

5.5　试利用角动量和功、能概念说明荡秋千的原理．

5.6　试从角动量概念，重新分析猴子爬绳问题（第二章思考题 2.12 及第三章思考题 3.1）．

5.7　何谓有心力？何谓保守有心力？试分别举出几个实例．穿过小孔的绳子对于系在绳上的小球的拉力是有心力吗？是保守有心力吗？

5.8　在有心力作用下物体的运动有哪些守恒量？

5.9　设人造卫星绕地球作圆周运动．由于受到空气的轻微摩擦作用，人造地球卫星的速度和轨道半径将按下列何种方式改变？说明理由．

(1) 速度减小，半径减小；

(2) 速度减小，半径增大；

(3) 速度增大，半径减小；

(4) 速度增大，半径增大．

5.10　何谓有效势能？如何理解它的物理意义？如何利用有效势能（曲线）求解径向运动问题？

5.11　设物体在有心力作用下运动，其势能可写成

$$V(r)=\frac{-A}{r^n}\quad (A>0)$$

的形式，若 $n<0$，物体可能作稳定的圆运动吗？为什么？

若
$$V(r)=\frac{A}{r^n}\quad (A>0,\ n<0)$$

情况又如何？

5.12　导出开普勒第二定律和第三定律的依据，各是下列条件中的哪一条？

(1) 行星与太阳间的引力沿着两者的连线；

(2) 行星与太阳间的引力沿着两者的连线，大小与两者距离平方成反比，与两者质量的乘积成正比．

(3) 除(2)外，还要认为太阳质量比行星质量大得多．

5.13　试用有心力运动的观点解释落体偏东问题．

习 题

5-1　若将地球绕太阳的公转看作以太阳中心为圆心的圆周运动，试求地球相对太阳中心的角动量．已知地球的质量 $m_e=6.0\times10^{24}$ kg，轨道半径 $R=1.49\times10^{11}$ m．

5-2　一颗卫星沿椭圆轨道绕地球运行．在近地点，卫星与地球中心的距离为地球半径的 3 倍，卫星的速度为在远地点时的 4 倍．问在远地点时卫星与地球中心之间的距离为地球半径的多少倍？

5-3　由火箭将一颗人造地球卫星送入离地面很近的轨道，进入轨道时，卫星的速度方向平行于地面，其大小为在地面附近作圆运动的速度的 $\sqrt{1.5}$ 倍．试求该卫星在运行中与地球中心的最远距离．

5-4　一质子从远处以速度 $\boldsymbol{v}_0$ 射向一电荷量为 Ze 的重核，其瞄准距离为 b，如题 5-4 图所示．设质子的质量为 m_p，重核质量非常大，可认为静止不动．求质子能接近重核的最近距离 s．

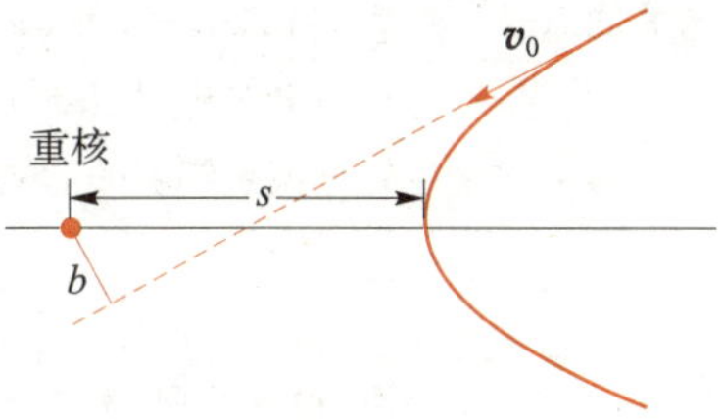

题 5-4 图

5-5　一宇宙飞船绕某一行星作半径为 R_0 的圆轨道运动．

（1）某一时刻，飞船向轨道切线方向发射小型火箭，使飞船在原飞行方向获得一速度增量 Δv_1，以后便沿半长轴为 $\frac{4}{3}R_0$ 的椭圆轨道运动，试求 Δv_1 与原轨道速度 v_0 的比值；

（2）若沿轨道半径方向发射小型火箭，使飞船获得一径向的速度 Δv_2，以后同样沿半长轴为 $\frac{4}{3}R_0$ 的椭圆轨道运动，求 Δv_2 与 v_0 的比值．

5-6　发射一宇宙飞船去考察一质量为 m_0、半径为 R 的行星．当飞船离行星中心 $5R$ 处相对行星静止时，以相对行星的速度 $\boldsymbol{v}_0$ 发射一包仪器，如题 5-6 图所示．仪器包的质量 m 远小于飞船的质量，要使此仪器包恰好掠擦行星表面着陆，则发射方向与飞船和行星球心连线的夹角 θ 应是多大？

5-7　如题 5-7 图所示，一质量为 m_A、半径为 r_A 的圆筒 A，与另一质量为 m_B、半径为 r_B 的圆筒 B 同轴，均可各自绕轴自由旋转．在圆筒 A 的内表面上均匀散布了薄薄的一层质量为 m 的砂子，并以 ω_0 的角速度绕轴匀速旋转，而圆筒 B 则静止．在 $t=0$ 时，A 筒的小孔打开，砂子以恒定的速率 λ（单位为 kg/s）飞出而贴附在 B 筒的内壁上，若忽略砂子从 A 筒飞到 B 筒的时间，求两筒以后的角速度 ω_A 和 ω_B 与时间 t 的关系．

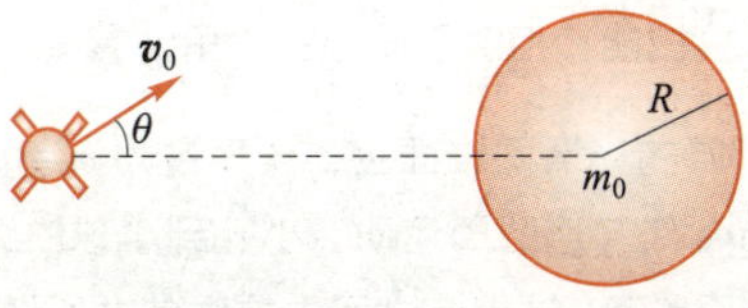

题 5-6 图

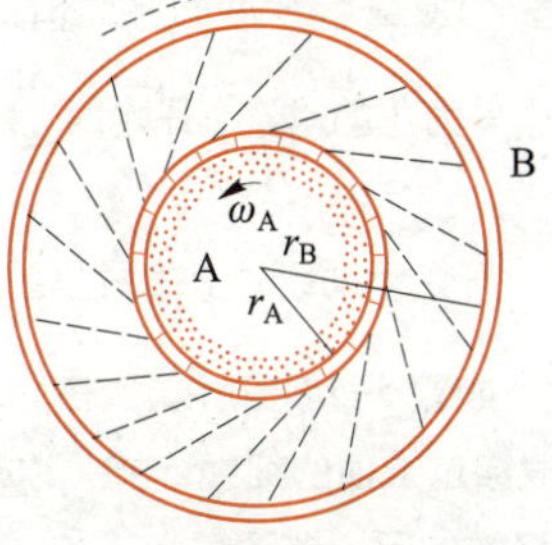

题 5-7 图

5-8　在一根长为 $3l$ 的轻杆上打一个小孔，孔离一端的距离为 l，再在杆的两端以及距另一端为 l 处各系一质量为 m' 的小球，然后通过此孔将杆悬挂于一光滑的水平细轴 O 上，如题 5-8 图所示．开始时，轻杆静止，一质量为 m 的小铅粒以 $\boldsymbol{v}_0$ 的水平速度射入中间的小球，并留在里面．若铅粒相对小球静止时杆的角位移可以忽略，试求杆在以后摆动中的最大摆角．

5-9　在光滑的水平面上，两个质量分别为 m_1 和 m_2 的小球，用长为 l 的轻线连接．开始时，线正好拉直，m_1 和 m_2 的速率分别为 v_1 和 v_2（$v_1>v_2$），它们的方向相同且垂直于连线．试问：

（1）系统相对质心的角动量为多大？

（2）线中的张力为多大？

5-10　在光滑水平面上，质量均为 m 的两小球由一长为 l 的轻杆相连，另一质量也为 m 的小球 P 以速率 v_0 向着与杆成 $\theta=45°$ 角的方向运动，与杆上某一小球发生弹性碰撞后，即沿垂直于原速度方向运动，如题 5-10 图所示．试求：

（1）碰撞后小球 P 的运动速率 v_f；

（2）碰撞后轻杆系统绕其质心转动的角速度 ω．

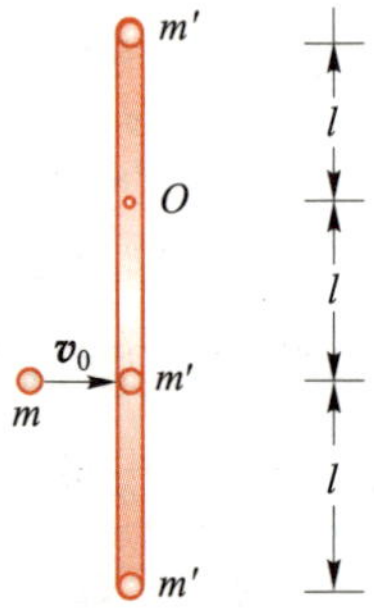

题 5-8 图

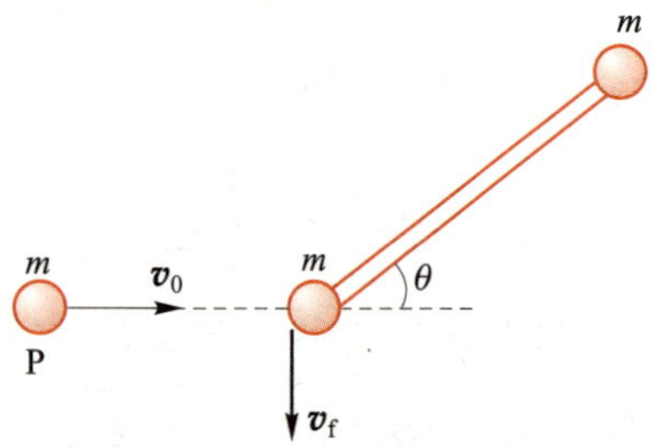

题 5-10 图

5-11　一根轻绳跨过具有光滑水平轴的定滑轮（质量可忽略），两个质量分别为 m_1 和 m_2 的人各抓住绳子的一端．开始时，两人与水平轴的竖直距离分别为 h_1 和 h_2，他们同时开始向上爬，并同时到达该滑轮的水平轴处．试求他们爬绳所经历的时间 t．

5-12　两个质量均为 60 kg 的滑冰者，在两条相距 10 m 的平直跑道上以 6.5 m/s 的速率沿相反方向匀速滑行．当他们之间的距离恰好等于 10 m 时，他们分别抓住一根长 10 m 的绳子的两端．若将滑冰者看成质点，并略去绳子的质量．

（1）求他们抓住绳子前后相对于绳子中点的角动量；

（2）两人都用力往自己这边拉绳子，当他们之间的距离为 5.0 m 时，各自的速率是多大？

（3）求此时绳中的张力；

（4）计算每个人在拉绳过程中所做的功．

5-13　两质量均为 m 的质点相互吸引，引力的大小与两者之间距离 r 的平方成反比，可表示为 $F=-\dfrac{k}{r^2}$，k 为正的常量．开始时，$r_0=a$，一质点静止，另一质点以垂直于两者连线的方向以速率 $v_0=\sqrt{\dfrac{8k}{ma}}$ 开始运动．试求在质心系中两质点的总机械能和相对于质心的总角动量．

5-14　如题 5-14 图所示，在一半顶角为 $\alpha=37°$ 的光滑圆锥面上，一质量为 $m=0.4$ kg 的小球，由一根穿过锥顶的细绳连接，以速率 $v_0=0.5$ m/s 作匀速圆周运动，小孔到小球的绳长为 $r_0=1.5$ m．现将绳的另一端缓慢向下拉，直至小球与锥面脱离．试求此过程中拉绳的力所做的功（$g=10$ m/s²）．

5-15　如题 5-15 图所示，在水平的光滑桌面上开有一小孔，一条绳穿过小孔，其两端各系一质量为 m 的物体．开始时，用手握住下面的物体，桌上的物体则以 $v_0=\frac{3}{2}\sqrt{2gr_0}$ 的速率作半径为 r_0（即桌上部分的绳长）的匀速圆周运动，然后放手．求以后的运动过程中桌上部分绳索的最大长度和最小长度．

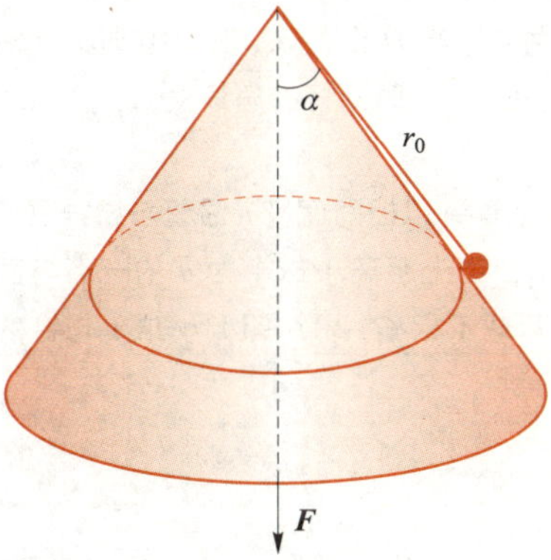

题 5-14 图

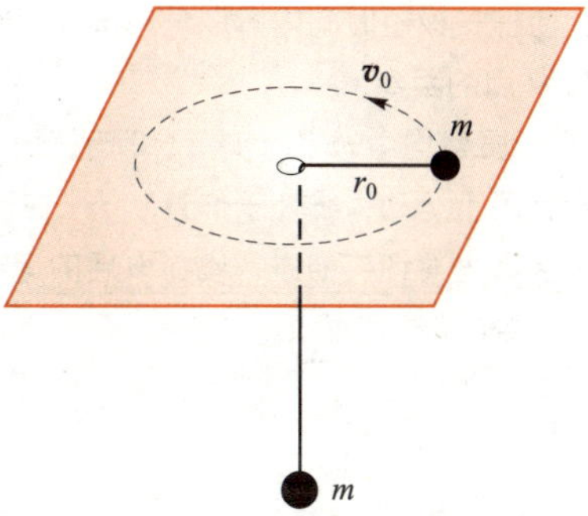

题 5-15 图

5-16　天狼星是天空中最明亮的恒星，因此人们很早就已开始观察它的运动．1844 年，德国天文学家弗里德里希·贝塞尔已注意到天狼星运动的异样情况，并据此预言它附近有伴星．1862 年，美国阿尔文·克拉克首次观测到这一伴星（属白矮星，肉眼看不见）．根据以后的观测资料，该双星系统的运动轨迹如题 5-16 图所示．图中粗、细实线分别表示天狼星与其伴星的运动轨迹，虚线为质心的运动轨迹，第一组黑点表示 1862 年的双星位置，其余各组黑点分别表示自 1870 年起直至 1940 年每隔 10 a 的双星位置．双星的平均距离为 $a=20.4$ AU（天文单位），它们与质心的距离之比约为 2∶5．

（1）由图判断双星在相对作圆周运动还是椭圆运动？运动周期是多少年？

（2）假定双星相对作距离为 a 的匀速圆周运动，试估算天狼星及其伴星的质量 m_A 和 m_B（用太阳质量 m_s 表示）．

5-17　一质量为 m 的空间站沿半径为 R 的圆周绕月球运动．为使空间站能在月球上登陆，当空间站运行至轨道上 P 点时向前发射一质量为 m_1 的物体，来改变空间站的运行速度，从而使其沿题 5-17 图所示的新轨道运动，并在月球表面着陆．已知月球的半径为 R_m，月球的质量为 m_m，试求 m_1 的发射速度大小 v_1（相对月球参考系）．

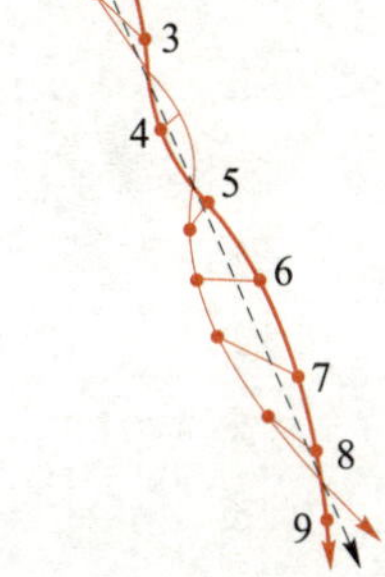

题 5-16 图

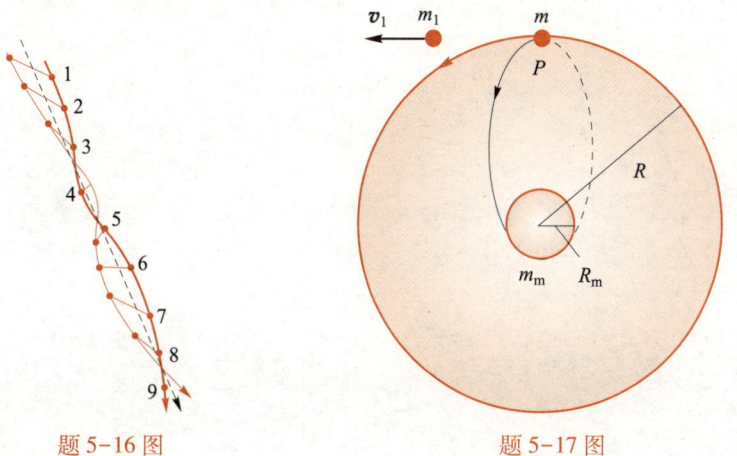

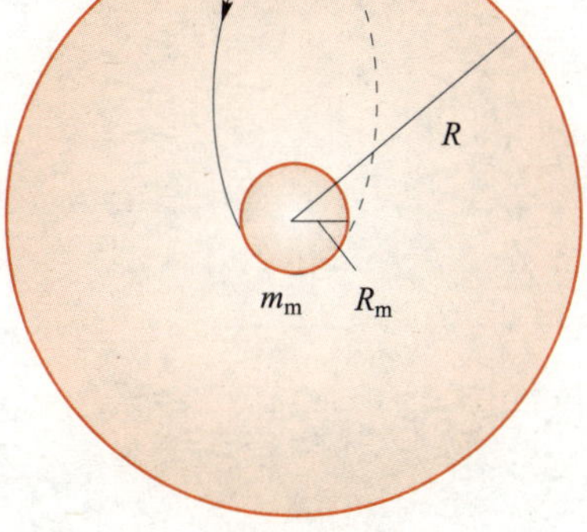

题 5-17 图

5-18　质量为 m 的质点在质量为 m' 的质点（视为固定）的引力场中以 m' 为中心作半径为 r_0 的圆周运动．若给 m 以沿径向的冲量 I，并设 I 与质点的原动量之比为一小量，求 m 在以后运动过程中径矢的最大值 r_2 与最小值 r_1，并证明在忽略二级以上小量的情况下，$r_2-r_0\approx r_0-r_1$，即质点 m 的运动轨道近似为一偏心的圆．

5-19　质量皆为 m 的两珠子可在光滑轻杆上自由滑动，杆可在水平面内绕过其中点 O 点的光滑竖直轴自由旋转．原先两珠子对称地位于 O 点的两边，与 O 相距 a，在 $t=0$ 时刻，对杆施以冲量矩，使杆在极短时间内即以角速度 ω_0 绕竖直轴旋转，求 t 时刻杆的角速度 ω、角加速度 α 及两珠子与 O 点的距离 r．

5-20　质量均为 m 的小球 1、2 用长为 $4a$ 的细线相连，以相同速度 v 沿着与线垂直的方向在光滑水平台面上运动，线处于伸直状态．在运动过程中，线上距离小球 1 为 a 的一点与固定在台面上的一竖直光滑细钉相碰，设在以后的运动过程中两球不相碰．求：(1) 小球 1 与钉的最大距离；(2) 线中的最小张力．

第六章

刚体力学

6.1 刚体运动学 _182

6.2 刚体的平衡 _186

6.3 刚体的平动 _190

6.4 刚体的定轴转动 _190

6.5 刚体的平面平行运动 _201

6.6 刚体的进动 _213

6.7 角动量守恒及其物理现象 _218

牛顿力学动力学的基础是牛顿第二定律 $\boldsymbol{F}=m\boldsymbol{a}$，质点的动量定理、角动量定理与动能定理均是其等价形式. 由此构成了牛顿力学的一个个新篇章——动量、功与能和角动量. 后面的章节将这些规律和知识应用于具体的物体——刚体和流体，构成刚体力学与流体力学内容；应用于特殊的运动形式，构成振动与波动篇章.

本章为刚体力学. 主要研究刚体的平衡、平动、定轴转动和平面平行运动，引入转动惯量、瞬心和瞬时轴概念. 刚体可以看作无限多质点组成的质点系，质点系是连接质点与刚体的桥梁，质点系的知识内容在理解刚体力学的知识内容时起着重要作用.

6.1 刚体运动学

所谓刚体，是指整体及其各部分的形状和大小均保持不变的物体. 它可以看作由许许多多（无穷）个质点且各质点（或质元）间的距离均保持不变的质点系. 刚体是实际物体（固体）的一种抽象. 实际物体在外力作用下，其形状和大小或多或少会有一些变化，但当这种变化与物体的几何线度相比很小，对所讨论的问题的影响可以忽略时，我们就可以把该物体看成刚体.

首先，我们引入自由度的概念. 确定一个力学体系在空间的几何位形所需的独立坐标的数目称为该力学体系的自由度. 一个质点在三维空间的自由度为 3，在一曲面（包括平面）的自由度为 2. 两个自由质点组成的体系在三维空间的自由度为 6，因为确定两个质点在空间的几何位形需要 6 个独立坐标.

对于距离保持不变的两质点体系，由于两个质点间距离 $\sqrt{(x_1-x_2)^2+(y_1-y_2)^2+(z_1-z_2)^2}=l$ 恒定不变，6 个坐标中只有 5 个是独立的，因而该体系只有 5 个自由度. 对于彼此距离保持不变的 3 个不共线质点的体系，由于有每两个质点间距离保持不变的 3 个约束联系，自由度从 9 个减为 6 个.

刚体由无数个质点组成，但由于各质点间的距离保持不变，因而确定刚体几何位形的坐标只要 6 个. 这是因为，只要刚体上任意 3 个不共线的点的位置确定，整个刚体的位置也就确定，因而刚体的自由度与上述三质点系统的自由度相同. 这 6 个坐标当然也可理解为确定刚体上某一点（例如质心）位置的 3 个坐标、确定刚体上过该点的一轴线的方位的 2 个坐标及刚体绕该轴转动角度的 1 个坐标.

由于受到不同的约束，刚体可以有各种运动形式，每种运动形式对应的自由度也不相同.

（1）平动. 刚体平动时，固连在刚体上的任一条直线在各个时刻的位置始终保持彼此平行，故刚体上每一点的运动情况完全相同，刚体的运动可用一质点来代表，因而这种运动的描述与质点相同. 其自由度为 3.

（2）定轴转动. 当刚体上某两点（当然包括过这两点的连线上的所有点）固定时，刚体只能绕着过这两点的固定轴转动，这种运动称为刚体的定轴转动. 显然，定轴转动的刚体只有 1 个自由度.

(3) 平面平行运动. 刚体在运动过程中，其上每一点都在与某固定平面平行的平面内运动，这种运动称为刚体的平面平行运动. 这时，刚体内任一与固定平面垂直的直线上所有点的运动情况完全相同，因而刚体的运动可用与固定平面平行的任一截面的运动来理解，而该截面在通过自身平面内的运动可以看成其上任一点 A（称为基点）在平面上的移动与该截面绕过该点且垂直于平面的轴线的转动的组合（图 6.1-1）. 在与基点相对静止的参考系上，刚体的运动成为绕过基点的固定轴的转动，即定轴转动. 显然，平面平行运动的刚体的自由度为 3.

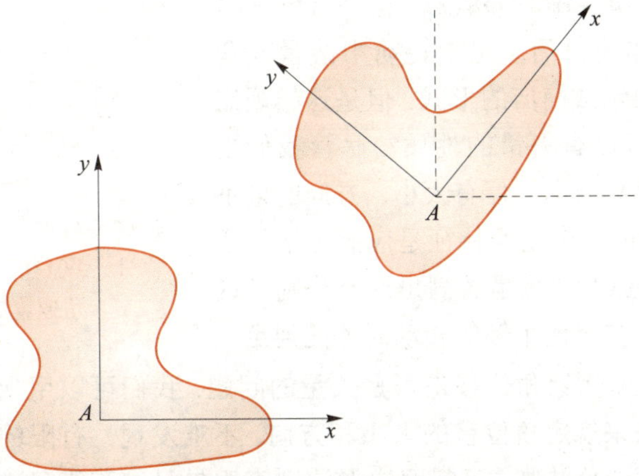

图 6.1-1　刚体的平面平行运动可看作其上一点 A 的平面运动与绕过 A 点轴线的定轴转动的组合

(4) 定点转动. 当刚体上某一点固定时，刚体只能绕该点转动，这种运动称为刚体的定点转动. 可以证明，作定点转动的刚体，在任一瞬时，总可看成绕通过该定点的某一瞬时轴的转动（下一瞬时则为绕另一瞬时轴的转动）. 不难看出，定点转动的刚体的自由度为 3.

(5) 一般运动. 刚体的一般运动可以看成随刚体上某一基点 A（例如质心）的移动和绕该点的转动的组合. 在与基点相对静止的参考系上，绕该点的转动即定点转动. 因此，作一般运动的刚体的自由度为 6.

本章主要讨论刚体的平衡、平动、定轴转动和平面平行运动，简要讨论刚体的进动. 下面就这些运动的运动学描述作一介绍.

(1) 刚体平动时，刚体上所有点（质元）的运动情况完全相同，刚体的运动等效于一质点的运动，其运动学描述与一质点的运动描述相同.

(2) 刚体作定轴转动时，刚体上的各点沿不同半径作圆周运动，各点的位移、速度和加速度不相同，但角速度相同，对应 1 个自由度. 参照质点作圆周运动的运动学描述，见图 1.5-1. 用 $\varphi(t)$ 描述刚体从参考角度 $\varphi=0$ 开始转过的角度，$\Delta\varphi$ 为从 t 时刻到 $t+\Delta t$ 时刻，Δt 时间段内的角位移. 如图 6.1-2 所示，在定义角速度 $\boldsymbol{\omega}$ 和角加速度 $\boldsymbol{\alpha}$（角量）后，刚体上任意一点 P 的速度和加速度（线量）与这两个角量的关系表示如下.

P 点速度

$$\boldsymbol{v}=\boldsymbol{\omega}\times\boldsymbol{r} \qquad (6.1-1)$$

其中 $\boldsymbol{r}$ 为 P 点的位矢.

P 点切向加速度

$$\boldsymbol{a}_{\mathrm{t}}=\boldsymbol{\alpha}\times\boldsymbol{r} \qquad (6.1-2)$$

P 点法向加速度

$$\boldsymbol{a}_{\mathrm{n}}=\boldsymbol{\omega}\times(\boldsymbol{\omega}\times\boldsymbol{r}) \qquad (6.1-3)$$

P 点加速度

$$\boldsymbol{a}=\boldsymbol{a}_{\mathrm{t}}+\boldsymbol{a}_{\mathrm{n}}=\boldsymbol{\alpha}\times\boldsymbol{r}+\boldsymbol{\omega}\times(\boldsymbol{\omega}\times\boldsymbol{r}) \qquad (6.1-4)$$

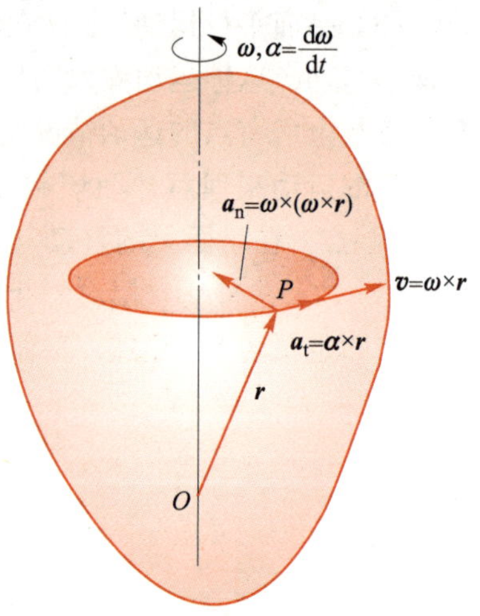

图 6.1-2　定轴转动刚体上任一点 P 的速度、加速度与角速度的矢量关系

将角速度看作矢量后，定轴转动中线量与角量之间的关系可表示成简洁的形式. 但是这样规定的角速度矢量是否具有矢量的性质? 尽管我们规定了角速度的大小和方向，但有大小、方向的量不一定是矢量. 矢量的一个重要特征是应满足平行四边形求和法则. 角速度矢量是否满足这一法则? 这只有在刚体同时参与绕两个轴的转动时才能判定.

为此，我们先来考察角位移是否是矢量的问题. 我们可以用规定角速度的大小和方向的同样方法来规定角位移的大小和方向. 不难发现，有限的角位移并不符合矢量相加的平行四边形法则. 平行四边形法则表明矢量求和满足交换律，但有限大角位移相加时不满足交换律，即 $\Delta\boldsymbol{\varphi}_1+\Delta\boldsymbol{\varphi}_2\neq\Delta\boldsymbol{\varphi}_2+\Delta\boldsymbol{\varphi}_1$. 图 6.1-3 用一本书的转动为例说明这一点，这里 $\Delta\boldsymbol{\varphi}_1=90°$，绕 x 轴转；$\Delta\boldsymbol{\varphi}_2=90°$，绕 y 轴转. 显然，由于次序不同，造成的结果不同. 但是，当角位移很小时，这种次序先后所造成的差别就会减小. 即当 $\Delta\varphi_1\to0$，$\Delta\varphi_2\to0$ 时，有

$$\Delta\boldsymbol{\varphi}_1+\Delta\boldsymbol{\varphi}_2=\Delta\boldsymbol{\varphi}_2+\Delta\boldsymbol{\varphi}_1$$

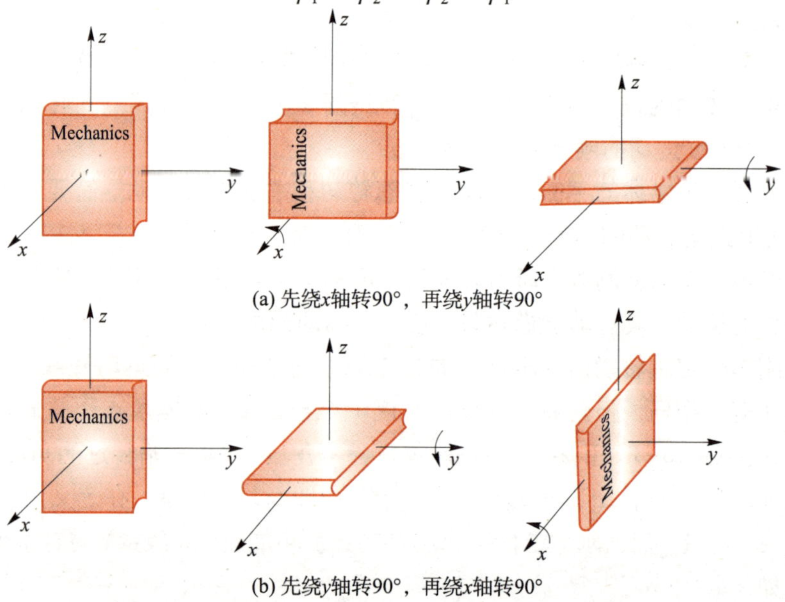

图 6.1-3　有限角位移不遵守加法交换律，因而不是矢量

这就是说，尽管有限角位移不满足交换律，但无限小角位移满足交换律．而且可以证明，它们可按平行四边形法则相加．因此，无限小的角位移是矢量．也就是说，当刚体发生两个方向不同的，但都是无限小的角位移 $\Delta\boldsymbol{\varphi}_1$ 和 $\Delta\boldsymbol{\varphi}_2$ 时，其结果与发生一个角位移 $\Delta\boldsymbol{\varphi}=\Delta\boldsymbol{\varphi}_1+\Delta\boldsymbol{\varphi}_2$ 相同．

考察刚体上任一点的运动可以说明这一点．设刚体上任一点 P 以 O 为原点的位矢为 $\boldsymbol{r}$，当 P 点随刚体绕 OA 轴转过角 $\Delta\varphi_1$ 时，其位移 $\Delta\boldsymbol{r}_1$ 本为从 P 所走圆弧的起点指向终点的弦，但当 $\Delta\varphi_1$ 很小时，$\Delta\boldsymbol{r}_1$ 可看成沿圆弧的切线，从而与 $\boldsymbol{r}$ 和 $\Delta\boldsymbol{\varphi}_1$（沿 OA）两矢量组成的平面垂直，大小则近似等于该段圆弧长，即 $\Delta\varphi_1$、r 及 $\boldsymbol{r}$ 与 $\Delta\boldsymbol{\varphi}_1$ 的夹角的正弦的乘积（图 6.1-4），故 $\Delta\boldsymbol{r}_1$ 可写成 $\Delta\boldsymbol{\varphi}_1$ 与 $\boldsymbol{r}$ 的矢积：

$$\Delta\boldsymbol{r}_1=\Delta\boldsymbol{\varphi}_1\times\boldsymbol{r}$$

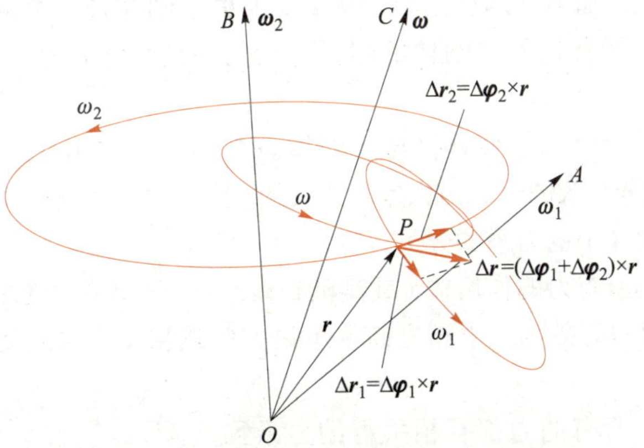

图 6.1-4　无限小角位移可按矢量相加的说明

当 P 点再随刚体绕 OB 轴转过一小角度 $\Delta\varphi_2$ 时，同理，其位移 $\Delta\boldsymbol{r}_2$ 可写成

$$\Delta\boldsymbol{r}_2=\Delta\boldsymbol{\varphi}_2\times(\boldsymbol{r}+\Delta\boldsymbol{r}_1)=\Delta\boldsymbol{\varphi}_2\times\boldsymbol{r}+\Delta\boldsymbol{\varphi}_2\times\Delta\boldsymbol{r}_1$$

略去二阶小量，有

$$\Delta\boldsymbol{r}_2=\Delta\boldsymbol{\varphi}_2\times\boldsymbol{r}$$

根据位移叠加原理，P 点的实际位移为

$$\Delta\boldsymbol{r}=\Delta\boldsymbol{r}_1+\Delta\boldsymbol{r}_2=(\Delta\boldsymbol{\varphi}_1+\Delta\boldsymbol{\varphi}_2)\times\boldsymbol{r}=\Delta\boldsymbol{\varphi}\times\boldsymbol{r}$$

其中 $\Delta\boldsymbol{\varphi}=\Delta\boldsymbol{\varphi}_1+\Delta\boldsymbol{\varphi}_2$ 表示两小角位移的矢量和，方向沿 OC 轴．当 P 点先随圆盘绕 OB 轴转 $\Delta\varphi_2$，再绕 OA 轴转 $\Delta\varphi_1$ 时，最终位移与此相同，均等于 P 点绕 OC 轴转 $\Delta\varphi$ 角所产生的位移．这就说明无限小角位移是矢量．

角速度总是与无限小角位移相联系，它是无限小角位移与相应无限小时间间隔之比．既然无限小角位移是矢量，角速度也是矢量，矢量对时间的导数也是矢量，那么角加速度也是矢量．

（3）刚体作平面平行运动时，自由度为 3．在刚体上选一基点，基点的运动学描述与质点在二维平面上运动的运动学描述相同，对应 2 个自由度．在此运动的基础上，叠加过基点并垂直于该平面的定轴转动，对应 1 个自由度．定轴转动的运动学描述见（2），相应的公式为（6.1-1）式至（6.1-4）式．其他运动学内容包括瞬心与瞬时轴将在 6.5 节中介绍．

6.2 刚体的平衡

质点的平衡指质点受力平衡，即质点所受的合力为零. 刚体的平衡除了所受力的矢量和为零外，还需要相对于刚体上任意一点的力矩之和为零，因为力矩不为零，刚体可以发生转动，也就没有达到平衡. 刚体受力分为内力和外力，内力使刚体各质元之间保持刚性联结，在研究刚体的运动（包括平衡情况）时，不必考虑其作用. 下面先对作用于刚体上的外力作些说明.

（1）作用在刚体上的力是滑移矢量. 力有大小、方向、作用点三个要素，就它对物体所产生的效果而言，三者都起作用. 因而，在一般情况下，即使保持大小和方向不变，力亦不能平移，因为这将造成作用点的变动，效果就将不同. 这就是说，力不是像速度、加速度那样的自由矢量. 但由于刚体是一个刚性整体，当力沿着作用线在刚体上滑移时，对刚体的作用不变，因而称作用在刚体上的力为滑移矢量.

（2）刚体作为一个刚性整体，与一般质点系不同，作用在其上的诸力的合力（即与诸力作用完全等效的一个力）是有意义的. 但合力只在某些情况下存在.

（3）作用在刚体上的力系的分类.

a. 共点力系. 所有力的作用线（或其延长线）交于一点的力系称为共点力系. 显然，这样的力系可以等效为大小和方向等于诸力矢量和、作用点就是该交点的一个力，这就是合力.

b. 平行力系. 所有的力都互相平行的力系称为平行力系. 这样的力系一般也存在合力. 为简单起见，先考虑两个平行力的合力. 如图 6.2-1 所示，平行力 $\boldsymbol{F}_1$ 和 $\boldsymbol{F}_2$ 作用在刚体上的 A、B 两点. 为求合力，设想在 A、B 上各施加一沿 AB 的等值反向的力 $-\boldsymbol{F}'$ 和 $\boldsymbol{F}'$，由于力是滑移矢量，这一对力的作用与它们作用于同一点时相同，因而对刚体运动不会有影响. $\boldsymbol{F}_1$ 与 $-\boldsymbol{F}'$ 的合力 $\boldsymbol{F}_1'$、$\boldsymbol{F}_2$ 与 $\boldsymbol{F}'$ 的合力 $\boldsymbol{F}_2'$ 两者互不平行，它们的作用线必交于某一点 D，它们的合力 $\boldsymbol{F}$ 也就是 $\boldsymbol{F}_1$ 和 $\boldsymbol{F}_2$ 的合力，即 $\boldsymbol{F}=\boldsymbol{F}_1+\boldsymbol{F}_2$. $\boldsymbol{F}$ 的作用线交于 AB 上的 C，且有 $|AC|/|CB|=F_2/F_1$. 用类似方法，可以求任意多个平行力的合力. 如果诸力的矢量和为零，这样的平行力系就成为一个力偶. 力偶不能等效为一个合力.

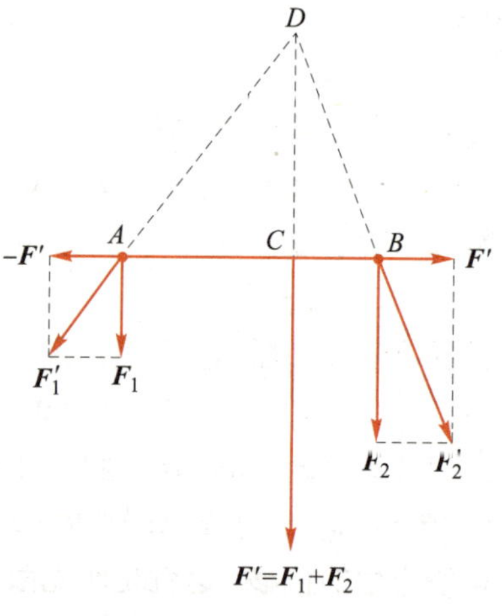

图 6.2-1　求平行力的合力

由上面的讨论不难看出，当作用在各质元上的平行力的大小与质元质量成正比时，合力的作用线通过质心，因而通常说刚体重力的合力作用在质心上. 此结果与一般质点系中重力对质心的总力矩为零一致，尽管在质点系为非刚体的情况下，合力并不存在.

c. 共面力系. 所有力的作用线位于同一平面的力系称为共面力系. 若共面力系

的诸力互相平行，则可按求平行力合力的方法求出合力. 若诸力不平行，则必有交点，可依次求出合力.

d. 一般力系. 一般力系是指既不互相平行，又不共面的力系. 这样的力系是否存在合力，情况比较复杂，这里不作讨论. 一般而言，这样的力系可等效为一个力和一个方向与之平行的力偶矩.

研究刚体的平衡属于刚体静力学范畴，是指研究刚体在平衡（即相对某个惯性系静止或作匀速直线运动）情况下的受力分布. 刚体静力学在工程、建筑等部门中有广泛的应用，是材料力学、结构力学等学科的基础.

处于平衡（通常指静止）状态的刚体的动量和角动量均不随时间改变（通常等于零），根据动量定理和角动量定理，刚体平衡的充要条件是

$$\sum \boldsymbol{F}_{\mathrm{ex}}=\boldsymbol{0} \tag{6.2-1}$$

$$\sum \boldsymbol{M}=\boldsymbol{0} \tag{6.2-2}$$

（6.2-1）式表示外力的矢量和为零，（6.2-2）式表示外力对某一定点（例如 A）的外力矩的矢量和为零. 其实，当这两个条件满足时，外力对任何定点的力矩的矢量和也为零. 例如，对任一点 B，

$$\sum \boldsymbol{M}_B=\sum \boldsymbol{r}_{iB}\times \boldsymbol{F}_i$$

而对点 A 有

$$\sum \boldsymbol{M}_A=\sum \boldsymbol{r}_{iA}\times \boldsymbol{F}_i$$

式中 $\boldsymbol{r}_{iA}$ 和 $\boldsymbol{r}_{iB}$ 分别为外力 $\boldsymbol{F}_i$ 在刚体上的作用点对 A 点和 B 点的位矢. 设 A 对 B 的位矢为 $\boldsymbol{d}$（图 6.2-2），则

$$\boldsymbol{r}_{iB}=\boldsymbol{r}_{iA}+\boldsymbol{d}$$

代入 $\sum \boldsymbol{M}_B$ 表示式，并利用 $\sum \boldsymbol{F}_i=\boldsymbol{0}$ 的条件，即可证明 $\sum \boldsymbol{M}_B=\sum \boldsymbol{M}_A=\boldsymbol{0}$.

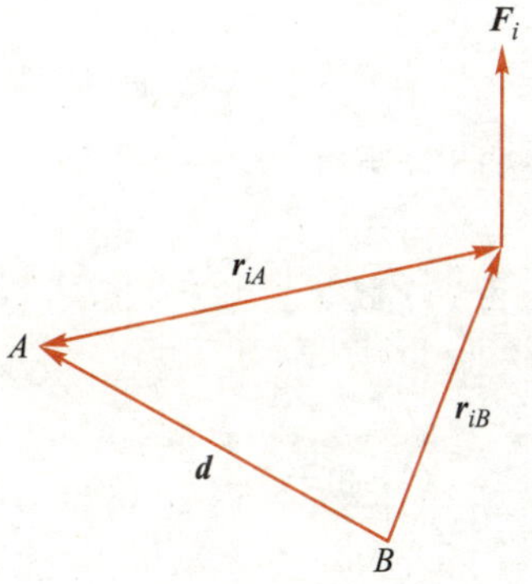

图 6.2-2

如果我们的讨论限于共面力系，并设力系的作用面为 xy 面，则（6.2-1）式、（6.2-2）式简化为

$$\sum F_x=0,\qquad \sum F_y=0 \tag{6.2-3}$$

$$\sum M_z=0 \tag{6.2-4}$$

这样，（6.2-1）式、（6.2-2）式所对应的 6 个方程简化为 3 个. 显然，这里 M_z 也是指对任一 z 方向的固定轴的力矩. 在刚体静力学问题中，我们可以视具体情况选择最方便的轴计算力矩，并使其为零.

如果刚体仅受三个力作用而平衡，那么根据（6.2-1）式和（6.2-2）式，这三个力不仅必共面，而且必共点.

静力学问题常有不定解. 例如一张重为 G 的方桌放在地上，其四个脚所受地面的支承力可以都等于 $G/4$，也可以让一对对角线上的脚各受 $G/2$，另一对不受力，也可一对脚各受 $3G/8$，另一对各受 $G/8$，等等，这都不破坏桌子的平衡. 这种情况称为“静不定”. 究其原因，是在刚体上加一对大小相等、方向相反又沿同一直线的力，并不破坏刚体的平衡方程（6.2-1）式和（6.2-2）式. 但这并不构成力学问题的不确定性. 其实，这是刚体模型的局限性造成的，如果考虑物体的形变及与形变相

联系的力（如弹力），这种不确定性就不再存在.

例题1 **长为 l、静止的梯子下端搁在地面上，上端靠在光滑墙面上，梯子与地面成倾角 θ.（1）求地面对梯子的摩擦力大小 F_f；（2）若梯子与地面的摩擦因数为 μ，为了使梯子不致滑下，它与地面的最小倾角 θ 为多大（图 6.2-3）?**

解：（1）梯子受重力 $m\boldsymbol{g}$、地面支承力 $\boldsymbol{F}_{N1}$、地面静摩擦力 $\boldsymbol{F}_f$ 和墙面支承力 $\boldsymbol{F}_{N2}$ 四个力作用，处于静止状态，故有

$$m\boldsymbol{g}+\boldsymbol{F}_{N1}+\boldsymbol{F}_{N2}+\boldsymbol{F}_f=\boldsymbol{0}$$

取 x、y 坐标如图所示，上式化为两个方程：

$$F_{N2}-F_f=0 \tag{1}$$

$$F_{N1}-mg=0 \tag{2}$$

以 B 为支点，力矩的平衡方程为

$$mg\frac{l}{2}\cos\theta-F_{N2}l\sin\theta=0 \tag{3}$$

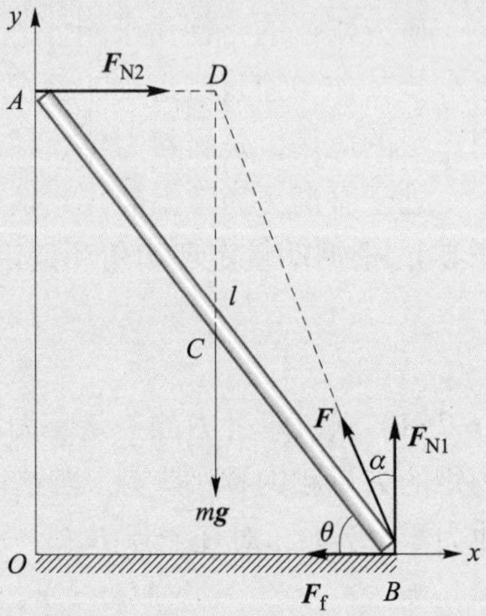

图 6.2-3

由（3）式得

$$F_{N2}=\frac{1}{2}mg\cot\theta$$

由（2）式得

$$F_{N1}=mg$$

由（1）式得

$$F_f=F_{N2}=\frac{1}{2}mg\cot\theta$$

（2）由于

$$F_f\leqslant\mu F_{N1}=\mu mg$$

所以

$$\frac{1}{2}mg\cot\theta\leqslant\mu mg$$

$$\theta\geqslant\arctan\frac{1}{2\mu}=\theta_{min}$$

本题也可以这样来求解：作用在 B 点的支承力 $\boldsymbol{F}_{N1}$ 和地面摩擦力 $\boldsymbol{F}_f$ 可合成为一个力 $\boldsymbol{F}$，这样，梯子就在重力 $m\boldsymbol{g}$、墙面支承力 $\boldsymbol{F}_{N2}$ 和 $\boldsymbol{F}$ 三个力的作用下而平衡，它们必须共点. $\boldsymbol{F}_{N2}$ 和 $m\boldsymbol{g}$ 两力交于 D 点，则 $\boldsymbol{F}$ 的延长线也应交于 D 点（图 6.2-3）. 设 $\boldsymbol{F}$ 与竖直方向的夹角为 α，由图中几何关系不难得出 $\cot\theta=2\tan\alpha$，故 $F_f=F_{N1}\tan\alpha=\frac{1}{2}mg\cot\theta$. 而 $\tan\alpha\leqslant\mu$，故 $\cot\theta\leqslant2\mu$. 结果与上述相同.

如果墙面也有摩擦，A 处墙面对梯子的作用力除法向支承力外，还有静摩擦力，在一定 θ 角下，此摩擦力的大小（和方向）可有多种取值，使 F_{N1} 和 F_{N2} 也相应有多种取值.

例题2 一个圆桶 C 无顶无底，置于水平面上，轴沿竖直方向，桶的半径为 R，两个质量均为 m、半径均为 $r\left(r>\frac{R}{2}\right)$ 的光滑圆球置于桶内，如图 6.2-4 所示. 试问，为使圆桶不倾侧，其质量 m' 至少应多大?

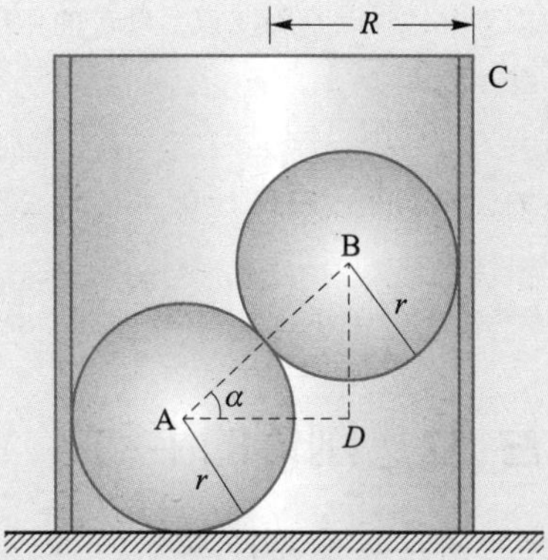

图 6.2-4

解： 圆桶共受四个力的作用：A 球对它的向左作用力 $\boldsymbol{F}_1$，B 球对它的向右作用力 $\boldsymbol{F}_2$，向下的自身重力 $m'\boldsymbol{g}$ 以及地面支承力的合力 $\boldsymbol{F}$（方向向上），如图 6.2-5（a）所示. 这些力中，$\boldsymbol{F}_1$、$\boldsymbol{F}_2$、$m'\boldsymbol{g}$ 的方向和作用点均为已知，因而，必须求出 $\boldsymbol{F}_1$、$\boldsymbol{F}_2$ 和 $\boldsymbol{F}$ 的大小及 $\boldsymbol{F}$ 的作用点，才能解出 m' 的最小值.

B 球在重力 $m\boldsymbol{g}$、圆桶向左的反作用力 $\boldsymbol{F}_2'$ 和 A 球对它的作用力 $\boldsymbol{F}_3$ 的作用下达到平衡［图 6.2-5（b）］，由此得

$$F_2 = mg\cot\alpha \tag{1}$$

$$F_3 = mg/\sin\alpha \tag{2}$$

A 球在重力 $m\boldsymbol{g}$、圆桶向右的反作用力 $\boldsymbol{F}_1'$、B 球对它反作用力 $\boldsymbol{F}_3'$ 和地面支承力 $\boldsymbol{F}_4$ 四个力的作用下平衡［图 6.2-5（c）］，由此可得

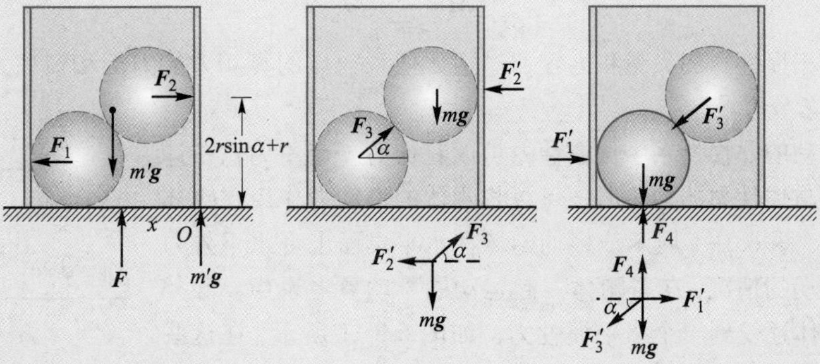

图 6.2-5　受力图

$$F_1 = F_3\cos\alpha \tag{3}$$

$$F_4 = F_3\sin\alpha + mg \tag{4}$$

由（1）式、（2）式、（3）式、（4）式，即得

$$F_1 = F_2 = mg\cot\alpha \tag{5}$$

$$F_4 = 2mg$$

由几何关系（图 6.2-4 中 $\triangle ABD$），有

$$\cos\alpha = \frac{R-r}{r} \tag{6}$$

现在来分析圆桶 C 的受力情况. 由力的平衡条件，因 $\boldsymbol{F}_1$、$\boldsymbol{F}_2$ 均沿水平方向，故在竖直方向有

$$F - m'g = 0$$

即 $F=m'g$. 以 O 为支点，设 $\boldsymbol{F}$ 的作用点在 O 点左方相距 x 处［图 6.2-5（a）］，由力矩平衡条件，注意到 $F=m'g$，有

$$F_1 r+m'g(R-x)-F_2(2r\sin\alpha+r)=0 \tag{7}$$

为使 m' 最小，应有 $x=0$. 将（5）式、（6）式代入（7）式，得 m' 的最小值：

$$m'=m\frac{2(R-r)}{R}$$

6.3 刚体的平动

刚体作平动时，刚体上所有质元的运动情况相同，与刚体的质心运动情况一致（即使质心不在刚体上）. 因此，刚体作平动时，其动力学方程为质心运动定律：

$$\sum \boldsymbol{F}_{\mathrm{ex}}=m\boldsymbol{a}_C \tag{6.3-1}$$

$\sum \boldsymbol{F}_{\mathrm{ex}}$ 为刚体所受外力的矢量和.

在与刚体（或质心）一起运动的平动参考系中观测，刚体静止不动，达到平衡. 但是，这是在计及惯性力后的平衡，相应的刚体平衡的充要条件是

$$\sum_{\text{真实力}} \boldsymbol{F}_{\mathrm{ex}}+\sum_{\text{惯性力}} \boldsymbol{F}=\boldsymbol{0} \tag{6.3-2}$$

$$\sum_{\text{真实力}} \boldsymbol{M}+\sum_{\text{惯性力}} \boldsymbol{M}=\boldsymbol{0} \tag{6.3-3}$$

即真实力和惯性力的矢量和为零，对刚体任意一点的真实力的力矩和惯性力的力矩矢量和为零.

在平动的非惯性系中，惯性力可以看作另一个重力，在计算惯性力与惯性力的力矩时，可以将刚体的惯性力作用在刚体的质心上. 图 6.3-1 展示一根均匀棒在水平桌面上受水平外力作用作平动的情况. 在与刚体一起运动的平动参考系中，除外力外，刚体还受到一个水平惯性力，如图 6.3-1 所示. 在这些力的作用下，刚体达到平衡，无论是相对于质心 C 点，还是刚体上的 A 点、B 点或任意一点，真实力的力矩和惯性力的力矩的矢量和均为零.

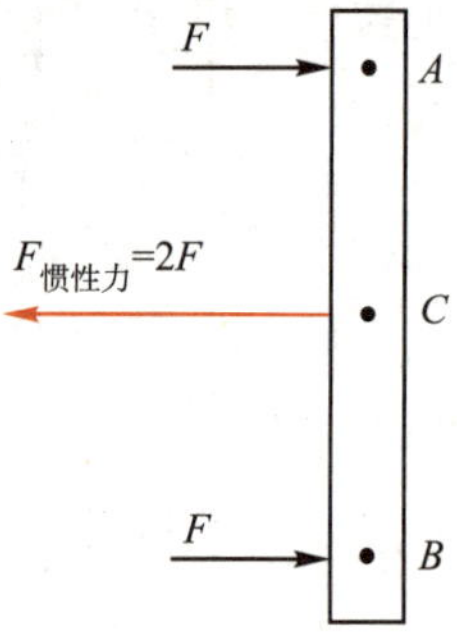

图 6.3-1

6.4 刚体的定轴转动

刚体作定轴转动时，其运动学描述为角位移、角速度和角加速度，相应的动力学方程为转动定律. 它是牛顿第二定律 $\boldsymbol{F}=m\boldsymbol{a}$ 在定轴转动时的等效形式. 下面将基于 $\boldsymbol{F}=m\boldsymbol{a}$ 和牛顿第三定律导出转动定律.

设刚体绕 z 轴转动，如图 6.4-1 所示（图中 z 轴与纸面垂直，它与纸面交点为 O）. 考察刚体上质量为 Δm_i 的第 i 个质元，它与 z 轴的垂直距离为

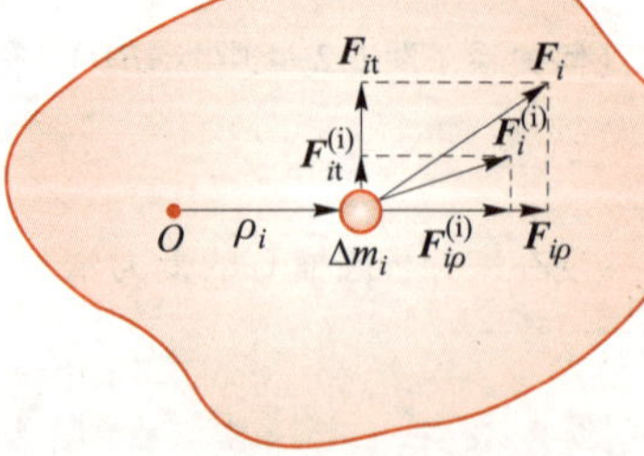

图 6.4-1　转动定律的导出

ρ_i. 设它所受外力的合力沿纸面方向的分量为 $\boldsymbol{F}_i$，内力的合力沿纸面方向的分量为 $\boldsymbol{F}_i^{(\mathrm{i})}$（垂直于纸面方向的分量对刚体的定轴转动不起作用）. 显然我们只需考察质元的切向运动，即与 ρ_i 垂直的方向上的运动. 设 $\boldsymbol{F}_i$ 和 $\boldsymbol{F}_i^{(\mathrm{i})}$ 的切向分量分别为 F_{it}和 $F_{\mathrm{it}}^{(\mathrm{i})}$. 由牛顿运动定律，并利用（6.1-2）式，有

$$F_{\mathrm{it}}+F_{\mathrm{it}}^{(\mathrm{i})}=\Delta m_i a_{\mathrm{it}}=\Delta m_i \rho_i \alpha$$

与转动相联系的是力矩；在上式两边乘以 ρ_i，得

$$\rho_i F_{\mathrm{it}}+\rho_i F_{\mathrm{it}}^{(\mathrm{i})}=\Delta m_i \rho_i^2 \alpha$$

将上式对刚体上所有的质元求和，得

$$\sum_i \rho_i F_{\mathrm{it}}+\sum_i \rho_i F_{\mathrm{it}}^{(\mathrm{i})}=\sum_i \Delta m_i \rho_i^2 \alpha$$

上式左边第一项即作用在刚体上的所有外力对 z 轴的力矩 M_z 或者作用在刚体上的所有外力对 z 轴上某点力矩的 z 分量，第二项即内力对 z 轴的总力矩，显然为零. 右边 α 对所有质元相同，与求和无关. 右边求和部分与质量关于 z 轴的分布有关，是一个常量，可记为 J_z. 于是上式成为

$$M_z=J_z \alpha \tag{6.4-1}$$

式中

$$J_z=\sum_i \Delta m_i \rho_i^2 \tag{6.4-2}$$

称为刚体绕 z 轴的转动惯量.（6.4-1）式就是刚体作定轴转动的转动定律. 它表明，对作定轴转动的刚体，外力矩沿固定轴的分量的代数和等于对该轴的转动惯量与角加速度的乘积. 转动定律与牛顿运动定律在直线运动中的形式 $F=ma$ 很相似，力矩与力相当，角加速度与加速度相当，转动惯量与质量相当.

由（6.4-2）式，省去下标 z，刚体绕某固定轴的转动惯量为

$$J=\sum_i \Delta m_i \rho_i^2$$

其中 ρ_i 是质元 Δm_i 到转轴的距离. 转动定律中转动惯量的地位与牛顿第二定律中的质量相当，它反映了刚体转动状态改变的难易程度，即刚体转动的惯性. 转动惯量不仅与质量有关，而且与质量的分布有关，质量越大，质量分布离轴越分散，转动惯量就越大. 同一刚体对不同的转轴，转动惯量亦不同.

对于质量连续分布的刚体，其转动惯量表示式可改写成积分形式:

$$J=\int \rho^2 \mathrm{d} m \tag{6.4-3}$$

（1）几种典型形状刚体的转动惯量.

具有规则几何形状的刚体绕对称轴的转动惯量不难计算，现将结果列于表 6-1 中，表示式中的 m 为刚体的总质量.

表 6-1　刚体绕对称轴的转动惯量

几种典型刚体	形状和转轴	转动惯量
圆环	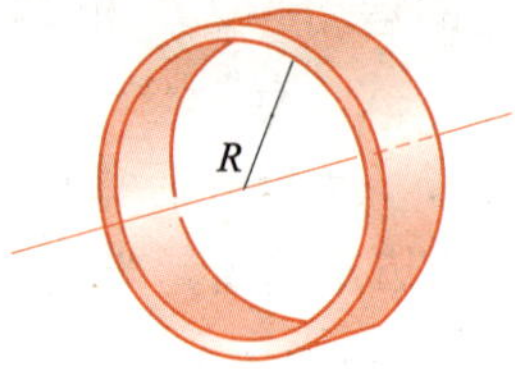	$J=mR^2$
圆柱	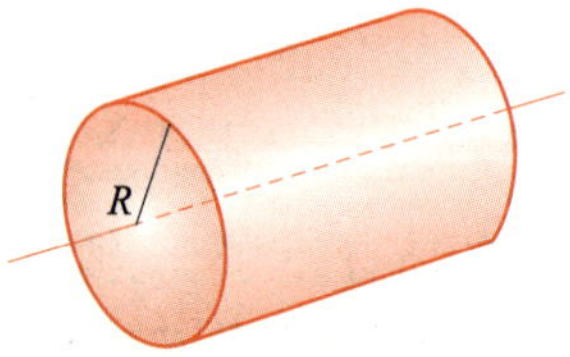	$J=\frac{1}{2}mR^2$
圆筒	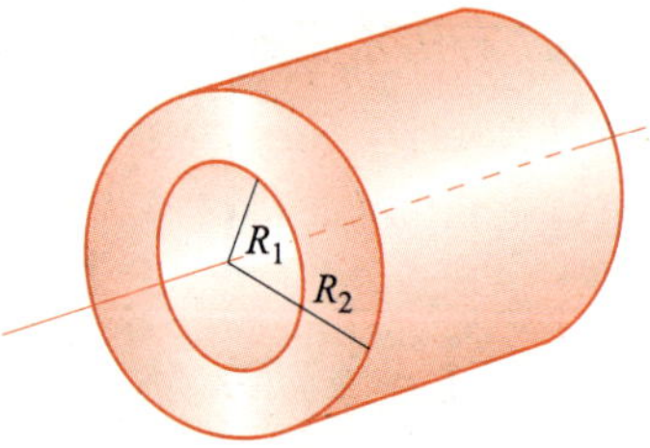	$J=\frac{1}{2}m(R_1^2+R_2^2)$
细棒	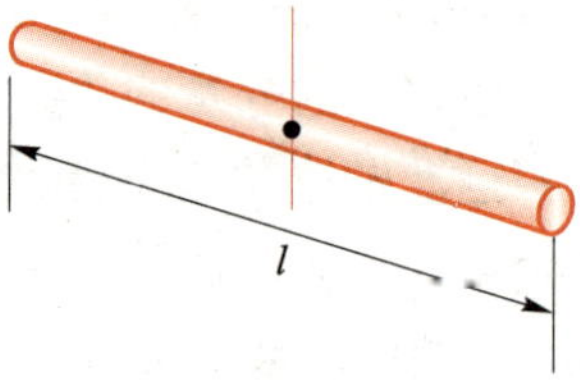	$J=\frac{1}{12}ml^2$
圆球	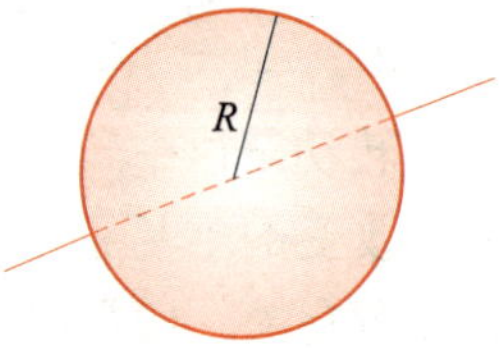	$J=\frac{2}{5}mR^2$
薄球壳	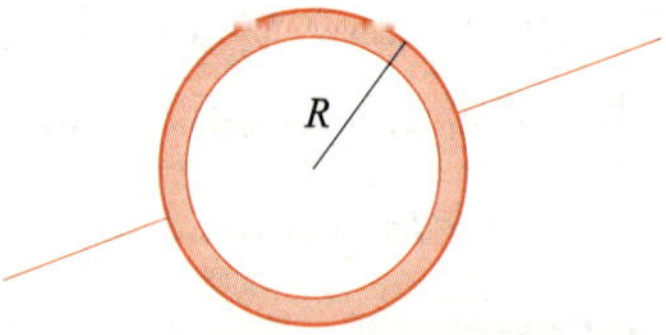	$J=\frac{2}{3}mR^2$

（2）回转半径.

任何转动惯量都可以写成总质量与一个长度平方的乘积，即

$$J=mk^2 \tag{6.4-4}$$

式中 k 称为回转半径. 例如，圆球的回转半径 $k=\sqrt{\frac{2}{5}}R$，圆柱的回转半径 $k=\sqrt{\frac{1}{2}}R$ 等. 质量相同的刚体，转动惯量越大，回转半径越大.

（3）平行轴定理和垂直轴定理．

这两条定理反映了刚体绕不同轴的转动惯量之间的关系，它们将有助于我们计算转动惯量．

a．平行轴定理．

此定理给出了刚体对任一转轴的转动惯量和对与此轴平行且通过质心的转轴的转动惯量之间的关系．设刚体绕过质心 C 的转轴（C 轴）的转动惯量为 J_C，绕过 A 点的转轴（A 轴）的转动惯量为 J_A，A 轴与 C 轴互相平行，相距 d．根据定义，

$$J_C=\sum_i \Delta m_i \rho_i^2$$

$$J_A=\sum_i \Delta m_i \rho_i'^2$$

ρ_i、ρ_i' 分别为质元 Δm_i 与 C 轴和 A 轴的距离．过 C 点作与轴垂直的平面，如图 6.4-2 所示，它与 A 轴相交于 A 点．设 Δm_i 在该平面上的垂足为 B（Δm_i 投影到该平面上的点），则 $CB=\rho_i$，$AB=\rho_i'$，$CA=d$，由图，

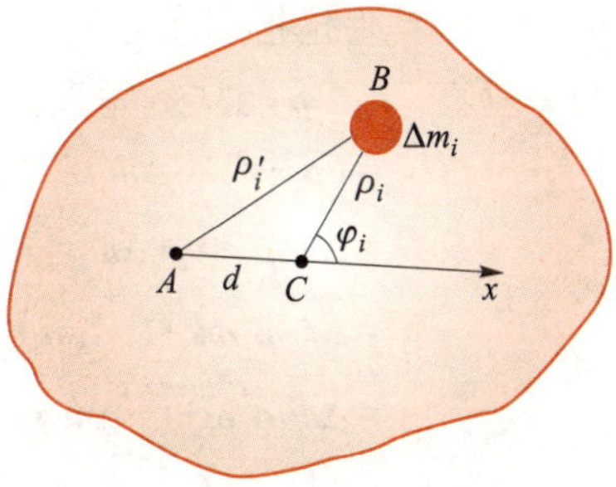

图 6.4-2　平行轴定理的推导

$$\rho_i'^2=\rho_i^2+d^2+2\rho_i d\cos\varphi_i$$

式中 φ_i 为 CB 与 AC 连线的延长线的夹角．于是

$$\begin{aligned}J_A&=\sum_i \Delta m_i \rho_i'^2=\sum_i \Delta m_i(\rho_i^2+d^2+2\rho_i d\cos\varphi_i)\\&=\sum_i \Delta m_i\rho_i^2+\sum_i \Delta m_i d^2+\sum_i \Delta m_i\rho_i\cos\varphi_i\cdot 2d\\&=J_C+md^2+2d\sum_i \Delta m_i\rho_i\cos\varphi_i\end{aligned}$$

若取 AC 为 x 轴，C 为原点，则 $\sum_i \Delta m_i\rho_i\cos\varphi_i=\sum_i \Delta m_i x_i=mx_C$，$x_C$ 即质心的 x 坐标，今质心就在原点，故 $x_C=0$，即 $\sum_i \Delta m_i\rho_i\cos\varphi_i=0$，故

$$J_A=J_C+md^2 \tag{6.4-5}$$

（6.4-5）式即平行轴定理．

根据平行轴定理，细棒绕通过其一端而垂直于棒的轴的转动惯量为

$$J=J_C+m\left(\frac{l}{2}\right)^2=\frac{1}{12}ml^2+\frac{1}{4}ml^2=\frac{1}{3}ml^2$$

b．薄板垂直轴定理．

如果已知一块薄板绕位于板上两相互垂直的轴（设为 x 轴和 y 轴）的转动惯量为 J_x 和 J_y，则薄板绕 z 轴的转动惯量为

$$J_z=J_x+J_y \tag{6.4-6}$$

此即垂直轴定理．此定理证明很简单，留给读者作为练习（图 6.4-3）．

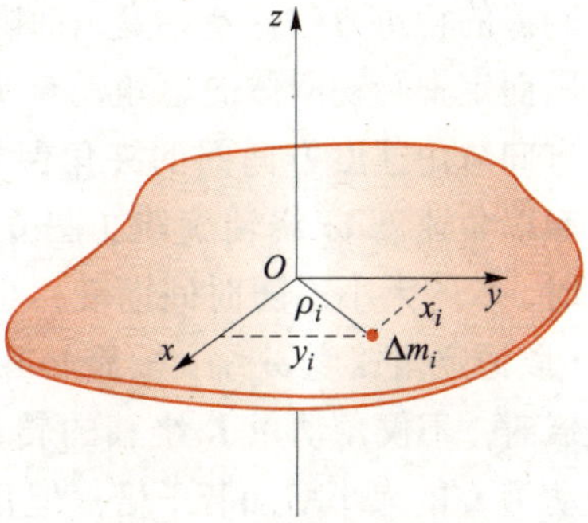

图 6.4-3　垂直轴定理

圆盘绕通过中心且垂直盘面的转轴的转动惯

量为$\frac{1}{2}mR^2$，由垂直轴定理知，圆盘绕其直径的转动惯量为$\frac{1}{4}mR^2$.

下面研究刚体作定轴转动时的角动量.

考察绕固定轴（取为 z 轴）转动的刚体在某瞬时对轴上某定点 O 的角动量（图 6.4-4）. 设刚体第 i 个质元的质量为 Δm_i，位矢为 $\boldsymbol{r}_i$，速度为 $\boldsymbol{v}_i$，则该质元对 O 点的角动量为

$$\Delta \boldsymbol{L}_i = \boldsymbol{r}_i \times (\Delta m_i \boldsymbol{v}_i)$$

将 $\boldsymbol{r}_i$ 写成沿 z 轴的分矢量 $\boldsymbol{r}_{iz}=r_i\cos\alpha_i\boldsymbol{k}$ 和与轴垂直的分矢量 $\boldsymbol{r}_{ih}=\boldsymbol{\rho}_i$ 两部分，其中 ρ_i 为质元与轴的垂直距离，$\boldsymbol{\rho}_i$ 则是从其垂足指向质元的矢量（图 6.4-4）. 由于 $\boldsymbol{r}_i$ 与 $\boldsymbol{v}_i$ 垂直，$\boldsymbol{r}_{iz}$、$\boldsymbol{\rho}_i$ 也与 $\boldsymbol{v}_i$ 垂直，而 $v_i=\rho_i\omega$，于是有

$$\begin{aligned}\Delta \boldsymbol{L}_i &= (\boldsymbol{\rho}_i+\boldsymbol{r}_{iz})\times\Delta m_i\boldsymbol{v}_i\\ &=\Delta m_i\boldsymbol{\rho}_i\times\boldsymbol{v}_i+\Delta m_i\boldsymbol{r}_{iz}\times\boldsymbol{v}_i\\ &=\Delta m_i\rho_i^2\omega\boldsymbol{k}+(-\Delta m_i r_i\cos\alpha_i\boldsymbol{\rho}_i)\omega\\ &=\Delta m_i\rho_i^2\boldsymbol{\omega}+(-\Delta m_i r_i\cos\alpha_i\boldsymbol{\rho}_i)\omega\\ &=\Delta\boldsymbol{L}_{iz}+\Delta\boldsymbol{L}_{ih}\end{aligned}$$

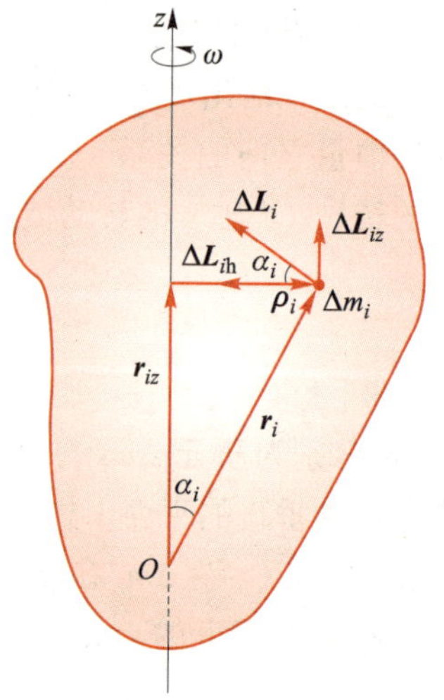

图 6.4-4　计算定轴转动刚体对轴上一点 O 的角动量

定轴转动刚体的总角动量为所有质元角动量的矢量和. 对 $\Delta\boldsymbol{L}_{iz}$和 $\Delta\boldsymbol{L}_{ih}$分别求和，得

$$\sum_i \Delta\boldsymbol{L}_{iz}=\left(\sum_i \Delta m_i\rho_i^2\right)\boldsymbol{\omega}=\boldsymbol{L}_z \tag{6.4-7}$$

$$\sum_i \Delta\boldsymbol{L}_{ih}=\sum_i(-\Delta m_i r_i\cos\alpha_i\boldsymbol{\rho}_i)\omega=\boldsymbol{L}_h \tag{6.4-8}$$

因而定轴转动刚体的角动量为

$$\boldsymbol{L}=\boldsymbol{L}_z+\boldsymbol{L}_h \tag{6.4-9}$$

由（6.4-9）式可以看出，$\boldsymbol{L}$ 由两项组成，第一项 $\boldsymbol{L}_z$ 与 $\boldsymbol{\omega}$ 同方向，第二项 $\boldsymbol{L}_h$ 则与 $\boldsymbol{\omega}$ 垂直，因为它是 $\Delta\boldsymbol{L}_{ih}$之和，而 $\Delta\boldsymbol{L}_{ih}$均与 $\boldsymbol{\omega}$ 垂直. 可见，一般 $\boldsymbol{L}$ 与 $\boldsymbol{\omega}$ 方向不同. 但两项的大小均与 ω 成正比. 第一项的比例系数与时间无关，它就是刚体对 z 轴的转动惯量，第二项的比例系数为一矢量，由各质元的分布及其位矢的分矢量 $\boldsymbol{\rho}_i$ 共同决定，其大小亦与时间无关，故该项所代表的矢量与刚体的相对方位保持不变，而随刚体一起绕 z 轴旋转. 因而定轴转动刚体的总角动量 $\boldsymbol{L}$ 的大小与 ω 成正比，方向与角速度方向间的夹角保持不变，且随着刚体一起以角速度 $\boldsymbol{\omega}$ 绕轴旋转（图 6.4-5）. 当 $\boldsymbol{\omega}$ 大小一定时，$\boldsymbol{L}$ 的大小不随时间而变，但 $\boldsymbol{L}$ 的方向随时间变化（以恒定角速度 $\boldsymbol{\omega}$ 绕 z 轴旋转）. 当角速度 $\boldsymbol{\omega}$ 增加若干倍时，不仅角动量 $\boldsymbol{L}$ 绕轴的转速增加若干倍，而且角动量 $\boldsymbol{L}$ 的大小增加若干倍，但角动量 $\boldsymbol{L}$ 与角速度 $\boldsymbol{\omega}$ 之

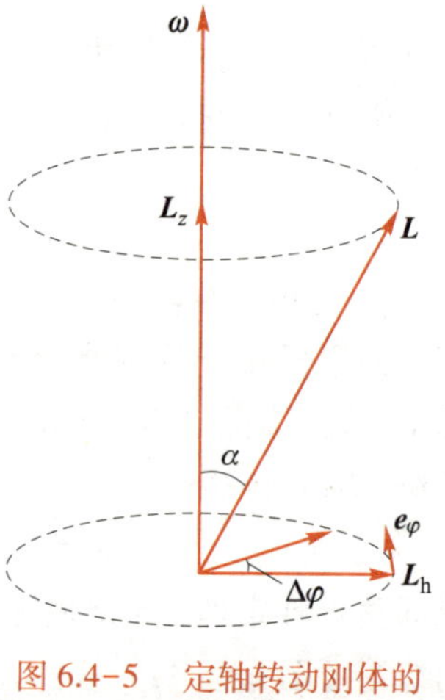

图 6.4-5　定轴转动刚体的角动量 $\boldsymbol{L}$ 随刚体一起绕轴旋转

间的夹角 $\boldsymbol{\alpha}$ 保持不变.

但当固定轴为刚体的对称轴时，对每一个 Δm_i，在与轴对称处必有一个相应的 Δm_j，使 $r_i\cos\alpha_i\boldsymbol{\rho}_i=-r_j\cos\alpha_j\boldsymbol{\rho}_j$，若取 $\Delta m_i=\Delta m_j$，则 $\Delta m_i\cos\alpha_i\boldsymbol{\rho}_i+\Delta m_j\cos\alpha_j\boldsymbol{\rho}_j=\mathbf{0}$. 因而（6.4-9）式的第二项为零，于是有

$$\boldsymbol{L}=\boldsymbol{L}_z=\boldsymbol{\omega}\sum_i\Delta m_i\rho_i^2=J\boldsymbol{\omega} \tag{6.4-10}$$

这时 $\boldsymbol{L}$ 与 $\boldsymbol{\omega}$ 同方向. 当 $\boldsymbol{L}$ 与 $\boldsymbol{\omega}$ 同方向时的转轴称为刚体的惯量主轴，刚体对惯量主轴的转动惯量称为主转动惯量. 显然，对称轴必为惯量主轴. 但对刚体上任一点，不一定有对称轴，这时，过该点必能找到一组互相正交的惯量主轴.

在外力矩的作用下，刚体的角动量将发生变化. 根据质点系的角动量定理：

$$\boldsymbol{M}=\frac{\mathrm{d}\boldsymbol{L}}{\mathrm{d}t}$$

当固定轴不是刚体的惯量主轴时，$\boldsymbol{L}$ 可分解为沿 z 轴的分矢量 $\boldsymbol{L}_z$ 和与之垂直的分矢量 $\boldsymbol{L}_{\mathrm{h}}$ 两部分，$\boldsymbol{M}$ 也可分解为 $\boldsymbol{M}_z$ 和 $\boldsymbol{M}_{\mathrm{h}}$ 两部分，则有

$$\boldsymbol{M}_z=\frac{\mathrm{d}\boldsymbol{L}_z}{\mathrm{d}t} \tag{6.4-11}$$

$$\boldsymbol{M}_{\mathrm{h}}=\frac{\mathrm{d}\boldsymbol{L}_{\mathrm{h}}}{\mathrm{d}t} \tag{6.4-12}$$

由以上两式可以看出，只要角动量中与固定轴垂直的分矢量不为零，则在刚体转动的过程中，$\boldsymbol{L}_{\mathrm{h}}$ 矢量也以相同角速度随刚体一起转动，因而 $\boldsymbol{L}_{\mathrm{h}}$ 将随时间变化. 即使在角动量 $\boldsymbol{L}$ 的大小恒定，即 ω 为恒量的情况下，$\boldsymbol{L}_{\mathrm{h}}$ 的方向也将随时间变化，这时有 $\left|\frac{\mathrm{d}\boldsymbol{L}_{\mathrm{h}}}{\mathrm{d}t}\right|=L_{\mathrm{h}}\omega$，方向沿矢量 $\boldsymbol{L}_{\mathrm{h}}$ 的端点所画圆周的切线，即沿 $\boldsymbol{e}_\varphi$（图 6.4-5），从而有

$$M_{\mathrm{h}}=L_{\mathrm{h}}\omega \tag{6.4-13}$$

由此可见，只要转轴不是刚体的惯量主轴，即使刚体以恒定角速度绕固定轴旋转，也受力矩作用. 当 ω 随时间变化时，不仅 $\boldsymbol{L}_{\mathrm{h}}$ 的方向随时间变化，其大小也随时间变化，因而 $\frac{\mathrm{d}\boldsymbol{L}_{\mathrm{h}}}{\mathrm{d}t}$ 还包含 $\boldsymbol{L}_{\mathrm{h}}$ 大小变化的成分. 该成分与 ω 的变化率即角加速度相联系.

刚体作定轴转动时，转轴 z 的方向是固定的，故该方向的角动量定理可以写成标量形式：

$$M_z=\frac{\mathrm{d}L_z}{\mathrm{d}t}$$

只要用正、负即可表示方向. 根据（6.4-7）式，角动量沿 z 轴的分量为

$$L_z=\left(\sum_i\Delta m_i\rho_i^2\right)\omega=J_z\omega \tag{6.4-14}$$

$$M_z=\frac{\mathrm{d}L_z}{\mathrm{d}t}=J_z\frac{\mathrm{d}\omega}{\mathrm{d}t}=J_z\alpha$$

此即转动定律（6.4-1）式. 可见转动定律其实就是角动量定理沿固定轴方向的分量式. 转动定律和角动量定理均基于牛顿第二定律和第三定律推导得到.

本章开始已指出刚体可以看作质点系，与质点系相关的所有概念、定义与规律完全适用于刚体. 然而，刚体的特殊性使其物理量的表示式具有简单的形式. 下面分别对刚体作定轴转动时的动能、外力做的功与动能定理等作些推导和阐述.

根据动能的定义，当刚体以角速度大小 ω 绕定轴转动时，其动能为

$$E_k = \sum_i \frac{1}{2}\Delta m_i v_i^2 = \sum_i \frac{1}{2}\Delta m_i \omega^2 \rho_i^2$$

$$=\frac{1}{2}\left(\sum_i \Delta m_i \rho_i^2\right)\omega^2$$

而 $\sum_i \Delta m_i \rho_i^2 = J$，为刚体对该定轴的转动惯量，于是有

$$E_k = \frac{1}{2}J\omega^2 \tag{6.4-15}$$

这与质点动能的表示式 $\frac{1}{2}mv^2$ 相似.

刚体作定轴转动时，外力对刚体所做的功可以用力矩的功表示. 取定轴为 z 轴，设外力为 $\boldsymbol{F}$，外力作用点 P 与轴的垂直距离为 ρ（图 6.4-6）. 当刚体有角位移 $\mathrm{d}\varphi$ 时，P 点随刚体产生位移 $\mathrm{d}\boldsymbol{r}$，则 $|\mathrm{d}\boldsymbol{r}|=\rho\mathrm{d}\varphi$. 在此过程中 $\boldsymbol{F}$ 所做的元功等于 $\boldsymbol{F}$ 在 $\mathrm{d}\boldsymbol{r}$ 方向上的分量 F_φ 与 $|\mathrm{d}\boldsymbol{r}|$ 的乘积：

$$\mathrm{d}W_{外} = \boldsymbol{F}\cdot\mathrm{d}\boldsymbol{r} = F_\varphi|\mathrm{d}\boldsymbol{r}| = F_\varphi\rho\mathrm{d}\varphi$$

$\boldsymbol{F}$ 沿另外两个方向的分力（沿 z 方向的分力 $F_z\boldsymbol{k}$ 和沿 ρ 方向的分力 $F_\rho\boldsymbol{e}_\rho$）对定轴转动刚体不做功，而 $F_\varphi\rho$ 即力 $\boldsymbol{F}$ 对 z 轴的力矩 M_z，故上式可写成

$$\mathrm{d}W_{外} = M_z\mathrm{d}\varphi$$

于是外力所做的功可表示成力矩的功：

$$W_{外} = \int M_z\mathrm{d}\varphi \tag{6.4-16}$$

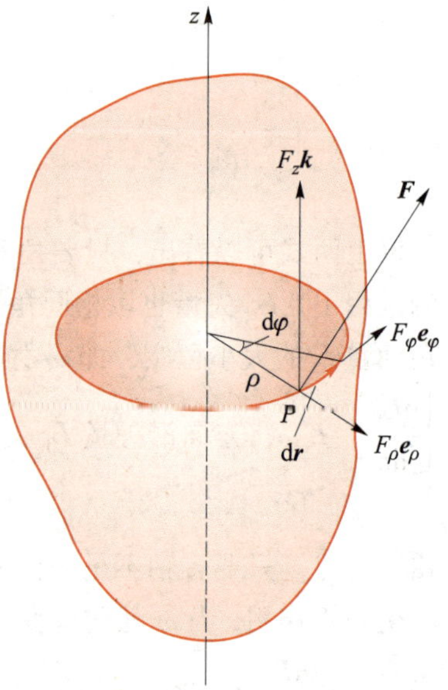

图 6.4-6　力矩的功

当刚体受几个外力作用时，只要将 M_z 理解为所有外力对 z 轴的总力矩，(6.4-16) 式就仍然适用. 这里的 M_z 可以理解为广义力，$\mathrm{d}\varphi$ 可以理解为广义位移.

将转动定律 $M_z=J\alpha$ 代入上式，得

$$W_{外} = \int M_z\mathrm{d}\varphi = J\int\alpha\mathrm{d}\varphi = J\int\frac{\mathrm{d}\omega}{\mathrm{d}t}\mathrm{d}\varphi$$

$$= J\int_{\omega_0}^{\omega}\omega\mathrm{d}\omega = \frac{1}{2}J\omega^2 - \frac{1}{2}J\omega_0^2$$

或

$$W_{外} = \frac{1}{2}J\omega^2 - \frac{1}{2}J\omega_0^2 \tag{6.4-17}$$

即外力矩的功等于定轴转动刚体动能的增量. 这就是作定轴转动的刚体的动能定

理. 刚体的动能定理是由转动定律导出的，但反过来，转动定律也可由动能定理导出. 这表明刚体作定轴转动时的转动定律与动能定理是等价的.

这一结论类似于前面所指出的牛顿第二定律与质点的动能定理等价的结论. 注意到刚体定轴转动的自由度为 1，刚体的定轴转动更是类似于质点的一维运动，例如，质点作直线运动或圆周运动.

由于刚体各质元间距离保持不变，不必考虑刚体各质元之间的相互作用势能. 因而刚体只有与其他物体间的相互作用势能. 刚体与地球之间的相互作用势能即重力势能. 作为质点系，刚体的重力势能应为各质元重力势能之和:

$$E_p=\sum_i \Delta m_i g y_i=\left(\sum_i \Delta m_i y_i\right) g=mgy_C \tag{6.4-18}$$

可见，刚体的重力势能与质量集中在质心上的一个质点的重力势能相同，只由质心的位置决定，而与刚体的具体方位无关.

至于刚体与其他物体间的其他形式的相互作用势能，可作相似讨论，这里不再赘述.

例题1 阿特伍德机.

如图 6.4-7 所示的阿特伍德机中，$m_1>m_2$，求 m_2 的上升加速度. 设滑轮质量为 m，半径为 R，可看作均匀圆盘.

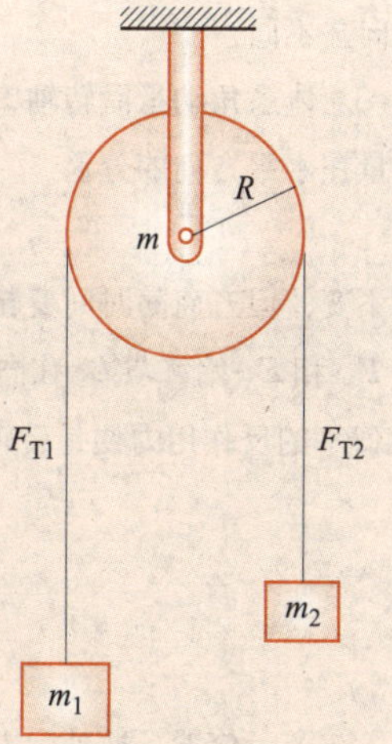

图 6.4-7　计及滑轮质量的阿特伍德机

解: m_2、m_1 的运动方程分别为

$$F_{T2}-m_2 g=m_2 a \tag{1}$$

$$m_1 g-F_{T1}=m_1 a \tag{2}$$

因滑轮有质量，故 $F_{T1}\neq F_{T2}$，根据转动定律，有

$$F_{T1}R-F_{T2}R=\frac{1}{2}mR^2\alpha=\frac{1}{2}mRa \tag{3}$$

由 (1) 式、(2) 式、(3) 式解得

$$a=\frac{m_1-m_2}{m_1+m_2+m/2}g$$

例题2 旋转哑铃.

质量为 m 的两个质点，系在长为 $2b$ 的轻杆两端，杆的中点固连在竖直轴上，杆与竖直轴斜交成 α 角，并以恒定角速度 ω 绕竖直轴旋转. (1) 求质点的速度、加速度; (2) 求体系的角动量; (3) 设转轴被轴承 MN 固定，$|MO|=|NO|=R$，求转轴对轴承的水平作用力 (图 6.4-8).

解: (1) 取杆中心 O 为坐标原点. 由 (6.1-1) 式，质点的速度为

$$\boldsymbol{v}=\boldsymbol{\omega}\times\boldsymbol{r}$$

今 $\boldsymbol{\omega}$ 与质点 A 的位矢 $\boldsymbol{r}_A$ 的夹角为 α，与质点 B 的位矢 $\boldsymbol{r}_B$ 的夹角为 $\pi-\alpha$，因而

$$v_A=|\boldsymbol{v}_A|=|\boldsymbol{\omega}\times\boldsymbol{r}_A|=\omega b\sin\alpha$$

$$v_B=|\boldsymbol{v}_B|=|\boldsymbol{\omega}\times\boldsymbol{r}_B|=\omega b\sin\alpha$$

在图示位置，质点 A 的速度由纸面向外，质点 B 的向里. 由（6.1-4）式，可得

$$\boldsymbol{a}=\frac{\mathrm{d}\boldsymbol{\omega}}{\mathrm{d}t}\times\boldsymbol{r}+\boldsymbol{\omega}\times(\boldsymbol{\omega}\times\boldsymbol{r})$$

今 $\frac{\mathrm{d}\boldsymbol{\omega}}{\mathrm{d}t}=\mathbf{0}$，而 $\boldsymbol{\omega}$ 与 $\boldsymbol{\omega}\times\boldsymbol{r}$ 相互垂直，于是

$$|\boldsymbol{a}_A|=\omega\cdot|\boldsymbol{\omega}\times\boldsymbol{r}_A|=\omega^2 b\sin\alpha$$

$$|\boldsymbol{a}_B|=\omega\cdot|\boldsymbol{\omega}\times\boldsymbol{r}_B|=\omega^2 b\sin\alpha$$

方向均指向轴.

（2）至于角动量，最简单的是以体系的质心为定点来考察. 由于质心不动，这样求出的角动量也就是体系相对任一固定点的角动量. 根据定义，每个质点的角动量 $\boldsymbol{L}'=\boldsymbol{r}\times m\boldsymbol{v}$，在图示位置，每个质点的角动量均沿纸面向右上方，与竖直轴成 $\frac{\pi}{2}-\alpha$ 角，且 $|\boldsymbol{L}'|=bmv=bm\omega b\sin\alpha=mb^2\omega\sin\alpha$，故体系角动量 $|\boldsymbol{L}|=|2\boldsymbol{L}'|=2mb^2\omega\sin\alpha$，方向如图所示. $\boldsymbol{L}$ 与 $\boldsymbol{\omega}$ 方向并不同.

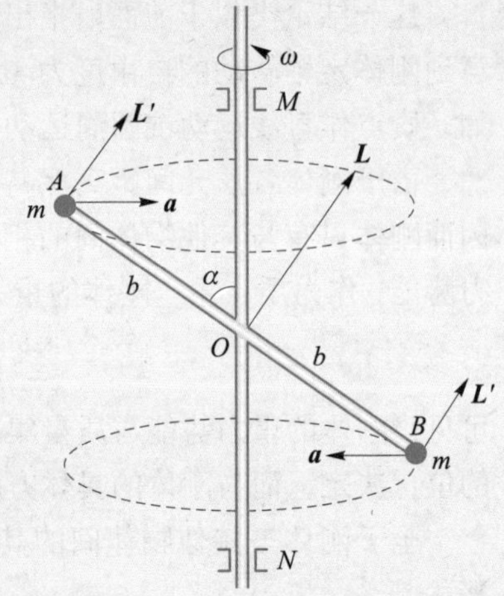

图 6.4-8

（3）体系角动量沿转轴 z 方向的分量 $L_z=L\sin\alpha=2mb^2\omega\sin^2\alpha$ 的大小和方向都不随时间变化，角动量在水平方向的分量

$$L_{\mathrm{h}}=L\cos\alpha=2mb^2\omega\sin\alpha\cos\alpha$$

大小不变，但方向随时间变化. 使 $\boldsymbol{L}_{\mathrm{h}}$ 方向变化的力矩来自轴承对转轴的作用力. 轴承对转轴的作用力 $\boldsymbol{F}_M$ 和 $\boldsymbol{F}_N$ 始终与 $\boldsymbol{L}_{\mathrm{h}}$ 在同一平面内，随着 $\boldsymbol{L}_{\mathrm{h}}$（或 $\boldsymbol{L}$）方向的改变，$\boldsymbol{F}_M$ 和 $\boldsymbol{F}_N$ 的方向也在改变. $\boldsymbol{F}_M$ 和 $\boldsymbol{F}_N$ 的反作用力便是转轴对轴承的作用力. 设 $\boldsymbol{F}_M$ 和 $\boldsymbol{F}_N$ 的大小为 F，由角动量定理，有

$$F\cdot 2R=\left|\frac{\mathrm{d}\boldsymbol{L}_{\mathrm{h}}}{\mathrm{d}t}\right|=L_{\mathrm{h}}\omega=2mb^2\omega^2\sin\alpha\cos\alpha$$

$$F=\frac{1}{R}mb^2\omega^2\sin\alpha\cos\alpha$$

显然，在图示位置，M 处受力向左，N 处受力向右.

例题3 质量为 m'、长为 l 的均匀细杆，静置于光滑的水平面上，可绕过杆中点 O 的固定竖直轴自由转动. 一质量为 m 的子弹以 v_0 的速度自杆的左方沿垂直于杆的方向射来，嵌入杆的上端 A 点，求子弹嵌入杆后杆的角速度（图 6.4-9）.

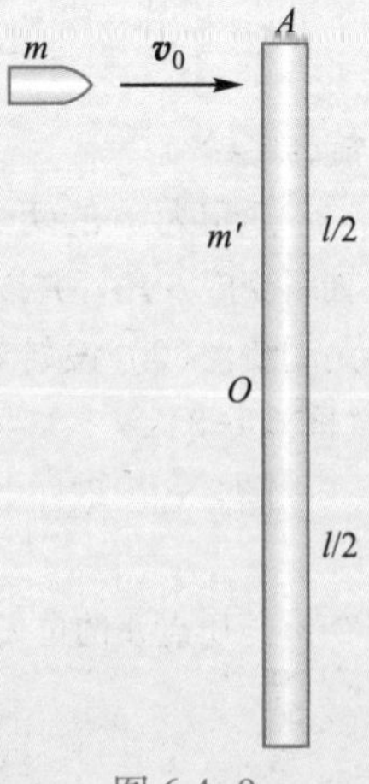

图 6.4-9

解：在子弹与杆端 A 碰撞的 Δt 时间内，设杆受到的平均冲力为 F，根据转动定律，杆得到角加速度 α，则

$$F\frac{l}{2}=J\alpha$$

在发生相互作用的 Δt 时间内，杆得到的角速度 $\boldsymbol{\omega}$ 的大小为

$$\omega=\alpha\Delta t=\frac{l}{2J}F\Delta t \tag{1}$$

子弹受到反方向的冲力 F，也得到与 v_0 反向的加速度 a，而有

$$F=ma$$

在 Δt 时间内子弹的动量变化为

$$mv_0-mv=ma\Delta t=F\Delta t \tag{2}$$

但子弹在嵌入杆端 A 后与杆一起运动，应有

$$v=\omega\cdot\frac{l}{2} \tag{3}$$

代入（2）式，有

$$F\Delta t=mv_0-\frac{1}{2}m\omega l$$

代入（1）式，得

$$\omega=\frac{l}{2J}\left(mv_0-\frac{ml\omega}{2}\right)=\frac{mv_0 l}{2J}-\frac{ml^2\omega}{4J}$$

即

$$\omega\left(J+\frac{ml^2}{4}\right)=mv_0\ \frac{l}{2}$$

$$\omega=\frac{mv_0\ \frac{l}{2}}{J+ml^2/4}=\frac{mv_0\ \frac{l}{2}}{m'l^2/12+ml^2/4}$$

本题也可用另一种方法求解：体系（子弹和杆）在过程中只受轴承上的外力作用，故体系对 O 点的角动量守恒，于是有

$$mv_0\cdot\frac{l}{2}=\left[J+m\left(\frac{l}{2}\right)^2\right]\omega$$

$$\omega=\frac{mv_0 l/2}{J+ml^2/4}$$

结果相同. 可见，直接用守恒定律解题要简捷得多. 值得强调的是，在子弹与杆相互作用的过程中，体系的动量是不守恒的，因为在 O 轴处存在外力的作用.

例题4 **质量和半径分别为 m_1、m_2、R_1、R_2 的两均匀圆柱体各自绕它们的光滑轴以角速度 Ω_1、Ω_2 自转，两轴平行，自转方向相同. 让两柱互相接触，求达到稳定时每个圆柱体的角速度（图 6.4-10）.**

解： 两圆柱接触后，相互有摩擦力作用，摩擦力方向均阻碍转动. 设摩擦力大小为 F_f，则由转动定律，各圆柱的角速度 ω_1、ω_2 将随时间变化，从而有

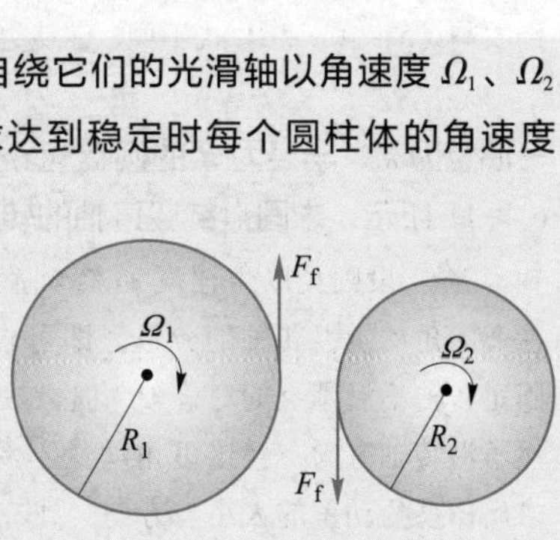

图 6.4-10

$$J_1\frac{d\omega_1}{dt}=-F_fR_1 \tag{1}$$

$$J_2\frac{d\omega_2}{dt}=-F_fR_2 \tag{2}$$

将 $J_1=\frac{1}{2}m_1R_1^2$，$J_2=\frac{1}{2}m_2R_2^2$ 代入以上两式，得

$$\frac{1}{2}m_1R_1\frac{d\omega_1}{dt}=-F_f$$

$$\frac{1}{2}m_2R_2\frac{d\omega_2}{dt}=-F_f$$

即

$$m_1R_1\frac{\mathrm{d}\omega_1}{\mathrm{d}t}=m_2R_2\frac{\mathrm{d}\omega_2}{\mathrm{d}t} \tag{3}$$

两边积分，得

$$m_1R_1(\omega_1-\Omega_1)=m_2R_2(\omega_2-\Omega_2) \tag{4}$$

稳定时，相互间无滑动，设其角速率分别为 ω_1、ω_2，则有

$$\omega_1R_1=-\omega_2R_2$$

代入（4）式，得

$$m_1R_1\omega_1-m_1R_1\Omega_1=-m_2R_1\omega_1-m_2R_2\Omega_2$$

$$(m_1+m_2)R_1\omega_1=m_1R_1\Omega_1-m_2R_2\Omega_2$$

所以

$$\omega_1=\frac{m_1R_1\Omega_1-m_2R_2\Omega_2}{(m_1+m_2)R_1} \tag{5}$$

$$\omega_2=-\frac{m_1R_1\Omega_1-m_2R_2\Omega_2}{(m_1+m_2)R_2} \tag{6}$$

有人这样来解本题：他认为，摩擦力是内力，对体系角动量变化无贡献，因而体系角动量守恒. 令最后两圆柱的角速率分别为 ω_1、ω_2，则有

$$J_1\omega_1+J_2\omega_2=J_1\Omega_1+J_2\Omega_2 \tag{7}$$

而由稳定时的条件，有

$$R_1\omega_1=-R_2\omega_2 \tag{8}$$

由（7）式、（8）式可解得

$$\omega_1=\frac{m_1R_1^2\Omega_1+m_2R_2^2\Omega_2}{(m_1R_1-m_2R_2)R_1} \tag{9}$$

$$\omega_2=-\frac{m_1R_1^2\Omega_1+m_2R_2^2\Omega_2}{(m_1R_1-m_2R_2)R_2} \tag{10}$$

结果与（5）式、（6）式不同. 你认为哪一种做法对？

例题5 **一质量为 m、半径为 R 的圆盘可绕过中心的竖直轴 AB 旋转，盘面法线与轴成 α 角，如图 6.4-11 所示，求圆盘绕竖直轴的转动惯量.**

解： 设圆盘以角速度 $\boldsymbol{\omega}$ 绕轴旋转. 只要求出圆盘对盘心的角动量沿转轴的分量，即可求出此转动惯量. 由于固定转轴不沿圆盘的对称轴（惯量主轴），因此其角动量显然不沿转轴方向，且这里角动量不易用直接积分求得. 为求出体系角动量的大小与方向，建立与圆盘固连的坐标系 1、2、3，使轴 3 沿盘面法线，轴 1 和轴 2 沿盘面直径，并使轴 1 在转轴和轴 3 组成的平面内，如图所示. 显然，1、2、3 都是对称轴（对 O 点的惯量主轴）.

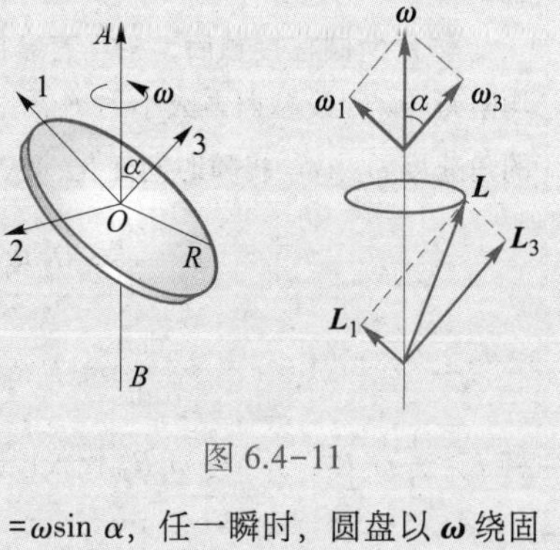

图 6.4-11

将 $\boldsymbol{\omega}$ 分解为 $\boldsymbol{\omega}_3$ 和 $\boldsymbol{\omega}_1$ 两个分矢量，其中 $\omega_3=\omega\cos\alpha$，$\omega_1=\omega\sin\alpha$，任一瞬时，圆盘以 $\boldsymbol{\omega}$ 绕固定转轴的转动可看成以 $\boldsymbol{\omega}_3$ 绕 3 轴的转动和以 $\boldsymbol{\omega}_1$ 绕 1 轴的转动的合成，而 3 轴和 1 轴都是主轴，且 $J_3=\frac{1}{2}mR^2$，$J_1=\frac{1}{4}mR^2$，故刚体对 O 点的角动量为

$$\boldsymbol{L}=\boldsymbol{L}_3+\boldsymbol{L}_1=\frac{1}{2}mR^2\boldsymbol{\omega}_3+\frac{1}{4}mR^2\boldsymbol{\omega}_1$$

$$=\frac{1}{2}mR^2\omega\cos\alpha\boldsymbol{e}_3+\frac{1}{4}mR^2\omega\sin\alpha\boldsymbol{e}_1$$

式中 $\boldsymbol{e}_3$ 和 $\boldsymbol{e}_1$ 各为主轴 3 和主轴 1 方向的单位矢量. 由此式可见，$\boldsymbol{L}$ 沿主轴 3 和主轴 1 的分量保持不变，但因主轴随刚体以 $\boldsymbol{\omega}$ 绕竖直轴旋转，$\boldsymbol{L}$ 也以 $\boldsymbol{\omega}$ 绕竖直轴旋转. $\boldsymbol{L}$ 的竖直分量 L_z 为 $\boldsymbol{L}_3$ 与 $\boldsymbol{L}_1$ 在竖直方向的分量之和:

$$L_z=L_3\cos\alpha+L_1\sin\alpha$$

$$=\frac{1}{2}mR^2\omega\cos\alpha\cdot\cos\alpha+\frac{1}{4}mR^2\omega\sin\alpha\cdot\sin\alpha$$

$$=\left(\frac{1}{2}mR^2\cos^2\alpha+\frac{1}{4}mR^2\sin^2\alpha\right)\omega$$

由（6.4-14）式，即得圆盘绕竖直轴的转动惯量:

$$J=\frac{1}{2}mR^2\cos^2\alpha+\frac{1}{4}mR^2\sin^2\alpha$$

6.5 刚体的平面平行运动

正如前面所述，刚体的平面平行运动可以看作基点的平面运动和过基点并垂直于该平面的定轴转动的叠加. 基点可以是刚体上任意一点，也可以是刚体的质心. 为了简单起见，基点一般选为刚体的质心. 刚体的平面平行运动的求解分为两步. 第一步求刚体的质心运动，第二步求在质心参考系中绕过质心轴的刚体的固定轴转动. 相应的动力学方程如下.

由质心运动定律，

$$\boldsymbol{F}_{\mathrm{ex}}=m\boldsymbol{a}_C \tag{6.5-1}$$

其中 $\boldsymbol{F}_{\mathrm{ex}}$ 表示所有外力的矢量和，m 为刚体质量.

取转轴方向为 z 轴，在质心系中定轴转动定律为

$$M_z=J_C\alpha \tag{6.5-2}$$

其中 M_z 是外力对质心的力矩在 z 轴方向分量的代数和，或所有外力对质心的力矩矢量和的 z 轴方向分量，α 为角加速度. 当质心系为非惯性系时，如果选择的基点不是刚体的质心，则（6.5-2）式左边的力矩还要计入惯性力的力矩. 在质心系中，计算惯性力的力矩时可以将惯性力看作作用于质心的另一个重力.

既然可以选取刚体任何一点为基点，那么选取不同的基点，刚体绕过基点的定轴转动的角速度是否相同？答案是相同的. 即在刚体作平面平行运动时，在刚体上任意一点观测的角速度也是相同的. 这一结论也适用于刚体一般运动. 证明如下.

刚体作一般运动时，在刚体上任意一点看，刚体只能作圆周运动，因为刚体上其他点与该点的距离不变. 设选择刚体 A 点为基点时，刚体作圆周运动的角速度为 $\boldsymbol{\omega}$；选择刚体上 B 点为基点时，刚体作圆周运动的角速度为 $\boldsymbol{\omega}'$. 如图 6.5-1 所示，根据相对运动，在惯性参考系 S 中刚体上任一点 P 的速度可以表示为

$$\boldsymbol{v}_P=\boldsymbol{v}_A+\boldsymbol{\omega}\times\boldsymbol{r}_{AP} \tag{6.5-3}$$

也可以表示为

$$\boldsymbol{v}_P=\boldsymbol{v}_B+\boldsymbol{\omega}'\times\boldsymbol{r}_{BP} \tag{6.5-4}$$

以 A 点为基点看，B 点的速度

$$\boldsymbol{v}_B=\boldsymbol{v}_A+\boldsymbol{\omega}\times\boldsymbol{r}_{AB} \tag{6.5-5}$$

将（6.5-5）式代入（6.5-4）式，

$$\boldsymbol{v}_P=\boldsymbol{v}_A+\boldsymbol{\omega}\times\boldsymbol{r}_{AB}+\boldsymbol{\omega}'\times\boldsymbol{r}_{BP}$$

由图 6.5-1，

$$\boldsymbol{r}_{AB}=\boldsymbol{r}_{AP}-\boldsymbol{r}_{BP}$$

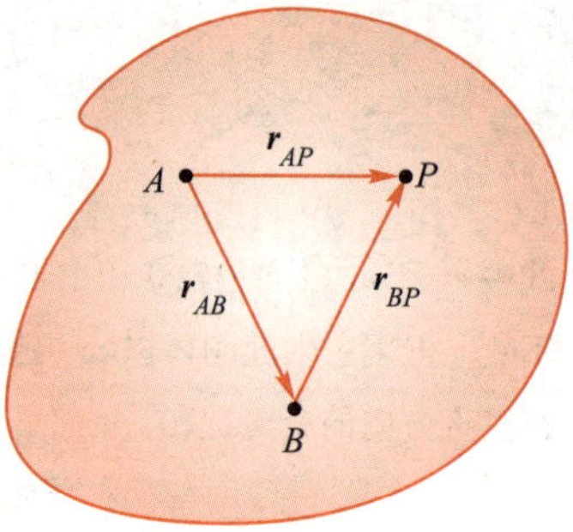

图 6.5-1

则

$$\begin{aligned}\boldsymbol{v}_P&=\boldsymbol{v}_A+\boldsymbol{\omega}\times(\boldsymbol{r}_{AP}-\boldsymbol{r}_{BP})+\boldsymbol{\omega}'\times\boldsymbol{r}_{BP}\\&=\boldsymbol{v}_A+\boldsymbol{\omega}\times\boldsymbol{r}_{AP}+(\boldsymbol{\omega}'-\boldsymbol{\omega})\times\boldsymbol{r}_{BP}\end{aligned} \tag{6.5-6}$$

比较（6.5-3）式和（6.5-6）式，则有

$$(\boldsymbol{\omega}'-\boldsymbol{\omega})\times\boldsymbol{r}_{BP}=\boldsymbol{0} \tag{6.5-7}$$

对于任何 P 点上式均成立，即对于不同的 $\boldsymbol{r}_{BP}$，（6.5-7）式均成立，则

$$\boldsymbol{\omega}'=\boldsymbol{\omega} \tag{6.5-8}$$

即刚体作一般运动时刚体上任一点观测的角速度是相同的．证明完毕．

下面主要讨论圆形物体（圆柱、圆盘、圆环、球等）在平面或曲面上的滚动．通常，质心就在圆的中心．

接触面之间有相对滑动的滚动称为有滑动滚动，接触面之间无相对滑动的滚动称为无滑动滚动，或称纯滚动．

对于纯滚动，除满足（6.3-1）式动力学方程外，还应满足约束条件：

$$v_C=R\omega,\qquad a_C=R\alpha \tag{6.5-9}$$

对于平面上的滚动，式中 v_C、a_C 是圆心（通常即质心）的速度和加速度的大小，ω 和 α 为滚动物体的角速度和角加速度（即物体在质心参考系中的角速度和角加速度），R 是滚动物体的圆半径．其实，上式对曲面上的滚动也成立，无论曲面是凸的还是凹的，但这时式中的 a_C 应理解为圆心的切向加速度（思考题 6.10）．

滚动物体将受承滚面的支承力（与承滚面垂直）和摩擦力（与承滚面平行）的作用．

若忽略滚动物体和承滚面的形变，如对于理想刚体在刚性平面上的滚动，在有滑动滚动中，摩擦力为动摩擦力；在纯滚动中，摩擦力为静摩擦力，它是一种约束力．静摩擦力的方向不易判断，必须视具体情况而定．可这样来判断静摩擦力的方向：设想在考察的瞬时静摩擦力突然消失，这时若刚体上与承滚面相接触的那一点向右运动（或者有向右运动的趋势），则静摩擦力向左；若该点向左运动（或者有向左运动的趋势），则静摩擦力向右；若该点不运动（也无运动趋势），则静摩擦力为零．例如，当圆柱体受过质心的向右外力作用时，静摩擦力向左［图 6.5-2（a）］；当圆柱体受过 A 点的向右外力作用时，静摩擦力向右［图 6.5-2（b）］；当刚体在水平面上作匀速纯滚动时，静摩擦力为零．当刚体的承滚面也运动时，则要看两接触点的相对运动或其趋势．

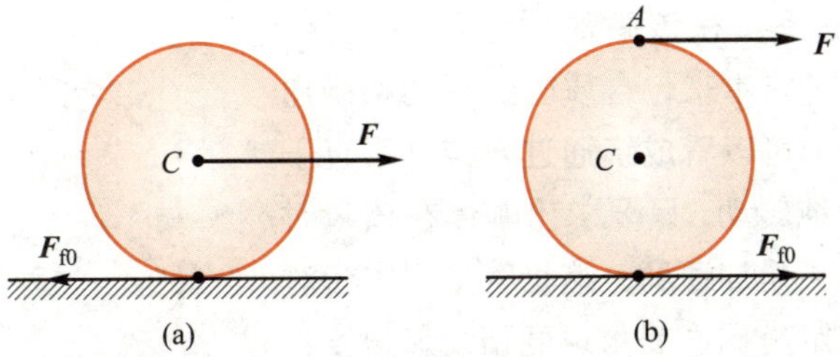

图 6.5-2　纯滚动中静摩擦力的方向

实际物体在水平面上滚动时，若不加外力，都会逐渐减速. 这不能用静摩擦力来解释. 如图 6.5-3 所示，若向前滚动的轮子受向后的静摩擦力 $\boldsymbol{F}_{f0}$的作用，这固然可以解释质心慢下来，但却不能解释转动慢下来，因为力 $\boldsymbol{F}_{f0}$对质心 C 的力矩只会使物体的转动加快. 原来，这里还存在由物体（或地面）的非弹性形变所产生的一种阻力. 假设滚轮在接触区有形变，而地面无形变，如图 6.5-4 所示. 此时，轮与地接触面呈长方形，前半部处于挤压状态，后半部处于形状趋于即将恢复的状态. 如果轮子形变是完全弹性的，那么地面对前、后半部的作用力相等，无阻力矩. 但若轮子的形变有非弹性的成分，即有塑性形变的成分，后半部的弹力就将小于前半部的弹力，从而造成一个合力 $\boldsymbol{F}_N$，其作用点在前半部，如图中所示. 此力的大小等于轮的重力，与重力构成一力偶，对质心产生一与滚动反向的力矩 $\boldsymbol{M}$，称之为滚动摩擦力矩.

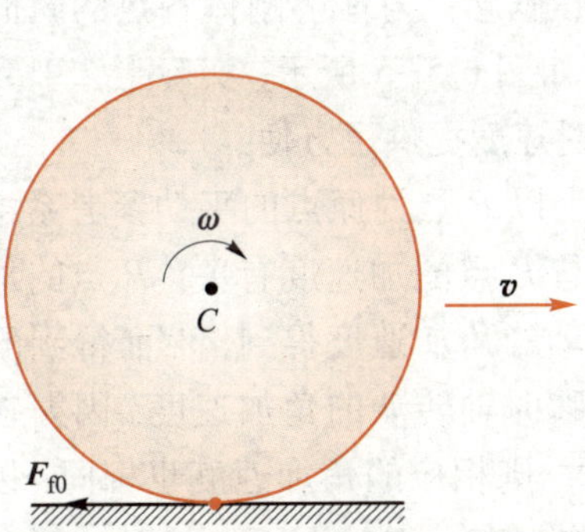

图 6.5-3　静摩擦力 $\boldsymbol{F}_{f0}$ 使质心减速，但使转动加速，故不能解释滚动减慢

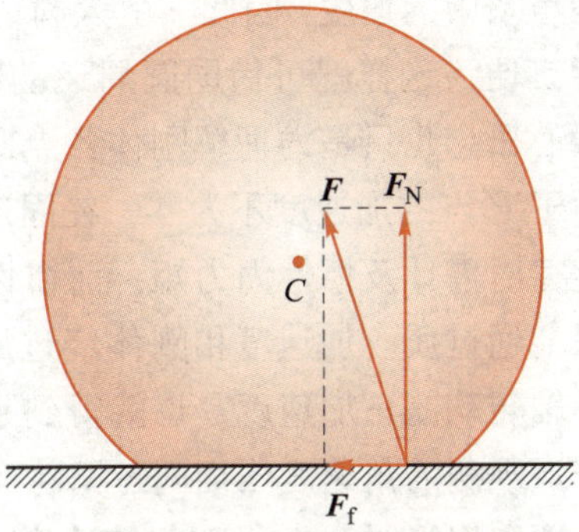

图 6.5-4　滚动摩擦的总效果可用合力 $\boldsymbol{F}$ 代表

滚动摩擦力矩使物体角速度减小，但不影响质心速度，这就使接触面上各点有向前滑动的趋势，从而产生一个反向摩擦力 $\boldsymbol{F}_f$，$\boldsymbol{F}_f$ 可能是静摩擦力，也可能是动摩擦力. $\boldsymbol{F}_N$ 和 $\boldsymbol{F}_f$ 的合力矩使转动减慢，$\boldsymbol{F}_f$ 则使质心运动减慢，$\boldsymbol{F}_N$ 和 $\boldsymbol{F}_f$ 的合力 $\boldsymbol{F}$ 就代表了滚动中摩擦力的总效果.

通常，滚动摩擦动力学效果要比滑动摩擦动力学效果小得多.

在刚体的平面平行运动问题中，有时可以利用瞬时转轴概念，将问题简化为单纯的转动问题.

当刚体作纯滚动时，刚体上与承滚面接触的那一点（或线）是瞬时静止的，如图 6.5-5 中的 P 点，如果我们在该瞬时附近的 Δt 时间内，以固连在刚体上的 P 点为原点建立平动坐标系，在该瞬时附近的 Δt 时间内，刚体的纯滚动（它本来包含质心的平动和绕通过质心的轴的转动）可以看成绕通过 P 点并垂直于固定平面的转轴的纯转动. 只要求出刚体在该瞬时坐标系中的角速度和角加速度，这也就是刚体相对于质心坐标系或固定坐标系的角速度和角加速度，因为刚体上任意点观测的角速度相同，相应的角加速度也相同. 而一旦求出角速度和角加速度，由约束方程（6.5-9）式，该瞬时圆心（通常即质心）相对于 P 点的速度、加速度（法向和切向加速度）均可求出，从而刚体上各点在该瞬时相对于 P 点的速度和加速度都可求出. 过 P 点并垂直于空间固定平面的轴叫瞬时转轴. 瞬时转轴与刚体上平行于固定平面的某一截面（例如过质心的截面）的交点称为瞬时转动中心，简称瞬心，例如 P 点即瞬心. 实际上瞬时转轴上各点均为瞬心. 在下一瞬时，刚体上与承滚面接触的一点将不再是 P，而是 P'（图 6.5-5），瞬心也由 P 点变为 P' 点. 瞬时轴变为过 P' 点且垂直于空间固定平面的轴. 瞬时轴和瞬心的位置随时间变化，不同时刻有不同的瞬时轴和瞬心. 这正是它们被称作瞬时轴和瞬心之故.

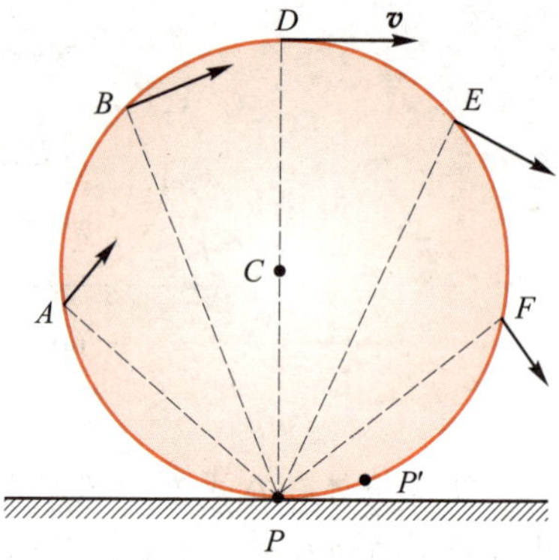

图 6.5-5　瞬时转轴

由于 P 点的瞬时速度为零，因此刚体上各质元相对于 P 点的速度就是各质元在惯性参考系中的速度. 因此，引入瞬时轴和瞬心概念，为理解刚体各点的瞬时速度提供了方便，这样就可借助圆周运动图像了，如图 6.5-5 所示. 实际上，引入瞬时轴和瞬心概念也只是为理解刚体各点此刻的瞬时速度提供了方便.

由于 P 点的加速度不为零，在固连在刚体上以 P 点为原点的平动参考系中应用转动定律时需计及惯性力力矩；而惯性力力矩与 P 点的加速度有关；P 点的加速度计算只能通过质心加速度和刚体绕过质心轴转动的角加速度得到. 然而得到刚体绕过质心轴转动的角加速度，也就得到了刚体绕瞬时轴转动的角加速度. 因为在刚体任意一点观测的角速度均相同（见前面的证明），则相应的角加速度也相同. 因此，没有必要利用瞬时轴再计算角加速度. 总而言之，在一般情况下，瞬时轴概念在求解刚体的动力学问题时不仅没有提供便利，反而多此一举. 如果在某些特殊情况下，通过分析得知对瞬时轴应用转动定律时，惯性力力矩为零，瞬时轴概念就为求解刚体动力学问题提供了一个同等、也有可能更加便利的选择. 例如，如图 6.5-5 所示，对于瞬时转轴 P，转动定律应为

$$M_P+M_{P惯}=J_P\alpha \tag{6.5-10}$$

其中 M_P 是外力对瞬时转轴的力矩，$M_{P惯}$ 是惯性力对瞬时转轴的力矩，J_P 是刚体对瞬时转轴的转动惯量. 惯性力由加速参考系相对于固定参考系的加速度决定，亦即由瞬间与刚体固连的 P 点的加速度决定. P 点的加速度 $\boldsymbol{a}_P$ 可由质心加速度 $\boldsymbol{a}_C$ 及 P 点在质心系中的加速度 $\boldsymbol{a}'_P$ 之和决定，即

$$\boldsymbol{a}_P=\boldsymbol{a}_C+\boldsymbol{a}'_P \tag{6.5-11}$$

而 $\boldsymbol{a}'_P$ 又可分解为切向和法向两部分：

$$\boldsymbol{a}_P' = \boldsymbol{a}_t' + \boldsymbol{a}_n' \tag{6.5-12}$$

考虑圆形物体在平面上的纯滚动，若质心即圆心，由纯滚动约束条件，$a_C = R\alpha = a_t'$，但两者方向相反，即 $\boldsymbol{a}_C = -\boldsymbol{a}_t'$，代入（6.5-11）式，

$$\boldsymbol{a}_P = \boldsymbol{a}_C + \boldsymbol{a}_P' = \boldsymbol{a}_C + \boldsymbol{a}_t' + \boldsymbol{a}_n' = \boldsymbol{a}_n' \tag{6.5-13}$$

而 $\boldsymbol{a}_n'$ 沿着 P 点的半径方向，因而 $\boldsymbol{a}_P$ 也沿过 P 点的半径方向. 惯性力的合力与 $\boldsymbol{a}_P$ 反方向，作用点通过质心，因而惯性力通过 P 点. 于是 $M_{P惯}=0$，（6.5-10）式变为

$$M_P = J_P\alpha \tag{6.5-14}$$

以上讨论只要求质心位于圆形滚动物体的圆心，这对均匀圆形刚体或质量呈轴对称分布的圆形刚体都满足. 上述结论尽管是在平面上的纯滚动情况下导出的，但它对在曲面上的纯滚动也适用. 对于均匀圆形刚体在平面或曲面上的纯滚动，利用（6.5-14）式可以更加方便地求解角加速度，因为对于瞬时轴摩擦力的力矩为零.

在一般的平面平行运动中，也存在瞬时转轴. 设某瞬时，刚体上的某一点（例如质心）C 以速度 $\boldsymbol{v}_C$ 运动，同时刚体以角速度 $\boldsymbol{\omega}$ 绕过 C 的轴转动. 过 C 且平行固定平面的截面如图 6.5-6 所示. 这时，截面上任一点相对固定参考系的速度为

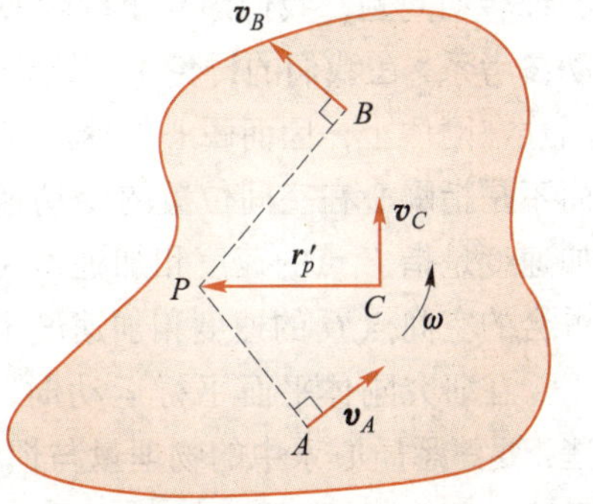

图 6.5-6 求平面平行运动的瞬时转轴

$$\boldsymbol{v} = \boldsymbol{v}_C + \boldsymbol{\omega} \times \boldsymbol{r}'$$

式中 $\boldsymbol{r}'$ 是该点以 C 为原点的位矢. 因而我们总可以在刚体上找到某一点 P，使

$$\boldsymbol{v}_P = \boldsymbol{v}_C + \boldsymbol{\omega} \times \boldsymbol{r}_P' = \boldsymbol{0}$$

或

$$\boldsymbol{\omega} \times \boldsymbol{r}_P' = -\boldsymbol{v}_C$$

于是过 P 点（在考察的 Δt 时间内与刚体固连）且垂直于固定平面的轴即该时刻的瞬时转轴，P 点即瞬心. 事实上，瞬时转轴上的任意点瞬时速度均为零，均可以看作瞬心. 此刻刚体可看作绕瞬心转动.

由图 6.5-6 不难看出，$\boldsymbol{r}_P'$ 必与 $\boldsymbol{v}_C$ 垂直，而且，因 $\boldsymbol{\omega}$ 与 $\boldsymbol{r}_P'$ 垂直，$\boldsymbol{r}_P'$ 的大小 r_P' 可由

$$\omega r_P' = v_C$$

求得. 因而，该时刻的瞬时转轴位置可由该时刻的 $\boldsymbol{v}_C$ 和 $\boldsymbol{\omega}$ 求得. 在下一时刻，瞬时转轴位置又可以由下一时刻的 $\boldsymbol{v}_C$ 和 $\boldsymbol{\omega}$ 求得.

实际上，在任一瞬时，截面上任一点的速度方向均与该点相对瞬心的位置矢量垂直. 利用这一性质，已知截面上任意两点的速度方向也可求得瞬心的位置，只要过这两点引两条与速度方向垂直的直线，两直线的交点即瞬心的位置. 如图中 PA 与 PB 两线分别与 $\boldsymbol{v}_A$、$\boldsymbol{v}_B$ 垂直，它们的交点即 P.

同样，对于作平面平行运动的刚体，在相对瞬时转轴应用转动定律时，由于瞬心的加速度并不为零，也必须考虑惯性力的力矩. 而在一般情况下，惯性力对瞬时转轴的力矩并不为零，瞬时轴概念对求解刚体动力学问题不仅没有帮助，反而多此

一举.

代表瞬时轴位置的瞬心 P 点可以在刚体上，也可以在刚体外与刚体保持刚性连接的空间点上，就像质心可以在刚体外一样. 但质心是刚体内（或刚体外）的一个确定点，它相对刚体各质元的位置保持不变，而不同时刻的瞬心是刚体内（或刚体外）不同的点，它相对刚体各质元有不同的位置. 例如，在纯滚动中，瞬心现时刻在 P 点，下一时刻将在 P' 点（图 6.5-7）.

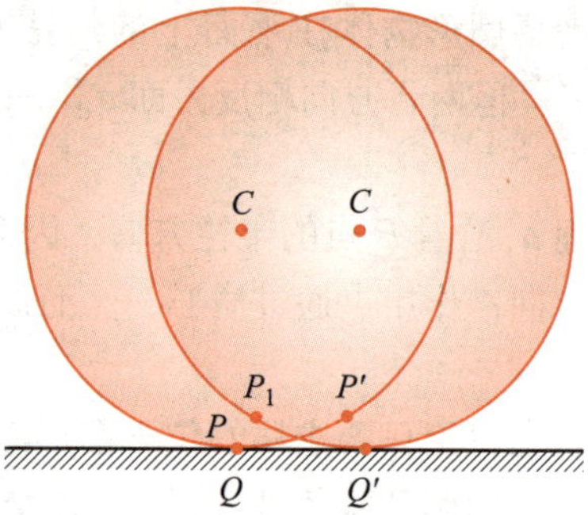

图 6.5-7　瞬心在刚体上的位置不断变动

为了将刚体的平面平行运动问题化为对瞬时轴的纯转动问题，我们建立了以瞬心为原点的瞬时平动参考系. 在我们的讨论中，该作为原点的瞬心在考察的瞬时附近的 Δt 时间内视为固连在刚体上，因而瞬心的速度和加速度是指与刚体固连的该点的速度和加速度，而不是指瞬心在空间位置的变动速度和加速度. 例如，在纯滚动中，瞬心的速度和加速度是指 P 点的速度和加速度（下一时刻，P 点将位于 P_1 点），而不是指与 P 点重合的空间点 Q 的速度和加速度（下一时刻，Q 点将位于 Q' 点）.

在研究刚体平面平行运动时，一般采用质心系，在质心系中分析问题会方便些. 要熟悉质心系中的物理量与惯性系的物理量的关系，即表 5.4-1 中的关系式.

例题1　**一均匀细棒，质量为 m、长为 L，原处于水平方位且静止不动，受竖直向上的冲力 $\boldsymbol{F}$ 作用，力的冲量为 $\boldsymbol{F}\Delta t$，$\boldsymbol{F}$ 的作用点与质心的距离为 l，求棒的运动（图 6.5-8）.**

解： 在棒受冲力的短时间内，重力的作用可忽略，因而质心的运动方程为

$$\boldsymbol{F}=m\boldsymbol{a}_C$$

故

$$F\Delta t=mv_C$$

质心以 $v_C=\dfrac{F\Delta t}{m}$ 的初速作上抛运动.

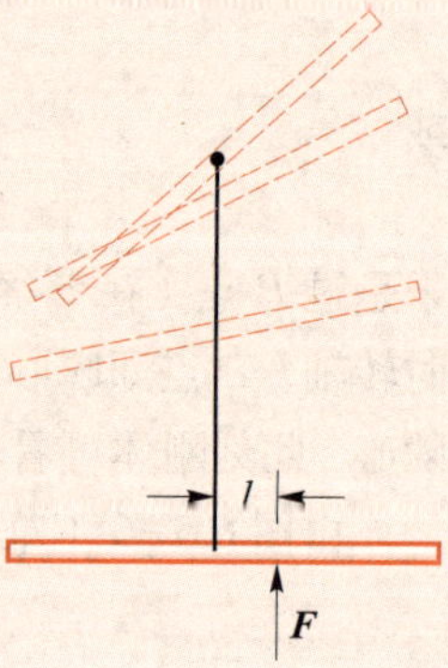

图 6.5-8

绕通过质心的轴的转动由转动定律决定:

$$Fl=J\alpha$$

$$Fl\Delta t=J\alpha\Delta t=J\omega$$

$$\omega=\frac{Fl\Delta t}{J}=\frac{F\Delta tl}{mL^2/12}$$

刚体的动能可以写成质心的动能与刚体绕过质心轴的转动动能之和:

$$E_k=\frac{1}{2}mv_C^2+\frac{1}{2}J_C\omega^2 \qquad (6.5-15)$$

由于重心即质心，重力对绕过质心的轴的转动无作用，因此在上抛过程中棒以恒定角速度 $\boldsymbol{\omega}$ 绕质心转动. 棒的整个运动如图 6.5-8 所示.

例题2 半径为 r、质量为 m、 对过质心轴的转动惯量为 $J=mk^2$ 的圆形刚体自倾角为 θ 的斜面无滑动地滚下，求质心的加速度（图 6.5-9）.

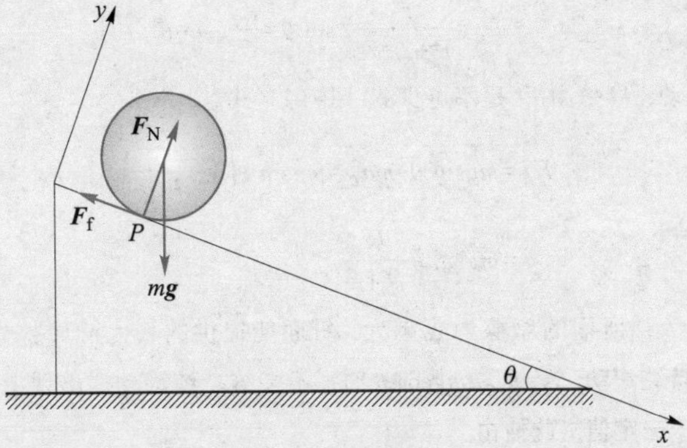

图 6.5-9

方法一： 考察质心的运动和绕过质心的轴的转动. 圆柱受重力 $\boldsymbol{mg}$、斜面支承力 $\boldsymbol{F}_N$ 和摩擦力 $\boldsymbol{F}_f$ 三个力作用，设 $\boldsymbol{F}_f$ 沿斜面向上. 取沿斜面下落方向为 x 轴，与斜面垂直的方向为 y 轴.

质心沿 y 方向无运动，故

$$F_N-mg\cos\theta=0$$

即

$$F_N=mg\cos\theta$$

沿 x 方向，有

$$mg\sin\theta-F_f=ma_C \tag{1}$$

对过质心轴的转动，有

$$F_f r=J\alpha \tag{2}$$

约束条件为

$$a_C=\alpha r \tag{3}$$

解以上三式，得

$$a_C=\frac{r^2}{r^2+k^2}g\sin\theta$$

方法二： 用瞬时轴解. 对于通过 P 点的轴，仅重力有力矩，而摩擦力无力矩，故有

$$mgr\sin\theta=J_P\alpha=(J+mr^2)\alpha$$

所以

$$a_C=\alpha r=\frac{r^2}{r^2+k^2}g\sin\theta$$

结果与方法一相同.

讨论：

a. 质心的加速度小于 $g\sin\theta$，且转动惯量越大，质心加速度越小. 对均匀圆柱，$k^2=\frac{1}{2}r^2$，则

$$a_C=\frac{r^2}{r^2+r^2/2}g\sin\theta=\frac{2}{3}g\sin\theta$$

对均匀球，$k^2=\frac{2}{5}r^2$，则

$$a_C=\frac{r^2}{r^2+2r^2/5}g\sin\theta=\frac{5}{7}g\sin\theta$$

b. 为实现纯滚动，摩擦力 F_f 是不可少的. 由（1）式，

$$F_f=mg\sin\theta-ma_C=mg\sin\theta\left(1-\frac{r^2}{r^2+k^2}\right)$$

$$=mg\sin\theta\frac{k^2}{k^2+r^2}$$

刚体的转动惯量越大，所需的摩擦力也越大. 斜面能提供的最大静摩擦力为 μF_N，故当 $F_f\leqslant\mu mg\cos\theta$ 时，能维持纯滚动；当 $F_f>\mu mg\cos\theta$ 时，不能维持纯滚动，出现滑动. 故维持纯滚动的静摩擦因数必须大于一定值，此值由

$$mg\sin\theta\frac{k^2}{r^2+k^2}\leqslant\mu mg\cos\theta$$

决定，即

$$\mu\geqslant\frac{k^2}{r^2+k^2}\tan\theta$$

对均匀圆柱，$\mu\geqslant\frac{1}{3}\tan\theta$；对均匀球，$\mu\geqslant\frac{2}{7}\tan\theta$.

c. 关于摩擦力 $\boldsymbol{F}_f$ 的方向. 由题意不能明显看出 $\boldsymbol{F}_f$ 的方向，该方向可根据上文介绍的方法来判断. 在本题中，若斜面完全光滑，在 $\boldsymbol{F}_N$ 和 $m\boldsymbol{g}$ 共同作用下，刚体只发生平动，而无相对质心的转动，P 点将随质心向下滑动，由此可见，P 点有相对斜面向下滑动的趋势，故 $\boldsymbol{F}_f$ 向上. 但解题时也可先任意假定一个方向，从所得摩擦力的正负来判定其方向，本题就是这样作的.

方法三： 用能量法解.

取地球和圆柱为体系，在圆柱从斜面滚下的过程中，无其他外力做功，体系的机械能守恒. 圆柱质心滚下 x 后，其重力势能减少 $mgx\sin\theta$，它应等于圆柱动能的增加，即

$$mgx\sin\theta=\frac{1}{2}mv_C^2+\frac{1}{2}J_C\omega^2=\frac{1}{2}mv_C^2+\frac{1}{2}mk^2\left(\frac{v_C}{r}\right)^2$$

$$gx\sin\theta=\frac{1}{2}v_C^2\left(1+\frac{k^2}{r^2}\right)$$

$$v_C^2=\frac{2gx\sin\theta}{1+\frac{k^2}{r^2}}=\frac{2r^2xg\sin\theta}{r^2+k^2}$$

由 $v_C^2=2a_Cx$，可得

$$a_C=\frac{v_C^2}{2x}=\frac{r^2}{r^2+k^2}g\sin\theta$$

也可以用瞬时轴的概念解本题. 这时，圆柱绕瞬时轴作纯转动，由动能定理，力矩的功等于动能的增量，相应的微分形式为

$$mgr\sin\theta\frac{d\varphi}{dt}=\frac{d}{dt}\left(\frac{1}{2}J\omega^2\right)=J\omega\frac{d\omega}{dt}$$

但$\frac{d\varphi}{dt}=\omega$，于是

$$\frac{d\omega}{dt}=\frac{mgr\sin\theta}{J}=\frac{mgr\sin\theta}{m(r^2+k^2)}$$

所以

$$a_C=r\cdot\frac{d\omega}{dt}=\frac{r^2 g\sin\theta}{r^2+k^2}$$

上面我们没有考虑静摩擦力对圆柱能量的影响. 从最终结果看，由于静摩擦力的作用点没有位移，静摩擦力对圆柱不做功. 但是，静摩擦力对于圆柱能量在平动能和转动能两方面的分配上，是有作用的. 设想在圆柱质心上作用着一对反向力 $\boldsymbol{F}_1$ 和 $-\boldsymbol{F}_1$，大小与静摩擦力 $\boldsymbol{F}_{f0}$ 相等，方向分别与静摩擦力相同和相反（图 6.5-10）. 其中 $\boldsymbol{F}_1$（与 $\boldsymbol{F}_{f0}$ 同向）使质心减速，$-\boldsymbol{F}_1$ 与 $\boldsymbol{F}_{f0}$ 构成的力偶则使圆柱转动加速. 当质心下滚 x 时，$\boldsymbol{F}_1$ 对质心做的功为 $-F_{f0}x$，而由 $-\boldsymbol{F}_1$ 和 $\boldsymbol{F}_{f0}$ 构成的力偶对圆柱做的功为 $F_{f0}r\varphi$，前者使圆柱的平动能减少，后者使转动能增加，由于 $x=r\varphi$，所以摩擦力做的总功为 $F_{f0}r\varphi-F_{f0}x=0$. 如果没有摩擦力，仅在重力作用下的圆柱只能有平动能，不可能有转动能.

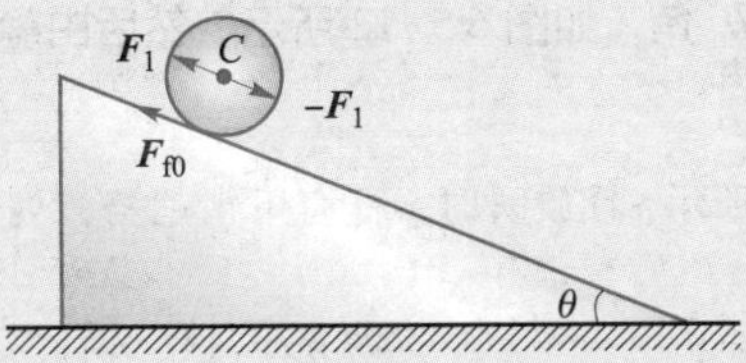

图 6.5-10　计算静摩擦力对平动和转动所做的功

例题3 质量为 m、半径为 r 的均匀球置于粗糙的水平桌面上，球与桌面的摩擦因数为 μ，球在水平冲力作用下获得一平动初速度 $\boldsymbol{v}_0$，问球经过多少距离后变为纯滚动？纯滚动时质心的速率为多大（图 6.5-11）？

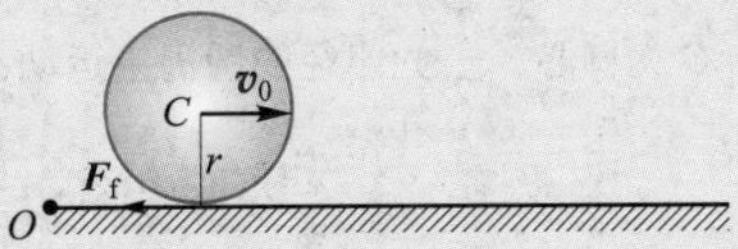

图 6.5-11

解： 球在受冲击后水平方向只受摩擦力 $F_f=\mu mg$ 的作用，可得质心的运动方程

$$ma_C=-\mu mg \tag{1}$$

及转动方程

$$\mu mgr=J\alpha \tag{2}$$

由（1）式得

$$a_C=-\mu g,\qquad v_C=v_0-\mu gt$$

由（2）式得

$$\alpha=\frac{\mu mgr}{J}=\frac{\mu mgr}{2mr^2/5}=\frac{5}{2}\frac{\mu g}{r}$$

$$\omega=\alpha t=\frac{5}{2}\frac{\mu g}{r}t$$

随着时间增加，v_C 逐渐减小，ω 逐渐增大. 经过时间 t 后，终于使 v_C 和 ω 满足纯滚动条件，$v_C=r\omega$，即

$$v_0-\mu gt=\frac{5}{2}\mu gt$$

$$t=\frac{2v_0}{7\mu g}$$

质心在 t 时间内共经过的距离为

$$s=v_0t+\frac{1}{2}a_Ct^2=\frac{12}{49}\frac{v_0^2}{\mu g} \tag{3}$$

纯滚动时质心的速率为

$$v_C=v_0-\mu gt=5v_0/7 \tag{4}$$

若以桌面上固定点 O（与球心位于同一竖直平面内）为参考点，由于摩擦力方向通过该点，球对 O 点的角动量守恒. 注意到纯滚动时的约束条件 $v_C=r\omega$，于是有

$$mv_0r=mv_Cr+J_C\omega=mv_Cr+\frac{2}{5}mv_Cr$$

即得（4）式.

例题4 质量为 m、长为 l 的细杆位于竖直面内，其一端 B 置于光滑水平地面，另一端 A 靠在光滑墙面上. 起初，让杆与墙面成 θ_0 角，如图 6.5-12 所示，然后由静止释放. 求刚释放瞬时墙与地面对杆的作用力大小 F 和 F_N.

解： 取坐标系 Oxy 如图所示. 释放瞬时，杆有下滑趋势，列出质心的运动方程和杆绕质心的转动方程如下：

$$m\ddot{x}_C=F \tag{1}$$

$$m\ddot{y}_C=F_N-mg \tag{2}$$

$$J_C\ddot{\theta}=F_N\frac{l}{2}\sin\theta-F\frac{l}{2}\cos\theta \tag{3}$$

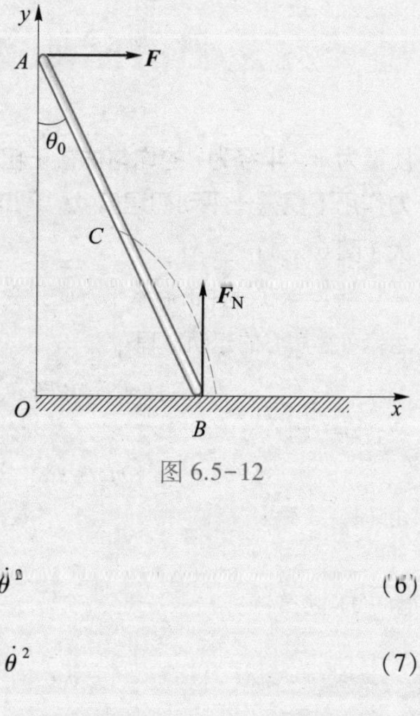

图 6.5-12

$\ddot{x}_C$、$\ddot{y}_C$ 和 $\ddot{\theta}$ 并不独立，有约束方程相联系. 在杆下滑的短时间内，杆两端分别与墙和地面接触，质心保持在以 O 为圆心、$\frac{l}{2}$为半径的圆周上运动，质心坐标满足：

$$x_C=\frac{l}{2}\sin\theta \tag{4}$$

$$y_C=\frac{l}{2}\cos\theta \tag{5}$$

于是有

$$\ddot{x}_C=\frac{l}{2}\cos\theta\,\ddot{\theta}-\frac{l}{2}\sin\theta\,\dot{\theta}^2 \tag{6}$$

$$\ddot{y}_C=-\frac{l}{2}\sin\theta\,\ddot{\theta}-\frac{l}{2}\cos\theta\,\dot{\theta}^2 \tag{7}$$

在刚释放的瞬时，杆尚无角速度，即 $\dot{\theta}=0$，于是有

$$\ddot{x}_C=\frac{l}{2}\cos\theta\,\ddot{\theta} \tag{8}$$

$$\ddot{y}_C=-\frac{l}{2}\sin\theta\,\ddot{\theta} \tag{9}$$

由（1）式、（2）式、（3）式、（8）式、（9）式及 $J_C=\frac{1}{12}ml^2$，$\theta=\theta_0$，即可解得

$$\ddot{\theta}=\frac{3}{2}\frac{g}{l}\sin\theta_0 \tag{10}$$

$$\ddot{y}_C=-\frac{3}{4}g\sin^2\theta_0,\ \ddot{x}_C=\frac{3}{4}g\sin\theta_0\cos\theta_0 \tag{11}$$

于是有

$$F=m\ddot{x}_C=\frac{3}{4}mg\sin\theta_0\cos\theta_0 \tag{12}$$

$$F_N=m\ddot{y}_C+mg=mg\left(1-\frac{3}{4}\sin^2\theta_0\right) \tag{13}$$

例题5 长为 l、质量为 m 的两根均匀棒 AO、OB 位于光滑的水平面上，两棒用光滑的铰链连接于 O 点，使它们可绕过 O 点的竖直轴自由转动. 起初，两棒成一直线. 今对 B 端施以水平冲力，冲量为 $\boldsymbol{I}$，方向与棒垂直向右，如图 6.5-13（a）所示. 在冲力刚结束的瞬时，求：

（1）两棒质心 C_1、C_2 的速率 v_1、v_2（以向右为正）；

（2）两棒的角速度 ω_1、ω_2（以逆时针方向为正）.

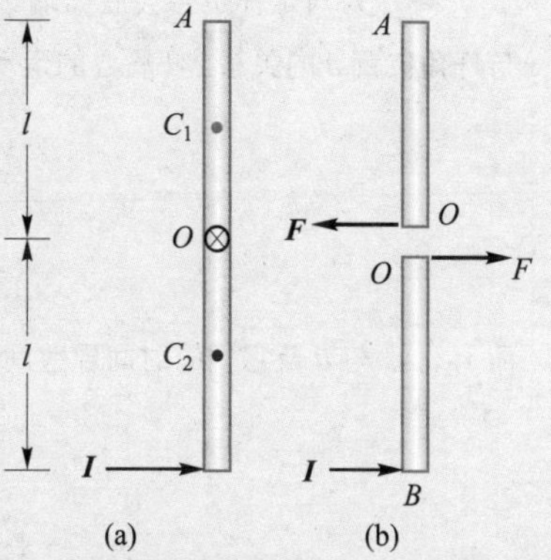

图 6.5-13

解： 设想 AO 棒不存在，在 $\boldsymbol{I}$ 作用下，OB 棒的质心 C_2 将向右运动，同时棒绕 C_2 点向逆时针方向转动，结果 O 点获得一向左的速度，从而使 AO 棒下端 O 受到向左的冲力，使其质心 C_1 向左运动. 因而在冲力刚结束的瞬时，C_1、C_2 的速率 v_1、v_2 均沿水平方向，根据质点系动量定理，有

$$mv_1+mv_2=I \tag{1}$$

根据质点系角动量定理，以与棒开始运动前的 O 点重合的空间固定点为参考点，有

$$mv_2\frac{l}{2}+J\omega_2-mv_1\frac{l}{2}+J\omega_1=Il \tag{2}$$

由于两棒在 O 点相连，有约束方程：

$$v_1+\omega_1\frac{l}{2}=v_2-\omega_2\frac{l}{2} \tag{3}$$

以上三个方程式中含有 v_1、v_2、ω_1、ω_2 四个未知数，还缺少一个方程. 原来，AO 棒是在 BO 棒施予它的水平冲量 $\boldsymbol{I}$ 作用下运动的，它的质心速率 v_1 与绕质心的角速度 ω_1 间有一定联系. 由动量定理，有

$$mv_1=-I \tag{4}$$

由角动量定理，有

$$J\omega_1=-I\frac{l}{2} \tag{5}$$

由（4）式、（5）式消去 F 即得

$$J\omega_1=mv_1\frac{l}{2} \tag{6}$$

由（1）式、（2）式、（3）式、（6）式及 $J=\frac{1}{12}ml^2$，即可解得

$$v_1=-\frac{1}{4}\frac{I}{m},\qquad v_2=\frac{5}{4}\frac{I}{m}$$

$$\omega_1=-\frac{3}{2}\frac{I}{ml},\qquad \omega_2=\frac{9}{2}\frac{I}{ml}$$

在此例题解答中，认为 BO 棒施予 AO 棒的冲量 $\boldsymbol{I}$ 沿水平方向. 请同学们思考这一结论的理由. 提示：若没有 AO 棒，BO 棒在 B 端水平 $\boldsymbol{I}$ 刚作用后 O 端的瞬时速度方向.

例题 6 **例题 4 中，如果让杆自 $\theta=\theta_0$ 位置静止释放后继续下滑，杆是否会脱离墙或地面？如果会，试确定脱离时的角度 θ_m.**

解： 为判定杆是否会脱离墙或地面，不妨设杆的两端始终约束在墙和地面上，求出 F、F_N 与杆角位置 θ 的关系. 杆质心的运动方程和绕质心的转动方程仍为

$$m\ddot{x}_C=F \tag{1}$$

$$m\ddot{y}_C=F_N-mg \tag{2}$$

$$J_C\ddot{\theta}=F_N\frac{l}{2}\sin\theta-F\frac{l}{2}\cos\theta \tag{3}$$

而 x_C、y_C 与 θ 及它们的时间导数间仍有如下关系：

$$x_C=\frac{l}{2}\sin\theta,\ y_C=\frac{l}{2}\cos\theta \tag{4}$$

$$\dot{x}_C=\frac{l}{2}\cos\theta\,\dot{\theta},\ \dot{y}_C=-\frac{l}{2}\sin\theta\dot{\theta} \tag{5}$$

$$\ddot{x}_C=\frac{l}{2}\cos\theta\ddot{\theta}-\frac{l}{2}\sin\theta\dot{\theta}^2 \tag{6}$$

$$\ddot{y}_C=\frac{-l}{2}\sin\theta\ddot{\theta}-\frac{l}{2}\cos\theta\dot{\theta}^2 \tag{7}$$

在杆的下滑过程中，不再有 $\dot{\theta}=0$，但在下滑过程中杆的机械能守恒，因而有

$$mg\frac{l}{2}\cos\theta_0=mg\frac{l}{2}\cos\theta+\frac{1}{2}m(\dot{x}_C+\dot{y}_C)+\frac{1}{2}J_C\dot{\theta}^2$$

将 (5) 式及 $J_C=\frac{1}{12}ml^2$ 代入，得

$$mg\frac{l}{2}(\cos\theta_0-\cos\theta)=\frac{1}{2}m\frac{l^2}{4}\dot{\theta}^2+\frac{1}{2}J_C\dot{\theta}^2=\frac{1}{6}ml^2\dot{\theta}^2 \tag{8}$$

由 (1) 式、(2) 式、(3) 式、(6) 式、(7) 式、(8) 式及 $J_C=\frac{1}{12}ml^2$，即可解得

$$\ddot{\theta}=\frac{3g\sin\theta}{2l}$$

$$\ddot{x}_C=\frac{3}{4}g\sin\theta(3\cos\theta-2\cos\theta_0)$$

$$\ddot{y}_C=\frac{1}{4}g(9\cos^2\theta-3-6\cos\theta\cos\theta_0)$$

$$F=\frac{3}{4}mg\sin\theta(3\cos\theta-2\cos\theta_0)$$

$$F_N=\frac{1}{4}mg(1+9\cos^2\theta-6\cos\theta\cos\theta_0)$$

当 $\theta=\theta_0$ 时，此结果与 § 6.5 例题 4 相同. 可将 F_N 的表示式改写成

$$F_N=\frac{1}{4}mg[(3\cos\theta-\cos\theta_0)^2+1-\cos^2\theta_0]$$

在 θ 从 θ_0 增加到 $\frac{\pi}{2}$ 的过程中，F_N 恒大于零，这表明杆的下端不会脱离地面．但在 θ 从 θ_0 增大到 $\frac{\pi}{2}$ 的过程中，F 随着 $\cos\theta$ 值的逐渐减小，从正值变为负值，$F=0$ 时 θ 的值 θ_m 由

$$3\cos\theta_m-2\cos\theta_0=0$$

决定，由此得

$$\theta_m=\arccos\left(\frac{2}{3}\cos\theta_0\right)$$

即若杆不受其他约束，则当 θ 增大到 $\arccos\left(\frac{2}{3}\cos\theta_0\right)$ 时，杆的上端将脱离墙．

6.6 刚体的进动

质量对称分布（一般指轴对称分布）的刚体称为陀螺，或称回转仪．

刚体的进动是指一个自转的刚体因受外力作用而导致自转轴绕某一中心旋进的现象，这种现象称为进动，也叫旋进．说起刚体的进动一般指的是陀螺的进动．陀螺作进动时，通常有一点保持固定，所以这种运动属于刚体的定点运动．

图 6.6-1（a）为杠杆陀螺的示意图．A 为陀螺主体（旋转圆盘），P 为重物，O 为支点．陀螺以一定角速度 ω 快速自转，自转轴沿水平方向．若陀螺 A 和重物 P 的共同重心偏离 z 轴一定距离 l，则有一重力矩 $M=mgl$ 作用于陀螺，方向水平向后，与自转轴垂直，如图 6.6-1 所示．设陀螺绕对称轴的转动惯量为 J，则陀螺的自转角动量 $\boldsymbol{L}=J\boldsymbol{\omega}$，在力矩 $\boldsymbol{M}$ 的作用下，经 Δt 时间后，角动量将有一增量 $\Delta\boldsymbol{L}=\boldsymbol{M}\Delta t$，$\Delta\boldsymbol{L}$ 的方向与 $\boldsymbol{M}$ 相同．由图 6.6-1（b）可见，Δt 时间后，陀螺的角动量应绕 z 轴转过 $\Delta\varphi$ 角，因而陀螺的自转轴也转过 $\Delta\varphi$ 角，当 Δt 很小时，$\boldsymbol{L}'=\boldsymbol{L}+\Delta\boldsymbol{L}$ 与 $\boldsymbol{L}$ 的大小相等，仅方向不同．在新的位置，由于力矩仍与自转轴垂直，因此再经 Δt 时间，角动量又转过 $\Delta\varphi$ 角，此过程将持续进行，结果，陀螺绕 z 轴以一定角速度 Ω 旋转，这种现象称为进动．进动角速度 Ω 可由角动量定理求得，即

$$\Delta L=L\Delta\varphi=M\Delta t$$

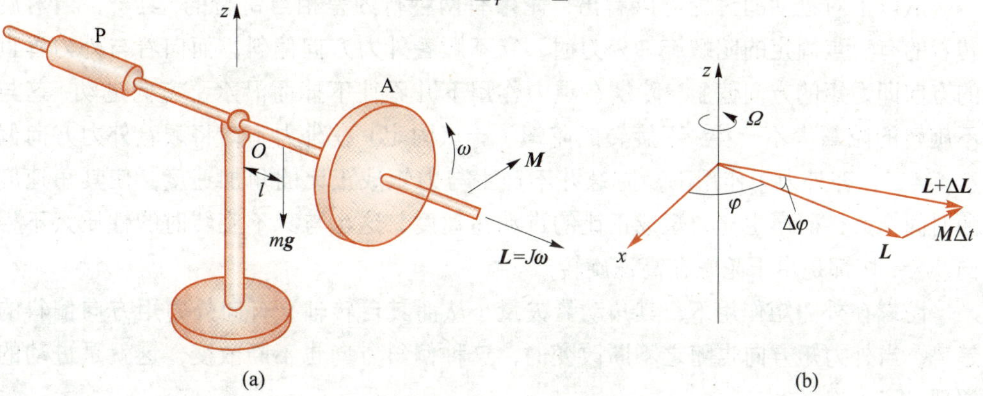

图 6.6-1　杠杆陀螺

而 $\Omega=\dfrac{\Delta\varphi}{\Delta t}$，因此

$$\Omega=\frac{M}{L} \tag{6.6-1}$$

为表示出进动角速度的方向，可将上式写成矢量形式：

$$\boldsymbol{M}=\boldsymbol{\Omega}\times\boldsymbol{L} \tag{6.6-2}$$

因 $M=mgl$，$L=J\omega$，（6.6-1）式又可写成

$$\Omega=\frac{mgl}{J\omega} \tag{6.6-3}$$

式中 m 是杠杆陀螺总质量.

图 6.6-2 为玩具陀螺的进动示意图. 它的进动原理与杠杆陀螺相同. 设其自转轴与竖直方向成 θ 角，质心与支点 O 的距离为 l，由角动量定理，

$$mgl\sin\theta\Delta t=J\omega\sin\theta\cdot\Delta\varphi$$

$$\Omega=\frac{\Delta\varphi}{\Delta t}=\frac{mgl}{J\omega}$$

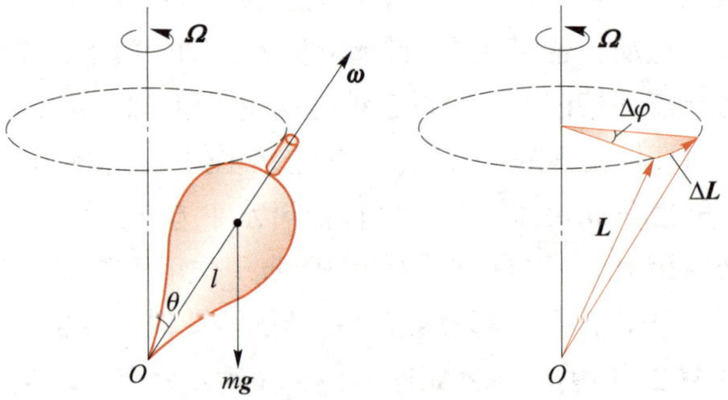

图 6.6-2　玩具陀螺的进动

写成矢量式，仍有

$$\boldsymbol{M}=\boldsymbol{\Omega}\times\boldsymbol{L}$$

结果与（6.6-3）式和（6.6-2）式相同. 但不能用（6.6-1）式，因为现在角动量不在水平方向.

从以上对进动的讨论可以看出，陀螺有两种行为是相当奇特的. 其一，当对旋转着的有一点固定的陀螺施加外力时，它不顺着外力方向偏斜，而向着与外力垂直的方向即力矩的方向偏斜. 陀螺在重力作用下并不往下掉而沿水平方向进动. 这与不旋转的陀螺大不一样. 不旋转的陀螺（一点固定）在外力下，将顺着外力方向偏斜. 其二，在外力矩作用下，陀螺并不产生与力矩成正比的角加速度，使其角速度随时间增大，而产生与力矩成正比的进动角速度，这也与其不旋转时的性质大不相同. 这一切都是由于陀螺在高速旋转.

陀螺在外力矩作用下，其角动量矢量（从而其自转轴）有向外力矩方向偏斜的趋势，当外力矩方向也随之不断改变时，这种偏斜方向也不断改变，这就是进动的原理.

在上面的讨论中，我们忽略了陀螺因进动而产生的角动量. 在自转轴沿水平方向的杠杆陀螺中，由于进动角速度与陀螺的对称轴垂直，这一附加角动量 $\boldsymbol{L}_{\perp}=J_{\perp}\boldsymbol{\Omega}$ 与 $\boldsymbol{\Omega}$ 同方向 *（这里 $J_{\perp}$ 是陀螺绕竖直轴的转动惯量），沿着竖直轴向上，它使总角动量略向上翘，如图 6.6-3 所示. 但在杠杆陀螺中，这一附加角动量对进动无影响，因为在进动过程中它并不改变. 但如果陀螺在初始时刻的角动量沿水平方向，然后由此静止释放，那么，由于重力矩与竖直轴垂直，不可能对体系提供沿竖直方向的角动量分量，因而，在稳定进动时，陀螺的头将略向下倾，使总角动量仍沿水平方向，如图 6.6-4 所示.

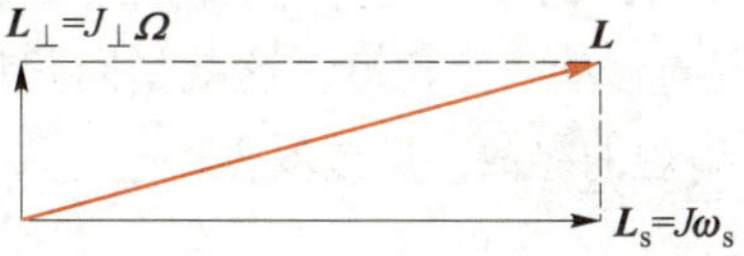

图 6.6-3　因进动而产生的附加角动量

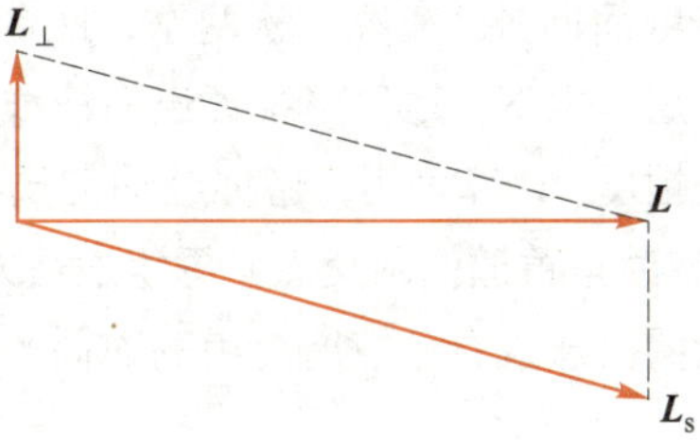

图 6.6-4

以上我们从角动量的矢量性和角动量定理解释了陀螺在重力作用下并不倒下而作进动的道理. 我们还可以从另一个更直接的角度来理解这一问题.

相对跟着陀螺一起进动的参考系而言，陀螺的角动量的大小和方向保持不变. 进动参考系是匀速转动参考系，是一非惯性系. 在这一非惯性系中，陀螺除受到重力作用外，还受到惯性力作用. 作用于各质元的惯性离心力的合力通过支点 O，可由支点上的约束力相抵. 作用于各质元的科里奥利力取决于质元的速度. 例如，如图 6.6-5 所示，陀螺上的 B、D 两点的速度与进动角速度 $\boldsymbol{\Omega}$ 平行，不受科里奥利力作用，但 A、C 两点受到如图所示的科里奥利力 $\boldsymbol{F}_{A\mathrm{cor}}$ 和 $\boldsymbol{F}_{C\mathrm{cor}}$ 的作用，$\boldsymbol{F}_{A\mathrm{cor}}$ 和 $\boldsymbol{F}_{C\mathrm{cor}}$ 构成沿 $-y$ 方向的惯性力矩，与重力矩方向相反. 不难看出，陀螺上所有各点都受到大小不等的科里奥利力作用，它们的力矩的矢量和沿 $-y$ 方向，即沿自旋角速度与进动角速度的矢积（$\boldsymbol{\omega}_s\times\boldsymbol{\Omega}$）方向，与重力矩方向相反. 在进动参考系中，陀螺受到的这种惯性力矩叫回转力矩. 可以证明，回转力矩的大小与重力矩相等. 因此，相对

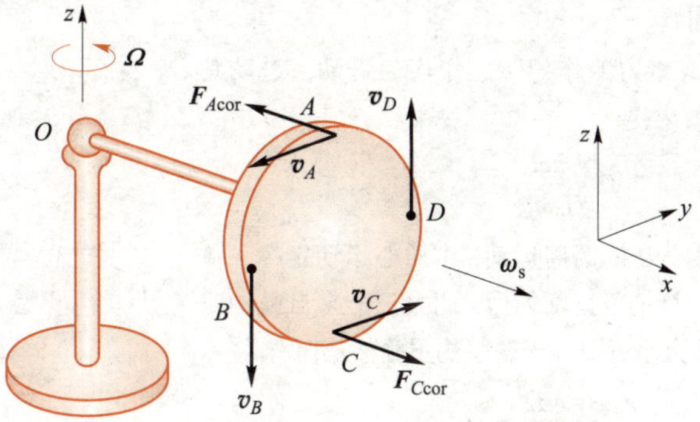

图 6.6-5　陀螺在进动参考系中受科里奥利力

* 事实上，这里的竖直轴是陀螺的另一条惯量主轴.

于进动参考系，陀螺所受重力矩被回转力矩平衡，所以它的角动量保持不变．

地球可看作一个自转着的刚体，相当于一个陀螺，它的角动量沿自转轴指向北，由于地球并非严格的球体，而呈扁平球形，赤道附近向外鼓出，而且，地球自转轴与黄道（太阳绕地球的运动轨道）面法线并不一致，而成 23.5° 的夹角，因此太阳对地球鼓出部分各质元的引力是不同的．在北半球的冬季，太阳对鼓出部分 A 的引力 F_A 大于对鼓出部分 B 的引力 F_B，即 $F_A>F_B$（图 6.6-6），两力对地球质心的合力矩异于零，而由纸面向外，在北半球的夏季，$F_B>F_A$，但两力都反向，结果合力矩仍由纸面向外．在春、秋两季，此合力矩为零．力矩在一年中的平均值由纸面向外．在此力矩作用下，地球将绕黄道面法线进动，进动角速度 $\boldsymbol{\Omega}$ 的方向与太阳绕地球转动的方向相反．计算表明，这种进动的周期约为 2.6×10^4 a．这一进动使春分点和秋分点（天球赤道与黄道的两交点）每年逆着太阳运转方向移动一定角度，这就是回归年（太阳相继两次通过春分点所经历的时间）比恒星年略短的缘故，形成岁差．

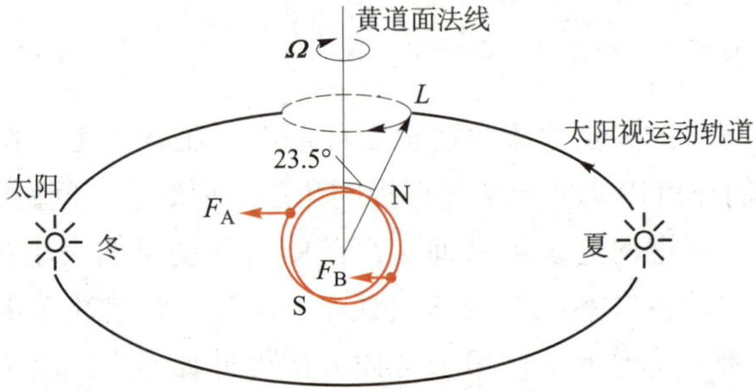

图 6.6-6　地球在太阳引力矩作用下的进动

以上分析中把太阳的引力看作进动力矩的来源，实际上月亮引力的作用更大一些，但道理相同．

例题1 在长为 l 的轴的一端装上回转仪的轮子，轴的另一端吊在长为 L 的绳子上．当轮子绕轴快速转动时，轮子将在水平面上绕过支点 O 的竖直轴作均匀进动．轮子的质量为 m，对过质心的自转轴的转动惯量为 J_0，自转角速度为 ω_s，求绳和竖直线所成的小角度 β（图 6.6-7）．

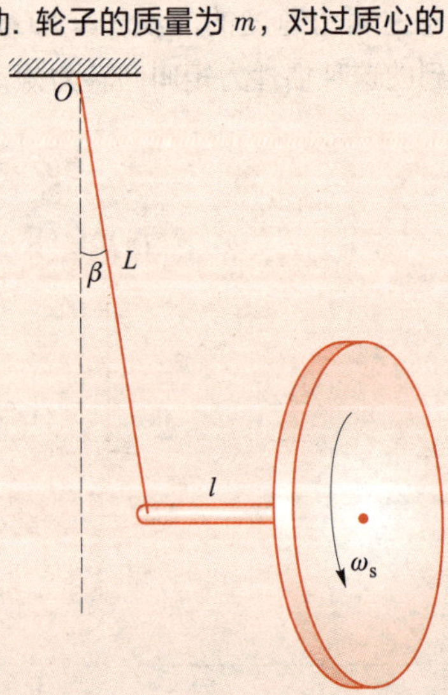

图 6.6-7

解： 轮子在自身重力的作用下，作均匀进动，进动角速度可由式（6.6-3）求得：

$$\Omega=\frac{mgl}{J_0\omega_s}$$

因而质心作半径近似为 l 的圆周运动．由质心运动定律，体系必受一指向过支点 O 的竖直轴的力．此力只能来自绳的张力的分力，而张力的大小近似等于轮子的重量，从而有

$$mg\beta=m\Omega^2 l$$

所以

$$\beta=\frac{\Omega^2 l}{g}=\frac{m^2gl^3}{J_0^2\omega_s^2}$$

例题2 陀螺由一质量为 m、半径为 R 的均匀圆盘和一轻杆轴组成，杆的一端 O 固定，盘缘贴着水平台面作纯滚动，使杆以恒定角速度 Ω 绕过 O 点的竖直轴旋转，杆与竖直轴成 α 角［图 6.6-8（a）］，求台面对盘的支持力大小 F_N.

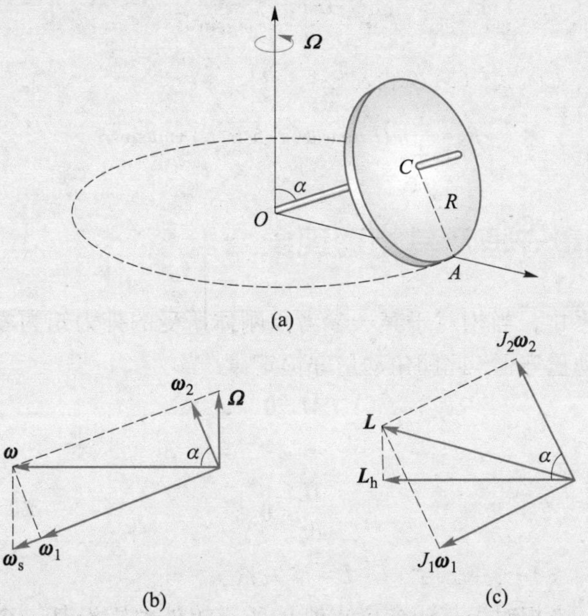

图 6.6-8

解： 在陀螺运动过程中，它相对参考点 O 的角动量随时间变化. 任一瞬时，陀螺的运动可看作以 OA 为瞬时转轴、以 $\boldsymbol{\omega}$ 为角速度的转动，而 $\boldsymbol{\omega}$ 又可以看成沿竖直轴的角速度 $\boldsymbol{\Omega}$ 和沿自转轴的角速度 $\boldsymbol{\omega}_s$ 的矢量和. 由约束关系有

$$\frac{\omega}{\Omega}=\tan\alpha \tag{1}$$

将 $\boldsymbol{\omega}$ 投影到陀螺对 O 点的主轴方向，设陀螺自转轴（沿杆方向）为主轴 1，与之垂直且位于竖直面上的轴为主轴 2，则由图 6.6-8（b）不难看出：

$$\omega_1=\omega\sin\alpha=\Omega\sin^2\alpha/\cos\alpha \tag{2}$$

$$\omega_2=\omega\cos\alpha=\Omega\sin\alpha \tag{3}$$

于是陀螺的角动量［图 6.6-8（c）］为

$$\boldsymbol{L}=J_1\boldsymbol{\omega}_1+J_2\boldsymbol{\omega}_2 \tag{4}$$

式中 J_1 为圆盘绕轻杆的转动惯量，J_2 为圆盘绕过 O 且与杆垂直的轴的转动惯量. 不难求出：

$$\left.\begin{aligned}J_1&=\frac{1}{2}mR^2\\ J_2&=\frac{1}{4}mR^2+m\,|OC|^2=\frac{1}{4}mR^2+mR^2\tan^2\alpha\end{aligned}\right\} \tag{5}$$

在陀螺滚动的过程中，角动量的竖直分量不变，而水平分量 $\boldsymbol{L}_h$ 以角速度 $\boldsymbol{\Omega}$ 绕竖直轴转动，但保持大小不变. 由图 6.6-8（c），

$$L_h=J_2\omega_2\cos\alpha+J_1\omega_1\sin\alpha \tag{6}$$

由角动量定理，有

$$F_N\,|OA|-mg\,|OC|\sin\alpha=L_h\Omega$$

即

$$F_N \frac{R}{\cos \alpha} - mgR\tan \alpha \sin \alpha = L_h \Omega$$

$$F_N = \frac{L_h \Omega \cos \alpha}{R} + mg\sin^2\alpha \tag{7}$$

将（6）式、（5）式、（2）式、（3）式代入上式，得

$$F_N = \frac{1}{4} m\Omega^2 R\sin \alpha (1+5\sin^2\alpha) + mg\sin^2\alpha$$

6.7 角动量守恒及其物理现象

在惯性参考系中，当相对于某一参考点刚体所受的外力矩为零时，该刚体相对于该参考点的角动量守恒. 此即角动量守恒定律. 当

$$\boldsymbol{M} = \mathbf{0}$$

时，

$$\frac{\mathrm{d}\boldsymbol{L}}{\mathrm{d}t} = \mathbf{0}$$

$$\boldsymbol{L} = \text{常矢量}$$

在惯性系中，当相对于某一参考点刚体所受的外力矩沿某一个方向（某一个轴方向）的分量始终为零时，该刚体相对于该参考点的角动量沿该方向的分量守恒. 此即角动量守恒定律的分量形式.

上述结论同样适用于质点系. 因此，在考察由若干部分组成的刚体（体系）时，当内力或者外力导致组成刚体（体系）的若干个部分的相对位置发生变化时，只要外力矩始终等于零，或者外力矩沿某个方向的分量始终等于零，那么该体系的角动量守恒，或者该体系的角动量沿该方向的分量守恒.

在质心参考系中，选择质心为力矩和角动量的参考点，上述结论均成立. 下面基于角动量守恒定律分析并解释一些物理现象.

当高速自转着的陀螺不受外力矩作用时，其角动量守恒，陀螺将保持其自转轴的方位和自转角速度不变. 将陀螺架设在如图 6.7-1 所示的装置（称为“常平架”）上即可演示这一效应. 这时陀螺绕 x（自转轴）、y、z 三个光滑轴均可以自由转动，外力无法对陀螺施加力矩，由于其质心位于原点 O，陀螺也不受重力矩和惯性力矩作用，因而即使整个装置的方位发生些许变动，陀螺的自转轴方位也将保持不变. 陀螺的这一特性被广泛应用于导弹、飞机、鱼雷等飞行体的航向控制中.

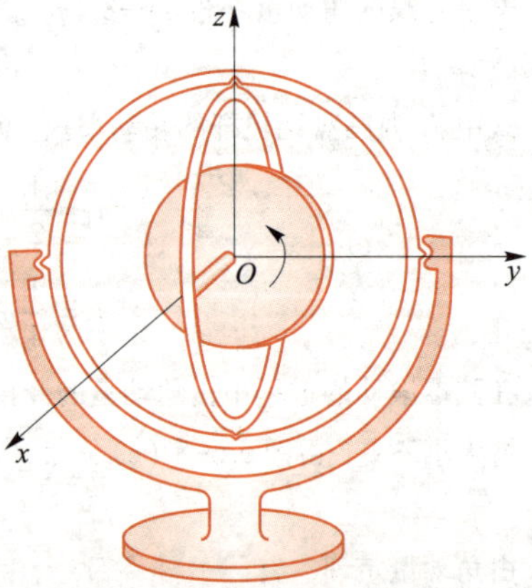

图 6.7-1　常平架上的陀螺

图 6.7-2 表示一个学生坐在可以绕竖直轴自由转动的凳子上. 转动开始，学生伸开双臂，两手各

握住一只哑铃，初始角速度大小为 ω_i. 相对于转轴上某点，角动量 $\boldsymbol{L}$ 沿竖直方向(假定绕对称轴转动)，如图 6.7-2（a）所示，其大小为 $J_i\omega_i$，J_i 为包括学生、凳子和哑铃系统的转动惯量. 当学生收拢其双臂后，如图 6.7-2（b）所示，系统的转动惯量减少到 J_f，角动量守恒将导致系统绕竖直轴的转动角速度增大到 ω_f. 这是因为在此过程中，没有外力矩的作用，角动量守恒要求 $J_i\omega_i = J_f\omega_f$.

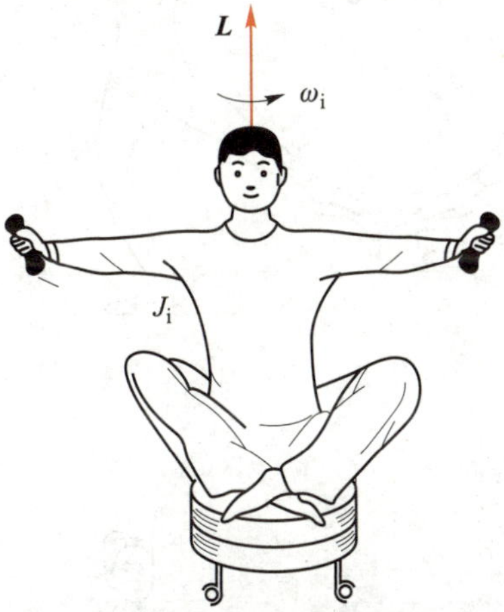

(a) 学生对转轴有相对较大的转动惯量和相对较小的角速度

(b) 通过内力减少他的转动惯量，学生转动角速度增大. 转动系统的角动量沿竖直方向分量保持不变

图 6.7-2

学生再伸开双臂后，转动角速度回到 ω_i，系统的角动量保持不变.

图 6.7-3 表示一位跳水运动员作向前翻腾一周半的跳水动作. 他的质心沿抛物线路径运动. 他离开跳板时具有一定的绕通过他的质心的轴的角动量 $\boldsymbol{L}$，该角动量用图6.7-3 中垂直于图面指向里的矢量表示. 他在空中时，没有绕他的质心的净外转矩作用于他，所以对他的质心的角动量不会改变. 通过把他的双臂和双腿拉近成抱膝姿势，可以相当大地减少他对同一轴的转动惯量，相当大地增加他的角速度. 到跳水终点前，他改变抱膝姿势为直体姿势，使他的转动惯量增大，从而减小他的旋转速率，容易控制竖直入水，使入水时溅起的水花较小. 跳水运动员相对其质心的角动量的大小和方向在整个跳水过程中保持不变.

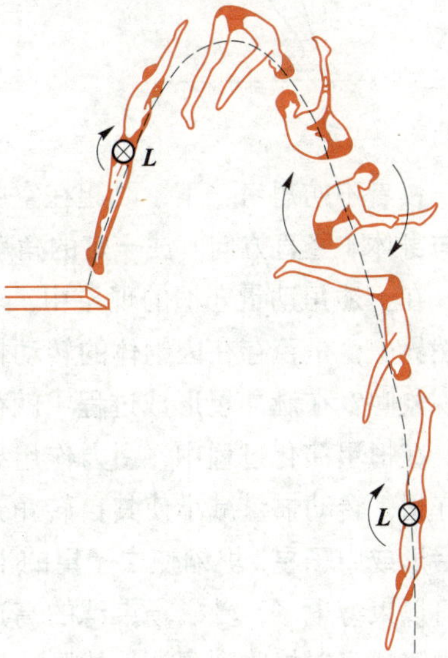

图 6.7-3　在整个跳水过程中，跳水运动员相对于质心的角动量 $\boldsymbol{L}$ 是常量，用垂直于图面的箭矢的尾端⊗表示. 注意他的质心沿一条抛物线路径运动

在芭蕾舞的转身跳中，演员通过腿的抬举和双臂的伸缩，完成一个看上去演员在开始与结束时不怎么自转，跳起时突然开始自

转的 180° 转身跳动作，如图 6.7-4 所示.

图 6.7-4

读者不妨思考一下，跳起在空中时（图 6.7-4 中的第 5 幅图），为什么演员的双腿与身体（竖直方向）成一定的角度，而不是沿竖直方向？

在上述角动量守恒的现象中，转动惯量的改变都是通过人工实现的. 那么，在自然界中，是否存在因物体的转动惯量改变、角动量守恒而导致的其转动速度改变的现象呢？在脉冲星形成过程中就存在这种现象.

在恒星演化过程中，引力作用导致恒星坍缩，坍缩使其转动惯量减小，因角动量守恒，转动惯量减小使其自转角速度增大. 质量为太阳质量数倍以上的恒星，坍缩后形成中子星. 坍缩使中子星的半径大大减小、自转角速度大大增大. 中子星的磁场可以束缚电子，受磁场束缚的高速运动的电子在切线方向辐射能量. 于是地球上的观察者可以接收到周期性的脉冲信号. 所以，高速自转的中子星又称脉冲星. 脉冲星是恒星核能耗尽、坍缩后形成的遗骸，角动量守恒使其自转周期极其稳定，尤其是毫秒脉冲星的自转周期变化率小到 $10^{-21}\sim10^{-19}$，它被誉为自然界最精确的天文时钟. 因此，脉冲星可以成为人类在宇宙中航行的“灯塔”，为近地轨道、深空和星际之间飞行的航天器提供自主导航服务，我国率先于 2016 年发射导航试验卫星，验证脉冲星导航的可行性.

小　结

1. 由于受到不同的约束，刚体有各种不同运动形式，包括平动、定轴转动、平面平行运动、定点转动和一般运动，对应不同自由度. 本章主要讨论刚体的平衡、平动、定轴转动和平面平行运动. 刚体转动时，在刚体上任意位置观测到的角速度相同. 刚体在某物体表面作纯滚动时，刚体与该物体在接触处的相对速度为零.

2. 刚体平衡时，刚体所受的外力矢量和为零，外力矩的矢量和为零.

3. 刚体作平动时，刚体上的任何质元的运动与质心的运动相同. 质心的运动由质心运动定律给出：

$$\sum \boldsymbol{F}_{\text{ex}} = m\boldsymbol{a}_C$$

4. 刚体作定轴转动时，设转轴为 z 轴，转动定律为

$$M_z = J_z\alpha$$

其中 M_z 为外力相对于 z 轴上任一点力矩的 z 分量之和，α 为角加速度，J_z 为刚体绕 z 轴的转动惯量：

$$J_z = \int \rho^2 \mathrm{d}m$$

ρ 为刚体质元 $\mathrm{d}m$ 到 z 轴的距离. 转动惯量平行轴定理为

$$J_A = J_C + md^2$$

d 为 A 轴到与 A 轴平行且过质心的 C 轴之间的距离. 薄板垂直轴定理为

$$J_z = J_x + J_y$$

力矩做的元功为

$$\mathrm{d}W = M_z\mathrm{d}\varphi$$

动能定理为

$$\int_{\theta_1}^{\theta_2} M_z\mathrm{d}\varphi = \frac{1}{2}J_z\omega_2^2 - \frac{1}{2}J_z\omega_1^2$$

5. 刚体作平面平行运动时，刚体的运动可看作刚体上某一基点在固定平面上的运动和在与基点相对静止的参考系中的定轴转动，该轴过基点并垂直于固定平面. 选择质心为基点方便分析与求解，因为在平动的非惯性系中，惯性力可视为作用于质心，相对于质心的惯性力矩为零. 质心的运动由质心运动定律给出；定轴转动由转动定律给出；实验室参考系中的物理量与质心参考系中的物理量之间的关系由表 5.4-1 给出.

6. 刚体可以看作特殊的质点系，关于质点系的所有物理规律均适用于刚体，例如，质点系的动量定理、动量守恒定律、角动量定理和角动量守恒定律等. 实际上，转动定律是角动量定理沿转轴方向的分量形式. 刚体绕 z 轴以 ω 转动时的角动量 z 分量

$$L_z = J_z\omega$$

取角动量定理分量形式:

$$M_z=\frac{dL_z}{dt}=J_z\frac{d\omega}{dt}=J_z\alpha$$

其与转动定律一致.

思考题

6.1　如思考题 6.1 图所示为一幅幽默画，你能否从物理上对它作一注释?

思考题 6.1 图

6.2　若作用在刚体上的外力的矢量和为零，则刚体的运动状态是否一定不变?

6.3　有人说，刚体的转动惯量就是把质量集中在质心上的一个质点的转动惯量，你认为对吗?

6.4　用手指顶着一根长竹竿，使之在竖直方向保持平衡，比起顶一支钢笔来哪个容易些?为什么?

6.5　作用在定轴转动刚体上的诸力，是否可以等效为一个合力?试分析之.

6.6　对于定轴转动的刚体，其角动量与参考点在轴上的位置是否有关?其角动量在轴方向上的分量与参考点在轴上的位置是否有关?

6.7　有人说，当物体作纯滚动时，摩擦力总是与物体质心的运动方向相反，你的意见如何?试举例说明你的观点.

6.8　为什么走钢丝的杂技演员拿一根水平长棒容易使自己保持平衡?

6.9　将两个鸡蛋在桌上旋转，就能判断哪个是生的，哪个是熟的.如何判断?请说明理由.

6.10　为什么平面上的纯滚动满足约束条件(6.5-9)式?对曲面(包括凸曲面和凹曲面)上的纯滚动，该式是否成立?证明你的观点.此时，ω 和 β 的含义如何?

6.11　一个体系的动量守恒，它的角动量是否也守恒?反过来，体系的角动量守恒，其动量是否守恒?举例证明你的观点，对机械能和角动量作相似的讨论.

6.12　自行车在拐弯时，人总是向拐弯的一侧倾斜.试从角动量的观点解释之.

6.13　如果地球的形状是球形，而不是略扁，是否会有岁差现象?

6.14　汽车高速转弯时，内侧轮上的负荷大大减小，外侧轮上的负荷则大大增加，从而有造成翻车的危险.为了避免这种现象，可在汽车上安装一个飞轮，为了使汽车在无论右转还是左转的情况下都能减少内外侧轮子的负荷差，应在汽车上安装一个向什么方向转动的飞轮?

6.15　试从角动量和转动惯量的概念出发说明荡秋千的原理.

*6.16　运动员在进行空翻动作时，借助于左、右手臂各向前、后的运动，可同时完成转体动作.试在跟随运动员空翻的参考系(转动系)上用科里奥利力解释这一现象，同时由此判定转体方向.

习　题

6-1　在质量为 m、边长为 a 的正方形板的一个顶点上系一根绳，绳的长度也是 a，其另一端与光滑墙面相连．把板的另一顶点靠在墙上，使绳与板平面处在同一与墙面垂直的竖直平面内，如题 6-1 图所示．求平衡时绳中的张力．

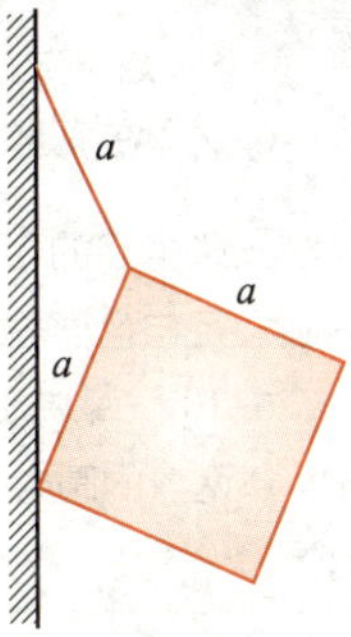

题 6-1 图

6-2　两光滑墙面相互垂直．在墙面 B 上离墙面 A 距离 s 处，有一光滑的钉子．将一长度为 $2l$、质量为 m 的均匀杆的一端抵在墙 A 上，另一端翘在空中，杆身斜搁在钉子上．使杆位于垂直于墙面 A 的竖直平面内．求平衡时杆与水平面所成的角度 θ．

6-3　如题 6-3 图所示，质量为 m、长为 l 的均匀细杆竖直支在地面上．杆下端与地面间的摩擦因数为 μ．杆上端用绳索拉住，绳与杆之间的夹角为 θ，在离地面高度为 h 处以水平力 $\boldsymbol{F}$ 作用于细杆．试问为了使细杆保持平衡，则 F 的最大值为多少？

6-4　如题 6-4 图所示，在半径为 R 的光滑半球形凹面内，搁有一长为 $2l$ 的杆，其一部分露在半球面外．试求平衡时杆与水平之间的夹角 θ．

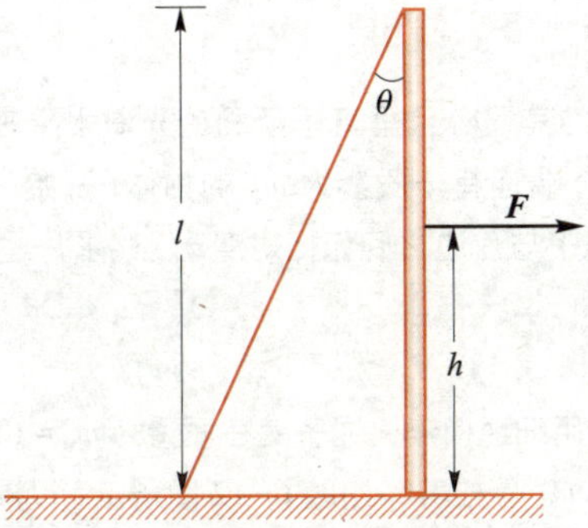

题 6-3 图

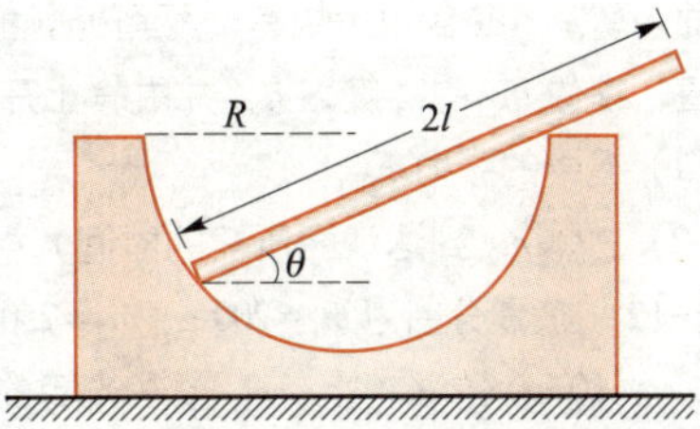

题 6-4 图

6-5　两个相同的长方体，边长分别为 a 和 b，一个直立在地面上，另一个斜靠在它的侧面，如题 6-5 图所示，已知两长方体与地面之间的摩擦因数均为 μ，忽略两长方体之间的摩擦．试问为了使两长方体都能平衡，α 的取值范围如何？

6-6　质量分别为 m_1 和 m_2 的两小球 A 和 B 用长为 l 的轻杆相连，静置于题 6-6 图所示位置；A 球与光滑墙面接触，杆斜搁在桌角上，已知杆与桌角之间的摩擦因数为 μ，墙与桌角之间的水平距离为 a，试问：为了使此系统保持平衡，已知量 m_1、m_2、μ、θ、a、l 之间应满足什么条件？

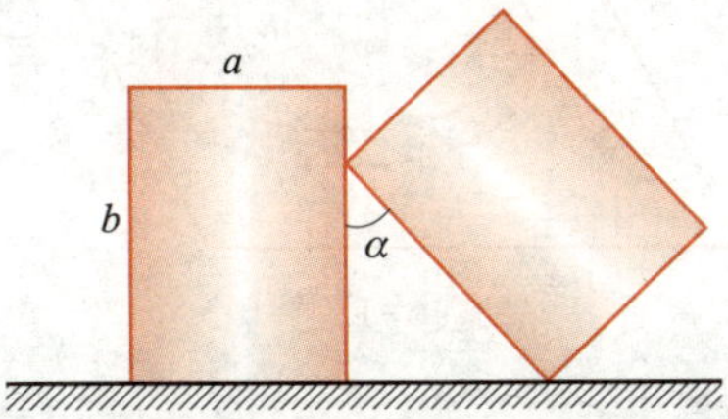

题 6-5 图

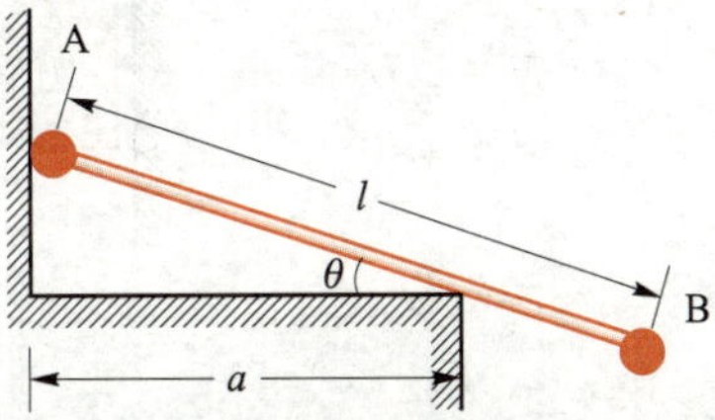

题 6-6 图

6-7　一根长为 l 的不均匀细杆，其线密度 $\rho_l=a+bx$（x 为离杆的一端 O 的距离. a、b 为已知常量）. 求该杆对过 O 端并垂直于杆的轴的转动惯量.

6-8　有一块边长为 a、质量为 m 的正三角形均匀薄板，求该板对过其某一边的轴的转动惯量.

6-9　在质量为 m、半径为 R 的均匀圆盘上，有三个半径均为 $\frac{1}{3}R$ 的小圆孔，圆孔的圆心分别在三条半径的中心处，此三条半径把圆盘分割成相等的三块，如题 6-9 图所示. 求此圆盘对过其圆心且与盘面垂直的轴的转动惯量.

6-10　两块质量均为 m、半径均为 R 的均匀薄圆盘间连有一均匀细杆，细杆长为 l、质量为 m'，过两盘的圆心且与两盘垂直，如题 6-10 图所示. 求此装置对通过某一圆盘直径的轴的转动惯量.

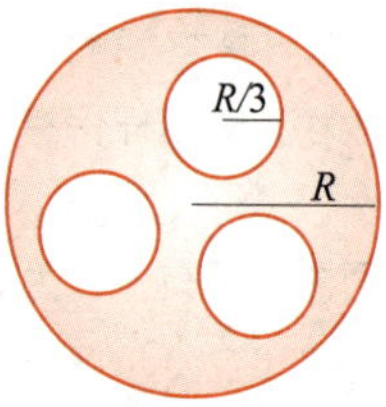

题 6-9 图

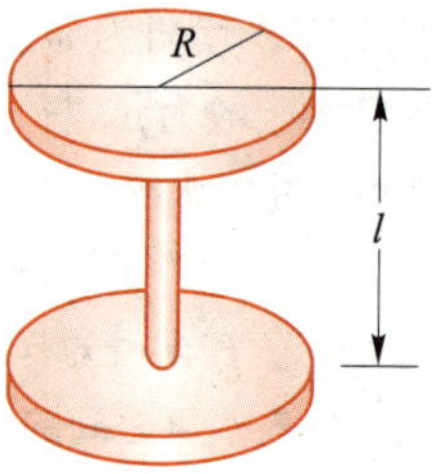

题 6-10 图

6-11　一质量为 m_1、半径为 R 的均匀圆盘，可绕过其圆心且垂直于盘面的光滑水平轴在竖直平面内转动. 在盘边上绕有一不可伸长的细绳，绳的一端连有一质量为 m_2 的物体. 开始时，绳子伸直，物体 m_2 的高度为 h，并由静止开始下降，设绳子与盘边之间无相对滑动. 试求：

（1）绳中的张力 F_T；

（2）物体 m_2 到达地面所需的时间 t.

6-12　质量分别为 $m_1=200$ g、$m_2=250$ g 的两个物体用细绳相连，绳子套在质量为 $m_0=100$ g、半径为 $r=10$ cm 的滑轮上，m_2 放在光滑的水平桌面上，m_1 悬挂着，如题 6-12 图所示. 设滑轮为一质量均匀的圆盘，绳子的长度不变，绳子的质量及滑轮轴承处的摩擦均可忽略不计，绳子与滑轮之间无滑动. 求 m_1 的加速度大小 a 以及绳子各处的张力大小 F_{T1} 和 F_{T2}.

6-13　在粗糙的水平面上，一半径为 R 的均匀圆盘绕过其中心且与盘面垂直的竖直轴转动，如题 6-13 图所示. 已知圆盘的初角速度为 ω_0，圆盘与水平面之间的摩擦因数为 μ，若忽略圆盘轴承处的摩擦，问经过多少时间圆盘将静止？

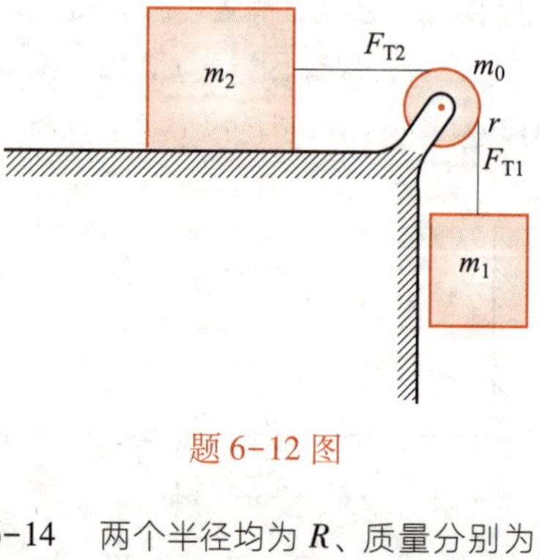

题 6-12 图

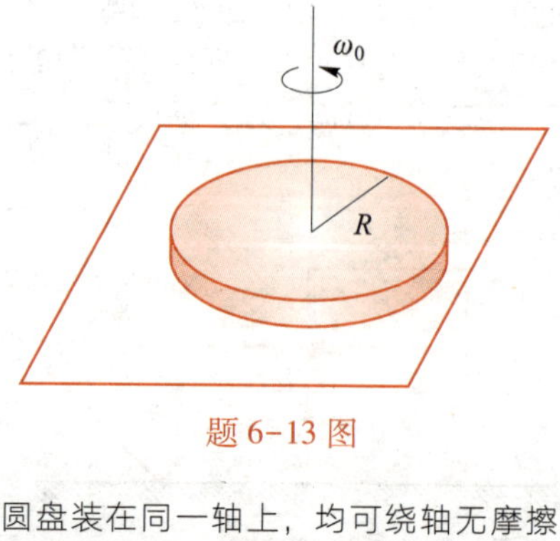

题 6-13 图

6-14　两个半径均为 R、质量分别为 $3m$ 和 m 的圆盘装在同一轴上，均可绕轴无摩擦地旋转，如题 6-14 图所示. 质量为 $3m$ 的圆盘的初角速度为 ω_0，而另一个圆盘开始时静止. 现将上圆盘放下，使两者相互接触．

（1）若两者之间的摩擦因数为 μ，则需经多少时间两圆盘将以相同角速度旋转？

（2）试求出此角速度．

6-15　在如题 6-15 图所示的阿特伍德机中，两物体的质量分别为 m_1 和 m_2，滑轮的半径为 R、质量为 m．若物体运动时，绳与滑轮之间有相对滑动，两者之间的摩擦因数为 μ．设绳不可伸长，忽略滑轮轴承处的摩擦．试求：

（1）m_1 与 m_2 的加速度大小 a；

（2）滑轮的角加速度 α.

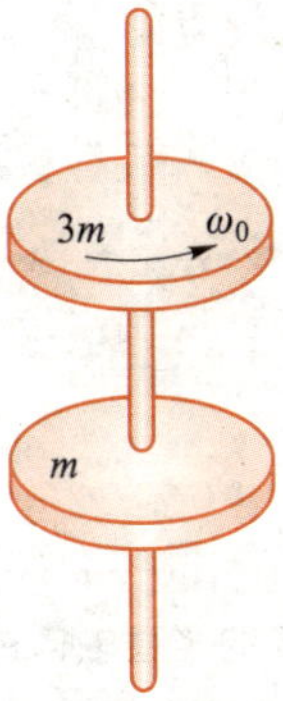

题 6-14 图

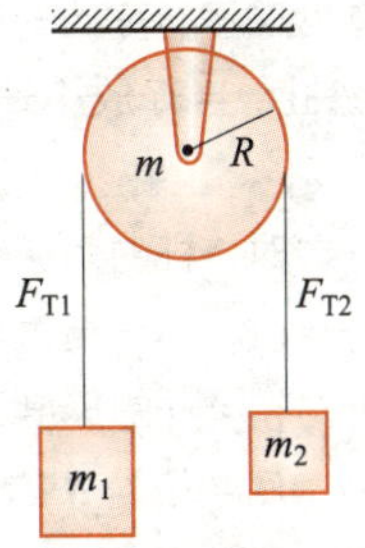

题 6-15 图

6-16　同一平面内的半径分别为 R_1 和 R_2、质量分别为 m_1 和 m_2 的轮子以皮带相联结，可绕各自的轴转动．今在 m_1 轮上作用一力矩 $\boldsymbol{M}$，方向如题 6-16 图所示，试求两轮的角加速度．设两轮的质量均集中在轮边，皮带与轮之间无滑动，皮带的质量和两轴承处的摩擦均可忽略．

6-17　质量为 m_0、长为 l 的均匀细棒以一端为支点悬挂起来．一质量为 m 的子弹以 $\boldsymbol{v}_0$ 的水平速度射入棒的另一端且留在棒内．试求在子弹射入棒后，棒的最大偏转角 θ．设在棒偏转时，支点处的摩擦可忽略．

6-18　如题 6-18 图所示，一质量为 m、长为 l 的均匀细杆，与竖直轴成 θ 角，并以恒定角速度 ω 绕轴转动，转轴被上、下两轴承 A、B 固定，已知 $|AO|=|BO|=R$.

（1）求轴承对转轴的水平作用力；

（2）如某时位于 O 点上方的半段杆的中点突然断裂，使最上方的 $\frac{1}{4}$ 段杆飞落，求以后轴承对转轴的水平作用力．

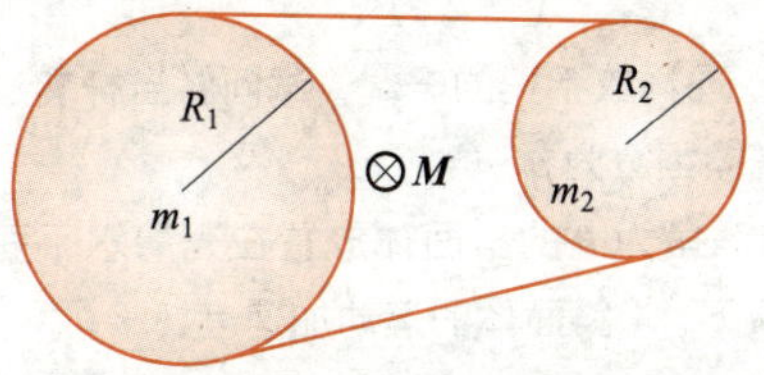

题 6-16 图

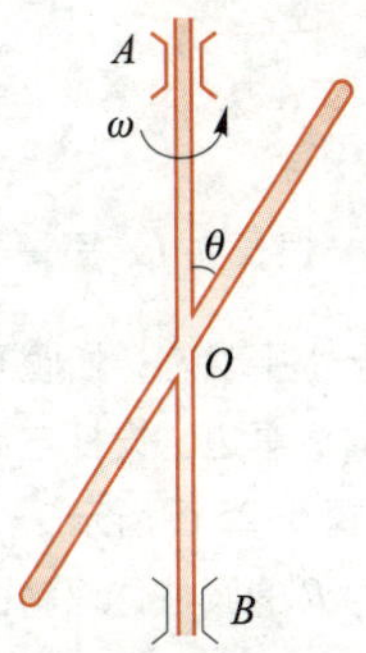

题 6-18 图

6-19　在 § 6.4 的例题 5 中，若竖直轴并非通过盘心，而是通过某一半径的中点，试求轴承处所受水平作用力，设 $|OA|=|OB|=l$.

6-20　一直角尺由长度分别为 a 和 b 的两根棒构成，能在竖直平面内绕过直角顶点的光滑水平轴自由转动，如题 6-20 图所示．设长为 a 的棒与竖直线之间的夹角为 θ．开始时，将尺拉至 $\theta=0$ 的位置，然后由静止开始释放．求 θ 的最大值．

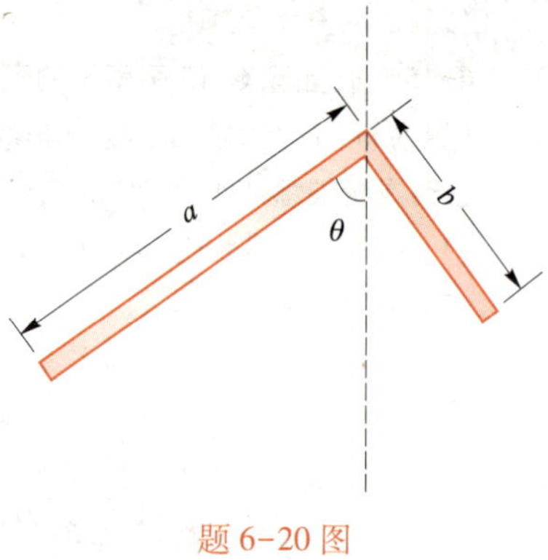

题 6-20 图

6-21　一根长为 $2l$、质量为 $2m_0$ 的均匀细杆，可以绕过中点的固定轴在水平面内自由转动．在离中心 $\frac{1}{3}l$ 处各套有两个质量均为 m 的小珠子．开始时杆的转动角速度为 ω_0，而两小珠相对杆静止．当释放小珠后，小珠将沿杆无摩擦地向两端滑动．试问：

（1）当小珠滑至杆端时，杆的角速度为多大？

（2）当小珠滑至杆端时，小珠相对杆的速度为多大？

（3）当小珠滑离杆时，小珠的速度为多大？

6-22　一个高为 h、底半径为 R 的圆锥体，可以绕其固定的竖直轴自由旋转．在其表面沿母线刻有一条光滑的斜槽，如题 6-22 图所示．开始时，锥体以角速度 ω_0 旋转．此时，将质量为 m 的小滑块从槽顶无初速地释放．设滑块在沿槽滑下的过程中始终不脱离斜槽，而锥体绕竖直轴的转动惯量为 J_0．试问：

（1）当滑块到达底边时，圆锥体的角速度为多大？

（2）当滑块到达底边时，滑块相对地面的速度为多大？

6-23　将一根长为 l、质量为 m 的均匀杆的一端放置在桌边，另一端用手托住，使杆处于水平位置，如题 6-23 图所示．试求将手释放瞬间杆对桌边的作用力．

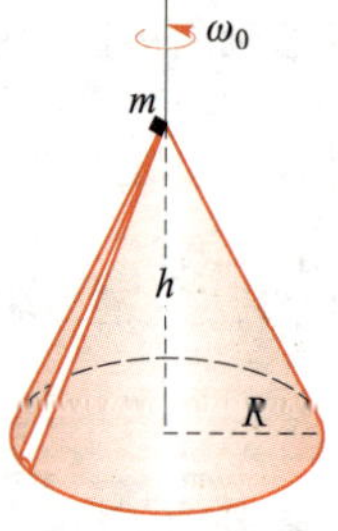

题 6-22 图

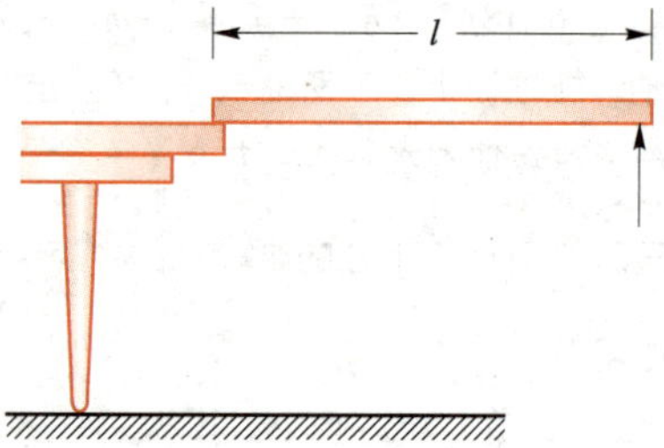

题 6-23 图

6-24　将一根长为 L、质量为 m 的均匀杆上长为 $l\left(l<\frac{1}{2}L\right)$ 的一段放置在桌边，另一端用手托住，使杆处于水平状态，如题 6-24 图所示．现释放手托的一端，试问，当杆转过的角度 θ 为多大时，杆开始滑离桌边？设杆与桌边之间的摩擦因数为 μ．

6-25　如题 6-25 图所示，一质量为 m、倾角为 θ 的斜面体放置在光滑水平面上，另一质量也为 m、半径为 R 的圆柱体沿斜面无滑动地滚下．求斜面体的运动加速度．

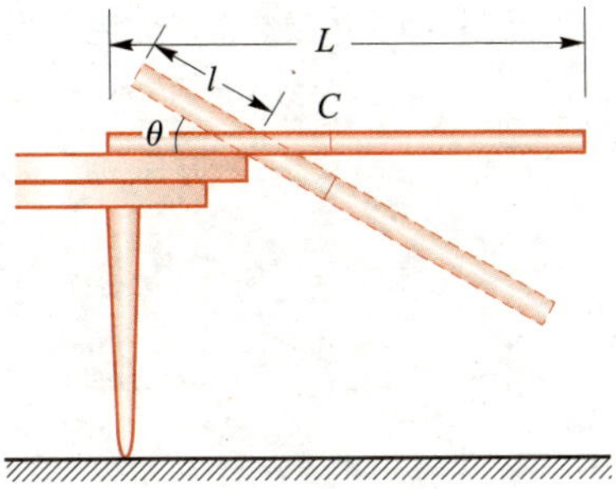

题 6-24 图

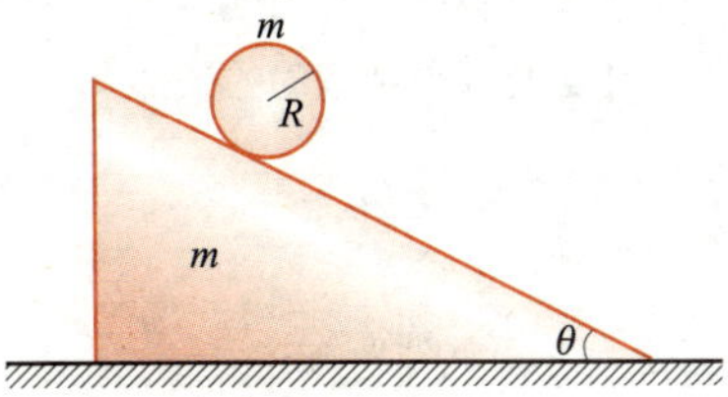

题 6-25 图

6-26　如题 6-26 图所示，一圆柱体从桌边角处由静止开始滚下，圆柱体与桌边角处的摩擦因数 $\mu=0.25$．滚下过程中所转过的角度用 θ 表示，试求圆柱体开始相对桌边角滑动时的 θ 值．

6-27　如题 6-27 图所示，质量为 m_1 的板受水平力 $\boldsymbol{F}$ 的作用沿水平面运动，板与水平面之间的摩擦因数为 μ．板上放着一质量为 m_2、半径为 R 的圆柱体．

(1) 若圆柱体在板上的运动为纯滚动，求板的加速度；

(2) 为使圆柱体在板上作纯滚动，求 F 的最大值．设圆柱体与板之间的摩擦因数也是 μ．

6-28　有一质量为 m_2、半径为 R_2 的圆盘，盘边缠绕着质量可忽略且不可伸长的带子，带子跨过一质量为 m_1、半径为 R_1 的定滑轮，带子的另一端悬挂一质量为 m 的重物，如题 6-28 图所示．设圆盘沿竖直线下落，假定带子与定滑轮之间无相对滑动，定滑轮轴承处的摩擦可以忽略．试求：

(1) 重物 m 的加速度 a_1；

(2) 圆盘质心的加速度 a_2．

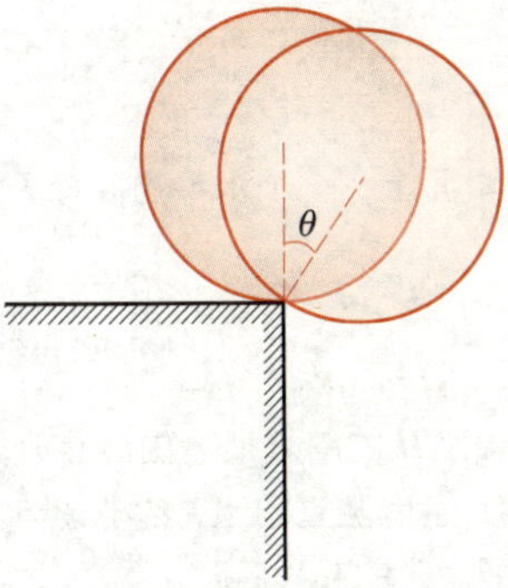

题 6-26 图

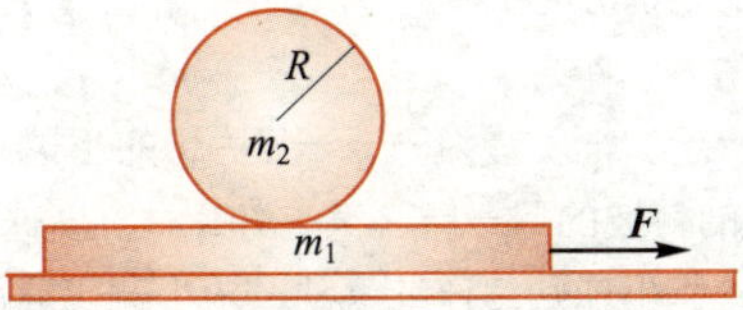

题 6-27 图

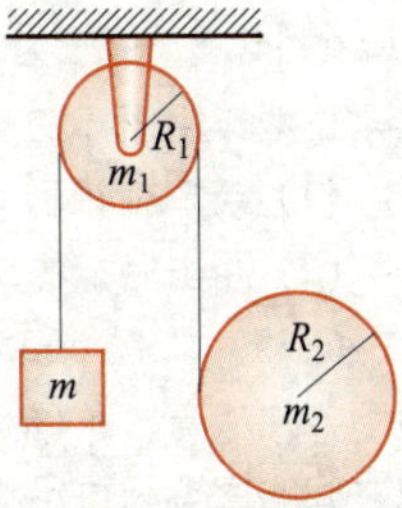

题 6-28 图

6-29　一圆柱体沿倾角为 θ 的斜面滚下，圆柱体与斜面之间的摩擦因数为 μ．为使圆柱体沿斜面作纯滚动，试求 θ 的最大值．

6-30　质量为 m、半径为 r 的均匀球置于粗糙的水平面上，球与水平面之间的摩擦因数为 μ．开始时，球的转动角速度为 ω_0，而质心静止．试问：

(1) 经过多少时间球开始作纯滚动？

(2) 球作纯滚动时质心的速度为多大？

6-31　质量为 m、半径为 r 的均匀球位于倾角为 θ 的斜面的底端．开始时，球的质心速度为零，球相对质心的转动角速度为 ω_0，如题 6-31 图所示．球与斜面之间的摩擦因数为 μ，球在摩擦力的作用下沿斜面向上运动．求球所能上升的最大高度．

6-32　如题 6-32 图所示，在倾角为 θ 的斜面上，一质量为 m、半径为 r 的圆柱体上绕有细绳．绳的一端缠绕在装置在斜面顶端的定滑轮上，定滑轮为一质量为 m_0、半径也为 r 的圆盘．设圆柱体沿斜面滚下时细绳拉直且不能伸长，并与斜面平行，细绳与圆柱体及定滑轮之间无相对滑动，忽略滑轮轴承处的摩擦.

（1）若圆柱体的滚动为纯滚动，求其质心的加速度；

（2）求圆柱体作纯滚动的条件.

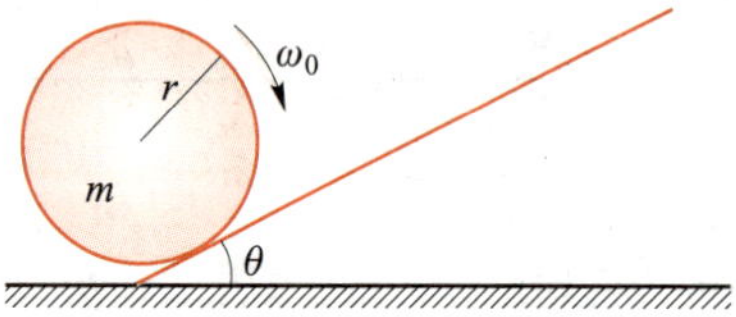

题 6-31 图

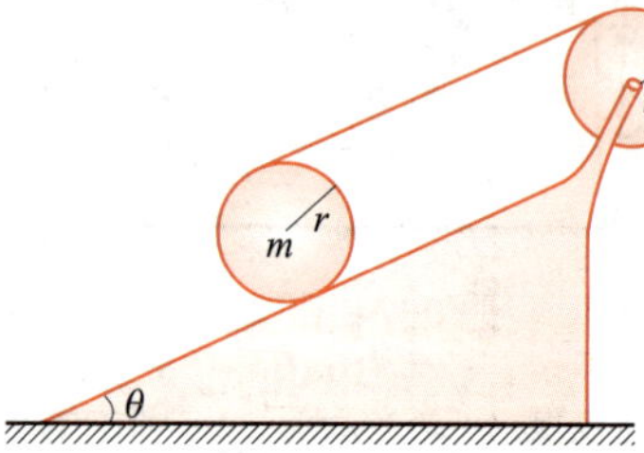

题 6-32 图

6-33　质量为 m 的线轴上绕有细线，如题 6-33 图所示，其外半径为 R，绕线部分的半径为 r. 设其绕轴线的转动惯量为 J. 今在绕线的一端以一恒力 $\boldsymbol{F}$ 拉它，$\boldsymbol{F}$ 与水平面成 θ 角. 设 $F\sin\theta<mg$.

（1）为使线轴向后（即与 $\boldsymbol{F}$ 的水平分量方向相反）作纯滚动，

（i）求 θ 的范围；

（ii）若 θ 满足（i）中条件，则摩擦因数 μ 至少应为多大？

（iii）求出线轴质心运动的加速度.

（2）为使线轴向前作纯滚动，同样求出（1）中的三个问题.

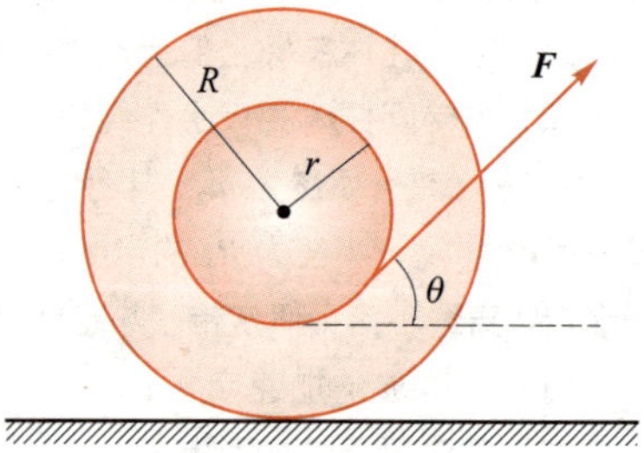

题 6-33 图

6-34　一根长为 l、质量为 m 的均匀细棒，放置在光滑的水平桌面上，一个水平的冲量 $\boldsymbol{I}$ 突然垂直地作用于棒的一端. 试问：

（1）当棒旋转了 360° 时，其质心运行了多远？

（2）冲击后棒的动能为多大？

6-35　如题 6-35 图所示，一质量为 m、半径为 r 的小球，从高为 H 的斜坡顶端由静止开始滚下，并从高为 h（$h<H$）的斜坡的另一端飞离. 离开时，小球球心的速度竖直向上. 若小球与斜坡之间的摩擦因数足够大，使小球始终作纯滚动，求小球飞离后所能上升的最大高度.

6-36　质量为 m 的子弹，以速度 $\boldsymbol{v}_0$ 水平射入放在光滑水平面上质量为 m_0、半径为 R 的圆盘的边缘并留在该处，$\boldsymbol{v}_0$ 的方向与射入处的半径垂直，如题 6-36 图所示. 试就以下两种情况：（1）盘心有一竖直的光滑固定轴；（2）圆盘是自由的，求子弹射入后圆盘系统总动能之比 E_{k1}/E_{k2}.

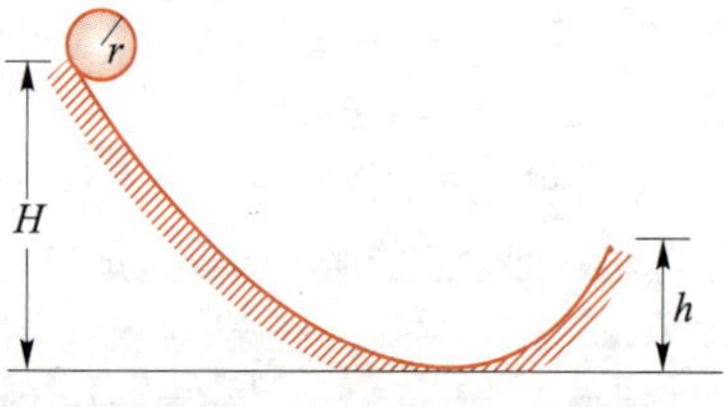

题 6-35 图

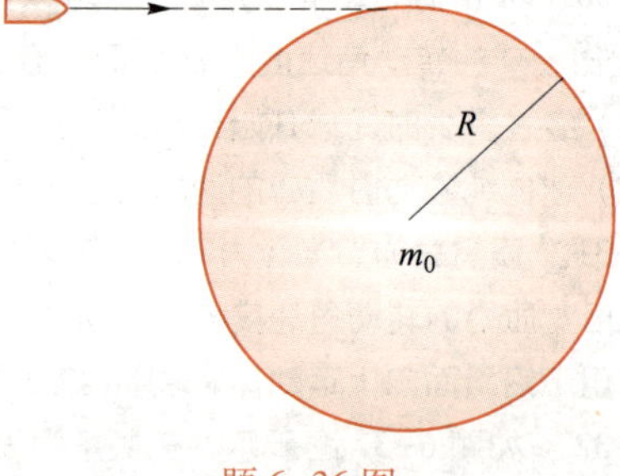

题 6-36 图

6-37　有两根质量均为 m、长度均为 l 的相同均匀细杆 AC 与 CB，两杆的 C 端用一光滑的铰链相连．将两杆分开一定角度，让 A、B 端与光滑地面接触，并使两杆均在竖直平面内．开始时，两杆与地面间的夹角均为 θ．现无初速地释放两杆，求两杆着地时 C 点的速度．

6-38　一质量为 m、半径为 R 的均匀球 1 在水平面上作纯滚动，球心速度为 $\boldsymbol{v}_0$，与另一完全相同的静止球 2 发生对心碰撞，如题 6-38 图所示．设碰撞时各接触面间的摩擦均可以忽略，碰撞是弹性的．

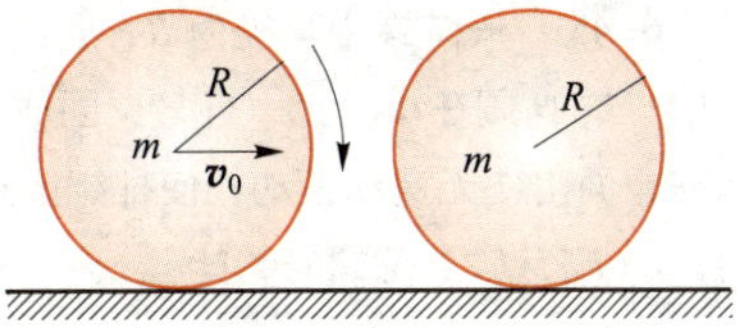

题 6-38 图

（1）碰撞后，各自经过一段时间，两球开始作纯滚动，求出此时各球心的速度；

（2）求此过程中系统机械能的损失．

6-39　如题 6-39 图所示，质量为 m、半径为 R 的弹性球在水平面上作纯滚动，球心速度为 $\boldsymbol{v}_0$，与一粗糙的墙面发生碰撞后，以相同的球心速度反弹．设球与墙面间的摩擦因数为 μ，在碰撞时球与水平面间的摩擦可以忽略．

（1）碰撞后，球经过一段时间开始作纯滚动，求出此时的球心速度；

（2）若球与墙面间的碰撞时间为 Δt，为使碰撞时球不会跳起，则摩擦因数应满足什么关系？设碰撞中的相互作用力为恒力．

6-40　将一水平方向的冲量 $\boldsymbol{I}$ 作用在质量为 m、半径为 R 的原先静止的均匀小球上，作用点位于球心的上方，距地面的高度为 h，作用线位于过球心而平行于纸面的平面内，如题 6-40 图所示．试分析小球以后的运动情况，并求出小球作纯滚动时的角速度 ω．

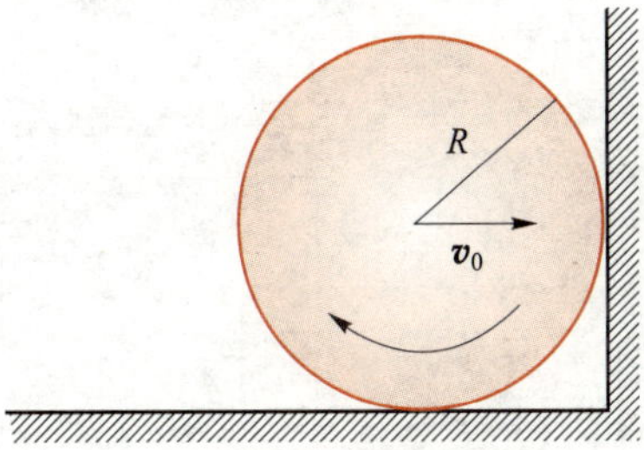

题 6-39 图

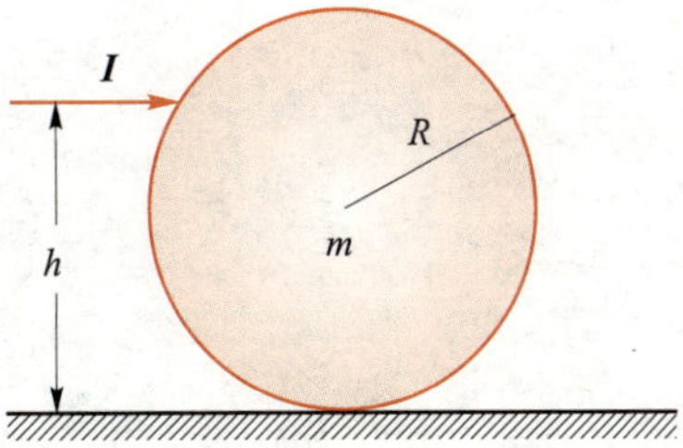

题 6-40 图

6-41　一陀螺由一质量为 m、半径为 R 的厚圆盘构成，通过圆心且垂直于盘面的自转轴为一轻杆，杆的尖端自由地支在离盘质心为 l 处的枢纽上．现陀螺绕自转轴以 ω_0 的角速度高速自转，其自转轴以与水平面成 θ 的倾角作均匀进动．试求：

（1）进动角速度；

（2）枢纽所受到的力．

6-42　如题 6-42 图所示，一飞轮以 ω_0 的角速度高速转动，其转动惯量为 J_0．试问，为了使水平圆台以恒定角速度 Ω 转动（$\Omega \ll \omega_0$），则所需加在圆台上的力矩为多大？

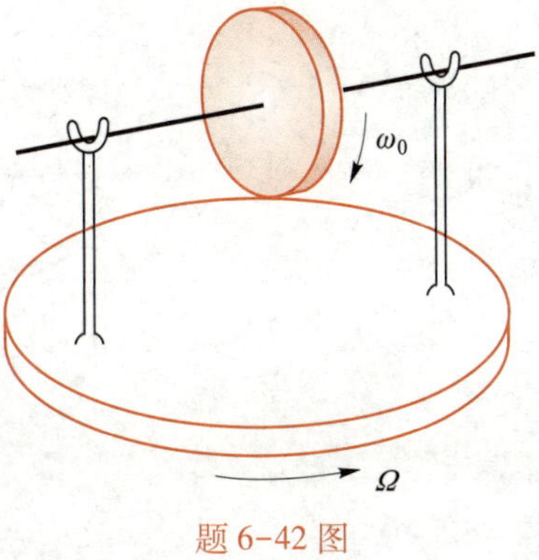

题 6-42 图

6-43　为了避免高速行驶的汽车在转弯时容易发生的翻车现象，可在车上安装一高速自转的大飞轮．

（1）试问，飞轮轴应安装在什么方向上？飞轮应沿什么方向转动？

（2）设汽车的质量为 m_0，其行驶速度大小为 v，飞轮是质量为 m、半径为 R 的圆盘，汽车（包括飞轮）的质心距

地面的高度为 h. 为使汽车在绕一曲线行驶时，两边车轮的负荷均等，试求飞轮的转速.

6-44　一半径为 r 的硬币，在桌面上绕半径为 R 的圆滚动，其质心速度为 $\boldsymbol{v}$，如题 6-44 图所示. 设硬币的滚动为纯滚动. 求其轴线与水平线所成的角 θ.（已知 $\theta \ll 1$，$R \gg r$.）

6-45　一陀螺由半径为 R、质量为 m 的薄圆盘及过其圆心且垂直于盘面的轻杆组成，盘缘及杆的一端 O 搁在桌面上，杆与桌面成 45° 角，如题 6-45 图所示. 今陀螺以杆的一端 O 为支点，盘缘在桌面上作无滑动滚动，使杆绕竖直轴作匀速转动，角速度为 Ω. 求：（1）桌面对盘缘的支持力大小 F_N；（2）陀螺的动能.

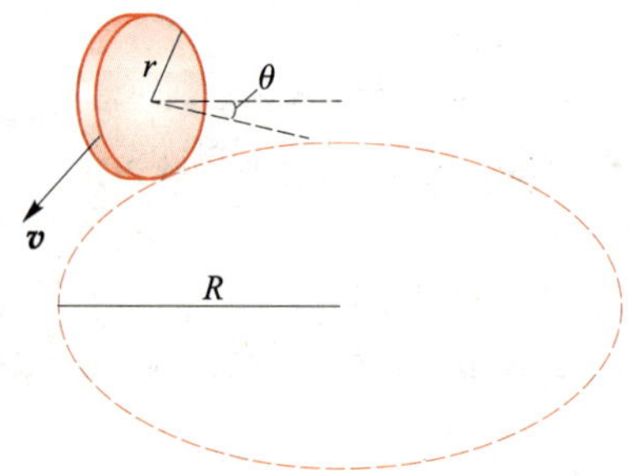

题 6-44 图

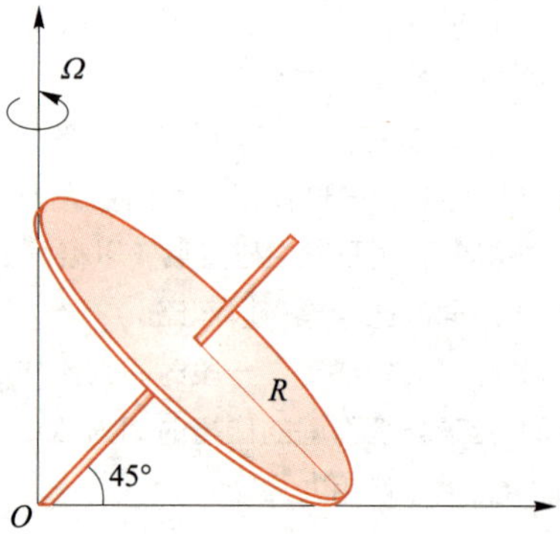

题 6-45 图

第七章

流体力学

7.1 流体运动的描述 _232

7.2 定常流动连续性方程 _236

7.3 伯努利方程 _238

7.4 黏性流体的流动 _245

本章为流体力学．液体和气体统称流体．一方面，与刚体类似，流体也可以看作无限多质点（质元）组成的质点系；另一方面，与刚体完全不同，质点之间极易发生相对移动，这是流体最显著的特征，这种性质称为流动性．

本章内容主要包括流体运动的描述、定常流动连续性方程、理想流体定常流动的伯努利方程、实际流体的黏性以及黏性流体的运动规律与泊肃叶公式．这些内容属于流体力学的初步知识．在本章的学习过程中，要抓住流管、细流管和流线概念，盯住同一根流管或同一根流线．本章几乎所有的分析与讨论都是在同一根流管或流线上展开的，获得的公式也在同一根流管或流线上成立．

7.1 流体运动的描述

由于流体由许多质元组成，各质元间的相对位置又可以不断变化，因此对它的运动的描述比单个质点要复杂得多，比刚体也要复杂得多．一般可用两种方法描述流体的运动．一种是直接从质点运动学中套用过来的方法，就是把流体中每个质元作为考察对象，认定并考察它们的位置随时间的变化．这时，给不同的质元以不同的标记是必要的．一种方便的标记是在初始时刻，即 $t=0$ 时刻的坐标为 x_0、y_0、z_0，不同的 x_0、y_0、z_0 值就代表不同的质元，于是，对于初始位置为 x_0、y_0、z_0 的质元，其在任何时刻 t 的坐标 x、y、z 可表示成

$$\begin{cases} x=f(x_0,\ y_0,\ z_0,\ t) \\ y=g(x_0,\ y_0,\ z_0,\ t) \\ z=h(x_0,\ y_0,\ z_0,\ t) \end{cases} \tag{7.1-1}$$

这种描述方法称为拉格朗日法．(7.1-1) 式也就是初始位置为 x_0、y_0、z_0 的那个质元的运动轨迹的参数方程．消去参数 t，就得到该质元的轨迹方程．不同的 x_0、y_0、z_0 值对应于不同初始位置的质元，它们有不同的轨迹，在流体力学中，把质元的轨迹称为迹线．将 (7.1-1) 式对时间求导，就可以求得初始位置为 x_0、y_0、z_0 的质元的速度和加速度，用 u、v、w 表示速度的三个分量，则

$$\begin{cases} u=\left.\dfrac{\partial f}{\partial t}\right|_{x_0,\ y_0,\ z_0} \\ v=\left.\dfrac{\partial g}{\partial t}\right|_{x_0,\ y_0,\ z_0} \\ w=\left.\dfrac{\partial h}{\partial t}\right|_{x_0,\ y_0,\ z_0} \end{cases} \tag{7.1-2}$$

而加速度则为

$$\begin{cases} a_x = \left.\dfrac{\partial^2 f}{\partial t^2}\right|_{x_0,\ y_0,\ z_0} \\ a_y = \left.\dfrac{\partial^2 g}{\partial t^2}\right|_{x_0,\ y_0,\ z_0} \\ a_z = \left.\dfrac{\partial^2 h}{\partial t^2}\right|_{x_0,\ y_0,\ z_0} \end{cases} \tag{7.1-3}$$

偏导数表示求导时 x_0、y_0、z_0 保持不变. 由此可见，流体质元的速度和加速度都是 x_0、y_0、z_0 和 t 的函数，从而也是 x、y、z 的函数，所以同一流体质元，即对应给定 x_0、y_0、z_0 值的质元，在不同时刻处于不同的位置，并具有不同的速度和加速度. 不同的流体质元，即对应于不同 x_0、y_0、z_0 值的质元，在同一时刻，它们在空间所处的位置及速度和加速度等也各不相同；而空间某一位置，即给定 x、y、z 值的位置，不同时刻将被不同的流体质元，即与不同的 x_0、y_0、z_0 值对应的流体质元所占据，因而它们的速度和加速度也将各不相同. 既然拉格朗日法所考察的是每个确定的流体质元的运动，对每个质元，牛顿运动定律当然适用.

也可以用另一种方法来描写流体的运动. 如果我们不去跟踪每个确定的流体质元的运动，而去注意不同时刻经过空间给定位置处的流体质元的速度和加速度，那么可将速度 $\boldsymbol{v}$ 或其三个分量 u、v、w 表示为坐标和时间的函数：

$$\boldsymbol{v}=\boldsymbol{v}(x,\ y,\ z,\ t) \tag{7.1-4}$$

或

$$\begin{cases} u=F(x,\ y,\ z,\ t) \\ v=G(x,\ y,\ z,\ t) \\ w=H(x,\ y,\ z,\ t) \end{cases} \tag{7.1-5}$$

加速度也可作类似表示. 这种表示流体运动的方法称为欧拉法. 除速度和加速度外，也可将压强、密度等表示为坐标和时间的函数. 欧拉法是把流体看成一个场，考察场中各点（作为位置的函数）的诸量（速度、加速度、压强、密度等）与时间的关系，对应的场分别称为速度场、加速度场、压强场和密度场，前两者为矢量场，后两者为标量场.

从（7.1-4）和（7.1-5）两式可以看出，在空间的确定位置 $(x,\ y,\ z)$ 处，速度是时间的函数；在确定的时刻，速度则是位置的函数. 但在空间确定位置处，不同时刻由不同的流体质元所占据，因而（7.1-5）式表示的速度是指该确定位置处不同时刻所观察到的不同流体质元的速度. 同样，在某一时刻，不同位置也由不同的流体质元所占据. 正因如此，我们不能简单地对（7.1-4）式或（7.1-5）式求时间的偏导数而得到流体质元的加速度. 因为这样得到的是经过空间一给定位置处两个流体质元的速度的差异与相应的时间间隔之比，并不是同一流体质元的速度随时间的变化率. 从欧拉法来看，同一质元在两个不同时刻的速度必对应于空间两不同地点在两不同时刻的速度，只有知道了这两个速度，才能求得该质元的加速度.

由于在流体力学里通常并不需要求出某一个别质元的运动全过程，而往往只需知道空间各点的运动情况及其与时间的关系，因而欧拉法比拉格朗日法更常用. 下面我们将主要用欧拉法讨论流体的运动.

如果空间各点流体的速度 $\boldsymbol{v}$（亦即各分量 u、v、w）不随时间变化，那么称流体的运动为定常流动（或称恒定流动）. 在定常流动中，压强和密度等量也不随时间而变. 但空间各点的速度、压强和密度等量一般并不相等.

在定常流动中，尽管速度仅是坐标的函数，与时间无关，但对确定的流体质元，其速度仍可随时间而变，因为速度还是位置的函数，当流体质元从一点流到另一点时，速度仍可发生变化，即加速度仍然可不为零.

本章讨论的内容基本上限制在定常流动的情况.

为了形象地描绘流体的运动，常引进流线. 流线是经想象而画出的一些曲线，其切线与该点流体的运动方向相同. 因为空间一点通常只有一个速度，所以流线一般不会相交. 引入流线后，给定时刻空间的速度分布就与该时刻的流线分布相对应. 在定常流动中，流线分布不随时间改变；在非定常流动中，流线分布一般随时间改变.

某确定流体质元的运动轨迹称为迹线，已如上述. 在定常流动中，流线与迹线重合. 在非定常流动中，流线与迹线一般不重合.

流线的形状可由实验观测而得到. 图 7.1-1 表示流体绕过障碍物时的流线.

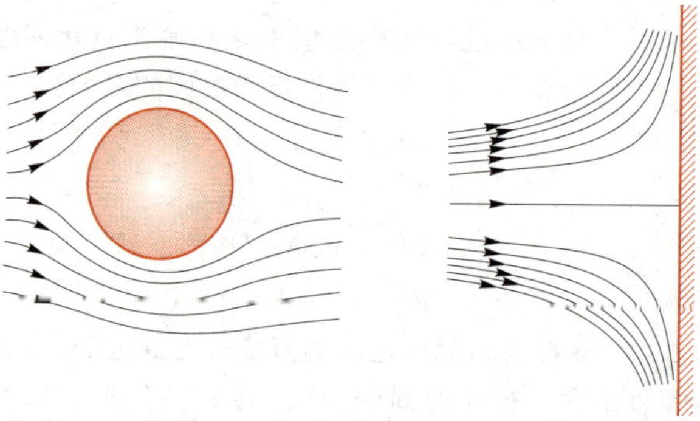

(a)　　(b)

图 7.1-1　流线

由于流线的切线与速度方向一致，因而流线满足微分方程：

$$\frac{\mathrm{d}x}{u}=\frac{\mathrm{d}y}{v}=\frac{\mathrm{d}z}{w} \tag{7.1-6}$$

流线围成的管子或者细管子，称为流管或细流管. 由于流线不相交，所以流管内的流体不可能流到流管外，宏观上流管外的流体也不可能流到流管内. 因此，可以分别考察各流管内流体的运动. 掌握了各流管内流体的运动规律，也就掌握了整个流体的运动规律. 细流管横截面上的物理量可以看作相等. 细流管的极限为流线.

在流管内流动着的流体称为流束.

本章的讨论几乎都是在同一根流管或同一根流线上展开的，获得的公式也在同一根流管线或同一根流线上成立.

我们知道，质点运动情况因参考系而异. 对于相互作匀速直线运动的两个参考系来说，它们所观察到的同一质点的运动情况的差异，可以通过伽利略变换得到. 由此不难想见，流体运动作为大量质点运动的组合，其情况也因参考系而异. 因此，相对不同的参考系，描述同一流体运动的流线的形状及其分布情况是不同的.

特别值得指出的是，在某个参考系看来，流体作定常流动，在另一参考系看来，流体未必作定常流动，反之亦然. 图 7.1-2 (a)(b) 分别表示木板在水中运动的两幅流线图，(a) 是在相对远处的水静止的参考系中画出的，(b) 是在相对木板静止的参考系中画出的. 图 (b) 所表示的流动可看成定常流动，而图 (a) 则不是. 这不难理解，因为在 (a) 的情形下，经过 Δt 时间后，木板向前移动了一段距离，木板周围的流动也一起向前移了一段距离，空间各点的流动情况显然与 Δt 时间前不同了.

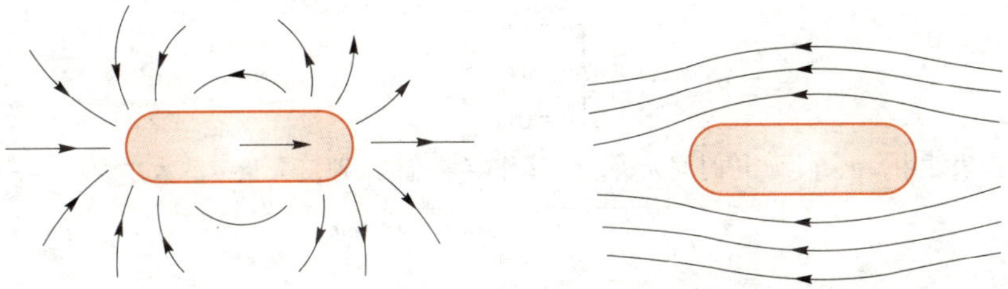

(a) 观测者静止时画出的流线(非定常流动)　(b) 观测者与木板一起运动时画出的流线(定常流动)

图 7.1-2　流体运动形态与参考系有关

这也可以从欧拉表示式中得到说明. 设在参考系 S 中，流体作定常流动，速度的三个分量 u、v、w 仅为位置的函数：

$$u=f(x,\ y,\ z)$$
$$v=g(x,\ y,\ z)$$
$$w=h(x,\ y,\ z)$$

在相对 S 以速度 V 沿 x 方向作匀速直线运动的参考系 S′看来，速度的三个分量分别变为 $u-V$、v、w，但相应的坐标也变化了，即

$$u'=f(x'+Vt,\ y',\ z')-V$$
$$v'=g(x'+Vt,\ y',\ z')$$
$$w'=h(x'+Vt,\ y',\ z')$$

可见 u'、v'、w' 不再与时间无关. 因而在 S′系看来不再是定常流动（除非流速既与时间无关，也与坐标无关）.

例题　用拉格朗日法描述流体质元的位置与时间的关系为

$$\begin{cases} x=\sqrt{x_0^2+y_0^2}\cos\left(\omega t+\arctan\dfrac{y_0}{x_0}\right) \\ y=\sqrt{x_0^2+y_0^2}\sin\left(\omega t+\arctan\dfrac{y_0}{x_0}\right) \\ z=0 \end{cases}$$

式中 x_0、y_0 为质元在 $t=0$ 时刻的坐标.（1）试改用欧拉法描述流体的运动；（2）流动是定常的还是非定常的？并画出流线（在 xy 平面内）；（3）若从另一参考系 S′观察（S′系相对原参考系 S 以恒定速率 V 沿 x 方向运动），写出流体运动的欧拉表述，并说明流动是否是定常的，画

出相应的流线.

解：(1) 用欧拉法描述运动，就是写出流体质元的速度分量与空间位置和时间的关系. 将拉格朗日描述中的 x、y、z 对时间求导即可求出质元的速度分量：

$$
\begin{aligned}
u=\dot{x}&=-\omega\sqrt{x_0^2+y_0^2}\sin\left(\omega t+\arctan\frac{y_0}{x_0}\right)\\
v=\dot{y}&=\omega\sqrt{x_0^2+y_0^2}\cos\left(\omega t+\arctan\frac{y_0}{x_0}\right)\\
w=\dot{z}&=0
\end{aligned}
\tag{1}
$$

与 x、y、z 表示式比较，不难看出欧拉表述为

$$
\begin{cases}
u=-\omega y\\
v=\omega x\\
w=0
\end{cases}
\tag{2}
$$

(2) 欧拉表述中，u、v、w 与时间无关，流体作定常流动. 速度矢量 $\boldsymbol{v}$ 的大小为

$$
|\boldsymbol{v}|=\sqrt{u^2+v^2+w^2}=\omega\sqrt{x^2+y^2}=\omega r \tag{3}
$$

而由

$$
\boldsymbol{v}\cdot\boldsymbol{r}=ux+vy+wz=-\omega yx+\omega xy+0=0 \tag{4}
$$

可见 $\boldsymbol{v}$ 的方向与 $\boldsymbol{r}$ 垂直，因而流线为以原点为圆心的一系列同心圆，如图 7.1-3 所示.

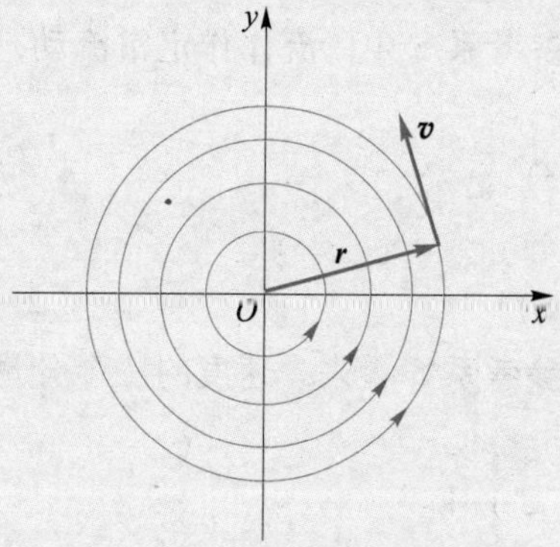

图 7.1-3　S 参考系中的流线

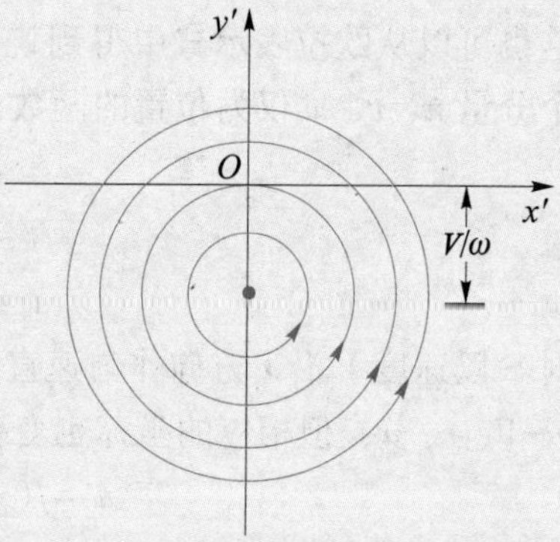

图 7.1-4　在 S′参考系中 $t=0$ 时刻的流线，整个图形随时间以速率 V 向左移动

(3) 在 S′参考系中，$x'=x-Vt$，$y'=y$，$z'=z$，因而有

$$
\begin{cases}
u'=u-V=-\omega y'-V\\
v'=v=\omega(x'+Vt)\\
w'=w=0
\end{cases}
\tag{5}
$$

$\boldsymbol{v}'$ 与时间有关，流动是非定常的. $t=0$ 时刻的流线如图 7.1-4 所示. 随着时间的推移，整个图形将以速率 V 向左移动，故流动不是定常的.

7.2 定常流动连续性方程

在定常流动场中取一细流管，如图 7.2-1 所示. 在流管上任取两个横截面 ΔS_{10}、ΔS_{20}（图中有影线的截面），它们固定在空间中，并不随流体一起运动. 设

ΔS_{10}所在处，流速为$\boldsymbol{v}_1$，流体密度为ρ_1；ΔS_{20}所在处，流速为$\boldsymbol{v}_2$，流体密度为ρ_2. 则在Δt时间内，有质量为$\rho_1 v_1 \Delta S_{10} \Delta t$的流体流入流管的$\Delta S_{10}$和$\Delta S_{20}$之间的区域内，有$\rho_2 v_2 \Delta S_{20} \Delta t$的流体流出该区域. 由质量守恒可知，$\rho_1 v_1 \Delta S_{10} \Delta t - \rho_2 v_2 \Delta S_{20} \Delta t$应等于该区域内的质量增量$\Delta m$，或

$$\rho_1 v_1 \Delta S_{10} - \rho_2 v_2 \Delta S_{20} = \frac{\Delta m}{\Delta t} \tag{7.2-1}$$

如果所取截面ΔS_1、ΔS_2不与流体速度垂直，其法线与速度分别成θ_1、θ_2角，则在Δt时间内流过ΔS_1、ΔS_2的流体量仍与流过ΔS_{10}、ΔS_{20}的相同，这说明决定流量的不是截面积大小本身，而是截面积在垂直于流速方向上的投影，即等于横截面积，$\Delta S_1 \cos \theta_1 = \Delta S_{10}$；$\Delta S_2 \cos \theta_2 = \Delta S_{20}$（图 7.2-1），于是（7.2-1）式又可以写成

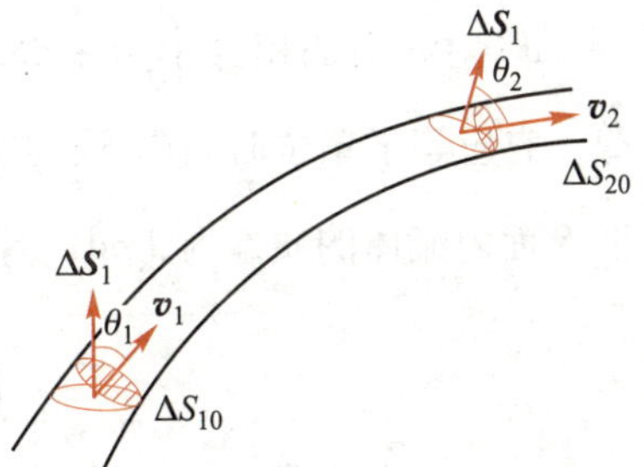

图 7.2-1　流管中连续性方程的推导

$$\rho_1 \Delta S_1 v_1 \cos \theta_1 - \rho_2 \Delta S_2 v_2 \cos \theta_2 = \frac{\Delta m}{\Delta t}$$

将面积元看成矢量，其方向沿法向，上式又可以写成矢量形式：

$$\rho_1 \boldsymbol{v}_1 \cdot \Delta \boldsymbol{S}_1 - \rho_2 \boldsymbol{v}_2 \cdot \Delta \boldsymbol{S}_2 = \frac{\Delta m}{\Delta t} \tag{7.2-2}$$

当流体作定常流动时，上式右边只能为零. 因为无论$\frac{\Delta m}{\Delta t}>0$还是$\frac{\Delta m}{\Delta t}<0$，经足够长时间后，该区域内的质量将变得非常大或减为零，甚至为负，这都是不合理的. 因而，对定常流动，应有$\frac{\Delta m}{\Delta t}=0$，即

$$\rho_1 \boldsymbol{v}_1 \cdot \Delta \boldsymbol{S}_1 = \rho_2 \boldsymbol{v}_2 \cdot \Delta \boldsymbol{S}_2$$

或

$$\rho v \Delta S = \text{常量} \tag{7.2-3a}$$

（7.2-3a）式称为定常流动的连续性方程. 若$\Delta \boldsymbol{S}$取横截面，则上式为

$$\rho \boldsymbol{v} \cdot \Delta \boldsymbol{S} = \text{常量} \tag{7.2-3b}$$

若流体密度处处相同并保持不变，则有

$$\boldsymbol{v} \cdot \Delta \boldsymbol{S} = \text{常量} \tag{7.2-4a}$$

密度保持不变的流体常称为不可压缩流体. 若$\Delta \boldsymbol{S}$取横截面，则上式为

$$v \Delta S = \text{常量} \tag{7.2-4b}$$

因而（7.2-4a）式和（7.2-4b）式为不可压缩流体作定常流动的连续性方程. 这告诉我们，不可压缩流体作定常流动时，在同一根流管中，横截面ΔS_0小的地方流速大，横截面ΔS_0大的地方流速小.

连续性方程可以写成更一般的形式，这种形式适用于任意方式的流动. 在流体流动区域内取一固定在空间的封闭曲面S，则一般而言，既有流体从S面外流入S面内，也有流体从S面内流出S面外（图 7.2-2）. 为计算从S面流出的流体净质量，可在S面上取面元$\mathrm{d}\boldsymbol{S}$，并规定它的法线正方向从面内指向面外，则在单位时间

内通过 d$\boldsymbol{S}$ 面流出 S 面的流体质量为 $\rho\boldsymbol{v}\cdot\mathrm{d}\boldsymbol{S}$，当 $\boldsymbol{v}$ 与 d$\boldsymbol{S}$ 的夹角$\theta<\frac{\pi}{2}$时，$\boldsymbol{v}\cdot\mathrm{d}\boldsymbol{S}>0$，表示流体从 S 面内流出；当$\theta>\frac{\pi}{2}$时，$\boldsymbol{v}\cdot\mathrm{d}\boldsymbol{S}<0$，表示流体从 S 面外流入. 因而单位时间内流出 S 面的流体净质量为 $\rho\boldsymbol{v}\cdot\mathrm{d}\boldsymbol{S}$ 对 S 面的积分 $\int_S\rho\boldsymbol{v}\cdot\mathrm{d}\boldsymbol{S}$，根据质量守恒定律，它应等于单位时间内 S 面内流体质量的减少，而 S 面内流体的质量为 $\int\rho\mathrm{d}V$，因而有

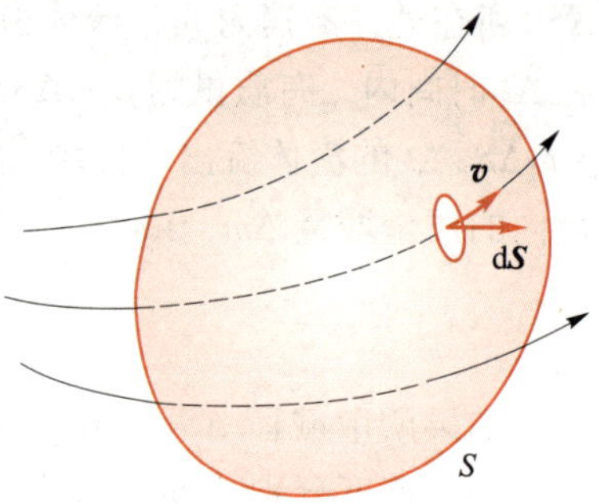

图 7.2-2　一般形式连续性方程的推导

$$\int_S\rho\boldsymbol{v}\cdot\mathrm{d}\boldsymbol{S}=-\frac{\mathrm{d}}{\mathrm{d}t}\int_V\rho\mathrm{d}V \tag{7.2-5}$$

式中右边的积分遍及 S 所围的体积 V. 上式即连续性方程的一般形式.

当流动为定常流动时，连续性方程化为

$$\int_S\rho\boldsymbol{v}\cdot\mathrm{d}\boldsymbol{S}=0 \tag{7.2-6}$$

当流体密度恒定时，上式变为

$$\int_S\boldsymbol{v}\cdot\mathrm{d}\boldsymbol{S}=0 \tag{7.2-7}$$

在 S 面为一根流管表面的情况下，以上两式分别简化为（7.2-3a）式、（7.2-4a）式.

7.3 伯努利方程

现在来讨论定常流动情况下流体动力学的基本规律，即流速、压强与位置的关系. 设流体处在重力场中.

当实际流体各部分间有相对运动时，就会出现阻碍这种相对滑动的力，称之为黏性力，或内摩擦力. 流体的这种性质叫黏性. 但对多数流体，如水、空气、酒精等，黏性力很小，即它们的黏性很小. 为简化问题的讨论，先忽略黏性. 不可压缩、完全无黏性的流体称为理想流体.

对于理想流体，由于在有相对运动时也无切向应力存在，因此静止流体中压强的两个特征（即压强与截面垂直，大小与截面取向无关）也适用于运动中的理想流体. 本节讨论限于理想流体的定常流动.

流体质元是在周围流体对它的压力和其他非接触力作用下运动的，它的运动服从牛顿运动定律. 在运动流体中取一体积为 ΔV 的质元，作用在此质元上的压力与彻体力之和应等于其质量与加速度的乘积：

$$-\oint_S p\mathrm{d}\boldsymbol{S}+\int_{\Delta V}\boldsymbol{F}\rho\mathrm{d}V=\rho\Delta V\boldsymbol{a} \tag{7.3-1}$$

式中 S 为包围 ΔV 的面积. 这就是关于流体质元的动力学方程.

但现在我们要讨论的是不可压缩的理想流体在定常流动情况下压强、流速与位

置的关系. 在定常流动中，流线分布（因而流管）和形状都不随时间改变，流体各质元，都被限制在“光滑”的固定流管内运动，犹如限制在光滑轨道上运动的质点，根据第四章的讨论，对这种流体质元的运动，利用功能原理进行讨论最为方便.

在作定常流动的流体中任取一细流管，在管中取一小段流体 AB，如图 7.3-1 所示. 当该段流体处于位置 1 时，其截面积为 ΔS_1，长度为 Δl_1，速度（流速）为 v_1，高度为 z_1，该处压强为 p_1. 当它处于位置 2 时，相应的量为 ΔS_2、Δl_2、v_2、z_2 和 p_2. 设该段流体在位置 1 和 2 时的机械能各为 E_1 和 E_2，则功能原理告诉我们，

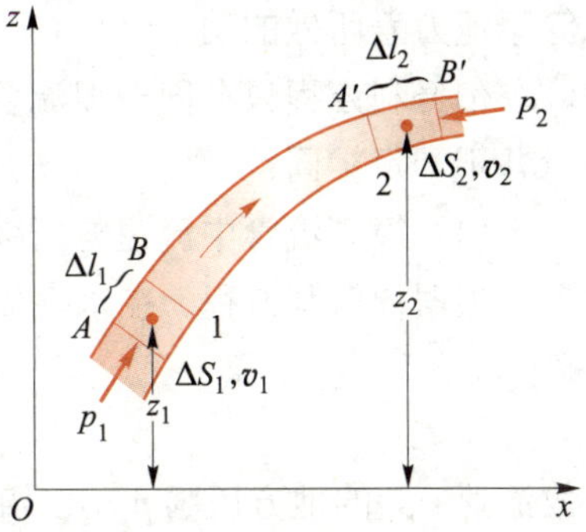

图 7.3-1　伯努利方程的推导

$$E_2-E_1=W_{外}+W_{非保内} \tag{7.3-2}$$

对于理想流体，没有黏性，$W_{非保内}=0$，故

$$E_2-E_1=W_{外} \tag{7.3-3}$$

处在重力场中的流体，其机械能包含动能和重力势能两部分，故有

$$E_1=\frac{1}{2}\rho\Delta Vv_1^2+\rho\Delta Vgz_1 \quad 和 \quad E_2=\frac{1}{2}\rho\Delta Vv_2^2+\rho\Delta Vgz_2$$

其中 $\Delta V=\Delta S_1\Delta l_1=\Delta S_2\Delta l_2$ 为该段流体的体积，由于流体不可压缩，它在运动过程中保持不变. 作用于该体元的外力是其他流体对它的压力. 管外流体对它的压力与管壁垂直（理想流体），在该段流体的运动过程中不做功. 只有管内除该段流体以外的流体对它产生的压力才对它做功. 在从位置 1 到位置 2 的过程中，外力所做的功为

$$\begin{aligned}W_{外}&=\int_A^{A'}p\Delta S\mathrm{d}l-\int_B^{B'}p\Delta S\mathrm{d}l\\&=\int_A^{B}p\Delta S\mathrm{d}l+\int_B^{A'}p\Delta S\mathrm{d}l-\int_B^{A'}p\Delta S\mathrm{d}l-\int_{A'}^{B'}p\Delta S\mathrm{d}l\end{aligned}$$

由于流动是定常的，因此压强只与位置有关，而与时间无关，因而在 B 到 A' 这段路程中，压力对 A 截面所做的功与对 B 截面所做的功等值异号，互相抵消，于是

$$W_{外}=\int_A^{B}p\Delta S\mathrm{d}l-\int_{A'}^{B'}p\Delta S\mathrm{d}l=p_1\Delta S_1\Delta l_1-p_2\Delta S_2\Delta l_2$$

代入 (7.3-3) 式:

$$\begin{aligned}&\frac{1}{2}\rho\Delta Vv_2^2+\rho\Delta Vgz_2-\frac{1}{2}\rho\Delta Vv_1^2-\rho\Delta Vgz_1\\&=p_1\Delta S_1\Delta l_1-p_2\Delta S_2\Delta l_2=(p_1-p_2)\Delta V\end{aligned}$$

消去 ΔV，得

$$\frac{1}{2}\rho v_2^2+\rho gz_2+p_2=\frac{1}{2}\rho v_1^2+\rho gz_1+p_1$$

即

$$\frac{1}{2}\rho v^2+\rho gz+p=常量 \tag{7.3-4}$$

上式称为伯努利方程，由瑞士科学家伯努利（D.Bernoulli，1700—1782）于 1738 年首先导出．它实质上是流体运动中的功能关系式，即单位体积流体的机械能的增量等于压力差所做的功．

伯努利方程只在同一细流管或同一流线上成立．对于不同的流管，其右边的常量并不一定相同．

（1）等高流管中流速与压强的关系．

根据伯努利方程，在水平流管中，有

$$p+\frac{1}{2}\rho v^2=\text{常量}$$

故流速 v 大的地方压强 p 小，流速 v 小的地方压强 p 大．在粗细不均匀的水平流管中，根据连续性方程，管细处流速大，管粗处流速小，因而管细处压强小，管粗处压强大．图 7.3-2 所示的演示实验说明了这一点．图中 p_1 即大气压．由于 $p_2<p_1$，竖直管中的液面上升．从动力学角度分析，当流体沿水平管道运动时，其质元从管粗处流向管细处时将加速，使质元加速的作用力来源于粗处压强大于细处压强的压力差．水流抽气机（图 7.3-3）和喷雾器就是基于这一原理制成的．在水流抽气机中，尽管水流沿竖直方向，但这里使水流加速的力主要来自压强差，重力的作用是次要的．

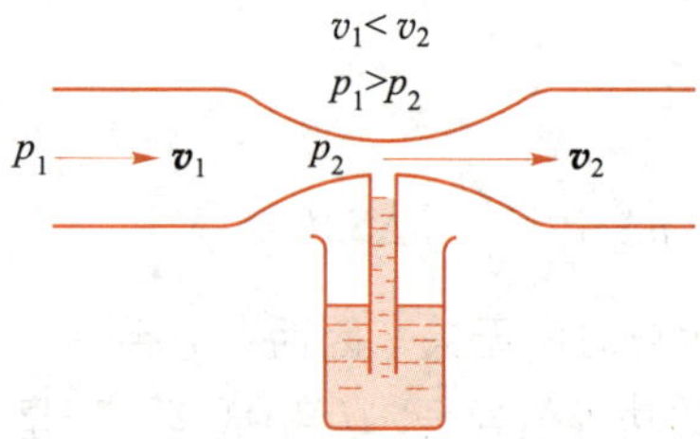

图 7.3-2　流速大处压强小

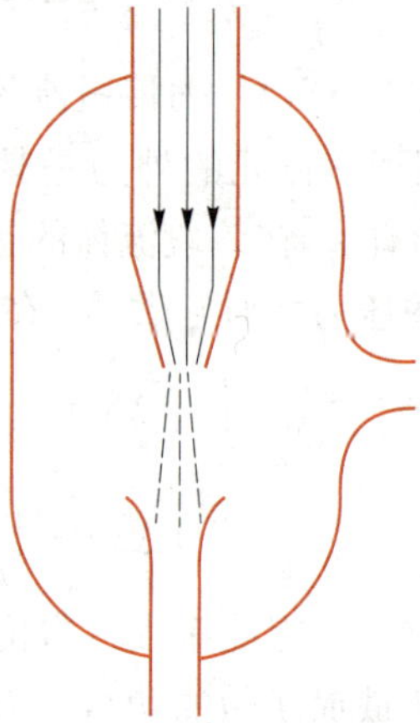

图 7.3-3　水流抽气机

（2）射流速率．

如果在盛水的容器底部开一小孔，那么水流从小孔射出，射流速率可用伯努利方程求得．

设小孔离自由液面的竖直距离为 h，如图 7.3-4（a）所示．如果从小孔口处起追逐流线，就会发现它们都通到自由液面．当小孔面积比容器横截面积小得多时，液面高度几乎不变，流动可近似看成定常的．对任一条流线列伯努利方程．在自由液面处，$v_A\approx0$，$p=p_0$（大气压），$z=h$；在小孔 B 处，$p=p_0$，$z=0$，故有

$$\frac{1}{2}\rho\cdot0+\rho gh+p_0=\frac{1}{2}\rho v_B^2+0+p_0$$

由此得

$$v_B=\sqrt{2gh} \tag{7.3-5}$$

此速度恰好与物体自 h 高处自由下落所获得的速度相同. 这是可以理解的, 因为对某个细流管 AB 来说 [图 7.3-4 (b)], 随着自由液面的下降, 它成为 $A'B'$, 整个流管重力势能的减小等效于液柱 AA' 与 BB' 的重力势能之差, 它应等于整个流管动能的增加, 这恰等于出射液体的动能. (7.3-5) 式所表示的关系首先由托里拆利发现, 所以又叫托里拆利定律.

当小孔为薄壁圆孔时, 这里的 v_B 严格来说并不是小孔截面 S 处的流速, 而应为出射一段距离后的 S' 处的流速, 如图 7.3-4 (c) 所示. 因为在 S 处, 流线是不平行的, 流管的截面还在向中心收缩, 每个水的质元均有加速度, 不能认为该处流体的压强等于大气压. 只有在到达 S' 处后, 流线才成平行线, 此处流体的压强才可认为等于大气压. 通常, S' 处流体的压强为 S 处的 α, α 为 61%~64%. α 称为收缩系数. 但对喇叭形圆孔 [图 7.3-4 (d)], 则几乎不存在收缩现象.

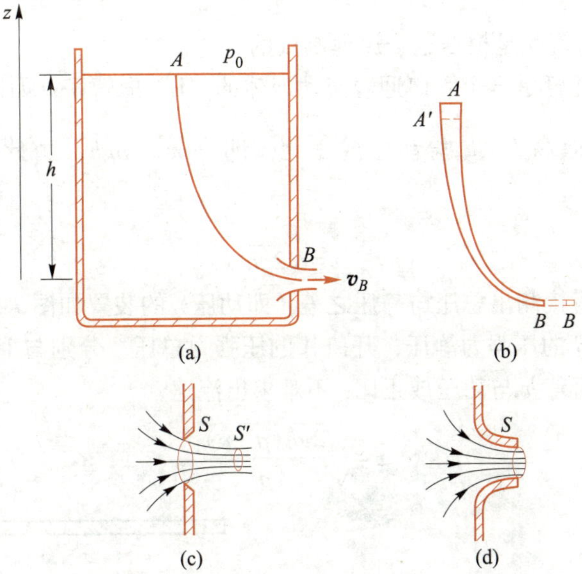

图 7.3-4　小孔流速

(3) 虹吸现象.

虹吸现象的原理与此相仿, 出射处的流速 v_B 也由 (7.3-5) 式决定 (图 7.3-5). 通常认为液体内不能承受负压, 因而在图 7.3-5 中, B、C (和 A、C) 两处的高度差不能太大, 以保证液体中的压强为正. 例如在管内是水的情况下, 此高度差不能大于 10 m. 因为管子内径处处相同, 根据连续性方程则流速处处相等. 根据伯努利方程, C 处的压强为 B 处的压强 (1 个大气压) 减去 $\rho g h_C$, h_C 为 C 处相对于 B 处的高度. 若 C 处的压强为零, 则 h_C 为 10 m. 但实际上, 液体分子间有内聚力, 可以承受一定的负压, 因而上述条件并不是必需的. 事实上, 已有人在真空中实现了虹吸现象. 不过, 液体承受负压有一定限度 (反映了内聚力有一定

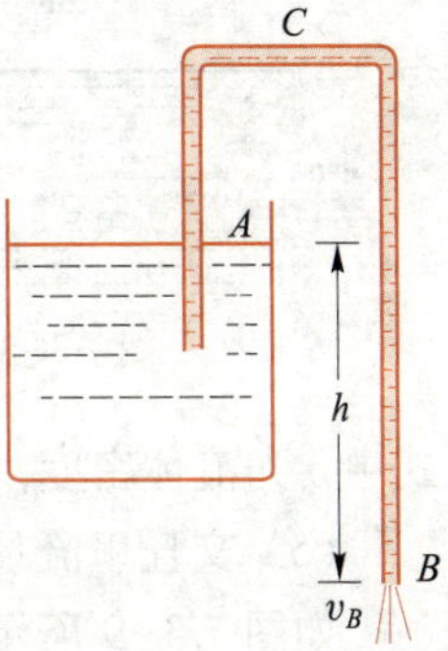

图 7.3-5　虹吸管

限度)，虹吸现象中的高度不能无限地增大；而且，在液体受负压的情况下，稍一扰动，液柱就会断裂，因而在通常实验条件下，液体内不能承受负压的讲法还是符合实际情况的.

(4) 皮托管.

当流体在障碍物前受阻时（图 7.3-6)，在障碍物前会有一点，在该点处流体静止不动，如图中的 A 点，该点常称为驻点. 沿流线 BA 列出伯努利方程，A 处的压强可求得为

$$p_A = p + \frac{1}{2}\rho v^2 \qquad (7.3-6)$$

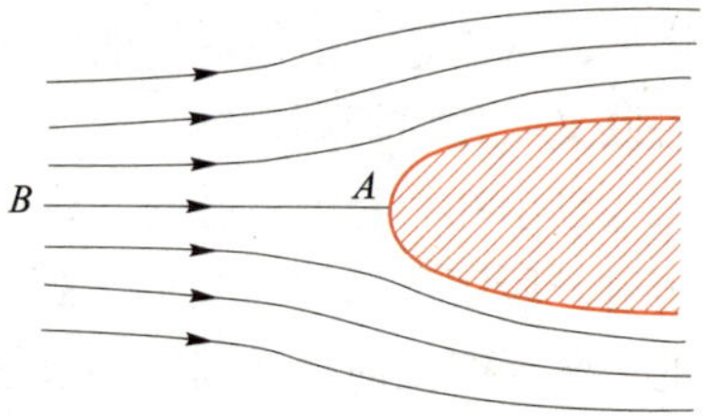

图 7.3-6 驻点压强

p 为远处 B 点的压强. 在工程学科中，常把流体中的压强 p 称为静压，而把 $\frac{1}{2}\rho v^2$ 称为动压，把 $p+\frac{1}{2}\rho v^2$ 称为总压. 若能测出动压，就可求出流速. 皮托管就是根据这一原理制成的.

最简单的皮托管是一个管口迎着流动流体的“L”形管子，如图 7.3-7 所示. 管中液面比自由液面高 h，h 与动压成正比，即 $\frac{1}{2}\rho v^2 = \rho gh$，由此即可求得液体的流速:

$$v = \sqrt{2gh} \qquad (7.3-7)$$

另一种可以直接测出总压与静压之差（即动压）的装置如图 7.3-8 所示. 在这种皮托管中，开口 B 的压强为静压，开口 A 的压强为总压，分别与 U 形压强计的两臂相连，两臂的液面差 h 与动压成正比. 不难求出流速:

$$v = \sqrt{\frac{2gh(\rho' - \rho)}{\rho}} \qquad (7.3-8)$$

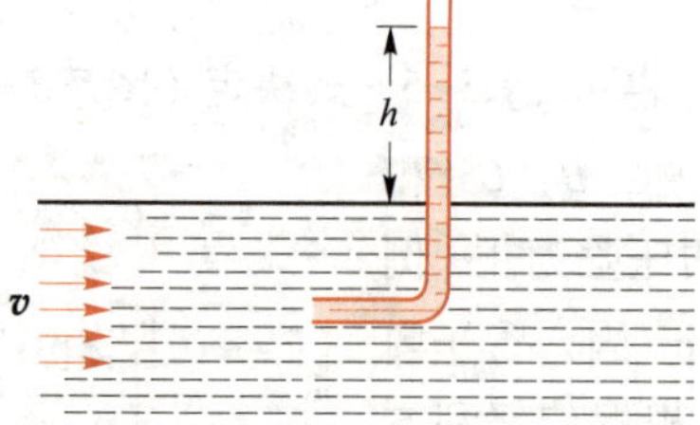

图 7.3-7 皮托管

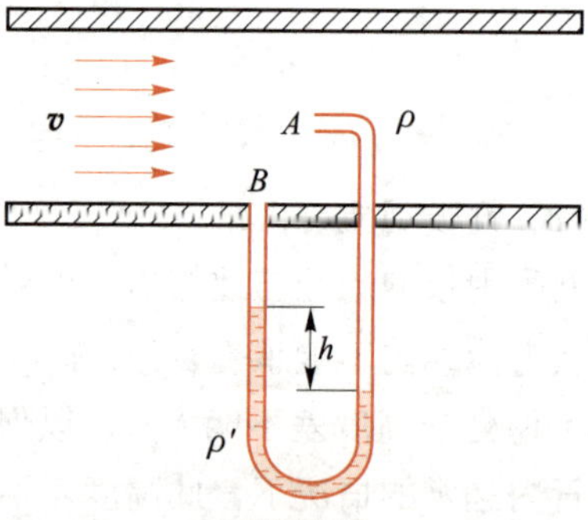

图 7.3-8 其他形式的皮托管

式中 ρ 为流体密度，ρ' 为压强计工作液密度.

(5) 文丘里流量计.

如图 7.3-9 所示的装置称为文丘里流量计，它是串接在流体主管道中的一根喉形管（称文丘里管)，由粗细管中的压强差及有关参量可以测量流量，即单位时间内

流过管道的流体体积. 由伯努利方程

$$\frac{1}{2}\rho v_2^2-\frac{1}{2}\rho v_1^2=p_1-p_2=\rho gh$$

和连续性方程

$$v_1S_1=v_2S_2$$

可解得 v_1 和 v_2（表示为 h、S_1、S_2 的函数），从而求出流量 Q:

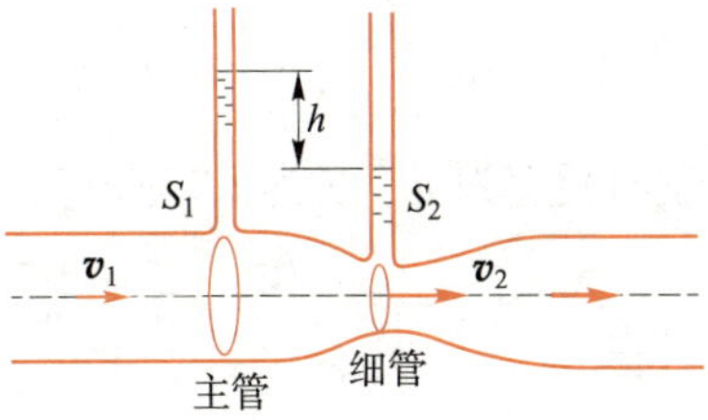

图 7.3-9　文丘里流量计

$$Q=\sqrt{\frac{2gh}{\frac{1}{S_2^2}-\frac{1}{S_1^2}}} \tag{7.3-9}$$

实际应用时，由于流体黏性等因素的影响，上式要乘上一个小于 1 的修正常数.

作为伯努利方程的又一个应用，我们来讨论飞机机翼的升力问题.

在相对机翼静止的参考系里，气流是自左向右的定常流动. 起初的流动如图 7.3-10 所示，机翼上、下气流速度几乎相等. 不久，由于机翼形状的不对称和流体黏性的影响，下部气流速度超过上部，于是在机翼尾部两股气流汇合处形成逆时针方向的涡旋［图 7.3-11（a）］，此涡旋脱离机翼而飘向下游，对机翼不起作用. 而由角动量守恒定律，机翼周围就形成一个顺时针方向的环流，如图 7.3-11（b）所示，此环流叠加在原气流上，使机翼上部的气流速度增大，下部的气流速度减小，最后机翼周围形成如图 7.3-12 所示的定常气流，此气流在机翼上部的流速比下部的大. 根据伯努利方程，下部压强将大于上部，此压差就形成对机翼的升力. 升力的大小可大致计算如下.

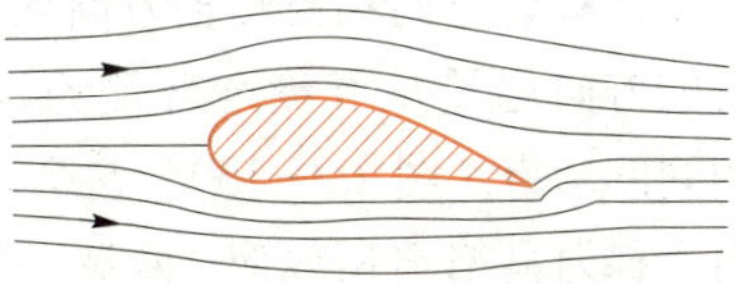
图 7.3-10　绕机翼的初始气流

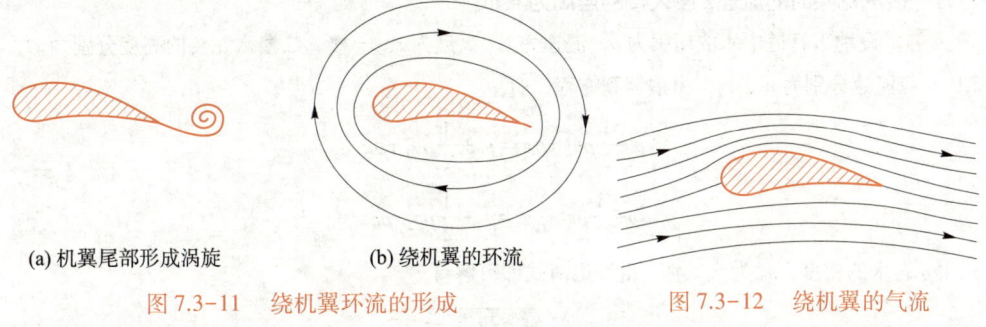

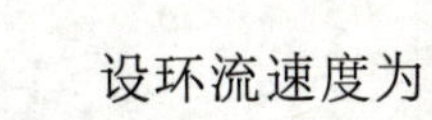
(a) 机翼尾部形成涡旋

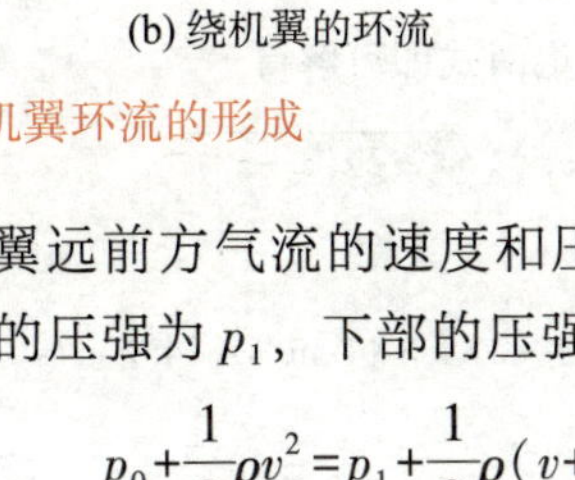
(b) 绕机翼的环流

图 7.3-11　绕机翼环流的形成

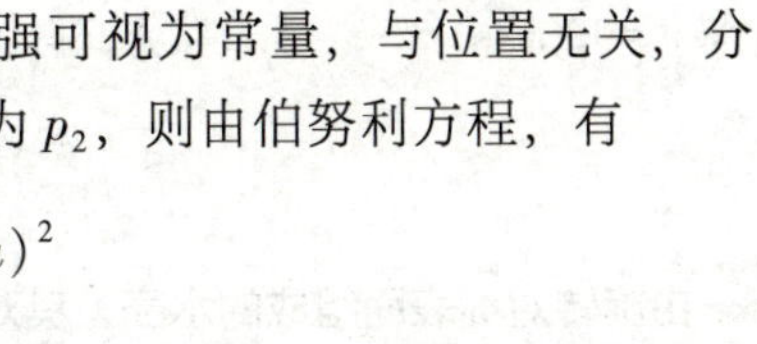
图 7.3-12　绕机翼的气流

设环流速度为 u，机翼远前方气流的速度和压强可视为常量，与位置无关，分别设为 v 和 p_0，机翼上部的压强为 p_1，下部的压强为 p_2，则由伯努利方程，有

$$p_0+\frac{1}{2}\rho v^2=p_1+\frac{1}{2}\rho(v+u)^2$$

$$p_0+\frac{1}{2}\rho v^2=p_2+\frac{1}{2}\rho(v-u)^2$$

由此得

$$p_2-p_1=\frac{1}{2}\rho[(v+u)^2-(v-u)^2]=2\rho uv$$

设机翼宽为 d，长为 l，则升力

$$F=ld(p_2-p_1)=2\rho uvld=\rho vl\Gamma \tag{7.3-10}$$

式中

$$\Gamma=u\cdot 2d \tag{7.3-11}$$

称为环流，它等于环流速度与环流周长的乘积．(7.3-10) 式称为茹科夫斯基公式．

当绕着自身轴旋转的圆柱或圆球形物体在流体中运动时，由于黏性作用，物体周围也会形成类似于机翼周围的环流，在跟随物体一起移动的参考系中，此环流叠加在迎面而来的气流上，最终也在物体周围形成上、下不对称的定常气流，形成一个与物体移动方向和自转轴方向均垂直的横向力 $\boldsymbol{F}$，力的方向总是从气流与环流方向相反的一方指向相同的一方（图 7.3-13）．这个现象以其发现者命名，称为马格努斯效应．网球、乒乓球中的“弧圈球”以及足球中的“香蕉球”偏离原运动方向的现象，就是由这一效应造成的．

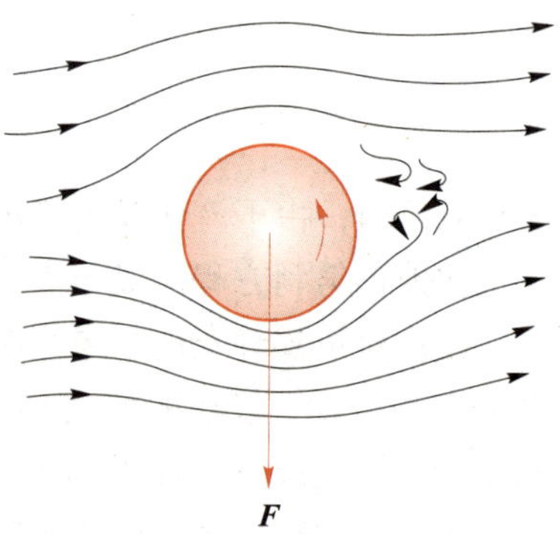

图 7.3-13　马格努斯效应

请注意，我们对机翼的升力和马格努斯效应等问题的讨论，都是在相对机翼或球静止的参考系中进行的，并应用了伯努利方程．是否可以在与流体相对静止的参考系中进行讨论并应用伯努利方程（参见思考题 7.16）？

例题1 **某大楼由铺设在地下的同一自来水管道供水．打开二楼的水龙头，测得流速为 12.0 m/s．求打开一楼水龙头时的流速．设大楼的层高为 4 m．**

解： 设地下管道中水的压强为 p，流速为 v，高度为 z，一楼、二楼水龙头的高度分别为 z_1、z_2，相应流速分别为 v_1、v_2，由伯努利方程，有

$$p+\frac{1}{2}\rho v^2+\rho gz=p_0+\frac{1}{2}\rho v_1^2+\rho gz_1$$

$$p+\frac{1}{2}\rho v^2+\rho gz=p_0+\frac{1}{2}\rho v_2^2+\rho gz_2$$

式中 ρ 为水的密度，p_0 为大气压．由以上两式即可解得

$$v_1=\sqrt{v_2^2+2g(z_2-z_1)}$$

将 $v_2=12$ m/s，$z_2-z_1=4$ m 代入，得

$$v_1=\sqrt{12^2+2\times 9.8\times 4}\ \text{m/s}=14.9\ \text{m/s}$$

例题2 **一由旋转对称表面组成的水壶，其对称轴沿竖直方向，壶底开有一半径为 r 的小孔，为使液体从底部小孔流出的过程中壶中液面下降的速率保持不变，壶的形状应怎样？**

解： 取竖直方向为 z 轴，水平方向为 x 轴，小孔处为坐标原点（如图 7.3-14 所示）．水壶的形状由壶的水平截面半径与 z 的关系决定．设当液面离底高度为 z 时，液面所呈的圆半径为 x，此

时液体从小孔中流出的速率为 v，液面以恒定速度 u 下降，则由伯努利方程，有

$$\frac{1}{2}\rho v^2=\frac{1}{2}\rho u^2+\rho gz \tag{1}$$

由连续性方程，u 与 v 间有关系：

$$u\pi x^2=v\pi r^2 \tag{2}$$

由（1）式、（2）式即可解得

$$u^2\left(\frac{x^4}{r^4}-1\right)=2gz$$

为使 u=常量，由上式即得 z 与 x 的关系：

$$z=\frac{u^2(x^4-r^4)}{2gr^4}$$

但 $r \ll x$（这也正是流动可看成定常流动的条件），上式又可简化为

$$z=\frac{u^2x^4}{2gr^4}$$

这正是古代某些用液面下降速率计时的漏壶的形状.

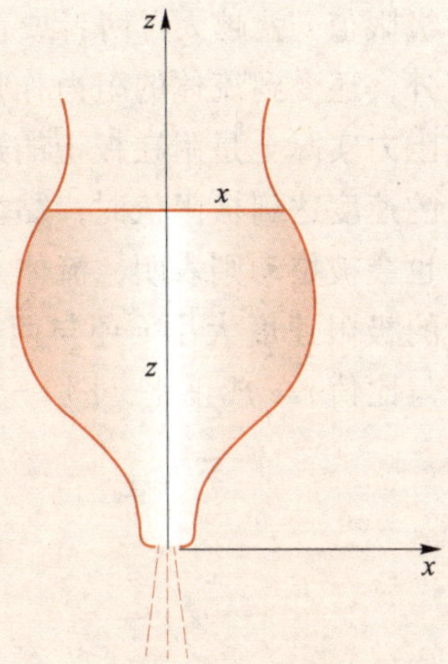

图 7.3-14　漏壶

7.4　黏性流体的流动

实际流体都有黏性. 即使是黏性很小的流体，如水、空气等，其在长距离流动过程中，由黏性所造成的与理想流体的偏离也很大. 从能量角度看，黏性产生附加的能量损耗（转化为热能），这是流体输运、流动过程中不能忽视的问题. 实际流体是否可以看成理想流体，与所讨论问题的性质及具体条件有关.

物体在流体中运动时所受的力（阻力、曳力）也与流体的黏性有关.

（1）黏性.

理想流体无论在静止还是在运动中都不存在切向力. 但在实际流体中，当其各部分间发生相对滑动时就存在阻碍相对滑动的力，此即黏性力. 设想流体中两层的速度不同，则快的一层对慢的一层有拉力作用，而慢的一层对快的一层有阻力作用. 这一对力就叫黏性力或内摩擦力. 流体的这种性质称为黏性.

黏性的机制有两种，分别是流层间的宏观动量交换和分子间的相互作用力. 从分子运动的观点来看，气体的黏性主要是不同速度的相邻流体层间发生宏观动量交换的结果. 快的流层对应较大的宏观动量，慢的流层对应较小的宏观动量. 在流层界面处，大量分子由于无规运动穿越界面交换宏观动量. 单位时间交换的宏观动量表现为黏性力. 这种过程是分子本身的运动所引起的. 气体与器壁的黏性作用则是气体分子与器壁间动量交换的结果. 液体的黏性只有一小部分直接起因于分子的动量传递，而主要起因于分子间的相互作用力.

（2）牛顿黏性定律（黏性定律）.

现在从宏观上来考察决定黏性力大小的各个因素. 设有两平行平板，两板之间夹有流体，如图 7.4-1 所示. 保持下板不动，以一定的力拉上板，实验发现，上板的速度不会一直增大，而将达到一个极限值. 所施的力 $\boldsymbol{F}$ 越大，达到的速度

极限值 v 就越大，两者成正比. 这表明，上板在运动过程中除了受到拉力 $\boldsymbol{F}$ 作用外，还受到流体的阻力作用. 由于与板相接触的那一层流体完全附着在板上，这阻力实际上是附在板上的那层流体与其下面紧靠的那层流体之间的黏性力. 当板的速度达到极限值时，黏性力大小等于拉力大小. 而在拉力非常小的情况下上板也会被拉动则表明，流体无静摩擦力. 进一步实验发现，当 F 一定时，上板达到的极限速度大小 v 还与两板之间的距离 z 有关，z 越大，v 就越大. 这说明黏性力与比值 v/z 成正比，即

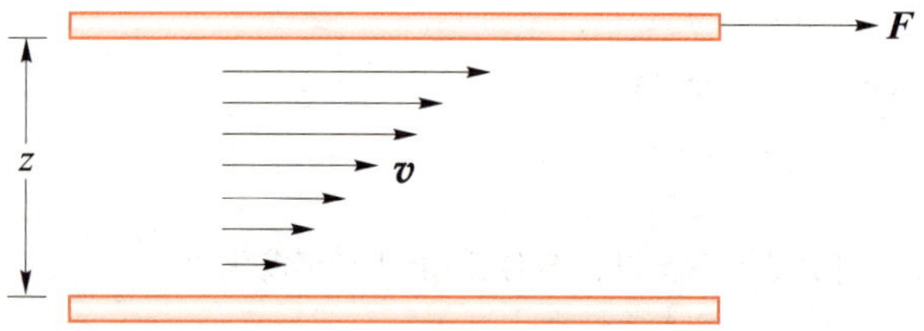

图 7.4-1　黏性力与速度梯度成正比

$$F \propto \frac{v}{z}$$

$\frac{v}{z}$ 是速度的横向变化率，称为速度梯度.

另外，F 与板的面积 ΔS 成正比，写成等式，即

$$F = \eta \Delta S \frac{v}{z} \tag{7.4-1}$$

其中 η 称为黏度. 在上面的实验中，黏性力其实也存在于速度各不相同的相邻流体层之间，但因速度在两板间是均匀变化的，各层间的黏性力都相同. 如果速度的变化不均匀，只要将（7.4-1）式中的 $\frac{v}{z}$ 改为 $\frac{\mathrm{d}v}{\mathrm{d}z}$ 即可，这时有

$$F = \eta \Delta S \frac{\mathrm{d}v}{\mathrm{d}z} \tag{7.4-2}$$

这也就是两相邻液层间的黏性力公式，确切地说，是坐标为 z 处的液层受坐标为 $z+\mathrm{d}z$ 处液层黏性力的表示式. 当 $\frac{\mathrm{d}v}{\mathrm{d}z}>0$ 时，$F>0$（拉力）；当 $\frac{\mathrm{d}v}{\mathrm{d}z}<0$ 时，$F<0$（阻力）.

（7.4-2）式就是牛顿黏性定律（黏性定律）. 它在一定程度上反映了实际流体的情况. 符合此定律的流体称为牛顿流体. 大多数流体与牛顿流体相接近，但也有很重要的非牛顿流体，如血液.

黏度 η 是反映流体黏性大小的物理量. 在 SI 中，黏度的单位是Pa·s（帕秒）:

$$1\ \mathrm{Pa \cdot s} = 1\ \mathrm{kg/(m \cdot s)}$$

一些主要流体和气体的黏度列于表 7.4-1 中. 黏度与温度有密切关系. 对液体，黏度随温度升高而减小；对气体，黏度随温度升高而增大. 黏度与压强的关系不大.

表 7.4-1　流体的黏度

液体	t/℃	η/(Pa·s)	气体	t/℃	η/(Pa·s)
乙醇	20	16×10^{-3}	空气	20	18.1×10^{-6}
甘油	20	830×10^{-3}	二氧化碳	20	14.8×10^{-6}
重机油	15	660×10^{-3}	氦	23	19.6×10^{-6}
轻机油	15	113×10^{-3}	氢	20	8.8×10^{-6}
水银	20	1.55×10^{-3}	氧	15	19.6×10^{-6}
水	20	1.00×10^{-3}	氧	23	17.7×10^{-6}

实验发现，氦的同位素^{4}He（液态），在温度低到 2.19 K 时，黏性完全消失（黏度为零），这种现象称为超流性.

上面定义的黏度又称动力黏度. 动力黏度与密度之比 $\nu=\eta/\rho$ 称为运动黏度，又称比黏度，其单位是 m^2/s（平方米每秒）.

黏度的测定有重要的实际意义. 在水利工程上，黏度直接与工程设计有关. 在化学和医学上，黏度的测定也有重要意义，因为黏度与物质的分子结构有关，血液的病变对黏度有明显影响. 因此黏度的测定可以为分子结构或病情诊断提供有用的信息.

当流体有黏性时，流体质元在运动过程中除受彻体力和压强差造成的压力外，还要受黏性力作用，因而，在（7.3-1）式中加上黏性力，就成为黏性流体质元的动力学方程：

$$-\oint_S p\mathrm{d}\boldsymbol{S}+\int_{\Delta V}\boldsymbol{F}\rho\mathrm{d}V+\boldsymbol{F}_{黏}=\rho\Delta V\boldsymbol{a} \tag{7.4-3}$$

这里 p 的意义要说明一下. 当流体黏性可忽略（理想流体）时，流体中只存在法向应力，法向应力的大小与面元的取向无关，只与位置有关，因而可将其定义为压强. 在流体具有黏性的情况下，流体中还存在切向应力，从而法向应力不再与面元取向无关，但这时法向应力仍可看成为两部分之和，一是设想流体失去黏性成为理想流体时所具有的压强，二是完全由于黏性而引起的附加法向应力. 前者仍只是位置的函数，后者与面元的取向有关. 但当流体黏性不大，流动时的速度梯度也不大时，后者相对前者为一小量，因此黏性流体中压强概念仍可以沿用.

对黏性流体，伯努利方程不再成立. 例如在图 7.4-2 所示的装置中，油从水平的粗细均匀的管中流出时，流动是定常的. 尽管管道的各个截面所处的高度相同，各截面处油的流速相同，但管道各截面处的压强不等. 伯努利方程是关于不可压缩的理想流体作定常流动的动力学规律. 大部分实际流体，特别是液体，压缩性仍很小，但黏性却不能忽略. 因此，适当修改伯努利方程便可使之适用于不可压缩的黏性流体的定常流动. 在推导伯努利方程的过程中，若考虑到黏性力的作用，则有

$$\frac{1}{2}\rho v_2^2+\rho g z_2-\frac{1}{2}\rho v_1^2-\rho g z_1=(p_1-p_2)-w$$

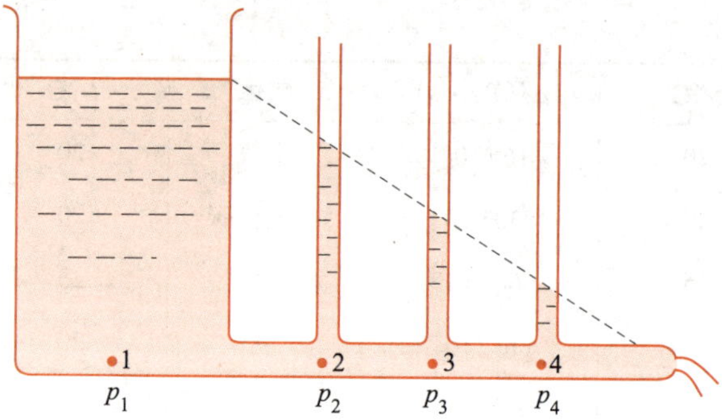

图 7.4-2　黏性流体在水平均匀管中流动时，上游压强比下游大

即

$$p_1+\rho gz_1+\frac{1}{2}\rho v_1^2=p_2+\frac{1}{2}\rho v_2^2+\rho gz_2+w \tag{7.4-4}$$

式中 w 是单位体积的流体在从 1 位置运动到 2 位置的过程中克服黏性力而消耗的机械能，其中包括流管外流体在管壁处所施的黏性力（外力）对所考察流体所做的功和流管内流体自身在运动过程中因各部分流速不同出现内摩擦而消耗的机械能．前者可能使所考察流体的机械能增加，也可能使其机械能减少，视黏性力表现为曳力还是阻力而定．后者总是使所考察的流体的机械能减少．

对于粗细均匀的水平细管中的定常流动，由于 $v_1=v_2$（连续性方程要求），$z_1=z_2$，因此有

$$p_1-p_2=w \tag{7.4-5}$$

由于管壁阻碍流体流动，因此 w 为正，即流体必须克服管壁阻力做功．因此黏性流体要在水平管中作定常流动，上游的压强也必须大于下游的压强．这就像在粗糙水平台面上要使物体作匀速运动必须有推力一样．图 7.4-2 所示的实验演示的正是这一现象．

如果黏性流体要在开放的管道（如渠道）内维持定常流动，那么由于 $v_1=v_2$，$p_1=p_2=p_0$（大气压），故有

$$\rho gz_1-\rho gz_2=w \tag{7.4-6}$$

即必须有高度差．这也就是俗话说的“水往低处流”的科学道理，就像在粗糙斜面上的物体匀速下滑一样．

黏性流体在管道内流动时，截面上各点的速度是不同的．作定常流动的黏性流体，当流速不大时，通常是分层流动的．在水平圆管的情形下，流速只与离轴的距离有关．在管壁处流体质元的速度 $v=0$，离管壁越远，流速越大，在中心处，速度最大．速度在截面上的分布有图 7.4-3 那样的形状．

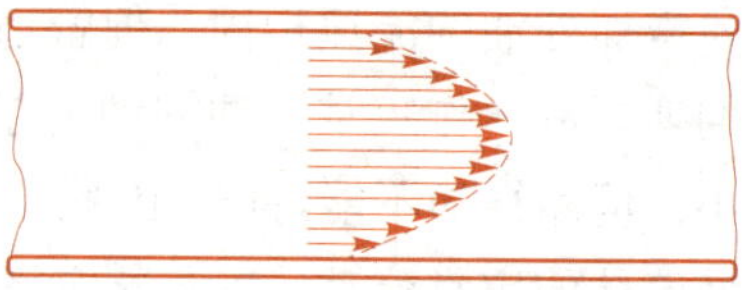
图 7.4-3　黏性流体在水平圆管中流动时的速度分布

由于流体有黏性，因此要维持流体作定常流动，两端必须有压强差．设管的左端压强为 p_1，右端压强为 p_2．可以不考虑由于高度不同引起的端处的压强变化，因为只需计算两端相同高度处的压

强差. 管的内径为 R，管长为 l，流体自左向右流动，如图 7.4-4 所示. 取管中半径为 r 的一段流体为考察对象. 这段流体两端所受的压力差为

$$F=(p_1-p_2)\pi r^2$$

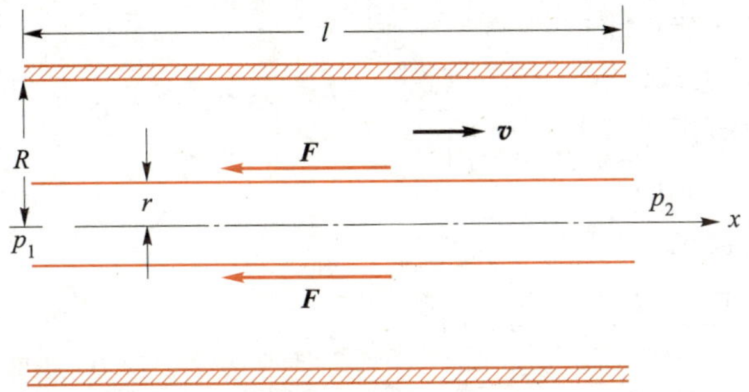

图 7.4-4　泊肃叶公式的推导

除压力外，此段流体还受到其他流体对它的黏性力作用. 由于中心速度大，此力必为阻力（侧面所受的法向压力四周相互抵消）. 黏性阻力的值由黏性定律（7.4-2）式求得，即

$$F_{\mathrm{f}}=\eta\cdot 2\pi rl\,\frac{\mathrm{d}v}{\mathrm{d}r}$$

既然流体作定常流动，且各质元的速度不变，那么这段流体的动量不随时间改变，故它所受的水平外力的合力为零，即

$$F+F_{\mathrm{f}}=0$$

这里 F_{f} 的正、负已包含在$\frac{\mathrm{d}v}{\mathrm{d}r}$的正、负之中. 将 F、F_{f} 的表示式代入上式，即得

$$(p_1-p_2)\pi r^2=-2\pi rl\eta\,\frac{\mathrm{d}v}{\mathrm{d}r}$$

或

$$\mathrm{d}v=-\frac{p_1-p_2}{2l\eta}r\mathrm{d}r$$

将上式两边从 $r=0$ 到 $r=r$ 积分，得

$$v-v_0=-\frac{p_1-p_2}{2l\eta}\,\frac{r^2}{2}$$

这里 v_0 为 $r=0$ 处的流速. v_0 的值可由 $r=R$ 处 $v=0$ 的条件求得:

$$0-v_0=\frac{-(p_1-p_2)}{4l\eta}R^2$$

$$v_0=\frac{p_1-p_2}{4l\eta}R^2$$

最后得

$$v=\frac{p_1-p_2}{4l\eta}(R^2-r^2)\qquad(7.4\text{-}7)$$

可见 v 与 r 的关系曲线是一条抛物线.

再来计算流量. 在截面上取半径为 $r\sim r+\mathrm{d}r$ 的一个圆环（图7.4-5），单位时间内流过此圆环的流体体积，即流量为

$$\mathrm{d}Q=v\cdot 2\pi r\mathrm{d}r$$

将（7.4-7）式代入上式：

$$\mathrm{d}Q=\frac{2\pi(p_1-p_2)}{4l\eta}(R^2-r^2)r\mathrm{d}r$$

两边积分，即得总流量：

$$Q=\int_0^R\frac{\pi(p_1-p_2)}{2l\eta}(R^2-r^2)r\mathrm{d}r$$

$$Q=\frac{\pi(p_1-p_2)R^4}{8l\eta} \tag{7.4-8a}$$

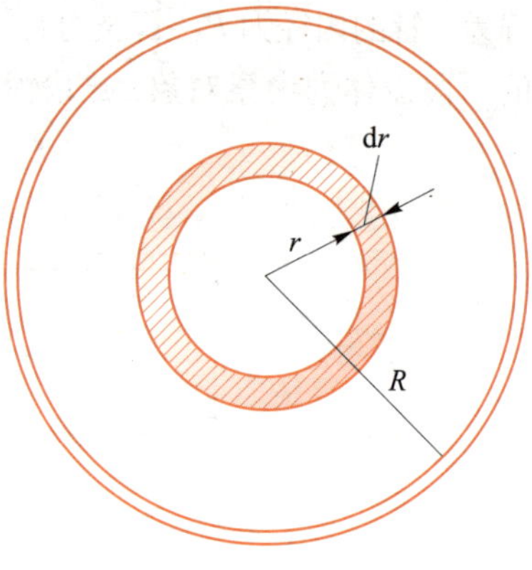

图 7.4-5

上式称为泊肃叶公式，首先由法国科学家泊肃叶（J.L.Poiseuille，1799—1869）于19世纪40年代根据实验建立. 黏度越大，流速越小，管子越细，此式与实验符合得越好. 泊肃叶公式告诉我们，流过水平圆管的流量，与管两端的压强差成正比，与黏度和管长成反比，与半径的四次方成正比. 流量与半径 R 的这种敏锐关系可说明医生打针所用的针头粗细比起推力对于打药水的速率有更大的影响.

（7.4-8a）式可改写为

$$Q=\frac{\Delta p}{R_\mathrm{f}} \tag{7.4-8b}$$

其中 $\Delta p=p_1-p_2$，$R_\mathrm{f}=\dfrac{8l\eta}{\pi R^4}$为长度为 l、半径为 R 的管子对黏度为 η 的流体的流阻. （7.4-8b）式与电学中的欧姆定律

$$I=\frac{\Delta U}{R}$$

极为相似，流量 Q 对应电流 I，压强差 Δp 对应电压 $\Delta U=U_1-U_2$，流阻 R_f 对应电阻 R（与管子的半径区别开）. 因此，电学中电阻的串并联概念完全适用于流体力学中流阻的串并联情形，例如，两个流阻串联时，总流阻为两个流阻之和. 特别要强调的是，流阻 $R_\mathrm{f}\propto\dfrac{1}{R^4}$，这是在工程设计中流管直径选取的重要依据.

（1）层流与湍流.

以上讨论的是黏性流体的定常流动. 这种流动的另一个特点是流体分层流动，各层互不混杂，只作相对滑动. 这种各层互不相扰的分层流动称为层流，又称片流. 黏性定律即决定层流情况下各层相互作用的实验规律.

当流速增大到一定程度时，定常流动的状态会被破坏，流动会不稳定，并出现周期性的变化，但流动仍具有部分层流的特征.

当流速进一步增大时，层流状态将被破坏，流体将作不规则流动. 以沿水平管的流动为例，这时的流动有两个特征：a. 各点的速度随时间而改变（不再是定常流

动）; b. 各点速度不仅有轴向分量，而且有垂直于轴向的横向分量（不再是层流）. 这样的流动称为湍流. 如果把各点速率的时间平均值与位置的关系画出来，将得到如图 7.4-6 所示的曲线. 此曲线不是抛物线，在边界附近速率的变化较快（在边界层中流动仍为层流），中间变化较慢（为湍流），因而黏性阻力大大增加，能量损失也增加. 流量与压强差的关系也偏离原来的直线（根据泊肃叶公式，两者成正比），而向下弯折，如图 7.4-7 所示.

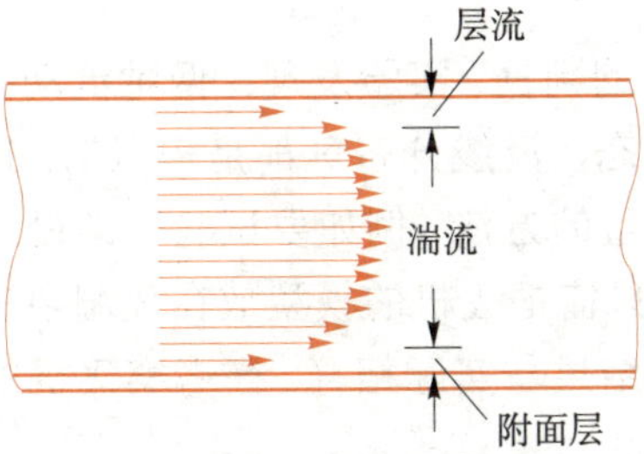

图 7.4-6　湍流时流速的时间平均值沿截面的分布

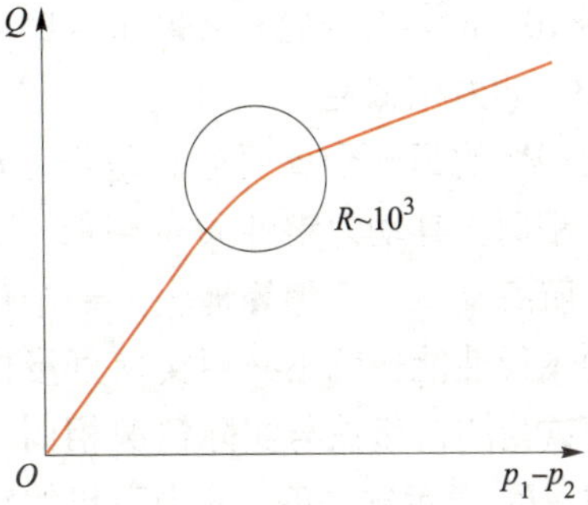

图 7.4-7　流量与压强差的关系

层流和湍流可用如图 7.4-8 所示的实验演示出来.

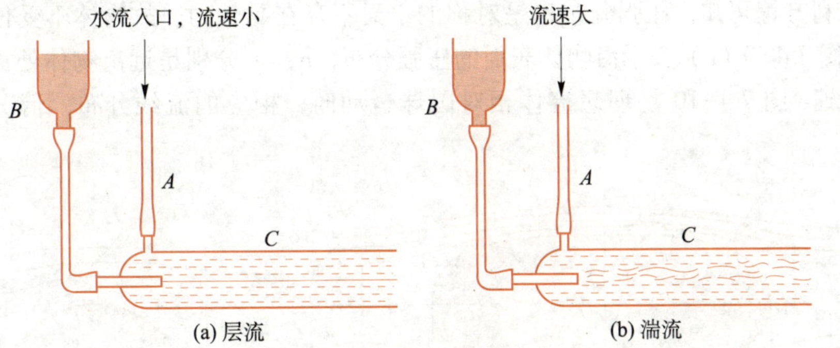

图 7.4-8　层流与湍流的实验演示

（2）雷诺数.

速度究竟达到多大时，才由层流过渡到湍流呢？实验表明，这个使流动从一种状态过渡到另一种状态的临界速度值与流体的黏度、密度及管子的线度（半径）有关. 或者说，流动从层流向湍流过渡的条件不仅由流速 v 决定，而且与流体的黏度 η、密度 ρ 和管子半径 r 有关. 英国物理学家雷诺（O.Reynolds，1842—1912）在 1883 年综合考虑了以上各个因素后指出，这种过渡的条件由量

$$Re=\frac{\rho v r}{\eta} \tag{7.4-9}$$

决定，Re 称为雷诺数，是一个量纲为 1 的数. 实验指出，对水平管中的流动，当 $Re>2\,000$ 时，流动完全成为湍流；当 $1\,000\leqslant Re\leqslant 2\,000$ 时，流动不稳定，亦即有时是层流，有时是湍流；当 $Re<1\,000$ 时则为层流，但可能是随时间变化的层流；当 Re 更小（比如几十）时，则为稳定的层流. 这些值还与管口和管壁的粗糙程度有关，因此

是不太确切的.

由(7.4-9)式可以看出，在流速和管径相同的条件下，运动黏度（$\nu=\eta/\rho$）小的流体容易发生湍流，运动黏度大的流体不易发生湍流. 例如半径为 1 cm 的水平管中，若流体为水（当温度为 20 ℃时，$\nu=1.0\times10^{-6}\ \mathrm{m^2/s}$），则当 $v<0.1$ m/s 时为层流，当 $v>0.20$ m/s 时为湍流. 若流体为空气（$t=20$ ℃时，$\nu=1.4\times10^{-5}\ \mathrm{m^2/s}$），则当 $v<1.40$ m/s时为层流，当 $v>2.80$ m/s 时为湍流. 若流体为甘油（$t=20$ ℃时，$\nu=1.0\times10^{-3}\ \mathrm{m^2/s}$），则当 $v<80$ m/s 时为层流，当 $v>160$ m/s 时为湍流.

（3）动力相似性.

雷诺数的另一个重要意义是作为动力相似的判据. 实验发现，两种流动，只要雷诺数相同，其动力学性质也相似，即流动形态、流线分布等都是相似的. 这就为航空、航海及水利工程等提供了一个作模拟试验的方法. 例如要试验一架设计好的飞机的飞行性能，就不必用实物直接作试验，只需把飞机的模型放在风洞中进行试验，若试验的雷诺数与实际情况相同，则试验结果与实际相符. 当考察飞机的飞行性能时，Re 表示式中的 r 应为飞机的线度.

圆球、圆柱等物体在不可压缩的理想流体中作匀速直线运动时不受阻力. 例如，一棒状物体在流体中自右向左匀速运动，在与棒相对静止的参考系中，棒静止不动，流体自左向右作定常流动，其流线分布如图 7.4-9（a）所示，由流线对称性和伯努利方程可知，压强分布也是对称的，又不存在黏性力，故物体不受任何阻力作用. 图 7.4-9（b）表示沿物体表面的压强分布，p_0、v 分别是远离物体处流体的压强和流速. 图 7.4-10 是理想流体相对圆球运动时，相应的流线分布，情况与上面相仿.

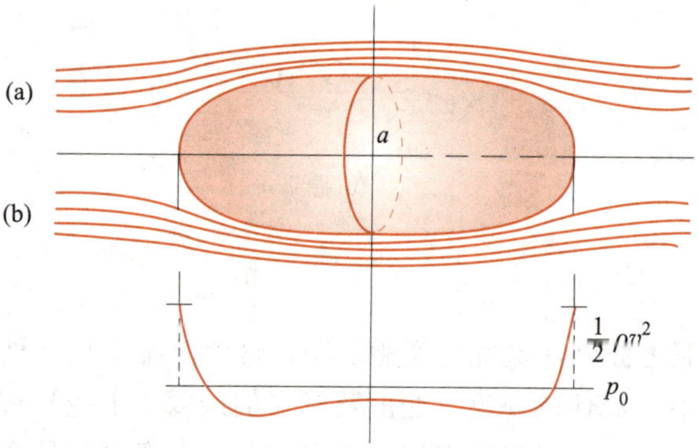

图 7.4-9　理想流体绕棒状物体的流动

(a) 流线分布，(b) 沿物体表面的压强分布

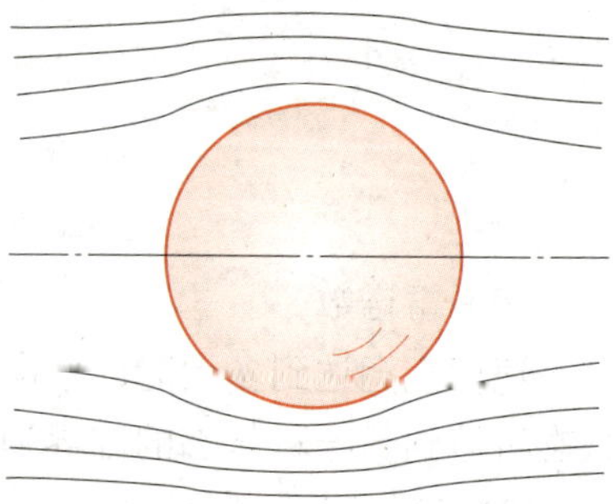

图 7.4-10　理想流体沿圆球的流动

进一步的研究表明，一个在无穷大静止的不可压缩理想流体中作匀速直线运动的有限物体，无论其形状如何，它所受的沿运动方向的总阻力或垂直于运动方向的总升力都等于零. 对于以运动方向为对称轴的对称物体，它根本不受力的作用. 这一结论与能量观点是一致的. 当摩擦力不存在时，如果物体受阻力，那么为克服阻力所做的功只能以动能的形式储存在流体中. 但是，流体就像在物体前面分开那样，又在物体后面汇合，最终在流体中没有遗留下任何扰动，也就无储存的动能可言，

因而就不应当存在任何阻力.

但当物体作加速运动时，即使流体是没有黏性的，物体也会受到一种阻力，称之为惯性阻力. 这是因为外力在克服物体惯性使之加速的同时，还要不断克服流体的惯性，使其动量不断增加. 该力的效果犹如物体的质量增大了一样. 另外，当物体在无黏性流体的自由表面上运动时，也会受到阻力，称之为波阻，这时物体克服阻力所做的功转化为表面波系的动能.

当物体在黏性流体中运动时，情况就不同了，即使物体作匀速运动，它也将受到阻力. 这种阻力有黏性阻力和压差阻力两种，下面分别讨论.

(1) 黏性阻力.

当物体在黏性流体中运动时，附着在物体表面的流体随物体一起运动，从而使物体表面流体层与邻近流体层间产生相对运动，这种相对运动产生的黏性力将阻碍物体的运动，称为黏性阻力. 由于黏性力与流体层相对速度的横向变化率成正比，与相对运动的接触面积成正比，因此黏性阻力与物体相对流体的速度和物体的表面积两者成正比. 当物体运动速度较小时，黏性阻力是阻力的主要来源. 对于在流体中运动的球，其黏性阻力可大致估算如下. 此阻力可看成与球的表面积 $4\pi r^2$ 成正比，与流体速度的横向变化率的平均值 $\left\langle\frac{\mathrm{d}v}{\mathrm{d}r}\right\rangle$ 成正比，即

$$F_{\mathrm{f}}=4\pi r^2\eta\left\langle\frac{\mathrm{d}v}{\mathrm{d}r}\right\rangle$$

$\frac{\mathrm{d}v}{\mathrm{d}r}$在球面上各点不同，但其数值必与 v/r 同数量级，于是

$$F_{\mathrm{fv}}\approx4\pi r^2\eta\frac{v}{r}=4\pi rv\eta$$

(2) 压差阻力.

当物体在黏性流体中运动时，前方流体受挤压，后方流体则松弛，因而使前方流体的压强增大，后方流体的压强减小，从而造成压差. 由此压差造成的对物体运动的阻力叫压差阻力. 当物体运动速度较小时，在物体静止的参考系中看，流线分布与理想流体情况相仿. 以球为例，流线仍前后对称，但压强前后不对称. 随着速度增大，流线分布不再对称（参看图 7.1-1），压差也增大. 当物体速度较大时，物体尾部将产生涡旋（图 7.4-11），并使前、后方压强差明显增大，此时，压差阻力将成为阻力的主要来源. 此时的前后压强可大致估计如下. 在物体静止的参考系中，前方压强可看成驻点压强，即

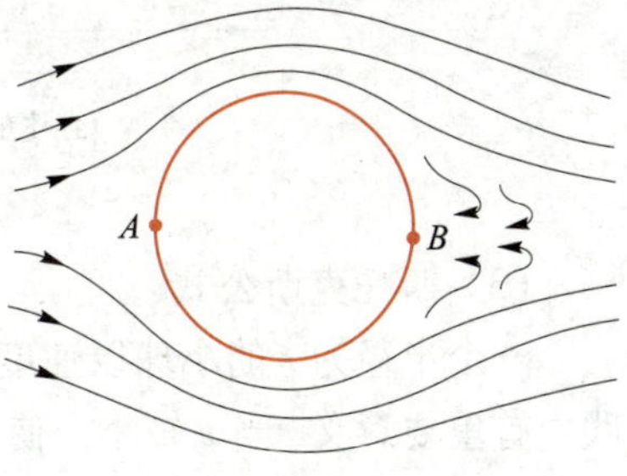

图 7.4-11　涡旋形成使后面压强减小

$$p_A=p_0+\frac{1}{2}\rho v^2$$

而后方压强可看成仍是流体中的静压 p_0，即

$$p_B = p_0$$

故压差为

$$p_A - p_B = \frac{1}{2}\rho v^2$$

v 即远处流体的流速，亦即物体相对流体的运动速度. 可见当速度较大时，压差阻力与速度的平方成正比，而不像黏性阻力那样与速度的一次方成正比.

在分析黏性流体中的运动物体所受的阻力时，雷诺数仍是一个有用的量. 此时 Re 表示式中的 r 为物体的线度，v 为物体运动的速度. 物体所受的压差阻力 F_{fp} 与黏性阻力 F_{fv} 之比为

$$\frac{F_{fp}}{F_{fv}} \approx \frac{\rho v^2 r^2}{\eta v r} = \frac{\rho v r}{\eta} = Re$$

正好是雷诺数. 这说明当雷诺数小（$Re<1$）时，黏性阻力占主要地位；当雷诺数大（$Re>1$）时，压差阻力占主要地位.

由于压差阻力与物体前、后方流体的流动情况密切相关，因而压差阻力与物体的形状关系很大. 图 7.4-12 表示具有相同运动速度和相同横截面积的不同形状的物体，所受阻力（主要是压差阻力）的相对大小.

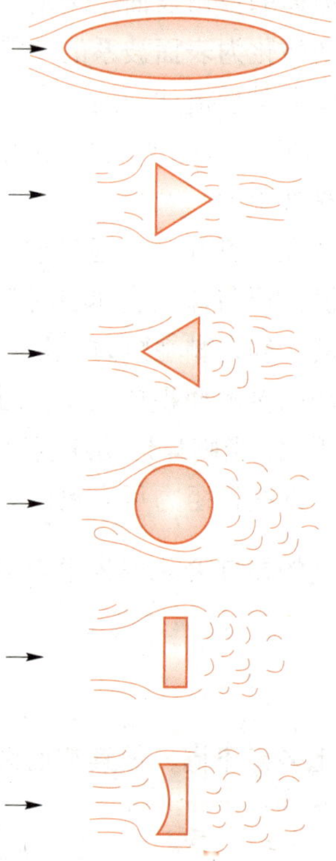

图 7.4-12　截面和运动速度相同、外形不同的物体所受阻力的相对大小

为减少压差阻力，应尽量减少涡旋和前部迎流面积. 各种流线型（图 7.4-13）就是为达到这两个要求而设计的. 但当速度较小时，流线型没有什么好处，因为它会增加与流体接触的面积，从而增大黏性阻力.

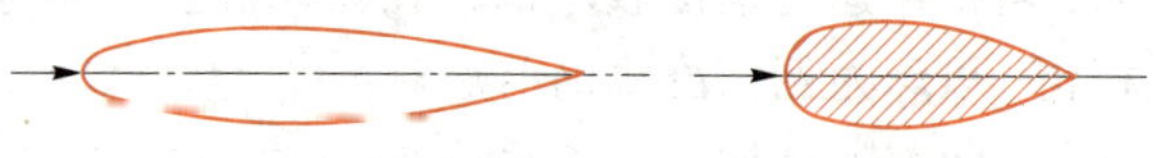

图 7.4-13　流线型

（3）斯托克斯公式.

一个半径为 r 的小球以速度 v 在静止流体中作匀速直线运动时所受的阻力在实践中有重要意义. 当 v 较小，使雷诺数较小时，此阻力可精确计算出来. 在球体静止的参考系中，流体作定常流动，只要求出球体周围流体的流速和压强分布，就可算出黏性阻力和压差阻力. 上文已估算出小球所受的黏性阻力 $F_{fv} = 4\pi\eta r v$. 严格的计算表明，黏性阻力恰好与上式所表示的粗略估计值相同，而这时压差阻力 F_{fp} 也与 v 成正比，其值为黏性阻力的一半，于是，总阻力为

$$F_f = F_{fv} + F_{fp} = 6\pi\eta r v \qquad (7.4\text{-}10)$$

上式称为斯托克斯公式，是英国科学家斯托克斯（G.G.Stokes，1819—1903）发现的. 根据此公式，我们可用小球在黏性流体中自由下落时的终极速度（可以通过实验测量）来求出流体的黏度 η.

小结

1. 本章涉及的重要物理概念：流体、流场、流管、细流管、流线；理想流体；定常流动.

2. 定常流动连续性方程：在同一细流管上，

$$\rho v \Delta S = 常量 \quad （可压缩流体）$$

$$v \Delta S = 常量 \quad （不可压缩流体）$$

其中 v 为细流管中流体的流速，ΔS 为细管横截面的面积.

3. 伯努利方程：在同一细流管或同一流线上，

$$\frac{1}{2}\rho v^2+\rho g h+p=常量$$

4. 牛顿黏性定律（黏性定律）

$$F=\eta \Delta S \frac{\mathrm{d}v}{\mathrm{d}z}$$

5. 泊肃叶公式：

$$Q=\frac{\pi(p_1-p_2)R^4}{8\eta l}$$

$$=\frac{\Delta p}{R_\mathrm{f}}$$

其中 $R_\mathrm{f}=\dfrac{8\eta l}{\pi R^4}$为长度为 l、半径为 R 的管子对黏度为 η 的流体的流阻.

思考题

7.1 思考题 7.1 图中三个容器的底面积相同，液面高度相同. 试问容器底面受到的压力是否相同？它们对台面的压力是否相同？

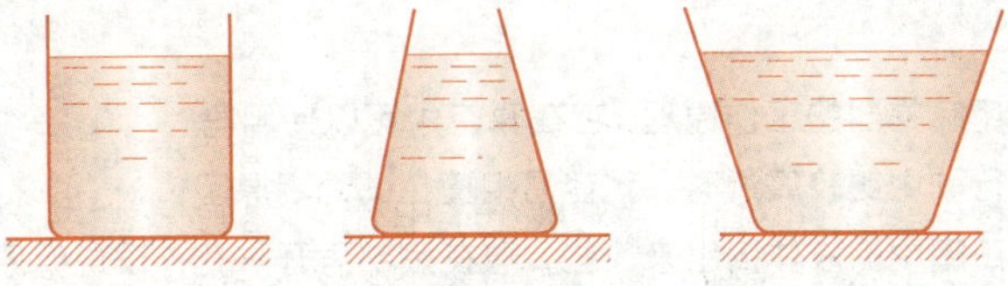

思考题 7.1 图

7.2 木船满载着石块浮在水池上. 若将石块全部投入池中，试问池中水面将升高、降低还是不变？

7.3 一球浮于盛在容器里的液面上，设球和液体的密度各为 ρ 和 ρ_2. 今在容器中缓慢注入另一种液体，其密度为 $\rho_1(\rho_1<\rho)$，直至盖没球（见思考题 7.3 图），试问：

(1) 球将下沉一些还是上浮一些？

(2) 注入的液体对球的作用力是向下的压力还是向上的浮力？你的结果是否与 (1) 矛盾？

7.4　一只小试管，其中盛一部分水，倒立地浮在一个盛水的瓶里，管的下端是开口的，而瓶口上盖有一张密闭的橡皮膜，整个装置如思考题 7.4 图所示. 当向下压橡皮膜时，试管就下沉，放开手，试管又浮起，试解释这一现象. (这样的小试管称为“笛卡儿浮沉子”.)

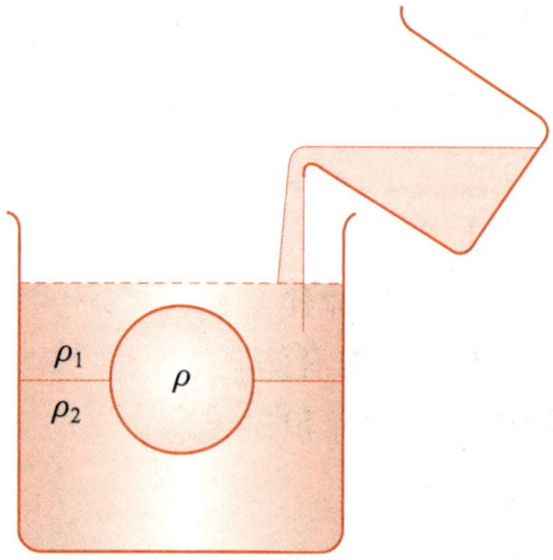

思考题 7.3 图

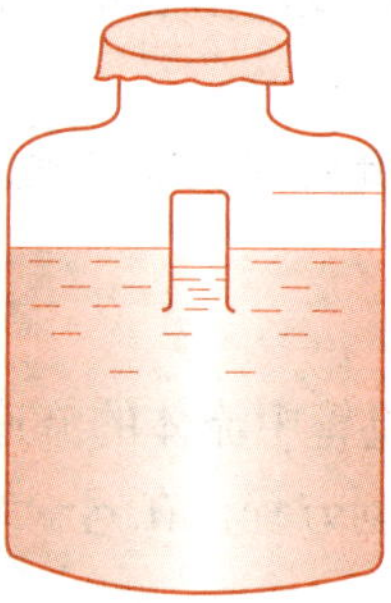
思考题 7.4 图

7.5　一根木棒总是水平地浮在水面上，为什么不能竖直地浮在水面上？

7.6　如思考题 7.6 图所示，用手捏住悬挂着细木棒的细绳的一端，让木棒缓慢地逐渐浸入水中. 试讨论在此过程中木棒和绳的倾斜情况.

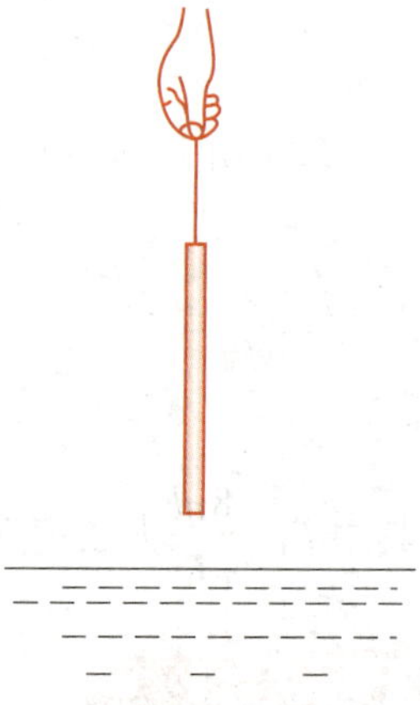
思考题 7.6 图

7.7　静止流体中的应力有哪些特征？为什么静止流体中可以引进压强的概念？

7.8　试问下列论述各是流线的属性还是迹线的属性？

(1) 其上诸点切线代表同一流体质元在不同时刻的速度方向；

(2) 其上诸点切线代表同一时刻不同流体质元的速度方向.

7.9　为什么说在定常流动中，流线与迹线重合？

7.10　在参考系 S 中，流体作定常流动，其速度的 3 个分量 u、v、w 与时间无关. 那么，在相对 S 系沿 x 方向以速率 V 作匀速直线运动的参考系 S′ 中，其速度的 3 个分量分别为 $u-V$、v、w，也与时间无关，因而也作定常流动. 你认为此结论对吗？

7.11　为什么静止流体中应力的特征在运动的理想流体中也适用？对运动的黏性流体适用吗？

7.12　试分析家用喷雾器的工作原理. 它在真空中可以使用吗？

7.13　当两船在行驶中比较靠近时，就容易相撞，试说明原因.

7.14　为了使小口罐中的液体倒出来快些，可在底部再开一孔，试说明原因.

7.15　如何理解黏性流体中的压强？分静止和流动两种情况进行分析.

7.16　有人说，当网球沿逆时针方向自转，又自右向左运动时（见思考题 7.16 图），球上部质点 A 相对地球的速度大，因而因黏性作用带动上部空气流动的速度也大，而下部质点 B 相对地面的速度小，带动下部空气流动的速度也小. 根据伯努利方程，球下面空气压强比上面的大，球应受到一向上的升力. 此结果与课文中不同，你的看法如何？

7.17　试解释垂直喷水流可使乒乓球停留在空中这一演示实验的原理.

7.18 何谓雷诺数？它有哪些意义？

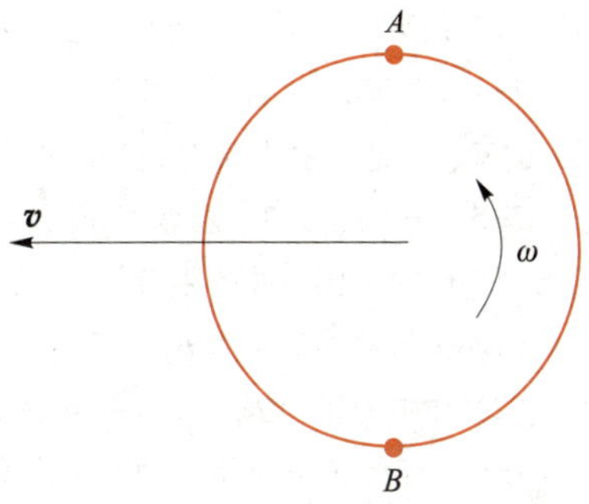

思考题 7.16 图

7.19 在流体力学（和空气动力学）等学科中，由于影响效应的因素比较复杂，许多规律不易直接从动力学角度导出，往往借助于量纲分析法．例如从实验上知道决定从层流到湍流的临界流速v_c的因素有管径 r、密度 ρ 和黏度 η，将 v_c 写成 r、ρ、η 的函数：

$$v_c = f(r,\ \rho,\ \eta) = Re_c r^p \rho^q \eta^s$$

试由量纲分析法决定 p、q、s 的值，并由此写出量纲为 1 的比例系数 Re_c（即临界雷诺数）与 v_c、r、ρ、η 的关系．

7.20 当物体在流体表面运动时，在流体表面形成的波系的相似性由一个称为弗罗德数的量纲为 1 的数 Fr 决定，只要 Fr 相同，波系就相同．Fr 由物体的线度 r、物体运动速率 v 以及重力加速度 g 决定．试由量纲法写出 Fr 与 v、r、g 的关系式．取 v 的指数为 1.

习　题

7-1 一根横截面积为 $S_1 = 5.00\ \text{cm}^2$ 的细管，连接在一个容器上，容器的横截面积为 $S_2 = 100\ \text{cm}^2$，高度为 $h_2 = 5.00\ \text{cm}$．今把水注入，使水面对容器底部的高度为 $h_1 + h_2 = 100\ \text{cm}$，如题 7-1 图所示．问：

（1）水对容器底部的作用力为多大？

（2）此装置内水的重量为多大？

（3）解释（1）和（2）中所求得的结果为何不同．

7-2 在如题 7-2 图所示的装置中，已知容器与容器内液体的总质量为 5.0 kg，吊在弹簧秤下的重物是边长为 8.0 cm 的立方体，弹簧秤的读数为 6.0 kg，磅秤的读数为 8.1 kg．求：

（1）重物的质量；

（2）容器内液体的密度．

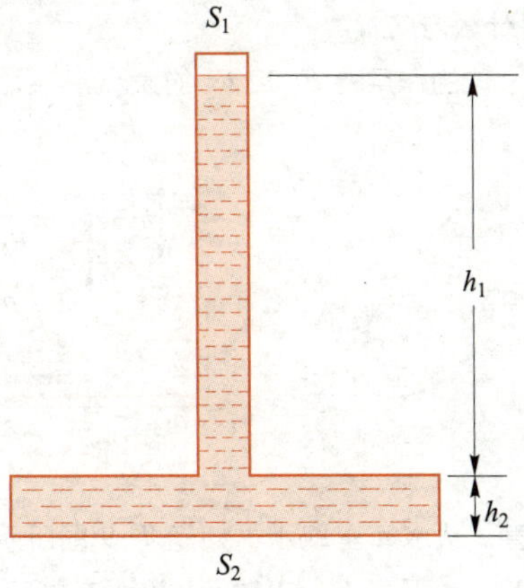

题 7-1 图

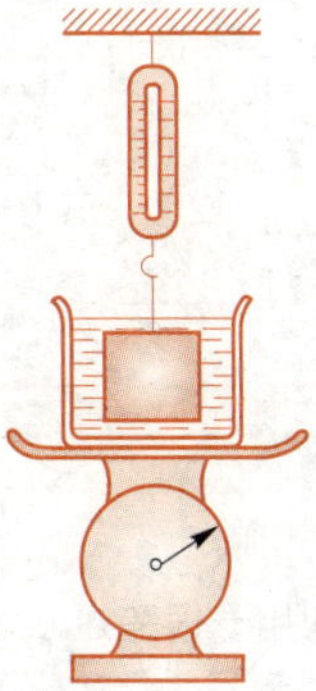
题 7-2 图

7-3 一个立方体的钢块平正地浮在容器内的水银中．已知钢块的密度为 $7.8\ \text{g/cm}^3$，水银的密度为 $13.6\ \text{g/cm}^3$．

（1）问钢块露出水银面之上的高度与边长之比为多大？

（2）如果在水银面上加水，使水面恰与钢块的顶相平，问水层的厚度与钢块边长之比为多大？

7-4　在某水池的边上装有一宽为 1.0 m 的小门，其下边与水池底相平，并用铰链与池壁连接．试问，当池内的水深为 2.0 m 时，门受到的水的作用力相对于铰链的力矩为多大？

7-5　一根长为 l、密度为 ρ 的均匀细杆，浮在密度为 ρ_0 的液体里．杆的一端由一竖直细绳悬挂着，使该端高出液面的距离为 d，如题 7-5 图所示．试求：

（1）杆与液面的夹角 θ；

（2）绳中的张力 F_T．设杆的截面积为 S．

7-6　如图 7-6 所示，为测量密度比水小的液体的密度，可采用如图所示的双 U 形管．现测得左、右两 U 形管中水面的高度差分别为 h_1 和 h_2，中间一段待测液体（用斜线表示）与两边水的界面高度差为 h，已知水的密度为 ρ_0，试求待测液体的密度 ρ．

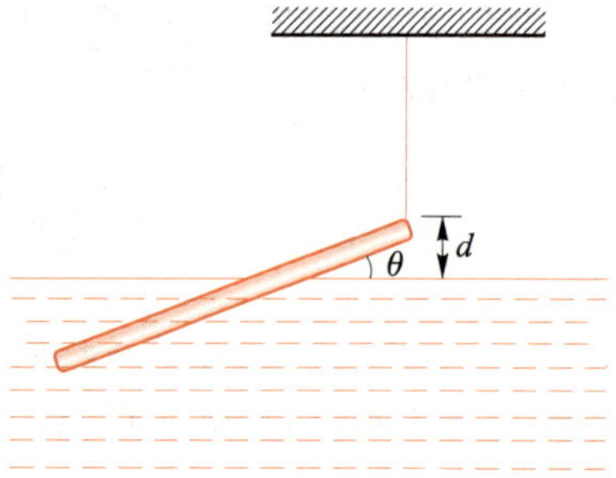

题 7-5 图

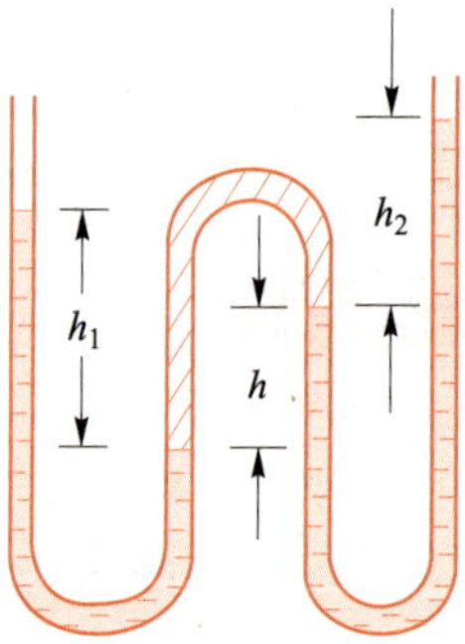

题 7-6 图

7-7　一粗细均匀的 U 形管内装有一定量的液体．U 形管底部的长度为 l．当 U 形管以加速度 $\boldsymbol{a}$ 沿水平方向加速时（如题 7-7 图所示），求两管内液面的高度差 h.

7-8　如题 7-8 图所示，一半径为 r 的圆球悬浮于两种液体的交界面上，两种液体的密度分别为 ρ_1 和 ρ_2．位于交界面上方的球冠的高度为 $d=\frac{1}{3}r$，液面与交界面的高度差为 h．

（1）求圆球的质量；

（2）试问密度为 ρ_1 的液体对圆球的作用力是什么方向？

（3）试不用积分的方法分别求出两种液体对圆球的作用力 $\boldsymbol{F}_1$ 和 $\boldsymbol{F}_2$ 的大小．

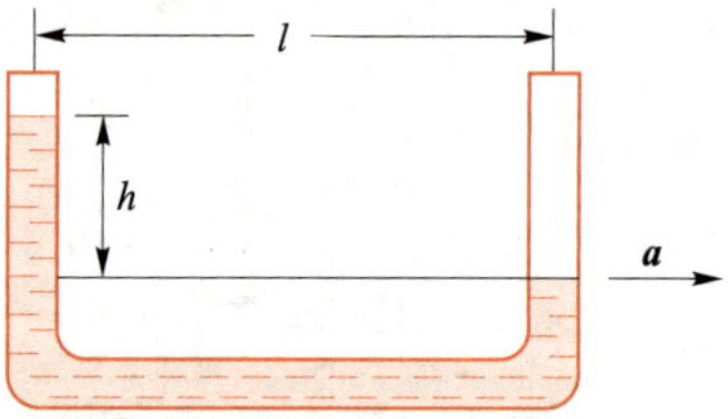

题 7-7 图

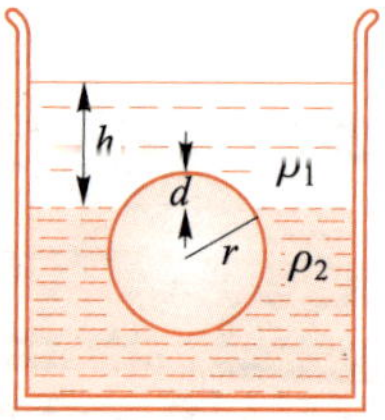

题 7-8 图

7-9　利用一根跨过水坝的粗细均匀的虹吸管，从水库里取水，如题 7-9 图所示．已知水库的水深 $h_A=2.00$ m，虹吸管出水口的高度 $h_B=1.00$ m，坝高 $h_C=2.50$ m．设水在虹吸管内作定常流动．

（1）求 A、B、C 管内三处的压强；

（2）若虹吸管的截面积为 $7.00\times10^{-4}\ \mathrm{m}^2$，求水从虹吸管流出的体积流量．

（3）虹吸管跨过河坝的最高点 C 最多能高出河面多少米？设大气压为 1.00×10^5 Pa．

7-10　液体在一水平管道中流动，A 处和 B 处的横截面积分别为 S_A 和 S_B．B 管口与大气相通，压强为 p_0．若在 A 处用一细管与容器相通，如题 7-10 图所示，试证明，当 h 满足关系：

$$h=\frac{Q^2}{2g}\left(\frac{1}{S_A^2}-\frac{1}{S_B^2}\right)$$

时，A 处的压强刚好能将比水平管低 h 处的同种液体吸上来．其中 Q 为体积流量．

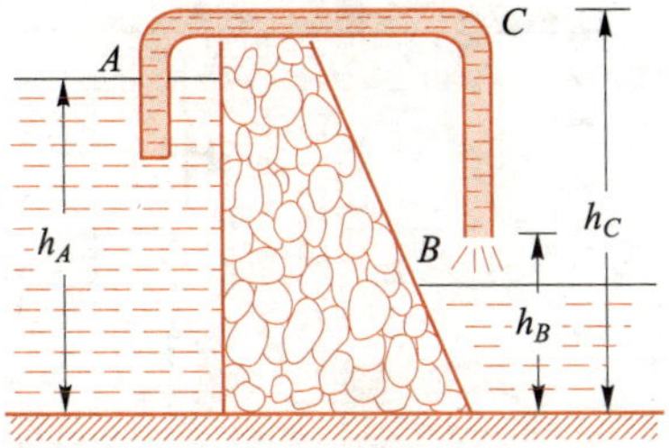

题 7-9 图

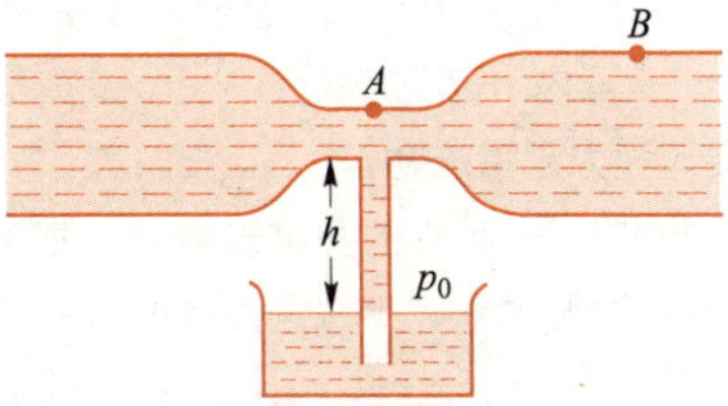

题 7-10 图

7-11　如题 7-11 图所示，一水平管下面装有一 U 形管，U 形管内盛有水银．已知水平管中粗、细处的横截面积分别为 $S_A=5.0\times10^{-3}\ \mathrm{m}^2$，$S_B=1.0\times10^{-3}\ \mathrm{m}^2$．当水平管中有水流作定常流动时，测得 U 形管中水银面的高度差为 $h=3.0\times10^{-2}\ \mathrm{m}$．求水流在粗管处的流速大小 v．已知水和水银的密度分别为 $\rho=1.0\times10^3\ \mathrm{kg/m^3}$，$\rho'=13.6\times10^3\ \mathrm{kg/m^3}$．

7-12　利用压缩空气把水从一密封的容器内通过一管子压出，如题 7-12 图所示．已知管子的出口处比容器内水面高 $h=0.50$ m．当水从管口以 1.5 m/s 的流速流出时，求容器内空气的计示压强．

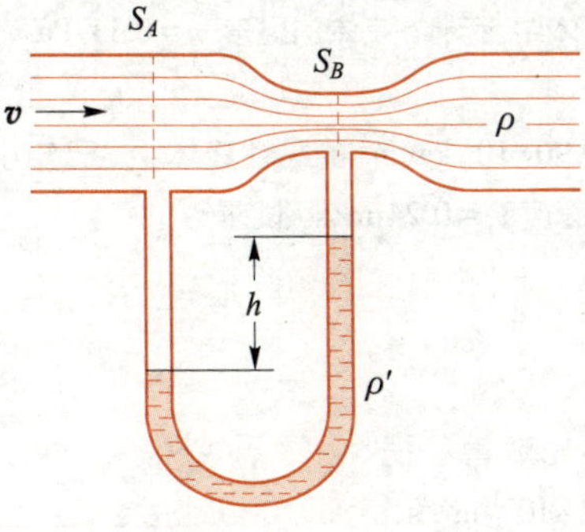

题 7-11 图

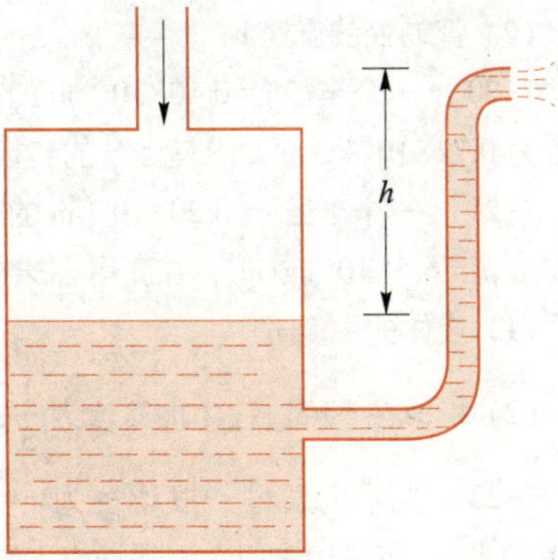

题 7-12 图

7-13　一喷泉竖直喷出高度为 H 的水流，喷泉的喷嘴具有上细下粗的截锥形状．上截面的直径为 d，下截面的直径为 D，喷嘴高为 h．设大气压强为 p_0，求：

(1) 水的体积流量；

(2) 喷嘴的下截面处的压强．

7-14　如题 7-14 图所示，在一大容器的底部接一竖直管，在 B 处装有一压力计，竖直管的下口 C 处用软木塞塞住．若 A（容器内液面处）、B 和 C 处的高度分别为 h_A、h_B 和 h_C，求：

(1) 此时压力计中液面的高度 h_1；

(2) 拔去软木塞，当水作定常流动后，压力计中液面的高度 h_2．

7-15　在一直径很大的圆柱形水桶壁的近底部处有一直径为 0.04 m 的小孔．若桶内水的深度为 1.60 m.

（1）求此时水从小孔中流出的体积流量 Q_1；

（2）若小孔为薄壁圆孔，其收缩系数为 61%．求实际的体积流量 Q_2，并求由于收缩现象的存在而造成的计算值与实际值之间的百分误差．

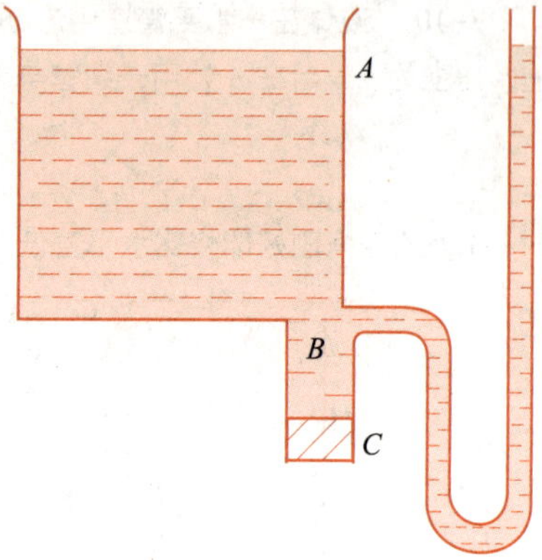

题 7-14 图

7-16　在一大容器的底部有一小孔，容器截面积与小孔面积之比为 100，容器内盛有高度为 $h=0.80$ m 的水．求容器内水流完所需的时间．设在整个过程中，水的流动可视为定常流动．

7-17　一倒立的圆锥形容器，高为 h，底面半径为 R，容器内装满水，下方锥顶角处有一面积为 S 的小孔，水从小孔中流出．试求水面下降到 $\dfrac{h}{2}$ 高度时所需的时间．

7-18　油泵把黏度 $\eta=0.30$ Pa·s、密度 $\rho=0.90\times10^3$ kg/m^3 的油从宽口槽经过半径 $R=0.10$ m 的水平光滑钢管抽运到相距 $l=100$ m 的另一槽中．已知水平管高出供油槽液面 5 m，抽油时的体积流量 $Q=0.50$ m^3/s．试问：

（1）油泵的计示压力为多少大气压？

（2）油泵消耗的功率为多大？

7-19　某种黏性液体在重力作用下，在一半径为 R 的竖直管中作稳定层流．测得从管口流出的体积流量为 Q．已知液体的密度为 ρ．试求：

（1）液体的黏度 η；

（2）管轴处的流速 v．

7-20　一个半径 $r=0.10\times10^{-2}$ m 的小空气泡在黏性液体中上升，液体的黏度 $\eta=0.11$ Pa·s，密度为 0.72×10^3 kg/m^3．求其上升的终极速度．

7-21　一个半径 $r=0.20\times10^{-2}$ m 的小球落入密度 $\rho=0.90\times10^3$ kg/m^3 的黏性液体中．已知小球的密度 $\rho'=6.5\times10^3$ kg/m^3，并测得小球在该液体中的终极速度 $v_{\mathrm{r}}=0.24$ m/s．试求：

（1）液体的黏度 η；

（2）小球在下降过程中加速度为 $\dfrac{1}{3}g$ 时刻的速度 v．

7-22　抽水机通过一根半径为 $r=5\times10^{-2}$ m 的水平光滑管子把 20 ℃的水从一容器中抽出．测得抽出水的体积流量为 $Q=4.1\times10^{-3}$ m^3/s．已知20 ℃水的黏度为 $\eta=1.0\times10^{-3}$ Pa·s．试问，管中水的流动是层流还是湍流？

7-23　一根长为 L 的水平粗管与一根竖直细管连接成如题 7-23 图所示的形状．把细管的下端插入密度为 ρ 的液体中，然后将粗管的管口封住，并使其绕细管以恒定的角速度 ω（很小）旋转．已知空气的密度为 ρ_0，压强为 p_0．设细管的体积与粗管相比可以忽略，粗管在垂直于纸面方向上的线度很小，并忽略毛细现象．求细管中液体上升的高度 h．设温度不变．

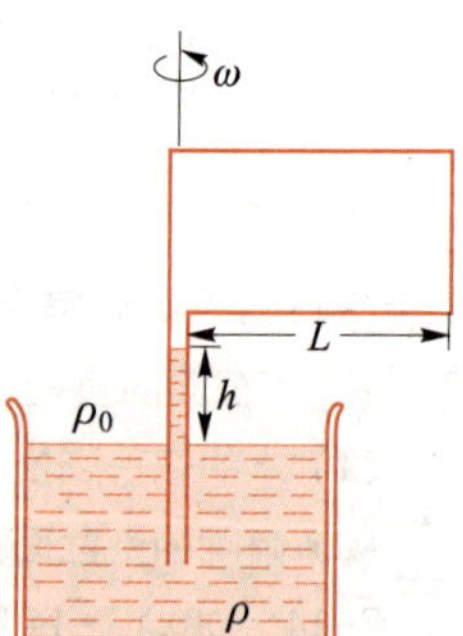

题 7-23 图

第八章

振　动

8.1　简谐振动 _262

8.2　阻尼振动 _274

8.3　受迫振动 _278

8.4　振动的合成与分解 _285

8.5　两个自由度的振动和简正模式 _294

本章讨论一种特殊形式的运动——机械振动．一般而言，任何一个物理量在某一定值附近的反复变化都称为振动．振动是一种常见的现象．机械振动指物体位置在某一位置附近反复变化的现象．

简谐振动是简单而基本的振动．所谓基本，是因为一切周期振动均可看成若干个或许许多多个简谐振动的叠加（合成），一切非周期振动也可以看成无穷多个简谐振动的叠加．前者的简谐振动频率是分立的，后者的简谐振动频率是连续的．

既然振动是一种特殊形式的运动，它的运动学描述就是特殊的，而且具有统一的形式；它的动力学方程也具有特殊的统一形式．

本章从弹簧振子模型出发，从 $\boldsymbol{F}=m\boldsymbol{a}$ 导出简谐振动的动力学方程，引入固有频率的概念．求解动力学方程，给出简谐振动统一的运动学描述，包括振幅、周期、频率、相位和初相位，以及简谐振动的各种表示．接着将简谐振动应用于单摆、复摆的运动．在弹簧振子模型的基础上，引入阻尼力，讨论阻尼振动．在阻尼振动的基础上引入周期性的驱动力，特别是简谐驱动力，讨论受迫振动和共振现象．

讨论同方向上振动的叠加，引入拍的概念；讨论垂直方向上振动的叠加，引入李萨如图形和李萨如结状；讨论同方向上一般振动的叠加和分解，引入振动频谱的概念，介绍频谱分析方法．

讨论有耦合的两个自由度的振动，引入简正坐标、简正频率和简正模的概念．

虽然力学中讨论的是机械振动，但本章的全部概念，包括统一的动力学方程、统一的运动学描述以及分析方法和思想对所有的振动都是适用的，它为其他领域中的振动现象分析和理解奠定了坚实的基础．

8.1 简谐振动

质量为 m 的物体系于一端固定的轻弹簧的自由端，置于光滑水平台面上，就构成一弹簧振子，如图 8.1-1 所示．在运动过程中，物体在水平方向只受弹力作用．取 x 轴沿水平方向，以弹簧松弛位置作为坐标原点，物体的动力学方程为

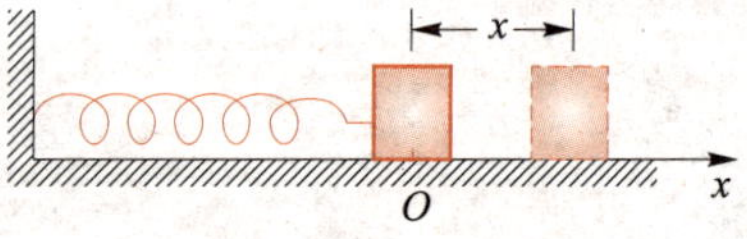

图 8.1-1　弹簧振子

$$m\ddot{x}=-kx \tag{8.1-1a}$$

式中 k 为弹簧的弹性系数．将 $\ddot{x}$ 前面的系数归一化，写成统一形式：

$$\ddot{x}+\omega^2 x=0 \tag{8.1-1b}$$

式中，

$$\omega=\sqrt{\frac{k}{m}} \tag{8.1-2}$$

为弹簧振子的固有圆频率或角频率，反映了弹簧振子的固有特性，与弹簧振子是否振动无关．

我们可以用能量守恒定律讨论方程（8.1-1b）的解，也可以从该方程直接得出其解．此方程告诉我们，x 对 t 的二次导数是此函数本身乘以一个负的常量．在实数

范围内，只有余弦或正弦函数有此性质，因而我们可直接写出其解为

$$x=A\cos(\omega t+\varphi) \tag{8.1-3}$$

常量 A 和 φ 可由初始条件（$t=0$ 时刻的位置 x_0 和速度 v_0）得出．由 $t=0$，$x=x_0$，得

$$x_0=A\cos\varphi \tag{8.1-4}$$

由 $t=0$，$\dot{x}=v_0$，得

$$v_0=-\omega A\sin\varphi \tag{8.1-5}$$

由（8.1-4）式和（8.1-5）式即可求得

$$\begin{cases} A=\sqrt{x_0^2+\dfrac{v_0^2}{\omega^2}} \\ \tan\varphi=\dfrac{-v_0/\omega}{x_0} \end{cases} \tag{8.1-6}$$

至于 φ 角所在的象限（这不能由正切值唯一地确定），则应再由 $\sin\varphi$ 或 $\cos\varphi$ 的符号确定．

位置与时间的关系可用（8.1-3）式的形式表示的运动称为简谐振动（又称简谐运动）．

振动的特征之一是运动具有周期性．完成一次完整的振动所经历的时间称为周期，用 T 表示，单位是 s（秒）．所谓完成一次完整的振动所经历的时间，也就是从一个振动状态到另一个完全相同的振动状态所经历的最短时间．振动状态由位置 x 和速度 v 共同确定．对简谐振动，由（8.1-3）式及

$$v=\dot{x}=-\omega A\sin(\omega t+\varphi) \tag{8.1-7}$$

按照周期定义，应有

$$A\cos(\omega t+\varphi)=A\cos[\omega(t+T)+\varphi]$$
$$-\omega A\sin(\omega t+\varphi)=-\omega A\sin[\omega(t+T)+\varphi]$$

同时满足以上两方程的 T 的最小值应为 $2\pi/\omega$，所以

$$T=\frac{2\pi}{\omega} \tag{8.1-8}$$

单位时间内完成的振动次数称为频率，用 ν 或 f 表示，单位是 s^{-1}，称为 Hz（赫兹）．显然，

$$\nu=\frac{1}{T}=\frac{\omega}{2\pi} \tag{8.1-9}$$

而 ω 与 ν 有简单关系：

$$\omega=2\pi\nu \tag{8.1-10}$$

对于弹簧振子，由（8.1-3）式可知

$$\nu=\frac{1}{2\pi}\sqrt{\frac{k}{m}} \tag{8.1-11}$$

$$T=2\pi\sqrt{\frac{m}{k}} \tag{8.1-12}$$

再次指出，弹簧振子的频率由其固有参量 k 和 m 决定，反映了弹簧振子的固有特

性，与初始条件无关，与弹簧振子是否振动无关，故称为振子的固有频率.

A 称为振幅，是振动位移的最大值，它确定振动的范围.

尽管决定简谐振动状态的物理量——位置 x 和速度 v 都随时间变化，但在 A 和 ω 确定的情况下，或对于某个给定的简谐振动它们都由宗量（$\omega t+\varphi$）决定. 所以（$\omega t+\varphi$）是决定简谐振动状态的物理量，称为相位，单位是 rad（弧度），φ 称为初相位，即 $t=0$ 时刻的相位. 因而角频率 ω 也就是相位的变化速率，其单位是 rad/s（弧度每秒）. 由于三角函数以 2π 为周期，所以相位比时间更直接而清晰地反映振子运动的状态.

与频率不同，振幅与初相位不是振子的固有性质，而由初始条件决定，如上所述.

简谐振动可以用（8.1-3）式那样的三角函数表示，也可用 $x-t$ 曲线表示，如图 8.1-2（b）所示. 图上已将振幅、周期和初相位标出.

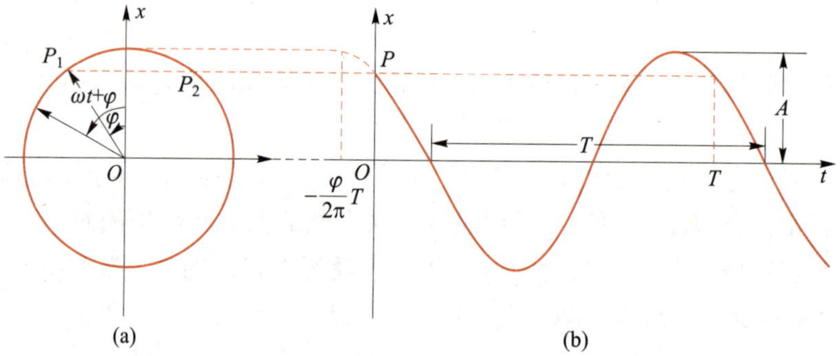

图 8.1-2　振动曲线

简谐振动还可以用旋转振幅矢量（简称振幅矢量，也称相矢量）来表示. 自原点画一模等于所要表示的简谐振动的振幅 A 的矢量 $\boldsymbol{A}$，开始时（$t=0$），让矢量 $\boldsymbol{A}$ 与 x 轴的夹角等于该振动的初相位 φ，令 $\boldsymbol{A}$ 以该振动的角频率 ω 作为角速度绕原点 O 沿逆时针方向旋转，则矢量 $\boldsymbol{A}$ 在 x 轴上的投影就是所要表示的简谐振动的位移 x（图 8.1-3）. 这种表示简谐振动的方法清晰明了，它能比较直观地把振幅、频率和初相位表示出来，我们以后将经常用到这种表示法，特别在振动叠加（合成）的时候，此方法简单明了. 我们特意将图 8.1-3 转过 90° 后和图 8.1-2 中的曲线进行对比，以便看清两者的联系. 曲线表示法中的初相位，本来不易明显看出，但借助于它与振幅矢量法的联系，不难得出. 自曲线与 x 轴的交点 P 引平行于横轴的直线，它与振幅矢量端点所描出的圆相交于 P_1 和 P_2 两点，其中 P_1 与圆心 O 的连线 P_1O 和 x 轴的夹角即初相位 φ.（为什么?）

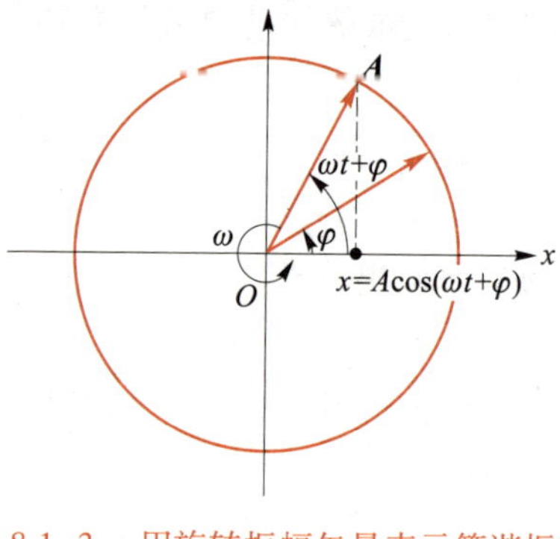

图 8.1-3　用旋转振幅矢量表示简谐振动

由简谐振动的振幅矢量表示法可以看出简谐振动与圆运动的联系：简谐振动与

匀速圆周运动的质点在过圆心的一条轴线上的投影点的运动完全相同，圆周运动的角速度就是投影点作简谐振动的角频率. 图 8.1-4 所示的实验可以演示这一点.

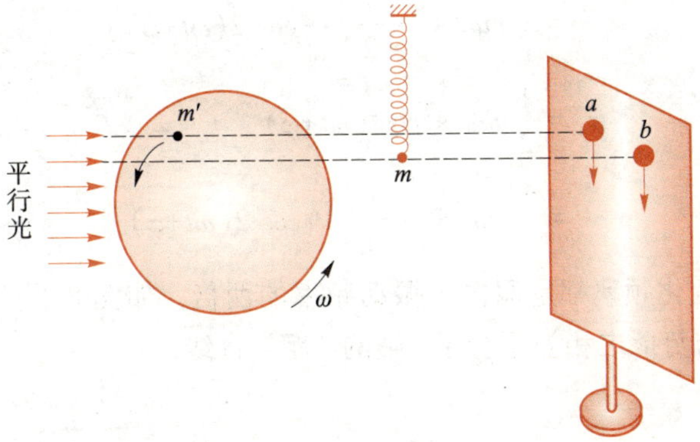

图 8.1-4　圆周运动与简谐振动的联系. 作圆周运动的小球 m' 和弹簧振子 m 两者在屏上的投影 a、b 的运动完全相同

利用三角函数与复数的关系，简谐振动也可用复数表示:

$$\widetilde{x}=A\mathrm{e}^{\mathrm{i}(\omega t+\varphi)} \tag{8.1-13}$$

或

$$\widetilde{x}=\widetilde{A}'\mathrm{e}^{\mathrm{i}\omega t} \tag{8.1-14}$$

这里 $\widetilde{A}'=A\mathrm{e}^{\mathrm{i}\varphi}$ 是复数，称为复振幅，它已包含了初相位. 基于复数表示，可利用复数的运算法则分析和求解振动问题. 但要注意，有意义的是（8.1-13）式或（8.1-14）式的实部（或虚部）. 因此，复数运算后再取实部（或虚部）.

弹簧振子的机械能是守恒的（其值由初始条件决定），但其动能和势能都随时间变化. 动能

$$E_{\mathrm{k}}=\frac{1}{2}m\dot{x}^2=\frac{1}{2}m\omega^2A^2\sin^2(\omega t+\varphi) \tag{8.1-15a}$$

势能

$$E_{\mathrm{p}}=\frac{1}{2}kx^2=\frac{1}{2}kA^2\cos^2(\omega t+\varphi) \tag{8.1-16a}$$

但 $\dfrac{k}{m}=\omega^2$，故势能又可写成

$$E_{\mathrm{p}}=\frac{1}{2}m\omega^2x^2=\frac{1}{2}m\omega^2A^2\cos^2(\omega t+\varphi) \tag{8.1-16b}$$

于是总能量

$$E=E_{\mathrm{k}}+E_{\mathrm{p}}=\frac{1}{2}m\omega^2A^2=\frac{1}{2}kA^2 \tag{8.1-17}$$

由（8.1-15~17）式可见，动能和势能都随时间周期性地变化，它们的幅值相同，它们的和则为常量. 利用三角函数的性质可将 E_{k} 和 E_{p} 表示为

$$E_k=\frac{1}{2}m\omega^2A^2\sin^2(\omega t+\varphi)$$
$$=\frac{1}{2}m\omega^2A^2\cdot\frac{1}{2}[1-\cos 2(\omega t+\varphi)] \tag{8.1-15b}$$
$$E_p=\frac{1}{2}m\omega^2A^2\cos^2(\omega t+\varphi)$$
$$=\frac{1}{2}m\omega^2A^2\cdot\frac{1}{2}[1+\cos 2(\omega t+\varphi)] \tag{8.1-16c}$$

可见 E_k 和 E_p 的变化频率都是原振子振动频率的两倍，如图 8.1-5 所示. 图中细实线为 $x(t)$，动能与势能之和为平行于 t 轴的（粗）直线.

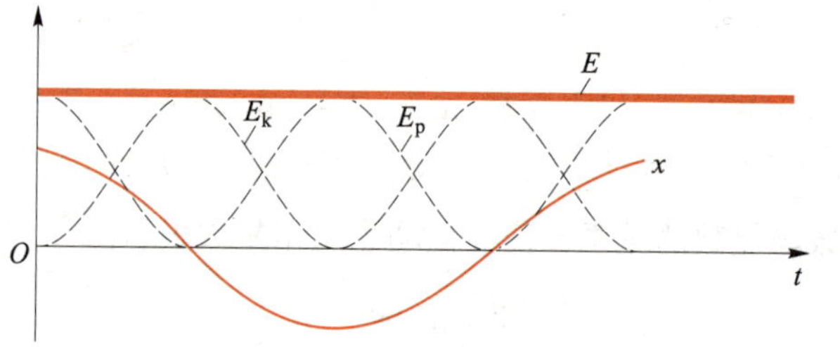

图 8.1-5　谐振子的动能、势能及总能量与时间的关系曲线

由（8.1-15b、16c）式不难得出，一个周期内动能、势能的时间平均值都等于总能量的二分之一：

$$\langle E_k\rangle=\frac{1}{T}\int_0^T E_k\mathrm{d}t=\frac{1}{T}\int_0^T\frac{1}{2}m\omega^2A^2\cdot\frac{1}{2}[1-\cos 2(\omega t+\varphi)]\mathrm{d}t$$
$$=\frac{1}{2}\left(\frac{1}{2}m\omega^2A^2\right)=\frac{1}{2}E \tag{8.1-18}$$
$$\langle E_p\rangle=\frac{1}{T}\int_0^T E_p\mathrm{d}t=\frac{1}{T}\int_0^T\frac{1}{2}kA^2\cdot\frac{1}{2}[1+\cos 2(\omega t+\varphi)]\mathrm{d}t$$
$$=\frac{1}{2}\left(\frac{1}{2}kA^2\right)=\frac{1}{2}E \tag{8.1-19}$$

以上讨论了弹簧振子的能量，其基本性质，包括（8.1-15a）式、（8.1-16c）式、（8.1-18~19）式也适用于一般谐振子.

上面以弹簧振子为例讨论了简谐振动. 下面作为简谐振动的应用来讨论单摆的运动.

一质点用轻绳悬挂起来，并使质点保持在一竖直平面内摆动，这就构成一个单摆，如图 8.1-6 所示.

设质点的质量为 m，绳长为 l. 当绳偏离竖直方向 θ 角时，质点受重力和绳的张力两个不共线力作用. 张力 F_T 和重力的法向分力 $mg\cos\theta$ 的合力决定质点的法向加速度，重力的切向分力 $mg\sin\theta$ 决定质点沿圆周的切向加速度. 这里我们只需讨论切向运动. 质点的切向运动方程为

$$ml\ddot{\theta}=-mg\sin\theta \tag{8.1-20}$$

当 θ 很小时，$\sin\theta\approx\theta$，上式变为

$$ml\ddot{\theta}=-mg\theta$$

即

$$\ddot{\theta}=-\frac{g}{l}\theta \tag{8.1-21a}$$

$$\ddot{\theta}+\omega^2\theta=0 \quad \left(\omega=\sqrt{\frac{g}{l}}\right) \tag{8.1-21b}$$

上述两方程分别与弹簧振子的运动方程（8.1-1a）（和 8.1-1b）有相似的形式，不难看出 θ 与时间也呈余弦关系，即单摆的小角度摆动也是简谐振动：

$$\theta=\Theta\cos(\omega t+\varphi) \tag{8.1-22}$$

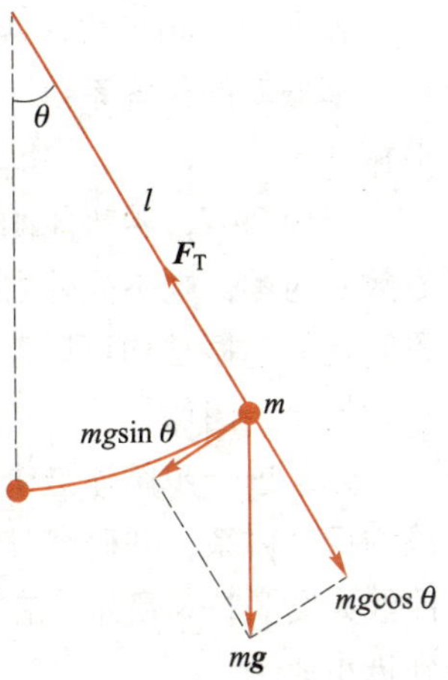

图 8.1-6　单摆

其周期

$$T=2\pi\sqrt{\frac{l}{g}} \tag{8.1-23}$$

角振幅 Θ、初相位 φ 由初始条件决定.

在单摆中，物体所受的切向力并不是弹性力，而是重力的分力. 但在 θ 很小时，此力与角位移 θ 成正比，方向指向平衡位置. 这些性质与弹性力十分相似. 这样的力称为准弹性力. 受弹性力或准弹性力作用的质点必作简谐振动.

当 θ 角不是很小时，摆球所受的切向力不再与 θ 成正比，而与 $\sin\theta$ 成正比. 由于 $\sin\theta$ 总是小于 θ，可以想见，当摆动角幅度较大时，单摆的振动周期将增大，振动也不再是简谐振动. 可以证明，这时单摆的周期 T 与角振幅 Θ 的关系可表示为

$$T=T_0\left(1+\frac{1}{4}\sin^2\frac{\Theta}{2}+\frac{9}{64}\sin^4\frac{\Theta}{2}+\cdots\right) \tag{8.1-24}$$

其中 T_0 为 Θ 很小时单摆的周期. 周期随 Θ 增大而增大的情形如图 8.1-7 所示.

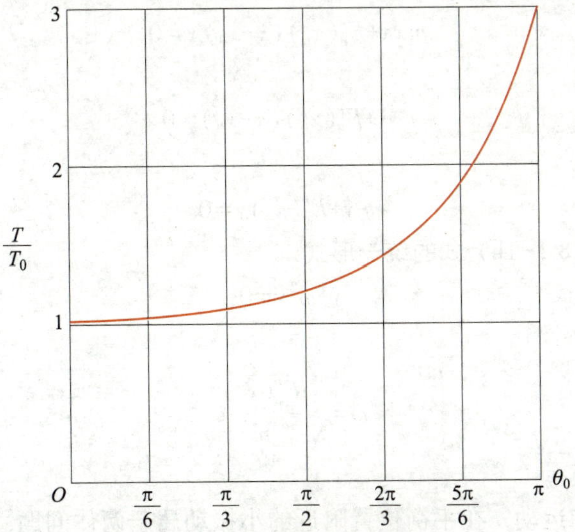

图 8.1-7　单摆周期与角振幅的关系

弹簧振子和单摆这两个系统很不相同，但它们都是在弹性力或准弹性力作用下作简谐振动的保守系统，振动频率仅由系统本身的性质决定. 这样的振动系统称为谐振子.

一般而言，若势能函数对相对位置坐标的二阶导数不为零，则不受外力的保守体系在稳定平衡位置附近的小振动均可以看作简谐振动. 这就是简谐振动的统一图像.

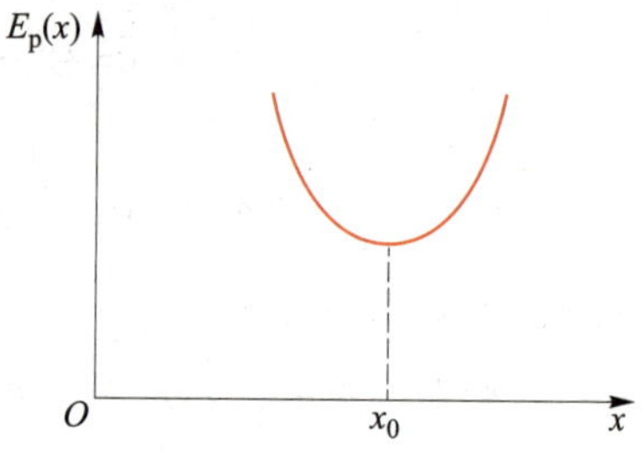

图 8.1-8

为了进一步阐述这个图像，选取由两个物体组成的保守体系，并研究其一维振动. 设体系的势能曲线如图 8.1-8 所示，在相对位置 $x=x_0$ 处势能达到极小值.

将势能函数在其极小值附近作泰勒展开：

$$E_p(x)=E_p(x_0)+E_p'(x_0)(x-x_0)+\frac{1}{2}E_p''(x_0)(x-x_0)^2+\frac{1}{6}E_p'''(x_0)(x-x_0)^3+\cdots \tag{8.1-25}$$

考察在相对位置 x_0 附近的运动时，若 $E_p''(x_0)\neq 0$，则 $E_p(x)$ 可以表达为

$$E_p(x)=E_p(x_0)+\frac{1}{2}E_p''(x_0)(x-x_0)^2 \tag{8.1-26}$$

若其中一个物体静止，则只需计算另一物体的动能：

$$E_k=\frac{1}{2}m\dot{x}^2$$

体系的机械能守恒，即

$$\frac{1}{2}m\dot{x}^2+E_p(x_0)+\frac{1}{2}E_p''(x_0)(x-x_0)^2=\text{常量} \tag{8.1-27}$$

将（8.1-27）式两边对时间求导得

$$m\dot{x}\ddot{x}+E_p''(x_0)(x-x_0)\dot{x}=0$$

即

$$m\ddot{x}+E_p''(x_0)(x-x_0)=0$$

令 $y=x-x_0$，则

$$m\ddot{y}+E_p''(x_0)y=0 \tag{8.1-28a}$$

归一化后表示为（8.1-1b）式的统一形式：

$$\ddot{y}+\omega^2y=0 \tag{8.1-28b}$$

其中

$$\omega=\sqrt{\frac{E_p''(x_0)}{m}} \tag{8.1-29}$$

为简谐振动的圆频率.

若两个物体均运动，在平衡位置附近的小振动属于两体问题，则根据前面两体问题的结论，两物体之间的相对运动仍是简谐振动，其简谐振动的圆频率 $\omega=$

$\sqrt{\frac{E_p''(x_0)}{\mu}}$，其中$\mu$为两个物体的约化质量，$\mu=\frac{mm'}{m+m'}$，$m$与$m'$分别为两个物体的质量.

下面基于简谐振动统一图像讨论单摆运动. 悬挂的质点与地球构成一个保守体系. 选地球表面为惯性参考系. 如图 8.1-6 所示，选质点最低点的势能为零，则体系的势能

$$E_p(\theta)=mgl(1-\cos\theta)$$

体系的动能

$$E_k(\theta)=\frac{1}{2}m(l\dot{\theta})^2$$

在平衡位置$\theta=0$处附近，将体系势能作泰勒展开，并保留到θ^2项，有

$$E_p(\theta)=\frac{1}{2}mgl\theta^2$$

体系的机械能守恒，即

$$\frac{1}{2}m(l\dot{\theta})^2+\frac{1}{2}mgl\theta^2=E$$

上式两边对时间求导，有

$$ml^2\dot{\theta}\ddot{\theta}+mgl\theta\dot{\theta}=0$$

整理得

$$\ddot{\theta}+\frac{g}{l}\theta=0$$

这与（8.1-21b）式一致，相应的简谐振动圆频率为

$$\omega=\sqrt{\frac{g}{l}}$$

例题1 **复摆.**

一可绕水平固定轴摆动的刚体称为复摆（图 8.1-9）. 求复摆的振动周期.

解： 设复摆的转动惯量为J，质量为m，质心与固定轴的距离为h，则当摆角较小时，复摆的转动方程为

$$J\ddot{\theta}=-mgh\sin\theta\approx-mgh\theta$$

即

$$\ddot{\theta}=-\frac{mgh}{J}\theta \qquad (1)$$

令

$$\omega=\sqrt{\frac{mgh}{J}} \qquad (2)$$

则

$$\ddot{\theta}+\omega^2\theta=0 \qquad (3)$$

为标准的简谐振子运动方程［式（8.1-1b）］. 因而复摆的角位移也作简谐振动：

$$\theta=\Theta\cos(\omega t+\varphi)$$

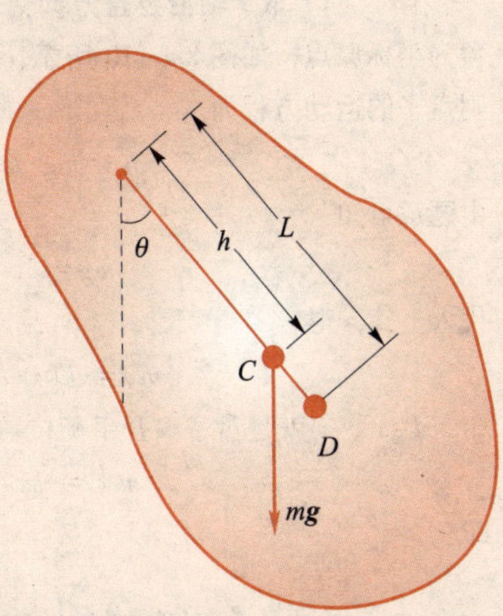

图 8.1-9　复摆

若令

$$L=\frac{J}{mh}=\frac{k^2}{h} \tag{4}$$

式中 k 为复摆绕固定轴的回转半径，则角频率表示式 (2) 又可写成

$$\omega=\sqrt{\frac{g}{L}}$$

周期为

$$T=2\pi\sqrt{\frac{L}{g}}$$

与单摆的角频率表示式和周期表示式形式相似. L 称为等值单摆长. 当摆角较大时，复摆的周期也将增大，情况与单摆相仿. 在支点到质心的连线或其延长线上，可找到一个 D 点，D 点到支点的距离为等值单摆长 L. 这个 D 点称为振动中心. 振动中心还具有一个特殊的物理性质. 当复摆自由下垂时，如图 8.1-9′所示，若有一水平冲量 $\boldsymbol{I}$ 作用于复摆 B 点，过 B 点沿冲量方向作延长线，如果其延长线过 D 点，则冲量作用时，支点没有感受到冲力，否则，冲量作用时，支点感受到冲力. 于是，D 点也称撞击中心. 网球或棒球运动员在接球时，尽量使球与撞击中心碰撞，这样接球时手掌感觉不到冲击力. 图 8.1-9′所示冲力作用时，支点感受不到冲力的原因是什么？请读者自己回答.

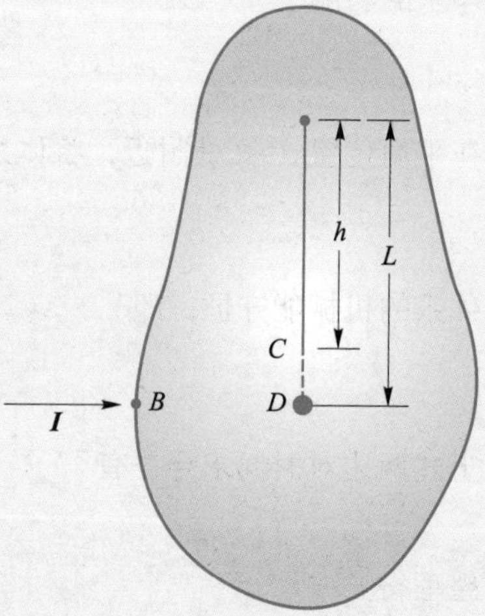

图 8.1-9′ 复摆的振动中心

例题2 **(1) 一质量为 m 的圆盘系于竖直悬挂的轻弹簧下端，平衡时，弹簧伸长了 l，求盘子作上下振动时的角频率；**

(2) 一质量为 $m'=m$ 的砝码自 $h=l$ 高处自由落下掉在盘上，以砝码掉在盘上的瞬时为时间零点，求盘子的位移与时间的关系.

解： (1) 取 x 轴沿竖直方向，向下为正，以弹簧松弛位置为坐标原点，如图 8.1-10 所示，设弹簧的弹性系数为 k，则盘子的运动方程为

$$m\ddot{x}=mg-kx \tag{1}$$

由题意可知

$$mg=kl \tag{2}$$

代入上式，得

$$m\ddot{x}=-k(x-l)$$

令 $x-l=x'$，x'就是盘子离开平衡位置的位移，则有

$$m\ddot{x}'=-kx' \tag{3}$$

即

$$\ddot{x}'+\omega^2x'=0\quad\left(\omega=\sqrt{\frac{k}{m}}\right) \tag{4}$$

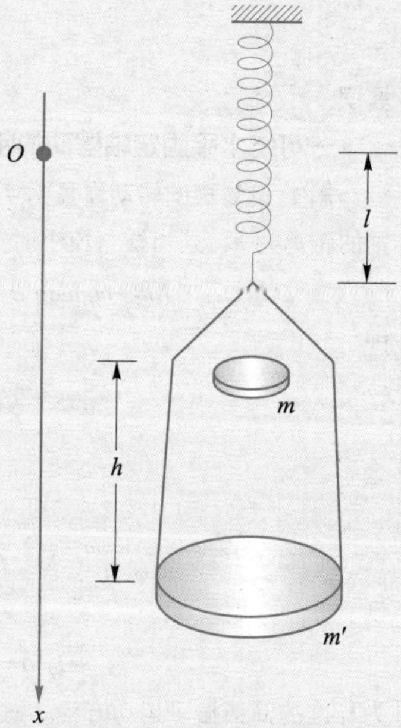

图 8.1-10

上式与 (8.1-1b) 式相仿，故盘子以平衡位置为中心作简谐振

动，角频率与水平放置的弹簧振子一样．由本题还可见，恒力只影响振子的平衡位置，而不影响振子的固有频率．

（2）砝码掉在盘上后与盘子一起运动，于是系统的固有频率变为

$$\omega'=\sqrt{\frac{k}{m'+m}}=\sqrt{\frac{k}{2m}} \tag{5}$$

盘子的平衡位置也变了，设新的平衡位置对应于弹簧伸长 L，则

$$kL=(m'+m)g=2mg$$

$$L=\frac{m'+m}{k}g=2l \tag{6}$$

为求盘子的位移与时间关系，还要知道振幅和初相位．这可用初始条件求得．设以新的平衡位置为原点时，盘子的位移为 x''，即 $x''=x-L$，则初始时刻盘子的位移为

$$x''_0=-(L-l)=-\frac{m}{k}g=-l \tag{7}$$

这里我们利用了（2）式和（5）式．初速度即砝码掉在盘上后两者合为一体时的共同速度．砝码掉在盘上的过程很迅速，可看成完全非弹性碰撞过程，由动量守恒定律，砝码掉到盘上前一瞬时的动量应等于两者合为一体时的动量，而砝码自由下落 h 后的速度为 $\sqrt{2gh}$，故有

$$m'\sqrt{2gh}=(m'+m)v_0$$

v_0 即所求的初速度：

$$v_0=\dot{x}''_0=\frac{m'}{m'+m}\sqrt{2gh}=\sqrt{\frac{gl}{2}} \tag{8}$$

将（7）式、（8）式代入（8.1-6）式，即得振幅和初相位：

$$A=\sqrt{(-l)^2+\left(\frac{\sqrt{gl/2}}{\sqrt{g/2l}}\right)^2}=\sqrt{2}\,l \tag{9}$$

$$\tan\varphi=-\frac{\sqrt{gl/2}}{(-l)\sqrt{g/2l}}=1 \tag{10}$$

因 $\cos\varphi=x''_0/A<0$，φ 在第三象限，故 $\varphi=-\frac{3}{4}\pi$．于是盘子的位移 x'' 与时间的关系为

$$x''=\sqrt{2}\,l\cos\left(\sqrt{\frac{g}{2l}}t-\frac{3\pi}{4}\right) \tag{11}$$

以弹簧松弛点为原点时的盘子位移 x 与时间的关系则为

$$x=L+x''=2l+\sqrt{2}\,l\cos\left(\sqrt{\frac{g}{2l}}t-\frac{3\pi}{4}\right) \tag{12}$$

例题3 有些湖泊有时会产生一种叫作“湖震”的奇异现象．发生这种现象的湖泊一般都是长而浅的．为建立湖震的模型，选取一个长为 L、宽为 1、水深为 h 的容器．当受扰动时，水将发生振荡．假定振荡时，水面仍为平面，只是它与水平面的小夹角随时间变化．求振荡周期 T（图 8.1-11）．

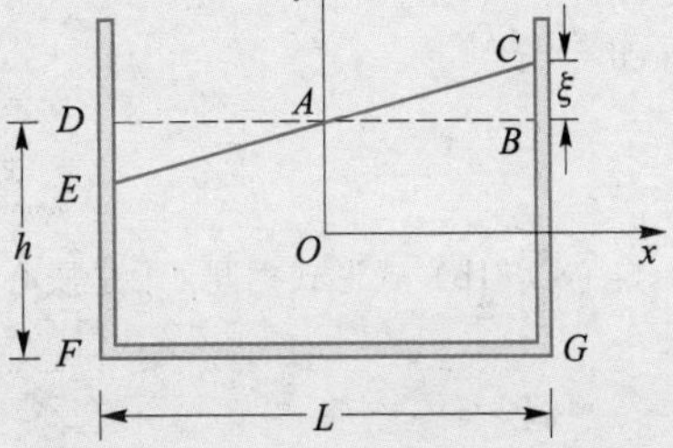

图 8.1-11 “湖震”模型

解： 现在考察的是容器中水的振动，不能归结为一个质点的振动．整体而言，它属于保守体系在稳定平衡位

置附近的小振动．每个水质元都作同频率的振动，我们可以考察任一质元的振动．但任一质元的受力情况和运动情况相当复杂，求解其运动很困难．但我们可以考察质心的运动．质心的运动仅由体系所受的合外力决定，比起某个质元的受力情况来，要容易分析得多．当然，质心并不跟某个具体的质元相重合，它在某一时刻与某个水质元相重合，下一时刻也许和另一水质元相重合．

取坐标如图所示，原点在平衡时水体的中心．平衡时，质心就在原点．当水面倾侧时，质心偏离原点．当水面右端升高 ξ 时，质心就是梯形 $CEFG$ 的质心．梯形 $CEFG$ 可看成矩形 $BDFG$ 加上 $\triangle ABC$，减去 $\triangle ADE$ 而成，于是质心的坐标为

$$x_C=\frac{\frac{1}{4}L\xi\,\frac{1}{3}L+\left[-\frac{1}{4}L\xi\left(-\frac{1}{3}L\right)\right]}{Lh}=\frac{L\xi}{6h} \tag{1}$$

$$y_C=\frac{\frac{1}{4}L\xi\left(\frac{h}{2}+\frac{1}{3}\xi\right)+\left[-\frac{1}{4}L\xi\left(\frac{h}{2}-\frac{1}{3}\xi\right)\right]}{Lh}=\frac{\xi^2}{6h} \tag{2}$$

对小振动，$\xi \ll h$、L，可见 $y_C \ll x_C$，即质心主要作水平方向的运动，竖直方向的运动可以忽略．下面我们只需考察质心的水平运动．

在水平方向，体系所受的力为侧壁的压力以及大气作用在上表面上的力在水平方向的分量，而侧壁对水的压力等于水对侧壁的压力．由于各水质元在竖直方向的运动很小，水中任一点的压强与该位形下静止流体的压强差不多，于是右壁上的压力比水未受扰动时略有增大，增大量为

$$\Delta F_{右}=+\rho g\xi h+p_0\xi$$

式中 ρ 为水的密度，p_0 为大气压．同理左壁上的压力比水未受扰动时的增大量为

$$\Delta F_{左}=-\rho g\xi h-p_0\xi$$

而大气作用于上表面的力的水平分量为

$$F_{上}=+p_0\cdot 2\xi$$

因而作用于水质元的水平方向的合力为

$$F=\Delta F_{左}-\Delta F_{右}+F_{上}=-2\rho gh\xi \tag{3}$$

由（1）式，$\xi=\frac{6h}{L}x_C$，代入上式，得

$$F=-2\rho gh\cdot\frac{6h}{L}x_C=-\frac{12\rho gh^2}{L}x_C$$

而水的质量 $m=\rho Lh$，质心运动方程为

$$m\ddot{x}_C=-\frac{12\rho gh^2}{L}x_C$$

或

$$\ddot{x}_C=-\frac{12\rho gh^2}{L\rho Lh}x_C=-\frac{12gh}{L^2}x_C \tag{4}$$

即

$$\ddot{x}_C+\omega^2x_C=0\quad\left(\omega=\sqrt{\frac{12gh}{L^2}}\right) \tag{5}$$

与（8.1-1b）式形式相同．于是质心作简谐振动，周期为

$$T=\frac{2\pi}{\omega}=\frac{2\pi L}{\sqrt{12gh}}=\frac{\pi L}{\sqrt{3gh}} \tag{6}$$

例题4 一质量为 m 的质点，在势能 $U=mkr^3$ 的有心力场中运动. 假设开始时质点在作半径为 a 的圆周运动，受到一个沿径向的微小扰动，获得沿径向的一个小的速度分量. 证明：此后该质点沿径向的运动为简谐振动，并求其振动的圆频率.

解： 从题意看，就是要展示出小球沿径向运动的动力学方程，即径矢 $\boldsymbol{r}$ 的大小所满足的动力学方程，可表示为简谐振动的动力学方程，为统一形式的（8.1-1b）式. 根据简谐振动的统一图像，质点的径向运动必是在稳定平衡点附近的小振动. 这首先要求我们展示关于 r 的等效势能在$r=a$ 处达到极小值，为 m 的稳定平衡位置，其次要求我们展示有效势能对 r 的二阶导数在 $r=a$ 处不为零. 按题意，有心力场势能对应的体系为相互作用的两个物体，其中一个为质量为 m 的质点，另一个为质量很大的物体，可等效为质量很大的质点. 因此可默认与力心（质量很大的质点）相对静止的参考系为惯性参考系.

因径向的扰动没有改变运动的质点相对于力心的角动量，且相互作用为有心力，故扰动后的质点运动的角动量守恒，即

$$mr^2\dot{\theta}=L \tag{1}$$

L 为质点开始圆周运动的角动量，$L=ma^2\omega_1$，ω_1 为开始圆周运动的角速度. 质点圆周运动所需的向心力由势能对应的有力心提供，则 ω_1 满足下列方程：

$$m\omega_1^2 a=\left.\frac{\mathrm{d}U(r)}{\mathrm{d}r}\right|_{r=a}=3mka^2 \tag{2}$$

由此得

$$L=ma^2\sqrt{3ka} \tag{3}$$

在有心力场中，体系的机械能守恒，则

$$\frac{1}{2}m\dot{r}^2+\frac{1}{2}m(r\dot{\theta})^2+mkr^3=E \tag{4}$$

由于质点运动的角动量守恒，因此

$$\frac{1}{2}m\dot{r}^2+\frac{1}{2}m\left(\frac{L}{mr}\right)^2+mkr^3=E \tag{5}$$

上式可改写为

$$\frac{1}{2}m\dot{r}^2+U_{\mathrm{equ}}(r)=E \tag{6}$$

其中 $U_{\mathrm{equ}}(r)$ 为等效势能，它由下式给出：

$$U_{\mathrm{equ}}(r)=\frac{L^2}{2mr^2}+mkr^3 \tag{7}$$

等效势能曲线示意图如图 8.1-12 所示. 等效势能的极小值相对应的径矢大小 r_0（平衡位置）由下式确定：

$$U'(r_0)=\left.\frac{\mathrm{d}U_{\mathrm{equ}}(r)}{\mathrm{d}r}\right|_{r=r_0}=0$$

即

$$-\frac{L^2}{mr_0^3}+3mkr_0^2=0 \tag{8}$$

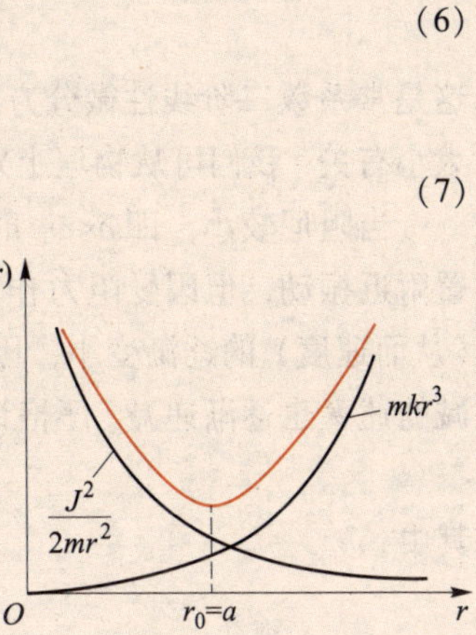

图 8.1-12

得

$$r_0=a \tag{9}$$

即等效势能在 $r=a$ 处达到极小值，该位置为质点 m 的稳定平衡位置. 进一步可得

$$U''_{equ}(a)=\frac{3L^2}{ma^4}+6mka$$

$$=15kam \tag{10}$$

不为零. 证明完毕.

由 (8.1-29) 式得质点 m 径向运动的圆频率

$$\omega=\sqrt{\frac{U''_{equ}(a)}{m}}=\sqrt{15ka} \tag{11}$$

8.2 阻尼振动

8.1 节所讨论的振动, 振幅保持不变, 振动能量也保持不变. 这只能是实际情况的一种抽象. 实际振动系统的振动, 当无外界能量补充时, 振幅都要随时间逐渐衰减. 衰减的原因, 一是有阻力存在, 将振动能量逐渐变为热能耗散了; 二是振动能量以波的形式向四周传播, 使振动能量逐渐变为波的能量. 本节讨论有阻力存在的振动.

我们考虑阻力与速度成正比的情形. 当速度不大时, 黏性阻力就属于这种情形. 在考虑了黏性阻力后, 弹簧振子的运动方程变为

$$m\ddot{x}=-kx-C\dot{x}$$

或

$$m\ddot{x}+C\dot{x}+kx=0 \tag{8.2-1}$$

C 称为阻力系数. 当物体处在黏性流体中时, C 就是与黏度成正比的一个常量.

令

$$\omega_0^2=\frac{k}{m},\quad 2\delta=\frac{C}{m} \tag{8.2-2}$$

阻力不存在时振子的固有角频率改由 ω_0 表示, δ 称为阻尼系数或衰减常量. 于是方程 (8.2-1) 变为归一化的阻尼振动的统一形式:

$$\ddot{x}+2\delta\dot{x}+\omega_0^2x=0 \tag{8.2-3}$$

这是常系数二阶线性微分方程, 其解的形式与方程中两个同量纲参量 δ、ω_0 的相对大小有关. 我们可从物理上定性分析振子运动的主要特征.

当阻尼较小, 即 $\delta<\omega_0$ 时, 振子受力以弹性回复力为主, 因而振子仍将在平衡位置附近振动, 但因受阻力作用, 能量逐渐减少, 振幅随时间逐渐衰减. 而随着振幅 (从而速度) 的逐渐变小, 因阻力使能量减少的速率也逐渐变慢, 因而振幅随时间衰减的速率也逐渐递减. 严格计算表明, 这时振子位移与时间的关系可表示为

$$x=A_0e^{-\delta t}\cos(\omega_f t+\varphi_f) \tag{8.2-4}$$

其中

$$\omega_f=\sqrt{\omega_0^2-\delta^2} \tag{8.2-5}$$

x 与 t 的关系曲线如图 8.2-1 所示. 图中 (a) 表示阻尼较小的情形, (b) 表示阻尼较大的情形. 与简谐振动的解 (8.1-2) 式相比, (8.2-4) 式多了指数项 $e^{-\delta t}$, 而且余弦项的角频率 ω_f 也变小了. 这正是阻力的反映. 阻力越大, δ 也越大, 振幅衰减越快.

δ 称为衰减常量，即源于此．同时，这种与速度成正比的阻力使系统随时间的响应变慢，从而使 ω_f 小于 ω_0，见（8.2-5）式．此时振子的运动严格来讲已不再是周期运动，但仍可看作振幅逐渐衰减的周期运动，仍可用

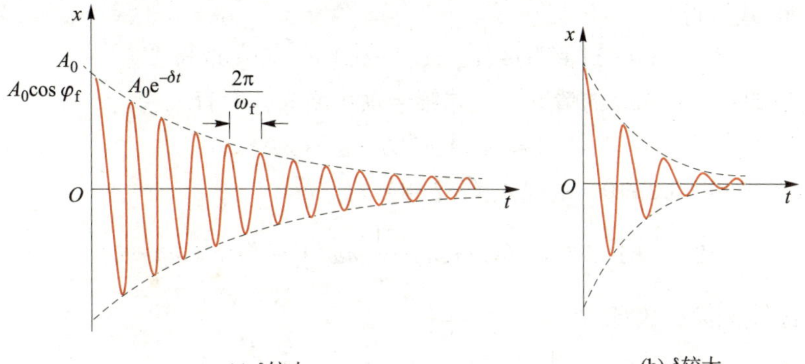

(a) δ较小　　(b) δ较大

图 8.2-1　阻尼振动曲线

$$T_f=\frac{2\pi}{\omega_f}$$

表示周期，它表示振子相继两次从同一方向经过平衡位置或两次位移达最大值之间的时间间隔．

（8.2-4）式中的 A_0 和 φ_f 由初始条件决定．由

$$\begin{cases}x_0=A_0\cos\varphi_f\\ v_0=-\delta A_0\cos\varphi_f-\omega_f A_0\sin\varphi_f=-\delta x_0-\omega_f A_0\sin\varphi_f\end{cases}\tag{8.2-6}$$

即得

$$\begin{cases}A_0=\sqrt{x_0^2+\left(\dfrac{v_0+\delta x_0}{\omega_f}\right)^2}\\ \tan\varphi_f=\dfrac{-(v_0+\delta x_0)}{\omega_f x_0}\end{cases}\tag{8.2-7}$$

φ_f 的所在象限可由 $\cos\varphi_f$ 的符号确定．当 $\delta=0$ 时，（8.2-7）式化为（8.1-6）式．

阻尼振动作为非周期性运动，可分解为连续谱．关于这一点，在学习 8.4 节后可得到进一步的理解．图 8.2-2 给出了阻尼振动的频谱．由于阻尼振动可近似看成振幅逐渐衰减的简谐振动，因而其频谱在对应简谐振动的频率 ω_f 处出现峰值，阻尼越大，频谱曲线越平坦，阻尼越小，频谱曲线越尖锐．

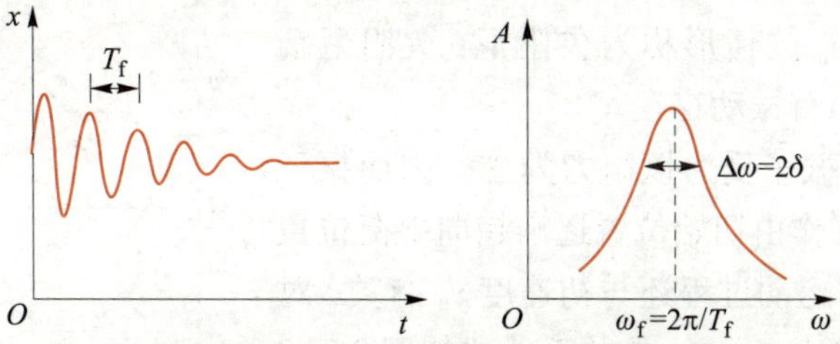

(a) 阻尼振动曲线　　(b) 阻尼振动频谱

图 8.2-2　阻尼振动的频谱

阻尼振子的能量仍等于动能与势能之和，但总能量不再为常量：

$$E=\frac{1}{2}kx^2+\frac{1}{2}m\dot{x}^2 \tag{8.2-8}$$

从（8.2-4）式可得

$$\dot{x}=-\delta A_0\mathrm{e}^{-\delta t}\cos(\omega_{\mathrm{f}}t+\varphi_{\mathrm{f}})-\omega_{\mathrm{f}}A_0\mathrm{e}^{-\delta t}\sin(\omega_{\mathrm{f}}t+\varphi_{\mathrm{f}}) \tag{8.2-9}$$

对于小阻尼即 $\delta \ll \omega_0 \approx \omega_{\mathrm{f}}$ 的情况，上式第一项可略去，而有

$$\dot{x}\approx-\omega_{\mathrm{f}}A_0\mathrm{e}^{-\delta t}\sin(\omega_{\mathrm{f}}t+\varphi_{\mathrm{f}}) \tag{8.2-10}$$

将（8.2-4）式和（8.2-10）式代入（8.2-8）式，得

$$E=\frac{1}{2}kA_0^2\mathrm{e}^{-2\delta t}\cos^2(\omega_{\mathrm{f}}t+\varphi_{\mathrm{f}})+\frac{1}{2}m\omega_{\mathrm{f}}^2A_0^2\mathrm{e}^{-2\delta t}\sin^2(\omega_{\mathrm{f}}t+\varphi_{\mathrm{f}})$$

由于 $k=m\omega_0^2\approx m\omega_{\mathrm{f}}^2$，因此

$$E\approx\frac{1}{2}m\omega_0^2A_0^2\mathrm{e}^{-2\delta t}=E_0\mathrm{e}^{-2\delta t}=\frac{1}{2}m\omega_0^2A^2 \tag{8.2-11}$$

其中

$$A=A_0\mathrm{e}^{-\delta t} \tag{8.2-12}$$

为 t 时刻的振幅. 可见当阻尼很小时，能量仍与 t 时刻的振幅平方成正比.

衰减常量的大小反映了阻尼的大小. 我们也可以用一个周期中振子损失的能量在总能量中所占的比例来描写阻尼的大小. 通常定义时刻 t 振子的能量 E 与经一个周期后损失的能量 ΔE 之比的 2π 倍为振子的品质因数，并用 Q 表示：

$$Q=2\pi\frac{E}{\Delta E} \tag{8.2-13}$$

在小阻尼情况下，根据上面的能量表示式，可得

$$Q=2\pi\frac{\frac{1}{2}m\omega_0^2A_0^2\mathrm{e}^{-2\delta t}}{\frac{1}{2}m\omega_0^2A_0^2\mathrm{e}^{-2\delta t}(1-\mathrm{e}^{-2\delta T})}=2\pi\frac{1}{1-\mathrm{e}^{-2\delta T}}$$

因 $\delta\ll\omega_0=\frac{2\pi}{T}$，故 $\delta T\ll1$，$1-\mathrm{e}^{-2\delta T}\approx1-(1-2\delta T)=2\delta T$，所以

$$Q=\frac{2\pi}{2\delta T}=\frac{\omega_0}{2\delta} \tag{8.2-14}$$

可见，Q 仅由振动系统本身的性质决定.

以上我们讨论了（8.2-3）式在阻尼较小，即 $\delta<\omega_0$ 时的解. $\delta<\omega_0$ 的情形称为欠阻尼. 欠阻尼情形的解的特征是仍有振动存在.

当 $\delta>\omega_0$ 时，振子受力以阻力为主，因而振子不再作振动，而仅作由初始位置逐渐趋向平衡位置的缓慢运动. 具体运动过程还与初速度 v_0 有关. 对 $x_0>0$，对应不同的 v_0，x 与 t 的关系曲线如图 8.2-3 所示. 这种情形称为过阻尼. 通常这一趋向平衡位

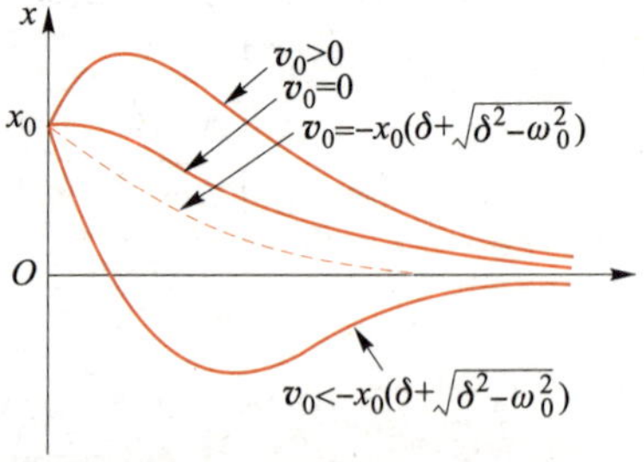

图 8.2-3　过阻尼振动曲线

置的过程将经历相当长的时间.

当 $\delta=\omega_0$ 时，阻力与弹性回复力的大小相近，这时振子仍无振动，其运动情况与过阻尼情况相仿，x 与 t 的关系曲线也与之相仿，但过程所经历的时间比过阻尼情况要短得多. 这种情况称为临界阻尼.

根据微分方程理论，常系数二阶线性微分方程（8.2-3）的解具有如下形式：

$$x=A_1e^{\lambda_1 t}+A_2e^{\lambda_2 t} \tag{8.2-15}$$

其中

$$\lambda_1=-\delta+\sqrt{\delta^2-\omega_0^2},\quad \lambda_2=-\delta-\sqrt{\delta^2-\omega_0^2}$$

对阻尼比较小，即 $\delta<\omega_0$ 的情形，有

$$\lambda_1=-\delta+i\sqrt{\omega_0^2-\delta^2},\quad \lambda_2=-\delta-i\sqrt{\omega_0^2-\delta^2}$$

令 $\omega_f=\sqrt{\omega_0^2-\delta^2}$，则

$$x=(A_1e^{i\omega_f t}+A_2e^{-i\omega_f t})e^{-\delta t} \tag{8.2-16}$$

式中 A_1 和 A_2 由初始条件确定. 上式经整理改写，即欠阻尼情况下的解（8.2-4）式：

$$x=A_0e^{-\delta t}\cos(\omega_f t+\varphi_f)$$

当 $\delta>\omega_0$ 时，（8.2-15）式中 λ_1、λ_2 皆为实数，于是该解成为

$$x=A_1e^{(-\delta+\sqrt{\delta^2-\omega_0^2})t}+A_2e^{(-\delta-\sqrt{\delta^2-\omega_0^2})t} \tag{8.2-17}$$

此即过阻尼情况下的解. A_1、A_2 可由初始条件决定：

$$\begin{cases} A_1=\dfrac{x_0}{2}+\dfrac{\delta x_0}{2\sqrt{\delta^2-\omega_0^2}}+\dfrac{v_0}{2\sqrt{\delta^2-\omega_0^2}} \\ A_2=\dfrac{x_0}{2}-\dfrac{\delta x_0}{2\sqrt{\delta^2-\omega_0^2}}-\dfrac{v_0}{2\sqrt{\delta^2-\omega_0^2}} \end{cases} \tag{8.2-18}$$

图 8.2-3 即由以上两式得出.

当 $\delta=\omega_0$ 时，方程（8.2-3）的解不能由（8.2-15）式直接得出，而应由欠阻尼解（8.2-4）式或过阻尼解（8.2-17）式取 $\delta\to\omega_0$ 时的极限得到，即

$$x=e^{-\delta t}[x_0+(v_0+\delta x_0)t] \tag{8.2-19}$$

这就是临界阻尼状态下位移与时间的关系.

例题 测得某欠阻尼振子的角频率为 ω_f，相继两次振动的最大位移为 x_1 和 x_2，求阻尼系数 δ.

解： 由（8.2-4）式，$x_1=A_0e^{-\delta t}$，$x_2=A_0e^{-\delta(t+T)}$，故

$$\frac{x_1}{x_2}=\frac{A_0e^{-\delta t}}{A_0e^{-\delta(t+T)}}=e^{\delta T},\quad \delta T=\ln\frac{x_1}{x_2}$$

而 $T=\dfrac{2\pi}{\omega_f}$，所以

$$\delta=\frac{\omega_f}{2\pi}\ln\frac{x_1}{x_2}$$

通常定义

$$\Lambda = \ln \frac{x_1}{x_2} = \ln \frac{A_0 e^{-\delta t}}{A_0 e^{-\delta(t+T)}} = \delta T \tag{1}$$

为对数减缩，它也是表征阻尼大小的一个物理量.

8.3 受迫振动

只受弹性力（矩）或准弹性力（矩）和黏性阻力（矩）作用的振动系统，其振幅总是随时间衰减，振动不能持久. 如果要使振动持久不衰，就必须由外界不断供给能量. 对机械振动来说，可由外界驱动力对系统不断做功，向系统供给能量. 外界驱动力可以是非周期性的，如小孩荡秋千时，大人不时推小孩一下；亦可以是周期性的，如钟、表里的擒纵系统提供的推力. 在周期性驱动力中，简谐力最为重要. 质心偏离转轴的马达对底座的作用力、弹簧支点作正弦振动时对振子产生的力等都属于简谐力. 振动系统在周期性外界驱动力作用下的振动，叫受迫振动. 本节主要研究振动系统在简谐驱动力作用下的受迫振动. 简谐驱动力特别重要的原因是：

（1）简谐驱动力最简单，也很常见.

（2）任何非简谐驱动力都可以看成简谐驱动力的线性叠加. 研究了振动系统对各种频率的简谐驱动力的响应，也就从原则上解决了振动系统对任何外力的响应问题.

设简谐驱动力为 $F_0\cos\omega t$，弹簧振子的运动方程为

$$m\ddot{x}+C\dot{x}+kx=F_0\cos\omega t \tag{8.3-1}$$

其中 F_0 为力幅. 令 $\frac{C}{m}=2\delta$，$\frac{k}{m}=\omega_0^2$，$\frac{F_0}{m}=f_0$，上式变为归一化的受迫振动的统一形式：

$$\ddot{x}+2\delta\dot{x}+\omega_0^2x=f_0\cos\omega t \tag{8.3-2}$$

方程右边是 $\cos\omega t$，而三角函数的导数还是同宗量的三角函数，故方程（8.3-2）的解可设为

$$x_1=B\cos(\omega t-\varphi) \tag{8.3-3}$$

将（8.3-3）式代入（8.3-2）式，就可以得到 B 和 φ 的表示式. 最方便的方法是把方程（8.3-2）两边各项都用振幅矢量表示（因它们都是同频率简谐振动量），并注意各量的相位关系，可得图 8.3-1 的矢量图. 由图可得

$$f_0^2=[(\omega_0^2-\omega^2)^2+(2\delta\omega)^2]B^2$$

所以

$$B=\frac{f_0}{\sqrt{(\omega_0^2-\omega^2)^2+4\delta^2\omega^2}} \tag{8.3-4}$$

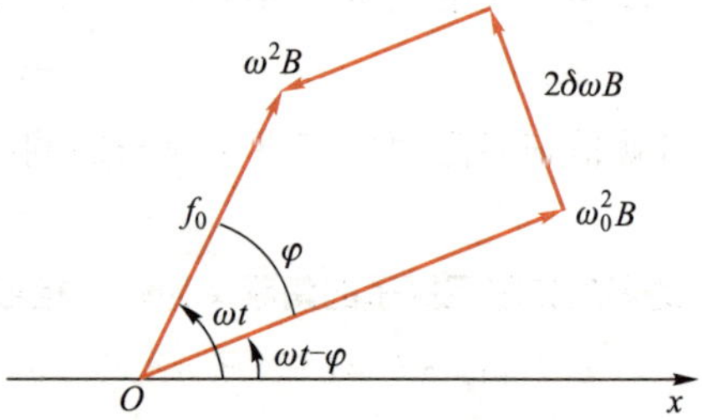

图 8.3-1 受迫振动方程的振幅矢量图

由图还可看出：

$$\tan\varphi=\frac{2\delta\omega}{\omega_0^2-\omega^2} \tag{8.3-5}$$

但 x_1 并不是方程（8.3-2）的通解. 因为，即使振动系统不受简谐驱动力，在一定初始条件下，也会发生阻尼振动. 即使系统原来静止于平衡位置，在从 $t=0$ 时刻起突然施于其上的简谐驱动力触发下，阻尼振动也能发生. 因而，若用 $x_2(t)$ 表示阻尼振动的位移与时间的关系，则

$$x=x_1+x_2$$

仍是方程的解. 事实上，当以 x 代入方程（8.3-1）时，由于 $m\ddot{x}_2+C\dot{x}_2+kx_2=0$，$x$ 必满足方程. x 就是方程的通解. 这也正是微分方程理论告诉我们的. 在小阻尼情况下，可将方程的通解写成

$$x=A_0\mathrm{e}^{-\delta t}\cos(\omega_{\mathrm{f}}t+\varphi_{\mathrm{f}})+B\cos(\omega t-\varphi) \tag{8.3-6}$$

其中第一项即阻尼振动，它随时间衰减，故称暂态解；第二项不随时间衰减，称为稳态解. 开始时，振子的运动比较复杂，为暂态解和稳态解的叠加，经过一段时间以后，暂态解衰减掉了，只留下稳态解（图 8.3-2）.

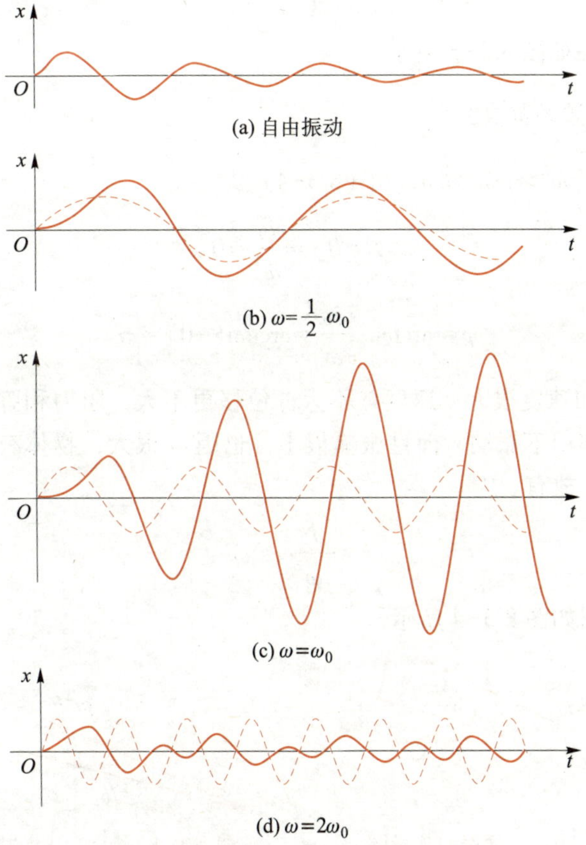

图 8.3-2　受迫振动位移与时间的关系. 虚线为驱动力（$\delta\approx0.1\omega_0$）

稳态解（8.3-3）的特点是它的频率与驱动力频率相同，它的振幅及初相位与初始条件无关，完全由驱动力和系统的固有参量决定. 而暂态解的频率由系统本身性质决定，振幅及初相位则由初始条件决定.

我们只讨论 $\delta<\omega_0$ 的阻尼较小的情况.

(1) $\dfrac{\omega}{\omega_0}\ll 1$（频率甚低）.

此时 $\omega^2\ll\omega_0^2$，$\delta\omega\ll\omega_0^2$，由（8.3-4）式，

$$B\approx B_0=\frac{f_0}{\omega_0^2}=\frac{F_0}{k} \tag{8.3-7}$$

此即弹簧在力 F_0 作用下的静伸长. 因 ω 很小，物体加速度和速度均很小，故阻力可忽略，弹力几乎时时与外力相平衡. 由（8.3-5）式，

$$\varphi\approx\arctan\frac{2\delta\omega}{\omega_0^2}\approx 0 \tag{8.3-8}$$

振动与外力同相位. 故有

$$x=\frac{F_0}{k}\cos\,\omega t \tag{8.3-9}$$

对应的振幅矢量图如图 8.3-3 所示.

(2) $\dfrac{\omega}{\omega_0}\gg 1$（频率甚高）.

此时 $\omega^2\gg\omega_0^2$，$\omega^2\gg\omega\omega_0>\delta\omega$，由（8.3-4）式，

$$B=B_\infty\approx\frac{f_0}{\omega^2}\approx 0 \tag{8.3-10}$$

$$\varphi\approx\arctan\frac{2\delta\omega}{-\omega^2}=\arctan(-0)\approx\pi \tag{8.3-11}$$

因 ω 很大，即使加速度很大，速度并不大，位移更不大，阻力和弹力均可忽略，物体几乎只在外力作用下振动，而且振幅很小；也因 ω 很大，物体有惯性，使位移与外力几乎反相位，故有

$$x=-\frac{f_0}{\omega^2}\cos\,\omega t \tag{8.3-12}$$

对应的振幅矢量图如图 8.3-4 所示.

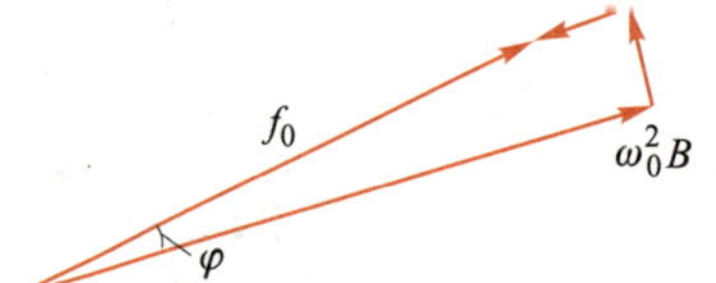

图 8.3-3　$\omega\ll\omega_0$ 时的振幅矢量图

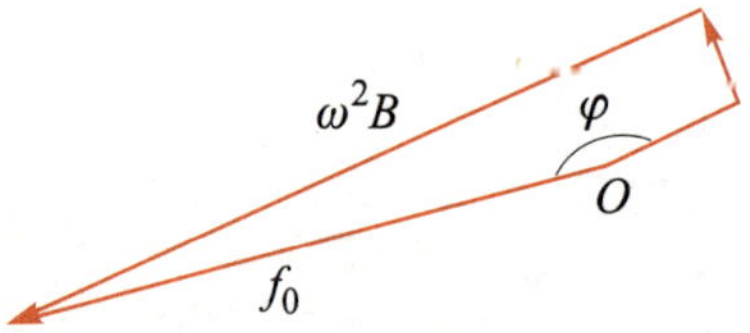

图 8.3-4　$\omega\gg\omega_0$ 时的振幅矢量图

(3) $\dfrac{\omega}{\omega_0}\approx 1$，共振.

此时，由（8.3-4、5）式，可得

$$B=B_r\approx\frac{f_0}{2\delta\omega} \tag{8.3-13}$$

$$\varphi \approx \arctan\ \infty = \frac{\pi}{2} \tag{8.3-14}$$

$$x \approx \frac{f_0}{2\delta\omega}\sin\ \omega t = \frac{f_0}{2\delta\omega}\cos\left(\omega t - \frac{\pi}{2}\right) \tag{8.3-15}$$

随着驱动力频率 ω 逐渐接近振子固有频率 ω_0，振幅 B 急剧增大，当 $\omega \approx \omega_0$ 时，振幅将达很大的值 B_r，这种现象称为共振. 不难看出，$B_r = QB_0$，即共振时的振幅为 $\omega \ll \omega_0$ 时振幅的 Q 倍. 此时外力与阻力相抵，振子只在弹力作用下作振幅不衰减的自由振动，位移比外力落后相位 $\frac{\pi}{2}$. 对应的振幅矢量图如图 8.3-5 所示.

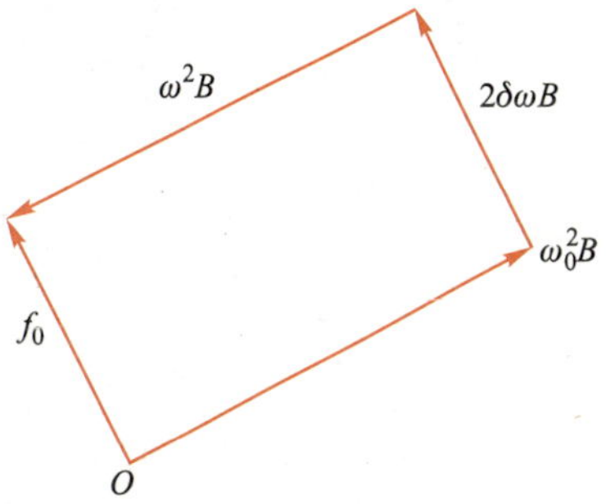

图 8.3-5　$\omega = \omega_0$（共振）时的振幅矢量图

共振时的振幅与外力的幅值及阻尼大小有关，阻尼越小，共振时的振幅越大. 因为此时外力与阻力等值反相，而阻力与速度成正比（从而与振幅成正比），与阻尼系数成正比，当阻尼小时，只有大的振幅才能造成与外力相抵的阻力.

综上讨论，可将 B、φ 与 ω 的关系画成曲线，如图 8.3-6 所示. B-ω 图常称频率响应曲线或共振曲线. 由图可见，在阻尼较大时，共振曲线的峰值并不出现在 $\omega = \omega_0$ 处，而略向 ω 小的方向偏，这反映了阻尼项的影响. 读者不难由（8.3-4）式证明，B 的峰值出现在

$$\omega_r = \sqrt{\omega_0^2 - 2\delta^2} \tag{8.3-16}$$

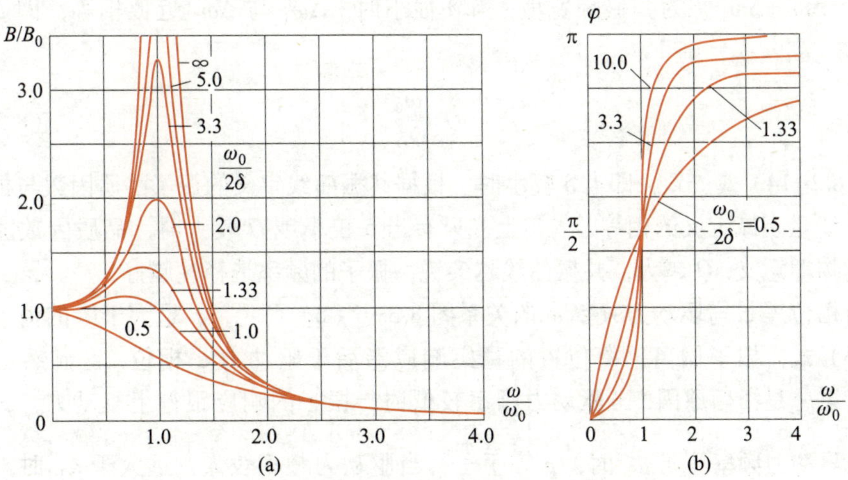

图 8.3-6　稳态受迫振动的振幅 B、相位差 φ 与驱动力频率 ω 的关系

处（ω_r 称为位移共振频率），此时 $B = B_r = \dfrac{f_0}{2\delta\sqrt{\omega_0^2 - \delta^2}}$，$\varphi = \varphi_r = \arctan\dfrac{\sqrt{\omega_0^2 - 2\delta^2}}{\delta}$，而速度幅的峰值则出现在 $\omega = \omega_0$ 处，故 ω_0 实为速度共振频率，（8.3-13、14、15）式表示的其实是速度共振时各量的相应值（这时"≈"应改为"="）. 但当阻尼小时，

ω_r 与 ω_0 十分接近.

由共振曲线图 8.3-6（a）可见，当阻尼小时，曲线尖锐；当阻尼大时，曲线不尖锐. 也可根据共振曲线定义振子的品质因数.

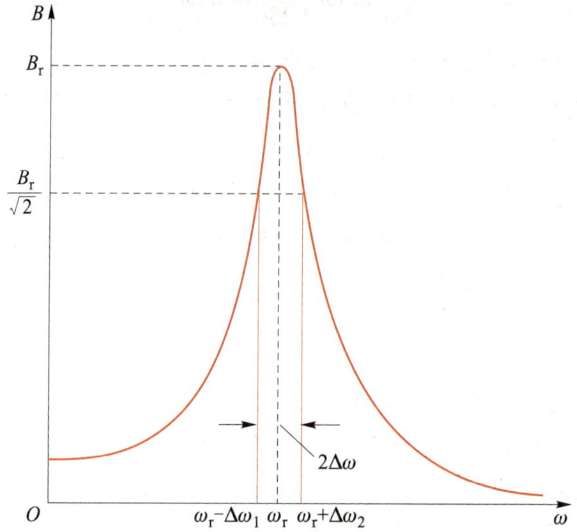

图 8.3-7 共振曲线

当 $\omega=\omega_r$ 即共振时，$B=B_r$. 当 ω 偏离 ω_r 时，B 值将减小. 当 $B=B_r/\sqrt{2}$ 时，对应的角频率分别为 $\omega_1=\omega_r-\Delta\omega_1$ 和 $\omega_2=\omega_r+\Delta\omega_2$（图 8.3-7），则品质因数 Q 定义为

$$Q=\frac{\omega_r}{\omega_2-\omega_1} \tag{8.3-17}$$

$\omega_2-\omega_1=\Delta\omega_1+\Delta\omega_2$ 称为共振峰宽度. 当 δ 很小时，$\Delta\omega_1$ 与 $\Delta\omega_2$ 近似相等，即 $\Delta\omega_1\approx\Delta\omega_2\approx\delta$，$\omega_r\approx\omega_0$，则

$$Q=\frac{\omega_0}{2\delta} \tag{8.3-18}$$

这与（8.2-14）式一致，即当 δ 较小时，根据共振曲线定义的振子品质因数与根据阻尼振动能量衰减定义的相等. 事实上，只有当 δ 较小或 Q 较大时，品质因数才具有明显的物理意义. Q 越大，共振曲线越尖锐，振子的频率选择性越好.

由相位差 φ 与驱动力频率 ω 的关系图 8.3-6（b）可见，φ 是大于零的值，根据（8.3-3）式，振子偏离平衡位置的稳定响应滞后于驱动力 φ 相位. 这显然是合理的，结果总是滞后原因. 当驱动力频率较低时，振子的响应跟得上驱动力，φ 值较小；当驱动力频率等于 ω_0 时，φ 等于 $\frac{\pi}{2}$；当驱动力频率较大，远大于 ω_0 时，振子跟不上驱动力，滞后的相位 φ 值趋于最大，接近 π.

稳定受迫振动的振幅保持不变，因而振动一个周期后机械能也保持不变. 功描述能量从一个物体到另一个物体的传递，从功能关系看，一个周期中体系因阻力而损耗的能量将从外力对体系所做的功中得到补偿.

由（8.3-3）式，稳定受迫振动的速度为

$$v=\dot{x}_1=-\omega B\sin(\omega t-\varphi) \tag{8.3-19}$$

驱动力对体系做功的功率为

$$p_F=Fv=F_0\cos\omega t[-\omega B\sin(\omega t-\varphi)] \tag{8.3-20}$$

而阻力所损耗的功率为

$$p_f=(-C\dot{x}_1)[-\omega B\sin(\omega t-\varphi)]=-C\omega^2B^2\sin^2(\omega t-\varphi) \tag{8.3-21}$$

p_F 与 p_f 都与时间有关，但两者并不时时相抵（事实上，p_F 时正时负，而 p_f 恒为负），可见体系的机械能并不是与时间无关的常量．这是可以理解的，因为现在振子并不以固有频率振动，而以驱动力的频率振动，动能与势能之和不再与时间无关．但经一个周期后，两者所做的功互相抵消．一个周期中驱动力所做的功为

$$\begin{aligned}\int_t^{t+T}p_F\mathrm{d}t&=\int_t^{t+T}-F_0\omega B\cos\omega t\sin(\omega t-\varphi)\mathrm{d}t\\&=-F_0\omega B\int_t^{t+T}(\cos\omega t\sin\omega t\cos\varphi-\cos^2\omega t\sin\varphi)\mathrm{d}t\\&=F_0\omega B\sin\varphi\cdot\frac{T}{2}=F_0\omega B\frac{T}{2}\cdot\frac{2\delta\omega B}{f_0}\\&=2m\delta\omega B^2\pi=C\omega B^2\pi\end{aligned}$$

这里我们应用了 $\sin\varphi=\dfrac{2\delta\omega B}{f_0}$的结果，这从图 8.3-1 中可得出．而一个周期中阻力所做的功为

$$\int_t^{t+T}p_f\mathrm{d}t=\int_t^{t+T}-C\omega^2B^2\sin^2(\omega t-\varphi)\mathrm{d}t=-C\omega B^2\pi$$

可见

$$\int_t^{t+T}p_f\mathrm{d}t=-\int_t^{t+T}p_F\mathrm{d}t \tag{8.3-22}$$

当 $\omega=\omega_0$，即速度共振时，$\varphi=\dfrac{\pi}{2}$，这时有

$$\begin{aligned}p_F&=F_0\cos\omega t\left[-\omega B_r\sin\left(\omega t-\frac{\pi}{2}\right)\right]\\&=F_0\cos\omega t\omega B_r\cos\omega t\\&=F_0\omega B_r\cos^2\omega t\end{aligned} \tag{8.3-23}$$

$$\begin{aligned}p_f&=-C\dot{x}_1^2=-C\omega^2B_r^2\sin^2\left(\omega t-\frac{\pi}{2}\right)\\&=-C\omega^2B_r^2\cos^2\omega t\end{aligned} \tag{8.3-24}$$

而 $B_r=\dfrac{f_0}{2\delta\omega}$，$C\omega B_r=C\omega\dfrac{f_0}{2\delta\omega}=mf_0=F_0$，代入（8.3-24）式，得

$$p_f=-F_0\omega B_r\cos^2\omega t$$

于是

$$p_F=-p_f \tag{8.3-25}$$

这表明，共振时驱动力的功率时刻与阻力的功率相抵，因而振子的机械能恒定不变．这时振子以固有频率振动，犹如一个不受阻力的自由振子，故动能与势能之和

与时间无关．同时，共振时驱动力与速度同相位，因而时刻对体系做正功，这正是共振开始时振幅急剧增大的原因．但随着振幅的增大，阻力的功率也不断增大，最后与驱动力的功率相抵，使振子的振幅保持恒定．以上其实是 $\omega=\omega_0$ 时的结果，也就是速度共振时的结果．当阻尼很小时，此结果与位移共振时基本一致．当阻尼不很小时，位移共振的情形与此略有不同．

例题 **质量为 m 的重物悬挂于弹性系数为 k 的弹簧下端，平衡于 O 点．从 $t=0$ 时刻开始，弹簧上端 O'以 $x'=a\sin\omega t$ 的方式作上下振动（以向下为正），问：（1）稳定后，物体将如何运动？设系统的阻尼系数为 δ；（2）物体运动与时间的关系如何（图 8.3-8）？**

解：（1）取 x 轴竖直向下．以 O 为 x 轴的原点（O 为振子的平衡位置），重力不必考虑．故物体的运动方程为

$$m\ddot{x}=-C\dot{x}+k(x'-x)$$

即

$$m\ddot{x}+C\dot{x}+kx=ka\sin\omega t$$

此即受迫振动方程，力幅 $F_0=ka$，故其稳态解为

$$x=B\sin(\omega t-\varphi)$$

其中 B 和 φ 由（8.3-4）式和（8.3-5）式决定：

$$B=\frac{ka/m}{\sqrt{(\omega_0^2-\omega^2)^2+4\delta^2\omega^2}}$$

$$\tan\varphi=\frac{2\delta\omega}{\omega_0^2-\omega^2}$$

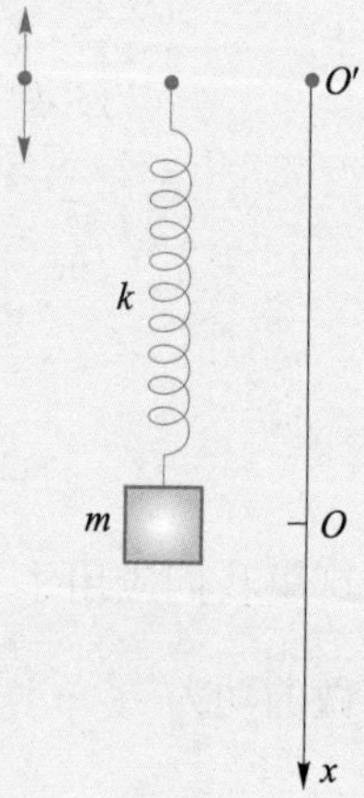

图 8.3-8

B、φ 与 ω 的关系如图 8.3-6 所示．当 $\omega=\omega_0$ 时，

$$B=\frac{ka/m}{2\delta\omega_0}=\frac{a\omega_0^2}{2\delta\omega_0}=Qa \tag{1}$$

也就是说，当速度共振（当 δ 很小时，这也是位移共振）时，物体的振幅为 O'点振幅的 Q 倍．

某些精密仪器或工作台需要避免由外来扰动引起的振动．怎样才能作到这一点？我们可把本题中的物体看作需要防振的仪器，而把 O' 点看作外界振源．从本题结果可以看出，如果能使 $\omega_0\ll\omega$，亦即使系统的固有频率远小于外界振源的频率，物体的振幅 B 就极小，从而达到防振的目的，ω_0 由系统的质量 m 及弹性系数 k 决定，m 越大，k 越小，ω_0 就越小．通常精密仪器的工作台用铸铁或水泥制成，质量很大，底座垫以柔软的橡皮，甚至用气缸作座垫，这样就使 ω_0 很小，有效避免了外来干扰的影响．

（2）由（8.3-6）式，在达到稳态前，振子的运动由下式表示：

$$x=A_0e^{-\delta t}\cos(\omega_f t+\varphi_f)+B\sin(\omega t-\varphi) \tag{2}$$

其中

$$\omega_f=\sqrt{\omega_0^2-\delta^2}=\omega_0\sqrt{1-\frac{\delta^2}{\omega_0^2}} \tag{3}$$

$$B=\frac{\omega_0^2 a}{\sqrt{(\omega_0^2-\omega^2)^2+4\delta^2\omega^2}} \tag{4}$$

$$\tan\varphi=\frac{2\delta\omega}{\omega_0^2-\omega^2} \tag{5}$$

而A_0和φ_f可由初始条件决定. $t=0$时，$x_0=0$，$v_0=0$，故有

$$x_0=0=A_0\cos\varphi_f-B\sin\varphi \tag{6}$$

$$v_0=0=-\delta A_0\cos\varphi_f-\omega_f A_0\sin\varphi_f+\omega B\cos\varphi \tag{7}$$

由（6）式得

$$A_0\cos\varphi_f=B\sin\varphi$$

由（6）式、（7）式得

$$A_0\sin\varphi_f=\frac{\omega B\cos\varphi-\delta B\sin\varphi}{\omega_f}$$

由此解得

$$A_0=B\sqrt{\sin^2\varphi+\left(\frac{\omega\cos\varphi-\delta\sin\varphi}{\omega_f}\right)^2} \tag{8}$$

$$\tan\varphi_f=\frac{\omega\cos\varphi-\delta\sin\varphi}{\omega_f\sin\varphi} \tag{9}$$

将（3）式、（4）式、（5）式、（8）式、（9）式所表示的诸量代入（2）式，即得振子运动与时间的关系. 今以$\omega=\omega_0$，$\delta=0.1\omega_0$为例来看x的具体变化情况. 将之代入（3）式、（4）式、（5）式、（8）式、（9）式，得

$$\omega_f=\omega_0\sqrt{1-(0.1)^2}\approx0.995\omega_0$$

$$B=\frac{\omega_0^2a}{2\delta\omega_0}=5a$$

$$\varphi=\arctan\infty=\frac{\pi}{2},\ \sin\varphi=1,\ \cos\varphi=0$$

$$A_0=B\sqrt{1+\left(\frac{\delta}{\omega_f}\right)^2}\approx B\sqrt{1+\left(\frac{\delta}{\omega_0}\right)^2}=B\sqrt{1+0.1^2}=1.005B$$

$$\tan\varphi_f=\frac{-\delta}{\omega_f}\approx-\frac{\delta}{\omega_0}=-0.1$$

$$\varphi_f=\arctan(-0.1)=5.7^\circ$$

$$\sin\varphi_f\approx-0.1,\ \cos\varphi_f\approx1-0.005$$

代入（2）式，得

$$x=1.005\times5a\mathrm{e}^{-0.1\omega_0t}\cos(0.995\omega_0t+5.7^\circ)-5a\cos\omega_0t \tag{10}$$

由（10）式可见，振子的运动为频率相差很少的一个阻尼振动和一个简谐振动的叠加，相当于拍，其拍频为

$$\Delta\nu=\frac{1}{2\pi}|\omega_f-\omega_0|=0.005\frac{\omega_0}{2\pi}$$

在初始时刻，两振动振幅几乎相等，相位几乎相反，故合位移为零. 以后振幅逐渐增大. 但因阻尼振动随时间衰减，其时间常量$\tau=1/\delta=1/0.1\omega_0$比拍的周期$T=2\pi/0.005\omega_0$小得多，故拍现象实际上很快消失，经时间$\tau$后，振动即达稳态. 整个振动位移与时间关系如图8.3-2（c）所示.

8.4 振动的合成与分解

简谐振动是最简单、最基本的振动，任何一个复杂的振动都可以看成若干个简

谐振动的合成.下面分各种情况讨论振动的合成与分解.

1. 同方向、同频率的两个简谐振动的合成

设物体同时参与两个同方向、同频率的简谐振动，每个振动的位移与时间关系可表示为

$$\begin{cases} x_1 = A_1\cos(\omega t+\varphi_1) \\ x_2 = A_2\cos(\omega t+\varphi_2) \end{cases} \tag{8.4-1}$$

将每个振动用振幅矢量表示，并利用“矢量投影的和等于矢量和的投影”的性质，则合运动的振幅矢量即上面两个振幅矢量的和，如图 8.4-1 所示. 不难看出，合运动仍是同频率的简谐振动，即

$$x = x_1+x_2 = A\cos(\omega t+\varphi) \tag{8.4-2}$$

且有

$$A = \sqrt{A_1^2+A_2^2+2A_1A_2\cos(\varphi_2-\varphi_1)} \tag{8.4-3}$$

$$\tan\varphi = \frac{A_1\sin\varphi_1+A_2\sin\varphi_2}{A_1\cos\varphi_1+A_2\cos\varphi_2} \tag{8.4-4}$$

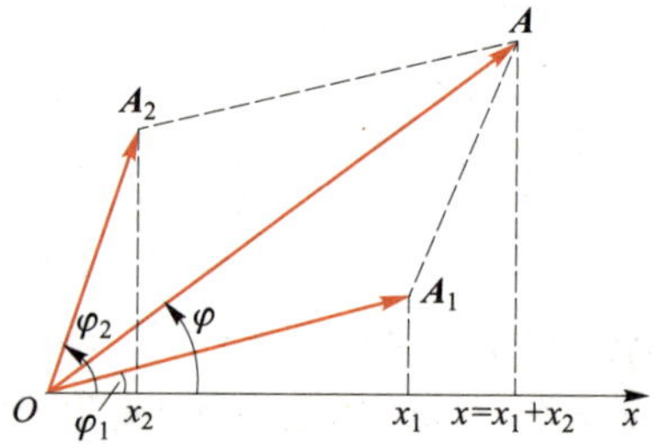

图 8.4-1　振动合成的振幅矢量图

由（8.4-3）式可知，合振动的振幅取决于两振动的相位差 $\varphi_2-\varphi_1$.

（1）若 $\varphi_2-\varphi_1=2k\pi$，$k=0$，$\pm1$，$\pm2$，…，则

$$A = A_1+A_2$$

即当两分振动的相位差为 π 的偶数倍时，合振动的振幅为两分振动振幅之和. 对应的振动曲线如图 8.4-2（a）所示.

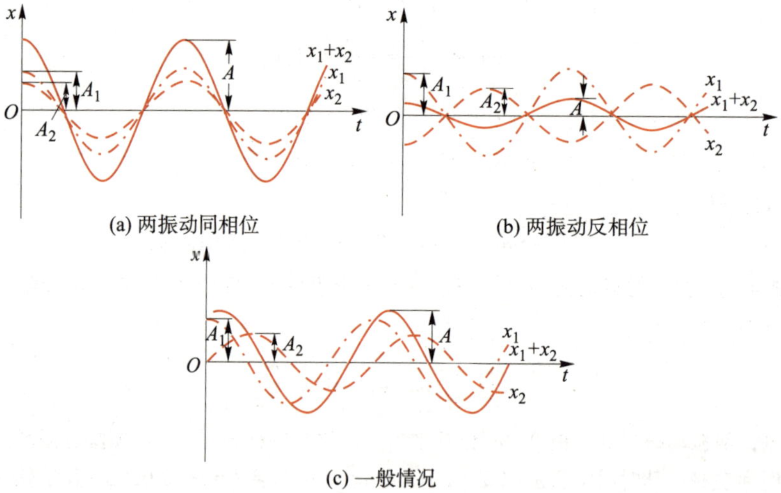

图 8.4-2　振动合成的曲线图

（2）若 $\varphi_2-\varphi_1=(2k+1)\pi$，$k=0$，$\pm1$，$\pm2$，…，则

$$A = |A_1-A_2|$$

即当分振动的相位差为 π 的奇数倍时，合振动的振幅为两分振动振幅之差. 振动曲线如图 8.4-2（b）所示. 当 $A_1=A_2$ 时，合振幅为零.

(3) 若 $\varphi_2-\varphi_1$ 为一般值，则

$$|A_1-A_2|<A<A_1+A_2$$

振动曲线如图 8.4-2 (c) 所示.

2. 同方向、相近频率的两个简谐振动的合成　拍

设

$$\begin{cases}x_1=A_1\cos(\omega_1 t+\varphi_1)\\x_2=A_2\cos(\omega_2 t+\varphi_2)\end{cases}\tag{8.4-5}$$

为简单起见，设 $A_1=A_2=A$；由于 $\omega_1\neq\omega_2$，我们总能找到某一时刻，两振动的相位相同. 若以此时刻作为时间的起点，则两振动的初相位相等，即 $\varphi_1=\varphi_2=\varphi$，合运动为

$$x=x_1+x_2=2A\cos\frac{\omega_1-\omega_2}{2}t\cos\left(\frac{\omega_1+\omega_2}{2}t+\varphi\right)\tag{8.4-6}$$

当 ω_1 与 ω_2 相差不多时，$\cos\frac{\omega_1-\omega_2}{2}t$ 比 $\cos\frac{\omega_1+\omega_2}{2}t$ 的变化缓慢得多，因而，x 就犹如振幅随时间缓慢变化的简谐振动，此简谐振动的频率为 $\frac{\omega_1+\omega_2}{2}\approx\omega_1\approx\omega_2$，与原来两振动频率几乎相等，而振幅随时间的变化由 $\cos\frac{\omega_1-\omega_2}{2}t$ 决定. 由于振幅所涉及的是绝对值，因此其变化周期即 $\left|\cos\frac{\omega_1-\omega_2}{2}t\right|$ 的周期，它由 $\left|\frac{\omega_1-\omega_2}{2}\right|T=\pi$ 决定，因而振幅变化频率为

$$\nu=\frac{1}{T}=\left|\frac{\omega_1-\omega_2}{2\pi}\right|=|\nu_1-\nu_2|=|\Delta\nu|\tag{8.4-7}$$

此即两频率之差. 这一现象称为拍，$\Delta\nu$ 称为拍频. 拍的振动曲线如图 8.4-3 (a) 所示. 当两振动的振幅不等，即 $A_1\neq A_2$ 时，也有拍现象，此时合振幅仍有时大时小的变化，但不会达到零，如图 8.4-3 (b) 所示.

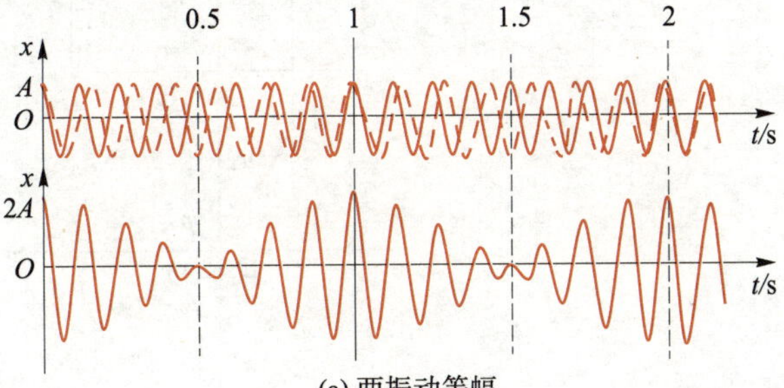

(a) 两振动等幅

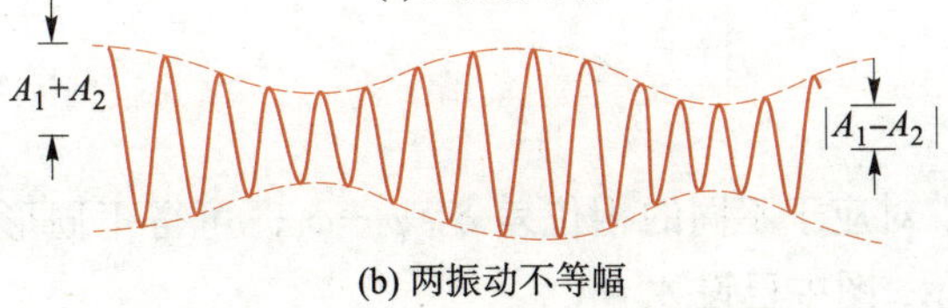

(b) 两振动不等幅

图 8.4-3　拍的振动曲线图

拍现象也可以用振幅矢量法描述. 由于$\omega_1 \neq \omega_2$, 因此振幅矢量$\boldsymbol{A}_1$和$\boldsymbol{A}_2$之间的夹角不再固定, 若$\omega_2>\omega_1$, 则$\boldsymbol{A}_2$相对$\boldsymbol{A}_1$以（$\omega_2-\omega_1$）的角速度旋转, $\boldsymbol{A}_1$又以ω_1的角速度旋转, $\boldsymbol{A}_1$和$\boldsymbol{A}_2$的合矢量$\boldsymbol{A}$的大小就随时间不断变化, 如图 8.4-4 所示. 很显然, $|\boldsymbol{A}|$的变化角频率为$\omega_2-\omega_1$.

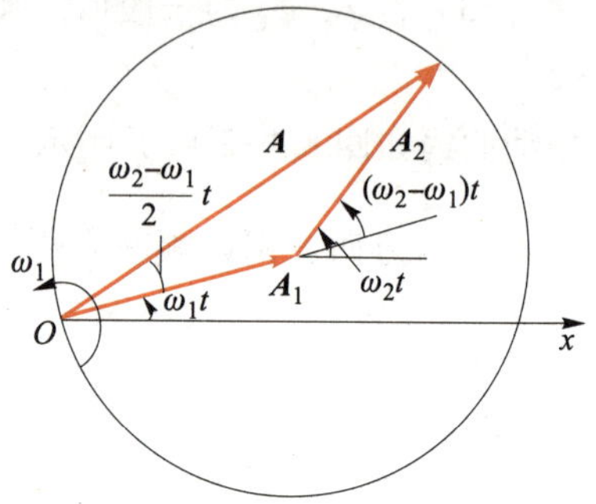

图 8.4-4　拍的振幅矢量表示

3. 互相垂直、同频率的两个简谐振动的合成

振动系统也可以同时参与方向互相垂直的两个振动, 例如单摆, 就可以同时参与这样的两个振动. 设一个振动沿x方向, 另一个沿y方向, 即

$$\begin{cases} x=A_x\cos(\omega t+\varphi_x) \\ y=A_y\cos(\omega t+\varphi_y) \end{cases} \tag{8.4-8}$$

它们实际上就是合振动的坐标的参量方程. 可用振幅矢量法作出合振动的轨迹, 只要把由振幅矢量法得到的x、y画在同一张图上, 坐标为x、y的点描绘的曲线就是合振动的轨迹. 我们将这一过程画在图 8.4-5 上. 注意这时（$\omega t+\varphi_y$）是振幅矢量与y轴的夹角. 在一般情况下, 合振动的轨迹是一椭圆. 轨迹方程可直接由（8.4-8）式消去时间求得, 即

$$\frac{x^2}{A_x^2}+\frac{y^2}{A_y^2}-\frac{2xy}{A_xA_y}\cos(\varphi_x-\varphi_y)=\sin^2(\varphi_x-\varphi_y) \tag{8.4-9}$$

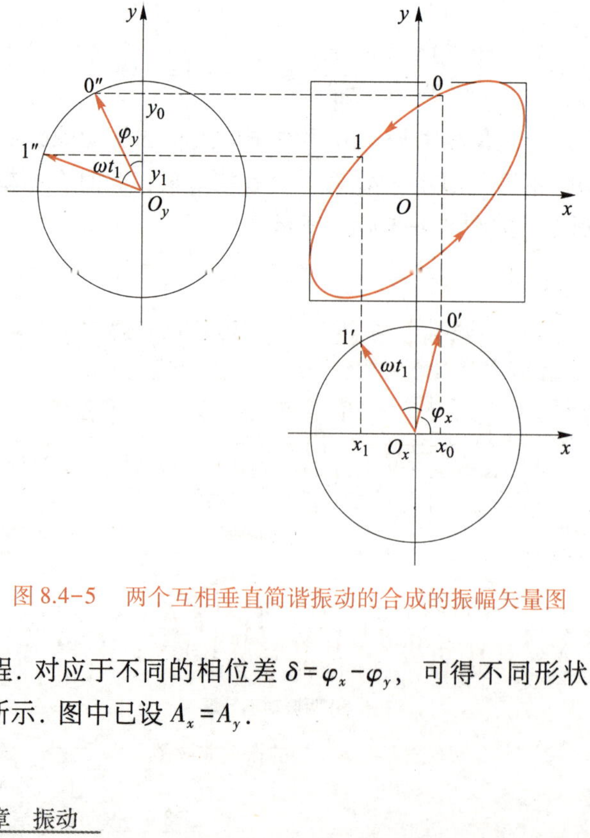

图 8.4-5　两个互相垂直简谐振动的合成的振幅矢量图

这是一个椭圆方程. 对应于不同的相位差$\delta=\varphi_x-\varphi_y$, 可得不同形状、不同绕向的椭圆, 如图 8.4-6 所示. 图中已设$A_x=A_y$.

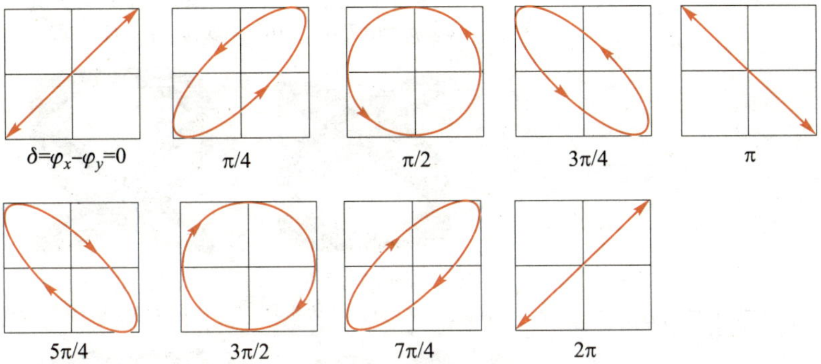

图 8.4-6　不同相位差对应的椭圆

4. 互相垂直、不同频率的两个简谐振动的合成　李萨如图形

如果 x 方向振动的频率 ν_x 和 y 方向振动的频率 ν_y 不相等，它们的合成振动也可以用振幅矢量法求得，这里不再赘述. 当 ν_x 与 ν_y 成整数比时，合振动的轨迹仍是一些闭合曲线，如图 8.4-7 所示，称为李萨如图形. 当 ν_x、ν_y 的比例一定时，初相位及其差不同，曲线的形状和走向也不同. 图 8.4-7 给出了几种频率比和几种初相位差（设 φ_y 均为零）的图形. 当 ν_x 与 ν_y 不成整数比时，合振动的轨迹不再是闭合曲线. 利用李萨如图形的这些性质，可精确判定两种频率是否成整数比，并可据此由已知频率确定未知频率.

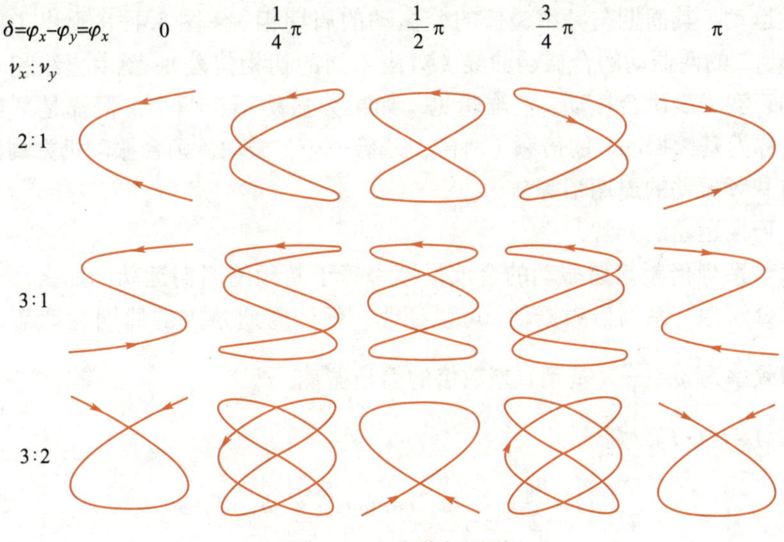

图 8.4-7　李萨如图形

5. 相互垂直、不同频率的三个简谐振动的合成　李萨如结状

沿 x、y、z 方向相互垂直的三个简谐振动的频率 ν_x、ν_y、ν_z 成整数比时，合成的轨迹为三维空间的闭合曲线，称为李萨如结状，如图 8.4-8 所示.

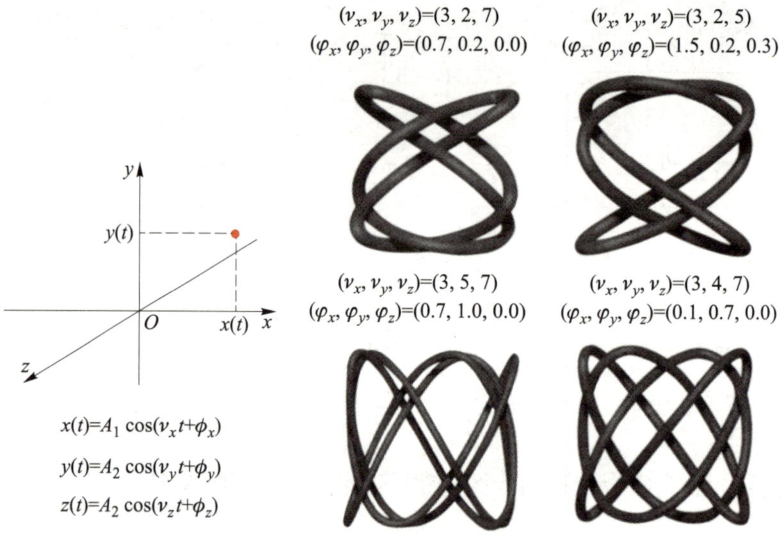

图 8.4-8　李萨如结状

6. 振动的分解　谐波分析

（1）倍频简谐振动的合成.

在本节“2”中，讨论过频率相近的两个同方向简谐振动的合成（拍）. 当频率并不相近时，合振动要更复杂，甚至没有周期性. 但当两振动的频率成简单整数比时，合振动表现出一定规则性. 特别是一个频率为另一频率的整数倍时，合振动仍为周期性运动，其周期与频率最低的分振动的周期相等. 图 8.4-9 画出了频率比为 2∶1 和 3∶1 的两振动的合振动曲线（对应不同的初相位差），图中虚线和点划线表示分振动，实线表示合振动. 不难想见，如果分振动不止两个，但都是某最低频率分振动（称为基频振动）的倍频（两倍、三倍……）振动，则合振动仍为周期运动，其周期与基频振动的周期相等.

（2）周期运动的分解.

既然一系列倍频简谐振动的合成是频率等于基频的周期运动，那么，该周期运动就可以分解为一系列倍频振动. 可以证明，任一周期为 T 的周期运动都可以分解为一系列频率为 $\omega=\dfrac{2\pi}{T}$（基频）整数倍的简谐振动. 即

若 $f(t)=f(t+T)$，则

$$f(t)=\frac{a_0}{2}+\sum_{n=1}^{\infty} a_n\cos n\omega t+\sum_{n=1}^{\infty} b_n\sin n\omega t \tag{8.4-10}$$

或

$$f(t)=\frac{A_0}{2}+\sum_{n=1}^{\infty} A_n\cos(n\omega t+\varphi_n) \tag{8.4-11}$$

其中

$$\omega=\frac{2\pi}{T}$$

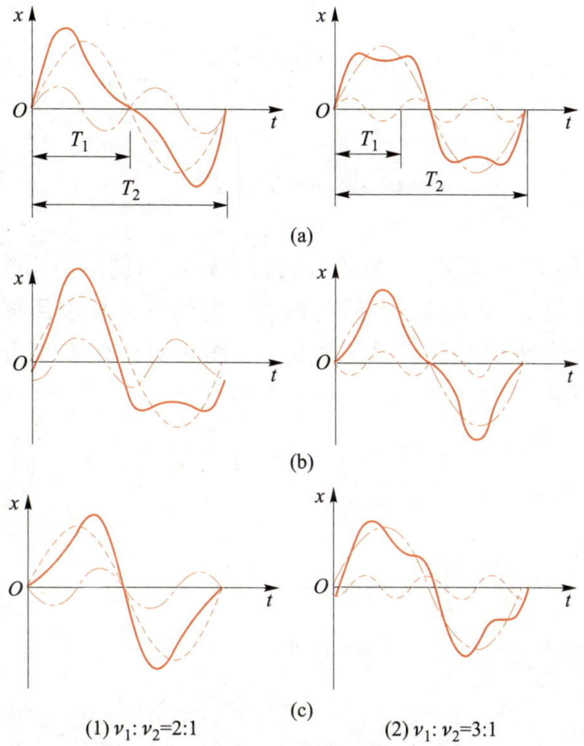

图 8.4-9　倍频振动的合成

［图（a）（b）（c）对应不同的初相位差］

式中频率为 $n\omega$ 的分振动称为 n 次谐频振动，又称 n 次谐波.（8.4-10）式或（8.4-11）式称为傅里叶级数，（8.4-11）式中的 A_n 和 φ_n 分别表示 n 次谐频振动的振幅和初相位. A_n 和 φ_n（或 a_n 和 b_n）可根据 $f(t)$ 的具体形式求得. 将周期运动分解为一系列谐频振动的方法常称为谐波分析.

（8.4-10）式中的系数 a_0、a_n、b_n 可利用三角函数的正交性求得:

$$a_0=\frac{2}{T}\int_t^{t+T} f(t)\,\mathrm{d}t \tag{8.4-12a}$$

$$a_n=\frac{2}{T}\int_t^{t+T} f(t)\cos n\omega t\,\mathrm{d}t \tag{8.4-12b}$$

$$b_n=\frac{2}{T}\int_t^{t+T} f(t)\sin n\omega t\,\mathrm{d}t \tag{8.4-12c}$$

而（8.4-11）式中的系数 A_n 和 φ_n 可由 a_n 和 b_n 求得，即

$$A_n=\sqrt{a_n^2+b_n^2} \tag{8.4-13a}$$

$$\tan\varphi_n=-\frac{b_n}{a_n} \tag{8.4-13b}$$

可见 a_n、b_n（或 A_n、φ_n）完全由原周期运动的形式 $f(t)$ 决定. 所谓三角函数的正交性，就是指下述性质:

$$\int_{t}^{t+T} \cos m\omega t \cos n\omega t \mathrm{d}t = \begin{cases} 0 & (m \neq n) \\ \dfrac{T}{2} & (m = n) \end{cases} \tag{8.4-14}$$

$$\int_{t}^{t+T} \sin m\omega t \sin n\omega t \mathrm{d}t = \begin{cases} 0 & (m \neq n) \\ \dfrac{T}{2} & (m = n) \end{cases} \tag{8.4-15}$$

以上结果不难由直接积分证明. 三角函数的正交性可用图示意出来. 图 8.4-10（a）（b）分别表示频率为 1∶2 和 1∶1 的两振动，它们的乘积以用影线画出的面积表示，在坐标轴以上的面积为正，以下为负. 由图可见，（a）部分面积之和为零，（b）部分则不等于零.

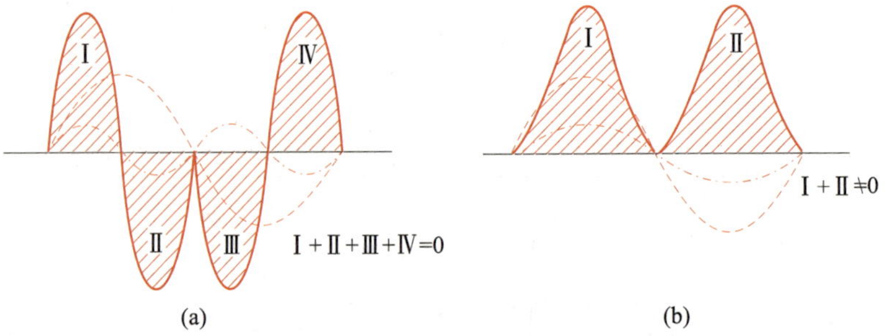

图 8.4-10　三角函数正交性示意图

A_n 反映了 n 次谐频振动对周期运动 $f(t)$ 的贡献（但未反映分振动的相位），因而 A_n 形成的数列就反映了所考察周期运动包括的各个谐频成分以及它们对周期运动贡献的大小. 若用横坐标表示各谐频成分的频率，纵坐标表示对应的振幅，就得到谐频成分的振幅对频率的分布图，称之为频谱. 不同的周期运动具有不同的频谱. 周期运动的各谐频成分的频率都是基频的整数倍，故它的频谱是离散谱. 图 8.4-11（a）（b）表示锯齿波和方脉冲的频谱.

不同乐器奏出的同一音调的音色各不相同，就是各种乐器所包含的谐频振动的振幅不同所致. 图 8.4-11（c）表示钢琴的频谱. 频谱只表示各谐频振动的振幅，而不能表示其相位［（8.4-11）式中的 φ_n］. 实验证明，人耳只对谐频振动的振幅敏感，对相位不敏感.

（3）非周期振动的分解.

非周期振动一般可以看成周期 $T\to\infty$ 或基频 $\omega\to 0$ 的周期运动，所以可以分解为频率连续分布的一系列简谐振动.

可以证明，对非周期振动 $f(t)$，有

$$f(t)=\int_{0}^{\infty} a(\omega)\cos \omega t\mathrm{d}\omega+\int_{0}^{\infty} b(\omega)\sin \omega t\mathrm{d}\omega \tag{8.4-16}$$

或

$$f(t)=\int_{0}^{\infty} A(\omega)\cos[\omega t+\varphi(\omega)]\mathrm{d}\omega \tag{8.4-17a}$$

以上两式称为傅里叶积分. 其中

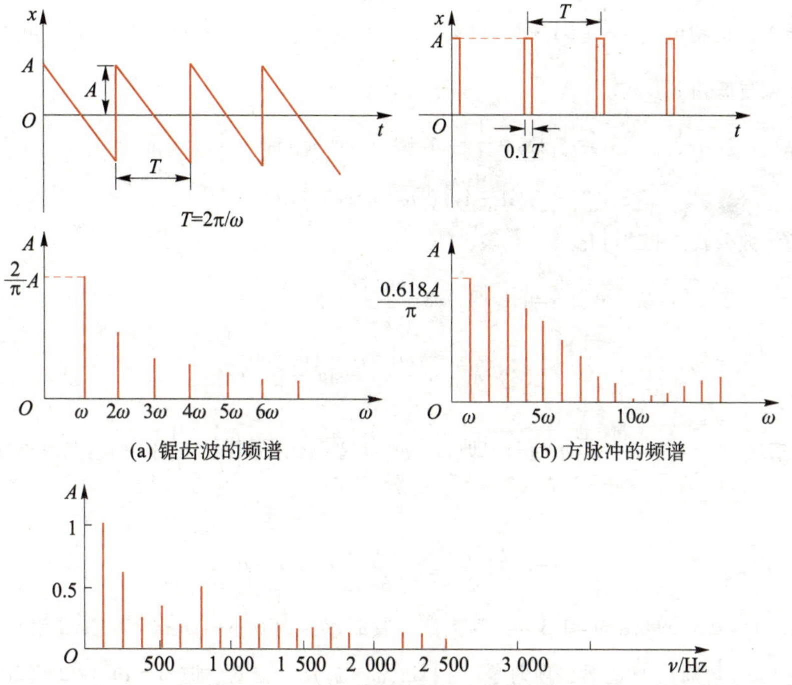

(a) 锯齿波的频谱　(b) 方脉冲的频谱　(c) 钢琴的频谱

图 8.4-11　几种周期振动的频谱

$$a(\omega)=\frac{1}{\pi}\int_{-\infty}^{\infty} f(t)\cos\omega t\mathrm{d}t \tag{8.4-17b}$$

$$b(\omega)=\frac{1}{\pi}\int_{-\infty}^{\infty} f(t)\sin\omega t\mathrm{d}t \tag{8.4-17c}$$

而

$$A(\omega)=\sqrt{[a(\omega)]^2+[b(\omega)]^2} \tag{8.4-18a}$$

$$\tan\varphi(\omega)=-\frac{b(\omega)}{a(\omega)} \tag{8.4-18b}$$

注意这时 $a(\omega)$、$b(\omega)$ 和 $A(\omega)$ 不具有振幅的量纲，$a(\omega)\mathrm{d}\omega$、$b(\omega)\mathrm{d}\omega$ 和 $A(\omega)\mathrm{d}\omega$ 具有振幅的量纲.

也可以用频谱表示非周期振动. 这时频谱不再为离散谱，而是连续谱（参见图 8.2-2）.

例题　**平均深度为 6 m 的某海峡的潮汐可看成由太阳引起的潮汐和由月亮引起的潮汐两个成分组成，每个成分的潮汐均随时间作简谐变化，设太阳潮的幅度为 0.5 m，周期为 12 h，月亮潮的幅度为 0.8 m，周期为 12.5 h，试求该海峡的潮汐涨落与时间的关系.**

解： 这是两个不同频率的振动的合成问题，而且两振动的幅度不同. 设太阳潮的位移为 x_1，月亮潮的位移为 x_2，取两者同时达最大值时为时间零点，则

$$x_1=A_1\cos\omega_1 t$$

$$x_2=A_2\cos\omega_2 t$$

尽管 $A_1 \neq A_2$，但利用 $A_1=\frac{1}{2}[(A_1+A_2)+(A_1-A_2)]$，$A_2=\frac{1}{2}[(A_1+A_2)-(A_1-A_2)]$，我们仍可以将两位移之和写成如下形式：

$$x=x_1+x_2=\frac{1}{2}[(A_1+A_2)(\cos\omega_1 t+\cos\omega_2 t)+$$
$$(A_1-A_2)(\cos\omega_1 t-\cos\omega_2 t)]$$

利用三角函数公式，上式可化为

$$x=(A_1+A_2)\cos\frac{\omega_1-\omega_2}{2}t\cos\frac{\omega_1+\omega_2}{2}t+$$
$$(A_2-A_1)\sin\frac{\omega_1-\omega_2}{2}t\sin\frac{\omega_1+\omega_2}{2}t$$

x 为两个拍之和. 当 $\left|\cos\frac{\omega_1-\omega_2}{2}t\right|=1$，即 $(\omega_1-\omega_2)t/2=k\pi$，或 $\left(\frac{1}{T_1}-\frac{1}{T_2}\right)t=k$（$k$ 为整数）时，亦即当

$$t=k\frac{T_1T_2}{T_2-T_1}=k\frac{12\times12.5}{12.5-12}\text{ h}=k\cdot300\text{ h}$$

时，$x=A_1+A_2=0.5\text{ m}+0.8\text{ m}=1.3\text{ m}$，为大潮，其时水深为 6 m+1.3 m=7.3 m（涨潮）或 6 m−1.3 m=4.7 m（落潮）. 此时第二项为零. 当 $|\sin(\omega_1-\omega_2)t/2|=1$，即 $(\omega_1-\omega_2)t/2=(2k+1)\pi/2$，或 $(1/T_1-1/T_2)t=(2k+1)/2$ 时，亦即当

$$t=(2k+1)\frac{1}{2}\cdot\frac{T_1T_2}{T_2-T_1}=(2k+1)\cdot150\text{ h}$$

时，$x=A_2-A_1=0.8\text{ m}-0.5\text{ m}=0.3\text{ m}$，为小潮，其时水深为 6 m+0.3 m=6.3 m（涨潮）或 6 m−0.3 m=5.7 m（落潮）. 此时第一项为零.

8.5 两个自由度的振动和简正模式

研究存在相互作用多自由度系统的振动，采用简正坐标是比较方便的. 本节以耦合摆这种两自由度系统为例介绍简正坐标、简正模式和简正频率的概念，并通过演示实验加深对这些概念的理解.

两个单摆由一根弹簧耦合起来（图 8.5-1），就叫作耦合摆. 由于弹簧的作用，原本两个完全独立的单摆对应的两个完全独立的自由度之间发生了耦合. 确定这个系统的位置，需要两个变量，如 θ_1 和 θ_2. 图中箭头指明 θ_1 和 θ_2 的正向. 为简便计，设两个单摆的摆长相等，两个摆球的质量相等.

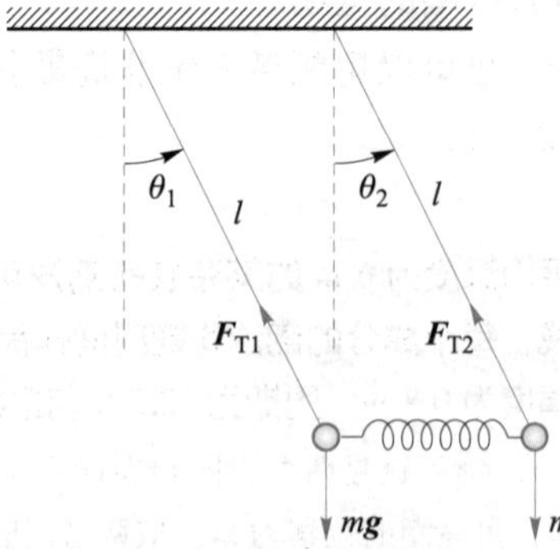

图 8.5-1

当研究振动时，θ_1、θ_2 都是很小的量，可看成一级小量. 在一级小量近似下，根据几何关系不难得到振动过程中弹簧与水平方向的夹角为 θ_1 或者 θ_2 的二级小量或更小，即在竖直方向摆球运动忽略不计. 由此可导出 $F_{T1}=mg$，$F_{T2}=mg$. 于是在一

级小量近似下摆球在水平 x 方向的动力学方程为

$$m\ddot{x}_1=-k(x_1-x_2)-F_{T1}\sin\theta_1=-k(x_1-x_2)-mg\theta_1$$
$$m\ddot{x}_2=-k(x_2-x_1)-F_{T2}\sin\theta_2=-k(x_2-x_1)-mg\theta_2$$

其中 $x_1=l\theta_1$，$x_2=l\theta_2$. 整理得

$$ml\ddot{\theta}_1+mg\theta_1=-kl(\theta_1-\theta_2) \qquad (8.5-1)$$
$$ml\ddot{\theta}_2+mg\theta_2=-kl(\theta_2-\theta_1) \qquad (8.5-2)$$

求解微分方程组（8.5-1）式和（8.5-2）式的常用办法是令

$$\theta_1=A\cos(\omega t+\varphi_0),\quad \theta_2=B\cos(\omega t+\varphi_0)$$

代入（8.5-1）式和（8.5-2）式，即得 A 和 B 的代数方程组:

$$\begin{cases}(-ml\omega^2+mg+kl)A-klB=0\\ -klA+(-ml\omega^2+mg+kl)B=0\end{cases} \qquad (8.5-3)$$

这是齐次联立代数方程组. 齐次联立代数方程组，存在 A 和 B 不都是零的解是有条件的，这条件就是系数行列式为零，即

$$\begin{vmatrix}-ml\omega^2+mg+kl & -kl\\ -kl & -ml\omega^2+mg+kl\end{vmatrix}=0$$

即

$$(-ml\omega^2+mg+kl)^2=(kl)^2$$

由此解得

$$\omega^2=\frac{g}{l}\ \text{或}\ \frac{g}{l}+\frac{2k}{m}$$

以 $\omega^2=g/l$ 代入（8.5-3）式可求出 $A:B=+1$. 这样就求得第一个特解:

$$\theta_1^{(1)}=A_1\cos\left(\sqrt{\frac{g}{l}}t+\varphi_0^{(1)}\right),\quad \theta_2^{(1)}=A_1\cos\left(\sqrt{\frac{g}{l}}t+\varphi_0^{(1)}\right)$$

以 $\omega^2=g/l+2k/m$ 代入（8.5-3）式可求出 $A:B=-1$. 这样就求得第二个特解:

$$\theta_1^{(2)}=A_2\cos\left(\sqrt{\frac{g}{l}+\frac{2k}{m}}t+\varphi_0^{(2)}\right)$$
$$\theta_2^{(2)}=-A_2\cos\left(\sqrt{\frac{g}{l}+\frac{2k}{m}}t+\varphi_0^{(2)}\right)$$

于是，问题的通解是

$$\begin{cases}\theta_1=A_1\cos\left(\sqrt{\dfrac{g}{l}}t+\varphi_0^{(1)}\right)+A_2\cos\left(\sqrt{\dfrac{g}{l}+\dfrac{2k}{m}}t+\varphi_0^{(2)}\right)\\ \theta_2=A_1\cos\left(\sqrt{\dfrac{g}{l}}t+\varphi_0^{(1)}\right)-A_2\cos\left(\sqrt{\dfrac{g}{l}+\dfrac{2k}{m}}t+\varphi_0^{(2)}\right)\end{cases} \qquad (8.5-4)$$

角坐标 θ_1 和 θ_2 分别是两个简谐振动叠加而成的复杂振动. 那么，有没有办法简化这种描述方式?

对于第一个特解，显然有 $\theta_1-\theta_2=0$，而

$$\theta_1+\theta_2=2A_1\cos\left(\sqrt{\frac{g}{l}}t+\varphi_0^{(1)}\right)$$

对于第二个特解，显然有 $\theta_1+\theta_2=0$，而

$$\theta_1-\theta_2=2A_2\cos\left(\sqrt{\frac{g}{l}+\frac{2k}{m}}t+\varphi_0^{(2)}\right)$$

把 $\theta_1+\theta_2$ 记作 q_1，把 $\theta_1-\theta_2$ 记作 q_2，则第一个特解可记作

$$q_1=2A_1\cos\left(\sqrt{\frac{g}{l}}t+\varphi_0^{(1)}\right),\quad q_2=0$$

第二个特解可记作

$$q_1=0,\quad q_2=2A_2\cos\left(\sqrt{\frac{g}{l}+\frac{2k}{m}}t+\varphi_0^{(2)}\right)$$

通解也就可以记作

$$\begin{cases}q_1=2A_1\cos\left(\sqrt{\frac{g}{l}}t+\varphi_0^{(1)}\right)\\ q_2=2A_2\cos\left(\sqrt{\frac{g}{l}+\frac{2k}{m}}t+\varphi_0^{(2)}\right)\end{cases}\tag{8.5-5}$$

A_1 和 A_2 是两个独立常量.（8.5-5）式指出 q_1 和 q_2 各自独立地作简谐振动.

对于 N 自由度系统，如果能找到 N 个独立的变数，它们可以确定系统的位置，并且当系统振动时，这些变数各自独立地作简谐振动，这些变数就叫作系统的简正坐标. 各个简正坐标的简谐振动频率叫作简正频率. 某一简正坐标作简谐振动，其他简正坐标保持零，就叫作振动系统的一个模式或简称模.

$q_1=\theta_1+\theta_2$ 和 $q_2=\theta_1-\theta_2$ 正是耦合摆的两个简正坐标. 其实，这两个简正坐标具有很明确的物理意义：$q_1=\theta_1+\theta_2$ 是两个摆球的质心的角坐标，$q_2=\theta_1-\theta_2$ 是 θ_1 相对于 θ_2 的角坐标，也可说代表弹簧的变形程度.

耦合摆的振动模式之一是

$$q_2=0,\quad q_1=2A_1\cos\left(\sqrt{\frac{g}{l}}t+\varphi_0^{(1)}\right)$$

这里 $q_2=0$ 意味着两个摆球没有相对运动，弹簧不变形，也就是说两个摆球和弹簧作为不变形的整体而运动. q_1 作谐振动表明两个摆球和弹簧作为不变形的整体而作谐振动. 既然弹簧不变形，就相当于弹簧不起作用，因而简正圆频率 $\omega_1=\sqrt{g/l}$ 是很容易理解的. 其振动模式如图 8.5-2（a）所示，两个单摆同振幅同向振动.

耦合摆的另一振动模式是

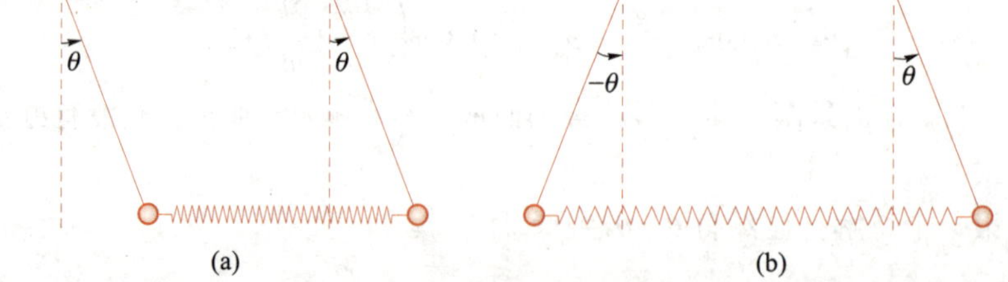

图 8.5-2

$$q_1=0,\qquad q_2=2A_2\cos\left(\sqrt{\frac{g}{l}+\frac{2k}{m}}\,t+\varphi_0^{(2)}\right)$$

这里 $q_1=0$ 意味着两个摆球的质心保持不动，也就是说两个摆球对称地相向运动或相背运动. q_2 作谐振动意味着两球的相对运动是谐振动，在这里就是两球对称地时而相向时而相背作谐振动. 既然两球对称地拉伸弹簧或对称地压缩弹簧，弹簧中的弹力必然是一端固定情况下弹力的二倍，因而简正角频率 $\omega_2=\sqrt{g/l+2k/m}$ 也是很容易理解的. 其振动模式如图 8.5-2（b）所示，两个单摆同振幅反向振动.

上面是在求得通解（8.5-4）之后才引入简正坐标. 其实，完全可以从一开始就引入简正坐标. 事实上，（8.5-1）和（8.5-2）式相加给出

$$ml\frac{\mathrm{d}^2}{\mathrm{d}t^2}(\theta_1+\theta_2)+mg(\theta_1+\theta_2)=0$$

这就是说，$\theta_1+\theta_2$ 满足谐振动方程，所以 $\theta_1+\theta_2$ 是一个简正坐标，相应的简正圆频率为 $\sqrt{g/l}$. 又，（8.5-1）和（8.5-2）式相减给出

$$ml\frac{\mathrm{d}^2}{\mathrm{d}t^2}(\theta_1-\theta_2)+mg(\theta_1-\theta_2)=-2kl(\theta_1-\theta_2)$$

即

$$ml\frac{\mathrm{d}^2}{\mathrm{d}t^2}(\theta_1-\theta_2)+(mg+2kl)(\theta_1-\theta_2)=0$$

这就是说，$\theta_1-\theta_2$ 满足谐振动方程，所以 $\theta_1-\theta_2$ 是一个简正坐标，相应的简正圆频率为 $\sqrt{g/l+2k/m}$.

应当指出，如（8.5-4）两式所示，两个摆球的角坐标 θ_1 和 θ_2 分别是频率不同的两个谐振动的叠加，它们各自有拍的现象.（8.5-4）的两式，一个是相加，一个是相减，所以 θ_1 和 θ_2 的拍正好错开，其一振动最强的时候，另一振动恰好最弱.

简正模式是系统的整体性质的反映，是反映相互作用或耦合系统振动情况最简单的描述. 每个简正模式对应耦合系统的一种整体的振动，相应的简正频率都是系统的固有频率. 这些简正模式可以分别激发，即当初始条件适当时，仅有某个特定的简正模式振动被激发或出现.

扫描旁边的二维码，可以通过观看演示实验加深对简正模式和简正频率的理解. 演示实验为耦合复摆的振动. 其相应的动力学方程与耦合单摆在形式上完全相同. 于是，相应的简正模式也完全相同. 若我们选择某个初始条件正好是其中一个简正模式振动时某一时刻的状态，则这个简正模式被单独激发，将看到这个模式的振动，即两个复摆同振幅同向振动或两个复摆同振幅反向振动. 而当我们选择的初始条件不是上述情况，即既不是这个简正模式振动时某个时刻的状态，也不是另一个简正模式振动时某一时刻的状态，则两个简正模式均被激发. 在这种情况下，根据上述分析，单个复摆的振动具有拍现象，两个复摆的拍振动正好错开，一个复摆振幅最大时，另一个复摆振幅最小（为零）. 两个简正模式对应的简正频率都是该系统的固有频率. 受迫振动时，将分别看到系统在两个频率下的共振现象，分别对应于两个简正模式的共振激发.

演示实验：耦合复摆的振动

例题 设想 CO_2 分子中仅在 C 原子和 O 原子之间有弹性力作用，试用原子质量 m_C 和 m_O 表示图 8.5-3 所示 CO_2 振动模式 1、2 的简正频率之比 $\omega_1:\omega_2$.

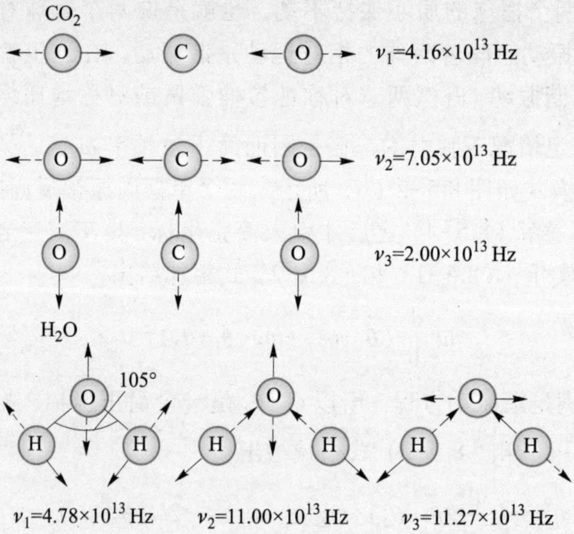

图 8.5-3　三原子分子 CO_2 和 H_2O 的简正振动

解： 可设想在 C 原子和 O 原子之间有轻弹簧相连，其弹性系数为 k. 在模式 1 中，C 原子不动，每个振动的 O 原子犹如弹簧振子，故其频率为

$$\omega_1=\sqrt{\frac{k}{m_O}} \tag{1}$$

在模式 2 中，两个 O 原子的位移时间相同，可看成一个质量为 $2m_O$ 的质点，故有运动方程:

$$m_C\ddot{x}_C=2k(x_O-x_C) \tag{2}$$

$$2m_O\ddot{x}_O=-2k(x_O-x_C) \tag{3}$$

两式相加，得 $m_C\ddot{x}_C+2m_O\ddot{x}_O=0$，此即质心运动定律．设质心不动，则有

$$m_Cx_C+2m_Ox_O=0 \tag{4}$$

将 (4) 式代入 (2) 式，得

$$\ddot{x}_C=-2k\frac{m_C+2m_O}{2m_Om_C}x_C \tag{5}$$

由此得

$$\omega_2=\sqrt{\frac{k(m_C+2m_O)}{m_Om_C}} \tag{6}$$

由 (1) 式和 (6) 式可得

$$\frac{\omega_1}{\omega_2}=\sqrt{\frac{m_C}{2m_O+m_C}}$$

(应用描述两体运动的约化质量概念，立即可得 (6) 式，请读者自行解之.) 将 $m_C=12$ u，$m_O=16$ u 代入上式得 $\frac{\omega_1}{\omega_2}=\sqrt{\frac{3}{11}}=0.522$，与图中所列数据之比 (0.59) 不甚符合，说明我们的模型是近似的.

小　结

1. 弹簧振子的动力学方程：

$$m\ddot{x}+kx=0$$

写成归一化的统一形式：

$$\ddot{x}+\omega^2x=0$$

其中 $\omega=\sqrt{\dfrac{k}{m}}$ 为振子的固有圆频率，反映振子的固有特性．其解为

$$x=A\cos(\omega t+\varphi)$$

A 为振幅，$\omega t+\varphi$ 为相位，φ 为初相位．A 和 φ 由初始条件，即 $t=0$ 时刻的物体的位置与速度确定．

2. 一般而言，不受外力的保守体系在稳定位置附近的小振动均可以看作简谐振动，其动力学方程均可写成简谐振动的统一形式，若势能函数对相对位置坐标的二阶导数不为零．

3. 阻尼振动的动力学方程的统一形式：

$$\ddot{x}+2\delta\dot{x}+\omega_0^2x=0$$

ω_0 为无阻尼时系统的固有圆频率．在欠阻尼（$\delta<\omega_0$）情况下，其解为

$$x=Ae^{-\delta t}\cos(\omega t+\varphi)$$

其中 $\omega=\sqrt{\omega_0^2-\delta^2}$．

4. 在简谐驱动力作用下，系统受迫振动的动力学方程的统一形式

$$\ddot{x}+2\delta\dot{x}+\omega_0^2x=f_0\cos\omega t$$

其中 ω 为驱动力的圆频率．其稳定解为

$$x=B(\omega)\cos(\omega t-\varphi)$$

其中

$$B=\frac{f_0}{\sqrt{(\omega_0^2-\omega^2)^2+4\delta^2\omega^2}}$$

$$\tan\varphi=\frac{2\delta\omega}{\omega_0^2-\omega^2}$$

当 $\omega=\omega_r=\sqrt{\omega_0^2-2\delta^2}$ 时，$B(\omega)$ 达到极大值，出现共振，ω_r 为位移共振频率．

5. 当阻尼系数 δ 很小时，系统的品质因数

$$Q=\frac{\omega_0}{2\delta}$$

6. 一般振动均可以看作简谐振动的叠加．当同方向、相近频率（ν_1、ν_2）的两个简谐振动叠加时，出现拍现象．其拍频

$$\nu=|\nu_2-\nu_1|$$

7. 当互相垂直、频率成整数比的二个或三个简谐振动叠加时，分别形成李萨如图形或李萨如结状．

8. 以耦合摆为例介绍了振动系统的简正坐标、简正频率和简正模．简正坐标满足简谐振动动力学方程；相应的简谐振动频率为系统的简正频率，均是系统的固有频率；单个简正坐标简谐振动的样子为系统的简正模．系统的振动为系统的简正模的叠加．

思考题

8.1　试从运动学和动力学两个方面说明简谐振动的特征．

8.2　简谐振动的哪些参量取决于振动系统的动力学性质？哪些参量取决于初始条件？

8.3　对一定振动系统，已知振幅和相位就能求得位移．已知振幅和位移，是否可求得相应的相位？为什么？

8.4　试分析如下观点：在稳定平衡位置附近的运动是振动；在稳定平衡位置附近的小振动总是谐振动．如果物体在不稳定平衡位置附近，它会振动吗？

8.5　将质量为 m 的物体与下列弹簧组成弹簧振子，其振动周期各为多少？（1）弹性系数各为 k_1 和 k_2 的两根弹簧串联而成的弹簧；（2）由弹性系数为 k 的弹簧分为相等的两段中的一段；（3）弹性系数各为 k_1 和 k_2 的两个弹簧并联而成的弹簧（设它们的自然长度相同）．

8.6　在弹性系数为 k 的弹簧两端各系上质量为 m_1 和 m_2 的物体，在水平光滑台面上将之拉伸后由静止释放，其振动周期如何？

8.7　如果弹簧的弹性系数不是常量，而随形变的增大而略有增大，用它作成的弹簧振子的振动周期是否与振幅有关？振幅增大时，周期增大还是减小？

8.8　如果弹簧质量不可忽略，弹簧振子的振动周期比原表示式的结果大还是小，还是不变？试定性说明之．

8.9　将一个单摆的摆线拉至与竖直线成 φ 角后释放，有人说，其振动的初相位就是 φ，角频率就是角速度 $\frac{\mathrm{d}\varphi}{\mathrm{d}t}$，你认为对吗？

8.10　当单摆的摆角较大时，它的周期将增大还是减小？定性分析之．

8.11　如果摆线的质量不可忽略，单摆的周期比原公式表示的大还是小，还是不变？定性分析之．

8.12　有人说，复摆的周期与质量集中在质心的一个单摆的周期相同，你认为对吗？

8.13　有两个钟摆，都由一个圆盘系于一轻杆而构成，除了圆盘与杆之间的连接方法不同外，其他都一样．在一摆中，杆固定在圆盘上，而在另一摆中，则用了滚珠轴承以使圆盘可绕杆端自由地旋转，问两个摆哪个周期长些？为什么？

8.14　试定性讨论二自由度陀螺的振动．

8.15　在电梯中并排悬挂一弹簧振子和一单摆，在它们振动过程中，电梯突然从静止开始自由下落，试分别讨论两个振动系统的运动情况．

8.16　阻尼的存在对简谐振动有哪些影响？试以小阻尼情况讨论之．

8.17　是否可用振幅矢量法表示阻尼振动？如何表示？

* 8.18　处于临界阻尼状态的振子，若 $x_0>0$，试证明：欲使振子穿过平衡位置的条件是

$$v_0<-\delta x_0$$

* 8.19　试分别从欠阻尼振动表示式（8.2-4）和（8.2-6）式及过阻尼振动表示式（8.2-17）和（8.2-18）式取 $\delta\to\omega_0$ 时的极限得出临界阻尼振动表示式（8.2-19）．

8.20　当阻尼不太小时，位移共振的共振峰将由 ω_0 向 ω 小的方向移动，试定性分析之．再由

(8.3-4) 式证明位移共振的共振频率 $\omega_r=\sqrt{\omega_0^2-2\delta^2}$.

8.21　试证速度共振频率恰为 ω_0 .

8.22　当驱动力的频率很高（$\omega\gg\omega_0$）时，振子所受弹力和阻力均可忽略，几乎只受驱动力作用．那么，振子的运动是否与一个只受该驱动力作用的质点相同？试直接计算比较之.

习　题

8-1　一质点沿 x 轴作简谐振动，其运动方程为

$$x=0.4\cos 3\pi\left(t+\frac{1}{6}\right)$$

式中 x 和 t 的单位分别为 m 和 s．求：

（1）振幅、周期和角频率；

（2）初相位、初位移和初速度；

（3）$t=1.5$ s 时的位移、速度和加速度.

8-2　一质点作振幅为 $A=0.30$ m 的简谐振动．当质点的位移 $x=0.15$ m 时的速度大小为 $v=0.9$ m/s．求振动频率 ν.

8-3　一质点作正弦简谐振动，在某一相位时，其位移为 x_0，当相位增大一倍时，其位移为 $\sqrt{3}x_0$．求振幅 A.

8-4　一谐振子质量为 $m=0.10$ kg，作周期为 $T=2.5$ s 的简谐振动，质点振动的总能量为 $E=0.20$ J．求作用在质点上力的最大值.

8-5　如题 8-5 图所示，在一竖直放置的、横截面均匀的 U 形管内装有一段长为 l 的液体．由于某一小扰动使管内的液体发生振动，若不计黏性阻力和毛细作用，求振动周期.

8-6　一根质量为 m 的均匀杆，放在两个完全相同的等高竖直轮子上，两轮心间距离为 $2l$，并沿题 8-6 图所示的方向高速旋转，杆与轮子间的摩擦因数为 μ．当 $t=0$ 时，杆子静止，杆子的质心与两轮中点的距离为 x_0.

（1）证明杆子沿水平方向将作简谐振动，并求出振动的角频率；

（2）若两轮均沿与图示的相反方向旋转，求杆的运动.

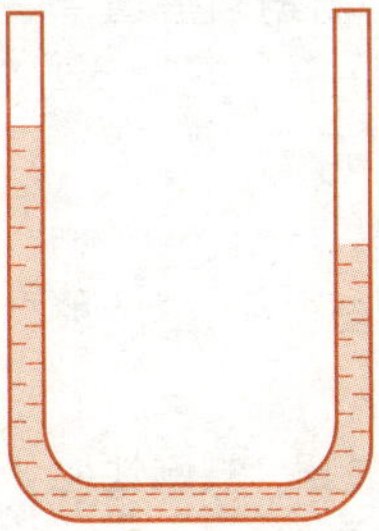

题 8-5 图

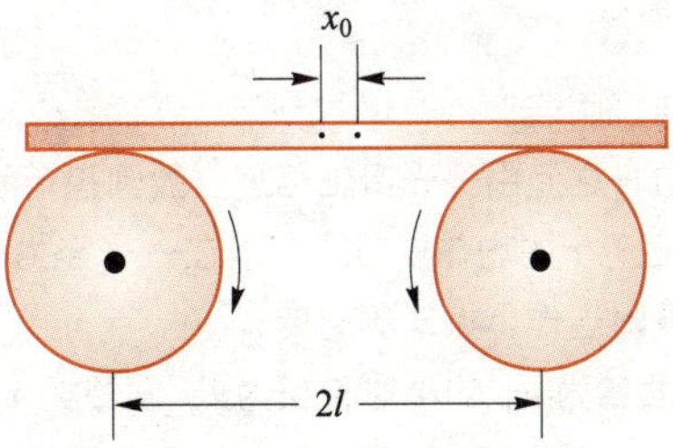

题 8-6 图

8-7　一摆长为 l、摆锤质量为 m 的单摆悬挂在火车顶上．当火车以加速度 a_0 行驶时，

（1）求证：单摆平衡时，摆线与竖直线之间将有一夹角 θ_0，θ_0 的值为

$$\theta_0=\arctan\frac{a_0}{g}$$

（2）将摆锤偏离平衡位置少许后释放，求其振动周期.

8-8　一半径为 R 的光滑圆环以恒定的角速度 ω 绕其竖直的直径旋转，圆环上套有一小珠，

试求：

（1）小珠相对圆环的平衡位置（以小珠与圆心的连线同竖直直径之间的夹角 θ_0 表示）；

（2）小珠在平衡位置附近作小振动的角频率．

8-9　一根杆与竖直轴固连，两者之间恒成 θ 角，一弹性系数为 k、原长为 l_0 的弹簧套在杆上，其一端与竖直轴相连，另一端与一也套在杆上的质量为 m 的小圆环相连，如题 8-9 图所示．开始时杆以恒定角速度 ω 绕竖直轴旋转，小圆环相对杆静止．

（1）求此时小圆环的位置 x_0；

（2）若转动角速度突然变为 2ω，则小圆环从位置 x_0 运动到离轴最远处所需的时间 t 为多大？

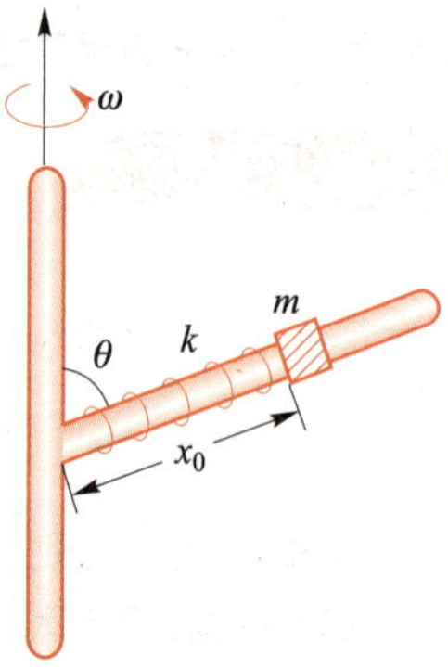

题 8-9 图

8-10　在光滑的水平桌面上开有一小孔，一条穿过小孔的细绳两头各系一质量分别为 m_1 和 m_2 的小球，位于桌面上的小球 m_1 以 v_0 的速度绕小孔作匀速圆周运动，而小球 m_2 则悬在空中，保持静止．

（1）求位于桌面部分的细绳的长度 l_0；

（2）若给 m_1 一个径向的小冲量，则 m_2 将作上下小振动，求振动角频率 ω_0．

8-11　如在质量均匀分布的球形行星上沿任一直径挖一隧道．将一物体由静止开始从一道口自由释放．

（1）求证物体到达隧道的另一道口所需的时间与物体的质量无关，与行星的直径无关，只与行星的密度 ρ 有关，并计算该时间．

（2）若隧道是沿行星的任一弦挖的，求证该时间与弦的长短、位置均无关，并证明该时间与（1）中的完全一样．

（3）若行星以角速度 ω_0 匀速自旋，角速度方向与隧道垂直，则（1）（2）中的时间又为多大？

（4）若上述行星为地球．已知地球密度 $\rho_e = 5.52\times10^3\ \mathrm{kg/m^3}$，$G = 6.67\times10^{-11}\ \mathrm{N\cdot m^2/kg^2}$．由于地球自旋角速度很小，故可忽略．试计算（1）（2）两问中所提及的时间．

8-12　一质量为 m、边长为 a 的正三角形薄板，通过其某一角悬挂在与板面垂直的光滑水平轴上，构成一复摆．求此复摆的周期和等值单摆长．

8-13　由一长为 l、质量为 m 的杆和一质量为 m_0、半径为 R 的均匀圆盘组成的复摆，如题 8-13 图所示．求此复摆在以下两种情况下的周期和等值单摆长：

（1）圆盘与杆固连；

（2）圆盘与杆之间由一光滑轴相连，故圆盘可绕此轴自由旋转．

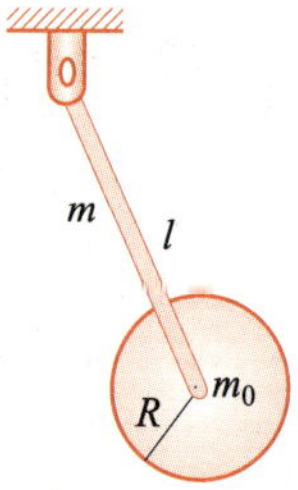

题 8-13 图

8-14　半径为 r 的均匀重球，可以在一半径为 R 的球形碗底部作纯滚动．求圆球在平衡位置附近作小振动的周期．

8-15　由质量为 m_0 的小球和长为 l、质量为 m 的杆组成的复摆，被刚性地固定在一横轴上，而横轴被架在一平台的两个支架上，如题 8-15 图所示．当平台以恒定的较小角速度 ω 绕其中心轴（通过摆的上端）旋转时，求该复摆的振动周期．设小球的半径可忽略．

8-16　如题 8-16 图所示的直角形均匀细杆，由长为 l、质量为 m 的水平杆和长为 $2l$、质量为 $2m$ 的竖直杆构成，细杆可绕直角处垂直图面的水平固定轴 O 无摩擦地转动．水平杆的一端与弹性系数为 k 的弹簧相连，平衡时，竖直杆竖直下垂，试求杆微小摆动的周期．

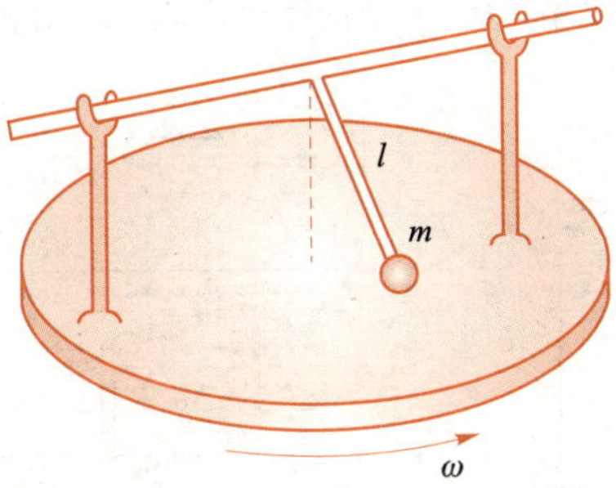

题 8-15 图

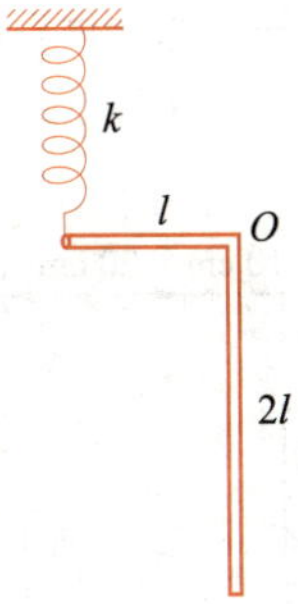

题 8-16 图

8-17　如题 8-17 图所示，一深水池中竖立着一根光滑的细杆，一长度为 L 的均匀细管套在杆上. 用手持管，使其下端正好与水面接触，然后放手. 设水的密度为 ρ_0.

（1）若管运动到最低位置时，其上端正好与水面持平，求管的密度 ρ_1；

（2）证明在（1）中情况下，细管将作简谐振动. 求出振幅和周期；

（3）若管的密度为 $\dfrac{4}{3}\rho_1$，求管下沉到最低位置所需的时间.

8-18　如题 8-18 图所示，一弹簧振子由弹性系数为 k 的弹簧和质量为 m_0 的物块组成，将弹簧的一端与顶板相连. 开始时物块静止，一颗质量为 m、速度为 $\boldsymbol{v}_0$ 的子弹由下而上射入物块，并停留在物块中.

（1）求振子以后的振动振幅 A 与周期 T；

（2）求物块从初始位置运动到最高点所需的时间 t.

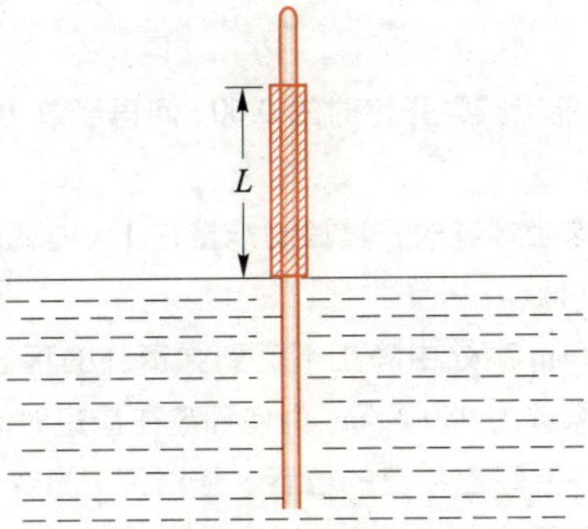

题 8-17 图

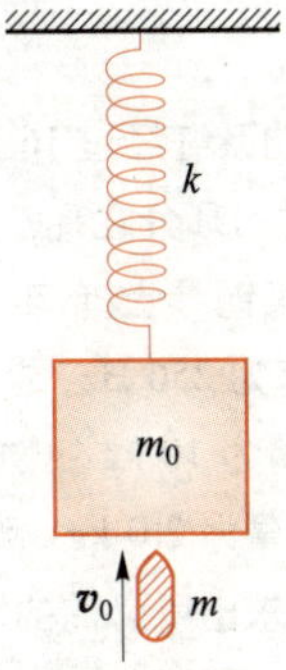

题 8-18 图

8-19　一质量为 m 的物块置于一光滑水平面上，物块的两端各系有一弹簧，弹簧的自然长度均为 20 cm，其弹性系数分别为 k_1 与 k_2. 现将两弹簧分别与两壁相连，两壁与两弹簧原来的自由端都相距 10 cm，如题 8-19 图所示. 设 $k_1=1.0\ \mathrm{N/m}$，$k_2=3.0\ \mathrm{N/m}$，$m=1.0\ \mathrm{kg}$.

（1）当物块处于平衡位置时，求每个弹簧的长度；

（2）若将此物块略微偏离平衡位置后释放，试求其振动周期；

（3）设此物块振动的振幅为 5 cm，当其通过平衡位置时，有一质量为 1.0 kg 的泥灰垂直地落于其上，并与之一起运动，试求此系统的振动周期和振幅；

（4）若（3）中的泥灰在物块运动到最大位移处时落于其上，求这种情况下系统振动的周期和振幅.

8-20　一面积为 S、质量为 m 的薄板连在弹簧的下端，弹簧的上端固定，薄板浸在黏性液体中，如题 8-20 图所示. 设薄板在黏性液体中受到的阻力 $F_{\mathrm{f}}=-2\mu Av$，式中 v 为薄板在竖直方向的运动速度，μ 是一个与液体黏性有关的较小的常量．设此系统的振动周期为 T，求此系统在空气中的振动周期 T_0．

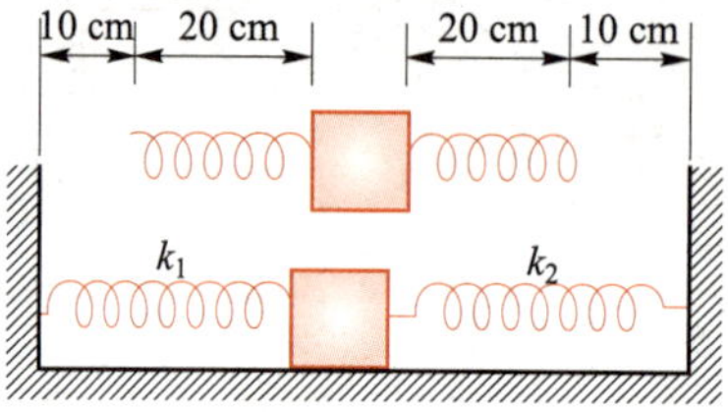

题 8-19 图

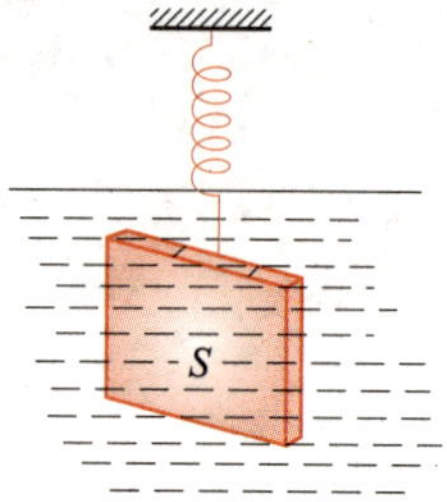

题 8-20 图

8-21　一质量为 0.2 kg 的物体，悬于弹性系数为 80 N/m 的弹簧下．此物体受到的阻力 $F_f=-bv$，其中 v 是物体的速度（单位是 m/s），b 为一较小的常量．

（1）写出系统振动的运动方程；

（2）若系统振动频率比无阻尼时小了万分之一，即$\dfrac{\omega_0-\omega_f}{\omega_0}=10^{-4}$，则常量 b 为多大？

（3）此系统的 Q 值为多大？振动经一个周期后，振幅减弱为几分之几？

8-22　某阻尼振动的振幅在一个周期后减为原来的$\dfrac{1}{4}$，问此振动周期比无阻尼存在时的周期大百分之几？

8-23　一摆长为 $l=0.750$ m 的单摆作阻尼振动．经 1 min 后，其振幅衰减为开始时的$\dfrac{1}{8}$，求对数减缩 Λ．

8-24　某振动系统经过 16 次振动后，能量减为开始时的 0.60．问再经过 16 次振动后，系统能量将减为开始时的几分之几？

8-25　当在某钢琴上弹响“中音 C”这个琴键时，其振动能量在 1 s 内减至初始值的一半．已知中音 C 的频率为 256 Hz．求此系统的 Q 值．

8-26　一质量为 10 kg 的物体，从 0.50 m 高处由静止下落到弹簧秤的秤盘里，并粘附在盘上．已知秤盘的质量为 2.0 kg，弹簧的弹性系数为 980 N/m．为使秤盘在最短时间内停下来，就须附上一阻尼系统．求出所必需的阻尼因数 δ，并写出秤盘的位置 y 随时间 t 的变化关系（y 的零点取在平衡位置，t 的零点取在物体掉上秤盘的瞬间）．

8-27　摆长为 1 m 的单摆，在振动 50 次后振幅减为原来的 1/e．现使其悬点作振幅为 1 mm 的水平方向简谐振动．

（1）若摆锤的水平位移为 x_1，悬点的水平位移为 x_2，试证摆锤作微小振动时的运动学方程为

$$\frac{d^2x_1}{dt^2}+2\delta\frac{dx_1}{dt}+\frac{g}{l}x_1=\frac{g}{l}x_2$$

如果 $x_2=A\cos\omega t$，试求此方程的稳态解．

（2）求共振时摆锤运动的振幅；

（3）在角频率为多大时，其振幅为共振时的一半？

8-28　一物体悬挂于弹簧下，系统的固有振动周期为 0.50 s．今在物体上加一竖直方向的正弦力，其最大值 $F=10^{-3}$ N；此外物体还受到一摩擦阻力 $F_f=-C\dot{x}$的作用，C 为一较小的常量．已知系统在共振时的振幅为 $A=5.0$ cm，求物体在运动过程中受到的最大摩擦力的数值 F_{fmax}．

8-29　作受迫振动的振子，若其速度与驱动力同相位，求驱动力的频率．设振子的固有频率

为 ω_0.

8-30　一振子在驱动力 $F=F_0\cos\omega t$ 的驱动下作受迫振动. 已知振子的质量为 $m=0.2$ kg，弹簧的弹性系数为 $k=80$ N/m，阻力系数为 $C=4$ N·s/m，若 $F_0=2$ N，$\omega=30$ red·s^{-1}，试问：

（1）振子系统在一个周期内因反抗阻力而耗散的能量是多少?

（2）输入系统的平均功率是多少?

8-31　某振动系统的固有频率为 1 000 Hz，品质因数为 50. 若其共振时驱动力所提供的平均功率为 5.0 mW，求此时振子的能量.

8-32　如题 8-32 图所示为某振动系统在驱动力 $F=F_0\sin\omega t$ 的驱动下的功率共振曲线. 此处 F_0 是常量.

（1）求出此系统的固有频率 ω_0 和品质因数 Q 的数值；

（2）若撤去驱动力，则系统经过多少周期后能量降至初始值的 e^{-5}?

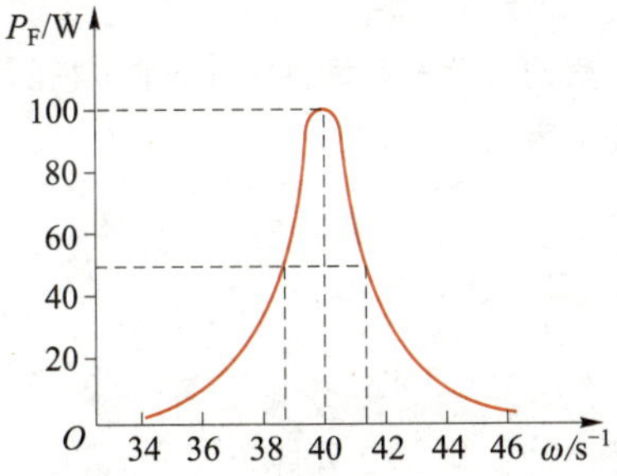

题 8-32 图

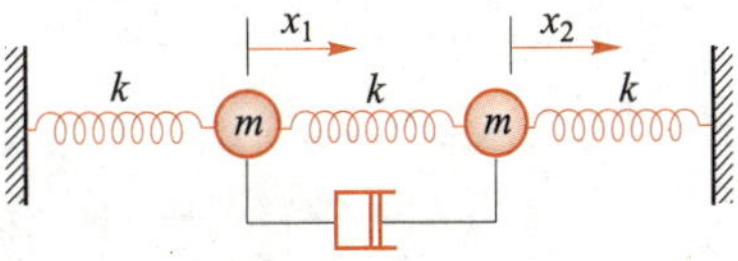

题 8-33 图

8-33　两个质量都为 m 的质点，如题 8-33 图连接在三个弹性系数都是 k 的弹簧上，两质点间连接一质量可以忽略的阻尼减振器，阻尼减振器所施的力为 bv，这里 v 是它两端的相对速度，b 为常量. 该力阻止其两端之间（即两质点之间）的相对运动. 令 x_1、x_2 分别为两质点离开各自平衡位置的位移.

（1）写出每个质点的运动方程；

（2）证明运动方程可以用新的变量 $y_1=x_1+x_2$ 和 $y_2=x_1-x_2$ 来求解；

（3）证明：如果两质点原来静止于平衡位置，在 $t=0$ 时给质点 1 以初速度 v_0，质点 2 静止，则在足够长的时间以后，两个质点的运动方程为

$$x_1=x_2=\frac{v_0}{2\omega}\sin\omega t$$

并求出 ω.

8-34　有两个同方向、同频率的简谐振动 $x_1=0.4\cos\left(0.5\pi t+\dfrac{\pi}{6}\right)$、$x_2=0.2\cos(0.5\pi t+\varphi_2)$，其中 x 以 m 为单位，t 以 s 为单位. 试问：

（1）φ_2 为何值时合振动的振幅最大? 并求出此振幅值；

（2）若合振动的初相位 $\varphi=\varphi_2+\dfrac{\pi}{2}$，则 φ_2 为何值?

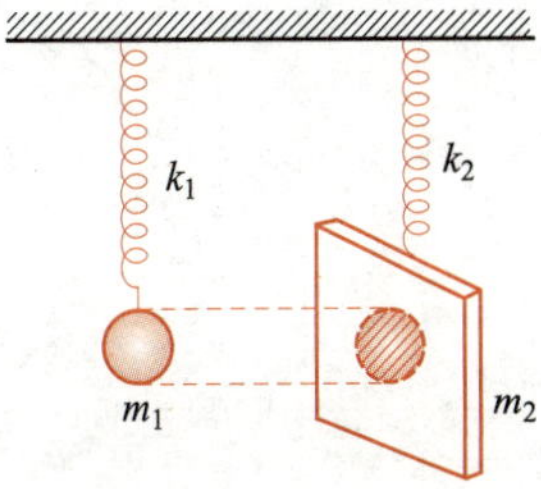

题 8-35 图

8-35　如题 8-35 图所示，一弹簧振子，其质量为 $m_1=98$ g，弹簧的弹性系数为 $k_1=0.098$ N/m，它的影子水平地投射到一质量为 $m_2=980$ g 的屏上，屏挂在一弹性系数为 $k_2=0.98$ N/m 的弹簧下. 开始时把两者都从各自平衡位置拉下 10 cm，先释放弹簧振子使之振动. 如果要使影子在屏上振动的振幅为 5 cm，试问应隔几秒后释放

屏使之振动？并写出此时影子在屏上的振动方程．

8-36　一架钢琴的“中音 C”有些不准，为了校准的需要，另取一架标准的钢琴，同时弹响这两架钢琴的“中音 C”键，在 1 min 内听到 24 拍．试求待校准钢琴此键音的频率．

8-37　两个互相垂直的振动的表达式为

$$x=3\cos 2\pi t,\qquad y=3\cos\left(4\pi t+\frac{\pi}{3}\right)$$

其中 x、y 以 m 为单位，t 以 s 为单位．试作出合振动的轨迹图．

8-38　试作出下列两振动的合振动的李萨如图形：

（1）$x=\cos \omega t$，$y=\cos 2\omega t$；

（2）$x=\cos 2\omega t$，$y=\cos(3\omega t+\pi)$．

8-39　由弹性系数为 k 的轻弹簧和质量为 m 的质点构成的两个相同的弹簧振子串联地竖直悬挂，求此系统沿竖直方向振动的简正频率．

8-40　一均匀杆（长为 l、质量为 m）可绕其一端摆动，另一相同的杆可绕前一杆的另一端在同一竖直面内摆动，求该双杆体系作小摆动时的简正频率.

第九章

波

9.1 波的形成、分类及其运动学描述 308

9.2 波动方程的解——波函数及其物理意义 311

9.3 波动方程 314

9.4 简谐波 319

9.5 波的能量、能流和强度 323

9.6 惠更斯原理 波的传播、衍射、反射与折射 330

9.7 波的叠加原理 波的干涉 333

9.8 驻波 334

9.9 边界条件与边界反射 337

9.10 驻波与共振 341

9.11 多普勒效应 344

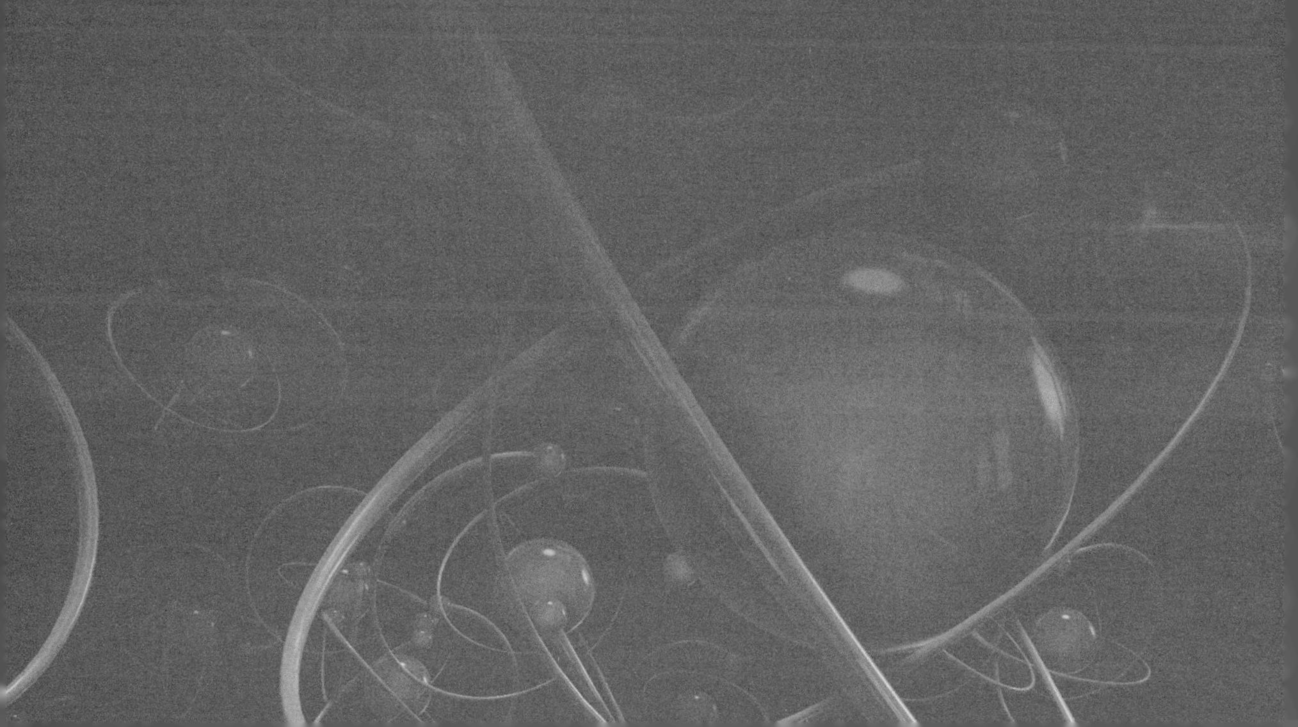

波是指扰动或振动在空间中的传播，或是指传播着的扰动或振动，是一种常见的自然现象，是物体或物质的一种特殊形式的运动，伴随着能量的传播.

虽然本章以机械波为例介绍波，但是几乎所有关于波的知识与概念也适用于其他各类的波，例如电磁波.

正因为波是物体或物质的一种特殊形式的运动，所以波的运动学描述也是特殊的，而且具有统一的形式，即波函数. 具体的描述包括，波阵面、波前、波线、波速、横波与纵波、平面波与球面波，对于简谐波还有频率、周期、相位、波长、波数与波矢等.

波的动力学方程称为波动方程，也具有统一的形式，其解为波函数. 本章首先讨论波动方程解的统一形式及其物理意义，之后利用 $\boldsymbol{F}=m\boldsymbol{a}$ 推导弦上横波和棒中纵波的波动方程，接着介绍波的能量、能流和能流密度.

惠更斯原理和波的叠加原理反映了波的共性，波的传播、衍射、反射与折射、干涉、半波损失等特性也是波的共性. 各种类型波均具有这些特性，这是因为它们的波动方程具有相同的形式. 在介绍这些波的共性后，本章详细讨论驻波及其特性；结合弦上横波边界条件的讨论，推导波在界面处的振幅反射系数和透射系数，揭示半波损失的物理原因.

接着讨论有限长度弦上的驻波以及具有无限多自由度系统的固有频率. 从一个自由度——单摆、两个自由度——耦合摆，到一维无限多自由度——弦上驻波和二维无限多自由度矩形薄板的克拉尼图形，一以贯之地介绍体系的固有频率和简正模.

最后介绍多普勒效应.

9.1 波的形成、分类及其运动学描述

要形成机械波，必须具有两个条件：一是波源或振源，二是介质. 介质可看成大量质元的集合，每个质元都具有质量，质元之间存在相互作用，如弹性介质的质元之间有弹性力相互作用. 质元间的相互作用使介质中的振动或扰动得以传播，形成波，质元的惯性（质量）使振动以有限的速度传播，即波速有限.

当波源与介质存在较强耦合时，波源的振动将有效地引起振动在介质中的传播，即波；当波源与介质耦合较弱时，由波源振动引起的介质中的波不明显. 如图 9.1-1（a）所示，木块 A 与弹簧连接套在竖直光滑的刚性杆 B 上，木块 A 可沿杆 B 上下振动. 水平拉紧的绳子（不妨不考虑绳子重力的影响）与木块 A 连接，介质与振源耦合，这样木块的振动就能引起振动在绳子上的传播，即绳子上的波.

假设振源 A 始终静止不动，如图 9.1-1（a）所示，绳子处于平衡状态，组成绳子的所有质元都处于平衡位置，即水平位置，沿竖直 y 方向的位移均为零. 振源不动，介质风平浪静.

当振源 A 沿 y 方向有一扰动时，如图 9.1-1（b）左侧所示，在某一时刻 t_1 观察到绳子的样子（快照）如图 9.1-1（b）右侧图所示，绳子的部分质元偏离平衡位

置，在 y 方向产生位移，介质中也有了扰动. 在稍后时刻 $t_1+\Delta t_1$，绳子的样子沿水平方向刚性地移动了一段距离 $u\Delta t_1$，u 为波速，介质中的扰动相应地也向右传播相同的距离，产生了扰动的传播，即波.

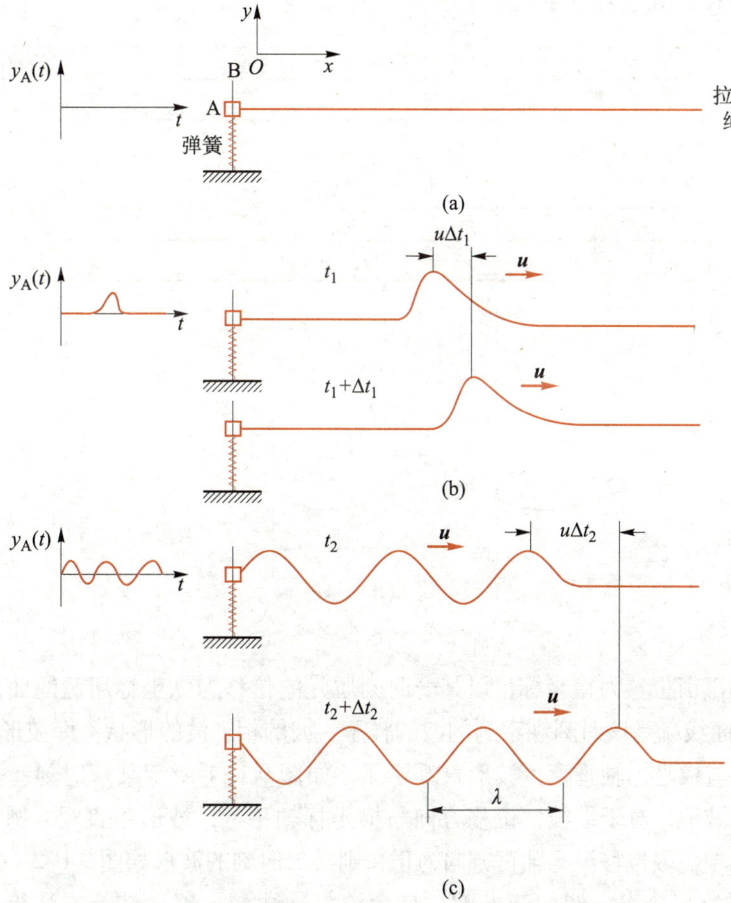

图 9.1-1

当振源 A 沿 y 方向作简谐振动时，在绳上就存在简谐振动的传播，即简谐波.

一质点的一维机械振动用质点偏离平衡位置的位移随时间的变化 $y(t)$ 描述，它仅是时间的函数. 例如 $y_A(t)$ 描述木块的振动. 描述一维机械振动沿绳子的传播时，需要比较不同时刻绳子的所有质元偏离平衡位置的情况，即需要给出绳子的所有质元偏离平衡位置的位移随时间的变化. 绳子的质元可由没有波时的坐标 x 标记，因而可用 $y_x(t)$ 描述振动沿绳子的传播，其中 x 连续变化. 为了更好地表示 x 是连续变化的，不妨将 $y_x(t)$ 写成 $y(x,t)$. $y(x,t)$ 称为波函数，为波的运动学描述函数，它既是时间的函数，又是空间坐标 x（质元标记）的函数.

如图 9.1-1 所示，绳子的质元振动沿 y 方向，而振动的传播沿 x 方向，两者相互垂直，这就是横波. 如果质元的振动方向与振动传播方向平行，则称之为纵波. 因此，根据质元振动方向与其传播方向垂直和平行关系，可将波分为横波和纵波. 图 9.1-2 所示为棒中纵波的情形，质元的振动方向沿棒的方向，波的传播方向也沿棒的方向，两者平行．当棒中存在简谐纵波时，某一时刻原先如图 9.1–2（a）所示的等间距横截面之间的质元发生了沿棒方向不同的位移，造成了沿棒方向上横截面的疏密分布，即相应的质量密度的分布，如图 9.1–2（b）所示．随着振动的传播，这种疏密分布以波速向右移动．

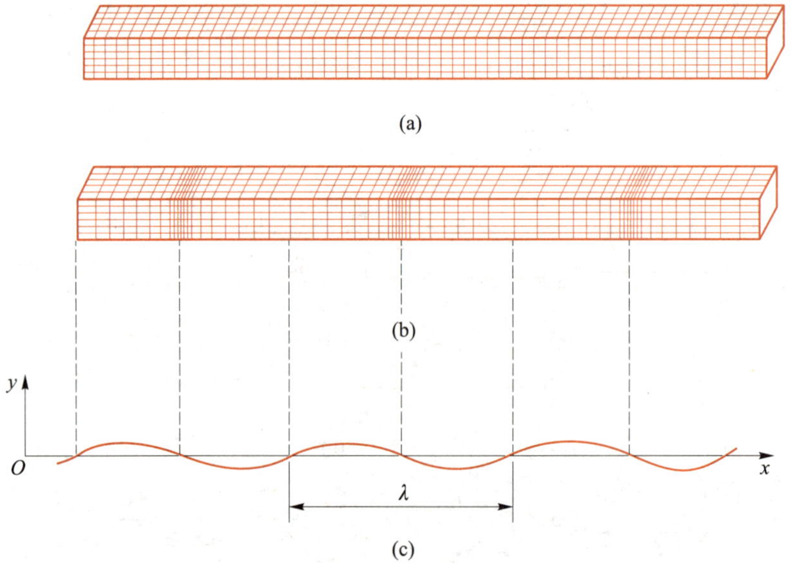

图 9.1–2

以质元的平衡位置为横坐标，以某一时刻质元的位移为纵坐标所画的曲线称为波形曲线．波形曲线就是该时刻观察到的波的样子．波的相．波的形状，即波形 对于横波，位移方向与横坐标轴垂直，波形直观明了，如图 9.1–1 所示某一时刻绳子的样子就是该时刻的波形；对于纵波，位移方向与横坐标轴平行，波形不直观，例如，在棒中纵波的情形中，取位移沿 x 轴正方向为正，则某一时刻的波形如图 9.1–2（c）所示．根据波形可以给波分类，例如简谐波、三角波、脉冲波、锯齿波、方波等．根据波的传播维度又可将波分为球面波、平面波和柱面波．

如果波在各向同性的均匀无限介质中传播，那么从一个点波源发出的扰动，经过一定时间后，将到达一个球面，如果扰动是简谐振动，那么介质中各处也相继发生同频率的周期性扰动．介质中振动相位相同的点的轨迹称为波阵面，简称波面．最前面的波阵面称为波前．波阵面是球面的波称为球面波．在离波源足够远处，在不大的观察范围内，球面可看成平面，这种波就称为平面波．自波源出发且沿着波的传播方向所画的线叫波线．柱面波的波前为柱面，由线状波源产生．在各向同性介质中，波线与波面互相垂直（图 9.1–3）．

对于简谐波，波源作简谐振动，波源在一个周期内的一系列不同的振动状态与前一周期内各对应时刻的振动状态完全相同，前一个周期内的各个扰动传播到离波源较远的各质元，后一周期内的各个扰动传播到离波源稍近的各质元，振动状态在空间各点的分布亦具有周期性，即呈现周期性分布的峰谷或疏密，而且周期性的峰谷或疏密以一定的速度移动，如图 9.1–1（c）和图 9.1–2（b）（c）所示．可见，波是振动状态

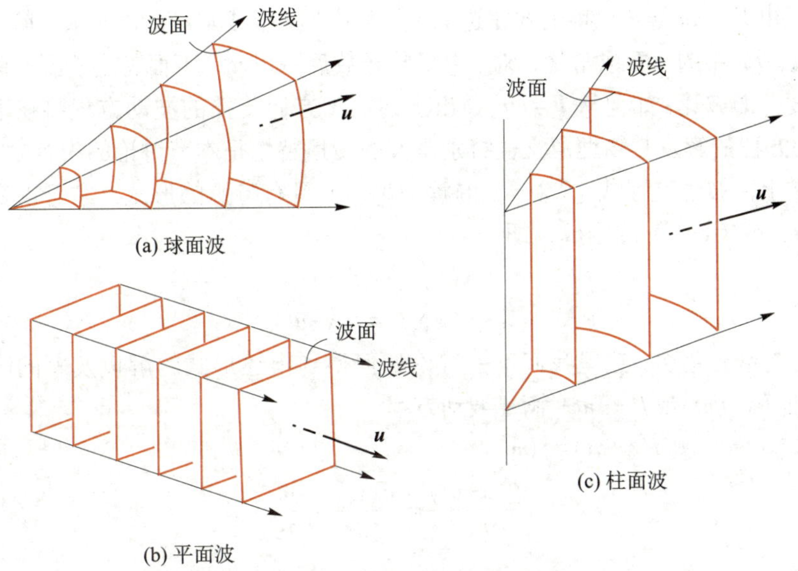

图 9.1-3　球面波、平面波与柱面波的波面与波线

（由相位表征）的传播，而不是质点向波传播方向的移动．

振动相位相差 2π 的两点的距离称为波长，常用 λ 表示．如图 9.1-1（c）和图 9.1-2（c）所示，波长就是振动在一个周期内传播的距离．

于是有

$$\lambda = uT \tag{9.1-1}$$

式中 u 是波的传播速度，将 $T=1/\nu$ 代入上式，得

$$\lambda\nu = u \tag{9.1-2}$$

此式的物理意义很清楚：每振动一次，波就前进一个波长的距离．既然 1 s 振动 ν 次，故 1 s 内波前进 $\lambda\nu$ 的距离，此即波速．

根据简谐波的周期或频率，也就是振源的周期或频率，波也可以分类．例如频率高过 20 kHz 的机械波称为超声波，低于 16 Hz 的称为次声波，介于两者之间的称为声波．真空波长介于 400 nm 和 760 nm 之间的电磁波称为可见光，真空波长介于 1 mm 和 100 mm 之间的电磁波称为微波，等等．

9.2　波动方程的解——波函数及其物理意义

一质点的振动由质点的位移随时间变化 $y(t)$ 描述，它只是时间的函数，振动的传播（沿 x 方向传播）由介质中所有质元的位移随时间的变化，即波函数 $y(x,\ t)$ 描述，它既是时间的函数，又是空间的函数，质元由空间坐标 x 标记．$y(t)$ 满足的动力学方程称为振动方程，具有统一的形式，由 $\boldsymbol{F}=m\boldsymbol{a}$ 导出．例如，简谐振动的动力学方程的统一形式为式（8.1-1′）．

$y(x,\ t)$ 满足的动力学方程称为波动方程，也具有如下统一的形式：

$$\frac{\partial^2 y(x,\ t)}{\partial x^2}=\frac{1}{u^2}\frac{\partial^2 y(x,\ t)}{\partial t^2} \tag{9.2-1}$$

上式也可由 $\boldsymbol{F}=m\boldsymbol{a}$ 导出. 将上式左边 $y(x, t)$ 中的 t 看成常量, 对 x 求二阶导数, 将右边 $y(x, t)$ 中的 x 看成常量, 对 t 求二阶导数后除以 u^2. 下面将会看到 u 就是波的传播速度, 即波速. 如何从 $\boldsymbol{F}=m\boldsymbol{a}$ 导出上述沿 x 方向传播的波动方程将在下一节介绍. 波动方程的解及其物理意义, 特别是波的传播特性是本节讨论的内容.

数学上, 波动方程式 (9.2-1) 的解 $y(x, t)$ 具有特殊的形式, 它可以表示为宗量 $(x+ut)$ 或 $(x-ut)$ 的函数, 即

$$\begin{aligned} & y(x, t)=f(x+ut) \\ \text{或} \quad & y(x, t)=f(x-ut) \end{aligned} \tag{9.2-2}$$

以及它们的线性组合. 这里我们不去讨论如何得到上述形式的解以及解的唯一性, 只是验证 $f(x+ut)$ 或 $f(x-ut)$ 满足波动方程.

设 $w=x+ut$, 则 $f(x+ut)=f(w)$,

$$\frac{\partial f(x+ut)}{\partial x}=\frac{\partial f(w)}{\partial w}\cdot\frac{\partial w}{\partial x}$$

而

$$\frac{\partial w}{\partial x}=1$$

于是

$$\frac{\partial f}{\partial x}=\frac{\partial f(w)}{\partial w}$$

$$\frac{\partial^2 f(x+ut)}{\partial x^2}=\frac{\partial^2 f(w)}{\partial w^2}\cdot\frac{\partial w}{\partial x}$$

$$=\frac{\partial^2 f(w)}{\partial w^2}$$

类似地,

$$\frac{\partial f(x+ut)}{\partial t}=\frac{\partial f(w)}{\partial w}\cdot\frac{\partial w}{\partial t}$$

$$=\frac{\partial f(w)}{\partial w}\cdot u$$

$$\frac{\partial^2 f(x+ut)}{\partial t^2}=\frac{\partial^2 f(w)}{\partial w^2}u\frac{\partial w}{\partial t}$$

$$=\frac{\partial^2 f(w)}{\partial w^2}u^2$$

$$=\frac{\partial^2 f(w)}{\partial w^2}\cdot u^2$$

即

$$\frac{\partial^2 f(x+ut)}{\partial x^2}=\frac{1}{u^2}\cdot\frac{\partial^2 f(x+ut)}{\partial t^2}$$

满足波动方程 (9.2-1) 式.

同理可得 $f(x-ut)$ 以及 $f(x+ut)$ 和 $f(x-ut)$ 的线性组合均满足波动方程. 下面讨

论 $y=f(x+ut)$ 和 $y=f(x-ut)$ 解的物理意义. 为此，不妨选取具体的函数 $y=e^{-(x-ut)^2}$ 和 $y=e^{-(x+ut)^2}$，考察这种形式的函数随时间和空间的变化，由此揭示波函数的传播特性. $t=0$ 时刻，$y=e^{-x^2}$，y 随 x 的变化曲线如图 9.2-1（a）所示. t_1 时刻，$y=e^{-(x-ut_1)^2}$ 和 $y=e^{-(x+ut_1)^2}$，y 随 x 的变化曲线如图 9.2-1（b）所示，可以看作 $t=0$ 时刻的曲线分别沿 x 正方向和负方向移动 ut_1 距离. t_2 时刻（$t_2>t_1$），$y=e^{-(x-ut_2)^2}$ 和 $y=e^{-(x+ut_2)^2}$，y 随 x 的变化曲线如图 9.2-1（c）所示，可以看作 $t=0$ 时刻的曲线分别沿 x 正方向和负方向移动 ut_2 距离，或者可以看作 t_1 时刻的曲线分别继续沿 x 正方向和负方向移动 $u(t_2-t_1)$ 距离. 比较不同时刻 y 随 x 的变化曲线，不难看出，$y=e^{-(x-ut)^2}$ 曲线为 $y=e^{-x^2}$ 曲线沿 x 正方向移动 ut 距离，$y=e^{-(x+ut)^2}$ 曲线为 $y=e^{-x^2}$ 曲线沿 x 负方向移动 ut 距离. 换句话说，$y=e^{-x^2}$ 曲线以 u 的速度沿 x 正方向移动就是 $y=e^{-(x-ut)^2}$ 曲线，以 u 的速度沿 x 负方向移动就是 $y=e^{-(x+ut)^2}$ 曲线.

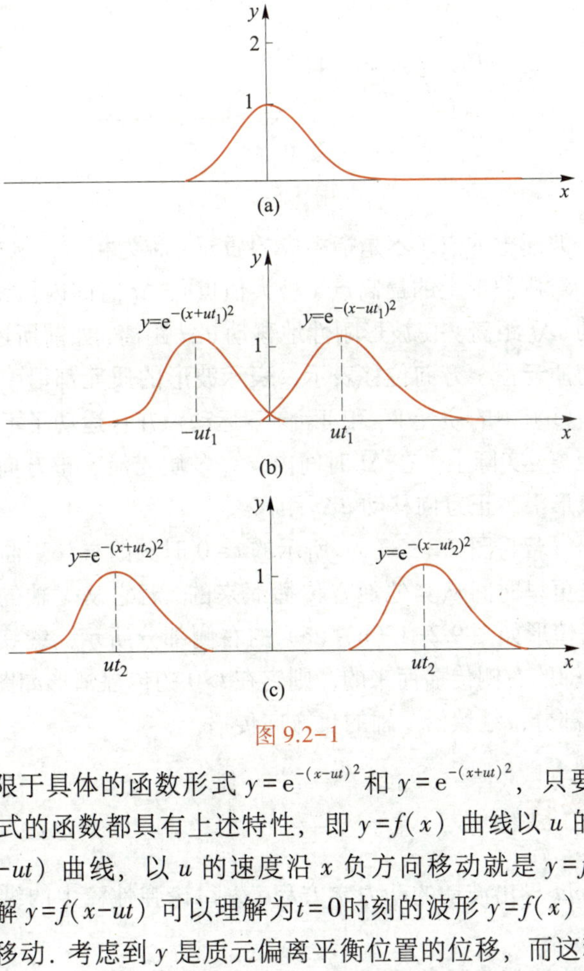

图 9.2-1

上述结论不限于具体的函数形式 $y=e^{-(x-ut)^2}$ 和 $y=e^{-(x+ut)^2}$，只要具有 $y=f(x-ut)$ 和 $y=f(x+ut)$ 形式的函数都具有上述特性，即 $y=f(x)$ 曲线以 u 的速度沿 x 正方向移动就是 $y=f(x-ut)$ 曲线，以 u 的速度沿 x 负方向移动就是 $y=f(x+ut)$ 曲线. 因而，波动方程的解 $y=f(x-ut)$ 可以理解为 $t=0$ 时刻的波形 $y=f(x)$ "刚性" 地以 u 的速度沿 x 正方向移动. 考虑到 y 是质元偏离平衡位置的位移，而这种位移以波速沿 x 正方向移动，即以波速沿 x 正方向传递. 这正是振动或扰动在介质中的传播图像，即波的图像. 这也正是波函数具有 $y=f(x-ut)$ 或 $y=f(x+ut)$ 形式所揭示的波的传播特性.

需要进一步指出的是，虽然波形刚性地以波速沿 x 正方向移动，但质元只在其平衡位置附近运动．也就是说，许多质元或所有质元在其平衡位置附近运动的共同结果或集体效应使波形刚性地以波速沿传播方向移动．为了进一步展示这一图像，我们考察 t 至 $t+\Delta t$ 时间内的波形的移动以及相应的质元运动．以绳上一脉冲横波为例．图 9.2-2（a）和（b）分别画出该脉冲横波在 t 时刻和 $t+\Delta t$ 时刻的波形．

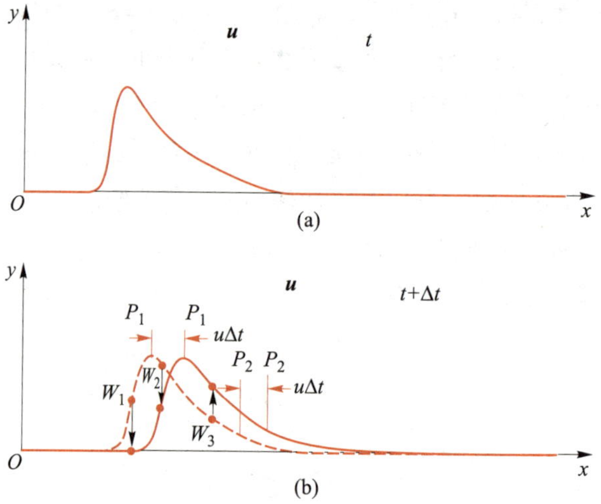

图 9.2-2

就波形而言，波形上的点（不是指相应的质元）称为相点，例如，图 9.2-2（b）中的 P_1 和 P_2，P_1 对应波形上的最高点（极大值点）．Δt 时间内，波形上的所有相点均沿 x 正方向移动 $u\Delta t$ 距离，使波形刚性地移动 $u\Delta t$ 距离．如前所述，波形由某一时刻许多质元或所有质元沿 y 方向位移表示，表示波形的质元都沿 y 方向运动，在 Δt 时间内，图 9.2-2（b）中的质元 W_1 和 W_2 向下运动，并且运动了不同距离，质元 W_3 向上运动了一段距离．实际上，在 Δt 时间内，许多质元沿 y 正方向或负方向运动了不等的距离，使波形沿 x 正方向移动 $u\Delta t$ 距离．

最后必须指出，若将图 9.2-1（a）所示的 $t=0$ 时刻的 $y=\mathrm{e}^{-x^2}$ 曲线看成 $t=0$ 时刻的波形，则它也是更早时间从其他地方传播而来的．若它从 x 轴的左侧传播而来，则它在 $t>0$ 的传播情形如图 9.2-1（b）（c）的右侧部分所示，继续沿 x 轴的正方向传播．若它是从 x 轴的右侧传播而来的，则它在 $t>0$ 的传播情形如图 9.2-1（b）和图 9.2-1（c）的左侧部分，继续沿 x 轴的负方向传播．

9.3 波动方程

本节将从 $\boldsymbol{F}=m\boldsymbol{a}$ 导出波动的动力学方程．先讨论弹性棒中的纵波和横波，后讨论柔软弦中的横波．

在均匀弹性棒中取横截面坐标为 $x \sim x+\Delta x$ 的一段作为考察对象（图 9.3-1）．Δx 足够小，使 Δx 段质元的加速度可看成均匀、近似相等的．因为当介质中有波时，质元的加速度随质元的平衡位置（空间坐标）而变化．对这段质元作受力分析．令棒的截面积为 S，密度为 ρ．当棒中有纵向扰动传播时，各截面的位移并不相同，棒中发生纵向形变，从而出现应力（弹力）. 所考察的这段棒受到左方介质所施的弹力 $F(x)$ 和右方介质所施弹力 $F(x+\Delta x)$ 的作用. $F(x)$ 由 x 处的相对形变决定. 设 x 处的横截面的位移为 y，$x+\mathrm{d}x$ 处的横截面的位移为 $y+\mathrm{d}y$，则 x 处的相对形变为 $\mathrm{d}y/\mathrm{d}x$. 根据胡克定律，作用在 x 处横截面上的正应力 F/S 与该处纵向相对形变（应变）成正比：

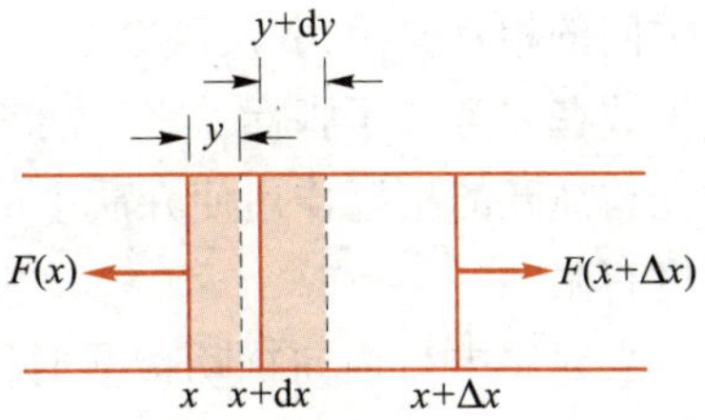

图 9.3-1　推导弹性棒中的波动方程

$$\frac{F}{S}=E\frac{\mathrm{d}y}{\mathrm{d}x} \tag{9.3-1}$$

式中 E 称为弹性模量. 于是，x 处的弹力为

$$F(x)=SE\left.\frac{\mathrm{d}y}{\mathrm{d}x}\right|_{x=x} \tag{9.3-2a}$$

同理，在 $x+\Delta x$ 处的弹力为

$$F(x+\Delta x)=SE\left.\frac{\mathrm{d}y}{\mathrm{d}x}\right|_{x=x+\Delta x} \tag{9.3-2b}$$

当 $\mathrm{d}y/\mathrm{d}x>0$ 时，形变为伸长形变，应力是张力，相应的 $F(x)$ 应取负号，$F(x+\Delta x)$ 应取正号，故所考察的这段棒受的合力 ΔF 为

$$\begin{aligned}\Delta F&=F(x+\Delta x)-F(x)\\&=SE\left.\frac{\mathrm{d}y}{\mathrm{d}x}\right|_{x+\Delta x}-SE\left.\frac{\mathrm{d}y}{\mathrm{d}x}\right|_{x}\\&\approx SE\frac{\mathrm{d}^2y}{\mathrm{d}x^2}\Delta x\end{aligned}$$

这段棒的加速度 a 为

$$a=\frac{\mathrm{d}^2y}{\mathrm{d}t^2}$$

这段棒的质量 Δm 为

$$\Delta m=\rho S\Delta x$$

由 $\boldsymbol{F}=m\boldsymbol{a}$ 得

$$SE\frac{\mathrm{d}^2y}{\mathrm{d}x^2}\Delta x\approx\rho S\Delta x\frac{\mathrm{d}^2y}{\mathrm{d}t^2}$$

令 $\Delta x\to0$，上述方程严格相等，并改用偏微分，即得

$$\frac{\partial^2y}{\partial t^2}=\frac{E}{\rho}\frac{\partial^2y}{\partial x^2} \tag{9.3-3}$$

（9.3-3）式就是棒中纵波的动力学方程，称为波动方程. 这是一个线性偏微分方程.

与波动方程（9.2-1）式相比较得波速

$$u_{/\!/}=\sqrt{\frac{E}{\rho}} \tag{9.3-4}$$

这就将波速与介质的常量 E、ρ 联系起来了. E 反映介质的弹性或者介质中质元与质元之间的相互作用. ρ 反映介质的惯性，为介质单位体积的质量. 由于所讨论的是纵波，故在 u 旁加了脚标“//”. 波速公式（9.3-4）充分体现了这一观点，即介质中质元与质元的相互作用使介质中的振动得以传播，形成波；质元的惯性使波的传播速度有限.

当介质中有横向扰动传播时，介质发生切变，在与波传播方向垂直的横截面上出现切应力，因而横波的传播速度与介质的切向弹性模量有关，有

$$u_{\perp}=\sqrt{\frac{G}{\rho}} \tag{9.3-5}$$

式中 G 称为切变模量，它是切应力 F/S 与横向相对形变 $\mathrm{d}y/\mathrm{d}x$ 之比，有

$$\frac{F}{S}=G\frac{\mathrm{d}y}{\mathrm{d}x} \tag{9.3-6}$$

相应地，(9.3-3) 式变为

$$\frac{\partial^2 y}{\partial t^2}=\frac{G}{\rho}\frac{\partial^2 y}{\partial x^2} \tag{9.3-7}$$

弦中的波动方程可推导如下. 设柔软弦中的张力为 F_{T}. 当弦上有横向扰动时，各点有不同的位移，设坐标为 x 的点的位移为 y. 设扰动很小，由扰动引起的弦的附加伸长与因弦中存在张力而原有的伸长相比可以忽略，张力 F_{T} 可视为与无扰动时相同. 取坐标为 $x\sim x+\Delta x$ 的一段弦为考察对象（图 9.3-2），为了画图清楚、方便描述，将 y 坐标轴的刻度大大放大（后面讨论弦上横波的波形图均作同样处理）. Δx 长度很小. 设没有波时弦的线密度为 ρ_l，对 Δx 这段弦作受力分析. 由于扰动很小，所以作用在该段弦两端的张力的 x 分量互相抵消，y 分量之和使该段弦产生横向运动加速度. 张力沿 y 方向的分量为 $F_{\mathrm{T}}\dfrac{\partial y}{\partial x}$，由 $\boldsymbol{F}=m\boldsymbol{a}$ 可知

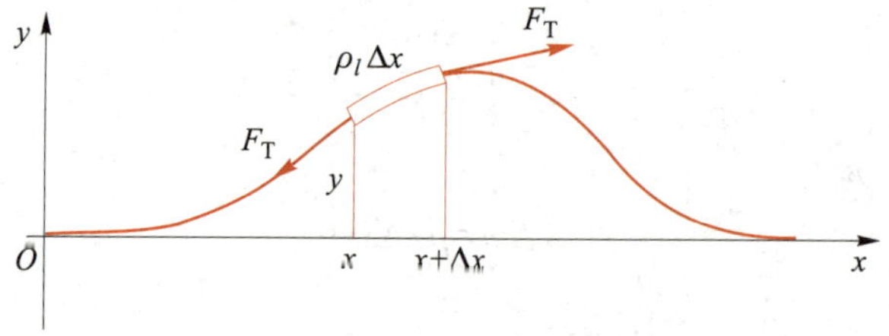

图 9.3-2　弦中的横波

$$F_{\mathrm{T}}\left[\left(\frac{\partial y}{\partial x}\right)_{x+\Delta x}-\left(\frac{\partial y}{\partial x}\right)_{x}\right]=\rho_l\Delta x\frac{\partial^2 y}{\partial t^2}$$

即

$$F_{\mathrm{T}}\frac{\partial^2 y}{\partial x^2}\Delta x\approx\rho_l\Delta x\frac{\partial^2 y}{\partial t^2}$$

令 $\Delta x\to 0$，上述方程严格相等，即得弦中横波的波动方程：

$$\frac{\partial^2 y}{\partial t^2}=\frac{F_{\mathrm{T}}}{\rho_l}\frac{\partial^2 y}{\partial x^2} \tag{9.3-8}$$

可见弦中横波的波速为

$$u=\sqrt{\frac{F_T}{\rho_l}} \tag{9.3-9}$$

F_T 反映了介质的弹性或者介质中质元与质元的某种相互作用，ρ_l 反映了介质的惯性，为单位长度弦的质量．式（9.3-9）再次体现前述观点，即介质中质元与质元的相互作用使介质中的振动得以传播，形成波；质元的惯性使波的传播速度有限．

在前面棒中纵波和弦上横波的波动方程推导过程中，我们均假定某一时刻的一个波形，对该波形的一小段质元作受力分析，利用 $\boldsymbol{F}=m\boldsymbol{a}$ 导出波动方程．这说明波动方程的导出与具体的波形无关，实际上与介质中是否存在波的传播无关，它反映了介质的固有特性，正如简谐振动的动力学方程反映了振子的固有性质，与振子初始条件无关，与振子是否在振动无关．根据上一节的内容，即波动方程的解（波函数）所揭示的波的传播特性可知，介质中一旦有扰动，这种扰动必然在介质中传播，形成波，因而波是一种自然现象．鉴于波动方程根源于 $\boldsymbol{F}=m\boldsymbol{a}$，因而这种自然现象也统一于 $\boldsymbol{F}=m\boldsymbol{a}$．

例题1 **一根很长的弦线沿 x 轴放置，弦线中的张力为 F_T，弦线的线密度为 ρ_l，在端点 $x=0$ 处施以横向简谐外力 $F=F_0\cos\omega t$，求弦中激起的波的运动学方程．**

解： 设所求的波的运动学方程为

$$y=A\cos\left[\omega\left(t-\frac{x}{u}\right)+\varphi\right] \tag{1}$$

则在 $x=0$ 处，质元质量趋于零，弦上张力的横向分量应与外力相抵，即

$$F=-F_T\left.\frac{\partial y}{\partial x}\right|_{x=0} \tag{2}$$

于是有

$$F_0\cos\omega t=-F_TA\frac{\omega}{u}\sin(\omega t+\varphi)$$

所以

$$A=\frac{F_0u}{F_T\omega},\qquad \varphi=-\frac{\pi}{2} \tag{3}$$

代入（1）式，得

$$y=\frac{F_0u}{F_T\omega}\cos\left[\omega\left(t-\frac{x}{u}\right)-\frac{\pi}{2}\right]=\frac{F_0u}{F_T\omega}\sin\left[\omega\left(t-\frac{x}{u}\right)\right] \tag{4}$$

由（4）式可得弦上 $x=0$ 处质点的速度：

$$v\Big|_{x=0}=\left.\frac{\partial y}{\partial t}\right|_{x=0}=\frac{F_0u}{F_T}\cos\omega t=\frac{Fu}{F_T}$$

利用关系 $F_T=\rho_lu^2$，得

$$v\Big|_{x=0}=\frac{F}{\rho_lu} \tag{5}$$

将（5）式与电学中的欧姆定律相对照，F 与电压相对应，v 与电流相对应，则 $\rho_l u$ 与电阻相对应，故 $\rho_l u$ 常称为弦的特征阻抗或波阻抗，并记为 Z_0：

$$Z_0=\rho_l u \tag{6}$$

例题2 **试导出空气中声波的波动方程和波速.**

解： 声波也是一种纵波，在传播过程中，声波表现为疏密状态的移动，因而其压强在平衡压强（大气压）p_0 附近有起伏，波也表现为这种压强起伏的传播.

如图 9.3-3 所示，设有平面声波沿均匀管传播. 取 $x \sim x+\Delta x$ 一段空气柱作为考察对象. Δx 很小. 对 Δx 空气柱作受力分析，设此空气柱左面受到的压强为 p_1，右面受到的压强为 p_2. 压强与该处空气的体积、温度有关，由于声波的频率比较高，气体的压缩和膨胀过程进行得极为迅速，所考察的气体来不及与周围气体进行热交换，因而过程实际上是绝热的. 在绝热过程中，气体的压强 p 和体积 V 满足绝热方程，即

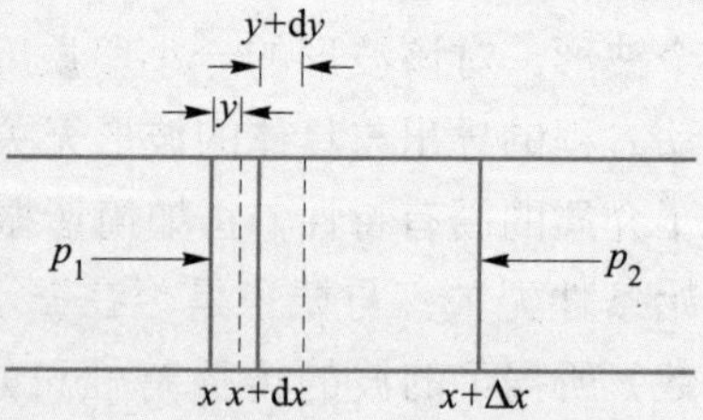

图 9.3-3　波动方程的导出

$$pV^{\gamma}=\text{常量} \tag{1}$$

式中 γ 是摩尔定压热容 $C_{p,\mathrm{m}}$ 与摩尔定容热容 $C_{V,\mathrm{m}}$ 之比，称为摩尔热容比，与气体的种类有关，可由实验测定. 在 x 点附近，由于波扰动而形成体积变化，体积的相对变化为 $\partial y/\partial x$，对应的压强变化可由（1）式求得.（1）式两边对 x 求导：

$$V^{\gamma}\frac{\partial p}{\partial x}+p\gamma V^{\gamma-1}\frac{\partial V}{\partial x}=0 \tag{2}$$

两边除以 pV^{γ}，

$$\frac{1}{p}\frac{\partial p}{\partial x}+\frac{\gamma}{V}\frac{\partial V}{\partial x}=0$$

即

$$\mathrm{d}p=-\gamma p\frac{\mathrm{d}V}{V}=-\gamma p\frac{\partial y}{\partial x}$$

所以

$$p_1=p_0+(\mathrm{d}p)_x=p_0-\gamma p\left.\frac{\partial y}{\partial x}\right|_x$$

$$p_2=p_0+(\mathrm{d}p)_{x+\Delta x}=p_0-\gamma p\left.\frac{\partial y}{\partial x}\right|_{x+\Delta x}$$

$$\begin{aligned}p_1-p_2&=\gamma p\left(\left.\frac{\partial y}{\partial x}\right|_{x+\Delta x}-\left.\frac{\partial y}{\partial x}\right|_x\right)\\&\approx\gamma p\frac{\partial^2 y}{\partial x^2}\Delta x\end{aligned}$$

Δx 空气柱所受合力

$$\Delta F=S(p_1-p_2)$$

设管的截面积为 S，空气的密度为 ρ，由 $\boldsymbol{F}=m\boldsymbol{a}$，有

$$S(p_1-p_2)\approx\rho S\Delta x\frac{\partial^2 y}{\partial t^2}$$

令 $\Delta x\to 0$，则有

$$\gamma p \frac{\partial^2 y}{\partial x^2}=\rho \frac{\partial^2 y}{\partial t^2}$$

或

$$\frac{\partial^2 y}{\partial t^2}=\frac{\gamma p}{\rho}\frac{\partial^2 y}{\partial x^2} \tag{3}$$

此即声波的波动方程. 因而声速为

$$u_{声}=\sqrt{\frac{\gamma p}{\rho}}=\sqrt{\frac{\gamma RT}{M}} \tag{4}$$

式中 R 是摩尔气体常量, T 是热力学温度, M 是气体的摩尔质量.

9.4 简谐波

简谐波是简单而基本的波, 任意波均可看作简谐波的叠加, 正如简谐振动是简单而基本的振动, 任意振动均可看作简谐振动的叠加. 简谐振动与简谐波联系在一起. 如果波源作简谐振动, 那么介质中各质元也将相继作同频率的简谐振动, 形成简谐波.

我们以绳索上的横波为例, 基于波的传播特性来建立简谐波的运动学方程, 即波函数, 以描述波在传播过程中, 任一质元的位移与时间的关系式.

如图 9.4-1 所示, 设一简谐波沿 x 轴正方向传播, 已知在 t 时刻坐标原点 O 处振动位移的表示式为

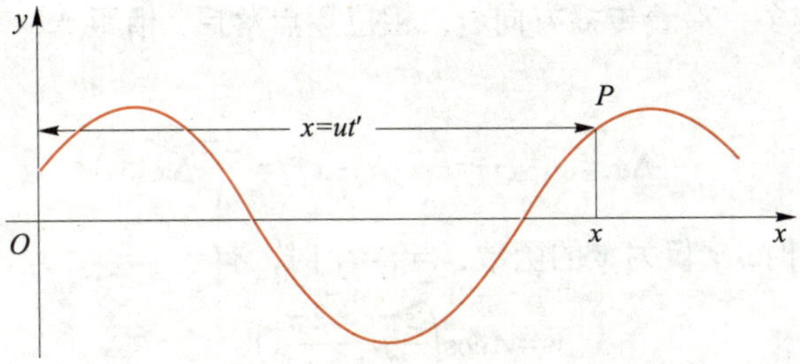

图 9.4-1　简谐波运动学方程的推导

$$y=A\cos \omega t \tag{9.4-1}$$

在同一时刻 t, 离 O 为 x 的 P 点的振动表示式将是怎样的? P 点的振动与 O 点的振动具有相同的振幅与频率, 但相位比 O 点落后, 这是因为 P 点开始振动的时刻比 O 点晚, 所晚的时间就是波从 O 点传到 P 点所经历的时间, 为 $t'=x/u$. 于是 P 点的位移为

$$y=A\cos \omega\left(t-\frac{x}{u}\right) \tag{9.4-2}$$

这就是简谐波的运动学方程. 显然它具有 $f(x-ut)$ 形式, 式 (9.4-2) 可改写为 $y=A\cos \frac{\omega}{u}(x-ut)$. 利用 $u=\lambda\nu$, $\omega=\frac{2\pi}{T}$, 上式又可写成

$$y=A\cos\left(\frac{2\pi t}{T}-\frac{2\pi x}{\lambda}\right) \tag{9.4-3}$$

令

$$\frac{2\pi}{\lambda}=k \tag{9.4-4}$$

k 称为波数，引入 k 后，简谐波方程又可以写成

$$y=A\cos(\omega t-kx) \text{ 或 } y=A\cos(kx-\omega t) \tag{9.4-5a}$$

式（9.4-2）、式（9.4-3）、式（9.4-5a）就是简谐波运动学方程的不同形式.（$\omega t-kx$）决定位于 x 处的质元在 t 时刻的振动状态，可称为波的相位. 当然更一般的形式是在余弦的宗量中再加一相位常量 φ，例如

$$y=A\cos(\omega t-kx+\varphi) \tag{9.4-5b}$$

若简谐波沿 x 轴的负方向传播，则

$$y=A\cos(\omega t+kx+\varphi) \tag{9.4-5c}$$

（1）当 x 一定，即盯住某一位置看，y 仅为 t 的函数时，例如 $x=x_1$ 时，

$$\begin{aligned} y &=A\cos\left(\frac{2\pi}{T}t-\frac{2\pi}{\lambda}x_1\right) \\ &=A\cos(\omega t-\varphi_1) \end{aligned}$$

它表示 $x=x_1$ 这一质元随时间作简谐振动，时刻 t 和 $t+T$ 的振动状态相同，说明波动过程在时间上具有周期性，振动的周期（频率）和振幅与波源相同，相位落后 $\varphi_1=\frac{2\pi}{\lambda}x_1$. 同理，$x=x_2$ 处的质元也作同频率、同振幅的振动，相位落后 $\varphi_2=\frac{2\pi}{\lambda}x_2$. x 越大，相位落后得越多，沿着传播方向看，相位逐点落后. 相距 $\Delta x=x_2-x_1$ 的两点，相位差为

$$\Delta\varphi=\varphi_2-\varphi_1=\frac{2\pi}{\lambda}(x_2-x_1)=\frac{2\pi}{\lambda}\Delta x \tag{9.4-6}$$

（2）当 t 一定时，y 仅为 x 的函数. 当 $t=t_1$ 时，有

$$\begin{aligned} y &=A\cos\left(\frac{2\pi}{T}t_1-\frac{2\pi}{\lambda}x\right) \\ &=A\cos(kx-\omega t_1) \end{aligned}$$

位移 y 随位置 x 而变化，在 x 和 $x+\lambda$ 处振动状态相同，表明波动过程在空间上具有周期性，波长就是波动的空间周期. 上式给出了某一瞬时（$t=t_1$）的波形曲线，即波形为 x 的简谐函数，故称之为简谐波.

（3）若 y 一定，则波动表示式的宗量（$\omega t-kx$）即波的相位一定. 例如当 $y=y_1$ 时，

$$\omega t-kx=\arccos\frac{y_1}{A}$$

波的相位既是时间的函数，又是位置的函数，它随时间增加而增加，随离开原点距离增加而减少，而上式给出的与 $y=y_1$ 所对应的某一恒定的相位在时间 t 和位置 x 变化的过程中保持不变，这就要求一定的相位随着时间增加，必须在空间传播一定的距离. 将上式对时间求导，得

$$\omega-k\frac{\mathrm{d}x}{\mathrm{d}t}=0$$

由此便得确定的相位在单位时间内传播的距离，即相位速度，简称相速：

$$u_{\mathrm{p}}=\frac{\mathrm{d}x}{\mathrm{d}t}=\frac{\omega}{k}$$

而

$$\frac{\omega}{k}=\lambda\nu=u \tag{9.4-7}$$

就是波速，所以波速就是相位传播的速度.

相位传播速度就是恒定的相位在空间移动的速度，也就是恒定的 y，即波形上恒定的点（相点）在空间移动的速度. 这意味着简谐波的波形刚性地以相位速度沿传播方向移动.

一般而言，相速与频率有关，当介质中的相速与频率或波长无关时，该介质称为无色散介质，否则称为色散介质. 一束白光通过玻璃棱镜被散开而成一彩色光谱，这是最典型的色散现象，起源于不同频率（波长）的光有不同的相速度，即有不同的折射率.

在前面所述的波动方程中的波速 u 应理解为相速 u_{p}，说到波速也是指相速. 只有当介质中的相速与频率无关时，即在无色散介质中，任意波形的波在介质中传播时才能够保持波形不变，从而刚性地沿传播方向以相速移动，如图 9.4-2（a）和（b），一脉冲波在无色散介质中传播时保持波形不变. 而在色散介质中，脉冲波波形在传播过程中将展宽或散开，如图 9.4-2（a）和（c）所示. 这一现象可定性解释如下. 因为脉冲波在空间上可以看作许多简谐波的叠加，这些简谐波具有不同波长. 在无色散介质中，所有简谐波的相速相同，也就是所有简谐波的波形均以相同的相速度沿传播方向移动. 因此，Δt 时间后，所有波形沿传播方向移动相同距离，移动相同距离的这些波形在空间再次叠加使脉冲波波形不变，且移动同样的距离；而在色散介质中，不同波长的简谐波波形将以不同的相速度沿传播方向移动. 因此 Δt 时间后，这些简谐波波形沿传播方向移动不同距离，它们在空间再次叠加时波形发生变化，在一般情况下脉冲波波形将展宽或散开，脉冲波波形中心也移动了一定的距离，如图 9.4-2（a）和（c）所示.

在色散介质中，脉冲波波形中心，即波包中心（对应振幅最大处）的传播速度称为群速度，也是能量和信息在介质中传播的速度.

下面考察频率相当靠近的两列简谐波的合成波的波包中心的传播速度.

$$y_1=A\cos(\omega_1 t-k_1 x)$$

$$y_2=A\cos(\omega_2 t-k_2 x)$$

利用三角函数公式

$$\cos\alpha+\cos\beta=2\cos\frac{\alpha+\beta}{2}\cos\frac{\alpha-\beta}{2}$$

合成波为

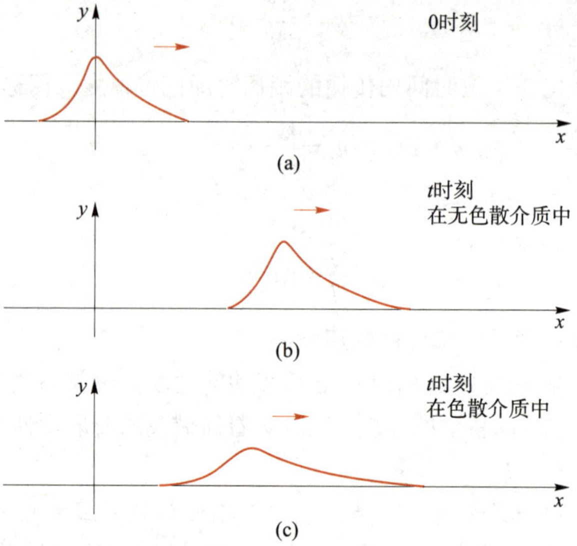

图 9.4-2

$$
\begin{aligned}
y &= y_1 + y_2 \\
&= 2A\cos\left(\frac{\omega_1-\omega_2}{2}t-\frac{k_1-k_2}{2}x\right)\cos\left(\frac{\omega_1+\omega_2}{2}t-\frac{k_1+k_2}{2}x\right)
\end{aligned}
$$

合成波可看作振幅为

$$
A_{\mathrm{m}} = 2A\cos\left(\frac{\omega_1-\omega_2}{2}t-\frac{k_1-k_2}{2}x\right)
$$

相位为$\left(\frac{\omega_1+\omega_2}{2}t-\frac{k_1+k_2}{2}x\right)$的“简谐波”，当 $\omega_1 \approx \omega_2 \approx \omega$ 时，$k_1 \approx k_2 \approx k$，则 $\omega_1-\omega_2 \ll \omega_1+\omega_2$，$k_1-k_2 \ll k_1+k_2$，在不长的时间和不大的空间范围内，可以认为合成波的振幅几乎不变，一定振动状态的传播速度就是合成波一定相位的传播速度，即相速度

$$
u_{\mathrm{p}} = \frac{\omega_1+\omega_2}{2}\bigg/\frac{k_1+k_2}{2} \approx \frac{\omega}{k} \tag{9.4-8}
$$

与原成分波的相速度基本相同．而合成波的振幅由 $\cos\left(\frac{\omega_1-\omega_2}{2}t-\frac{k_1-k_2}{2}x\right)$ 决定，一定的振幅（如最大振幅）与 $(\omega_1-\omega_2)t/2-(k_1-k_2)x/2=$ 常量对应，当 t 增加 $\mathrm{d}t$ 时，该一定的振幅将沿 x 方向移动，增加的 $\mathrm{d}x$ 应保证 $(\omega_1-\omega_2)t/2-(k_1-k_2)x/2$ 的变化为零，即

$$
\frac{\omega_1-\omega_2}{2}\mathrm{d}t-\frac{k_1-k_2}{2}\mathrm{d}x=0
$$

于是一定的振幅在空间移动的速度为

$$
u_{\mathrm{g}} = \frac{\mathrm{d}x}{\mathrm{d}t} = \frac{\omega_1-\omega_2}{2}\bigg/\frac{k_1-k_2}{2} = \frac{\omega_1-\omega_2}{k_1-k_2} = \frac{\Delta\omega}{\Delta k} \tag{9.4-9}
$$

合成波的振幅最大值的传播速度称为群速度．

式（9.4-9）的微分形式

$$u_g=\frac{d\omega}{dk} \tag{9.4-10}$$

$$u_g=u_p-\lambda\frac{du_p}{d\lambda} \tag{9.4-11}$$

读者可以证明（9.4-10、11）两式是一致的.

$\frac{du_p}{d\lambda}>0$ 的色散，叫正常色散，对正常色散的介质，$u_g<u_p$；$\frac{du_p}{d\lambda}<0$ 的色散叫反常色散，对反常色散介质，$u_g>u_p$.

除了这一小节涉及色散介质外，本章的其他小节均假定介质是无色散介质. 在无色散介质中，相速不随频率（波长）变化，$\frac{du_p}{d\lambda}=0$，任何波形在传播过程中均保持不变，在传播过程中任何波形都刚性地以相速沿传播方向移动，群速度等于相速度.

例题 **在水面上有两木块随着水波作相位相反的振动. 观察发现，木块连线沿着水波的行进方向，两木块相距 1 m，振动周期为 1.1 s，求水波的波速.**

解： 既然两木块振动相位相反，那么它们的相位差 $\Delta\varphi=(2n+1)\pi$，而两木块相距 $x_2-x_1=1$ m，代入（9.4-6）式，得水波的波长为

$$\lambda=\frac{2\pi}{\Delta\varphi}(x_2-x_1)=\frac{2}{2n+1}(x_2-x_1)$$

代入（9.1-2）式，波速

$$u=\lambda\nu=\frac{\lambda}{T}=\frac{2(x_2-x_1)}{(2n+1)T}$$

对应不同的整数 n，可得不同的波长和波速值. 取 $n=0$，得 $\lambda_0=2(x_2-x_1)=2$ m，波速

$$u_0=\frac{2(x_2-x_1)}{T}=\frac{2}{1.1}\text{ m/s}\approx 1.8\text{ m/s}$$

取 $n=1$，得波长 $\lambda_1=\frac{2}{3}(x_2-x_1)=\frac{2}{3}$ m，波速

$$u_1=\frac{2}{3}\frac{x_2-x_1}{T}\approx 0.61\text{ m/s}.$$

n 究竟取何值，可由观察判定（视两木块距离与水波波长的相对长度而定）.

9.5 波的能量、能流和强度

扰动在介质中传播时，介质各部分发生振动，因而具有动能，同时因为各部分位移不同，介质各组元相对位形发生变化，因而具有势能，扰动由近及远地传播，能量也由近及远地传播，所以波的传播过程也是能量的传播过程. 我们先以柔软弦上的简谐横波为例讨论波的能量和波的能量传播.

弦上有一简谐横波沿 x 正方向传播，t_1 时刻的波形如图 9.5-1（a）中虚线所

示，$\frac{T}{4}$时间后的 t_2 时刻的波形如图 9.5-1（a）中的实线所示. 取两质元 A 和 B，其在平衡位置的长度均为 $\mathrm{d}x$. A 质元 t_1 时刻位移最大，t_2 时刻位移最小，而 B 质元 t_1 时刻位移最小，t_2 时刻位移最大. 在 t_1 时刻，质元 A 的长度与平衡位置长度相等，设平衡位置的势能为零，则 $\mathrm{d}E_{\mathrm{p,A}}=0$；同时质元位移最大，$\mathrm{d}E_{\mathrm{k,A}}=0$. 在 t_2 时刻，质元 A 拉伸最大，$\mathrm{d}E_{\mathrm{p,A}}$达到极大值；同时质元速度最大，即动能 $\mathrm{d}E_{\mathrm{k,A}}$也达到极大值. 因此，从 t_1 至 t_2 时间内，质元 A 的动能和势能都增大，从零增大到极大值. 类似地，从 t_1 至 t_2 时间内，质元 B 的动能和势能均减小，从极大值减小到零. 下面计算某质元 $\rho_l\mathrm{d}x$ 的动能和势能随时间的变化. 质元的动能

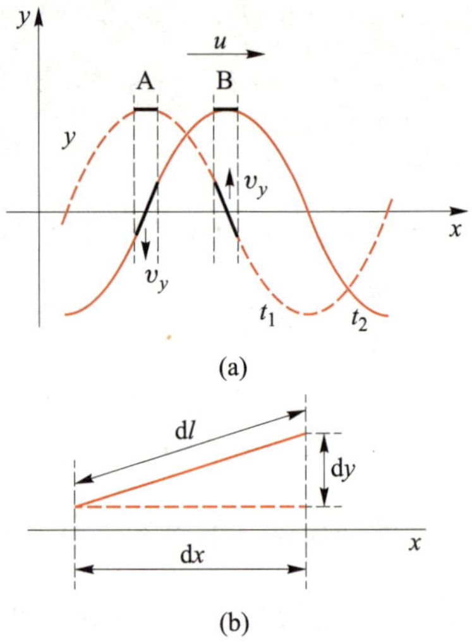

图 9.5-1

$$\mathrm{d}E_{\mathrm{k}}=\frac{1}{2}\rho_l\mathrm{d}x\left(\frac{\partial y}{\partial t}\right)^2 \tag{9.5-1}$$

其中 ρ_l 为没有波时弦的线密度.

设弦上简谐波的波函数为 $y=A\cos(\omega t-kx)$，则质元的动能

$$\mathrm{d}E_{\mathrm{k}}=\frac{1}{2}\rho_l\mathrm{d}xA^2\omega^2\sin^2(\omega t-kx) \tag{9.5-2}$$

质元的势能可通过在 F_{T} 几乎不变时拉伸细小长度计算，则

$$\mathrm{d}E_{\mathrm{p}}=F_{\mathrm{T}}(\mathrm{d}l-\mathrm{d}x) \tag{9.5-3}$$

根据几何关系，如图 9.5-1（b）所示，

$$\begin{aligned}\mathrm{d}l&=\sqrt{(\mathrm{d}x)^2+(\mathrm{d}y)^2}\\&=\sqrt{(\mathrm{d}x)^2\left[1+\left(\frac{\mathrm{d}y}{\mathrm{d}x}\right)^2\right]}\\&=\mathrm{d}x\sqrt{1+\left(\frac{\mathrm{d}y}{\mathrm{d}x}\right)^2}\end{aligned}$$

考虑到 $\mathrm{d}x\gg\mathrm{d}y$（再次指出，画弦上横波波形图时，$y$ 轴的刻度被大大放大），则

$$\begin{aligned}\mathrm{d}l&=\mathrm{d}x\left[1+\frac{1}{2}\left(\frac{\mathrm{d}y}{\mathrm{d}x}\right)^2\right]\\&=\mathrm{d}x\left[1+\frac{1}{2}\left(\frac{\partial y}{\partial x}\right)^2\right]\end{aligned}$$

将上式代入（9.5-3）式，则

$$\mathrm{d}E_{\mathrm{p}}=\frac{1}{2}F_{\mathrm{T}}\mathrm{d}x\left(\frac{\partial y}{\partial x}\right)^2 \tag{9.5-4}$$

将波函数代入上式得

$$\mathrm{d}E_{\mathrm{p}}=\frac{1}{2}F_{\mathrm{T}}\mathrm{d}xA^2k^2\sin^2(\omega t-kx) \tag{9.5-5}$$

考虑到 $u^2=\frac{F_T}{\rho_l}$，$k=\frac{\omega}{u}$，则

$$dE_p=\frac{1}{2}\rho_l dxA^2\omega^2\sin^2(\omega t-kx) \tag{9.5-6}$$

上式与动能（9.5-2）式具有相同的形式，即

$$dE_k=dE_p=\frac{1}{2}\rho_l dxA^2\omega^2\sin^2(\omega t-kx) \tag{9.5-7}$$

质元的机械能

$$dE=dE_k+dE_p=\rho_l dxA^2\omega^2\sin^2(\omega t-kx) \tag{9.5-8}$$

式（9.5-7）表明在波的传播过程中，介质中任一质元的动能和势能同步地随时间变化，动能为零时势能也为零，动能最大时势能也最大. 动能和势能之和不是恒定的，而是随时间变化的. 这与单个谐振子的情形不同. 单个谐振子的势能最大时动能最小，动能最大时势能最小，两者之和为常量，即机械能守恒. 在波的传播过程中，动能与势能的变化同相位，说明介质的每个质元的机械能并不守恒. 这至少排除在波的传播过程中，质元与质元之间不传递能量而机械能守恒的图像. 实际上这是因为在波的传播过程中，介质的任一质元与其邻近的质元之间在不断进行能量交换，沿波的传播方向传递能量，机械能不守恒正表明波的传播过程也是能量的传播过程. 沿波的传播方向，质元的后端传入能量，质元的前端传出能量. 当质元的后端传入的能量大于质元的前端传出的能量时，质元的机械能增加，反之，质元的机械能减小.

（9.5-7）式还表明质元的能量与其所处的具体波形有关，相同波形具有相同的能量，也就是说能量与波形绑定在一起. 在波的传播过程中，波形刚性地以波速沿传播方向移动，同时能量绑定波形，伴随着波形以波速沿传播方向传递. 这就是波的能量传播的图像.

根据这个图像，dx 长度基元的能量 dE 在 $dt=\frac{dx}{u}$时间内传出前端，因此单位时间内传递的能量，即传递功率（瞬时）

$$P_t=\frac{dE}{dt}=\rho_l uA^2\omega^2\sin^2(\omega t-kx) \tag{9.5-9}$$

瞬时传递功率与 t 时刻在 x 处的 dx 质元的具体波形有关，一个周期内的平均传递功率，简称功率，也就是波的能流

$$P=\frac{1}{2}\rho_l uA^2\omega^2 \tag{9.5-10}$$

值得注意的是，功率或能流正比于频率的平方，正比于振幅的平方.

这个功率也可以作下列理解. 由（9.5-8）式可知，波的能量与所考察的质元长度 dx 有关，单位长度的波的能量为波的能量线密度

$$\varepsilon_l=\rho_l A^2\omega^2\sin^2(\omega t-kx) \tag{9.5-11}$$

单位长度的波的平均能量线密度

$$\overline{\varepsilon_l}=\frac{1}{2}\rho_l A^2\omega^2 \tag{9.5-12}$$

单位时间沿传播方向传递的波形长度为 u，则传递功率

$$P=\overline{\varepsilon_l}u=\frac{1}{2}\rho_l uA^2\omega^2 \tag{9.5-13}$$

波的能量传递图像还可以从功的角度来阐述，因为功描述能量从一个物体向另一个物体的传递．如图 9.5-2 所示，考察弦上有简谐横波时，弦上某处 A 的受力和位移．设波沿 x 正方向传播，波函数为

$$y=A\cos(\omega t-kx)$$

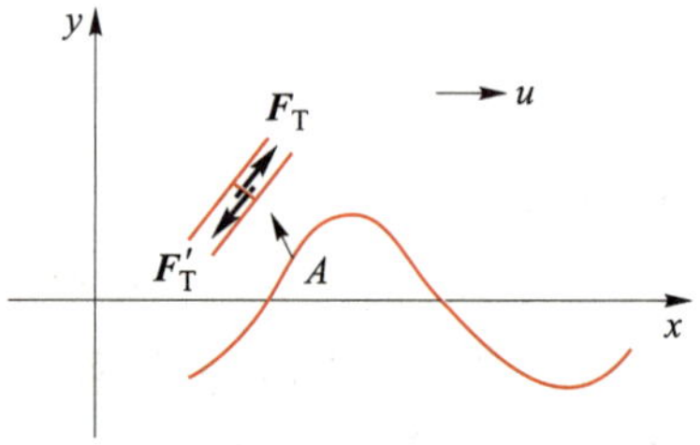

图 9.5-2

将 A 点放大，如图 9.5-2 左上方所示，对于 A 点前端（右端），它受到一个外力 $\boldsymbol{F}_{\mathrm{T}}$，由后端（左端）施与．设 A 点的坐标为 x，则该外力对 A 点前端的做功功率 P_{t} 等于外力 $\boldsymbol{F}_{\mathrm{T}}$ 与 A 点速度的点乘，考虑到 A 点的速度只有 y 分量，则

$$\begin{aligned}P_{\mathrm{t}}&=F_y v_y\\&=-F_{\mathrm{T}}\left(\frac{\partial y}{\partial x}\right)\cdot\left(\frac{\partial y}{\partial t}\right)\\&=-F_{\mathrm{T}}[Ak\sin(\omega t-kx)]\cdot[-A\omega\sin(\omega t-kx)]\\&=F_{\mathrm{T}}A^2k\omega\sin^2(\omega t-kx)\end{aligned} \tag{9.5-14}$$

此式表明后端永远向前端输入能量，因为后端作用于前端的外力做的功总是大于零（除某些时刻等于零外）．该外力一周期的平均做功功率

$$P=\frac{1}{2}F_{\mathrm{T}}A^2k\omega$$

考虑到$\dfrac{F_{\mathrm{T}}}{\rho_l}=u^2$，$\dfrac{\omega}{k}=u$，则

$$P=\frac{1}{2}\rho_l uA^2\omega^2$$

等于波的功率，与（9.5-10）式或（9.5-13）式一致．

对于 A 点后端（左端），它受到的外力为 $\boldsymbol{F}'_{\mathrm{T}}$，$\boldsymbol{F}'_{\mathrm{T}}$与 $\boldsymbol{F}_{\mathrm{T}}$ 方向相反，而 A 点速度不变，则外力对 A 点后端做功功率

$$P'_{\mathrm{t}}=-F_{\mathrm{T}}A^2k\omega\sin^2(\omega t-kx) \tag{9.5-15}$$

此式表明前端永远从后端提取能量，因为前端作用于后端的外力做的功总是小于零．当然，该外力一周期的平均做功功率

$$P'=-\frac{1}{2}\rho_l uA^2\omega^2 \tag{9.5-16}$$

其大小必须等于 P，因为能量守恒．

从做功的角度可再次确认前面所说的波的能量传播图像的正确性，即能量绑定波形，伴随着波形以波速沿传播方向传递．

下面以棒中的简谐纵波为例进一步讨论波的能量和波的能量传播，包括能流密度，即波的强度. 取截面积为 ΔS 、长为 Δx 的体积元 $\Delta V=\Delta S\Delta x$ 作为考察对象，设介质的密度为 ρ，此体积元在波扰动的某一瞬时的动能为

$$\Delta E_{\mathrm{k}}=\frac{1}{2}\rho\Delta V\left(\frac{\partial y}{\partial t}\right)^{2} \tag{9.5-17}$$

为了求弹性势能，先考察一段长为 L、截面积为 S 的弹性介质发生形变时具有的弹性势能，这势能就是外力在迫使介质形变的过程中克服弹力所做的功. 在伸长 ΔL 的过程中，外力 F 所做的功（即势能）为

$$\begin{aligned}E_{\mathrm{p}}&=\int_{0}^{\Delta L}F\mathrm{d}x=\int_{0}^{\Delta L}ES\,\frac{x}{L}\mathrm{d}x=\frac{ES}{L}\,\frac{(\Delta L)^{2}}{2}\\&=\frac{1}{2}ESL\left(\frac{\Delta L}{L}\right)^{2}\end{aligned}$$

其中 E 为弹性模量，$\dfrac{\Delta L}{L}$即相对形变. 对我们所考察的体积元来说，相对形变即$\dfrac{\partial y}{\partial x}$，故所考察体积元的势能为

$$\Delta E_{\mathrm{p}}=\frac{1}{2}E\Delta V\left(\frac{\partial y}{\partial x}\right)^{2} \tag{9.5-18}$$

将简谐波波函数 $y=A\cos\,\omega\left(t-\dfrac{x}{u}\right)$ 代入，不难求得

$$\Delta E_{\mathrm{k}}=\frac{1}{2}\rho\Delta V\omega^{2}A^{2}\sin^{2}\omega\left(t-\frac{x}{u}\right) \tag{9.5-19}$$

$$\Delta E_{\mathrm{p}}=\frac{1}{2}E\Delta V\,\frac{\omega^{2}}{u^{2}}A^{2}\sin^{2}\omega\left(t-\frac{x}{u}\right) \tag{9.5-20}$$

但

$$u^{2}=\frac{E}{\rho}$$

所以

$$\Delta E_{\mathrm{k}}=\Delta E_{\mathrm{p}}=\frac{1}{2}\rho\Delta V\omega^{2}A^{2}\sin^{2}\omega\left(t-\frac{x}{u}\right) \tag{9.5-21}$$

$$\Delta E=\Delta E_{\mathrm{k}}+\Delta E_{\mathrm{p}}=\rho\Delta V\omega^{2}A^{2}\sin^{2}\omega\left(t-\frac{x}{u}\right) \tag{9.5-22}$$

与弦上横波类似，在波传播过程中，介质中任一质元的动能和势能都随时间变化，动能最大的时刻势能亦最大，动能为零时势能也为零，动能与势能的总和即机械能也随时间变化. 波扰动时，介质的势能取决于所考察质元的形变. 从波形曲线（图 9.5-3）可以看出，在 A 处，质点已达最大位移，动能为零，但相邻质点间的相对位移最小，该处质元几乎无形变，故势能也为零. 而在 B 处，质点通过平衡位置，速度最大，动能最大，而其相邻质点间的相对位移最

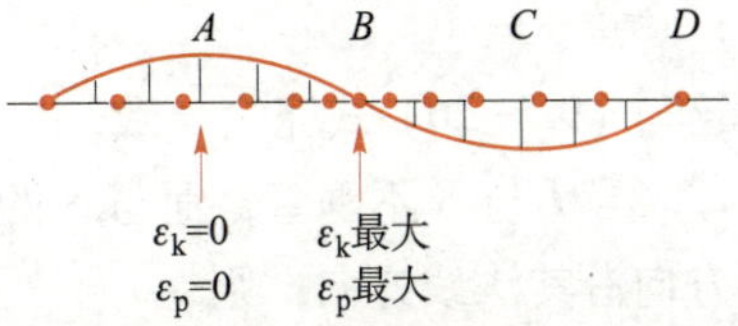

图 9.5-3　波扰动到达的地方，动能与势能同相位

大（最密集），质元的形变也最大，故势能也最大. C 处与 A 处相仿，D 处与 B 处相仿（但 D 处质点最稀疏）.

如（9.5-21、22）式所示，波的能量与所考察质元的体积有关. 通常用单位体积的介质所具有的能量即能量密度来表示波的能量在介质中的分布情况. 动能密度和势能密度为

$$\varepsilon_{\mathrm{k}}=\varepsilon_{\mathrm{p}}=\frac{\Delta E_{\mathrm{k}}}{\Delta V}=\frac{1}{2}\rho\omega^{2}A^{2}\sin^{2}\omega\left(t-\frac{x}{u}\right) \tag{9.5-23}$$

波的能量密度为

$$\varepsilon=\frac{\Delta E}{\Delta V}=\rho\omega^{2}A^{2}\sin^{2}\omega\left(t-\frac{x}{u}\right) \tag{9.5-24}$$

单位时间内，波通过与其传播方向垂直的单位截面的能量称为波的瞬时能流密度. 若在某瞬时以该单位截面为底、以比波长小得多的长度 Δx 为高取一柱体，则经时间 $\Delta t=\Delta x/u$ 后，柱内各质元的振动状态即波形连同其绑定的波能量全部通过此单位截面，因而瞬时能流密度 i 等于波的能量密度 ε 与波速 u 的乘积，即

$$i=\varepsilon u$$

ε 与时间和位置有关，i 也与时间和位置有关，在确定位置处，i 与时间有关. 常取 i 的时间平均值作为波的能流密度的量度，称为平均能流密度，简称能流密度，或波的强度，用 I 表示. 显然，$I=\bar{\varepsilon}u$. 通常把 I 看成矢量，方向沿波的传播方向，即 $\boldsymbol{u}$ 的方向，并写成 $\boldsymbol{I}$:

$$\boldsymbol{I}=\bar{\varepsilon}\boldsymbol{u} \tag{9.5-25}$$

对弹性介质中的简谐波，由于时间平均值$\langle\sin^{2}\omega t\rangle=\frac{1}{2}$，因此有

$$\boldsymbol{I}=\frac{1}{2}\rho\omega^{2}A^{2}\boldsymbol{u} \tag{9.5-26}$$

波在单位时间内通过某一面 S 的平均能量称为波通过该面的平均功率，简称功率，用 P 表示.

当 S 与 $\boldsymbol{I}$ 垂直时，$P=IS$. 对于弦上横波，由（9.5-10）式得

$$P=\frac{1}{2}\rho_{l}uA^{2}\omega^{2}$$

若考虑弦的横截面积为 ΔS，则

$$\rho_{l}=\rho\Delta S$$

其中 ρ 为弦的质量密度，由此可得弦上横波的能量密度

$$\boldsymbol{I}=\frac{1}{2}\rho\omega^{2}A^{2}\boldsymbol{u}$$

这与（9.5-26）式完全一致.

当 $\boldsymbol{I}$ 与 S 不垂直，而与 S 的法向成 θ 角时，$P=IS\cos\theta$. 把 S 看成矢量，令 $\boldsymbol{S}$ 的方向沿其法线方向，则

$$P=\boldsymbol{I}\cdot\boldsymbol{S} \tag{9.5-27}$$

当 S 为任意曲面时，可将 S 分为许多小面元 $\Delta\boldsymbol{S}$，于是

$$P=\sum \boldsymbol{I}\cdot\Delta\boldsymbol{S}=\int_S \boldsymbol{I}\cdot \mathrm{d}\boldsymbol{S} \tag{9.5-28}$$

波源的功率是对包围波源的闭合曲面的功率：

$$P=\oint \boldsymbol{I}\cdot \mathrm{d}\boldsymbol{S}$$

对球面波，$P=I\cdot 4\pi r^2$，由于波源功率是常量，因此对球面波，有

$$I=\frac{P}{4\pi r^2}\propto\frac{1}{r^2}$$

即

$$\frac{1}{2}\rho\omega^2A^2u\propto\frac{1}{r^2}$$

所以对球面波而言，

$$A\propto\frac{1}{r}$$

因此球面波的简谐波波函数应写为

$$y=\frac{A_0}{r}\cos\,\omega\left(t-\frac{r}{u}\right) \tag{9.5-29}$$

式中 A_0 是 $r=1$ 处的振幅．而 $y=A\cos\,\omega\left(t-\dfrac{x}{u}\right)$ 则适用于平面简谐波．

机械振动的频率范围很宽，但能引起听觉的频率只占很小的频段．对大多数人而言，能引起听觉的频率范围为 $16\sim2\times10^4$ Hz．这一频段称为声频．低于 16 Hz 的称为次声，高于 2×10^4 Hz 的称为超声．

人的听觉不仅与频率有关，还与声波的强度（简称声强）有关．能引起听觉的最低声强称为闻阈，声强超过某一上限，也不能引起听觉而只能引起痛觉，这一声强的上限值称为痛阈．闻阈和痛阈对不同的频率有不同值，如图 9.5-4 的曲线所示．即使对声频范围内的某一频率而言，人耳对声音的感觉也并不与声强成正比，而更接近于与声强的对数成正比，所以通常用声强级来表示声音的强弱，它定义为声强 I 对某一基准值 $I_0=10^{-12}$ W/m^2（I_0 接近 1 000 Hz 时的闻阈）之比的以 10 为底的对数，用 L 表示，即

$$L=\lg\frac{I}{I_0}(\mathrm{B})$$

单位是 B（贝尔）．在听觉范围内，I 的最大值约为 10 W/m^2，故声强级的最大值为 13 B．更常用的声强级单位是分贝，它是贝尔的十分之一，记为 dB，于是

$$L=10\lg\frac{I}{I_0}(\mathrm{dB}) \tag{9.5-30}$$

因而在听觉范围，声强级的数值从零到 130 dB．当然，仅用声强级尚不能完全反映人耳对声音响度的感觉，因为人对声音的感觉还与频率有关．例如，同为 50 dB 声强级的声音，当频率为 1 000 Hz 时，人耳听起来已相当响，而当频率为 50 Hz 时，则还听不见，考虑到这一效应，图 9.5-4 画出了等响度曲线．由于通常声源的频谱

较宽，因此（9.5-30）式表示的声强级是对各种频率成分的积分效应. 常见声源的声强级数值大致如下：微风吹拂树叶的声音约 14 dB；房间里正常谈话声（相距 1 m 处）约 70 dB，交响乐队演奏声（相距 5 m 处）约 84 dB，飞机发动机的声音（相距 5 m 处）约 130 dB.

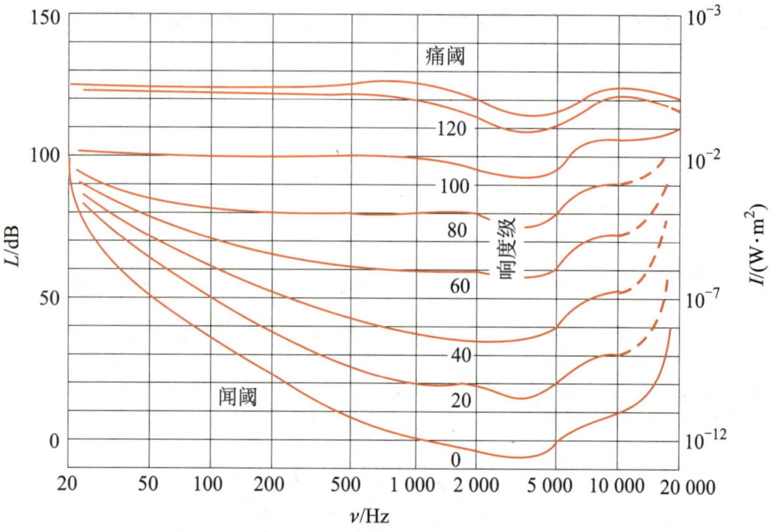

图 9.5-4　闻阈和痛阈及等响度曲线

由于实验中声强不易测量，因此常用声压（在声波传播过程中空气压强与大气压之差）的平方代替声强，用相应的声压级代替声强级，两者在数值上几乎相等.

9.6　惠更斯原理　波的传播、衍射、反射与折射

当波在行进过程中遇到障碍物或两种介质的交界面时，其传播情况将发生变化. 在历史上，为了解释光（电磁波）在这些情况下发生的现象，惠更斯提出：在波的传播过程中，波前上的每一点均可看成一个子波源，在 t 时刻的波前上的这些子波源发出的子波，经 Δt 时间后形成半径为 $u\Delta t$（u 为波速）的球面，在波的前进方向上，这些子波的包迹就成为 $t+\Delta t$ 时刻的新波前（图 9.6-1）. 这一思想常称为惠更斯原理. 在各向同性的均匀介质中，根据惠更斯原理，t 时刻波前为球面（或平面），则 $t+\Delta t$ 时刻的波前仍为球面（或平面）. 惠更斯原理也适用于机械波. 利用惠更斯原理很容易解释波的直线传播，波绕过障碍物的衍射及波遇到两种介质的交界面时的反射与折射现象.

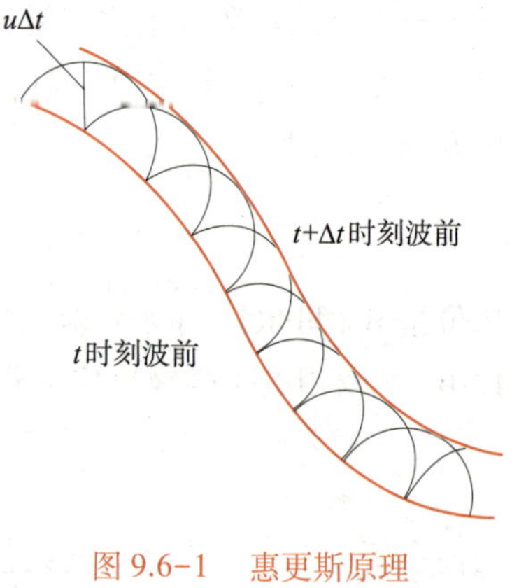

图 9.6-1　惠更斯原理

如图 9.6-2 所示，在均匀介质中，t 时刻平面波的波前，在 $t+\Delta t$ 时刻仍为平面. t 时刻球面波的波前，在 $t+\Delta t$ 时刻仍为球面，惠更斯原理展示了波在均匀介质中的

直线传播.

设平面波在行进中遇到开有小孔的障碍物，当波前到达孔面时，孔面上各点成为子波源，它们所发子波的包迹不再是平面，在边缘成为球面，使波线偏离原方向而向外延展（图 9.6-3）. 这就解释了波会绕过障碍物而转弯的衍射现象. 实验表明，当孔的线度可与波长相比拟时，衍射现象明显，孔越小，衍射越严重.

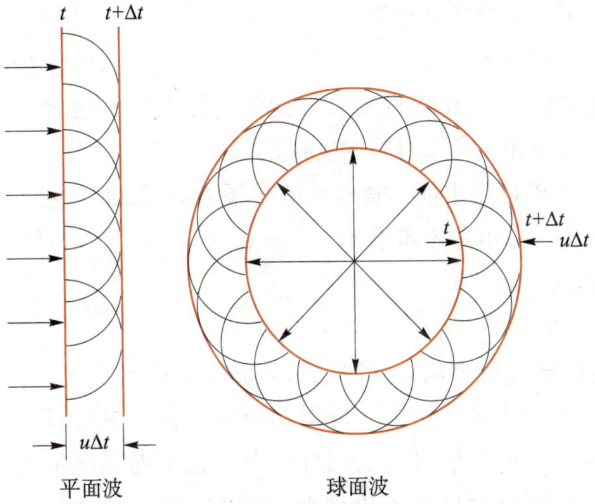

图 9.6-2

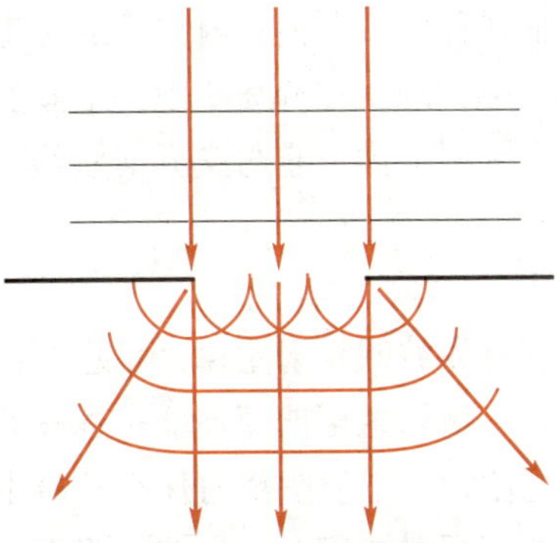

图 9.6-3　波的衍射

当平面波以入射角 θ 倾斜地入射到两种介质的交界面 MN 时（图 9.6-4），波前 AB 上各点不是同时到达交界面，而是先后到达交界面，当 A 点到达交界面时，C、D、B 诸点均尚未到达. 因而交界面处的子波不是同时发出的. 考到先后到达交界面的时间差别后，对于交界面处不同时刻发出的子波，惠更斯原理仍然适用. 当 B 点到达交界面上 B' 点时，A 点所发子波已行经了时间 BB'/u_1（u_1 为介质 1 中波速），它在介质 1 中形成半径为 $AA'=u_1\cdot BB'/u_1=BB'$ 的半球面，在介质 2 中则形成半径为 $AA''=u_2\cdot BB'/u_1=(u_2/u_1)AA'$ 的半球面（u_2 为介质 2 中波速）. C 点比 A 点晚一段时间到达交界面上的 C_1 点，当 B 点到达 B' 点时，C_1 点所发子波行经了比 BB'/u_1 略短

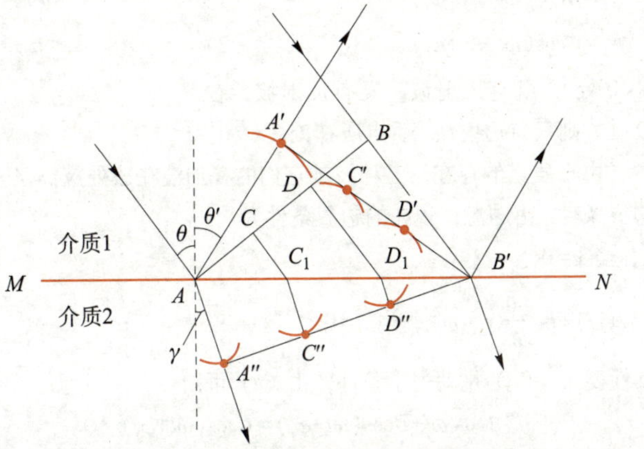

图 9.6-4　波的反射与折射

的时间，它在介质 1 中形成半径为 $C_1C'<AA'$ 的半球面，在介质 2 中形成半径为 $C_1C''<AA''$的半球面. 同理，D 点又比 C 点略晚一段时间到达交界面上的 D_1 点，D_1 点所发子波在介质 1 中形成半径为 $D_1D'<C_1C'$ 的半球面，在介质 2 中则形成半径为 $D_1D''<C_1C''$的半球面，等等. 返回介质 1 的子波形成反射波，透入介质 2 的子波形成透射波. 不难看出，在介质 1 中，子波的包迹 $A'B'$ 仍为平面，以后波将沿着 AA' 方向行进，而 AA' 与交界面法线所成的角 θ' 与入射角 θ 相等：

$$\theta'=\theta \tag{9.6-1}$$

θ' 称为反射角. 这就是说，反射波的波线在入射波的波线与交界面法线所构成的平面（称为入射面）内，且反射角等于入射角. 这称为波的反射定律.

同理，在介质 2 中，子波的包迹 $A''B'$ 也是平面，透射波的传播方向沿 AA''，它也在入射面内，它与交界面法线的夹角为 γ，由图不难看出，γ 满足

$$\frac{\sin\gamma}{\sin\theta}=\frac{AA''}{AA'}=\frac{u_2}{u_1} \tag{9.6-2}$$

这称为波的折射定律. 可见透射波将偏离入射方向，这时的透射波又叫折射波.

尽管惠更斯原理能定性解释波的直线传播、衍射、反射和折射现象，但它具有局限性，不能解释为什么孔越小衍射越严重及衍射波的强度分布，也不能得出反射波和折射波相对入射波的强度，更不能解释为什么不出现倒退的波. 在光学中将对这些问题作更深入的讨论. 事实上，惠更斯于 1678 年提出惠更斯原理，菲涅耳于 1818 年对此作了修正，修正后的原理称为惠更斯-菲涅耳原理. 后来基尔霍夫于 1882 年完善和发展了此原理. 理论的发展经历 200 多年，充分体现了辩证唯物主义的世界观.

例题 **角频率为 ω 的入射波在弦线上沿 x 正方向传播，弦线的质量线密度和张力各为 ρ_l 和 F_T，在 $x=0$ 处有一质量为 m 的质点固定于弦上（图 9.6-5），求反射波和透射波的运动学方程. 入射波的运动学方程设为 $y_1=A\cos(\omega t-kx)$.**

解： 设反射波和透射波的运动学方程各为

$$y_r=B\cos(\omega t+kx+\varphi_r) \tag{1}$$

$$y_t=C\cos(\omega t-kx+\varphi_t) \tag{2}$$

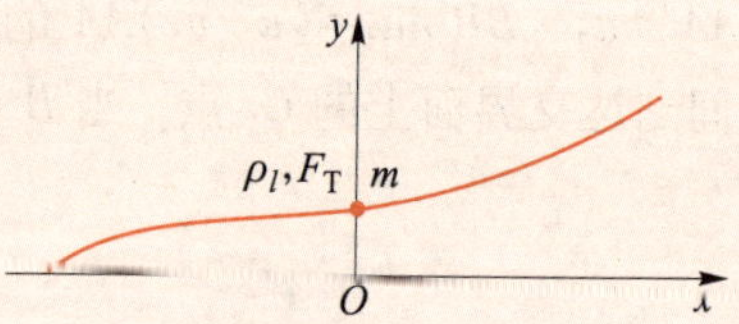

图 9.6-5

在质点 m 以左（$x<0$ 处），既有入射波，又有反射波，在质点 m 以右（$x>0$ 处）则只有透射波. 质点所在处（$x=0$）成为三种波的交界，由于质点的存在，三种波或它们的叠加波在该处应满足一定的运动学和动力学条件，称之为边界条件. 由题意，现在的边界条件为

（a）$y_i+y_r=y_t$，当 $x=0$；

（b）$-F_T\dfrac{\partial}{\partial x}(y_i+y_r)+F_T\dfrac{\partial}{\partial x}y_t=m\ddot{y}_t$，当 $x=0$.

其中，（a）是连续性要求，（b）是动力学条件，由（a）可知

$$A\cos\omega t+B\cos(\omega t+\varphi_r)=C\cos(\omega t+\varphi_t)$$

由 $\cos\omega t$、$\sin\omega t$ 的系数分别相等，得

$$A+B\cos\varphi_r=C\cos\varphi_t \tag{3}$$

$$B\sin\varphi_r = C\sin\varphi_t \tag{4}$$

由（b）可知

$$-F_T kA\sin\omega t + F_T kB\sin(\omega t+\varphi_r) + F_T kC\sin(\omega t+\varphi_t) = -\omega^2 mC\cos(\omega t+\varphi_t)$$

因 $F_T k = F_T \dfrac{\omega}{u} = \omega\rho_l u$，代入上式，再由 $\sin\omega t$、$\cos\omega t$ 的系数分别相等，可得

$$-\omega\rho_l uA + \omega\rho_l uB\cos\varphi_r + \omega\rho_l uC\cos\varphi_t = \omega^2 mC\sin\varphi_t \tag{5}$$

$$\omega\rho_l uB\sin\varphi_r + \omega\rho_l uC\sin\varphi_t = -\omega^2 mC\cos\varphi_t \tag{6}$$

由（3）式、（4）式、（5）式、（6）式即可解得 B、C、φ_r、φ_t. 略去演算过程，可得

$$B\sin\varphi_r = \frac{-2m\omega\rho_l u}{m^2\omega^2+4\rho_l^2u^2}A = C\sin\varphi_t$$

$$B\cos\varphi_r = -\frac{m^2\omega^2}{m^2\omega^2+4\rho_l^2u^2}A$$

$$C\cos\varphi_t = \frac{4\rho_l^2u^2}{m^2\omega^2+4\rho_l^2u^2}A$$

由此解得

$$\tan\varphi_r = \frac{2\rho_l u}{m\omega} \tag{7}$$

由于 $\sin\varphi_r<0$，φ_r 在第三象限，有

$$\tan\varphi_t = -\frac{m\omega}{2\rho_l u} \tag{8}$$

由 $\sin\varphi_t<0$，φ_t 在第四象限，有

$$B = \frac{m\omega}{\sqrt{m^2\omega^2+4\rho_l^2u^2}}A \tag{9}$$

$$C = \frac{2\rho_l u}{\sqrt{m^2\omega^2+4\rho_l^2u^2}}A \tag{10}$$

9.7 波的叠加原理　波的干涉

实验表明，当空间同时存在两列或两列以上的波时，每列波在传播中将不受其他波的干扰而保持其原有特性（频率、波长、振幅、振动方向和传播方向）不变，而空间任一点的振动位移则等于各列波单独在该点引起的振动位移的矢量和. 这一表述称为波的叠加原理，或波的独立传播原理. 就像振动的叠加原理的基础是振动的动力学方程为线性微分方程一样，波的叠加原理的基础是波动方程为线性微分方程. 如果 $y_1(x, t)$ 和 $y_2(x, t)$ 分别满足波动方程:

$$\frac{\partial^2 y_1}{\partial t^2} = u^2\frac{\partial^2 y_1}{\partial x^2},\qquad \frac{\partial^2 y_2}{\partial t^2} = u^2\frac{\partial^2 y_2}{\partial x^2}$$

其中 u 对 y_1 和 y_2 相同，那么 y_1+y_2 显然也满足波动方程:

$$\frac{\partial^2(y_1+y_2)}{\partial t^2} = u^2\frac{\partial^2(y_1+y_2)}{\partial x^2}$$

当空间存在两列频率相同、振动方向相同的波时，在两列波的交叠区，有的地方合振动将增强，有的地方合振动将减弱，这种稳定的振动增强或减弱现象叫波的干涉，能产生干涉现象的两列波叫相干波.

设两波源 S_1 和 S_2（图 9.7-1）的振动方程分别为

$$y_{10}=A_{10}\cos(\omega t+\varphi_1)$$
$$y_{20}=A_{20}\cos(\omega t+\varphi_2)$$

由 S_1、S_2 发出的两列波在空间 P 点引起的振动分别为

$$y_1=A_1\cos(\omega t+\varphi_1-kr_1)$$
$$y_2=A_2\cos(\omega t+\varphi_2-kr_2)$$

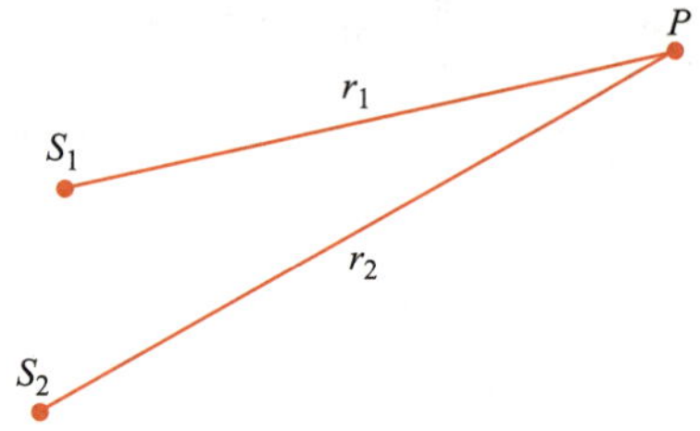

图 9.7-1　波的干涉

式中 k 为波数，r_1、r_2 为 P 点至 S_1、S_2 的距离. 根据波的叠加原理，P 点的合振动为

$$y=y_1+y_2=A_1\cos(\omega t+\varphi_1-kr_1)+A_2\cos(\omega_2+\varphi_2-kr_2) \tag{9.7-1}$$

这是两个同方向、同频率的振动的合成，根据 § 8.4 的讨论，当两振动的相位差

$$\Delta=\varphi_1-\varphi_2+k(r_2-r_1)=2n\pi \quad (n=0,\ \pm1,\ \pm2,\ \cdots) \tag{9.7-2}$$

时，P 点振动的振幅为 A_1+A_2，振动加强，这样的点称为干涉相长点. 当相位差

$$\Delta=\varphi_1-\varphi_2+k(r_2-r_1)=(2n+1)\pi \quad (n=0,\ \pm1,\ \pm2,\ \cdots) \tag{9.7-3}$$

时，P 点振动的振幅等于 $|A_1-A_2|$，振动减弱，这样的点称为干涉相消点. 相位差等于其他值的点的振幅介于 A_1+A_2 与 $|A_1-A_2|$ 之间.

要在空间维持稳定的振动增强或减弱的干涉现象，各点的振幅应保持恒定. 由上述讨论可知，产生相干现象的两列波必须满足下列相干条件：振动方向相同或相互不垂直；频率相同；相位差保持不变. 波由波源产生，要满足波的相干条件，两波源的振动相位差（$\varphi_1-\varphi_2$）必须保持恒定，因为对固定的波源而言，空间确定点的波程差（r_2-r_1）是恒定的. 因而，只有频率和振动方向相同，同时相位差保持恒定的波源所发出的波才是真正的相干波，才能产生稳定的、可观察的干涉现象. 这样的波源称为相干波源.

9.8 驻波

当介质中有反向行进的两个同振幅、同方向、同频率的波存在时，这两个波叠加后也将产生干涉现象.

设弦上两列横波

$$y_1=A\cos(\omega t-kx+\varphi_1) \quad \text{沿 } x \text{ 正方向行进}$$
$$y_2=A\cos(\omega t+kx+\varphi_2) \quad \text{沿 } x \text{ 负方向行进}$$

合成后，弦上质元的运动成为

$$y=y_1+y_2=2A\cos\left(kx+\frac{\varphi_2-\varphi_1}{2}\right)\cos\left(\omega t+\frac{\varphi_2+\varphi_1}{2}\right) \tag{9.8-1}$$

在合成波的表示式中，y 与 t 和 x 的关系分别出现在两个因子之中，不同 x 处，合成波的振幅不同，由因子 $2A\cos[kx+(\varphi_2-\varphi_1)/2]$ 决定，只要 $\cos[kx+(\varphi_2-\varphi_1)/2]$ 的值符号不变，不同 x 处的合成振动的相位就都是 $\omega t+(\varphi_1+\varphi_2)/2$，这些点的振动相位仅随 t 增加，不再随 x 的增加而减少，亦即不呈现相位在空间的传播，仅在 $\cos[kx+(\varphi_2-\varphi_1)/2]$ 易号时，相位才发生 π 的变化. 因此，这种情况的合成波实际上是一种振动，不再是振动的传播，故称为驻波. 相位逐点传播的波，即通常意义下的波称为行波. 在驻波中，振动的振幅在空间有一定的分布规律：

（1）当 $kx+\dfrac{\varphi_2-\varphi_1}{2}=n\pi$，即

$x=\dfrac{n\pi-(\varphi_2-\varphi_1)/2}{k}=\dfrac{n\lambda}{2}-\dfrac{\lambda}{2\pi}\cdot\dfrac{\varphi_2-\varphi_1}{2}(n=0,\ \pm1,\ \pm2,\ \cdots)$ 时，$\left|\cos\left(kx+\dfrac{\varphi_2-\varphi_1}{2}\right)\right|=1$，振幅最大，这种位置称为波腹，这时质点的振幅为分波振幅的两倍. 相邻波腹的距离为 $\lambda/2$.

（2）当 $kx+\dfrac{\varphi_2-\varphi_1}{2}=(2n+1)\dfrac{\pi}{2}$，即

$$x=(2n+1)\frac{\lambda}{4}-\frac{\lambda}{2\pi}\cdot\frac{\varphi_2-\varphi_1}{2}(n=0,\ \pm1,\ \pm2,\ \cdots)$$

时，$\cos\left(kx+\dfrac{\varphi_2-\varphi_1}{2}\right)=0$，振幅为零，这种位置称为波节. 相邻波节的距离也是 $\lambda/2$.

驻波可以用波形曲线具体地表示出来，如图 9.8-1 所示.

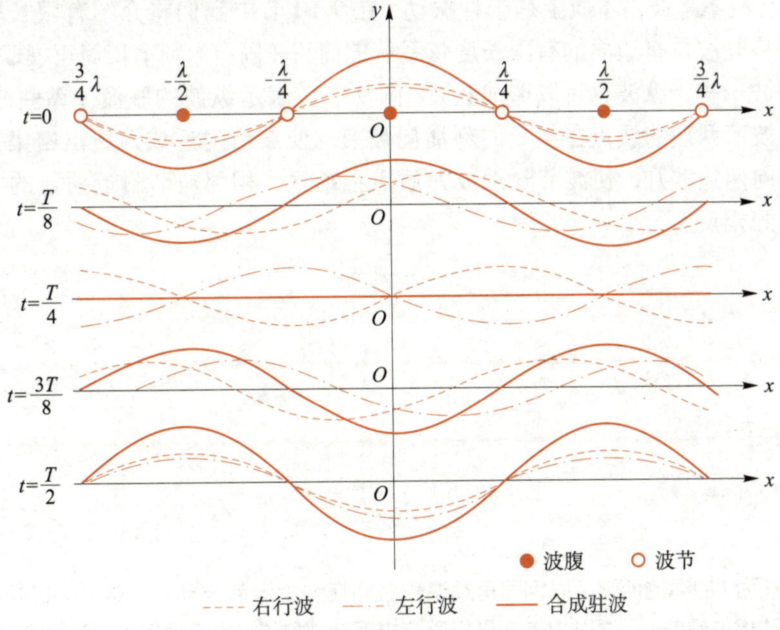

图 9.8-1　驻波波形与时间的关系

φ_1、φ_2 的值不同，则波节、波腹的具体位置不同，但相邻波节或相邻波腹的距离不变. 当 $\varphi_1=\varphi_2=0$ 时，原点为波腹；当 $\varphi_1=0$，$\varphi_2=\pi$ 时，原点为波节. 图 9.8-1

中已设 $\varphi_1=\varphi_2=0$. 另外，在 $t=0$ 和 $t=\dfrac{T}{2}$ 时刻，右行波和左行波实际上是重叠的，为了图示清楚，作了上下稍许错开处理.

由以上分析可知，驻波有以下几个特征：

（1）没有相位的逐点不同和逐点的传播，在相邻两波节之间，各点的振动相位相同，在波节两边，振动相位相反.

（2）各点振幅不同，波腹处振幅最大，波节处振幅最小，相邻波节和相邻波腹间距为 $\dfrac{\lambda}{2}$. 相邻波节与波腹间距为 $\dfrac{\lambda}{4}$.

（3）波的总能流为零，因为反向行进的波的能流等值且反向. 从功的角度也容易理解波的总能流为零，因为波节处的质元位移始终为零，能量不可能通过波节传递.

（4）在相邻两波节之间的区域中，仍有能量的传递. 当两相邻波节之间各质元的位移的数值最大时，能量全部为势能，主要集中在波节附近；当它们通过平衡位置时，能量全部为动能，主要集中在波腹附近. 在两相邻波节之间，质元从最大位移到平衡位置的过程中，能量从波节处向波腹处传递；在质元从平衡位置到最大位移过程中，能量从波腹处向波节处传递. 波节两边在任意时刻均没有能量传递. 事实上波腹两边在任意时刻也都没有能量传递. 因此，每一个相邻的波节与波腹之间的区域（一般而言每个相邻波节之间的区域），实际上构成一个独立的振动系统，它与外界不交换能量，因而总能量不变. 这正是驻波得名的另一个原因，驻为停留或停止之意. 驻波不是波，本质上是一种振动. 在 9.10 节中我们将介绍有限长度弦上的驻波，并将驻波与有边界的有限长度弦系统的简正（固有）频率和简正模联系起来.

和横波一样，纵波也可以形成驻波. 图 9.8-2 表示纵波的驻波（纵驻波）. 在纵驻波中，波节两边的质点在某一时刻涌向波节，使波节附近成为质点密集区，半周期后，又向两边散开，使波节附近成为质点稀疏区，相邻波节附近质点的密集和稀疏情况正好相反.

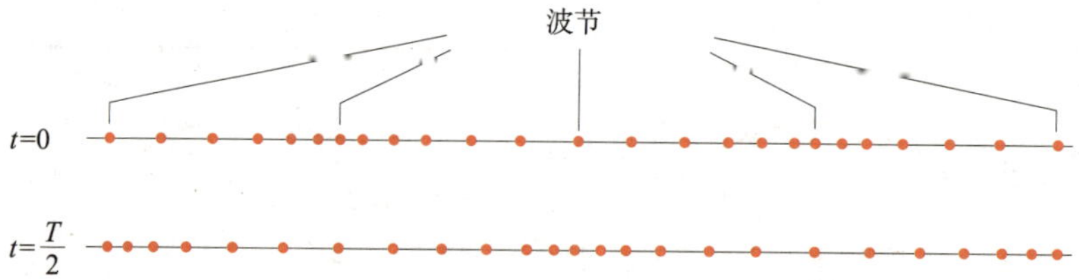

图 9.8-2　纵驻波

例题　**两人各执长为 l 的绳的两端，以相同角频率和振幅在绳上激起波动，右端的人的振动比左端的人的振动相位超前 φ，试以中点为坐标原点描写合成驻波. 由于绳很长，不必考虑反射. 绳上的波速设为 u.**

解： 不妨设左端的振动为 $y_1=A\cos\omega t$，则右端振动为 $y_2=A\cos(\omega t+\varphi)$. 设右行波的运动学方程为

$$y_1=A\cos(\omega t-kx+\varphi_1)$$

左行波的运动学方程为

$$y_2=A\cos(\omega t+kx+\varphi_2)$$

由题意，当 $x=-\dfrac{l}{2}$时，$y_1=A\cos\omega t$，即

$$A\cos\left(\omega t+k\frac{l}{2}+\varphi_1\right)=A\cos\omega t$$

故

$$\varphi_1=-k\frac{l}{2}$$

当 $x=\dfrac{l}{2}$时，$y_2=A\cos(\omega t+\varphi)$，即

$$A\cos\left(\omega t+k\frac{l}{2}+\varphi_2\right)=A\cos(\omega t+\varphi)$$

故

$$\varphi_2=\varphi-\frac{kl}{2}$$

于是

$$y_1=A\cos\left(\omega t-kx-\frac{kl}{2}\right)$$

$$y_2=A\cos\left(\omega t+kx+\varphi-\frac{kl}{2}\right)$$

合成波

$$y=y_1+y_2=2A\cos\left(kx+\frac{\varphi}{2}\right)\cos\left(\omega t-\frac{kl}{2}+\frac{\varphi}{2}\right)$$

其中 $k=\dfrac{\omega}{u}$，所以

$$y=2A\cos\left(\frac{\omega x}{u}+\frac{\varphi}{2}\right)\cos\left(\omega t-\frac{\omega l}{2u}+\frac{\varphi}{2}\right)$$

当 $\varphi=0$ 时，$x=0$ 处为波腹；当 $\varphi=\pi$ 时，$x=0$ 处为波节.

9.9 边界条件与边界反射

为了阐述清楚有限长度弦上的驻波，我们必须弄清楚波在边界处的反射和透射，因为有限长度的弦具有边界. 以弦上简谐横波为例，设弦由两种不同材料组成，连接处构成边界. 具体而言，一水平拉紧的弦由两段半无限长、线密度分别为 ρ_{l1}和 ρ_{l2}的弦连接而成，如图 9.9-1（a）所示. 假设 $\rho_{l2}>\rho_{l1}$，弦的张力为 F_T.

首先我们作一简单分析思考，假设一列简谐横波从左到右传播，如果波在边界处没有反射，且两边振幅相同，如图 9.9-1（b）所示. 考虑到 $\rho_{l2}>\rho_{l1}$，则 $u_2<u_1$，简谐波频率不变，则 $\lambda_2<\lambda_1$. 但这个图像能量不守恒，因为在两种介质中能流分别为

$$I_1=\frac{1}{2}\rho_{l1}u_1A^2\omega^2=\frac{1}{2}\sqrt{\rho_{l1}F_T}A^2\omega^2$$

和

$$I_2=\frac{1}{2}\rho_{l2}u_2A^2\omega^2=\frac{1}{2}\sqrt{\rho_{l2}F_T}A^2\omega^2$$

则

$$I_1\neq I_2$$

能量不守恒.

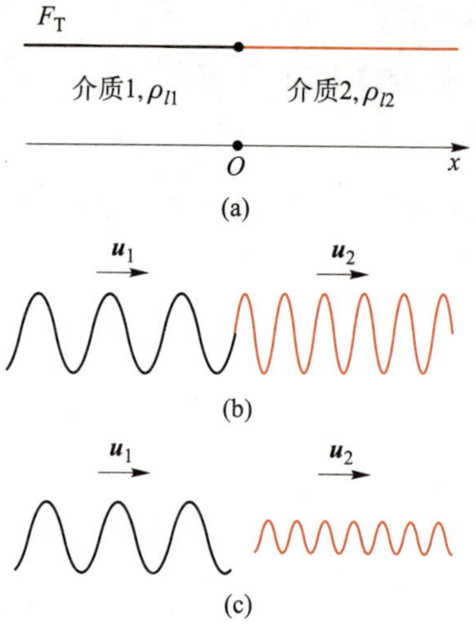

图 9.9-1

接着，为了保证能量守恒，我们可否简单认为在两种介质中的振幅不一样？如图 9.9-1（c）所示，这个图像也行不通．因为若是这样，在边界处，弦会断开，右侧弦的端点到不了左侧弦端点的最大位移处．事实上，这两种简单图像都违背了一个事实．这个事实就是波遇到边界（介质不连续）必有反射，因而在左边介质中除了入射波还有反射波，不考虑反射波的图像行不通．下面我们将从边界条件出发，导出反射波和透射波的波函数以及振幅反射系数和透射系数．

显然振幅反射系数和透射系数与边界处的坐标选择无关，不妨选边界处为坐标原点，如图 9.9-1（a）所示．这两个系数与波的初相位无关，不妨取波的初相位为零．于是，

入射波波函数：

$$y_i=A_1\cos(\omega t-k_1x)\quad(-\infty,\ 0]$$

反射波波函数：

$$y_r=B_1\cos(\omega t+k_1x+\varphi_r)\quad(-\infty,\ 0]$$

透射波波函数：

$$y_t=B_2\cos(\omega t-k_2x+\varphi_t)\quad(0,\ \infty]$$

其中 φ_r 和 φ_t 为由于反射和透射引起的相位跳变．根据波的叠加原理，在 $(-\infty,\ 0]$ 区域，存在入射波和反射波，则总波函数为 $y_1=y_i+y_r$，在 $(0,\ \infty]$ 区域波函数为 y_t．下面我们先找出边界条件，然后根据边界条件导出振幅反射系数和透射系数．

因为边界处弦始终连接着，即波函数在边界处连续，所以

$$y_1\Big|_{x=0}=y_t\Big|_{x=0}\tag{9.9-1}$$

即

$$A_1\cos\omega t+B_1\cos(\omega t+\varphi_r)=B_2\cos(\omega t+\varphi_t)\tag{9.9-2}$$

式（9.9-1）或式（9.9-2）就是一个边界条件，称为运动学边界条件或者几何边界条件，概括为波函数连续，反映在边界处弦始终连接着．由此可见，边界条件自然、直观、简单明了．可想而知，另一个边界条件为动力学边界条件．如图 9.9-2 所示，选取边界处小质元 Δx，并且左右边各为 $\frac{\Delta x}{2}$，则质元 Δx 的受力沿 y 方向的分量

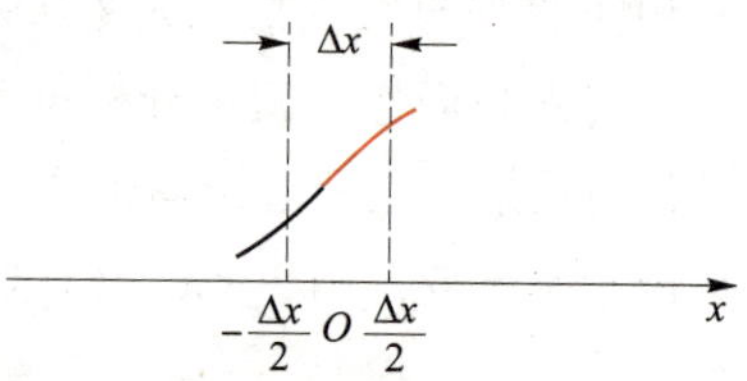

图 9.9-2

ΔF_y 为

$$\Delta F_y = F_{\mathrm{T}} \frac{\partial y_{\mathrm{t}}}{\partial x}\bigg|_{x=+\frac{\Delta x}{2}} - F_{\mathrm{T}} \frac{\partial y_1}{\partial x}\bigg|_{x=-\frac{\Delta x}{2}}$$

设 Δx 质元的加速度为 a_y，质量为 Δm，则

$$\Delta F_y = \Delta m a_y$$

令 $\Delta x \to 0$，则 $\Delta m \to 0$；而 a_y 有限，则 $\Delta F_y \to 0$，于是

$$\frac{\partial y_1}{\partial x}\bigg|_{x=0} = \frac{\partial y_{\mathrm{t}}}{\partial x}\bigg|_{x=0} \tag{9.9-3}$$

即

$$A_1 k_1 \sin \omega t - B_1 k_1 \sin(\omega t + \varphi_{\mathrm{r}}) = B_2 k_2 \sin(\omega t + \varphi_{\mathrm{t}}) \tag{9.9-4}$$

式（9.9-3）或式（9.9-4）为另一个边界条件，概括为波函数对坐标的一阶导数连续，直观明了.

下面根据边界条件式（9.9-2）和式（9.9-4）求解 φ_{r}、φ_{t} 和 B_1、B_2. 因为式（9.9-2）和式（9.9-4）在任何时间都成立，取 $\omega t = \frac{\pi}{2}$，$2\pi + \frac{\pi}{2}$，…，所以由式（9.9-2）得

$$-B_1 \sin \varphi_{\mathrm{r}} = -B_2 \sin \varphi_{\mathrm{t}} \tag{9.9-5}$$

取 $\omega t = 0$，2π，…，则由式（9.9-4）得

$$-B_1 k_1 \sin \varphi_{\mathrm{r}} = -B_2 k_2 \sin \varphi_{\mathrm{t}} \tag{9.9-6}$$

因为 $k_1 \neq k_2$，$B_1 \neq 0$，$B_2 \neq 0$，只有 φ_{r}、φ_{t} 为下列值时:

$$\varphi_{\mathrm{r}} = 0,\ \pi,\ 2\pi,\ \cdots$$

$$\varphi_{\mathrm{t}} = 0,\ \pi,\ 2\pi,\ \cdots$$

式（9.9-5）和式（9.9-6）才能同时满足. 取 $\varphi_{\mathrm{r}} = 0$ 和 $\varphi_{\mathrm{t}} = 0$（取其他数值最终结果是相同的），由式（9.9-2）和式（9.9-4）得

$$A_1 + B_1 = B_2 \tag{9.9-7}$$

$$A_1 k_1 - B_1 k_1 = B_2 k_2 \tag{9.9-8}$$

由此求得振幅反射系数

$$r = \frac{B_1}{A_1} = \frac{k_1 - k_2}{k_1 + k_2} \tag{9.9-9}$$

振幅透射系数

$$t = \frac{B_2}{A_1} = \frac{2k_1}{k_1 + k_2} \tag{9.9-10}$$

利用波阻 $Z_1 = \rho_{l1} u_1$，$Z_2 = \rho_{l2} u_2$，则

$$r = \frac{Z_1 - Z_2}{Z_1 + Z_2} \tag{9.9-11}$$

$$t = \frac{2Z_1}{Z_1 + Z_2} \tag{9.9-12}$$

得到 r 和 t 后，就可知道反射波和透射波的波函数. 下面对 r 和 t 进行讨论.

（1）根据能流公式，定义能量反射系数 R 和透射系数 T，

$$R=r^2=\left(\frac{Z_1-Z_2}{Z_1+Z_2}\right)^2 \tag{9.9-13}$$

$$T=1-R=1-r^2=\frac{4Z_1Z_2}{(Z_1+Z_2)^2} \tag{9.9-14}$$

（2）由式（9.9-11），若 $Z_1<Z_2$，则 $r<0$，意味着反射时反射波的波函数在边界处正负变号或者等价于相位跳变 π. 人们将 π 的相位跳变现象称为半波损失，对应于传播半个波长距离的相位差别. 人们将波阻小的介质称为波疏介质，将波阻大的介质称为波密介质. 因此，根据式（9.9-11），波从波疏介质传向波密介质时，反射波出现半波损失；而波从波密介质传向波疏介质时，反射波无半波损失. 半波损失的物理原因是波的边界条件.

（3）对于固定端点，不妨令 $Z_2=\infty$，对应于 $\rho_{l2}\to\infty$，因为 $Z=\sqrt{F_{\mathrm{T}}\rho_l}$，所以 $r=-1$. 即入射波在固定端点被全部反射，反射波有半波损失. 图 9.9-3 的左侧展示了弦上一波形对称的脉冲横波从右向左传播，遇到固定端点被完全反射的过程. 蓝色虚

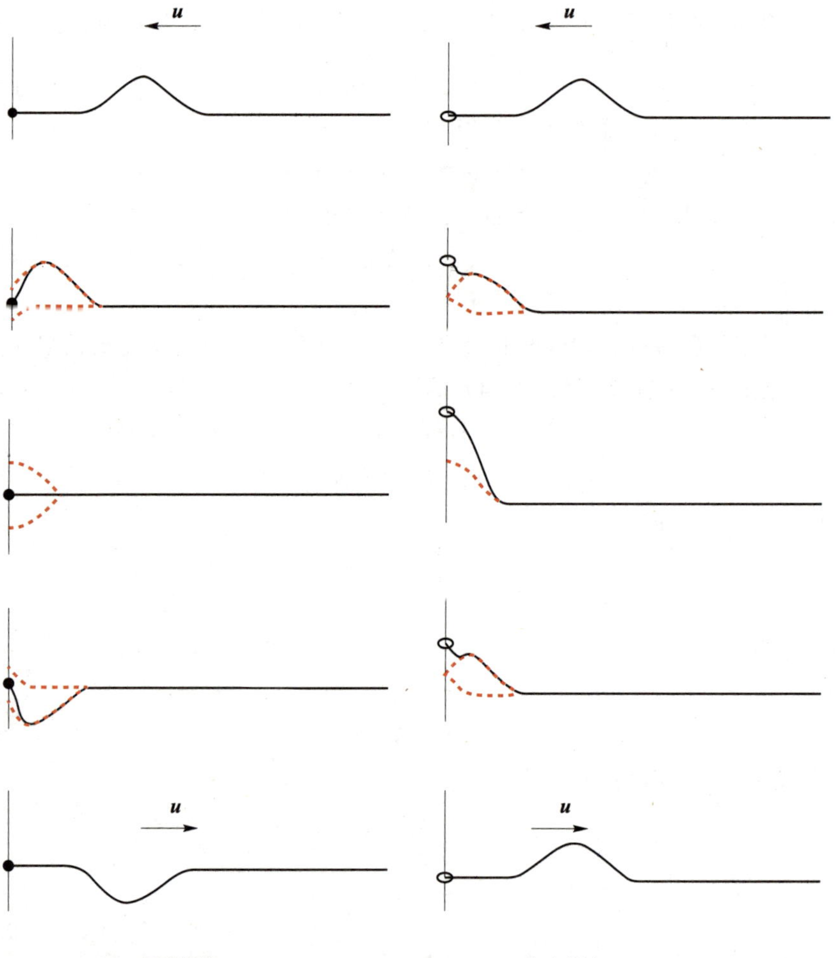

图 9.9-3

线为入射波的部分波形和反射波的部分波形，叠加的波形保持端点固定，由黑色实线画出. 注意反射后的波形与入射波的波形反相，上下颠倒. 若入射波为简谐横波，则反射波与入射波叠加，将在弦上形成驻波，且端点为波节.

(4) 对于自由端点，可将其想象为轻质小环套在光滑柱子上，不妨令 $Z_2=0$，则 $r=1$. 即入射波在自由端点被全部反射，反射波没有半波损失. 图 9.9-3 的右侧展示了相应的脉冲波在自由端点被完全反射的过程. 注意反射波的波形与入射波的波形同相. 若入射波为一简谐横波，则反射波与入射波叠加，将在弦上形成驻波，且端点为波腹.

9.10 驻波与共振

9.8 节指出，驻波不是波，实质上是一种振动，是多自由度的振动. 系统固有频率的数目等于系统自由度的数目，这一点后面将进一步说明. 因而，对一定的驻波系统，它也有固有频率，只是固有频率不止一个，而有许多个.

考察由弦构成的驻波系统. 若弦长无限，没有边界，则根据叠加原理，传播方向相反的同频率、同振幅、同方向振动的两列波均能形成驻波，对频率没有限制，这意味着任意频率均是无边界、无限长弦系统的固有频率. 然而对于有限长的弦系统，由于存在边界，驻波必须满足边界条件，正如上节指出的，对于固定端点的边界，端点必定是波节，对于自由端点的边界，端点必然是波腹. 这就对驻波的振动频率给出了限制要求.

例如，对两端固定的弦，这样的系统所能激发的驻波，在弦的两端必须为波节，因而其波长有一定限制，弦长 l 必为半波长的整数倍，即

$$l=n\frac{\lambda}{2},\quad \lambda=\frac{2l}{n}$$

而 $u=\lambda\nu$，从而对频率也有限制，允许存在的频率为

$$\nu_n=\frac{u}{\lambda}=\frac{n}{2l}u\quad (n=1,\ 2,\ \cdots)\tag{9.10-1}$$

其他频率或波长的波在两端点来回多次反射形成的许多波列的叠加结果将相干相消，形成不了驻波. 将波速表达式代入得

$$\nu_n=\frac{n}{2l}\sqrt{\frac{F_{\mathrm{T}}}{\rho_l}}\tag{9.10-2}$$

其中与 $n=1$ 对应的频率称为基频，$\nu_1=\dfrac{1}{2l}u=\dfrac{1}{2l}\sqrt{\dfrac{F_{\mathrm{T}}}{\rho_l}}$，其他频率依次称为 2 次、3 次……谐频（对声驻波则分别称基音和泛音）.

对一端固定、另一端自由的弦，有 $l=(2n-1)\dfrac{\lambda}{4}$，$\lambda=\dfrac{4l}{2n-1}$，允许频率为

$$\nu_n=\frac{2n-1}{4l}u\quad (n=1,\ 2,\ \cdots)\tag{9.10-3}$$

代入波速得

$$\nu_n=\frac{2n-1}{4l}\sqrt{\frac{F_{\mathrm{T}}}{\rho_l}} \tag{9.10-4}$$

在上述公式中，取 $l\to\infty$，就意味着各种频率都是无边界、无限长弦系统的固有频率.

前面已指出，系统的固有频率数目等于系统的自由度数目. 弹簧振子只有一个自由度，因为弹簧不计质量，木块可看作质点或只作平动且只沿一个方向运动，因而系统只有 1 个自由度，则该系统的固有频率数目是 1，系统的固有圆频率为 $\sqrt{\frac{k}{m}}$. 同样，单摆也只有一个自由度，因此固有频率数目也是 1. 在 8.5 节中的耦合摆的自由度为 2，因而耦合摆的固有频率数目是 2. 两端固定的弦，或一端固定、另一端自由的弦系统有无限多个自由度，这无限多个自由度来自弦可以看成由无限多个质元组成并且质元之间允许相对运动. 作为对照，耦合复摆的自由度也是 2，因为复摆可认为是刚性的，质元之间没有相对运动，也不考虑弹簧的质量.

简单而言，当系统只以某个固有（简正）频率作简谐振动时，该系统振动的样子称为该系统的简正模式或简正模. 简谐振子只有一个简正模，单摆也是如此. 在 8.5 节中的耦合摆有两个简正模，一个模式为两单摆同振幅同向振动，另一个模式为两单摆同振幅反向振动，分别如图 8.5-2（a）和（b）所示. 两端固定的弦或一端固定、另一端自由的弦的几种简正模分别如图 9.10-1 的上半部分和下半部分所示.

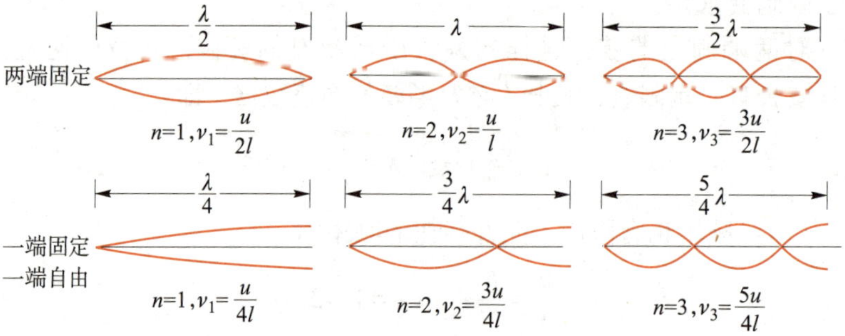

图 9.10-1　弦振动的简正模式

对于简谐振子，如果弹簧的另一端不固定，而沿弹簧方向作小幅简谐振动，即在另一端施加一个小的简谐力，调节简谐力的频率，当简谐力的频率等于（或接近）其固有频率时，振子振幅最大，振子系统达到共振状态. 当其他频率的力作用于另一端时，振子振动不明显，尤其在简谐力的频率远离其固有频率时. 类似地，单摆的悬挂点不固定，让其在振动平面内沿水平方向做小幅简谐振动，则当且仅当水平小幅简谐振动的频率等于（或接近）单摆的固有频率时，单摆的摆动明显，系统达到共振状态. 对于耦合复摆，当驱动外力的频率等于或接近其固有（简正）频率时，耦合复摆达到共振状态. 因耦合复摆有两个简正频率，故系统将会分别出现每个简正模的共振状态. 在其他频率的外力作用下，耦合复摆振动很小. 扫描二维码可观看耦合复摆的共振现象.

对于两端固定的弦系统，若让一端上下作小幅简谐振动，即外界激发系统，当其振动频率等于或接近该系统的简正频率时，相应的简正模——驻波的振幅明显，系统达到共振状态. 当其振动频率不接近或远离该系统的简正频率时，弦的振动振幅很小或不明显. 因而系统的驻波激发，实际上是系统达到共振状态. 扫描二维码可观看弦上驻波现象.

视频:耦合复摆

若同时存在两个或多个简正频率的外界激发，则弦上出现两个或多个波长驻波的激发，弦的实际振动为这些驻波的叠加. 就像二自由度振动系统（耦合摆）中任一种振动都可看成两种简正模式的简谐振动的线性叠加一样，多自由度驻波系统中的任一波扰动也可看成一系列简正模式驻波的线性叠加. 不同的波扰动，所对应的每一种模式成分的大小（和相位）不同. 其中某些模式也可以不出现. 例如，对两端固定的弦，当弦的中点受拨或受击而振动时，中点为波节的那些模式（对应 2 次、4 次、6 次……谐频）就不出现. 当距一端 l/n（n 为整数）的点受拨或受击而振动时，该点为波节的那些模式（对应 n 次、$2n$ 次等谐频）就不出现. 利用这一原理，在乐器演奏中，选择适当位置的击点，就可以有效地避免某些谐频（泛音）的出现，使演奏的音色更美.

视频:弦上驻波

视频:克拉尼图形

类似地，在二维、三维情况下连续系统也有简正模式和简正频率，这些简正频率都是连续系统的固有频率，二维情况下连续系统的简正模式对应二维情况下的驻波. 扫描二维码可观看克拉尼图形介绍，视频中可以看到方形薄板在二维情况下连续系统的驻波图样，即驻波波节连成的图样.

例题 长为 l 的弦右端固定，左端受简谐横向力 $F=F_0\cos\omega t$ 的作用，求在弦上激起的驻波的表示式. 设弦的特征阻抗为 $Z_0(Z_0=\rho_l u)$.

解： 在弦上激起的驻波必具有（9.8-1）式的形式：

$$y=A\cos(kx+\varphi)\cos(\omega t+\psi) \tag{1}$$

取左端为坐标原点，则右端坐标为 $x=l$，右端固定，必为波节，于是有

$$\cos(kl+\varphi)=0$$

由此得

$$\varphi=(2n+l)\frac{\pi}{2}-kl \quad (n\text{ 为整数}) \tag{2}$$

代入（1）式，得

$$\begin{aligned} y&=A\cos\left[kx-kl+(2n+1)\frac{\pi}{2}\right]\cos(\omega t+\psi)\\ &=\pm A\sin k(l-x)\cos(\omega t+\psi) \end{aligned} \tag{3}$$

其中 A、ψ 可由 $x=0$ 处的边界条件决定，即由

$$F=-F_\mathrm{T}\frac{\partial y}{\partial x}\bigg|_{x=0}$$

或

$$F_0\cos\omega t=\pm F_\mathrm{T}kA\cos kl\cos(\omega t+\psi)$$

决定. 可见 $\psi=0$ 或 π，且

$$A=\frac{F_0}{F_T k\cos kl}=\frac{F_0}{\omega Z_0\cos kl} \tag{4}$$

代入（3）式，得

$$y=\frac{F_0}{\omega Z_0\cos kl}\sin k(l-x)\cos \omega t \tag{5}$$

此时原点处质点的速度为

$$v\Big|_{x=0}=\frac{\partial y}{\partial t}\Big|_{x=0}=-\omega A\sin kl\sin \omega t=\omega A\sin kl\cos\left(\omega t+\frac{\pi}{2}\right) \tag{6}$$

其相位比外力超前 $\pi/2$. 若将力幅与原点（受力点）速度幅之比称为输入阻抗，记为 Z，则

$$Z=\frac{F_0}{\omega A\sin kl}=Z_0\cot kl \tag{7}$$

由（4）式，当 $\cos kl=0$ 即 $kl=(2n+1)\frac{\pi}{2}$，或

$$\lambda_n=\frac{4l}{2n+1} \tag{8}$$

时，A 趋于无限大，此即共振，对应的频率为

$$\nu_n=\frac{(2n+1)}{4l}u \tag{9}$$

本题的结果值得进一步讨论、类比和强调. 式（8）的波长 λ_n 实际上是长度为 l，一端点固定，另一端点自由的弦的驻波波长，相应的式（9）给出的频率 ν_n 为该弦系统的简正频率. 在左端简谐驱动外力作用下，系统作受迫振动，各质元的振幅由式（5）给出. 当驱动外力的频率 ν 等于系统的简正频率 ν_n 时，振幅为∞，即式（4）中的 $\cos kl=0$，A 的数值为∞，对应无阻尼系统的共振现象；当 ν 接近 ν_n 时，系统的振幅很大，即式（4）中 $\cos kl$ 很小，A 的数值很大，对应无阻尼系统接近共振的状态.

9.11 多普勒效应

在无色散情况下，波在介质中的传播速度是恒定的，不会因波源运动而改变，也不因观察者运动而改变. 但当波源与观察者有相对运动时，观察者接收到的频率却可以改变. 当我们站在铁路旁，有火车高速经过时，汽笛声会由高亢变为低沉，就是这个缘故. 如果观察者运动，而火车静止，也有类似的现象. 这种由于波源与观察者相对运动而造成的观察者接收频率发生改变的现象，称为多普勒效应.

下面就来导出接收频率的改变（频移）与观察者和波源速度的关系. 为简单起见，设波源 S 或观察者 R 的运动都在波源与观察者的连线上，并以 v_R 表示观察者相对介质的速度，以趋近波源为正；以 v_S 表示波源相对介质的速度，以趋近观察者为正；介质中的波速为 u；波源发射频率为 ν.

1. 波源静止，观察者运动

这时 $v_S=0$，$v_R\neq0$. 所谓观察者的接收顿率，就是单位时间内通过观察者的完整波长数. 波在 1 s 内相对介质行进了距离 u，当观察者不运动时，波在 1 s 内相对观

察者也行进了距离 u，观察者接收到的频率为$\frac{u}{\lambda}=\nu$. 由于观察者运动，1 s 内波相对观察者行进 $u+v_R$，因此观察者接收到的频率为

$$\nu'=\frac{u+v_R}{\lambda}=\frac{u}{\lambda}\left(1+\frac{v_R}{u}\right)=\left(1+\frac{v_R}{u}\right)\nu \qquad (9.11-1)$$

如图 9.11-1 所示，当 $v_R>0$ 时，$\nu'>\nu$；当 $v_R<0$ 时，上式仍可用，但 $\nu'<\nu$.

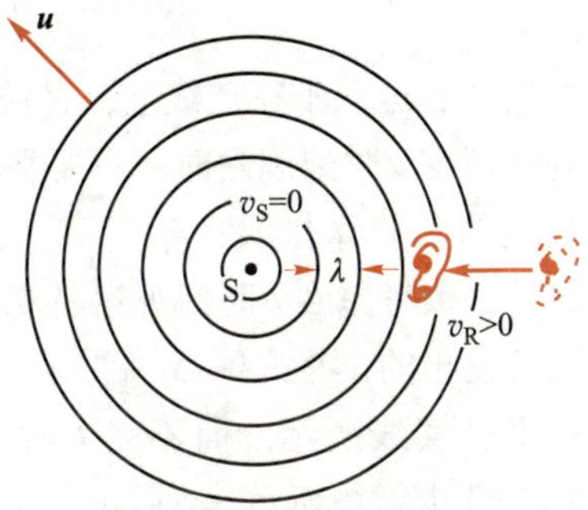

图 9.11-1　观察者朝波源运动使接收频率增加

2. 波源运动，观察者静止

这时 $v_S\neq0$，$v_R=0$. 波在 1 s 内相对观察者行进的距离仍为 u，但由于波源的运动，波长缩短. 当波源静止时，相邻两相位相等的等相面之间的距离为 λ. 波源运动时，当第一个等相面自波源发出后，该面即以速度 u 向前行进，在第二个同相位的等相面发出时，波源已向前移动了 v_ST 的距离，而这时第一个等相面已向前行进 $uT=\lambda$ 的距离，结果两同相位等相面之间的距离变为$\lambda-v_ST$，这就是现在的波长 λ'，所以

$$\lambda'=\lambda-v_ST$$

如图 9.11-2 所示. 故观察者接收到的频率

$$\nu'=\frac{u}{\lambda'}=\frac{u}{\lambda-v_ST}=\frac{u}{\lambda\left(1-\frac{v_S}{u}\right)}=\frac{1}{1-\frac{v_S}{u}}\nu \qquad (9.11-2)$$

可见 $\nu'>\nu$. 当 $v_S<0$ 时，上式仍适用，但 $\nu'<\nu$.

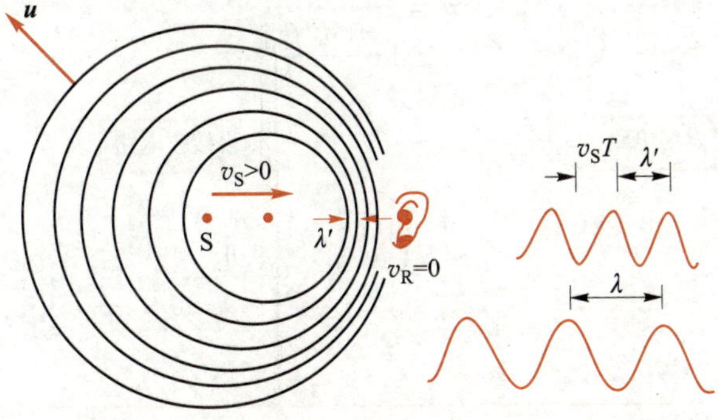

图 9.11-2　波源朝观察者运动使波长缩短

3. 波源和观察者都运动

这时 $v_S\neq0$，$v_R\neq0$. 只要把 1、2 结合起来，即可得波源和观察者都运动时观察者接收到的频率为

$$\nu'=\frac{u+v_R}{\lambda-v_ST}=\frac{u+v_R}{\lambda\left(1-\frac{v_S}{u}\right)}=\frac{u\left(1+\frac{v_R}{u}\right)}{\lambda\left(1-\frac{v_S}{u}\right)}$$

$$=\frac{1+\frac{v_R}{u}}{1-\frac{v_S}{u}}\nu \tag{9.11-3}$$

如果两者运动不在连线上，且波源速度远小于波速，那么观察者在 t 时刻观测时，只要把速度在该时刻两者位置连线上的分量算作 v_S、v_R 即可. 当波源速度不远小于波速时，必须考虑到 t 时刻观察者观测的波是由更早时刻 $t-\Delta t$ 波源发出的. 考虑到 Δt 后，确定两者位置的连线，如图 9.11-3 实线所示，而不是 t 时刻两者位置的连线，如图 9.11-3 中虚线所示. 然后再将两者的速度沿该连线上的分量算作 v_S、v_R.

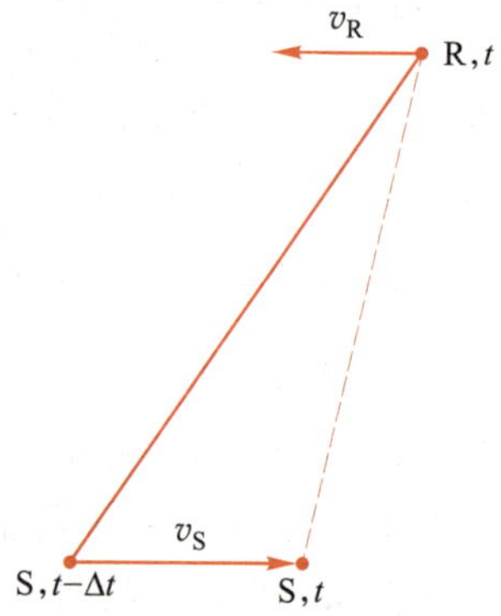

图 9.11-3

多普勒效应有广泛的应用. 利用超声波的多普勒效应测量血流速度就是一例. 图 9.11-4 是多普勒超声血流计原理图. 频率为 ν 的超声波由探头 Ⅰ 发出，经血流中的红细胞反射后，由探头 Ⅱ 接收，由接收频率与发射频率的差，就可求出红细胞的运动速度. 由于红细胞随血浆一起运动，这也就是血流速度. 设红细胞速度为 v，超声束与血流方向夹角为 θ，超声波在人体组织中传播速度为 $u(u \gg v)$，当红细胞受到超声波照射时，它犹如“观察者”，当它反射超声波时，又犹如“声源”，由（9.11-3）式并考虑到超声束与血流的夹角，不难得出探头 Ⅱ 接收到的频率为

$$\nu'=\frac{1+\frac{v\cos\theta}{u}}{1-\frac{v\cos\theta}{u}}\nu \tag{9.11-4a}$$

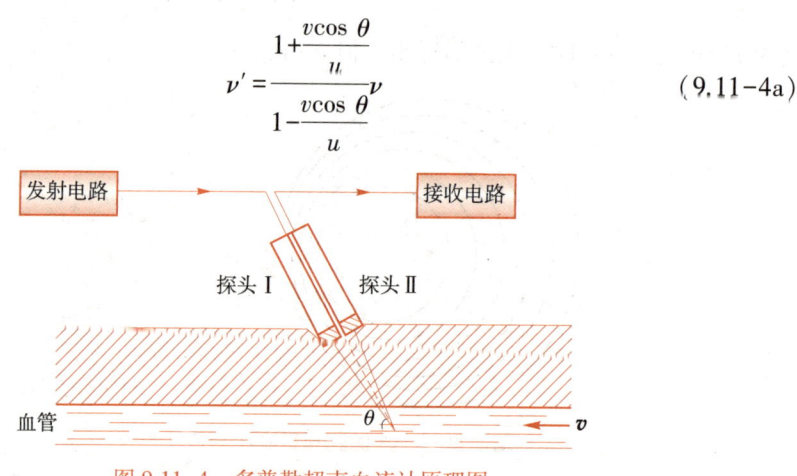

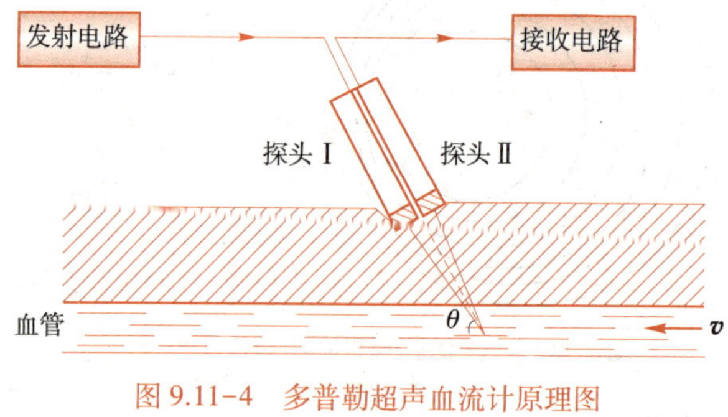

图 9.11-4　多普勒超声血流计原理图

考虑到 $v \ll u$，上式简化为

$$\nu'=\left(1+\frac{2v\cos\theta}{u}\right)\nu \tag{9.11-4b}$$

由上式，不难由 $\Delta\nu=\nu'-\nu$ 求出 v.

利用多普勒效应测其他含颗粒物液体流速的原理与此相仿. 在公路上利用多普勒效应测量车速的原理也是如此.

当 $v_S>u$ 时，式（9.11-2）失去意义. 实际上当波源速度 $v_S>u$ 时，波前的包迹将形成一个顶角为 α 的锥面，如图 9.11-5 所示. 不难看出，此锥顶角满足

$$\sin\alpha=\frac{u}{v_S} \qquad (9.11\text{-}5a)$$

$$\alpha=\arcsin\frac{u}{v_S} \qquad (9.11\text{-}5b)$$

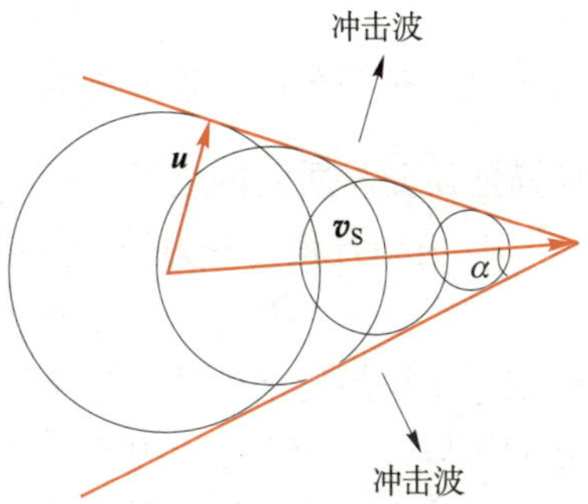

图 9.11-5　冲击波的形式

$\frac{v_S}{u}$ 通常称为马赫数，α 称为马赫角. 锥形包迹向前推进，形成冲击波，超音速飞机发出的一种刺耳声音，就是由这种冲击波引起的.

由于水波的传播速度较小，船速很容易超过它，因此这种现象在水面上很容易观察到，这时，由波前包迹造成的波叫舷波. 当带电粒子在介质中以大于介质中光速的速度运动时，相应的波前包迹造成的波形成切连科夫辐射.

例题　**一人手执一音叉向一高墙以 5 m/s 的速度运动，音叉的频率为 500 Hz，声音传播速度为 $\frac{1}{3}$ km/s. 试计算此人听到的声音的拍频.**

解： 对墙来说，波源在运动，故墙接收的频率由（9.11-2）式决定. 对人来说，当他听见自墙反射的声音时，他又在运动，他听到的频率与墙反射的频率的关系由（9.11-1）式联系，故人听到的自墙反射的声音的频率为

$$\nu''=\left(1+\frac{v_R}{u}\right)\nu'=\left(1+\frac{v_R}{u}\right)\frac{1}{\left(1-\frac{v_R}{u}\right)}\nu$$

将 $v_R=5$ m/s，$u=\frac{1}{3}\times 1\ 000$ m/s，$\nu=500$ Hz 代入上式，得

$$\nu''=515.2\ \text{Hz}$$

人听到直接发自音叉的声音，频率为 500 Hz，又听到自墙壁反射的声音，频率为 515.2 Hz，两者形成拍，拍频为

$$\Delta\nu=\nu''-\nu=515.2\ \text{Hz}-500\ \text{Hz}=15.2\ \text{Hz}$$

小　结

1. 波是指扰动或振动在空间的传播，是一种常见的现象，伴随着能量的传播.

2. 波的动力学方程称为波动方程，具有统一的形式：

$$\frac{\partial^2 y(x,\ t)}{\partial x^2}=\frac{1}{u^2}\frac{\partial^2 y(x,\ t)}{\partial t^2}$$

u 为波速，即相速. 机械波的波动方程可由 $\boldsymbol{F}=m\boldsymbol{a}$ 导出，这体现了宏观力学现象统一于 $\boldsymbol{F}=m\boldsymbol{a}$. 介质可看作大量质元的集合，质元与质元的相互作用使介质中的振动得以传播，形成波；质元的惯性使振动以有限速度传播，即波速有限. 这一点以弦

上横波、棒中纵波和横波的波速分别为$\sqrt{\dfrac{F_T}{\rho_l}}$、$\sqrt{\dfrac{E}{\rho}}$和$\sqrt{\dfrac{G}{\rho}}$得到充分反映，$F_T$、$E$和$G$描述质元与质元的相互作用，$\rho_l$、$\rho$描述质元的惯性.

3. 波动方程的解为波函数或波的运动学方程，具有统一的形式：

$$y=f(x-ut) \quad \text{或} \quad y=f(x+ut)$$

这揭示了波的传播性质. 前者为沿x正方向传播的波，后者为沿x负方向传播的波. 它们可以分别看作在$t=0$时刻的波形$y=f(x)$刚性地以波速u沿x正方向或负方向移动，而波形的移动是许多质元在其平衡位置附近运动的共同效果.

4. 波函数是波的运动学描述. 波的具体的运动学描述包括波阵面、波前、波线、波速、横波与纵波、平面波与球面波. 对于简谐波还有频率、周期、相位、波长、波数与波矢等.

5. 简谐波具有如下形式的波函数：

$$y=A\sin(\omega t-kx-\varphi) \quad \text{或} \quad y=A\sin(\omega t+kx-\varphi)$$

其中A为振幅，ω为圆频率，k为波数，φ为初相位，($\omega t-kx-\varphi$)或($\omega t+kx-\varphi$)为相位.

6. 弦上简谐横波$y=A\cos(\omega t-kx-\varphi)$的平均能量线密度

$$\overline{\varepsilon_l}=\frac{1}{2}\rho_l\omega^2A^2$$

其平均传播功率或能流

$$P=\frac{1}{2}\rho_l u\omega^2A^2$$

波的能流密度或强度

$$\boldsymbol{I}=\frac{1}{2}\rho\omega^2A^2\boldsymbol{u}$$

7. 惠更斯原理和波的叠加原理反映了波的共性. 波的传播、衍射、反射与折射、干涉、半波损失等特性也是波的共性.

8. 沿相反方向传播的同振幅、同方向、同频率振动的两列波叠加后形成驻波. 驻波不传播能量，能流为零. 驻波实际上是一种振动. 有限长度弦上的驻波为该系统的简正模，相应的频率为该系统的简正频率（固有频率）.

9. 波遇到边界时必然发生反射与透射（折射），弦上横波的振幅反射系数

$$r=\frac{Z_1-Z_2}{Z_1+Z_2}$$

振幅透射系数

$$t=\frac{2Z_1}{Z_1+Z_2}$$

当波从波疏介质（波阻Z小）传向波密介质（波阻Z大）时，反射波出现半波损失. 固定端点的反射波有半波损失，端点为波节；自由端点的反射波无半波损失，端点为波腹.

10. 由于波源与观察者相对运动而造成的观察者接收频率发生改变的现象为多普勒效应. 观察者接收到的频率

$$\nu' = \frac{u+v_R}{u-v_S}\nu$$

其中 ν 为波源发出的频率.

思考题

9.1 当介质中传播着某种频率的简谐波时, (1) 每个质元的振动周期与波动周期是否相同? (2) 每个质元的运动速度与波的传播速度是否相同?

9.2 试判断下列几种关于波长的说法的正确性:

(1) 在波传播方向上相邻两个位移相同点的距离;

(2) 在波传播方向上相邻两个运动速度相同点的距离;

(3) 在波传播方向上相邻两个振动相位相同点的距离.

9.3 根据波长、频率、波速的关系式 $u=\lambda\nu$, 能否用提高频率的方法来增大波在介质中的传播速度 u?

9.4 当波从一种介质透入另一种介质时, 波长、频率、波速、振幅诸量中, 哪些量会改变, 哪些量不会改变?

9.5 波可以传递能量, 粒子也可传递能量, 这两种传递能量的方式有什么不同?

9.6 波动运动学方程 $y=A\cos\omega\left(t-\frac{x}{u}\right)$ 中, $\frac{x}{u}$ 表示什么意思? 如果把上式改写成 $y=A\cos\left(\omega t-\frac{\omega x}{u}\right)$, $\frac{\omega x}{u}$ 又表示什么意思?

9.7 在波动运动学方程 $y=A\cos\omega\left(t-\frac{x}{u}\right)$ 中, $x=0$ 的点是否一定是振源?

9.8 在气体中, 是否可能传播光频机械波? (光频范围为 $10^{14}\sim10^{15}$ Hz) 为什么?

9.9 波能传递能量, 它是否也传递动量? 是否也传递角动量?

9.10 入射波到达两种介质的交界面, 部分反射, 部分透入, 试判断下列几种关于反射波与透射波振幅的说法的正确性:

(1) 反射波与透射波的振幅都一定比入射波的小;

(2) 反射波与透射波的振幅都可能比入射波的大;

(3) 反射波的振幅一定比入射波的小, 透射波的振幅可能比入射波的大;

(4) 反射波的振幅可能比入射波的大, 透射波的振幅一定比入射波的小.

9.11 波在铅中的传播速度比在铜中的小, 试定性分析之.

9.12 "长江后浪推前浪"这句话从物理上说, 是否有根据?

9.13 试证明群速度两种表示式 $u_g=\frac{d\omega}{dk}$ 和 $u_g=u_p-\lambda\frac{du_p}{d\lambda}$ 的一致性.

9.14 在波传播过程中, 每个质元的能量随时间而变, 这是否违反能量守恒原理?

9.15 在波传播过程中, 动能密度与势能密度相等的结论, 对非简谐波是否成立? 为什么?

9.16 驻波中, 每个质元均作同相位的简谐振动, 那么, 每个振动质元的能量是否保持不变?

9.17 有人提出一个问题: "既然驻波是两个反向行进波的叠加, 其能流应永远为零, 何以在驻波的两个波节之间的区域中, 仍有能量的局部流动?" 你将如何回答?

9.18　在弦线上有两个对称的正负脉冲沿相反方向行进，如思考题 9.18 图所示，在它们相遇的某一瞬时，弦线上所有质点都没有位移，试问，在该瞬时，两个波脉冲的能量是否消失了？

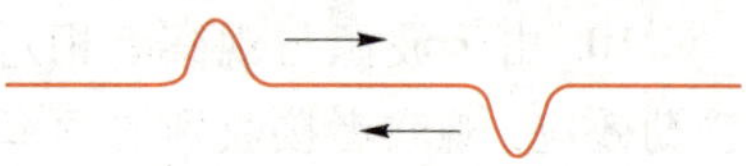

思考题 9.18 图

9.19　每当管弦乐队起劲地演奏时，管乐器的音调升高而弦乐器的音调降低，试说明之.

9.20　如果小提琴没有共鸣板，则拨动后的琴弦的振动时间将长些还是短些？试说明之.

9.21　在上海博物馆保存有我国古代的一个铜面盆，称之为“鱼洗”，盆底雕刻着两条鱼，在盆中盛水，用手在盆边轻轻摩擦，就能在两条鱼的嘴上方激起很高水柱，试从物理上给这一现象作个合理的解释.

9.22　一根管子可以起声学滤波器作用，也就是说，它不允许不同于自己固有频率的声波通过管子，汽车上的消声器就是一例.（1）试说明这种滤波器是怎样工作的；（2）如何确定它的截止频率，以使在这频率以下的声波不能通过？

9.23　在某一参考系中，声源与观察者都是静止的，但传播声波的介质相对于参考系运动. 试问，观察者接收到的声波的波长是否改变？频率是否改变？若介质静止，而声源与观察者以相同速度向同一方向运动，则情况又如何？

习　题

9-1　人耳能听到的声音，其频率范围一般为 20~20 000 Hz. 试计算在 25 ℃的海水中人耳能听到的声音的波长范围. 已知声音在 25 ℃海水中的传播速度为 1 531 m/s.

9-2　设有一简谐横波：

$$y=5.0\cos 2\pi\left(\frac{t}{0.05}-\frac{x}{10}\right)$$

其中 x、y 的单位为 cm，t 的单位为 s. 试求：

（1）振幅 A、频率 ν、波长 λ 以及波速 v；

（2）若某处振动的初相位为 $\frac{3}{5}\pi$，求该处的位置 x.

9-3　一正弦横波沿一弦线自左向右传播，传播速度为 80 cm/s. 观察弦上某点的运动，发现该点在作振幅为 2 cm、频率为 10 Hz 的简谐振动. 若取该点为坐标 x 的原点，当 $t=0$ 时，该点正好位于原点，且具有向 y 正方向运动的速度. 试求：

（1）此波的波长 λ；

（2）弦上该点的振动方程；

（3）此波的运动学方程；

（4）弦上 $x=4$ cm 处质点振动的初相位 φ'.

9-4　一平面简谐波以 2.0 m/s 的速度向 x 负方向传播，若波源的位置在 $x=0$ 处，则在 $x=-0.50$ m 处质点的振动方程为 $y=0.10\cos\left(\pi t+\frac{\pi}{12}\right)$，其中 y 以 m 为单位，t 以 s 为单位. 试求：

（1）波长 λ；

（2）波源的振动方程；

（3）波的运动学方程.

9-5　一波沿 x 方向传播，观察到 x 轴上两点 x_1 和 x_2 处介质的质点均作频率为 2.0 Hz 的简谐振动，x_1 处振动相位比 x_2 处落后 $\frac{\pi}{4}$. 已知 $x_2-x_1=3.0$ cm.

（1）试问此波是沿 x 正方向传播，还是沿 x 负方向传播？（设 $\lambda>3$ cm）

（2）试求波长 λ 和波速 v．

9-6　一平面简谐波沿 x 方向传播，在 $t=0$ 时刻的波形如题 9-6 图所示．

（1）试分别画出 $t=\frac{1}{4}T$，$\frac{1}{2}T$，$\frac{3}{4}T$ 三个时刻的波形图；

（2）试分别画出 $x=0$，x_1，x_2，x_3 四处的振动曲线图．

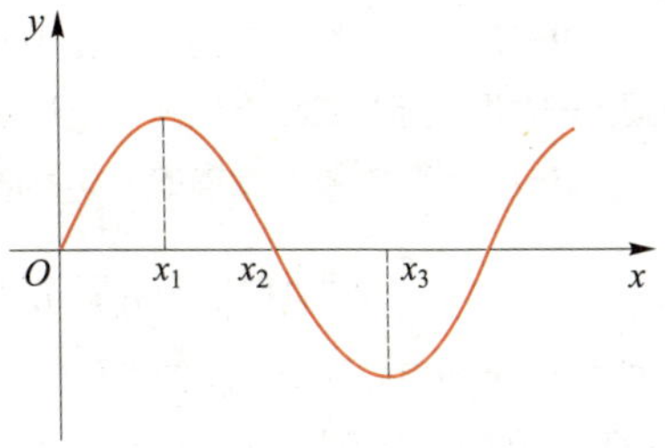

题 9-6 图

9-7　一根质量线密度为 4×10^{-3} kg/m 的均匀钢丝，被 10 N 的力拉紧．钢丝的一端有一正弦式的横向波扰动，经过 0.1 s，此波扰动即传到钢丝的另一端，而扰动源正好经历 100 个周期．求此波的波长．

9-8　在拉紧的弦上传播的一个波脉冲，可表示为

$$y(x,t)=\frac{b^3}{b^2+(2x-ut)^2}$$

式中 b、u 均为常量．

（1）画出 $t=0$ 时的波形图；

（2）波脉冲传播的速率及方向如何？

（3）试求 $t=0$ 时刻弦上任一点 x 的横向速度．

9-9　在一半径为 10 cm 的圆柱形管子里，一平面简谐空气波沿轴向传播，波长和频率分别为 $\lambda=0.80$ m，$\nu=425$ Hz，波的能流密度为 1.7×10^{-2} J/(s· m^2)．试求：

（1）管中波的平均能量密度和最大能量密度；

（2）两个相邻同相位面间的总能量．

9-10　一波源以 35 000 W 的功率发射球面电磁波．在某处测得该波的平均能量密度为 7.8×10^{-15} J/m^3．求该处离波源的距离．电磁波的传播速度为 3.0×10^8 m/s．

9-11　以下两列波在介质中叠加：

$$y_1=A\cos(6t-5x)$$
$$y_2=A\cos(5t-4x)$$

式中 x、y_1、y_2 的单位是 m，t 的单位是 s．

（1）求此两列波的相速度 v_{p1}、v_{p2}；

（2）写出合成波的方程，并求出振幅为零的相邻两点之间的距离；

（3）求群速度 v_g．

9-12　把两根连在一起的弦线拉紧．设想有一行波入射到相接处，为使反射波的振幅 B 与入射波的振幅 A 之比 $\frac{B}{A}=\frac{1}{3}$．试求：

（1）两根弦线的线密度之比 ρ_{l1}/ρ_{l2}（设入射波从弦线 1 向弦线 2 方向传播）；

（2）透射波的振幅 C 与入射波振幅 A 之比 $\frac{C}{A}$．

9-13　一声源在空气中向各方向均匀地发射频率 $\nu=440$ Hz 的声波，在与声源相距 5 m 处的声强级为 $L=80$ dB．已知空气密度 $\rho_0=1.294$ kg/m^3，声速 $v=331$ m/s，试求：

（1）该处声振动的振幅和声源的功率；

（2）声强级为 $L'=60$ dB 处离声源的距离．

9-14　一列纵波在两种介质的界面上发生反射．设入射波与反射波的振动方向不变，在入射

波所在的介质中纵波的波速是横波的波速的$\sqrt{3}$倍．试问为了使反射波是一横波，入射角应为多大？

9-15　一入射波在固定端全反射，某一瞬时的波形如题 9-15 图所示．试画出此瞬时反射波的波形图．

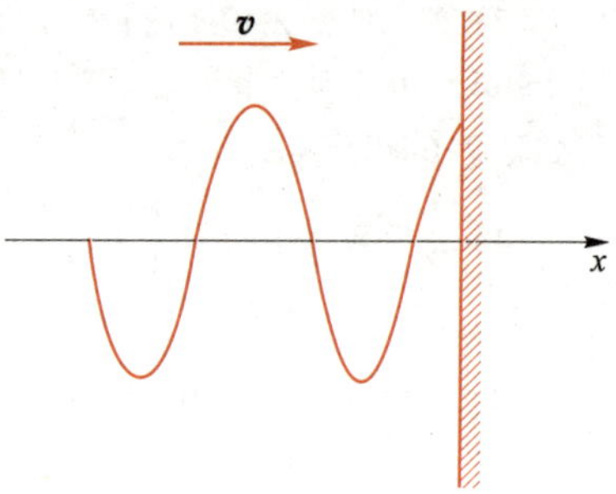

题 9-15 图

9-16　在绳索上传播的波，其表示式为

$$y=3\cos\left[2\pi\left(\frac{t}{0.1}-\frac{x}{10}\right)-\frac{\pi}{3}\right]$$

式中 x、y 的单位为 cm，t 的单位为 s．为在绳索上形成驻波（在 $x=0$ 处为波节），应叠加一个什么样的波？写出此波的表示式，并写出驻波的表示式．

9-17　设入射波的方程为

$$y=0.2\cos(\pi t-1.5\pi x+0.4\pi)$$

其中 x、y 的单位是 m，t 的单位是 s．波在 $x=0$ 处反射．试就以下两种情况，求在振幅不衰减情况下合成驻波的方程，并指出 $x=0$ 处是波节还是波腹．

（1）$x=0$ 处是自由端；

（2）$x=0$ 处是固定端．

9-18　一平面简谐波沿 x 方向传播，其表示式为

$$y=A\cos(\omega t-kx+\varphi_0)$$

在 $x=x_0$ 固定端处反射．求反射波的表示式．设振幅不衰减．

9-19　如题 9-19 图所示，一沿 x 方向传播的波，在固定端 B 点处反射．A 点处的质点由入射波引起的振动方程为

$$y_A=A\cos(\omega t+0.2\pi)$$

已知入射波的波长为 λ，$OA=0.9\lambda$，$AB=0.2\lambda$．设振幅不衰减．试求：

（1）入射波方程；

（2）反射波方程；

（3）合成驻波方程．

9-20　若上题中的波介质是线密度为 1.0 g/cm 的弦线，而 $A=2.0$ cm，$\omega=40\pi$ rad · s^{-1}，$\lambda=$ 20 cm．求相邻两波节间的总能量．

9-21　如题 9-21 图所示，一根线密度为 0.15 g/cm 的弦线，其一端与一频率为 50 Hz 的音叉相连，另一端跨过一定滑轮后悬一重物给弦线提供张力，重物质量为 m，音叉到滑轮间的距离 $l=1$ m．当音叉振动时，为使弦上形成一个、二个、三个波腹，则重物的质量 m 应各为多大？

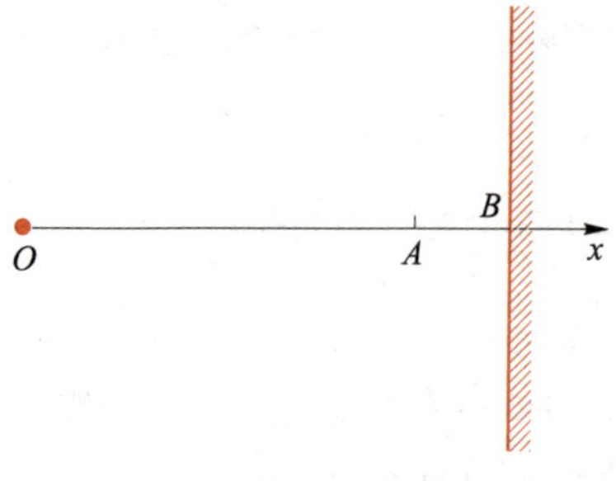

题 9-19 图

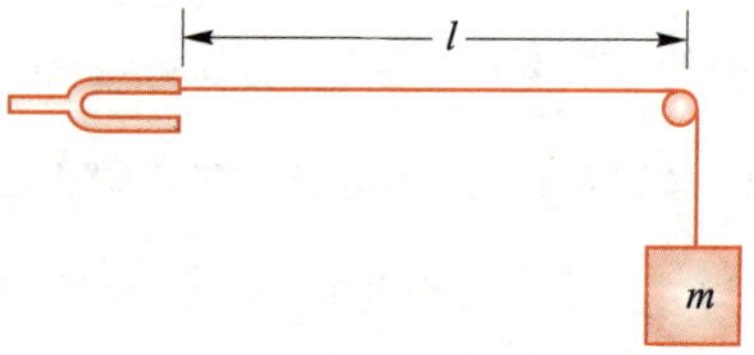

题 9-21 图

9-22　某乐器为一根一端封闭、一端开放的细管，为使此乐器的基音频率为 256 Hz（即中音 C），求管的长度．设空气中的声速为 334 m/s．

9-23　两根完全相同的琴弦，它们的基频都是 357 Hz. 其中一根琴弦的弦轴略有松动，以致该弦的张力以恒定的速率减小，其每秒减小量 ΔF_T 与原张力 F_{T0} 之比为 0.001. 问经过多少时间，此两琴弦同时发声时会产生 1 Hz 的拍频?

9-24　火车以 25 m/s 的速率行驶，其汽笛声的频率为 500 Hz. 一个人站在铁轨旁，当火车从他身边驶过时，他听到汽笛声的频率变化是多大? 设声速为 340 m/s.

9-25　上题中的人若坐在一辆汽车里，而汽车在铁轨旁的公路上以 18 m/s 的速率迎着火车行驶. 试问此人听到汽笛声的频率为多大?

9-26　题 9-24 中的人若站在离铁轨 100 m 处，当 $t=0$ 时，人与汽笛的连线与火车速度垂直. 问 t 为多少时，人听到的汽笛声的频率比原频率低 25 Hz(即 475 Hz)?

9-27　一置于海底的超声波探测器发出的一束频率为 30 000 Hz 的超声波，被向着探测器驶来的潜艇反射回来，反射波与原来的波合成后，得到频率为 241 Hz 的拍. 求潜艇的速率. 设超声波在海水中的波速为 1 500 m/s.

9-28　某多普勒超声血流计探头发出频率为 1 MHz 的超声波，接收到的频率比发射频率增加 35.0 Hz，超声波束与血流方向夹角为 45°，超声波在人体组织中的传播速度为 1.50×10^3 m/s，求血流速度.

第十章

相对论和相对论力学

10.1　牛顿时空观和伽利略变换回顾 _356

10.2　狭义相对论的实验背景 _359

10.3　狭义相对论的基本假设 _363

10.4　时间延缓和长度收缩 _372

10.5　洛伦兹变换 _383

10.6　相对论的速度和加速度变换 _394

10.7　多普勒效应　孪生子佯谬 _396

10.8　相对论的动量和能量 _403

10.9　质量、动量和力的变换公式 _411

10.10　广义相对论简介 _415

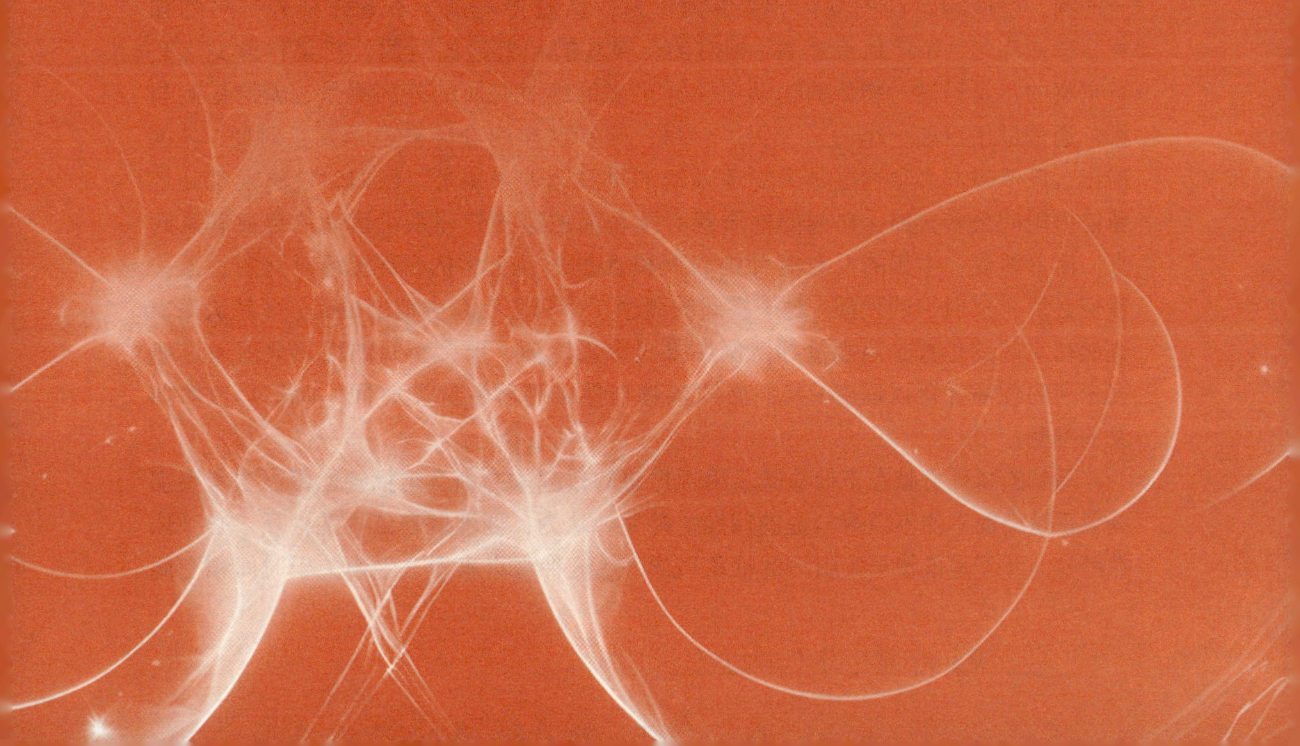

10.1 牛顿时空观和伽利略变换回顾

1. 牛顿时空观评述

从 17 世纪起，经过伽利略、开普勒、牛顿以及其他科学家如惠更斯、胡克、莱布尼茨、伯努利、玻意耳等人的努力，经典力学已发展到非常完善的地步，其中牛顿的成就当然是最杰出的. 由于牛顿的时空观与人们的日常经验相一致，加之牛顿所确立的力学基本定律和万有引力定律对自然现象（包括地上的和天上的）解释的成功，直到 19 世纪 70 年代，几乎没有人对牛顿力学的基础——牛顿的时空观产生过疑问.

牛顿的时空观念是绝对时空观念，在第二章中已有介绍. 按照牛顿的观念，空间是与物质及其运动无关的框架. 时间被认为与空间无关地独立存在着，而诸如过去、现在和将来等词语的意义被认为是绝对明确的. 经典力学就是建立在这样一个看起来和人们的日常体验一致的时空概念上的.

绝对时空概念并未在经典力学中造成什么麻烦. 尽管牛顿认为绝对运动是客观存在的，但是在牛顿力学中研究的运动都是相对运动，而对力学的规律来说，静止或相互作匀速直线运动的惯性系都是等价的，从此意义上讲，牛顿虽然提出了绝对空间的概念，但他自己也没有提出寻找这种真正的绝对空间的方法. 实际上，力学相对性原理表明，对绝对运动的需要已被一组惯性系所替代. 然而绝对时间的概念则一直在牛顿力学中发挥着作用.

历史上，最早对牛顿的时空观念发生怀疑并进行挑战的是马赫. 1883 年，马赫发表了他的教科书《力学发展史》，书中对牛顿力学作了批判，这是牛顿的力学原理受到的第一次尖锐的批评. 马赫指出了牛顿力学的主要缺点集中在牛顿关于时间、空间和运动的观念上. 牛顿认为时间是绝对的，不管任何外部事物如何，总是均匀、不停地流逝着. 相对的、表观的和普适的时间，在某种意义上是可觉察的，是通过对物体的运动所估计出来的绝对时间的外部测量，无论正确与否，通常是用诸如一小时、一天、一月、一年这样的量度来表示真实时间. 马赫指出：既然时间必须通过某个物理系统的重复运动来测量，例如时钟的摆动或地球绕太阳的公转，那么时间的性质就必须和描述这些物理系统运动的定律联系起来，简单地说，牛顿的没有时钟的时间概念是形而上学的. 要了解时间的性质，我们必须考察时钟的性质. 对于空间的概念，牛顿也存在类似的缺点. 马赫认为，既然在空间的位置是用测量杆，例如米尺来确定的，那么空间的性质只能通过研究米尺的性质才可以理解. 我们必须依赖自然去理解空间和时间，而不是依赖抽象的推测.

马赫的特殊贡献在于他检验了牛顿思想的最基本方面，用批判的眼光去考察那些似乎是最简单的不值得一提的问题，并坚持认为，要理解自然界的性质，必须依靠经验，而不是依赖于头脑里的抽象概念. 从这种观点来看，牛顿关于时间和空间的观念仅能看成是一种假设或前提. 古典力学正是从这些假设或前提下得出来的结果，但其他假设或前提也是可能的，并可由此得出不同的力学定律.

马赫对牛顿力学的批判，并未立即取得什么效果，但其影响终究是深远的. 尤其是当年轻的爱因斯坦在1897—1900年还是苏黎世技术学院的学生的时候，就已经深深地为马赫关于牛顿物理基础方面的见解，以及他所极力主张的物理概念要用观察到的事实来定义的想法所吸引.

然而，推翻牛顿力学的直接原因，并不是马赫对牛顿思想的批判，而与古典物理的另一辉煌成果——麦克斯韦的电磁理论有关.

2. 再论伽利略变换

在第二章中，我们已导出了伽利略变换，对于图10.1–1中的两个坐标系，变换式为

$$\begin{cases}x'=x-vt\\ y'=y\\ z'=z\\ t'=t\end{cases}\tag{10.1-1}$$

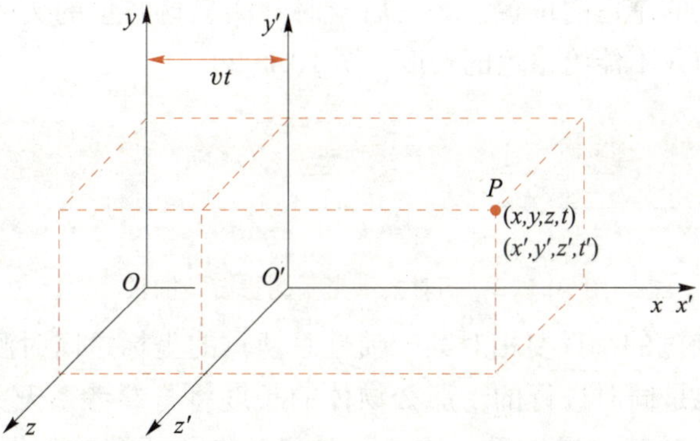

图10.1–1 在两个坐标系中的同一事件的时空坐标

其中，x、y、z、t是事件相对惯性系S的空间时间坐标，x'、y'、z'和t'为同一事件相对惯性系S′的空间时间坐标. 这里“事件”一词是指与参考系无关而发生的某件事情. 例如两质点碰撞，无论相对S系还是S′系，大家都一致承认发生碰撞这一事件. 但是，对事件发生的地点和时间，不同参考系中的观测者会给以不同的坐标. 在相对论中，常把一事件发生的时刻和位置称为一时空点，x、y、z、t就是时空点相对S系的“坐标”. 伽利略变换给出了同一时空点在S系和S′系中时空坐标的变换公式.

伽利略变换的这种简单形式除了与坐标系$Oxyz$与$O'x'y'z'$的特定选择相联系外，主要与我们关于时空特性的假定密切有关. 假定之一是我们定义了一个与参考物无关的统一的时间，即存在一种与运动状态无关的计时器，其数学表述就是$t'=t$. 可以这样说，$t'=t$是牛顿绝对时间观念的数学表述，是一个没有经过实验检验的假设. 根据这一假设，在静止状态下校正并同步的两只钟，即使在进入相对运动之

后，它们的读数和时率的快慢仍是一致的. 假定之二是在任何给定时刻，空间两点之间的距离或物体的长度是绝对的，与参考系无关，即存在一种与运动状态无关的测量杆. 根据这一假定，在静止状态下经校正的长度相等的两把米尺，即使它们彼此进入相对运动后，它们的长度仍然相等. 这些假定在经典物理中是作为常识被接受下来的.

实际上，绝对时间的假设，必然引出长度具有绝对性的结论. 我们知道，测量一把尺的长度，就得测量尺体两端的坐标. 例如，一尺相对参考系 S 静止，我们测得它的一端 A 的坐标 x_A、y_A、z_A，另一端 B 的坐标 x_B、y_B、z_B，则该尺的长度为

$$L=\sqrt{(x_B-x_A)^2+(y_B-y_A)^2+(z_B-z_A)^2}$$

由于该尺相对 S 系是静止的，不论两端的坐标是否同时测量，这结果总是正确的. 但是相对 S′系，该尺与 S 系一起以 v 沿 x 负方向运动，欲在 S′系内确定此尺的长度，就必须在同一时刻 t'，分别测得尺两端 A、B 的坐标 x'_A、y'_A、z'_A和 x'_B、y'_B、z'_B，这里在 S′系中测得的尺的长度为

$$L'=\sqrt{(x'_B-x'_A)^2+(y'_B-y'_A)^2+(z'_B-z'_A)^2}$$

若 x'_A、y'_A、z'_A和 x'_B、y'_B、z'_B在不同时刻测得，则上式并不代表尺的长度. 好比在某一时刻测量一条游鱼的尾巴的位置，却在后一时刻测量这游鱼的头的位置，这样测得的首尾位置的差值并不能给出鱼的长度（图 10.1-2）.

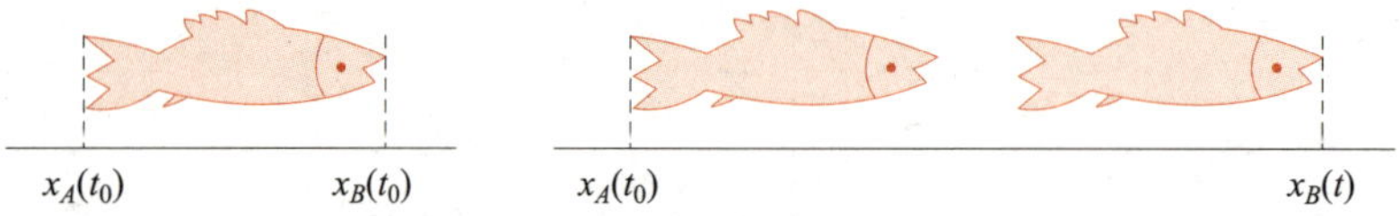

图 10.1-2　相对某参考系测量游鱼的长度

如果时间是绝对的，只要相对某一惯性系两点的坐标是同时测量的，则相对其他惯性系这测量也是同时进行的，那么物体的长度将与参考系无关. 相反，若时间不是绝对的，则相对某一惯性系，通过同时测量物体两端的位置确定了物体的长度，但相对其他惯性系，并不认为这测量是同时进行的，因此，该两端坐标不能确定物体的长度，这样，物体的长度也就与参考系有关了.

伽利略坐标变换导致加速度与参考系的匀速直线运动状态无关的结论，因此，只要物体的质量与其运动状态无关，牛顿运动定律的数学形式对所有的惯性系都相同. 这表明只要坐标和时间满足伽利略变换，牛顿运动定律就服从相对性原理. 若一定律的数学形式，不因坐标系的变换而发生变化，则称这定律是这一坐标变换的协变式或不变式. 若一个物理量，不因坐标变换而改变，则称这一物理量是对这一变换的不变量. 对伽利略变换，加速度是不变量，牛顿第二定律的数学表示式是协变式.

10.2 狭义相对论的实验背景

1. 相对性原理与电磁学

电磁学的基本定律是麦克斯韦方程组，这组方程预言了电磁波的存在，并为尔后的实验所证实. 由麦克斯韦方程可求得电磁波在真空中传播的速度:

$$c = 2.997\ 924\ 58 \times 10^8\ \text{m/s}$$

它等于真空中的光速，并由此建立了光的电磁理论，认为光是一种特殊频率的电磁波. 但在 19 世纪末、20 世纪初，电磁波能在“真空”中传播的思想尚未被人们所接受. 由于机械波必须在介质中传播的思想是如此根深蒂固，以致认为真空中的电磁波乃至光波都在一种特殊的“以太”介质中传播着. 如果认为电磁波在相对以太静止的参考系中的传播速度为 c，则根据伽利略的速度变换公式，在以速度 v 相对以太作匀速直线运动的参考系中，电磁波的传播速度应在 $c+v$ 和 $c-v$ 之间.

光速经过伽利略变换后发生变化，表明麦克斯韦方程组对伽利略变换不具有协变性，即相对某一惯性参考系，电磁场的方程表现为麦克斯韦方程，由它可导出电磁波在真空中的传播速度为 c；相对另一惯性参考系，电磁场的方程将不同于麦克斯韦方程，由它应导出电磁波在真空中的传播速度不同于 c. 如果承认两惯性参考系之间的坐标变换是伽利略变换，那么，电磁学的基本定律与相对性原理是不相容的，因而，通过电磁学的实验，可以发现惯性系是处在静止还是匀速直线运动状态. 不相容的原因可能是:

(1) 相对性原理只适用于力学定律，不适用于电磁学的定律. 若果然如此，则就可能找到一个特殊的惯性系，相对这一惯性系，麦克斯韦方程组成立，电磁波以及光在“真空”以太中的传播速度为 c，这意味着至少在电磁学的范围内绝对参考系是存在的.

(2) 存在一普遍的相对性原理，它既适用于力学，也适用于电磁学，两个惯性系之间的坐标变换为伽利略变换，麦克斯韦方程组对伽利略变换不具有协变性，表明麦克斯韦方程组不是电磁学的基本定律，因此必须找到真正反映电磁现象规律的方程组.

(3) 存在一普遍的相对性原理，它既适用于力学，也适用于电磁学，电磁学的基本定律是麦克斯韦方程组. 但伽利略变换不是代表普遍的相对性原理的变换式，因此必须寻找保证麦克斯韦方程为协变式的新的变换公式. 如果对此新的变换公式，牛顿运动定律不符合相对性原理，就得修改牛顿运动定律.

2. 寻找绝对参考系的尝试　迈克耳孙-莫雷实验

第一种看法与当时占统治地位的绝对空间观点相一致. 既然相对不同的惯性参考系光的传播速度不同，那么测定并比较光相对不同参考系的传播速度，找到光在其中的传播速度正好是麦克斯韦方程组所预言的光速数值 c 的参考系，也就找到了绝对参考系. 迈克耳孙-莫雷实验就是为发现和寻找绝对参考系而设计的. 迈克耳孙在 1881 年、迈克耳孙和莫雷一起在 1887 年都做了这样的实验.

牛顿定律阐明了机械波的产生和传播机制，机械波的传播速度由介质的性质决定. 当机械波在大片介质的某一局部中传播时，波速是相对于与大片介质固定在一起的参考系而言的. 当观测者相对该参考系静止或运动时，观测者测到的波速与伽利略速度变换公式一致. 声音的多普勒效应不仅取决于声源和接收器之间的相对运动，而且取决于两者相对介质的绝对运动.

19 世纪，光的波动理论已获得胜利，把光描述为在某种介质中传播的振动的观点已无懈可击，但是光的波动理论仍把光等同于机械波. 按机械波理论，传播波速如此大的光的介质应是一种异常奇特的介质，当时，把这种介质称为以太. 以太被假定充满整个空间，麦克斯韦电磁理论预言的光速 c 被认为就是对相对以太静止的参考系的速度. 于是，相对以太以速度 $\boldsymbol{v}$ 运动的观察者将测得光的传播速度 $\boldsymbol{c}'=\boldsymbol{c}-\boldsymbol{v}$. 只要测得 $\boldsymbol{c}'$，就可能求出观察者相对以太运动的速度 $\boldsymbol{v}$.

测量地球相对以太的速度首先引人注意. 我们知道，地球既有公转，又有自转，若地球相对以太运动，地球上的观察者将感受到以太风. 如果认为太阳相对以太静止，以太风主要来自地球绕太阳的公转运动（自转速度比公转速度小得多），那么，以太风的速度应等于地球轨道运动的速度，约为 30 km/s，比光速小得多，因此，以太风速的测量比较困难. 迈克耳孙发明了一种光学干涉仪，这种仪器的灵敏度非常高，它可以担当测定以太风速的任务. 图 10.2-1 是迈克耳孙干涉仪的原理图，光源 S 发出一光束，在 A 点由半透明反射镜分成两束，一束光（Ⅰ）在干涉仪中由 A 透射到 C，经过 C 点的平面镜反射又返回到 A；另一束光（Ⅱ）则由 A 反射向 B，经 B 点平面镜反射后也返回到 A. 这两束光沿各自的闭合路径传播之后，又重新在 A 点会合，然后在屏上形成干涉条纹，干涉光强由两束光在干涉仪两臂 AB、AC 传播的时间差决定.

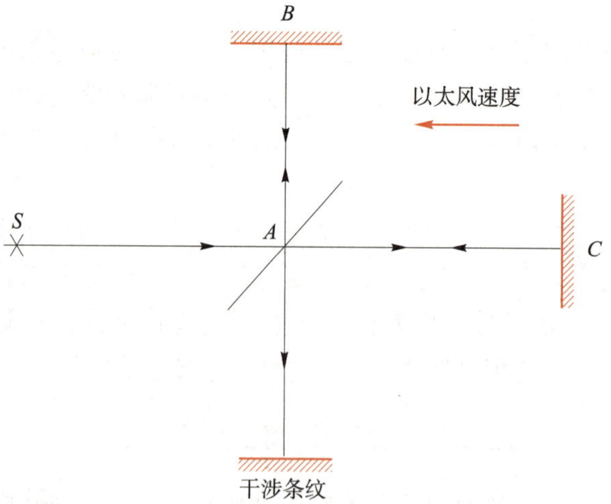

图 10.2-1　迈克耳孙-莫雷实验原理图

设干涉仪两臂长分别为 $AB=l_{\text{Ⅱ}}$，$AC=l_{\text{Ⅰ}}$，以太风的速度为 v，方向沿 CA. 根据以上讨论，沿 AC 的光速为 $c-v$，沿 CA 的光速为 $c+v$，沿 AB 和 BA 的光速为

$\sqrt{c^2-v^2}$，因此，光束（Ⅰ）由 A 到 C 再加到 A 所经历的时间为

$$t_{\mathrm{I}}=\frac{l_{\mathrm{I}}}{c-v}+\frac{l_{\mathrm{I}}}{c+v}=\frac{2l_{\mathrm{I}}c}{c^2-v^2}$$

光束Ⅱ从 A 到 B 再回到 A 所经历的时间为

$$t_{\mathrm{II}}=\frac{2l_{\mathrm{II}}}{\sqrt{c^2-v^2}}$$

两束光重新会合时的时间差为

$$\Delta t=t_{\mathrm{I}}-t_{\mathrm{II}}=\frac{2}{c}\left(\frac{l_{\mathrm{I}}}{1-\frac{v^2}{c^2}}-\frac{l_{\mathrm{II}}}{\sqrt{1-\frac{v}{c^2}}}\right)$$

如果把干涉仪在图 10.2-1 所示的平面内转动 90°，这时以太风速度的方向将与 AB 平行. 两光束相会时的时间差为

$$\Delta t'=t'_{\mathrm{I}}-t'_{\mathrm{II}}=\frac{2}{c}\left(\frac{l_{\mathrm{I}}}{\sqrt{1-\frac{v^2}{c^2}}}-\frac{l_{\mathrm{II}}}{1-\frac{v^2}{c^2}}\right)$$

由此可得，在干涉仪转动前后时间差的改变为

$$\begin{aligned}\delta t&=\Delta t-\Delta t'\\&=\frac{2(l_{\mathrm{I}}+l_{\mathrm{II}})}{c}\left(\frac{1}{1-\frac{v^2}{c^2}}-\frac{1}{\sqrt{1-\frac{v^2}{c^2}}}\right)\\&\approx\frac{l_{\mathrm{I}}+l_{\mathrm{II}}}{c}\left(\frac{v^2}{c^2}\right)\end{aligned}$$

根据干涉原理，与此时间差改变所对应的干涉条纹的移动数为

$$\Delta N=\frac{c}{\lambda}\delta t=\frac{l_{\mathrm{I}}+l_{\mathrm{II}}}{\lambda}\left(\frac{v^2}{c^2}\right)$$

其中 λ 是光波的波长.

1881 年，在迈克耳孙所做的实验中，取 $l_{\mathrm{I}}=l_{\mathrm{II}}=1.2\ \mathrm{m}$，以钠黄光作光源，其光波的波长 $\lambda=589.3\ \mathrm{nm}$，取 $v=3\times10^4\ \mathrm{m/s}$，由此可求得 $\Delta N=0.04$. 按迈克耳孙实验的精度，只要 ΔN 能达到 0.02 的值，便可测得，但实验结果表明，无干涉条纹的移动发生（至少干涉条纹的移动数比 0.02 小得多）.

1887 年迈克耳孙与莫雷合作，对实验作了改进，他们利用多次反射的方法使光程 l 延长到 $l=11\ \mathrm{m}$，按以上讨论，条纹的移动数应为

$$\Delta N=0.4$$

但实验中亦未观察到条纹移动，虽然该实验的精度能测得 $\Delta N=0.01$ 的条纹移动.

迈克耳孙-莫雷实验的结果表明，实验无法测得地球相对以太的运动速度. 在狭义相对论建立以后，人们又在不同的条件下反复做过迈克耳孙-莫雷实验，而且精度越提越高，但都未观察到地球相对以太的运动. 例如，Kennedy（1926）和 Illingworth（1927）分别用不等臂长的干涉仪进行实验，得到的以太漂移速度至多只有 5.1 km/s 和 2.3 km/s. Joos（1930）用改进了的干涉仪进行实验，得到的以太漂移速度至多只是 1.5 km/s. 自激光问世后，1969 年，Shamir 和 Fox 使用 He-Ne 激光作光源，实验的精度可测出 10^{-5}的条纹移动，但同样未观察到条纹移动.

迈克耳孙-莫雷实验得不到预期的结果，表明光沿地球运动方向往返传播与沿垂直于地球运动方向的往返传播的速度并无差别，即光波往返于给定长度的直线路径所经历的时间与该直线路径在空间的方位无关. 地球的运动并未带来以太风，地球与绝对参考系无差别. 因此，即使在电磁学的范围内，绝对参考系也不存在.

从历史上看，迈克耳孙-莫雷实验的结果并没有立即导致对绝对参考系的否定. 为了解释这个实验的否定结果，物理学家曾提出过多种假设. 最主要的假设有两类：发射理论和以太引曳假设.

发射理论认为，光相对于光源的传播速度为 c，与传播光的介质的运动状态无关. 这种理论虽能解释迈克耳孙-莫雷实验，但与双星的天文观测结果相矛盾. 许多实验证明，光的传播速度与光源的运动无关，把光速与光源联系在一起的发射理论不能成立.

以太引曳假设认为以太是存在的，但它被物体引曳一起运动，在地球附近的以太被地球引曳，随地球一起运动. 这种说法也可以解释迈克耳孙-莫雷实验，但也与其他实验相矛盾，最重要的是光行差现象和菲佐实验，这两种实验不但否定了以太引曳假设，而且对爱因斯坦建立相对论也起过作用.

3. 对牛顿力学的偏离

牛顿力学的基础是牛顿三定律以及由此导出的动量定理、角动量定理、功能原理等，在牛顿力学建立后的差不多 200 年的时间内，牛顿力学一直很顺利，从未发生过任何麻烦. 然而，到 19 世纪后期，牛顿力学这所大厦开始出现某些裂痕，而这些裂痕一旦出现，就变得越来越大，几乎无法修补，以致不得不建立新的理论来替代牛顿力学，这些裂痕都与高速运动粒子的现象相联系.

按照牛顿力学，粒子的运动速率原则上不存在极限. 设某粒子受恒力作用，恒力的大小等于该粒子在重力场中所受的重力，则粒子将获得 $a=g$ 的加速度. 若粒子从静止开始加速，持续一年时间，粒子的速率将达到 3×10^8 m/s，等于真空中的光速，经过两年，其速率可达到 6×10^8 m/s. 若粒子的质量很小，把比重力大若干倍的力作用于粒子，使粒子获得比 g 大得多的加速度，使它在不太长的时间内速率超过光速，似乎并不是不能实现的. 或者，根据动能定理，作用于粒子的力做功，使其动能 E_k 增大，而其速率 $v=(2E_k/m)^{\frac{1}{2}}$，只要外力做的功无限制地增大，则粒子的动能因而速率亦将无限制的增大. 但是，实验的结果表明，虽然我们可以无限制地给粒子能量，但粒子的速率却不会无限制的增大，$v^2\sim E_k$ 并不成立. 相反粒子的速率存在一个极限，该极限就是光速.

用加速器加速电子，电子的动能（用 MeV 为单位）与对应的速率如表 10.1 所示. 这些数据表明，当电子的速率很大时，动能的表示式 $E_k=\frac{1}{2}mv^2$ 不再成立.

表 10.1　电子动能和速率的关系

动能 E_k/MeV	电子速率/($m\cdot s^{-1}$)	由 $v=(2E_k/m)^{1/2}$ 计算值/($m\cdot s^{-1}$)
0.5	2.60×10^8	4.20×10^8
1.0	2.73×10^8	5.93×10^8
1.5	2.88×10^8	7.27×10^8
4.5	2.96×10^8	12.59×10^8
15	$\approx3.00\times10^8$	22.98×10^8

我们也可以从另一种观点来考察这一问题. 设想电子被限制在一根很长的直线管道中加速，当其动能达到 0.5 MeV，对应的速度为 2.6×10^8 m/s 时，从以恒定的速率 2.6×10^8 m/s 跟随电子一起运动的参考系看，电子速率为零. 相对这一参考系加速电子，使其动能达到 0.5 MeV，于是电子相对新参考系的速率应为 2.6×10^8 m/s. 根据速率的伽利略变换公式，这电子相对原来参考系的速率应为 $2\times2.6\times10^8$ m/s，超过光速. 然而，正如极限速率的实验表明，电子不可能获得如此大的速度. 这表明经典的速度叠加公式也有问题.

10.3 狭义相对论的基本假设

1. 爱因斯坦的基本假设

迈克耳孙-莫雷实验的零结果，表明寻找以太，寻找绝对参考系的尝试失败了，电磁学的定律、相对性原理以及伽利略变换之间的不一致的原因不在麦克斯韦方程组这一边. 相反，自从麦克斯韦方程组建立以后，从未发生过任何麻烦，而牛顿力学却存在着某种缝隙. 尽管在迈克耳孙-莫雷实验未取得预期的目的之后，甚至在爱因斯坦狭义相对论提出之后，还出现过许多保卫牛顿力学和以太理论的各种尝试，但都以失败而告终. 1905 年，爱因斯坦发表了“论动体的电动力学”一文，其中爱因斯坦写道：“……对力学方程成立的所有坐标系来说，相应的电动力学和光学方程也应成立……下面我们用了这些假设（以后将称为相对性原理），同时引出另一假设——一个初看起来是与上一假设不相容的假设——光在真空中以速度 c 传播，其值与发光物体运动状态无关. 这两个假设完全可以在静止物体的麦克斯韦理论基础上导出动体的电动力学的简单而又一致的理论”. 这一段简单的叙述，就是爱因斯坦建立狭义相对论的全部假设，它可归纳为：

(1) 物理学的定律在所有的惯性系中具有不变的形式. 这就是爱因斯坦的相对

性原理.

(2) 自由空间中，光的传播速度具有相同的数值 c，与惯性参考系的运动速度无关，因而与光源速度无关. 这就是爱因斯坦光速不变原理.

爱因斯坦的相对性原理把原来只适用于力学的伽利略相对性原理推广到物理学的所有领域，它说明在任何惯性系内观察同一体系，尽管对某些量的测量可能会得出不同的数值，但联系这些观测量的物理定律，即这些量之间的定量关系都相同. 在一个惯性系内进行的任何物理学的实验，都无法判断该惯性系是处于静止还是处于匀速直线运动状态. 爱因斯坦的相对性原理也表明：应该存在一组联系两个惯性参考系的坐标变换公式，这组公式应保证所有的物理定律具有协变性.

早在 1895 年，16 岁的爱因斯坦还在瑞士阿劳中学读书的时候，他就想到了一个追光的假想实验. 他想，如果我们以速度 c 追随一条光线运动，那么我们就应看到，这样一条光线就好像一个在空间里振荡着却停滞不前的电磁振动，犹如驻波那样. 但无论依据经验或麦克斯韦方程，都不会有这样的事实. 爱因斯坦认为，从这样一位观察者来判断，一切都应当像一个相对地球静止的观察者所看到的那样按同样的规律进行.

这一佯谬的提出体现了少年爱因斯坦具有非凡的洞察问题的本领. 爱因斯坦似乎已经意识到在相互作匀速直线运动的惯性参考系中，所观察到的物理现象都是按同样规律进行的.

爱因斯坦的光速不变原理表明，真空中光沿任何方向传播的速度都相等，这是爱因斯坦的一个大胆假设. 光速不变原理可以解释迈克耳孙-莫雷实验的零结果，但迈克耳孙-莫雷实验并未证明光速不变原理. 因为在这实验中涉及的是光线往返所经历的时间，故这类实验不能作为单程光速不变性的依据，至多只是双程光速不变性的实验依据. 把光速作为普适常量而且放在重要地位的含义是非常深刻的. 我们知道，机械振动在介质中的传播过程是介质中各部分的质元相互作用的结果，研究介质中的机械波，可使我们获得介质内部相互作用的某些信息. 光能在真空中传播，研究真空中光波将可获得空间特性的某些信息. 由光速不变原理所表现出来的时间和空间的特性，与牛顿观念下的时间和空间的特性是完全不同的.

2. 时间是值得怀疑的

爱因斯坦的两条假设看起来十分简单，但这两个假设以及由此推出的某些结论却与人们日常生活的经验极不一致，以致很难被人们所理解和接受. 例如，若有两个彼此作匀速直线运动的惯性系 S 和 S′，在两参考系的坐标原点 O 和 O' 重合的时刻，从原点发出一光脉冲. 按光速不变原理，相对 S 系，自原点 O 发出的光，将以恒定的速率向各个方向传播，在任何时刻，光的波阵面是以 O 为中心的球面. 相对 S′系，自原点 O' 发出的光以同样的速度向各个方向传播，任何时刻波阵面将是以 O' 为中心的球面，虽然 O' 相对 O 以恒定的速度运动着（图 10.3-1）. 在两个参考系内都得到光波是以各自原点为中心的球面波的结论与相对性原理相一致. 或许你要问，光脉冲的波面到底是以 O 为中心的球面还是以 O' 为中心的球面？期望得到只有相对这两个参考系中的某一个，光的波阵面才是球面的答案本身就期望存在一特殊的惯性系，这意味着你还没有完全摆脱绝对参考系的影响. 尽管 O' 相对 O 作匀速直线运动，但相对各自的参考系光的波阵面都是以各自的原点为球心的球面，这正是空间本身所具有的特性的一种反映.

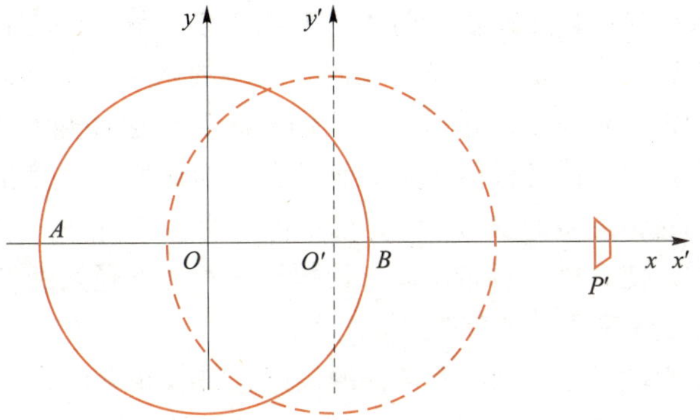

图 10.3-1　在两个惯性系中各自观察到的光波都是球面波

再如，相对 S′系，在 x' 轴上离原点 O' 的距离为 x' 的 P' 点放置一接收器，则光信号传到接收器的时刻为 $t'=x'/c$. 但是，从 S 系看来，P' 向 x 方向运动，光波传到 P' 的时刻应比 x'/c 更晚一点. 对光波到达接收器这一事件的时刻，不同的参考系有不同的结论，这与我们已有的经验也是不一致的.

我们知道，存在一个对一切惯性系都可应用的时间标度，是牛顿力学的一个基本前提. 在原始的伽利略变换中，本来就没有时间的变换公式，实际上就认为 $t'=t$ 这一点是显然的，理所当然的，不成问题的，因而是无须进行变换的. 我们在写出伽利略变换时，有意列出 $t'=t$ 这一公式，其目的是把伽利略变换中隐含着的假设明显的表示出来. 爱因斯坦在建立狭义相对论时，恰恰抓住了这个所谓显然的，理所当然的，不成问题的问题，这一问题正是一切矛盾的根源. 在爱因斯坦提出狭义相对论后，曾有人问爱因斯坦，在 1905 年以前花了多少时间在研究狭义相对论，爱因斯坦的回答是：从 16 岁开始考虑这个问题，共花了 10 年，在放弃了许多没有效果的尝试后，终于认识到“时间是值得怀疑的”.

3. 同时性的相对性

真空中的光速是普适常量的假设，促使我们重新审查牛顿的时间和空间的观念. 光速不变原理的第一个重要的推论是同时性具有相对性. 同时性是研究事件发生时刻必然涉及的一个概念，通常所谓某事件发生在某时刻，如火箭在时刻 t 击中目标，其含义就是指火箭击中目标与计时器的指针指示 t 时刻这两个事件同时发生. 换句话说，表明任一事件在何时发生，实际上就是判断两事件的同时性.

在给定的参考系中，判断同一地点的两事件是否同时是比较容易的事，只要在该处置一时钟，若两事件发生时，时钟的读数相同，则这两个事件同时发生. 但要判断空间不同地点的两事件的同时性，就会遇到麻烦. 如 A 点的观测者获得 B 点事件发生的信息并读下 A 点时钟的读数，这读数表示的是 B 点事件的信息传到 A 点的时刻，并非 B 点事件发生的时刻，除非信息传递的速度为无限大. 要确定 A、B 两处事件发生的时刻，可在 A、B 两点各置一时钟，每一时钟记录时钟所在处的事件发生的时刻，然后把两钟的读数加以比较，就可能判断 A、B 两处事件是否同时发生. 但进行这种比较并作出判断时，要求位于 A 点和 B 点的两只钟必须预先经过同步校正.

值得注意，某些显而易见的校正时钟的方法未必正确. 对位于同一位置的两钟进行校正是不困难的，这就是判断发生在同一地点的两事件的同时性问题. 但把位于某处的校正过的钟搬到他处的过程中，我们无法保证这种搬动不影响钟的读数. 实际上，在搬动过程中，钟将获得速度，而且还有加速度，即使在经典物理中，加速运动也可能影响时钟运转的快慢. 而要校正位于两地的时钟，亦即让 A 处的钟指示某一读数的同时，使 B 处的钟指示同一读数，这本身就是判断发生在两地的事件的同时性问题. 后者解决了，前者也就解决了.

基于光速不变原理设计的判断两事件的同时性或校正两时钟的方法是最理想的方法，它可避免引入可能违背光速不变原理的假设. 例如设想在地面上有一条平直的轨道，一车厢在轨道上以速度 v 匀速行驶，我们把地面作为惯性系 S，车厢作为另一惯性系 S′. 设 A、B 是固定在轨道上的两个标记，M 是 AB 的中点，即 $AM=MB$，这一点相对 S 系是完全可以确定的. B' 是车厢首部的标记，A' 是车厢尾部的标记，M' 是两标记 A' 和 B' 的中点，这一点相对 S′系也是完全可以确定的. 假定各标记处安有某种装置，当车厢上的标记经过轨道上的对应标记时，能发出光信号. 在 M 和 M' 处各有一光信号的接收器. 如图 10.3-2 所示.

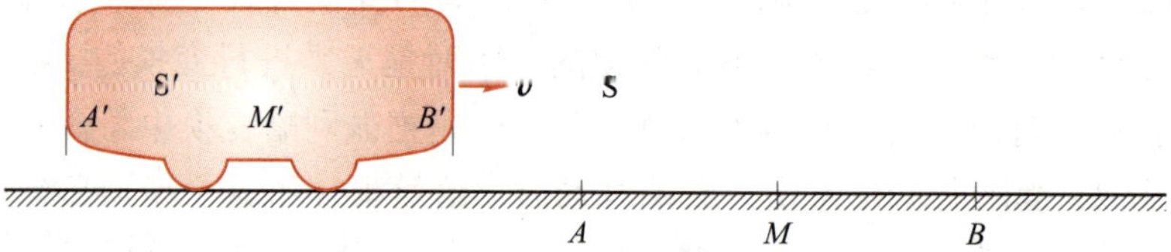

图 10.3-2　平直轨道 S 系和以速度 $\boldsymbol{v}$ 运动的车厢 S′系

在车厢相对轨道运动的过程中，可以发生以下各事件：标记 B' 与 B 对准，并发出一光信号，我们称之为 BB' 事件；标记 A' 与 A 对准，并发出一光信号，我们称之为 AA' 事件. AA' 事件和 BB' 事件是发生在不同地点的事件. 在 M 处的接收器接收到来自 A 方向的光信号，和在 M 处的接收器接收到来自 B 方向的光信号，这是发生在同一地点的两事件. 位于 M' 处的接收器接收到来自 A' 方向的光信号，和位于 M' 处的接收器接收到来自 B' 方向的光信号，这也是发生在同一地点的两事件.

如果在 S 系中的观测者测量到的结果是来自 A 方和来自 B 方的光信号同时到达 M（判断发生在同一地点的两事件的同时性是不困难的），则因为相对 S 系，$AM=BM$，S 系内的观察者便断定这两个光信号是同时从 A 点和 B 点发出的，或 AA' 事件和 BB' 事件是同时发生的，即车厢的 B' 端经过地面上的 B 点的同时，车厢的 A' 端经过地面上的 A 点. 这一情况可用图 10.3-3 来表示.

对跟随车厢一起运动的观测者，即相对 S′系，会得出什么结论呢？来自 A 方的光信号和来自 B 方的光信号同时到达接收器 M，对这一事实，S′系中的观测者并无

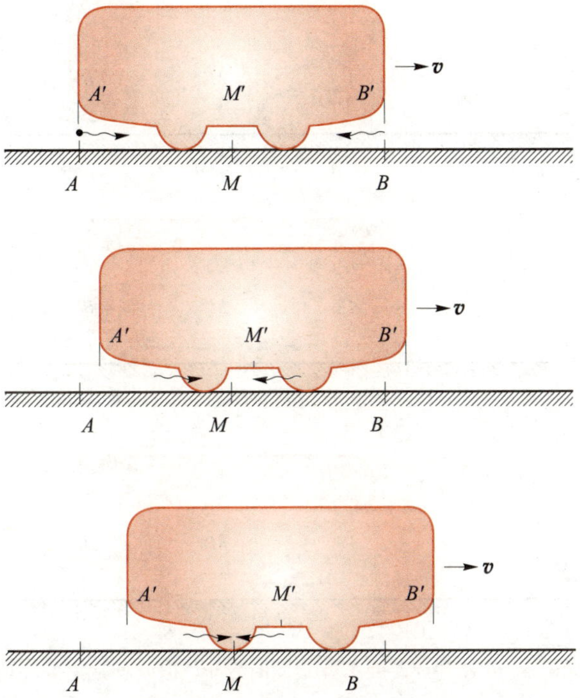

图 10.3-3　相对 S 系，$B'B$ 和 $A'A$ 两事件同时发生，两处发出的光信号同时到达 M

异议，因为这是发生在同一地点的两事件．但相对 S′系，地面轨道以速度 $\boldsymbol{v}$ 向左运动，根据光速不变原理，相对 S′系光的传播速度仍是 c，固定在地面上的接收器 M 迎着来自 A 方发出的光信号运动，最后接收到此光信号，而自 B 方发出的光信号追赶运动着的接收器，最后到达接收器 M．由于两个光信号同时到达 M，故 S′系的观测者断定，B 处的光信号先发出，A 处的光信号后发出，即车厢的 B'端先经过地面上的 B 点，车厢的 A'端后经过地面上的 A 点，AA'事件与 BB'事件不同时发生，BB'事件先发生．这一情况可用图 10.3-4 来表示．

由此可见，相对 S 系，发生在不同地点的两事件是同时性事件，但相对 S′系，这两事件并不同时发生．尽管对所发生的事件，两参考系中的观测者并无不同的看法，但对发生在两地的事件的先后次序，或发生时刻的早晚，两个参考系中的观测者却有完全不同的看法：相对 S 系，两事件同时发生，相对 S′系，两事件不同时发生．两地事件的同时性具有相对性，不存在绝对的同时．狭义相对论的正确性表明，那种认为发生在两地的事件同时与否只有一种答案的看法，是一种片面的经验，在新的事实面前必须放弃．

相对 S 系的同时性事件，相对 S′系为非同时性事件，这并不表示两个参考系中，有哪一个更加优越．事实上若 S′系中的观测者测得来自 A'方和 B'方的光信号同时到达接收器 M'，则因 $A'M'=B'M'$，S′系的观测者便可得到事件 AA'和事件 BB'是同时发生的．即相对 S′系，车厢的 B'端经过地面上的 B 点和车厢的 A'端经过地面上的 A 点是同时发生的两事件，这一情况如图 10.3-5 所示．

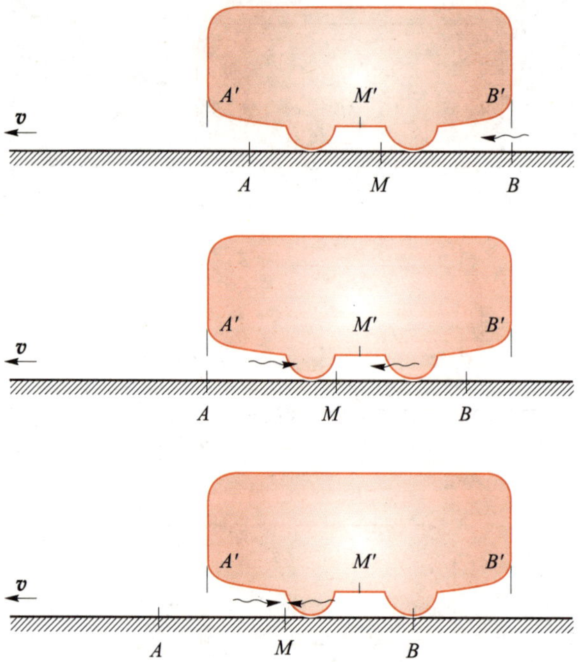

图 10.3-4　相对 S′系，$B'B$ 和 $A'A$ 两事件不同时发生，但两处发出的光信号同时到达 M

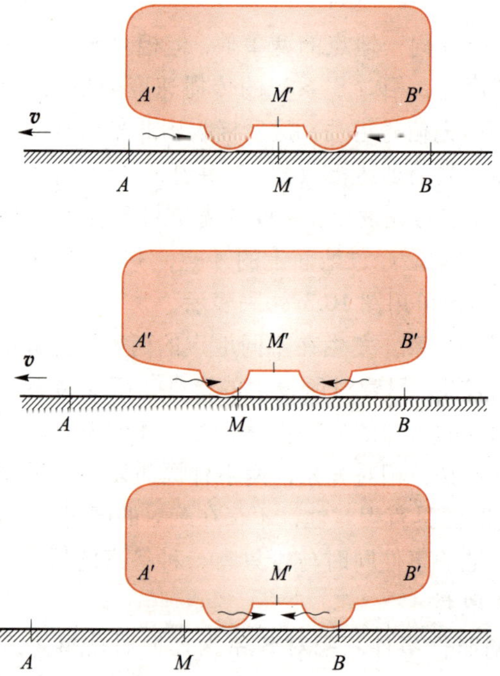

图 10.3-5　相对 S′系，两事件同时发生，两处发出的光信号同时到达 M'

对于地面轨道上的观测者，虽然对两个光信号同时到达接收器 M' 并无异议，但因车厢以速度 v 向右运动，位于车厢上的 M' 处的接收器迎着 B' 来的光运动，背离 A' 来的光运动，根据光速不变原理，A' 处的光信号先发出，B' 处的光信号后发出，从而构成两个光信号同时到达 M' 的事实. 所以，相对 S 系，AA' 事件和 BB' 事件是不同时发生的，车厢上的 A' 端先对准地面上的 A 点，车厢上的 B' 点后对准地面上的 B 点，相对 S′ 系发生在两地的同时性事件，相对 S 系则为非同时性事件．任何一个惯性参考系都不具有特殊的优越性，情况对两个参考系完全是对等的，都表明同时性是一个相对概念．这一情况可用图 10.3-6 来表示．

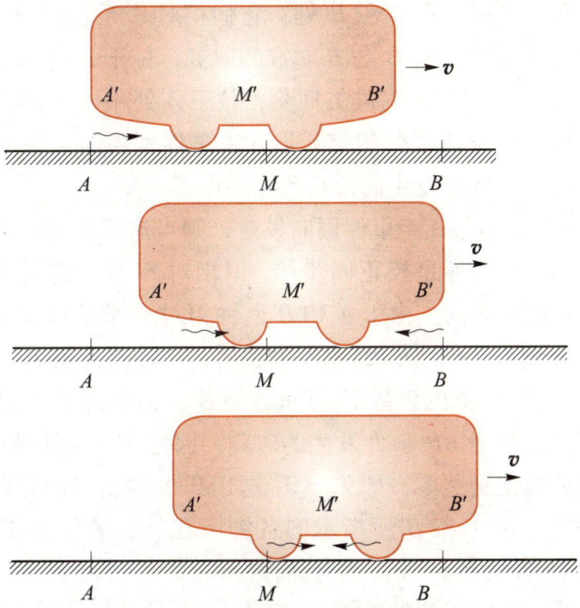

图 10.3-6　相对 S 系，两事件不同时发生，但两处发出的光信号同时到达 M'

4. 时钟的同步问题

在一给定的参考系中，使位于不同处的两时钟同步的问题也就是判定发生在不同地点的事件的同时性问题．设 A、B 两钟相距一定距离，M 是 AB 间的中点，则可从中点 M 发出一光信号，当每只钟接收到光信号时，便把指针放在零读数，这样两只钟便校正同步．如果已知 AB 之间的距离为 L，那么也可这样来校正两钟：当 A 钟指示读数 t_1 时，发出一光信号，在 B 钟接到光信号时，便把钟放在读数 $t_2=t_1+\dfrac{L}{c}$，这样两钟也就校正好了．利用光信号所设计的校钟方法虽然不是唯一的校正方法，但这种方法直接以光速不变原理为基础．不管采用何种校正方法，对于给定的参考系都可获得一系列位于不同位置的彼此校正同步的时钟，每一时钟只用于测定并记录发生在钟所在处的事件的时刻．而相对论中的观测者的作用是把各处记录下的测量结果进行比较和分析，作出判断．今后，我们认为，在给定的参考系中，除了安装适当的坐标系外，还分布了一系列的钟，这些钟都经过同步校正，坐标系和所有的钟相对这参考系都是静止的，如图 10.3-7 所示．

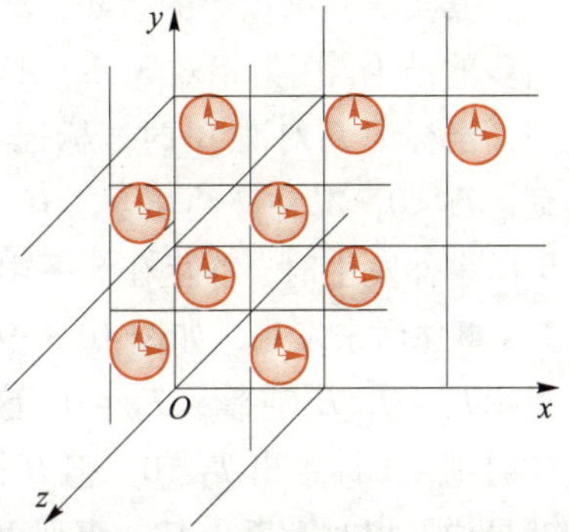

图 10.3-7　固定在给定参考系中的坐标系和一系列校正好的钟

当参考系中分布有同步校正的时钟后，上面所讨论的标记 B' 与标记 B 对准，标记 A' 与标记 A 对准的时刻都可用各自参考系中钟的读数来表示，并用这些读数来比较两事件是否同时发生.

设在 S 系内，各有一时钟固定在标记 A 和 B 处，这两钟相对 S 系是校正同步的. 在 S′系内，各有一钟固定在 A'和 B' 处，它们相对 S′系也是校正同步的. 在车厢相对地面向右运动的过程中，在 B' 与 B 对准的时刻，位于 B 处和 B' 处的钟各自给出自己的读数 T_B 和 $T_{B'}$；在 A' 与 A 对准的时刻，位于 A 处和 A' 处的钟也各自给出一读数 T_A 和 $T_{A'}$ 如果在校正时钟前我们约定：当 $A'A$ 事件发生时，取 A 钟指示为零，取 A' 钟指示也为零，则 $A'A$ 事件发生时，$T_A=T_{A'}=0$.

若相对 S 系，BB 事件与 $A'A$ 事件同时发生，则当这两事件发生时，$T_A=0$，$T_B=0$. 因为相对 S 系，A、B 两钟是校正同步的. 但相对 S′系，这两事件不同时发生，$B'B$ 事件发生在 $A'A$ 事件之前，由于 A' 和 B' 两钟相对 S′系是校正同步的，且 $A'A$ 事件发生时，A' 钟的读数 $T_{A'}=0$，故 BB 事件发生时，B' 钟的读数 $T_{B'}$ 尚未到零，即 $T_{B'}<0$. 当然相对 S′系，此刻 A' 处的读数 $T_{A'}$ 亦尚未到零，但是此刻 A 钟的读数并不代表事件 $A'A$ 发生的时刻，而是 BB' 事件发生的时刻，因为 $A'A$ 事件尚未发生. 当 $A'A$ 事件发生时，A' 钟的读数便到达零，即 $T_{A'}=0$. 图10.3-8 给出了固定在 S 系的两钟 A 和 B 以及固定在 S′系的两钟 A' 和 B' 所指示的各钟所在处的事件 $A'A$ 和 $B'B$ 发生的时刻. 其中 A、B 两钟的读数相同，表明相对 S 系，两事件同时发生；A'、B' 两钟的读数不同，表明相对 S′系，两事件不同时发生，事件 $B'B$ 发生较早. 相对 S 系，事件 $A'A$ 和 $B'B$ 发生在同一时刻，对于同一个时刻，A' 和 B' 两钟竟会给出不同的读数，这表明，相对 S 系，A' 和 B' 两钟实际上并未校正同步. 于是我们得到结论：相对 S′系静止的两只校正同步的钟，从相对钟运动的参考系 S 看来，这两只钟并未校正同步，沿着钟运动的方向，前面的那只钟给出较早的时刻.

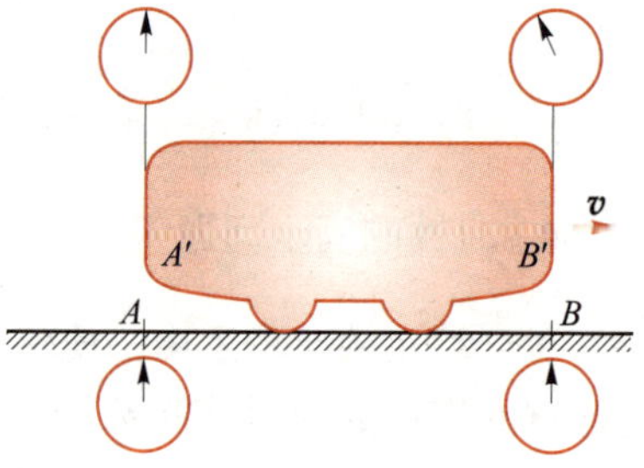

图 10.3-8　按照 S 系的观点，$A'A$ 事件和 $B'B$ 事件发生时，各时钟指示的读数

其实，根据以上的事实，S′系的观察者同样得到静止在 S 系中的两钟并未校正同步的结论. 因为相对 S′系，$A'A$ 和 $B'B$ 两事件不同时发生. 在轨道向左运动的过程中，当标记 B 对准 B' 时，标记 A 尚未到达 A'. 这时，B' 钟给出事件 $B'B$ 发生的时刻，$T_{B'}<0$，A' 钟亦给出 $T_{A'}<0$. 这两钟给出的是同一时刻，即事件 $B'B$ 的时刻. 当 $B'B$ 事件发生时，静止在 S 系中的 B 钟给出 $T_B=0$，但 A 钟给出的读数 $T_A<0$，因为 $A'A$ 事件尚未发生，如图 10.3-9 所示. 经过一段时间后，$A'A$ 事件发生，这时，A' 钟指示$T_{A'}=0$，B' 钟指示 $T_{B'}=0$. 这两钟指示的都是同一时刻，即事件 $A'A$ 的时刻. 在此时刻，A 钟给出 $T_A=0$，但 B 钟的读数已超过零，即 $T_B>0$，如图 10.3-10 所示. 这就是说，相对 S′系，某一事件 $B'B$（或 $A'A$）发生在时刻 $T_{B'}<0$（或 $T_{A'}=0$），静止在 S 系中的 A 钟和 B 钟竟会给出不同的读数 $T_A<0$，$T_B=0$（或 $T_A=0$，$T_B>0$），这表明，相对 S′系，A 和 B 两钟实际上并未校正同步. 于是我们得到相同的结论：相对 S 系静

止的两只校正同步的钟，从相对钟的运动的参考系 S′ 来看，这两只钟并未校正同步，沿着钟运动的方向，前面的那只钟给出较早的时刻.

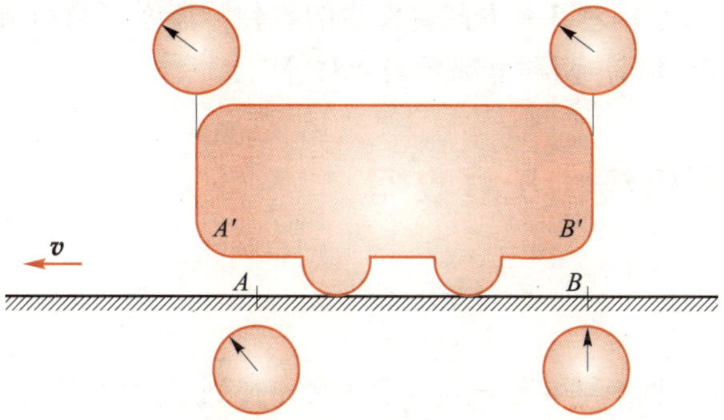

图 10.3-9　按照 S′系的观点，事件 $B'B$ 发生时，各钟指示的读数

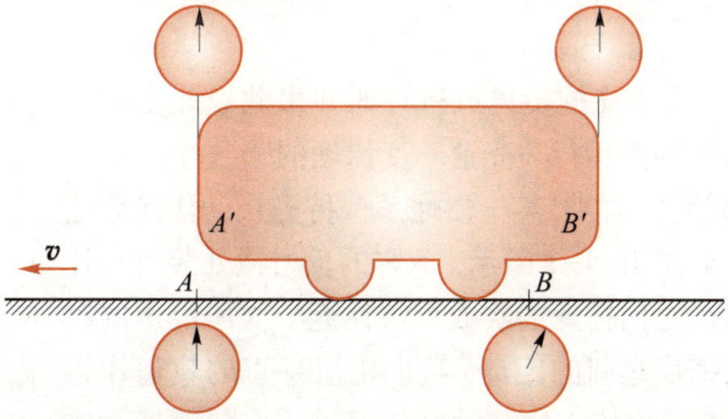

图 10.3-10　按照 S′系的观点，事件 $A'A$ 发生时，各时钟指示的读数

总之，用校正同步的各钟指示事件发生的时刻时，同时性的相对性就表现为相对一个惯性系静止的同步的一系列钟，对相对钟运动的惯性系而言，这一系列钟并未校正同步，沿着钟运动的方向，越在前方的钟，指示的时刻越早. 图 10.3-11 给出了相对 S 系向右运动的参考系和相对 S 系向左运动的参考系中的一系列钟的读数. 尽管每个参考系中的钟相对各自的参考系都是校正同步的. 但 S 系中一个给定的时

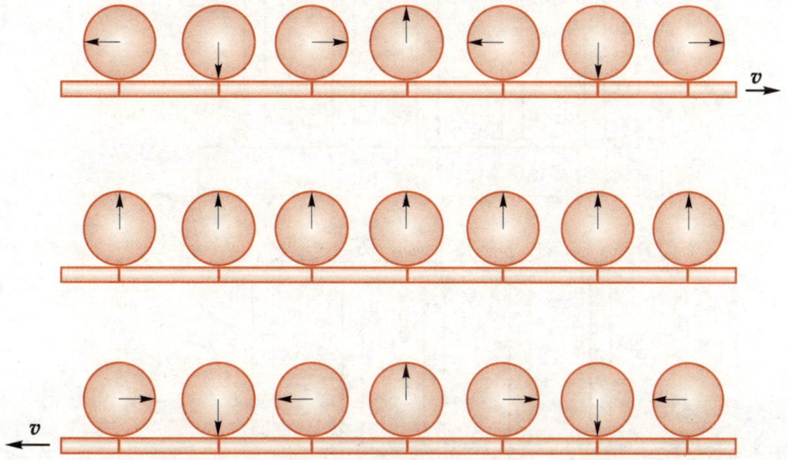

图 10.3-11　一系列校正同步的钟，在这些钟运动的参考系看来它们并未校正同步

刻，运动参考系中各钟给出不同的读数．向右运动的参考系中的最右侧的钟的读数最早，向左运动的参考系中，最左侧的钟的读数最早．

以上我们仅分析了相对 S 系为同时发生的事件，读者可自行分析相对 S′系为同时发生的事件．可以看到，两种情况是完全对等的．

10.4 时间延缓和长度收缩

1. 光信号钟

根据光速不变原理，利用光信号传送信息，得到了同时性具有相对性，并由此导致两时钟是否校正同步与参考系有关的结论．本节我们将进一步研究相对不同的参考系进行时间间隔和长度的测量问题．测量时间的工具是时钟，时钟可以有不同的结构和工作原理．利用光的传播进行计时并由此设计出的光信号钟，有利于保证钟的运行与光速不变原理的一致性．

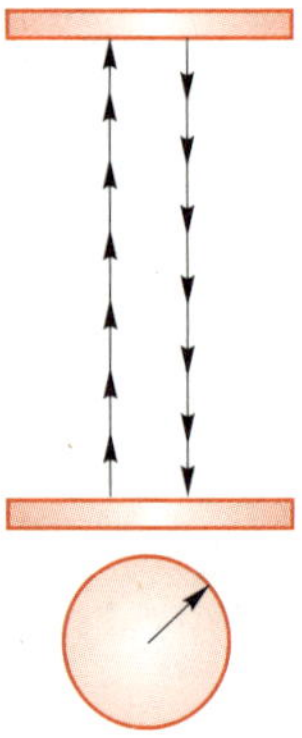

图 10.4-1　光信号钟

两块光的反射镜片，相对某一惯性系保持静止，让光束往返于两镜片之间，如图 10.4-1 所示．下方的反射镜处装有一计数器，记录光在两镜之间往返的次数，每往返一次所经历的时间为 $2L/c$，L 为两镜片之间的距离．我们仍以平直的轨道作为 S 系，其中安置了一系列校正同步的光信号钟；以匀速运动的车厢作为 S′系，其中也安置了一系列校正同步的光信号钟．两个参考系中的钟，结构完全相同，光束在两镜片之间的往返一次经历的时间都是 $2L/c$，所有的光信号钟，在其静止的参考系中，其光束传播的方向与两参考系相对运动的方向垂直，如图 10.4-2 所示．若在某一时刻，S′系中的一只钟经过 S 系的某一只钟，这两钟的读

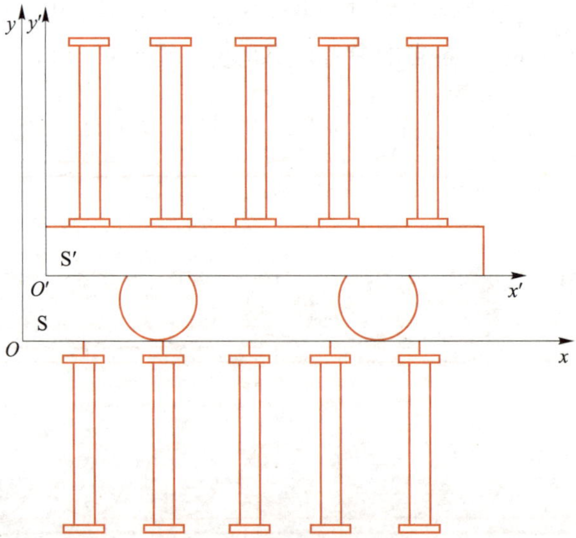

图 10.4-2　分别置于 S 系和 S′系中的一系列光信号钟

数都指示零，那么，按S系的观点，S系内所有的钟在此刻的读数都为零. 按S′系的观点，S′系内所有的钟在此刻的读数也都为零，因为在每个参考系中所有的钟都是校正同步的.

相对各个参考系，静置于其中的光信号钟的两反射镜片之间的距离都为L，但是相对钟运动的参考系，镜片之间的距离是否也是L呢？我们知道，测量一物体的长度，就是同时测量物体两端的位置，但同时性具有相对性，相对某一个参考系，测量两端位置是同时的，但相对另一参考系，测量并非同时进行，因而认为长度是绝对的，与参考系无关的看法值得重新审查. 下面，我们暂时先研究一种特殊情形，即长度沿与相对运动垂直方向的情形.

设相对S′系，在沿垂直于两参考系相对运动的方向上，有固定的两点a'、b'，它们之间的距离为L，相对S系，在沿垂直于两参考系相对运动方向上，也有固定的两点a、b，它们之间的距离也是L，如图10.4-3（a）所示. 若相对S系，a'、b'之间的距离小于a、b之间的距离，则当$a'b'$相对S系向右运动时，将在ab之间通过$a'b'$. 如果在$a'b'$通过ab时，在ab间留下了某种痕迹，这种痕迹将是可察觉到的，如图10.4-3（b）所示. 故相对S系ab之间的距离大于$a'b'$之间的距离. 但是，相对S′系，ab与S系一起向左运动，根据$a'b'$在ab间留下的痕迹，ab将在$a'b'$两端之外，因此，相对S′也是ab之间的距离大于$a'b'$之间的距离，这就破坏了两个惯性系之间的对等关系，因而违反相对性原理. 这表明S系的观测者作出的$a'b'$之间的距离小于ab之间的距离的假设不成立. 同样，ab之间的距离小于$a'b'$之间的距离的假设也不成立. 于是唯一可能的结论是：对于垂直于相对运动方向的两点之间的距离，与参考系无关.

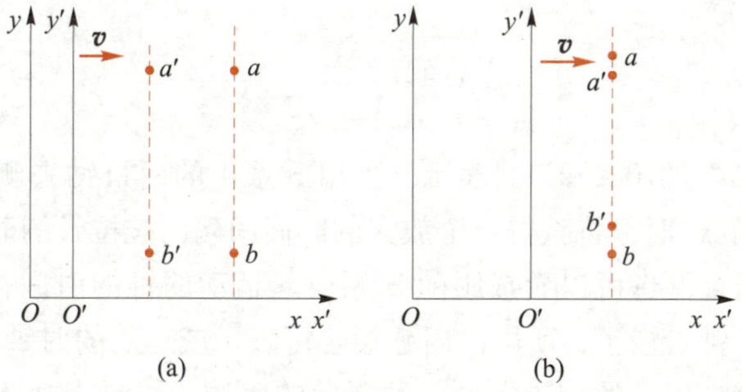

图10.4-3　在两个参考系中比较垂直于相对运动方向的两点间的距离

2. 时间延缓

若相对S′系静止的某一只光信号钟发出一光信号，经反射镜M反射后被接收器接收. 不管发出光这一事件还是接收到反射光这一事件，都发生在同一地点，如图10.4-4（a）所示. 两事件经历的时间间隔为

$$\Delta t' = \frac{2L'}{c} = \frac{2L}{c} \qquad (10.4\text{-}1)$$

但S′系相对S系以速度v向右运动，因此固定在S′系中的反射镜和接收器都以速度v

向右运动. 信号发出时，钟位于某一位置，接收到反射光时，钟已移到另一位置，发射光和接收光这两事件发生在空间不同位置，如图 10.4-4（b）所示. 设发出光信号发生在 S 系中的 A 钟所在的地点，接收光信号发生在 S 系中的 B 钟所在的地点，光信号在空间的路径是折线 AMB，水平距离 AB 等于在光信号传播过程中，S′系向右移动的距离. 若 Δt 为 S 系中测得的光信号在空间传播的时间，则有

$$\left(\frac{1}{2}c\Delta t\right)^2=L^2+\left(\frac{1}{2}v\Delta t\right)^2$$

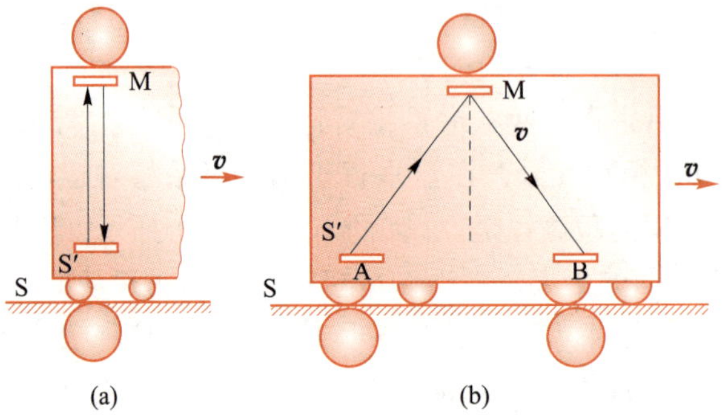

图 10.4-4 （a）相对 S′系，光信号钟的信号发出和接收发生在空间同一处；（b）相对 S 系，光信号钟的信号发出和接收发生在空间不同处.

由此得

$$\Delta t=\frac{2L/c}{\sqrt{1-v^2/c^2}}$$

由（10.4-1）式，得

$$\Delta t=\frac{\Delta t'}{\sqrt{1-v^2/c^2}} \tag{10.4-2}$$

由于 $v<c$，故 $\Delta t>\Delta t'$.（10.4-2）式表示，当用 S 系中的两只钟去测量由 S′系内一只钟测得的时间间隔 $\Delta t'$时，将获得一个放大的时间间隔，被拉长的时间间隔，这就是时间延缓. 这一结果，也可以看成跟随 S′系一起运动的钟的时间标度膨胀了. 因而时钟的读数小了，钟走慢了，所以时间延缓也可表示成运动的时钟走慢.

所谓时间延缓或运动的钟走慢是一种概括的表述，都是光速不变原理得出的结论，带有非常强的神秘色彩，其实质更难捉摸. 因为运动是相对的，如果说 S′系相对 S 系运动，故 $\Delta t'$应小于 Δt，那么相对 S′系，S 系也是运动的，Δt 是否应小于 $\Delta t'$呢？这就导致了谬误.

这里，我们遇到的是相对两个参考系进行时间间隔的测量问题，尽管任一参考系中的观测者都认为另一参考系中的钟是运动的，但是有些因素对两个参考系中的观测者来说是不对称的. 即：光信号的发出和接收这两事件，相对 S′系，发生在同一地点，两事件的时间间隔是由静止在车厢内的同一钟测得的，它由同一只钟的前后两个读数决定. 但相对 S 系，这两事件发生在不同的地点，两事件的时间间隔由静止在轨道上的两只钟测得，它由不同地点的两只钟的读数决定. 明确这些确定的含义

后，所谓时间延缓或运动的钟走慢的神秘性也就消失了. 时间延缓的实质在于把从单一时钟上记录得到的时间流逝与相对这单一时钟运动的位于异处的两时钟测得的时间差进行比较时，单一时钟测出的时间间隔 $\Delta t'$ 小于由两只时钟测出的该时间间隔的起止时刻所求得的时间差 Δt，亦即当用两只时钟去测量单一时钟给出的时间间隔时，该时间间隔被拉长或膨胀为稍长的时间间隔，即 $\Delta t=\dfrac{\Delta t'}{\sqrt{1-v^2/c^2}}$，如图 10.4-5 所示. 若光信号钟发出光信号时会伴随“滴”的声音，接收光信号时会伴随着“答”的声音，那么当静止在车厢内的一只钟完成一个“滴答”所经历的时间间隔比相对车厢运动的位于轨道上的一只钟发出“滴”，另只钟发出“答”所确定的时间间隔要短，如果车厢内的观测者记录一个“滴答”经历 1 s，则轨道上的观测者收集到一只钟的“滴”，另一只钟的“答”所经历的时间，将膨胀为 $1/\sqrt{1-v^2/c^2}$. 若单一运动的钟测得该钟经过静置于异处的两钟的时间间隔为 $\Delta t'$，对应的静置在异处的两钟的读数差为 Δt，则单一时钟测得的时间间隔 $\Delta t'$ 比较小，$\Delta t'=\Delta t\sqrt{1-v^2/c^2}$，即运动的那只钟的时标变大了，膨胀了，时钟则走慢了，变慢一个因子 $\sqrt{1-v^2/c^2}$，如图 10.4-6 所示. 固定在参考系中的一只钟测得的两事件的时间间隔具有特别重要的意义，它是发生在同一地点的两事件的时间间隔，我们称这一时间间隔为本征时间间隔或原时间隔、静时间隔. 位于参考系中两处的钟测得的时间间隔称为非本征时间间隔，它是发生在不同地点的两事件的时间间隔. 若相对某一惯性系，两事件发生在同一地点，该两事件的时间间隔是本征的，则相对另一惯性系，该两事件必发生在不同地点，因而该两事件的时间间隔必为非本征的. 时间延缓的实质是两事件的本征时间间隔小于这两事件的非本征时间间隔. 若 $\Delta\tau$ 为本征时间间隔，Δt 为非本征时间间隔，则有

$$\Delta\tau=\Delta t\sqrt{1-v^2/c^2} \tag{10.4-3}$$

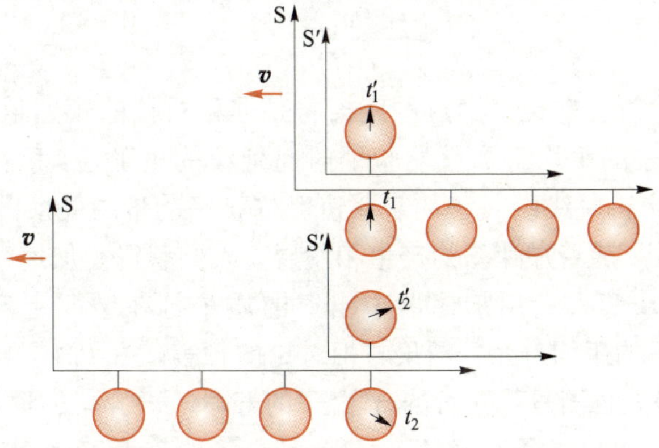

图 10.4-5　静止的一只钟给出相继两次读数，其时间间隔 $\Delta t'=t_2'-t_1'$，运动的两只钟分别给出这时间间隔的起始时刻 t_1 和终止时刻 t_2，两读数差代表的时间间隔 $\Delta t=t_2-t_1$，则 $\Delta t=\Delta t'/\sqrt{1-v^2/c^2}$.

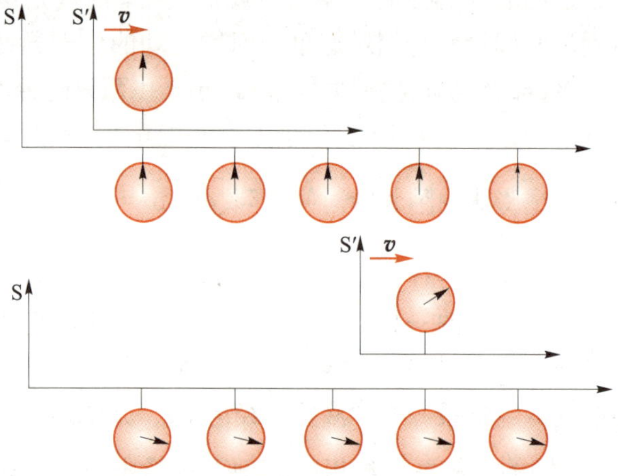

图 10.4-6　运动的钟走慢. 运动的钟测得的时间间隔 $\Delta t'=t_2'-t_1'$，静止的两钟测得的时间间隔 $\Delta t=t_2-t_1$，而 $\Delta t'=\Delta t\sqrt{1-v^2/c^2}$.

时间延缓或相对观测者运动的钟变慢的效应与钟的具体结构无关. 如果仅仅是运动的光信号钟变慢，别的类型的钟不变慢，那么车厢内的观测者就可能利用两种类型的钟的不一致来确定车厢的运动，这与相对性原理是相抵触的.

运动的钟变慢意味着相对观测者运动的人的脉搏跳动也变慢，思维过程以致衰老的过程都以同样的比率变慢.

时间延缓或运动的钟变慢这一结论与我们日常的经验极不一致，以致难以使人相信. 但是，高速运动粒子的衰变现象为这一论断提供了确凿无疑的证据. 我们知道 π^+ 介子要衰变成一个 μ^+ 介子和一个中微子. π^+ 介子在其自身静止的参考系中，衰变前的平均寿命约为 2.5×10^{-8} s，如果产生一速度 $v=0.9c$ 的 π^+ 介子，从实验室参考系看，π^+ 介子的寿命将是

$$\Delta t=\frac{2.5\times10^{-8}\ \text{s}}{\sqrt{1-\left(\dfrac{0.9c}{c}\right)^2}}\approx5.7\times10^{-8}\ \text{s}$$

这样，平均说来，衰变前粒子通过的距离将是非相对论的预期值的两倍，因此通过实验求得 π^+ 介子的平均寿命就能验证时间延缓的正确性. 早在 1941 年，Rossi 和 Hall 通过测量宇宙射线中 μ 子的衰变速率与 μ 子动量的关系，得到了与相对论预言相一致的结果. 随着加速器的产生和发展，人们获得了加速粒子的有效方法. 1969 年，Greenberg 等人利用加速器中出射的质子打在铍靶上产生荷电的 π^+ 介子，并测量了介子的平均寿命，结果与相对论的预言值在 0.4% 的精度内相符合. 1971 年，Ayres 等人也测量了飞行的 π^+ 介子的寿命，π^+ 介子的速度为 $0.92c$，相应的时间膨胀因子为 2.44，通过测量飞行的 π^+ 介子的衰变和飞行时间，得到 π^+ 介子的固有寿命为（26.02±0.04）ns，这个值与静止 π^+ 介子的寿命的实验值在 0.4% 内相符.

3. 长度收缩

现在，我们讨论关于相对两个惯性系的长度测量问题. 我们曾指出，相对性原理要求，当杆长方向与参考系间的相对运动方向垂直时，杆长与参考系无关. 若一杆沿着相对运动方向放置，两参考系对杆长进行测量的结果又如何呢？为了确定起见，我们仍从轨道和车厢两个参考系来考察问题. 取轨道为 x 轴，一杆静止在车厢内，沿 x' 轴放置，其两端分别为 A' 和 B'. 在 A' 和 B' 处各置一相对 S′ 系是校正同步的钟. A 是轨道上的一固定点，并有一钟位于此处，如图 10.4-7 所示. 因杆以速度 v 相对 S 系向右运动，当杆的 B' 端通过 A 点时，A 钟的读数为 t_1，当杆的 A' 端通过 A 点时，A 钟的读数为 t_2，于是 S 系的观测者测得杆的长度为

$$l=v(t_2-t_1)$$

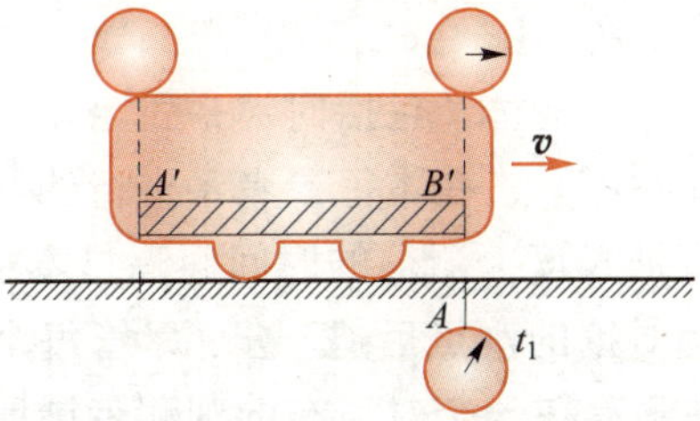

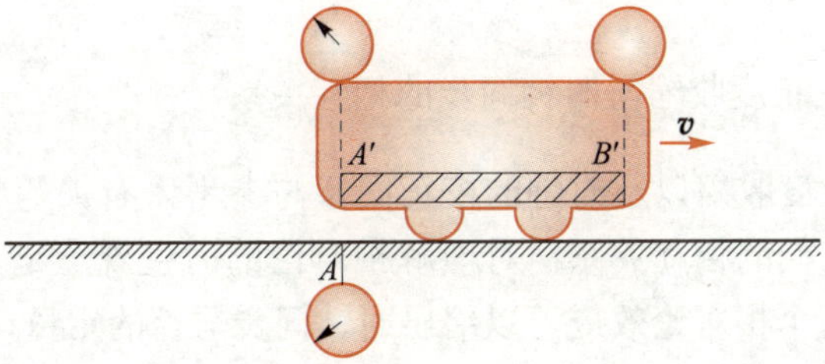

图 10.4-7　相对轨道参考系测量运动杆 $A'B'$ 的长度

相对 S′ 系，轨道以速度 v 向左运动. 由于杆相对 S′ 系静止，不论是否同时测得杆两端 A' 和 B' 的位置，都可求得杆长 l'. 在轨道的运动过程中，当轨道上的 A 点通过杆的 B' 端时，B' 处的钟的读数为 t_1'，当 A 点通过杆的 A' 端时，A' 处的钟的读数为 t_2'. 故相对 S′ 系，A 点通过 B' 和 A' 两端所经历的时间为 $t_2'-t_1'=\dfrac{l'}{v}$.

B' 和 A' 分别通过 A，是两个事件. 相对 S 系，这两个事件发生在同一地点，t_2-t_1 是由固定在 S 系中的同一时钟测得的两事件的时间间隔，因而是本征时间间隔，$t_2'-t'_1$ 则是相应的非本征时间间隔，由于时间延缓

$$t_2'-t_1'=\frac{t_2-t_1}{\sqrt{1-v^2/c^2}}$$

于是得

$$l=v(t_2'-t_1')\sqrt{1-v^2/c^2}$$

或

$$l=l'\sqrt{1-v^2/c^2} \tag{10.4-4}$$

l'是杆在其中静止的参考系中的长度，l是杆在其中运动的参考系中的长度. $l<l'$表明物体的长度沿其运动方向要缩短，这就是长度收缩. 长度收缩最早是为了解释迈克耳孙-莫雷实验而由洛伦兹和斐兹杰惹提出的，通常称为洛伦兹-斐兹杰惹收缩. 但是，长度收缩是狭义相对论的基本假设得到的一个重要结论，与洛伦兹-斐兹杰惹当时提出的假设在意义上是根本不同的.

相对杆静止的参考系中测得的杆的长度称为杆的本征长度或原长度、静长度. S′系是杆静止的参考系，故l'是杆的本征长度. 相对杆运动的参考系测得的杆的长度为杆的非本征长度. S 系是杆在其中运动的参考系，l是杆的非本征长度. 长度收缩表明杆的本征长度大于非本征长度. 若用l_0表示杆的本征长度，l为杆的非本征长度，本征长度与非本征长度的关系为

$$l=l_0\sqrt{1-v^2/c^2} \tag{10.4-5}$$

通过上面的讨论，我们看到与一个物体（包括时钟）固定在一起的参考系似乎特别重要，我们称这参考系为本征参考系，在本征参考系进行的测量称为本征测量或原测量，测得的物体的长度为本征长度，测得的时间间隔是本征时间间隔. 我们强调本征参考系的重要性并未从相对论的观点后退一步. 尽管每个观测者或每个物体，都有唯一的本征参考系，但并不存在一个对所有的观测者或所有的物体都是本征的普适参考系.

4. 时间延缓、长度收缩与时钟同步的相互关系

时间延缓、长度收缩以及时钟的校正同步与参考系有关等特性都与同时性的相对性有关，了解它们的相互关系，对理解相对论的时空观念是有帮助的，而时间延缓和长度收缩这两个相对论效应可以给出时钟同步与否的定量讨论.

设杆静止在车厢参考系S′内，其两端A'和B'位于x'轴上，在A'和B'处各置一相对车厢是校正同步的钟，相对 S′系，杆的长度为$L'_{A'B'}$，它是杆的本征长度. 相对轨道参考系，杆向右运动，要测量$A'B'$之间的距离，就得同时测量A'和B'在 S 系中的位置.

当B'经过B时，位于地面轨道上B点的时钟的读数为t_B，位于车厢上的B'点的时钟的读数为$t'_{B'}$，它们分别给出了BB'事件相对 S 系和 S′系的时刻. 当A'经过A时，位于地面轨道上A点的时钟的读数为t_A，位于车厢上的A'点的时钟的读数为$t'_{A'}$，它们分别给出了AA'事件相对 S 系和 S′系的时刻. 我们仍约定，把AA'事件的时刻作为两个参考系中的时间的零点，即AA'事件发生时，S 系把时钟A的读数作为零点，记作$t_A=0$，S′系把时钟A'的读数作为零点，记作$t'_{A'}=0$. 所以，当A'经过A时，$t_A=t'_{A'}=0$. 如果相对 S 系，BB'事件与AA'事件同时发生，由于相对 S 系静止在各处的钟都是校正同步的，故BB'发生时，B钟的读数也为零，即$t_B=0$. 但相对 S 系，车厢上的钟没有校正同步，沿着运动方向，前面的钟走慢，在BB'事件与AA'事件同时发生的时刻，A'钟和B'钟的读数不同，$t'_{A'}=0$. $t'_{B'}<0$. 这一情况如图 10.4-8 所示. 相对 S 系，B'钟走慢，走慢多少，是我们要进一步研究的问题.

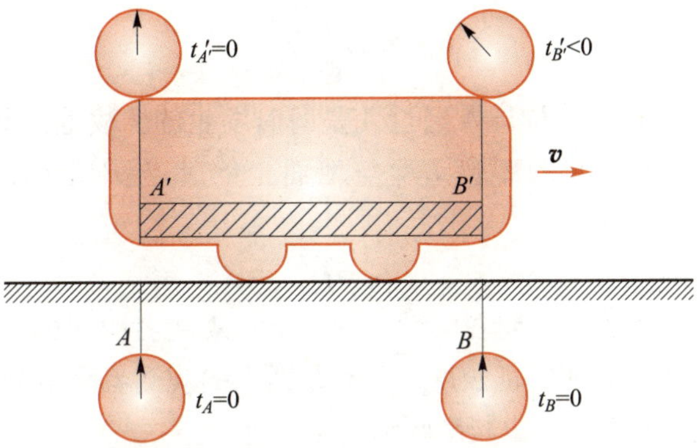

图 10.4-8　AA'事件和 BB'事件的时刻，S 系和 S′系中时钟的读数

相对车厢，S′系中所有的钟也都是校正同步的．位于 B' 处的钟的读数 $t'_{B'}<0$，给出的是 BB' 事件的时刻，位于 A' 处的钟的读数 $t'_{A'}=0$，给出的是 AA' 事件的时刻，因为 BB' 和 AA' 两事件不是同时发生的，BB' 先发生，AA' 后发生，而相对 S′系所有的时钟都是校正同步的，故 $t'_{A'}=0$，$t'_{B'}<0$．在 BB' 发生的时刻，不仅位于 B' 处的读数 $t'_{B'}$ 小于零，S′系中所有的时钟，包括 A' 处的钟的读数都小于零．当 AA' 事件发生时，不仅位于 A' 处的钟指到零，S′系中的所有的钟，包括 B' 钟的读数都指到零．从 S 系看，B' 处的钟走慢 $\Delta t'$，但从 S′系看，$\Delta t'$ 乃是 BB' 事件先于 AA' 事件发生的时间，也就是 BB' 事件到 AA' 事件所经过的时间．

由于相对 S′系，当 B 点到达 B' 时，A 点尚未到达 A'，刚到达 A''．要经过 $\Delta t'$ 时间后 A 点才到达 A'．A 点到达 A'' 时，位于 A'' 处的钟的读数与 B' 钟的读数相同，也就是说，相对 S′系，AA'' 事件与 BB' 事件是同时发生的两事件，如图 10.4-9 所示．而 $\Delta t'$ 就是 A 点由 A'' 运动到 A' 所经历的时间，即

$$\Delta t'=\frac{A'A''}{v}=\frac{\Delta L'}{v} \qquad (10.4\text{-}6)$$

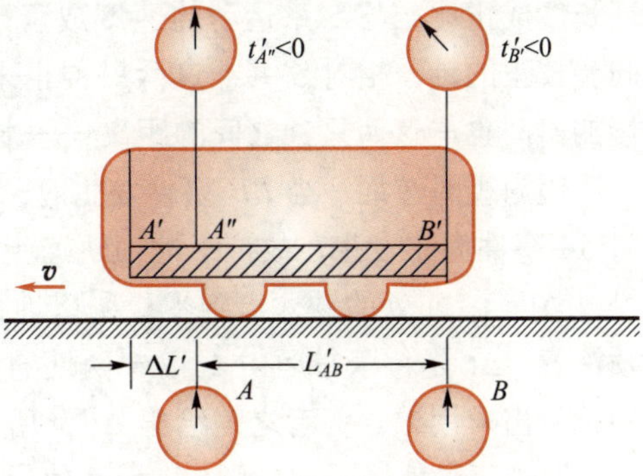

图 10.4-9　相对 S′系，BB' 事件与 AA'' 事件同时发生

$\Delta L'$ 是相对车厢，A' 与 A'' 之间的距离，它等于在车厢中测得的 $A'B'$ 之间的距离 $L'_{A'B'}$ 与 $A''B'$ 之间的距离 $L'_{A''B'}$ 之差，即

$$\Delta L'=L'_{A'B'}-L'_{A''B'} \qquad (10.4\text{-}7)$$

由于相对车厢，B 经过 B' 的同时 A 经过 A''，故车厢上的观测者测得地面上 A、B 两点的距离 L'_{AB} 与车厢上 A''、B' 之间的距离是相等的，即

$$L'_{A''B'}=L'_{AB}$$

由于地面相对车厢以速度 v 向左运动，车厢上的观测者所测得的地面上的 A、B 之间的距离（即 AB 的长度）是 AB 的非本征长度，AB 相对地面的长度即地面上的观测者所测得的 AB 的长度 L_{AB} 才是本征长度．由长度收缩关系，有

$$L'_{AB}=L_{AB}\sqrt{1-\frac{v^2}{c^2}}$$

但相对地面参考系，B'经过 B 与 A'经过 A 是同时发生的，故地面参考系中的观测者测得车厢上的 A' 与 B' 之间的距离 $L_{A'B'}$ 与地面上的 A 与 B 之间的距离 L_{AB} 是相等的，即

$$L_{A'B'}=L_{AB}$$

由于相对地面，车厢以速度 v 向右运动，地面上的观测者所测得的车厢上的 A' 与 B' 之间的距离 $L_{A'B'}$ 不是 $A'B'$ 的本征长度，只有车厢上的观测者测得的 A' 与 B' 之间的距离 $L'_{A'B'}$ 才是 $A'B'$ 的本征长度. 由长度收缩关系，有

$$L_{A'B'}=L'_{A'B'}\sqrt{1-\frac{v^2}{c^2}}$$

将以上各式代入（10.4-7）式，得

$$\Delta L'=\frac{v^2L'_{A'B'}}{c^2}$$

代入（10.4-6）式，得

$$\Delta t'=\frac{vL'_{A'B'}}{c^2} \tag{10.4-8}$$

即 S′系中静止的、相距为 L' 的经过同步校正的两只钟 A' 和 B'，相对 S 系，这两钟没有校正同步，沿着运动方向，前面的钟走慢，走慢的时间 $\Delta t'$ 与两钟间的距离——本征长度成正比，与 S′系运动的速度成正比. 其实，在 S 系中静止的，相距为 L 的经同步校正的钟，相对 S′系，这两只钟也未校正同步，沿运动方向前面的钟走慢，走慢的时间也与这两只钟之间的距离——本征长度成正比.

因为相对车厢，当 BB' 事件发生时，地面轨道上位于 B 点的钟的读数 $t_B=0$，这时 AA' 事件尚未发生，故位于地面轨道上的 A 点的钟的读数尚未到零，即 $t_A<0$；要经过 $\Delta t'$ 后，A 处的钟才指到零，所以地面轨道上 A、B 两处的钟并未校正同步. 必须注意，$\Delta t'$ 是位于车厢中 A'' 和 A' 两处的两钟给出的，即 A'' 处的钟给出初读数，A' 处的钟给出末读数，两者之差给出 $\Delta t'$，所以，$\Delta t'$ 是非本征时间间隔，是发生在 A'' 和 A' 两地的两事件的时间间隔. 当地面轨道上的 A 钟相继经过 A'' 和 A' 时读出的时间间隔为 AA'' 和 AA' 两事件的本征时间间隔，是同一钟即 A 钟测得的时间间隔，由时间延缓关系，A 钟给出的时间间隔 Δt 与 $\Delta t'$ 之间的关系为

$$\Delta t=\Delta t'\sqrt{1-\frac{v^2}{c^2}}$$

$$=\frac{vL'_{A'B'}}{c^2}\sqrt{1-\frac{v^2}{c^2}}$$

注意到 $L'_{A'B'}\sqrt{1-v^2/c^2}=L_{A'B'}=L_{AB}$，得

$$\Delta t=\frac{vL_{AB}}{c^2}$$

由此可见，在任一参考系中，相距为 l 的静止的经校正同步的两钟，从以速度 v 相对此参考系运动的参考系来看，这两只钟以速度 v 在运动，它们没有校正同步，沿着运动方向，前面的钟走慢的时间为

$$\Delta t=\frac{vl}{c^2} \tag{10.4-9}$$

式中 l 为两钟之间的本征长度间隔.

5. 例题

例题1 一辆火箭列车，以 $v=0.8c$ 的速度行驶，当驶经地面上的某一时钟时，驾驶员注意到地面上的那只钟指向 $t_1=0$，于是他立即把自己的钟也拨到 $t_1'=0$，后来当他自己的钟指到 6 μs 时，驾驶员又看他经过的地面上的另一只钟，问此钟的读数为多少？

解： 驾驶员测得的时间间隔 6 μs，是本征时间间隔 $\Delta\tau$，而地面上用两只钟测得这时间间隔 Δt，为相应的非本征时间间隔，由于时间延缓，可知

$$\Delta t=\Delta\tau\Big/\sqrt{1-v^2/c^2}=0.6\Big/\sqrt{1-\left(\frac{0.8c}{c}\right)^2}\ \mu\text{s}=10\ \mu\text{s}$$

故地面上的那只钟在此刻的读数为 $t_2=t_1+\Delta t=10\ \mu\text{s}$.

例题2 一根 1 m 长的尺以 10^8 m/s 的速率沿平行于它的长度方向运动，通过一假想的实验室，实验室中的工作人员测得这尺的长度是多少？

解： 尺的本征长度 $l_0=1$ m，实验室测得的是运动尺的长度，

$$l=l_0\sqrt{1-\frac{v^2}{c^2}}=1\times\sqrt{1-\frac{1}{9}}\ \text{m}=0.943\ \text{m}$$

例题3 超音速飞机的驾驶员相对地球以 $v=600$ m/s 的速度飞行. 试问，他要飞行多久，才能使他的表比地球上的钟慢 1 s？

解： 若驾驶员经过相对地面静止的某一钟时，驾驶员手表的读数为 t_1'，该钟的读数为 t_1. 经过足够长的飞行后，驾驶员飞经相对地面静止的另一钟，这时，驾驶员表的读数为 t_2'，该钟的读数为 t_2，则 $t_2'-t_1'$ 为本征时间间隔，即

$$t_2'-t_1'=(t_2-t_1)\sqrt{1-v^2/c^2}$$

而 $(t_2'-t_1')=(t_2-t_1)-1$，注意到 $v^2/c^2=(6\times10^2/3\times10^8)^2=4\times10^{-12}\ll1$，故有

$$(t_2'-t_1')\approx(t_2-t_1)\left(1-\frac{1}{2}\frac{v^2}{c^2}\right)=[(t_2'-t_1')+1]\left(1-\frac{1}{2}\frac{v^2}{c^2}\right)$$

即

$$\frac{1}{2}(t_2'-t_1')\frac{v^2}{c^2}=1-\frac{1}{2}\frac{v^2}{c^2}\approx1$$

所以

$$t_2'-t_1'=\frac{2}{v^2/c^2}=\frac{2}{4\times10^{-12}}\ \text{s}=5\times10^{11}\ \text{s}$$

这大约等于 16 000 a（年）（显然飞机只能环绕地球飞行，但这对结果无多大影响）.

例题4 一列车上置有一钟 K，列车以 $v=0.8c$ 的速度沿平直轨道向右行驶．轨道上 A、B 两点的距离为 $AB=40$ l.m.（l.m.为光分，1 l.m. 即光在 1 min 内所传播的距离）．试分别以地面和车厢为参考系，计算 K 钟通过 A、B 两点的时间和 A、B 间的距离．

解：（1）以地面为参考系，则列车向右运动，此 K 钟通过 A、B 两点所经历的时间为

$$t_B-t_A=\frac{AB}{v}=\frac{40\times c}{0.8c}\ \text{min}=50\ \text{min}$$

若 K 钟通过 A 点时，位于 A 点的钟的读数为 $t_A=12:00$，则此 K 钟经过 B 时，B 钟的读数为 $t_B=12:50$，如图 10.4-10 所示．

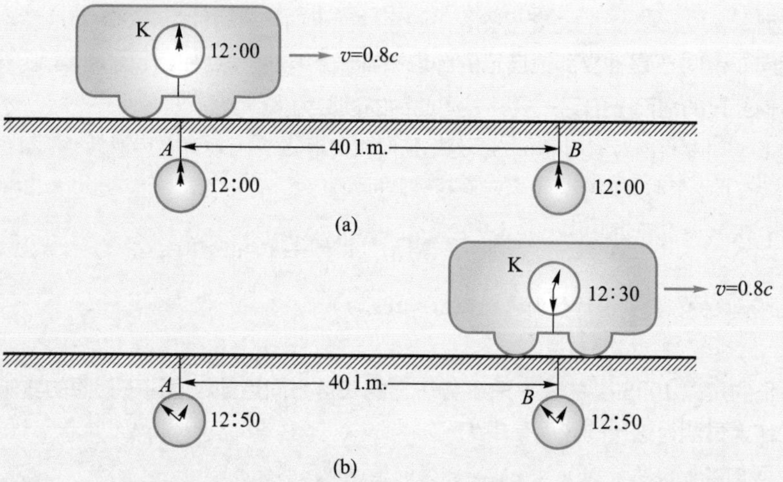

图 10.4-10　相对地面参考系测量运动的 K 钟经过地面上 A、B 两点的时刻

（a）K 钟经过 A 点；（b）K 钟经过 B 点．

（2）以车厢为参考系，则地面向左运动．当地面上的 A 点经过 K 钟时，K 钟的读数为 t'_A，B 点经过 K 钟时，K 钟的读数为 t'_B．于是 A 和 B 经过 K 钟这两事件的时间间隔 $t'_B-t'_A$ 是本征时间间隔，因此有

$$t'_B-t'_A=(t_B-t_A)\sqrt{1-v^2/c^2}=50\sqrt{1-0.8^2}\ \text{min}=30\ \text{min}$$

（这一问题也可以这样来分析：相对车厢，运动地面上 A、B 两点间的距离为 $l=l_0\sqrt{1-v^2/c^2}=40\sqrt{1-0.8^2}$ l.m. $=24$ l.m.，于是 $t'_B-t'_A=l/v=\frac{24}{0.8}$ min $=30$ min．）

若 A 点经过 K 钟时，K 钟的读数 $t'_A=12:00$，则 B 点经过 K 钟时，K 钟的读数 $t'_B=12:30$，这就是图 10.4-10 中 K 钟所指示的读数．

（3）车厢中的观测者测得 A、B 之间的距离为

$$l=v(t'_B-t'_A)=0.8c\times 30\ \text{min}=24\ \text{l.m.}$$

这结果也可以直接从长度收缩公式求得．图 10.4-11 中标出了车厢观测者测出的 A、B 之间的距离．

（4）车厢中的观测者发现，跟随地面一起运动着的 A、B 两钟未校正同步，沿运动方向，前面的 A 钟走慢了，故后面的 B 钟读数比前面的 A 钟读数超前（即增加）Δt 的数值，

$$\Delta t=\frac{L_{AB}v}{c^2}=\frac{40\times c\times 0.8c}{c^2}\ \text{min}=32\ \text{min}$$

即在车厢观察者看来，当 A 点经过 K 钟时，A 钟指示 12：00，这时 B 钟的读数为 12：32．当 B 点

经过 K 钟时，B 钟的读数为 12∶50 时，A 钟的读数为 12∶18. 如图 10.4-11 所示.

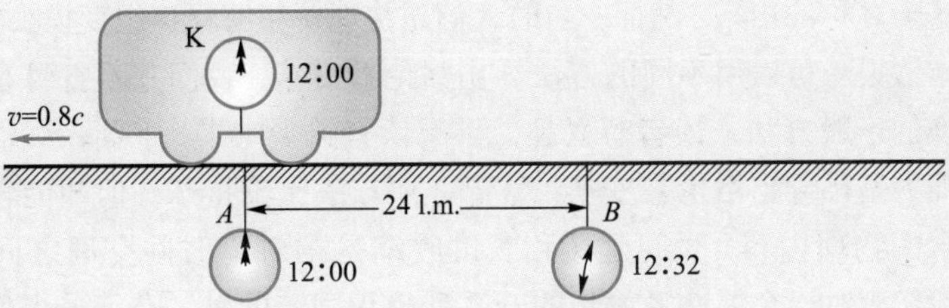

(a)

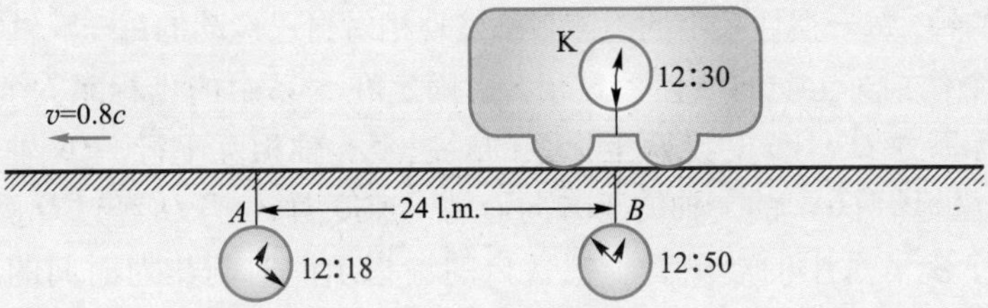

(b)

图 10.4-11　车厢中的观测者测得运动的地面上 A、B 两点经过 K 钟的时刻

(a) A 点经过 K 钟；(b) B 点经过 K 钟.

(5) 通过以上的讨论，我们得到以下结论：

a. 从地面参考系看，运动的 K 钟经过 A、B 两点所经历的时间为 50 min，这时间间隔是由位于 A、B 两处的钟的读数给出，它表示发生在异地的两事件的时间间隔，此时间间隔用 K 钟去测量为 30 min. 因为运动的 K 钟的时标膨胀了，钟走慢了.

b. 从车厢参考系看，地面上的 A、B 两点间的距离不是 40 l.m.，而是 24 l.m.，因为运动物体的长度在其运动方向要收缩.

c. A 点经过 K 钟，A 钟读数为 12∶00，K 钟的读数也是 12∶00；B 点经过 K 钟时，B 钟的读数为 12∶50，K 钟的读数为 12∶30，这些事实不论对车厢还是对地面，都是相同的. 车厢中的观测者以一只 K 钟的两次读数确定了该两事件的时间间隔为 30 min，此时间间隔不涉及钟的校正同步. A、B 两钟的读数能否给出两事件的时间间隔，取决于这两钟是否校正同步. 相对地面，两钟是同步的，两钟给出的时间间隔为 50 min，不是 30 min，因为时间被拉长了，时间延缓了，或 K 钟走慢了. 相对车厢，A、B 两钟并未校正同步：A 钟指示 12∶00 时，B 钟指示 12∶32，当 B 钟指示 12∶50 时，A 钟指示 12∶18，但不论 A 钟还是 B 钟，给出的时间间隔都为 18 min，不是 30 min，因为相对车厢，这两只钟都走慢. 由于 B 钟比 A 钟超前 32 min，结果 18 min 的时间间隔变成 50 min 的时间间隔，即 (12∶50-12∶32)+(12∶32-12∶00)= 50 min.

10.5 洛伦兹变换

1. 洛伦兹变换的导出

时间延缓和长度收缩与伽利略变换是矛盾的，这表明承认狭义相对论的基本假设，必将导致用新的变换来代替伽利略变换的结论. 这个新的变换就是洛伦兹变换. 从历史上看，为了让电磁学的基本定律——麦克斯韦方程在所有惯性系中具有相同的形式，早在爱因斯坦提出狭义相对论之前，洛伦兹就找到了这一变换公式，这就是洛伦兹变换这一名称的由来. 然而，当时人们无法理解和解释这组变换公式. 根据狭义相对论的基本假设，可以用不同的方法导出洛伦兹变换. 我们并不打算在这里介绍导出洛伦兹变换的一般方法，读者有兴趣，可阅读有关参考书. 下面，我们将以时间延缓和长度收缩为基础导出洛伦兹变换. 尽管这种方法比较特殊，但却能较好地说明变换公式所包含的物理内容. 时间延缓和长度收缩是相对论时间空间之间的最基本关系，它告诉我们相对一个惯性系静止的一系列校正同步的钟，在另一惯性系看来，这些运动着的钟并不同步，沿着运动方向，前面的钟给出较早的时刻，或后面的钟的读数超过前面的钟. 每一惯性系中的观测者都发现相对自己运动的每一只钟都走慢了.

考察两个作相对运动的惯性系 S 和 S′. 固定在 S 系中的坐标系为 $Oxyz$，固定在 S′系中的坐标系为 $O'x'y'z'$. 设两坐标系的对应坐标轴相互平行，Ox 轴与 $O'x'$ 轴重合，$O'x'y'z'$ 坐标沿 $Oxyz$ 的 x 轴的正方向运动，速度为 v. 当 O' 经过 O 时，即 O' 与 O 重合时，每个参考系中的观测者都把各自的钟指示的时刻作为时间的起点，即 $t=t'=0$，每个参考系中都有一系列相对本参考系为校正同步的钟.

图 10.5-1（a）给出了在 $t=t'=0$ 时刻的两坐标系，（b）为以后任何时刻的两个坐标系. 若空间某处发生一事件，S 系内的观测者可以用时空坐标（x，y，z，t）表示事件的时空点坐标，而 S′系内的观测者则可用（x'，y'，z'，t'）表示事件的时空点坐标. 我们要找的变换公式，就是同一事件在两个参考系中的时空点坐标之间的关系.

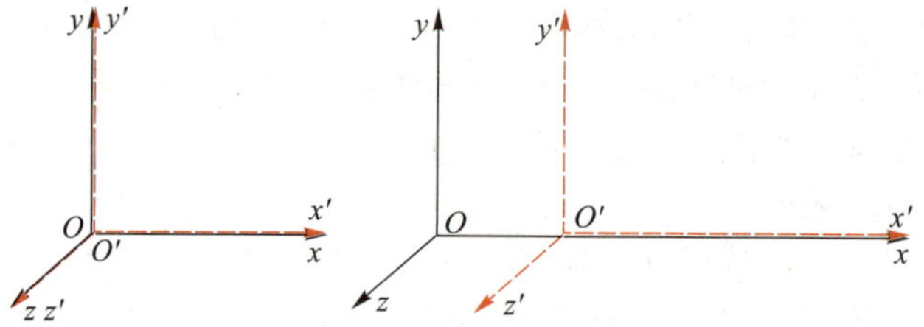

(a) $t=t'=0$　　(b) 任何时刻

图 10.5-1　分别固定在 S 系和 S′系中的坐标系

我们已经证明，垂直于相对运动方向的长度与参考系无关. S 系测得的事件在垂直于 x 轴的两个坐标 y 和 z，与 S′系测得的垂直于 x' 轴的两个坐标 y' 和 z' 彼此相等，即

$$y=y',\quad z=z'$$

为了找到 x' 与 x、t' 与 t 的变换关系，我们研究发生在公共的 x 轴上的事件. 当坐标原点 O' 经过 O 时，我们把这一事件称为 OO' 事件，发生在 $x=x'=0$ 处，事件的时刻是 $t=t'=0$. 这时，S 系中所有的钟都指示 $t=0$. 因为这些钟都经过同步校正. 如图 10.5-2 所示. 但相对 S 系，S′系中的各钟，除了位于 O' 处的那钟指示 $t'=0$ 外，其他各种钟都指示 $t'<0$，而且离 O' 越远的钟的指示数比零小得越多. 在 t 时刻，P 事件发生，P 点在 S 系中的坐标为 x. 相对 S′系，P 事件发生在 t' 时刻，坐标为 x'. P 事件与 OO' 事件，既不同时，也不同地，不论相对 S 系还是 S′系都是如此. P 事件在 S 系和 S′系中的时空坐标如图 10.5-3 所示. 在 OO' 事件到 P 事件的时间内，O' 相对 S 系运动了一段距离，并到达 S 系中的 x_1 处，若把 O' 到达 x_1 作为一事件，则相对 S

系，x_1O'事件与 P 事件是同时发生的两事件，它们都发生在时刻 t. 由于相对 S 系，S′系中的钟没有校正同步，所以在 P 事件发生的时刻，S′系中位于 x'处和位于 O'处的两钟的读数是不同的，位于 x'处的钟走慢. 当 x'处的钟指示 t'时刻时，由（10.4–9）式，可知 O'处的钟的读数为

$$t'_{O'}=t'+\frac{vx'}{c^2} \tag{10.5-1}$$

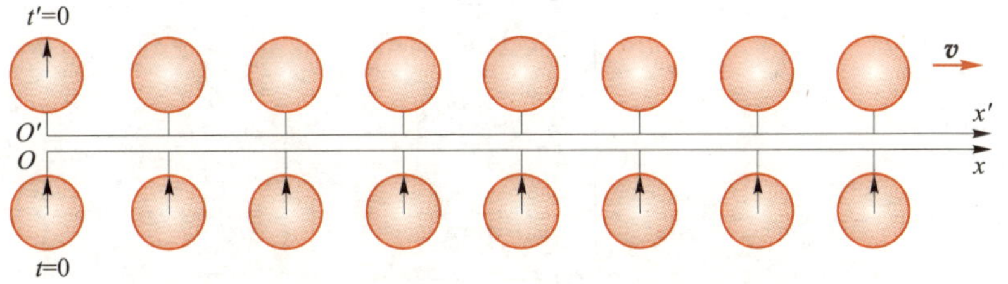

图 10.5–2　OO'事件发生时，S 系中各钟都指示 $t=0$

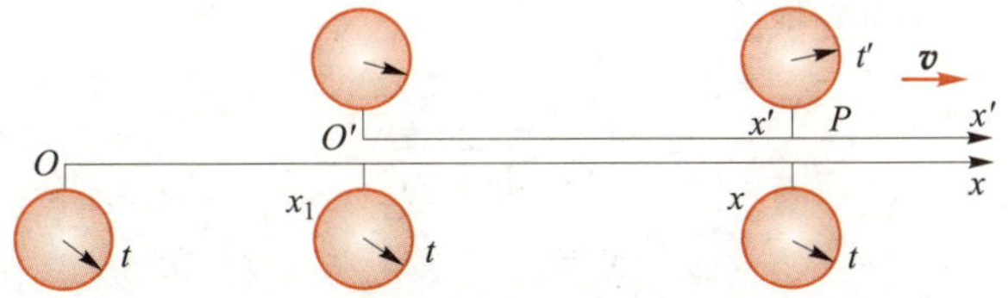

图 10.5–3　P 事件在 S 系和 S′系中的时空坐标

我们已经知道，当 O'钟经过 O 点时，其读数为零，当 O'钟经过 x_1 处时，其读数为 $t'+vx'/c^2$，O'钟的两次读数给出了 OO'事件和 x_1O'事件的本征时间间隔，而 S 系中位于 O 处和 x_1 处的两只钟的读数 $t=0$ 和 $t=t$ 给出了 OO'和 x_1O'两事件的非本征时间间隔，因为时间延缓，两时间间隔应满足

$$t'+\frac{vx'}{c^2}=t\sqrt{1-v^2/c^2}$$

由此得

$$t=\frac{t'+\dfrac{vx'}{c^2}}{\sqrt{1-v^2/c^2}} \tag{10.5-2}$$

这便是 t'与 t 的变换关系式.

相对 S 系，P 事件的位置

$$x=Ox_1+x_1x \tag{10.5-3}$$

注意到 $Ox_1=vt$，由于 O'经过 x_1 与 P 事件即 x'经过 x 两事件同时发生，故 x_1x 等于相对 S 系测得的 O'到 x'之间的距离，即 $x_1x=L_{O'x'}$. $L_{O'x'}$ 是 $O'x'$的非本征长度，而 x'为 $O'x'$的本征长度，根据长度收缩. 有

$$L_{O'x'}=x'\sqrt{1-v^2/c^2}$$

把上面的结果代入（10.5–3）式，得

$$x=vt+x'\sqrt{1-\frac{v^2}{c^2}}$$

式中的 t 用（10.5-2）式代入，得

$$x=\frac{x'+vt'}{\sqrt{1-v^2/c^2}} \tag{10.5-4}$$

这就是 x' 与 x 的变换关系式.

综合以上的讨论，我们得到

$$\begin{cases} x=\dfrac{x'+vt'}{\sqrt{1-v^2/c^2}} \\ y=y' \\ z=z' \\ t=\dfrac{t'+\dfrac{x'v}{c^2}}{\sqrt{1-v^2/c^2}} \end{cases} \tag{10.5-5}$$

这就是洛伦兹变换. 其逆变换为

$$\begin{cases} x'=\dfrac{x-vt}{\sqrt{1-v^2/c^2}} \\ y'=y \\ z'=z \\ t'=\dfrac{t-\dfrac{vx}{c^2}}{\sqrt{1-v^2/c^2}} \end{cases} \tag{10.5-6}$$

洛伦兹变换与伽利略变换的差别有两个方面：一是因子$\sqrt{1-v^2/c^2}$，这个因子称为收缩因子，它的存在导致了长度收缩和时钟变慢效应. 二是时间变换公式中$\dfrac{vx}{c^2}$项，这项称为同时性因子，它是爱因斯坦同时性定义的直接结果. 它的存在导致了不同地点同时性的相对性，并把时间和空间交织在一起，体现了空间和时间的相互联系.

洛伦兹变换包含了一个重要的事实，即两个观测者的相对速度 v 不能大于 c，否则收缩因子将会是虚数，这表明 c 是自然界中实物运动或能量传递的极限速度. 现有大量证据表明，所有已知的物理实体的运动的确不能超过这一极限速率. 电子已被加速到 0.999 999 999 7c（在加利福尼亚州的斯坦福直线加速器中得到），但仍未超过光速 c. 当相对速度 $v \ll c$ 时，洛伦兹变换便退化为伽利略变换.

2. 洛伦兹变换的几个推论

从洛伦兹变换来考察和比较相对 S 系和 S′系进行的时间测量，便可立即得到时间延缓的结论. 我们先从 S 参考系的观测者来考察静止在 S′系中的钟. 设一钟静止在S′系，其坐标为（x_0'，y_0'，z_0'），在这只钟跟随S′系相对 S 系一起运动的过程中，相继给出两个读数 t_1'和 t_2'. 我们把此钟指示读数 t_1'作为一事件，其时空点坐标为（x_0'，y_0'，z_0'，t_1'），此钟指示读数 t_2'作为另一事件，其时空点坐标为（x_0'，y_0'，z_0'，t_2'），

但相对 S 系，一事件发生在空间坐标为（x_1，y_1，z_1）处，即（x_1，y_0'，z_0'）处，由位于该处的钟指出事件发生的时间为 t_1，另一事件发生在空间另一处，其坐标为（x_2，y_2，z_2），即（x_2，y_0'，z_0'），由位于此处的钟指出事件发生的时刻为 t_2.

根据洛伦兹变换，有

$$t_1=\frac{t_1'+\frac{vx_0'}{c^2}}{\sqrt{1-v^2/c^2}}，\quad t_2=\frac{t_2'+\frac{vx_0'}{c^2}}{\sqrt{1-v^2/c^2}}$$

因此，相对 S 系测得的两事件的时间间隔为

$$t_2-t_1=\frac{t_2'-t_1'}{\sqrt{1-v^2/c^2}}$$

这就是我们曾得到的关于时间延缓的公式，其中 $t_2'-t_1'$ 是本征时间间隔. 所得结果与（10.4-3）式相同.

从洛伦兹变换出发，考察和比较在 S 系和 S′系进行的长度测量，便得到长度收缩. 考察相对 S′系静止、并沿 x' 轴放置的杆，其两端的坐标为（x_1'，0，0）和（x_2'，0，0），故相对 S′系测得杆的长度 l' 为

$$l'=x_2'-x_1'$$

由于杆相对 S′系是静止的，不论杆两端的坐标 x_1' 和 x_2' 是否同时测得，$x_2'-x_1'$ 总等于杆的长度 l'. 但相对 S 系，杆是运动的，必须在同一时刻如 t_0 测得杆两端的坐标 x_1 和 x_2，杆的长度才等于 x_2-x_1，即

$$l=x_2-x_1$$

根据洛伦兹变换得

$$x_2'-x_1'=\frac{x_2-x_1}{\sqrt{1-v^2/c^2}}$$

或

$$l=l'\sqrt{1-v^2/c^2}$$

则相对 S 系测得的杆的长度 l 小于 S′系测得的杆长，这就是长度收缩. l' 即杆的本征长度 l_0. 此结果与（10.4-5）式相同.

时间延缓说明一只钟测得的时间间隔小于相对这只钟运动的两只钟测得的时间间隔，这两只运动的钟除了时率都慢一个因子外，而且亦未校正同步. 相对 S 系，某一时刻 t，在 S′系中，位于不同处（不同的 x'）的钟将有不同的读数 t'，由洛伦兹变换得

$$t'=t\sqrt{1-v^2/c^2}-\frac{x'v}{c^2} \tag{10.5-7}$$

x' 越大，该处的钟给出的读数 t' 的值越小.

*3. 事件之间的间隔和因果性

如前所述，相对某一惯性系，两事件同时发生，但相对另一惯性系，这两事件非同时发生.

反过来，如果相对某一惯性系，两事件非同时发生，我们能否找到一个惯性系，在其中两事件同时发生呢？相对某一惯性系，两事件发生在同一地点，但相对另一惯性系，这两事件发生在不同地点．反过来，如果相对某一惯性系，两事件发生在不同地点，我们能否找到一个惯性系，在其中两事件发生在同一地点呢？这也就是说，我们能否通过时空坐标变换，把非同时的两事件变成同时的事件，把非同地的两事件变成同地事件？为此，我们进一步研究两事件的时间间隔和空间间隔问题．

设某事件发生在惯性系 S 中的时刻 t_1 和位置 x_1、y_1、z_1 处，另一事件发生在时刻 t_2 和位置 x_2、y_2、z_2 处，这两事件相对惯性系 S′的时空点坐标分别为 x_1'、y_1'、z_1'、t_1'和 x_2'、y_2'、z_2'、t_2'，S′系相对 S 系以速度 v 沿 x 轴运动．按伽利略变换将有 $x_2-x_1=x_2'-x_1'+v(t_2'-t_1')$，$y_2-y_1=y_2'-y_1'$，$z_2-z_1=z_2'-z_1'$以及 $t_2-t_1=t_2'-t_1'$；即按照伽利略变换，两事件的时间间隔是不变量．如果 t_2-t_1 和 $t_2'-t_1'$为零，则有

$$(x_2-x_1)^2+(y_2-y_1)^2+(z_2-z_1)^2=(x_2'-x_1')+(y_2'-y_1')^2+(z_2'-z_1')^2$$

即按伽利略变换，在 S 和 S′系中同一时刻测量到的两点之间的距离是不变量．也就是说，按照伽利略变换，时间间隔和长度都是绝对的．

按照洛伦兹变换，则有

$$\begin{cases} x_2-x_1=\dfrac{x_2'-x_1'+v(t_2'-t_1')}{\sqrt{1-v^2/c^2}} \\ y_2-y_1=y_2'-y_1' \\ z_2-z_1=z_2'-z_1' \\ t_2-t_1=\dfrac{t_2'-t_1'+\dfrac{v(x_2'-x_1')}{c^2}}{\sqrt{1-v^2/c^2}} \end{cases} \tag{10.5-8}$$

即两事件的时间间隔不是不变量．但不难证明下面的关系式成立：

$$\begin{aligned}&(x_2-x_1)^2+(y_2-y_1)^2+(z_2-z_1)^2-c^2(t_2-t_1)^2 \\ &=(x_2'-x_1')^2+(y_2'-y_1')^2+(z_2'-z_1')^2-c^2(t_2'-t_1')^2\end{aligned} \tag{10.5-9}$$

这表明，在洛伦兹变换下，

$$\sigma^2=(x_2-x_1)^2+(y_2-y_1)^2+(z_2-z_1)^2-c^2(t_2-t_1)^2 \tag{10.5-10}$$

是不变量．我们称 σ 为两事件的间隔，它是由两事件的空间间隔和时间间隔组合而成的．两事件的间隔对一切惯性系都有相同值，即具有不变性，这是光速不变原理的结果．故通常把（10.5-9）式看作光速不变原理的数学表述，而凡是能使（10.5-9）式成立的变换称为洛伦兹变换．我们给出的洛伦兹变换只是一种最简单形式的洛伦兹变换．

设想我们能找到一个惯性系 S′，使两事件同时发生，亦即使两事件的时间间隔 $t_2'-t_1'=0$，由（10.5-9）式得

$$\begin{aligned}\sigma^2&=(x_2-x_1)^2+(y_2-y_1)^2+(z_2-z_1)^2-c^2(t_2-t_1)^2 \\ &=(x_2'-x_1')^2+(y_2'-y_1')^2+(z_2'-z_1')^2>0\end{aligned}$$

可见，只有当 $\sigma^2>0$，即两事件的间隔 σ 为实数时，使两事件同时发生的参考系才可能存在．实数间隔称为类空间隔．由（10.5-8）式不难证明，对于由类空间隔联系的两事件，我们总可以找到一惯性系 S′（它以小于 c 的速度 v 相对 S 系运动)，使这两个事件同时发生，甚至还可找到一惯性系，使两事件发生的先后次序颠倒．这在绝对时间的观念下是不可思议的．以类空间隔相联系的两事件，其空间间隔大于光信号在这两事件的时间间隔内所传播的距离，即使用光信号传播信息，亦无法使这两事件发生任何影响，因而这两事件间不可能有任何直接的因果联系．对于这样

的两事件，哪一先发生，哪一后发生，是无关紧要的，因为任一事件都不会影响另一事件．例如，人们不能影响一千光年以外的星体上正在进行的或将在近千年内进行的事情，因为即使现在向该星体发射一光束，这光束在今后一千年内也不会到达这星体．人们甚至不能影响月球上此刻正在进行的事情，因为光信号到达月球也得经历 1.28 s.

设想我们能找到一个惯性系，使两事件发生在同一地点，亦即使两事件的空间间隔 $(x_2'-x_1')^2+(y_2'-y_1')^2+(z_2'-z_1')^2=0$，由（10.5–9）式得

$$\begin{aligned}\sigma^2&=(x_2-x_1)^2+(y_2-y_1)^2+(z_2-z_1)^2-c^2(t_2-t_1)^2\\&=-c^2(t_2'-t_1')^2<0\end{aligned}$$

可见，只有当 $\sigma^2<0$，即两事件的间隔 σ 为虚数时，使两事件发生在同一地点的参考系才可能存在．虚数间隔称为类时间隔．由（10.5–8）式不难证明，对于由类时间隔所联系的两事件，总可以找到一个惯性系 S′（它以小于 c 的速度 v 相对 S 系运动），使两事件发生在同一地点．若两事件发生在同一物体（质点）上，这两事件的间隔必为类时的．以类时间隔相联系的两事件，其空间间隔小于光在两事件之间的时间间隔内所行进的距离，这样的两事件就可能存在某种联系和影响，至少我们可用光信号使两事件相互影响，因而这样的两事件间可能存在因果联系．例如，我们可以向月球发射光子火箭，影响月球上 1.28 s 之后发生的事件，因而分别发生在地球和月球上、时间间隔不小于 1.28 s 的两事件，就是可能存在因果联系的两事件．

间隔是不变量，表示对某一惯性系有因果关系的两事件，不论从那个惯性系去考察，其因果关系总存在，因而事件先后的次序不可能颠倒；相反，对于不可能有因果关系的两事件，不论从哪个惯性系看，都不可能存在因果关系，因而可能改变这两事件的先后次序．

例题1 **在一以恒定速度 v 沿平直轨道行驶的车厢中央有一旅客，已知他到车厢两端 A 和 B 的距离都是 L_0，今旅客点燃一火柴，光脉冲以速度 c 向各个方向传播，并到达车厢两端 A 和 B，试从车厢和地面两个参考系分别计算光脉冲到达 A 和 B 的时刻．**

解： 设车厢为参考系 S′，轨道为参考系 S，取 x 轴与 x' 轴平行，并都与轨道重合，O' 与旅客所在处重合，车厢沿正 x 方向运动．当 O' 与 O 重合时，$t=t'=0$，在这时刻，旅客点燃火柴，光脉冲到达车厢的后端 A 为一事件，光脉冲到达车厢的前端 B 为另一事件，则相对 S′系，两事件的时空点坐标分别为

$$x_A'=-L_0,\ y_A'=0,\ z_A'=0,\ t_A'=\frac{L_0}{c}=T$$

$$x_B'=L_0,\ y_B'=0,\ z_B'=0,\ t_B'=\frac{L_0}{c}=T$$

因此，两事件的时间间隔 $t_B'-t_A'=0$，即为同时发生．两事件的空间间隔 $x_B'-x_A'=L_0-(-L_0)=2L_0$，这就是车厢的本征长度．

根据洛伦兹变换，这两事件相对 S 系的时空点坐标分别为

$$x_A=\frac{x_A'+vt_A'}{\sqrt{1-v^2/c^2}}=\frac{-(L_0-vT)}{\sqrt{1-v^2/c^2}}=-L_0\sqrt{\frac{1-v/c}{1+v/c}}$$

$$t_A=\frac{t_A'+\dfrac{vx_A'}{c^2}}{\sqrt{1-v^2/c^2}}=\frac{T-\dfrac{vL_0}{c^2}}{\sqrt{1-v^2/c^2}}=T\sqrt{\frac{1-v/c}{1+v/c}}$$

$$x_B=\frac{x_B'+vt_B'}{\sqrt{1-v^2/c^2}}=\frac{L_0+vT}{\sqrt{1-v^2/c^2}}=L_0\sqrt{\frac{1+v/c}{1-v/c}}$$

$$t_B=\frac{t'_B+\dfrac{vx'_B}{c^2}}{\sqrt{1-v^2/c^2}}=\frac{T+\dfrac{vL_0}{c^2}}{\sqrt{1-v^2/c^2}}=T\sqrt{\frac{1+v/c}{1-v/c}}$$

两事件的时间间隔为

$$t_B-t_A=T\sqrt{\frac{1+v/c}{1-v/c}}-T\sqrt{\frac{1-v/c}{1+v/c}}=\frac{2Tv/c}{\sqrt{1-v^2/c^2}}=\frac{2L_0v/c^2}{\sqrt{1-v^2/c^2}}$$

由于 $t_B-t_A\neq0$，光脉冲先到达车厢后端 A，后到达车厢前端 B. 两事件的空间间隔为

$$x_B-x_A=L_0\sqrt{\frac{1+v/c}{1-v/c}}+L_0\sqrt{\frac{1-v/c}{1+v/c}}=\frac{2L_0}{\sqrt{1-v^2/c^2}}$$

尽管 $x_B-x_A>2L_0$，但这并不导致相对 S 系运动的车厢的长度大于其本征长度的错误结论. 因为上面的 x_A 和 x_B 不是同时测得的，x_B-x_A 不等于车厢相对 S 系的长度. 实际上在光脉冲传到 A 端之后、在传到 B 端之前，车厢向前行进了一段 $v(t_B-t_A)$ 的距离，因此有

$$x_B-x_A=L+v(t_B-t_A)$$

式中 L 才是在 S 系中测得的车厢长度，而

$$\begin{aligned}L&=x_B-x_A-v(t_B-t_A)\\&=\frac{2L_0}{\sqrt{1-v^2/c^2}}-\frac{2L_0v^2/c^2}{\sqrt{1-v^2/c^2}}=2L_0\frac{1-v^2/c^2}{\sqrt{1-v^2/c^2}}\\&=2L_0\sqrt{1-v^2/c^2}\end{aligned}$$

即在 S 系中测得的车厢长度小于 $2L_0$，这正是长度收缩的结果.

例题2 **一根长为 l_0 的棒，静置在坐标系的 $x'-y'$ 平面内，与 x' 轴成 θ_0 角（图 10.5-4），相对实验室参考系 Oxy，棒以速度 v 沿 x 轴向右运动，求在此参考系中棒的长度和取向.**

解：令棒的两端为 A 和 B，在相对棒静止的参考系中，两端的坐标分别为

A：$x'_A=0$，$y'_A=0$

B：$x'_B=l_0\cos\theta_0$，$y'_B=l_0\sin\theta_0$

要得到相对实验室参考系的棒的长度，就得在某同时刻 t，测得 A、B 两端的坐标. 应用洛伦兹变换，有

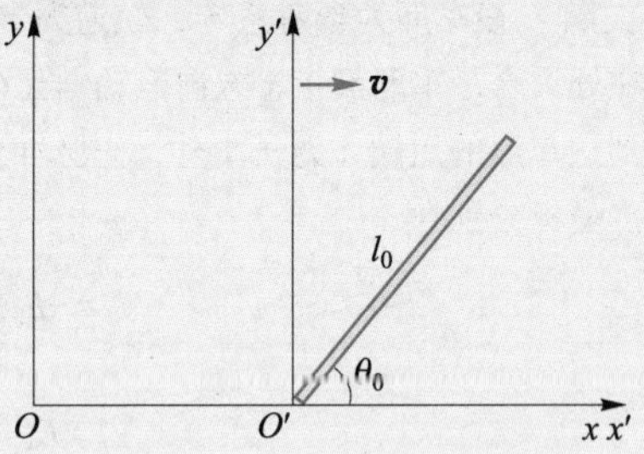

图 10.5-4　与 x' 轴成 θ_0 角的运动的棒

$$x'=\frac{x-vt}{\sqrt{1-v^2/c^2}},\ y'=y$$

可得

$$x'_A=\frac{x_A-vt}{\sqrt{1-v^2/c^2}}=0,\ x_A=vt$$

$$y'_A=y_A$$

$$x'_B=\frac{x_B-vt}{\sqrt{1-v^2/c^2}}=l_0\cos\theta_0,\ x_B=l_0\sqrt{1-v^2/c^2}\cos\theta_0+vt$$

$$y'_B=y_B=l_0\sin\theta_0$$

于是

$$x_B-x_A=l_0\cos\theta_0\sqrt{1-v^2/c^2}$$

$$y_B-y_A=l_0\sin\theta_0$$

棒的长度为

$$l=\sqrt{(x_B-x_A)^2+(y_B-y_A)^2}=\sqrt{l_0^2\cos^2\theta_0\left(1-\frac{v^2}{c^2}\right)+l_0^2\sin^2\theta_0}$$

$$=l_0\sqrt{1-\frac{v^2}{c^2}\cos^2\theta_0}$$

棒与 x 轴的夹角满足

$$\tan\theta=\frac{y_B-y_A}{x_B-x_A}=\tan\theta_0/\sqrt{1-v^2/c^2}$$

$\theta>\theta_0$，由此可见，运动的棒既收缩、又转向.

例题3 **一粒子相对实验室参考系作匀速直线运动，在 $t_1=\frac{2}{3}\times10^{-8}$ s 时刻，粒子到达坐标为 $x_1=1$ m、$y_1=z_1=0$ 处，在 $t_2=\frac{5}{3}\times10^{-8}$ s 时刻，粒子到达坐标为 $x_2=3$ m，$y_2=z_2=0$ 处.**

（1）求粒子相对实验室参考系的速度；

（2）若另一惯性系相对实验室以恒定的速度 $\boldsymbol{v}=\frac{4}{5}c\boldsymbol{i}$ 运动，求粒子相对该参考系的速度.

解：（1）粒子相对实验室参考系的速度为

$$u=\frac{x_2-x_1}{t_2-t_1}=\frac{3-1}{\left(\frac{5}{3}-\frac{2}{3}\right)\times10^{-8}}\ \text{m/s}=2\times10^8\ \text{m/s}$$

（2）取此坐标系的原点与实验室坐标系的原点重合的时刻为 $t=t'=0$，粒子的初、末坐标相对此参考系的值为

$$x_1'=\frac{x_1-vt_1}{\sqrt{1-v^2/c^2}}=\frac{1-\frac{4}{5}\times3\times10^8\times\frac{2}{3}\times10^{-8}}{\sqrt{1-\left(\frac{4}{5}\right)^2}}\ \text{m}=-1\ \text{m}$$

$$t_1'=\frac{t_1-\frac{vx_1}{c^2}}{\sqrt{1-v^2/c^2}}=\frac{\frac{2}{3}\times10^{-8}-\frac{\frac{4}{5}\times1}{3\times10^8}}{\sqrt{1-\left(\frac{4}{5}\right)^2}}\ \text{s}=\frac{2}{3}\times10^{-8}\ \text{s}$$

同理得

$$x_2'=-\frac{5}{3}\ \text{m},\ t_2'=\frac{13}{9}\times10^{-8}\ \text{s}$$

相对这惯性系，两事件的空间间隔为

$$x_2'-x_1'=-\frac{5}{3}-(-1)\ \text{m}=-\frac{2}{3}\ \text{m}$$

两事件的时间间隔为

$$t_2'-t_1'=\left(\frac{13}{9}-\frac{2}{3}\right)\times10^{-8}\ \text{s}=\frac{7}{9}\times10^{-8}\ \text{s}$$

相对此参考系，粒子的速度为

$$u'=\frac{x_2'-x_1'}{t_2'-t_1'}=\frac{-\frac{2}{3}}{\frac{7}{9}\times10^{-8}}\ \text{m/s}=-\frac{6}{7}\times10^{8}\ \text{m/s}$$

可以看出 $u'\neq u-v=\left(2-\frac{4}{5}\times3\right)\times10^{8}\ \text{m/s}=-\frac{2}{5}\times10^{8}\ \text{m/s}$.

例题4 **宇航员乘一宇宙飞船从地球飞向离地球为 8 l.y.的某星体. 飞船相对地球的速度 $v=0.8c$，问宇航员何时到达这星体？**

解：假定地球和星体相对静止. 取地球和星体为参考系 S，飞船为参考系 S′，使两个参考系中的坐标系的 x 轴都与飞船与地球的相对速度方向平行，当两个坐标系的原点 O 与 O' 重合时，位于原点的时钟各自指示零，即 $t=0$，$t'=0$. 在 S 系中，地球和星体的坐标分别为 $x_1=0$，$x_2=L_0=$ 8 l.y.. 若宇航员离开地球时，S 系中的钟指示时刻 $t_1=0$，到达星体时，S 系中的钟指示 t_2，则

$$t_2-t_1=\frac{x_2-x_1}{v}=\frac{8\times c}{0.8c}\ \text{a}=10\ \text{a}$$

这便是在地球参考系中测得宇航员到达该星体所需的时间.

飞船中的宇航员也可用他自己的钟测量地球经过飞船到星体经过飞船的时间. 所谓星体经过飞船，也就是宇航员到达星体. 若宇航员在某一时刻 t'，同时测得地球和星体在 S′系中的坐标 x_1' 和 x_2'，则由洛伦兹变换，

$$x_1=\frac{x_1'+vt'}{\sqrt{1-v^2/c^2}}=0,\quad x_1'=-vt'$$

$$x_2=\frac{x_2'+vt'}{\sqrt{1-v^2/c^2}},\quad x_2'=x_2\sqrt{1-v^2/c^2}-vt'$$

于是，相对 S′系，地球到星体的距离为

$$\begin{aligned}L'&=x_2'-x_1'=x_2\sqrt{1-v^2/c^2}=L_0\sqrt{1-v^2/c^2}=8\sqrt{1-0.8^2}\ \text{l.y.}\\&=4.8\ \text{l.y.}\end{aligned}$$

地球经过飞船到星体经过飞船所经历的时间为

$$\begin{aligned}t_2'-t_1'&=\frac{x_2'-x_1'}{v}=\frac{L_0\sqrt{1-v^2/c^2}}{v}=(t_2-t_1)\sqrt{1-\frac{v^2}{c^2}}\\&=10\times0.6\ \text{a}=6\ \text{a}\end{aligned}$$

此即飞船参考系中测得的宇航员到达星体所需的时间.

所得的结果表明：宇航员从地球飞抵这星体时，静止在地球上的观测者测得其共经历时间为 10 a，但静止在飞船中的观测者则测得时间仅为 6 a，图 10.5-5 给出了这一情况. 当飞船离开地球的时刻，飞船与地球位于同一位置，这时，地球和飞船上的钟都指示零读数. 当飞船飞抵星体时，飞船又和星体在同一位置，这时，星体上的钟指示 10 a，而飞船上的钟指示 6 a.

对于飞船离开地球时，飞船和地球上时钟的读数和飞船到达星球时，飞船和星体上时钟的读数，两个参考系中的观测者并无异议，但是，相对飞船参考系，位于地球和星体上的两只钟并不同步，地球和星体间的距离为 4.8 l.y.. 由洛伦兹变换，对于飞船上某一特定的时刻 t'，相对飞船以 v 向 x 负方向运动的各钟的读数 t 由下式决定：

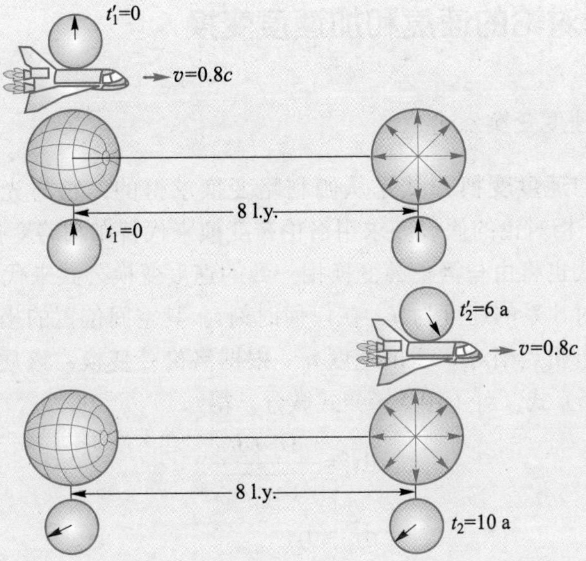

图 10.5-5 根据相对地球（和星体）静止的参考系的观点，位于地球和星体的两只钟是同步的. 飞船在 $t_1=0$ 时刻经过地球（此时飞船钟指示 $t'_1=0$），在 $t_2=10$ a 时刻飞经星体，此时飞船上的钟指示 $t'_2=6$ a.

$$t'=\frac{t-vx/c^2}{\sqrt{1-v^2/c^2}}$$

当 $t'=t'_1=0$，即飞船上的钟读数为零时，位于地球（$x=0$）上的钟的读数也为零，但与地球相距 L_0 的位于星体（$x=L_0$）上的钟的读数 $t_{20}=\frac{vL_0}{c^2}=\frac{0.8c\times8\times c}{c^2}=6.4$ a. 经过 6 a 之后，星体经过飞船，这时，$t'=t'_2=6$ a，而地球上钟的读数 $t_{10}=6\times0.6$ a $=3.6$ a，星体上钟的读数 $t_2=6\times0.6$ a$+6.4$ a$=10$ a，两钟显然不同步. 实际上，每一只钟仅运行 3.6 a. 这一情况如图 10.5-6 所示.

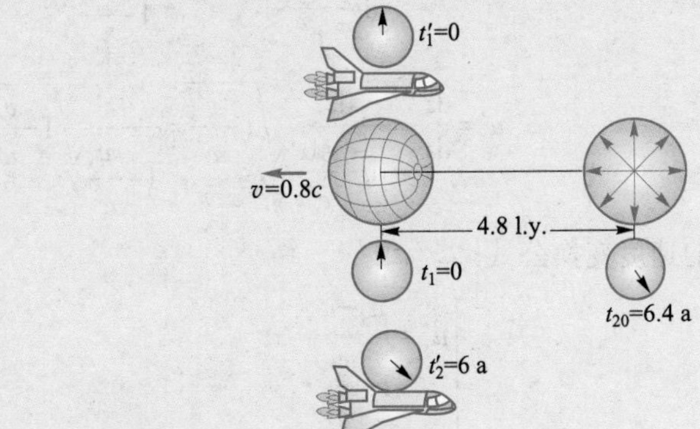

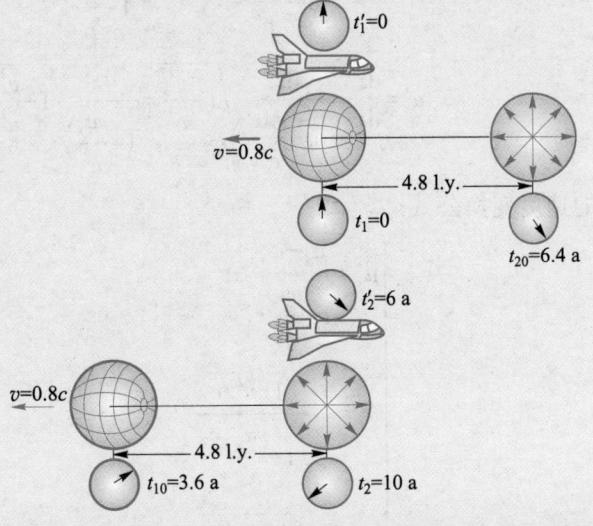

图 10.5-6 根据相对飞船静止的参考系的观点，地球钟与星体钟并不同步. 地球飞经飞船时，飞船上的钟指示 $t'_1=0$（地球上的钟指示 $t_1=0$），但星体上的钟指示 $t_{20}=6.4$ a. 星体飞经飞船时，飞船钟指示 $t'_2=6$ a，星体钟指示 $t_2=10$ a，但此时地球钟指示 $t_{10}=3.6$ a.

10.6 相对论的速度和加速度变换

1. 相对论的速度变换公式

经典力学中的速度变换公式是从伽利略变换求得的，它与光速不变原理相抵触. 爱因斯坦关于相对论的假设要求用洛伦兹变换来代替伽利略变换. 因此，经典力学的速度变换公式也将由与洛伦兹变换相一致的速度变换公式来代替.

若一质点相对 S 系的速度为 $\boldsymbol{u}$，在任何时刻 t，其空间位置的坐标为 x、y、z，速度变换公式应给出质点相对 S′系的速度 $\boldsymbol{u}'$. 根据洛伦兹变换，该质点相对 S′系的时空坐标为（10.5-6）式，对（10.5-6）式微分，得

$$\mathrm{d}x'=\frac{\mathrm{d}x-v\mathrm{d}t}{\sqrt{1-v^2/c^2}}$$

$$\mathrm{d}y'=\mathrm{d}y$$

$$\mathrm{d}z'=\mathrm{d}z$$

$$\mathrm{d}t'=\frac{\mathrm{d}t-\dfrac{v\mathrm{d}x}{c^2}}{\sqrt{1-v^2/c^2}}$$

于是

$$u_x'=\frac{\mathrm{d}x'}{\mathrm{d}t'}=\frac{\mathrm{d}x-v\mathrm{d}t}{\mathrm{d}t-\dfrac{v\mathrm{d}x}{c^2}}=\frac{u_x-v}{1-\dfrac{vu_x}{c^2}}$$

$$u_y'=\frac{\mathrm{d}y'}{\mathrm{d}t'}=\frac{\mathrm{d}y}{\mathrm{d}t-\dfrac{v\mathrm{d}x}{c^2}}\sqrt{1-\frac{v^2}{c^2}}=\frac{u_y}{1-\dfrac{vu_x}{c^2}}\sqrt{1-\frac{v^2}{c^2}}$$

$$u_z'=\frac{\mathrm{d}z'}{\mathrm{d}t'}=\frac{\mathrm{d}z}{\mathrm{d}t-\dfrac{v\mathrm{d}x}{c^2}}\sqrt{1-\frac{v^2}{c^2}}=\frac{u_z}{1-\dfrac{vu_x}{c^2}}\sqrt{1-\frac{v^2}{c^2}}$$

由此得到相对论的速度变换公式:

$$\begin{cases}u_x'=\dfrac{u_x-v}{1-\dfrac{vu_x}{c^2}}\\[2ex] u_y'=\dfrac{u_y\sqrt{1-v^2/c^2}}{1-\dfrac{vu_x}{c^2}}\\[2ex] u_z'=\dfrac{u_z\sqrt{1-v^2/c^2}}{1-\dfrac{vu_x}{c^2}}\end{cases}\qquad(10.6\text{-}1)$$

其逆变换为

$$\begin{cases} u_x = \dfrac{u_x'+v}{1+\dfrac{vu_x'}{c^2}} \\ u_y = \dfrac{u_y'\sqrt{1-v^2/c^2}}{1+\dfrac{vu_x'}{c^2}} \\ u_z = \dfrac{u_z'\sqrt{1-v^2/c^2}}{1+\dfrac{vu_x'}{c^2}} \end{cases} \tag{10.6-2}$$

（10.6-1）式和（10.6-2）式告诉我们：

（1）若 u 和 v 都比 c 小得多，则相对论的速度变换公式退化成经典的速度变换公式．

（2）若 $u=c$，则 $u'=c$，表示在所有的惯性系中光速相同，这是我们所预期的．

（3）只要 $u<c$，$v<c$，经过变换后，$u'<c$，即不论参考系的速度 v 如何（当然 $v<c$），永远不可能通过变换得到 $u'>c$ 的结论．这一点与经典的速度变换公式完全不同．

（4）若相对 S 系，质点在垂直于 x 轴的平面内运动，即 $u_x=0$，$u_y\neq 0$，$u_z\neq 0$，但经过变换得

$$u_x'=-v$$

$$u_y'=u_y\sqrt{1-v^2/c^2}\neq u_y$$

$$u_z'=u_z\sqrt{1-v^2/c^2}\neq u_z$$

相对论的速度变换公式与经典的速度变换公式的差别起因于长度收缩和时间延缓两个相对论效应．当质点限制在垂直于相对运动方向的平面内时，尽管横向的空间间隔并不存在收缩效应，但时间延缓效应对速度的横向分量的影响仍然存在．

2. 相对论的加速度变换公式

在经典力学中，加速度对于伽利略变换是不变量，即质点运动的加速度相对一切惯性参考系都相等，这就导致了伽利略的力学相对性原理．但是加速度经过洛伦兹变换后要改变，即在狭义相对论中，加速度并不是不变量．

对速度变换公式（10.6-2）微分，得

$$\mathrm{d}u_x = \frac{\mathrm{d}u_x'}{1+\dfrac{vu_x'}{c^2}} - \left[\frac{u_x'+v}{\left(1+\dfrac{vu_x'}{c^2}\right)^2}\frac{v\mathrm{d}u_x'}{c^2}\right]$$

所以

$$a_x=\frac{\mathrm{d}u_x}{\mathrm{d}t}=\frac{\mathrm{d}u_x'/\mathrm{d}t'(1-v^2/c^2)^{3/2}}{\left(1+\frac{vu_x'}{c^2}\right)^3}$$

$$a_y=\frac{\mathrm{d}u_y}{\mathrm{d}t}=\frac{\mathrm{d}u_y'/\mathrm{d}t'(1-v^2/c^2)}{\left(1+\frac{vu_x'}{c^2}\right)^2}-\frac{u_y'(1-v^2/c^2)}{\left(1+\frac{vu_x'}{c^2}\right)^3}\frac{v}{c^2}\frac{\mathrm{d}u_x'}{\mathrm{d}t'}$$

$$a_z=\frac{\mathrm{d}u_z}{\mathrm{d}t'}=\frac{\mathrm{d}u_z'/\mathrm{d}t'(1-v^2/c^2)}{\left(1+\frac{vu_x'}{c^2}\right)^2}-\frac{u_z'(1-v^2/c^2)}{\left(1+\frac{vu_x'}{c^2}\right)^3}\frac{v}{c^2}\frac{\mathrm{d}u_x'}{\mathrm{d}t'}$$

注意到 $a_x'=\frac{\mathrm{d}u_x'}{\mathrm{d}t'}$，$a_y'=\frac{\mathrm{d}u_y'}{\mathrm{d}t'}$，$a_z'=\frac{\mathrm{d}u_z'}{\mathrm{d}t'}$，便得到加速度的变换公式：

$$\begin{cases}a_x=\dfrac{\left(1-\dfrac{v^2}{c^2}\right)^{3/2}}{\left(1+\dfrac{vu_x'}{c^2}\right)^3}a_x'\\ a_y=\dfrac{1-\dfrac{v^2}{c^2}}{\left(1+\dfrac{vu_x'}{c^2}\right)^2}a_y'-\dfrac{(vu_y'/c^2)\left(1-\dfrac{v^2}{c^2}\right)}{\left(1+\dfrac{vu_x'}{c^2}\right)^3}a_x'\\ a_z=\dfrac{1-\dfrac{v^2}{c^2}}{\left(1+\dfrac{vu_x'}{c^2}\right)^2}a_z'-\dfrac{(vu_z'/c^2)\left(1-\dfrac{v^2}{c^2}\right)}{\left(1+\dfrac{vu_x'}{c^2}\right)^3}a_x'\end{cases}\tag{10.6-3}$$

在相对论中，加速度不是不变量，其变换公式冗长而复杂，各个分量的变换式亦极不一样，所以加速度在牛顿力学中所具有的那种优越地位，在相对论中不复存在.

10.7 多普勒效应　孪生子佯谬

1. 多普勒效应

电磁波的波长 λ、频率 ν 和波速 c 满足以下关系：

$$\lambda\nu=c$$

波长 λ 涉及空间间隔，频率 ν 涉及时间间隔，都与参考系有关. 而 c 为普适常量. 因而可以预言，相对不同的参考系测得的光的频率和波长都不同，但两者的乘积与参考系无关. 当光源与观测者（接收器）之间存在相对运动时，接收器接收到的光的频率要发生变化. 光源与观测者的相对运动对频率的影响称为多普勒效应，在声波中曾讨论过这种效应.

(1) 纵向多普勒效应.

我们先讨论一种简单的情况：光源与观测者的相对运动沿着两者的连线，这种运动引起的多普勒效应称为纵向多普勒效应. 我们取相对观测者静止的参考系为S系，相对光源静止的参考系为S′系. 假定S′系相对S系以速度v沿x正方向运动. 设想一光源位于O'点，在某一时刻t'发出一光波，波的某一相位的等相面以速度c向各个方向传播. 若此光波相对S′系的频率为ν'，则经过时间$\dfrac{1}{\nu'}$后，即在时刻$t'+1/\nu'$，此光源又发出第二个同相位的等相面，我们把光源发出某一相位的等相面作为一事件，那么，相对S′系相继发出同相位的两个等相面这两事件是发生在同一处($x'=0$)的两事件，两事件的时间间隔为本征时间间隔τ'，即

$$\tau'=\frac{1}{\nu'}$$

根据洛伦兹变换，相对S系，第一个等相面发出的时刻为

$$t=\frac{t'+\dfrac{vx'}{c^2}}{\sqrt{1-v^2/c^2}}=\frac{t'}{\sqrt{1-v^2/c^2}}$$

第二等相面发出的时刻为

$$t+\Delta t=\frac{t'+\dfrac{1}{\nu'}}{\sqrt{1-v^2/c^2}}$$

两等相面发出的地点的坐标分别为

$$x=\frac{x'+vt'}{\sqrt{1-v^2/c^2}}=\frac{vt'}{\sqrt{1-v^2/c^2}}$$

$$x+\Delta x=\frac{x'+v\left(t'+\dfrac{1}{\nu'}\right)}{\sqrt{1-v^2/c^2}}=\frac{vt'+\dfrac{v}{\nu'}}{\sqrt{1-v^2/c^2}}$$

若光源向着接收器运动，则在第二个等相面发出的时刻，第一个等相面已行进$c\Delta t$的距离，而两等相面之间的距离为$c\Delta t-\Delta x$，故接收器接收到这两个等相面的时间间隔为

$$\begin{aligned}\tau&=\frac{c\Delta t-\Delta x}{c}=\Delta t-\frac{\Delta x}{c}\\&=\frac{1}{\nu'\sqrt{1-v^2/c^2}}-\frac{\dfrac{v}{c}}{\nu'\sqrt{1-v^2/c^2}}\\&=\frac{1-\dfrac{v}{c}}{\sqrt{1-v^2/c^2}}\frac{1}{\nu'}\end{aligned}$$

τ的倒数即为相对S系的频率，故有

$$\nu=\frac{1}{\tau}=\frac{\sqrt{1-v^2/c^2}}{1-v/c}\nu'$$

或

$$\nu=\sqrt{\frac{c+v}{c-v}}\nu' \qquad (10.7-1)$$

若光源背离接收器运动，则有

$$\nu=\sqrt{\frac{c-v}{c+v}}\nu' \qquad (10.7-2)$$

当取相对光源静止的参考系为 S 系，相对观察者静止的参考系为 S′系时，结果相同. 我们知道，在声音的多普勒效应中，声源相对介质运动与接收器相对介质运动产生的多普勒效应有所不同，而真空中相对论性的多普勒效应却只与源和接收器的相对运动有关，源运动与接收器运动处在完全对称的地位. 实际上，对于真空中的光波或电磁波，是光源在运动还是接收器在运动两者无法区别.

(2) 接收器不在相对运动方向上的多普勒效应.

在一般情况下，光源与接收器相对运动的方向并不在两者的连线上. 例如，人造卫星向地面发射信号时（图 10.7-1），地面上的接收器到人造卫星的连线与卫星相对地面运动的速度方向之间存在一夹角. 这时接收到的信号中的多普勒效应就属这种情况. 我们仍从 S 和 S′两个参考系来考察这一问题. 设光源位于 S′系的 y'轴上，S′系相对 S 系以速度 v 沿正 x 方向运动. 相对 S′系，在某一时刻 t'，光源发出某一相位的等相面 F_1. 经过时间$\frac{1}{\nu'}$，即在时刻 $t'+\frac{1}{\nu'}$，光源又发出同一相位的等相面 F_2，但此刻等相面 F_1 已传播到 F_1'处，如图 10.7-2 所示. 如果光源离接收器很远，我们可以把等相面看作平面. 相对 S 系发射等相面 F_1 和 F_2 两事件的时空坐标分别为

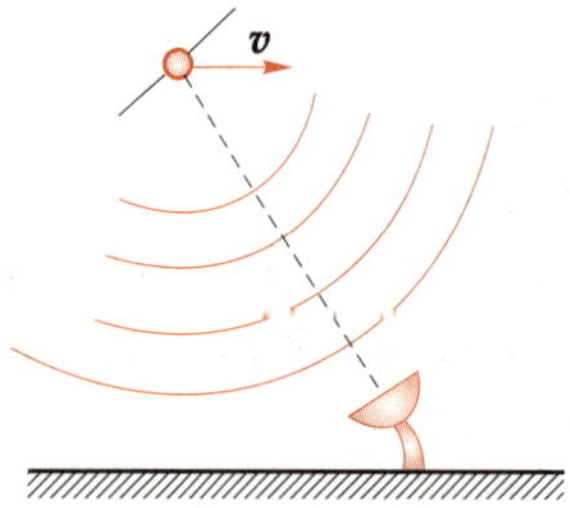

图 10.7-1　地面接收站接收人造地球卫星发出的信号

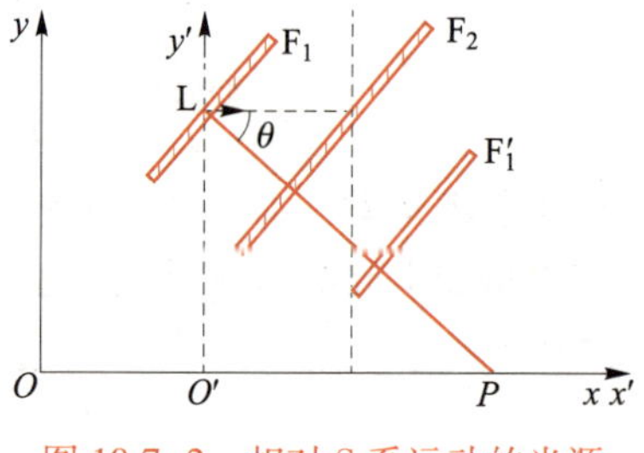

图 10.7-2　相对 S 系运动的光源发出的等相面

$$t=\frac{t'}{\sqrt{1-v^2/c^2}},\quad x=\frac{vt'}{\sqrt{1-v^2/c^2}},\quad y=y'$$

$$t+\Delta t=\frac{t'+\frac{1}{\nu'}}{\sqrt{1-v^2/c^2}},\quad x+\Delta x=\frac{v\left(t'+\frac{1}{\nu'}\right)}{\sqrt{1-v^2/c^2}},\quad y=y'$$

F_1'与 F_2 的距离等于光波在 Δt 时间内传播的距离 $c\Delta t$ 减去 $\Delta x\cos\theta$，故接收器接收到

这两个等相面的时间间隔为

$$\tau=\frac{c\Delta t-\Delta x\cos\theta}{c}=\frac{1}{\nu'\sqrt{1-v^2/c^2}}\left(1-\frac{v\cos\theta}{c}\right)$$

τ 的倒数就是接收器接收到的光的频率 ν:

$$\nu=\frac{1}{\tau}=\frac{\nu'\sqrt{1-v^2/c^2}}{1-\frac{v\cos\theta}{c}} \tag{10.7-3}$$

若接收器在运动方向上，即 $\theta=0$，这就是（10.7-1）式. 当 $\theta=\frac{\pi}{2}$，即接收器在与相对速度垂直的方向上，则

$$\nu=\nu'\sqrt{1-v^2/c^2} \tag{10.7-4}$$

这时仍有多普勒效应，通常称为横向多普勒效应. 横向多普勒效应与$\frac{v^2}{c^2}$有关，它是由时间延缓效应引起的，按照经典理论，这一效应是不会出现的. 光的横向多普勒效应的存在是对洛伦兹变换的一个有力证明. 其实声的横向多普勒效应也是存在的，但由于一般波源的速度比光速小得多，故声波的横向多普勒效应非常弱，在大部分情况下可忽略不计.

2. 孪生子佯谬和孪生子佯谬的一种说明

我们在上节的例题 4 中，分析了一飞船从地球飞向遥远的星体的宇宙旅行问题. 若地球到星体的距离为 8 l.y.，宇宙飞船相对地球的速度为 $v=0.8c$，则相对地球静止的参考系，单程旅行需历时 10 a. 飞船到达星体时各钟的读数如图 10.7-3 所示. 但相对飞船静止的参考系，单程旅行只需历时 6 a. 如果飞船到达星体后，在极短的时间内迅速转向，并以 $0.8c$ 的速度返回地球，则重复该例题的类似计算，不难得到飞船飞回地球所经历的时间：相对地球是 10 a，相对飞船为 6 a. 这样一次往返的宇宙旅行，地球上的观测者测得需经时间 20 a，而飞船上的观测者测得仅需时间 12 a. 若有一对孪生兄弟出生后，一位 A 留在地球上，另一位 B 被带上飞船进行宇宙旅行，当他回到地球上时，留在家里的 A 已是 20 岁的成年人，而旅行回归的 B 尚

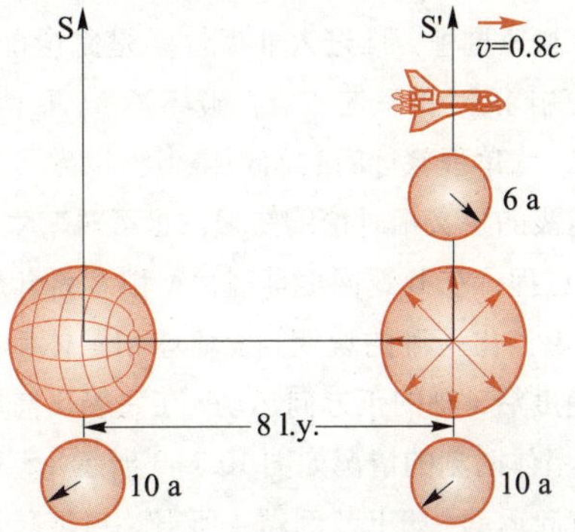

图 10.7-3　按 S 系的观点，飞船到达星体时各钟指示的时刻

是 12 岁的儿童. 这一结论当然难以使人接受. 持不同意此结论者的依据是：作匀速相对运动的两个参考系是等价的，A 留在地球上，B 乘宇宙飞船去旅行这一情况也可以看作宇宙飞船静止，而地球和星体相对飞船运动，那么，根据上节例题 4 的分析，飞船上的观测者测得 6 a 的时间，从运动的地球来看只有 3.6 a，故当地球经历 3.6 a 离开飞船，又经过 3.6 a 回到飞船时，地球上的 A 只有 7.2 岁，而飞船上的 B 已达 12 岁. 两个互不相容的答案表示，唯一可能的是两人年龄相同. 这个问题就是历史上著名的孪生子佯谬，亦称时钟佯谬.

认为地球上的 A 是 20 岁，飞船上的 B 仅是 12 岁的结论是爱因斯坦在他的第一篇关于相对论的论文（1905 年）中阐明的，这一结论在 1939 年经历了一场初步的规模不大的争论，而在 20 世纪 50 年代末变成物理文献中的一个激烈争论的问题. 直到现在，关于这一结论的解释也还不断发生着不同看法的争论. 由于飞船到达星球后要转向才能作返回地球的运动，而在转向过程中，飞船经历了加速运动因而与飞船联系的参考系就不会永远是惯性系，而加速参考系的问题已超出狭义相对论，属于广义相对论的范畴，因此，解释孪生子佯谬，必须使用广义相对论，另一种看法认为飞船虽经历加速过程，但不能认为有了加速度，一定是广义相对论问题，孪生子佯谬应归属于狭义相对论范畴，是一个纯狭义相对论问题. 环绕孪生子佯谬的不同看法，在一定程度上是人们对相对论——狭义相对论和广义相对论——理解和认识的深化过程. 近几十年来，尽管不时出现不同的看法，但许多与相对论有关的教科书都没有回避这一问题. 都以不同的篇幅和不同的观点涉及了这一佯谬，这对人们学习相对论仍是有积极作用的.

下面，我们试图对孪生子佯谬作出一些说明，说明的基础是读者对狭义相对论略有一些粗浅的认识和理解，对广义相对论则一无所知. 这种说明在一定程度上可以看作是对狭义相对论中某些结论的具体应用. 在另一种意义上亦可看作是对读者关于狭义相对论理解的某种检验. 如果读者有机会对狭义相对论和广义相对论进行较深入的学习和研究，可以回过头来对下面的说明重新审查，作出自己的判断和结论，从而进一步加深对相对论的理解和认识.

一个重要的问题是地球和星体静止的参考系与飞船静止的参考系并不等价. 飞船在到达星体时将立即转向，而转向过程是一个加速过程，飞船的速度由向右的 $0.8c$ 减到零，又反向加速到向左的 $0.8c$，从而经历了从一个惯性系变换成另一惯性系的过程，但留在地球上的 A 则始终处在惯性系中. A、B 两人中谁经历过加速过程，谁进入非惯性系是完全确定的. 所以，A 未经过加速，而 B 经过加速，这是不能忽视的问题. 正是这一点，破坏了 A、B 两人的对等地位.

如果飞船加速的时间很短，比单程旅行的时间短得多，以致可以忽略（显然，加速产生的作用是不能忽略的），那么应用粗浅的狭义相对论的知识，也可对孪生子佯谬作出一点说明.

考虑到飞船必须经历加速过程，在 B 返回地球时，A 和 B 谁年轻的结论是唯一的，即使按飞船中观测者的观点也可对此结论作出正确的说明. 设地球和星体都位于 x 轴上，地球位于原点. 有一惯性系 S′，以 $v=0.8c$ 的速度沿 x 轴的正方向运动. 在飞船飞向星体的旅程中，飞船（因而 B）相对 S′系是静止的，飞船到达星体时刻的情况如图 10.7-3 所示（S 系的观点）. 相对 S′系，地球和星体以 $v=0.8c$ 的速度向 x 负方向运动. 如上节例题 4 所得，自地球离开飞船到星体经过飞船，飞船上的观测者测得经历的时间为 6 a. 从 6 a 这时刻起，飞船转向并开始作返回地球的运动，即经历一极短的加速过程，使飞船的最终速度变为 $u=-0.8c$（相对地球），负号表示沿 x 负方向. 但必须注意，在返回地球的过程中，飞船相对 S′系是运动的. 由于 S′系相对地球的速度 $v=0.8c$，飞船相对地球的速度 $u=-0.8c$，由速度变换公式，飞船相对 S′系的速度为

$$u'=\frac{u-v}{1-\frac{uv}{c^2}}=\frac{-0.8c-0.8c}{1+\frac{0.8c\times0.8c}{c^2}}=-\frac{1.6}{1.64}c=-\frac{40}{41}c$$

负号表示速度沿 x 的负方向. 因此从 S′系看，飞船返回地球的过程是飞船追赶地球的过程，飞船自星体出发时的情况如图 10.7-4 所示（按 S′系的观点）. 相对 S′系，地球与星体间的距离为 4.8 l.y.，飞船追上地球经历的时间为

$$\frac{4.8\ \text{l.y.}}{\left(\frac{40}{41}-0.8\right)c}=\frac{4.8\ \text{l.y.}}{\frac{36}{205}c}=\frac{82}{3}\ \text{a}$$

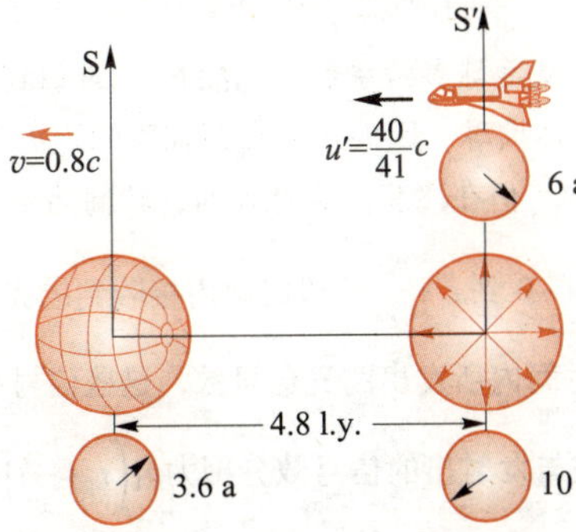

图 10.7-4　按 S′系的观点，飞船开始从星体飞回地球时，各钟指示的读数以及飞船相对 S′系的速度

由于地球的钟走慢，相对 S′系为 $\frac{82}{3}$ a 的时间，地球上的钟测量结果则为

$$\frac{82}{3}\times\sqrt{1-0.8^2}\ \text{a}=16.4\ \text{a}$$

故从 S′系看来，在星体经过飞船的时刻，星体上的时钟指示 10 a，而地球上的时钟指示 3.6 a，故当飞船追上地球时，地球时钟的读数为 3.6 a+16.4 a = 20 a，即 B 回到地球时，地球上已经过了 20 a，如图 10.7-5 所示. 飞船上的时间是多少年呢？飞船飞往星球经历 6 a，在返回地球的过程中，相对 S′系，飞船上的钟将走慢一个因子 $\sqrt{1-\frac{u'^2}{c^2}}=\sqrt{1-\left(\frac{40}{41}\right)^2}=9/41$，故相对 S′系为 $\frac{82}{3}$ a 的时间，在飞船上表示为 $\frac{9}{41}\times\frac{82}{3}$ a = 6 a，即从飞船开始返回旅程直到赶上地球，飞船的钟记录为 6 a，这样往返一次共经历 6 a+6 a = 12 a，亦即当 B 回到地球时，地球上的 A 已经历了 20 a，但飞船上的 B 仅经历 12 a，故 A 比 B 的年龄大.

孪生子佯谬也可用多普勒效应来解释. 设固定在飞船内的光信号钟以 $1/\nu'$ 的时间间隔向地球发射光信号，ν' 可看作为光信号相对飞船的频率. 根据多普勒效应，飞船飞向星体的运动使地球上的接收器接收到的频率变为 $\nu_1=\nu'\sqrt{\frac{c-v}{c+v}}$，飞船飞回地球的运动使地球上接收到的频率变为 $\nu_2=\nu'\sqrt{\frac{c+v}{c-v}}$. 若飞船由地球到达星体所经历的时间相对地球为 t_1，相对飞船为 t_1'，由星体返回地球所经历的时间相对地球为 t_2，相对飞船为 t_2'，则飞船经历一次往返旅行所需的时间相对地球为

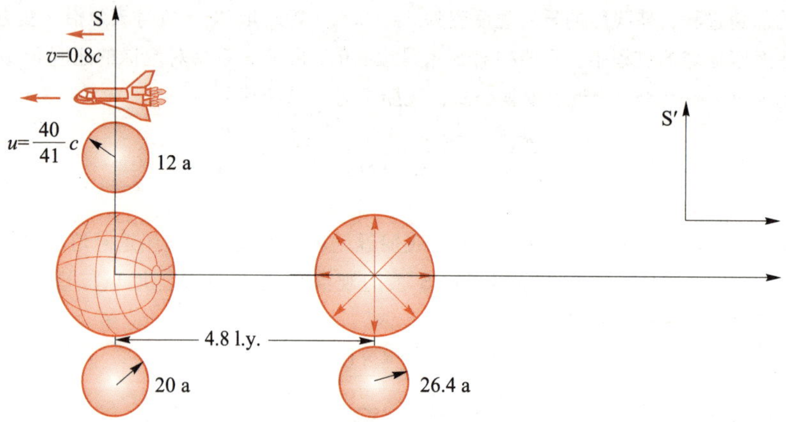

图 10.7-5　按 S′系的观点，飞船回到地球时各钟指示的读数

$T=t_1+t_2$，相对飞船为 $T'=t_1'+t_2'$. 从地球参考系看，飞船在 t_1 时刻到达星体，并立即转向. 转向后飞船发出的光信号并不能立即到达地球，因为飞船离开地球的距离为 vt_1，转向后发出的光信号将在 vt_1/c 时间以后才陆续到达地球. 但在飞船回到地球时，转向后发出的全部光信号也全部到达地球. 由此可见，地球上的接收器在 0 到 $t_1+\frac{vt_1}{c}$这段时间内接收到的光信号数等于飞船转向前所发出的即飞船上的光信号钟在 $0\sim t_1'$时间内所发出的光信号数，这些信号相对地球的频率为 ν_1，相对飞船的频率为 ν'，接收到的信号数与发射出的信号数分别为$\nu_1\left(t_1+\frac{vt_1}{c}\right)$ 和 $\nu' t_1'$，故有

$$\nu_1\left(t_1+\frac{vt_1}{c}\right)=\nu' t_1'$$

或

$$t_1+\frac{vt_1}{c}=\frac{\nu'}{\nu_1}t_1'=\sqrt{\frac{c+v}{c-v}}t_1' \qquad (10.7-5)$$

接收器在 $t_1+\frac{vt_1}{c}\sim t_1+t_2$ 这段时间内接收到的光信号数等于飞船在转向后所发出的即飞船上的光信号钟在 $t_1'\sim t_1'+t_2'$时间内发出的光信号数. 这些光信号相对地球的频率为 ν_2，相对飞船的频率为 ν'. 接收到的光信号数和发出的光信号数分别为$\left(t_2-\frac{vt_1}{c}\right)\nu_2$ 和 $\nu' t_2'$，故有

$$\nu_2\left(t_2-\frac{vt_1}{c}\right)=\nu' t_2'$$

或

$$t_2-\frac{vt_1}{c}=\frac{\nu'}{\nu_2}t_2'=\sqrt{\frac{c-v}{c+v}}t_2' \qquad (10.7-6)$$

将（10.7-5）式和（10.7-6）式相加，得

$$t_1+t_2=\sqrt{\frac{c+v}{c-v}}t_1'+\sqrt{\frac{c-v}{c+v}}t_2'$$

相对飞船，往返的时间是相等的，即 $t_1'=t_2'$，由此得

$$t_1+t_2=\frac{t_1'+t_2'}{\sqrt{1-v^2/c^2}}$$

即

$$T=\frac{T'}{\sqrt{1-v^2/c^2}}$$

故完成一次往返旅行，地球上经历时间为 T，而飞船上经历时间为 T'，$T'<T$.

10.8 相对论的动量和能量

1. 相对论动量

狭义相对论要求以洛伦兹变换替代伽利略变换，因此，对伽利略变换具有协变性的力学基本定律——牛顿运动定律亦将被新的力学定律所代替. 牛顿力学与相对论的不一致表现在这些定律的数学方程式经过洛伦兹变换后，形式会改变，因而违反狭义相对论的相对性原理. 由洛伦兹变换导出的加速度变换式异常复杂，似已表明加速度这一概念在相对论力学中的地位将大大降低. 其实即使在牛顿力学中，动量、能量等概念以及与这些概念相联系的定理和定律，特别是动量守恒定律和机械能守恒定律，在处理某些问题中的重要作用已显得比力和加速度更为有效. 不过，在牛顿力学中，这两个守恒定律是从牛顿运动定律导出来的. 在这一节中，我们不是去寻找新的动力学定律和相应的守恒定律，而是修改在牛顿力学中已证实而且被广泛应用的动量守恒定律和包括质量在内的能量守恒定律，修改的途径是在承认动量和能量仍然守恒和相对论的相对性原理的条件下，寻找动量和能量的具体定义和表示形式.

我们从质点间的碰撞着手来研究相对论的质点动量. 由于碰撞发生在极短的时间内，在这一极短的时间内，质点间的距离可以忽略，可认为发生在空间同一点. 尽管在这时间内质点经历了加速和减速的过程，但在碰撞前和碰撞后，质点都作匀速运动. 为了保证在相对论的范围内，守恒定律仍有效，我们期望质点的动量应具有以下性质:

(1) 对于一孤立的质点系内部发生的过程，例如两质点间的碰撞，新的动量应守恒;

(2) 当质点的速度 $u \ll c$ 时，新的动量应过渡到 $m\boldsymbol{u}$，m 为质点的质量.

为此，可以设想新的动量为

$$\boldsymbol{p}=m(u)\boldsymbol{u} \tag{10.8-1}$$

即在形式上仍是 $m\boldsymbol{u}$，但 m 不是常量，而与速度的大小有关. 为了找到 $\boldsymbol{p}=m(u)\boldsymbol{u}$ 的具体形式，我们研究两个光滑质点的弹性碰撞.

两个完全相同的质点，分别处在惯性系 S 和 S′ 中，只要这两个质点相对各自的惯性系的运动状态相同，则在每个惯性系中观测到的质点的各种行为应是相同的. 例如，质点相对 S 系静止时，其质量为 m，则另一质点相对 S′ 系静止时，其质量亦为 m；若质点相对 S 系以速度 u 运动，其质量为 m'，则另一质点相对 S′ 系以速度 u 运动时，其质量亦为 m'. 总之，只要质点相对惯性系的运动状态相同，在该惯性系中所测到的质点的各种情况都一样，我们无法区分是在哪个惯性系中获得这些信息的. 现假定质点 A 相对 S 系沿 y 方向运动，速率为 u_0，质点 B 相对 S′ 系沿 y 负方向运动，速率为 u_0，并使 A 和 B 发生碰撞，碰撞的地点正好在共同的 x 轴上. 图 10.8-1

为两质点碰撞前的情形.

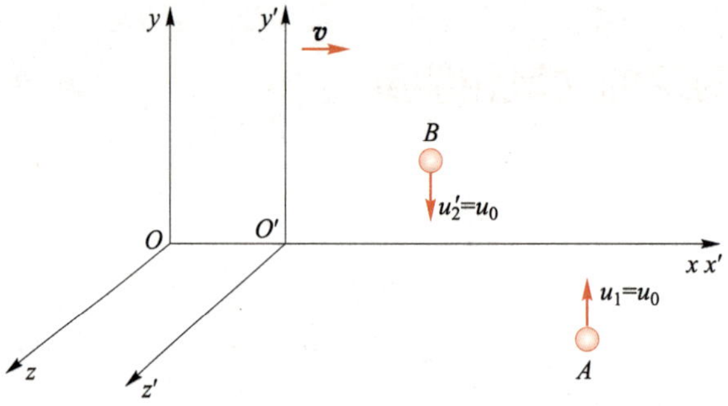

图 10.8-1 质点 A 相对 S 系沿 y 方向运动，质点 B 相对 S′系沿 y'负方向运动

下面，我们分别从两个参考系来研究这两个质点的碰撞过程. 根据速度变换公式，碰撞前，质点 A 和 B 相对 S 系的速度分别为

$$u_{1x}=0,\ u_{1y}=u_0,\ u_{1z}=0$$

$$u_1=u_0$$

$$u_{2x}=v,\ u_{2y}=-u_0\sqrt{1-v^2/c^2},\ u_{2z}=0$$

$$u_2=\sqrt{v^2+u_0^2(1-v^2/c^2)}$$

碰撞后，从 S 系看，质点 A 将沿 y 方向被弹回，在 x 方向仍无运动，设其速率为 $\bar{u}_0$，故质点 A 相对 S 系的速度为

$$\bar{u}_{1x}=0,\ \bar{u}_{1y}=-\bar{u}_0,\ \bar{u}_{1z}=0$$

$$\bar{u}_1=\bar{u}_0$$

从 S′系看，质点 B 所处的地位与质点 A 相对 S 系所处的地位是相同的，故碰撞后质点 B 相对 S′系仍然只有 y'方向的速度，即

$$\bar{u}'_{2x}=0,\ \bar{u}'_{2y}=-\bar{u}_0,\ \bar{u}'_{2z}=0$$

碰撞后，质点 B 相对 S 系的速度为

$$\bar{u}_{2x}=v,\ \bar{u}_{2y}=\bar{u}_0\sqrt{1-v^2/c^2},\ \bar{u}_{2z}=0$$

$$\bar{u}_2=\sqrt{v^2+\bar{u}_0^2(1-v^2/c^2)}$$

碰撞前后，两质点相对 S 系的速度如图 10.8-2 所示.

碰撞前，两质点的动量

$$\sum p_x=m(u_1)u_{1x}+m(u_2)u_{2x}=m(u_2)v$$

$$\sum p_y=m(u_1)u_{1y}+m(u_2)u_{2y}=m(u_1)u_0-m(u_2)u_0\sqrt{1-v^2/c^2}$$

碰撞后，两质点的动量为

$$\sum \bar{p}_x=m(\bar{u}_1)\bar{u}_{1x}+m(\bar{u}_2)\bar{u}_{2x}=m(\bar{u}_2)v$$

$$\sum \bar{p}_y=m(\bar{u}_1)\bar{u}_{1y}+m(\bar{u}_2)\bar{u}_{2y}=-m(\bar{u}_1)\bar{u}_0+m(\bar{u}_2)\bar{u}_0\sqrt{1-v^2/c^2}$$

相对 S 系，碰撞前后动量守恒，即有

$$m(u_2)v=m(\bar{u}_2)v \tag{10.8-2}$$

$$m(u_1)u_0-m(u_2)u_0\sqrt{1-v^2/c^2}$$

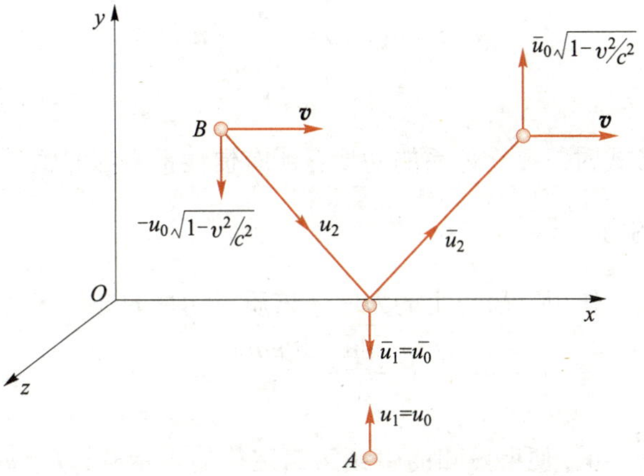

图 10.8-2　相对 S 系，两质点碰撞前后的速度

$$=-m(\bar{u}_1)\bar{u}_0+m(\bar{u}_2)\bar{u}_0\sqrt{1-v^2/c^2} \tag{10.8-3}$$

由（10.8-2）式，得

$$m(u_2)=m(\bar{u}_2)$$

故

$$u_2=\bar{u}_2$$

即

$$v^2+u_0^2(1-v^2/c^2)=v^2+\bar{u}_0^2(1-v^2/c^2)$$

由此得

$$u_0=\bar{u}_0$$

将此关系代入（10.8-3）式，得

$$m(u_1)u_0-m(u_2)u_0\sqrt{1-v^2/c^2}=-m(u_1)u_0+m(u_2)u_0\sqrt{1-v^2/c^2}$$

即

$$m(u_1)u_0=m(u_2)u_0\sqrt{1-v^2/c^2}$$

$$m(u_1)=m(u_2)\sqrt{1-v^2/c^2}$$

或

$$m(u_2)=\frac{m(u_1)}{\sqrt{1-v^2/c^2}}$$

若碰撞前，$u_1=0$，即 $u_0=0$，这时 $u_2=v$，故上式变成

$$m(v)=\frac{m_0}{\sqrt{1-v^2/c^2}}$$

m_0 为 $u_0=0$ 时质点的质量，v 为质点相对 S 系的速度．这表示，相对 S′ 系静止的质点，其质量为 m_0，但相对 S 系该质点的速度为 v，质量变成 $m(v)$．在一般情况下，任一质点，相对某一惯性系静止时，其质量 m_0 称为静质量，当该质点相对该惯性系以速率 u 运动时，其质量为

$$m(u)=\frac{m_0}{\sqrt{1-u^2/c^2}} \tag{10.8-4}$$

$m(u)$ 则称为动质量．在相对论的情况下，质点的质量不再是常量，而与其速率有关，（10.8-4）式称为质速关系．于是质点的动量为

$$\boldsymbol{p}=m(u)\boldsymbol{u}=\frac{m_0}{\sqrt{1-\frac{u^2}{c^2}}}\boldsymbol{u} \tag{10.8-5}$$

当动量具有以上形式时，孤立体系的动量在所有惯性系中都守恒.

2. 相对论中的力

在牛顿力学中，作用于质点上的力等于该质点动量的变化率，即

$$\boldsymbol{F}=\frac{\mathrm{d}\boldsymbol{p}}{\mathrm{d}t}=\frac{\mathrm{d}(m\boldsymbol{u})}{\mathrm{d}t}$$

由于 m 是恒量，$\frac{\mathrm{d}\boldsymbol{u}}{\mathrm{d}t}=\boldsymbol{a}$，便得熟知的牛顿第二定律的表示式：$\boldsymbol{F}=m\boldsymbol{a}$. 在相对论中，仍然保留力作为动量的变化率这一定义. 但动量由（10.8-5）式决定，故

$$\boldsymbol{F}=\frac{\mathrm{d}}{\mathrm{d}t}\left(\frac{m_0}{\sqrt{1-u^2/c^2}}\boldsymbol{u}\right)$$

这时，$\boldsymbol{F}$ 与 $\boldsymbol{a}=\frac{\mathrm{d}\boldsymbol{u}}{\mathrm{d}t}$不再是正比关系.

3. 相对论中的能量

在相对论中，动能定理仍然成立，但动能的形式将不同.

$$A=\int_a^b \boldsymbol{F}\cdot \mathrm{d}\boldsymbol{r}=E_{k2}-E_{k1}$$

或

$$E_{k2}-E_{k1}=\int_a^b \frac{\mathrm{d}\boldsymbol{p}}{\mathrm{d}t}\cdot \mathrm{d}\boldsymbol{r}=\int_a^b \mathrm{d}\boldsymbol{p}\cdot\frac{\mathrm{d}\boldsymbol{r}}{\mathrm{d}t}$$

$$=\int_a^b \boldsymbol{u}\cdot \mathrm{d}\boldsymbol{p}=\int_a^b \frac{\boldsymbol{p}\cdot \mathrm{d}\boldsymbol{p}}{m}$$

注意到

$$m\sqrt{1-\frac{u^2}{c^2}}=m_0,\ p=mu$$

得

$$m^2c^2-p^2=m_0^2c^2$$

对等式两边微分，得

$$\boldsymbol{p}\cdot \mathrm{d}\boldsymbol{p}=mc^2\mathrm{d}m$$

将此关系代入 $E_{k2}-E_{k1}$ 等式：

$$E_{k2}-E_{k1}=\int_a^b \frac{mc^2\mathrm{d}m}{m}=\int_a^b c^2\mathrm{d}m$$

若取初态 $u=0$，对应的动能 $E_{k1}=0$，质点的质量为 m_0；终态 $u=u$，对应的动能为 E_k，质量 $m=m(u)$，则有

$$E_k=c^2\int_{m_0}^{m(u)}\mathrm{d}m=m(u)c^2-m_0c^2$$

式中 m_0c^2 与质点处在静止状态相对应，我们把 m_0c^2 称为质点的**静能**. 任何具有静止

质量的质点都具有静能，其数值为 m_0c^2，$m(u)c^2$ 为质点处在运动状态的能量，它在数值上等于动能 E_k 和静能 mc^2 之和，爱因斯坦把 $m(u)c^2$ 称为质点的总能量，用 E 表示：

$$E=m(u)c^2=\frac{m_0c^2}{\sqrt{1-\frac{u^2}{c^2}}} \tag{10.8-6}$$

式中 u 为质点运动的速度，（10.8-6）式称为质能关系．质点的动能等于其总能量与静能之差：

$$E_k=m(u)c^2-m_0c^2=\frac{m_0c^2}{\sqrt{1-\frac{u^2}{c^2}}}-m_0c^2 \tag{10.8-7}$$

这就是相对论中质点动能的表示式．当 $u\ll c$ 时，

$$(1-u^2/c^2)^{-\frac{1}{2}}\approx 1+\frac{1}{2}\frac{u^2}{c^2}$$

于是，$E_k\approx\frac{1}{2}m_0u^2$，这表明牛顿力学中动能的表示式是（10.8-7）式在 $u\ll c$ 时的特殊情况．

质量为 $m(u)$ 的质点的总能量 $E=m(u)c^2$ 是爱因斯坦的一个重要假设，因为质点的总能量等于质点的动能与静能之和，而质点的动能是外界对质点做的功，亦即是外界以做功的方式传递给质点的能量，其结果导致该质点的能量由原来的静能 m_0c^2 增加到 $m(u)c^2$，或者说使质点的质量由原来的静质量 m_0 变为 $m_0/\sqrt{1-u^2/c^2}$．这意味着，传递给质点的能量将引起质点质量的变化．反之质点质量的变化（减少）将以某种方式改变（释放出）能量．这就大大拓宽了我们关于质量和能量这两个概念的认识，把质量的变化和能量的变化联系起来．若质点的总能量增加 ΔE，则其质量将增加 Δm，两者间的关系为

$$\Delta E=\Delta mc^2 \tag{10.8-8}$$

即在一物理过程中，若质点的质量有一微小的变化 Δm，则质点的能量将发生 c^2 倍于 Δm 的变化，因而，ΔE 将是一个非常大的值．例如，在原子核反应中，当轻的原子核发生聚变反应时，静质量减少（称为质量亏损），这时便有大量的能量释放出．氢弹就是利用这一原理制成的．在重原子核的裂变反应中，静质量也会减少，因而也能放出大量的能量．原子弹和核反应堆就是根据这一原理制成的．尽管质能关系是爱因斯坦的一种假设，但现在已在实践中被证实，它为人类开发和利用能源提出了一条新途径．

4. 能量与动量的关系

由质能关系式（10.8-7）与动量表示式（10.8-5）可求得相对论的能量与动量之间的关系．因

$$E=\frac{m_0c^2}{\sqrt{1-u^2/c^2}}$$

可得

$$E^2=\frac{m_0^2c^4}{1-\dfrac{p^2}{m^2c^2}}=\frac{m_0^2c^4}{1-\dfrac{p^2c^2}{E^2}}$$

即

$$E^2=p^2c^2+m_0^2c^4 \tag{10.8-9}$$

这便是能量与动量的关系式.

5. 静质量为零的粒子

在牛顿力学中，一个没有质量的粒子既无动量，也无能量，也无其他任何可测量的性质. 实际上，按经典的观点，无质量的粒子什么都不是. 但在相对论中则不然，没有静质量的可测量物理实体是能够存在的. 我们已经知道自然界中存在的几种无静质量的粒子，如光子就是熟知的没有静止质量的粒子. 当 m_0 趋向于零时，粒子的能量和动量

$$E=\frac{m_0c^2}{\sqrt{1-u^2/c^2}},\quad \boldsymbol{p}=\frac{m_0\boldsymbol{u}}{\sqrt{1-u^2/c^2}}$$

是否仍然有意义呢？当 m_0 趋向于零时，这两表示式的分子都趋于零. 但如果同时让分母也趋向于零，即 u 趋向于 c，则仍保持 E 和 $\boldsymbol{p}$ 为有限值是可能的. 这就是说，如果一个粒子的质量逐渐减少的同时速度增大，则在极限情况下，当 $m_0=0$，$u=c$，则粒子的能量 E 仍有确定的有限值. 这表明，具有确定能量的静止质量为零的粒子，其速度必为光速.

在 $m_0=0$ 的情况下，E 和 p 的表示式的右边成为不定式，但 E 和 p 的比值仍然有限. 实际上，不论粒子的质量是有限值还是零，E 和 p 的比值为

$$\frac{E}{p}=\frac{c^2}{u} \tag{10.8-10}$$

不过，对零质量粒子，因 $u=c$，故

$$E=pc \tag{10.8-11}$$

光子的能量和动量就满足这一关系. 对于像光子这类零质量粒子，其速度为 c，因而动量不再是速度的函数. 但动量仍可以有不同的值. 同样，能量也不再是速率的函数，但仍可有不同的值.

例题1 两全同粒子的弹性碰撞.

两完全相同的质点，静止质量都是 m_0，今一质点相对某一惯性系静止，另一质点以恒定的速率射向静止质点，其动能为 E_{ki}，两质点发生弹性碰撞后，入射质点以与入射速度方向成 θ 角的方向被散射，θ 称为散射角. 原来静止的质点则沿与入射方向成 φ 角的方向运动，φ 称为反冲角. 设在碰撞过程中，散射角与反冲角恰好相等. 求此散射角.

解： 弹性碰撞的特点是在碰撞前后，不仅体系的动量不变，而且动能亦不变. 由于在碰撞过程中体系的总能量守恒，故在碰撞前后粒子的静质量相同. 设两粒子在碰撞前的动量和能量分别为 $\boldsymbol{p}_1$、$\boldsymbol{p}_2$ 和 E_1、E_2，碰撞后的动量和能量分别为 $\boldsymbol{p}_3$、$\boldsymbol{p}_4$ 和 E_3、E_4，则有

$$\boldsymbol{p}_1+\boldsymbol{p}_2=\boldsymbol{p}_3+\boldsymbol{p}_4$$

$$E_1+E_2=E_3+E_4$$

根据题意 $p_2=0$，$E_2=E_0$，故有

$$p_1=p_3\cos\theta+p_4\cos\varphi$$

$$0=p_3\sin\theta-p_4\sin\varphi$$

$$E_{\mathrm{ki}}+E_0+E_0=E_3+E_4$$

因 $\theta=\varphi$，得 $p_3=p_4$，由 $E^2=c^2p^2+E_0^2$，可得 $E_3=E_4$ 以及

$$p_1=2p_3\cos\theta$$

$$2E_0+E_{\mathrm{ki}}=2E_3$$

由

$$c^2p_1^2=E_1^2-E_0^2=(E_{\mathrm{ki}}+E_0)^2-E_0^2=E_{\mathrm{ki}}(2E_0+E_{\mathrm{ki}})$$

$$c^2p_3^2=E_3^2-E_0^2=\left[\frac{1}{4}(2E_0+E_{\mathrm{ki}})^2-E_0^2\right]$$

$$=\frac{1}{4}E_{\mathrm{ki}}(E_{\mathrm{ki}}+4E_0)$$

于是

$$\cos^2\theta=\frac{p_1^2}{4p_3^2}=\frac{2E_0+E_{\mathrm{ki}}}{4E_0+E_{\mathrm{ki}}}$$

或

$$\cos 2\theta=\frac{E_{\mathrm{ki}}}{4E_0+E_{\mathrm{ki}}}$$

当 $E_{\mathrm{ki}}\ll E_0$ 时，$\cos 2\theta\to 0$，$\theta\to\frac{\pi}{4}$；当 $E_{\mathrm{ki}}\gg E_0$ 时，$\cos 2\theta\to 0$，$\theta\to 0$，即入射质点的动能由小到大变化时，θ 由大到小变化. 但在非相对论碰撞中，$\theta+\varphi=\frac{\pi}{2}$. 散射角的相对论压缩最先由钱皮恩（F.C.Champion）于 1932 年对快速电子所做的实验中证实.

例题2 **两质点的非弹性碰撞.**

考察两个完全相同的质点，静止质量都为 m_0，以等值反向的速度 $\boldsymbol{u}_0$ 沿同一直线运动，并发生碰撞. 碰撞后，两质点粘成一个大质点. 求此大质点的质量.

解： 按经典的观点，碰撞前，两质点组成的体系的动能为 $2\cdot\left(\frac{1}{2}mu_0^2\right)=mu_0^2$，其中 m 为质点的牛顿质量. 根据动量守恒定律，碰撞后，大质点处于静止状态. 在碰撞过程中机械能不守恒，动能 mu_0^2 转化为热而散逸掉，发生机械能与非机械能之间的转变. 按照相对论的观点，碰撞前，两个质点有动能，每个质点的能量为

$$E_1=E_{\mathrm{k}}+m_0c^2=\frac{m_0c^2}{\sqrt{1-u_0^2/c^2}}=E_2$$

系统的总能量为

$$E_{\mathrm{i}}=E_1+E_2=2E_1=\frac{2m_0c^2}{\sqrt{1-u_0^2/c^2}}$$

根据动量守恒定律，碰撞后合成的大质点仍处在静止状态. 因而无动能，则系统的能量为

$$E_{\mathrm{f}}=m_0'c^2$$

m_0'为大质点的静止质量. 根据能量守恒定律，$E_{\mathrm{i}}=E_{\mathrm{f}}$，

$$m_0'=\frac{2m_0}{\sqrt{1-u_0^2/c^2}}>2m_0$$

即发生非弹性碰撞后，体系的静止质量增加了. 注意到

$$\frac{1}{\sqrt{1-u_0^2/c^2}}\approx 1+\frac{u_0^2}{2c^2}+\cdots$$

$$m_0'-2m_0=\frac{2}{c^2}\left(\frac{1}{2}m_0u_0^2\right)=\frac{1}{c^2}(m_0u_0^2)$$

这表明，两质点复合成的大质点的静止质量不仅包括两质点的静止质量之和，而且还包括与它们的动能成正比的另一部分质量. 在这一非弹性碰撞过程中，存在着动能到质量的转换. 在这两质点的非弹性碰撞中，全部动能转化成热，即转变成“热质点”的静质量.

例题3 **光子的吸收和发射.**

一质量为 m_0 的静止粒子，如原子核或原子，受到一能量为 E 的光子的撞击，粒子将光子的能量全部吸收，求此合并系统的速度（反冲速度）及其静止质量. 一静止质量为 m_0'的静止粒子，发出一能量为 E 的光子，求发射光子后的粒子的静止质量.

解： 设合并系统的质量为 m'，对应的静止质量为 m_0'，在吸收光子的过程中，能量守恒

$$m_0c^2+E=m'c^2$$

能量为 E 的光子，具有 E/c 的动量. 在吸收光子的过程中动量守恒.

$$\frac{E}{c}=m'u$$

u 为合并系统的速度，解这两个方程式，得

$$u=\frac{Ec}{m_0c^2+E},\quad m'=m_0+\frac{E}{c^2}$$

由能量动量关系，合并系统的能量得

$$\begin{aligned}(m'c^2)^2&=c^2(m'u)^2+m_0^2c^4\\&=E^2+m_0'^2c^4\end{aligned}$$

将 $m'c^2=m_0c^2+E$ 代入，经整理得

$$m_0'=m_0\sqrt{1+\frac{2E}{m_0c^2}}$$

即吸收光子后，合并系统的质量增大，且其质量异于静止质量，这是因为吸收光子后，合并系统因反冲而有速度 u，

在发射光子的过程中，能量也守恒，设粒子发射光子后的质量为 m，对应的静止质量为 m_0，则有

$$m_0'c^2=mc^2+E$$

设粒子发射光子后的速度为 u，则由动量守恒定律，

$$mu=E/c$$

由动量能量关系可知

$$(mc^2)^2=c^2(mu)^2+m_0^2c^4=E^2+m_0^2c^4$$

或

$$(m_0'c^2-E)^2=E^2+mc^2$$

解得

$$m_0=m_0'\sqrt{1-\frac{2E}{m_0'c^2}}$$

若令 E_0 代表粒子在发射光子前后静能量之差，即

$$m_0'c^2=m_0c^2+E_0$$

则不难得到

$$E=E_0\left(1-\frac{E_0}{2m_0'c^2}\right)$$

即发射出的光子的能量 E 比粒子处在初态和末态之间的静能差小，这是由于在发射光子后，粒子因反冲而获得动量，即具有速度. 粒子原来具有的静能除一部分变成光子的能量外，还有一部分变成粒子自身的动能.

10.9 质量、动量和力的变换公式

1. 质量的变换公式

设 m 是质点以速度 $\boldsymbol{u}$ 相对 S 系运动时的质量，m'和 $\boldsymbol{u}'$是同一质点相对 S′系的质量和速度，S′系相对 S 系以速度 v 运动. 若该质点的静止质量为 m_0，则动质量由 (10.8-4) 式决定：

$$m=\frac{m_0}{\sqrt{1-u^2/c^2}}$$

$$m'=\frac{m_0}{\sqrt{1-u'^2/c^2}}$$

于是

$$m'=m\frac{\sqrt{1-u^2/c^2}}{\sqrt{1-u'^2/c^2}}$$

注意到

$$\begin{aligned}u'^2&=u_x'^2+u_y'^2+u_z'^2\\&=\left(\frac{u_x-v}{1-\frac{vu_x}{c^2}}\right)^2+\frac{u_y^2(1-v^2/c^2)}{\left(1-\frac{vu_x}{c^2}\right)^2}+\frac{u_z^2(1-v^2/c^2)}{\left(1-\frac{vu_x}{c^2}\right)^2}\\&=\frac{(u_x-v)^2+(u_y^2+u_z^2)(1-v^2/c^2)}{\left(1-\frac{vu_x}{c^2}\right)^2}\end{aligned}$$

$$=\frac{(u_x-v)^2+(u^2-u_x^2)(1-v^2/c^2)}{\left(1-\frac{vu_x}{c^2}\right)^2}$$

$$1-\frac{u'^2}{c^2}=\frac{1-v^2/c^2-u^2/c^2+v^2u^2/c^4}{\left(1-\frac{vu_x}{c^2}\right)^2}$$

$$=\frac{(1-v^2/c^2)(1-u^2/c^2)}{\left(1-\frac{vu_x}{c^2}\right)^2} \tag{10.9-1}$$

两边开方得

$$\sqrt{1-\frac{u'^2}{c^2}}=\sqrt{1-\frac{u^2}{c^2}}\frac{\sqrt{1-v^2/c^2}}{1-\frac{vu_x}{c^2}} \tag{10.9-2}$$

因此

$$m'=m\frac{1-\frac{vu_x}{c^2}}{\sqrt{1-v^2/c^2}} \tag{10.9-3}$$

其逆变换为

$$m=m'\frac{1+\frac{vu'_x}{c^2}}{\sqrt{1-v^2/c^2}} \tag{10.9-4}$$

2. 动量和能量的变换公式

在 S 系中，速度为 $\boldsymbol{u}$ 的质点的动量定义为

$$p_x=\frac{m_0u_x}{\sqrt{1-u^2/c^2}},\ p_y=\frac{m_0u_y}{\sqrt{1-u^2/c^2}},\ p_z=\frac{m_0u_z}{\sqrt{1-u^2/c^2}}$$

总能量定义为

$$E=mc^2=\frac{m_0c^2}{\sqrt{1-u^2/c^2}}$$

在 S′系中，动量和能量的表示式分别为

$$p'_x=\frac{m_0u'_x}{\sqrt{1-u'^2/c^2}},\ p'_y=\frac{m_0u'_y}{\sqrt{1-u'^2/c^2}},\ p'_z=\frac{m_0u'_z}{\sqrt{1-u'^2/c^2}}$$

$$E'=m'c^2=\frac{m_0c^2}{\sqrt{1-u'^2/c^2}}$$

由（10.9-2）式和 u_x 的变换公式，

$$p_x' = \frac{m_0(u_x - v)}{\left(1 - \frac{vu_x}{c^2}\right)} \frac{1 - vu_x/c^2}{\sqrt{1-v^2/c^2}\sqrt{1-u^2/c^2}}$$

$$= \frac{m_0}{\sqrt{1-u^2/c^2}} \frac{u_x - v}{\sqrt{1-v^2/c^2}}$$

$$= \frac{p_x - vE/c^2}{\sqrt{1-v^2/c^2}}$$

$$p_y' = \frac{m_0 u_y \sqrt{1-v^2/c^2}}{1 - \frac{vu_x}{c^2}} \frac{1 - \frac{vu_x}{c^2}}{\sqrt{1-v^2/c^2}\sqrt{1-u^2/c^2}}$$

$$= \frac{m_0 u_y}{\sqrt{1-u^2/c^2}} = p_y$$

同理有

$$p_z' = p_z$$

$$E' = m'c^2 = mc^2 \frac{1 - \frac{vu_x}{c^2}}{\sqrt{1-v^2/c^2}} = \frac{E - vp_x}{\sqrt{1-v^2/c^2}}$$

所以动量和总能量的变换式为

$$\begin{cases} p_x' = \dfrac{p_x - \dfrac{vE}{c^2}}{\sqrt{1-v^2/c^2}} \\ p_y' = p_y \\ p_z' = p_z \\ E' = \dfrac{E - vp_x}{\sqrt{1-v^2/c^2}} \end{cases} \tag{10.9-5}$$

其逆变换为

$$\begin{cases} p_x = \dfrac{p_x' + \dfrac{vE'}{c^2}}{\sqrt{1-v^2/c^2}} \\ p_y = p_y' \\ p_z = p_z' \\ E = \dfrac{E' + vp_x'}{\sqrt{1-v^2/c^2}} \end{cases} \tag{10.9-6}$$

可以看出，p_x'、p_y'、p_z'和 E'/c^2 的变换公式与时空坐标 x'、y'、z'和 t'的变换公式相似.

3. 力的变换公式

在惯性系 S 中，作用于质点的力定义为

$$\boldsymbol{F}=\frac{\mathrm{d}(m\boldsymbol{u})}{\mathrm{d}t}$$

其分量为

$$F_x=\frac{\mathrm{d}(mu_x)}{\mathrm{d}t}=\frac{\mathrm{d}p_x}{\mathrm{d}t}$$

$$F_y=\frac{\mathrm{d}(mu_y)}{\mathrm{d}t}=\frac{\mathrm{d}p_y}{\mathrm{d}t}$$

$$F_z=\frac{\mathrm{d}(mu_z)}{\mathrm{d}t}=\frac{\mathrm{d}p_z}{\mathrm{d}t}$$

根据（10.9-5）式，有

$$F'_x=\frac{\mathrm{d}p'_x}{\mathrm{d}t'}=\frac{\dfrac{\mathrm{d}p_x}{\mathrm{d}t'}-\dfrac{v}{c^2}\dfrac{\mathrm{d}E}{\mathrm{d}t'}}{\sqrt{1-v^2/c^2}}$$

而

$$\frac{\mathrm{d}t}{\mathrm{d}t'}=\frac{1}{\dfrac{\mathrm{d}t'}{\mathrm{d}t}}=\frac{1}{\dfrac{\mathrm{d}}{\mathrm{d}t}\dfrac{\left(t-\dfrac{vx}{c^2}\right)}{\sqrt{1-v^2/c^2}}}=\frac{\sqrt{1-\dfrac{v^2}{c^2}}}{1-\dfrac{vu_x}{c^2}}$$

$$\frac{\mathrm{d}E}{\mathrm{d}t}=\frac{\mathrm{d}}{\mathrm{d}t}(E_\mathrm{k}+m_0c^2)=\frac{\mathrm{d}E_\mathrm{k}}{\mathrm{d}t}=\boldsymbol{F}\cdot\boldsymbol{u}=F_xu_x+F_yu_y+F_zu_z$$

代入（10.9-6）式，经整理得

$$F'_x=F_x-\frac{vu_y}{c^2-vu_x}F_y-\frac{vu_z}{c^2-vu_x}F_z$$

$$=F_x-\frac{\dfrac{vu_y}{c^2}F_y}{1-\dfrac{vu_x}{c^2}}-\frac{\dfrac{vu_z}{c^2}F_z}{1-\dfrac{vu_x}{c^2}}=\frac{F_x-\dfrac{v}{c^2}\boldsymbol{u}\cdot\boldsymbol{F}}{1-\dfrac{vu_x}{c^2}}$$

$$F'_y=\frac{\mathrm{d}p'_y}{\mathrm{d}t'}=\frac{\mathrm{d}p_y}{\mathrm{d}t}\frac{\mathrm{d}t}{\mathrm{d}t'}=F_y\frac{\mathrm{d}t}{\mathrm{d}t'}=\frac{F_y\sqrt{1-v^2/c^2}}{1-\dfrac{vu_x}{c^2}}$$

$$F'_z=\frac{F_z\sqrt{1-v^2/c^2}}{1-\dfrac{vu_x}{c^2}}$$

由此得力的变换式:

$$
\begin{cases}
F'_x=\dfrac{F_x-\dfrac{v}{c^2}\boldsymbol{u}\cdot\boldsymbol{F}}{1-\dfrac{vu_x}{c^2}}\\[2ex]
F'_y=\dfrac{F_y\sqrt{1-v^2/c^2}}{1-\dfrac{vu_x}{c^2}}\\[2ex]
F'_z=\dfrac{F_z\sqrt{1-v^2/c^2}}{1-\dfrac{vu_x}{c^2}}
\end{cases}
\tag{10.9-7}
$$

其逆变换为

$$
\begin{cases}
F_x=\dfrac{F'_x+\dfrac{v}{c^2}\boldsymbol{u}'\cdot\boldsymbol{F}'}{1+\dfrac{vu'_x}{c^2}}\\[2ex]
F_y=\dfrac{F'_y\sqrt{1-v^2/c^2}}{1+\dfrac{vu'_x}{c^2}}\\[2ex]
F_z=\dfrac{F'_z\sqrt{1-v^2/c^2}}{1+\dfrac{vu'_x}{c^2}}
\end{cases}
\tag{10.9-8}
$$

10.10 广义相对论简介

1. 从狭义相对论到广义相对论

自从爱因斯坦提出狭义相对论之后，人们认识到重新认识和修改原有物理理论的重要性. 所有的物理定律对洛伦兹变换应具有协变性，即物理定律的数学形式经洛伦兹变换，从一个惯性系变换到另一惯性系应保持不变. 电磁场的麦克斯韦方程组与相对论是相容的，不需要修改，只要把它写成“四维形式”就可以. 牛顿运动定律对洛伦兹变换不具有协变性，故牛顿力学要用相对论力学来替代，牛顿力学是相对论力学在低速条件下的近似结果. 牛顿的引力理论与狭义相对论亦不相容.

牛顿的万有引力定律用于研究引力问题曾取得了一系列辉煌的成果，应用万有引力定律，正确解释了潮汐现象、地球的形状，求得了行星和卫星的运行轨道，导致了海王星的发现等. 但随着观察手段的改进，测量精度的提高，在天文观测中也发现了某些牛顿引力理论不能解释的现象，如水星近日点的进动. 爱因斯坦的狭义相对论建立后，随即便发现牛顿万有引力定律无法纳入狭义相对论的框架中，牛顿万有引力定律认为物体间的引力作用是超距作用. 尽管引入了引力场的概念，但引力场中任一给定点的引力场的强度或引力势是由同一时刻的空间质量分布所决定的，这意味着引力场的传播速度是无限大的，这显然与狭义相对论关于场以有限速度传递，真空中的光速是最大传递速度的结论相抵触. 我们知道，牛顿万有引力定律与静电的库仑定律非常相似，但库仑定律却是麦克斯韦电磁理论的重要基础，把库仑定律推广再与其他定律相结合，导出了与狭义相对论协调的麦克斯韦方程组，为什么不能推广牛顿万有引力定律而导出与狭义相对论相协调的引力理论呢？从历史上看，这种企图和尝试并不少，但都未见成效. 一个重要的原因是自然界存在两类电荷. 同类电荷相斥，异类电荷相吸，但质量只有一类，虽属同类，但却只有吸引作用，没有排斥作用.

狭义相对论与惯性参考系紧密联系在一起，而所谓惯性参考系，是惯性定律成立的参考系，这就把惯性定律放至一个极为突出的位置上. 惯性定律是指不受力作用的物体将保持静止或匀速直线运动的状态，但由于引力不能绝对避免，严格不受力作用的物体并不存在，因此严格的惯性参考系实际上是找不到的.

广义相对论是在狭义相对论的基础上发展起来的，爱因斯坦把相对性原理推广到任意参考系，认为引力的实质是时空弯曲. 在引力非常弱的条件下，物体的运动就可以用狭义相对论处理；在弱引力和低速条件下，牛顿力学和狭义相对论可以得到相同的结论.

2. 等效原理

在牛顿力学中，惯性力不是真实力，其大小等于受力物体的惯性质量与非惯性系相对惯性系的加速度的乘积，方向与此加速度的方向相反. 因此，在非惯性系中，任何物体在惯性力作用下的加速度都相等，与非惯性系相对惯性系的加速度等值反向. 惯性力的这种性质与引力非常相似. 作用于物体的引力与物体的引力质量成正比. 由于同一物体的引力质量与惯性质量成正比（或相等），故任何物体在引力作用下的加速度也相等. 引力与惯性力的这种相似性，使我们有可能进一步认识引力和惯性力的本质. 正如爱因斯坦所说：“……在引力场中，一切物体都具有同一加速度. 这条定律也可以表述为惯性质量同引力质量相等的定律. 它当时就使我认识到它的全部重要性，我为它的存在感到极为惊奇，并猜想其中必定有一把可以更加深入地了解惯性和引力的钥匙.”

爱因斯坦通过一个理想实验来认识这个问题. 设一架电梯相对地球静止，则电梯里的一切物体都受到一种力作用，如果没有其他力作用于这些物体与该力平衡，那么所有的物体都以同样的加速度 $\boldsymbol{g}$ 落向地板. 电梯里的观测者根据这些现象和自己长期生活在地球上的经验以及已知电梯相对地球静止的条件，便可得出结论：物体受到电梯外的地球的引力作用. 若设想把地球搬到无穷远处，让电梯处在无引力作用的空间，并以加速度 $\boldsymbol{g}$ 相对固定的恒星“向上”运动，则处在电梯中的不受其他力作用的物体，在惯性力作用下亦以加速度 $\boldsymbol{g}$ 落向地板. 就关闭在电梯中的观测者而言，如果他先前不知道电梯是否存在于地球的引力场中，亦不知道电梯是否在作加速运动，仅根据在电梯中进行的力学实验，他无法判断该电梯是相对地球静止而受地球引力作用，还是该电梯远离地球不受引力作用而本身在作加速运动，亦即对于电梯中进行的实验，引力的作用与惯性力的作用完全等价（图 10.10-1），一个均匀的引力场与一作匀加速直线运动的非惯性系等价.

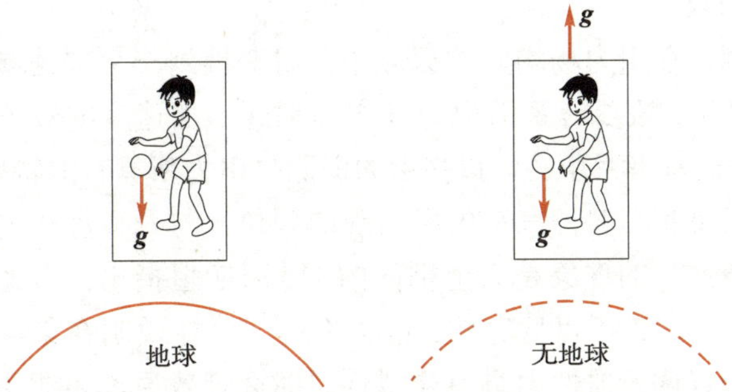

图 10.10-1　处在地球引力场中的静止电梯和无引力场的空间中以 $\boldsymbol{g}$ 作加速上升的电梯等效

若处在地球引力场作用下的电梯以加速度 $\boldsymbol{g}$ 自由下落，则作用于电梯内所有物体上的引力和惯性力平衡，物体可以停留在电梯内任何地方而不“下落”，电梯内的观测者可以在电梯地板上步行，也可以在电梯的墙壁或顶部步行，即电梯中的观测者“看不到”任何引力作用的迹象. 如果观测者知道电梯在引力作用下作自由落体运动，那么电梯内的现象可看作是引力和惯性力平衡的结果. 若设想把地球“搬到”无穷远处，并让电梯相对固定的恒星静止，则电梯内的现象可看作是不受重力作用处在惯性状态的结果. 但是就关闭在电梯中的观测者而言，如果他事先不知道电梯是否在地球的引力作用下自由落下，亦不知道电梯是否静止在无引力作用的空间，仅根据电梯内的力学实验，他无法判断电梯是受引力作用而作加速运动，还是静止在无引力的空间（图 10.10-2）.

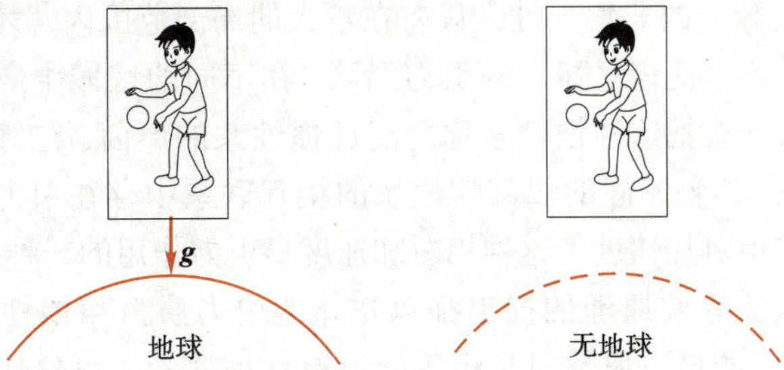

图 10.10-2　在地球引力场自由下落的电梯与无引力空间中的静止电梯等效

电梯内的理想实验表明：在一个参考系内的观测者无法通过力学实验来判断该区域中存在引力场还是参考系本身在作加速运动，也无法区别该区域中无引力场存在还是存在某个引力场而参考系本身又在作加速运动. 一个相对固定恒星以恒定加速度运动的参考系与在均匀的引力场中静止的惯性系是完全等效的. 这就是等效原理.

爱因斯坦进一步把力学范围中的等效原理推广到物理学的一切领域，认为惯性力与均匀的引力的任何物理效应都是等效的. 任何物理实验都无法区分在一定的空间范围内存在引力场还是无引力场但参考系在作匀加速运动. 这是爱因斯坦的一个大胆假设，无法从原有的理论加以证明，判断它的正确性只能看由此假设得到的推论是否与实验相一致.

等效原理表明，在引力场均匀的区域中，用变换到一个加速参考系的方法，可使引力场“变换掉”. 该参考系沿引力场方向加速，加速度的数值等于该引力场引起的加速度. 在某一参考系中，可以把引力消除是引力所具有的特殊性质. 一辆匀速行驶的汽车，突然急刹车时，汽车内所出现的现象，与一辆静止的汽车前面突然出现一巨大的质量所产生的现象是完全相同的. 爱因斯坦指出：引力与惯性力不仅紧密联系，而且是相同的，不可区分的. 这种不可区分性说明在某种意义下两者是一回事，如果我们一直认为惯性力具有虚拟性，那么等效原理表明引力也有虚拟性，它的存在与否，取决于参考系的选择. 这种性质，对物理学中的其他性质的作用力是没有的.

等效原理保证了在任何一个局部范围中，一定存在着引力被消除的参考系. 在这种参考系中，一切不受外力（不包括引力）作用的质点都作匀速直线运动，所以按照惯性参考系的定义，这种“加速参考系”倒是真正的惯性参考系. 它被称为局部惯性系. 在牛顿力学中，一个参考系是否是惯性系，是用牛顿第一定律来判断的，即当质点处在不受任何外力作用的环境中能否保持作匀速直线运动. 但是由于引力无法消除，这种不受任何外力作用的环境实际上并不存在. 因而，我们无法找到一个真正的惯性系，只能找到在实用上方便的近似惯性系. 但在局部惯性系中，引力作用完全被消除，提供了一个不受任何外力作用的环境，在这环境中，不受外力作用的质点相对局部惯性系静止或作匀速直线运动状态，因而局部惯性系更符合惯性系的本来要求.

由于引力场实际上的非均匀性，只有在不大的局部范围内，才可以通过选定某一特定的局部惯性系，使该区域中的引力消除. 在不同的区域中应选择不同的局部惯性系，这就是为什么把这种惯性系称为局部惯性系的原因. 在每一个局部惯性系中，引力都不存在. 但各不同的局部惯性系的相互联系中存在引力的影响，因为各局部惯性系间存在相对加速度，这种相对加速度是引力作用的一种反映.

以上的讨论以及等效原理的提出都以物体的引力质量和惯性质量成正比为基础. 所以，证明引力质量与惯性质量相等的厄特沃什实验，可看作是爱因斯坦提出等效原理的实验基础.

3. 光线在引力场中的弯曲

等效原理得出的一个推论是光线通过引力场时将发生弯曲. 设想一处在无引力场作用的区域中的封闭电梯，这电梯以恒定的加速度 $\boldsymbol{g}$ 相对某一固定的恒星“向上”运动，在电梯上方的侧壁上有一小狭缝，一光束从狭缝透入电梯，如图 10.10-3 所示.

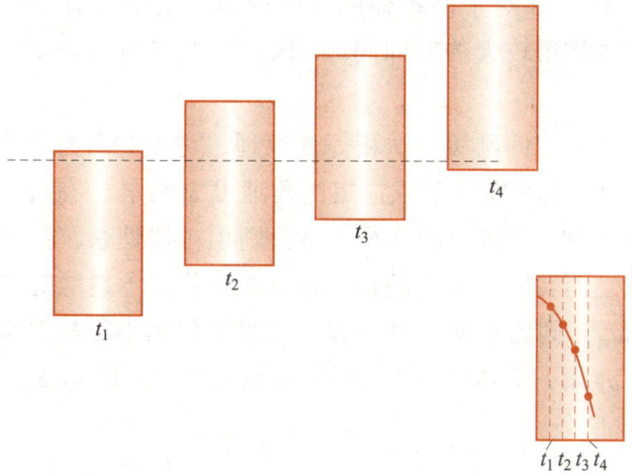

图 10.10-3　在加速参考系中发现光束路径弯曲

图 10.10-3 中给出了四个不同时刻电梯在空间的连续位置. 因为电梯在加速，每一段相等的时间间隔内移动的距离随时间而增加，故电梯内的观测者测得光束相对电梯的路径是一条抛物线. 根据等效原理，我们无法把不受引力场作用的加速电梯与在引力作用下静止或作匀速运动的电梯区分开来. 因此，我们断言，光束在引力场中被加速的方式与质量较大的物体在引力作用下加速的方式相同. 在接近地面的区域中，光束会以加速度 $\boldsymbol{g}$ 向地面一侧偏转. 这一现象与我们所具备的经验很不一致，其原因是因为光速太大，对于3 000 km的距离，光行进只花 0.01 s，在这段时间内，光束向下偏转的距离只有 0.5 mm. 爱因斯坦指出，来自遥远星体的光靠近太阳时，光束在太阳引力作用下的弯曲可以被观测到. 但是，由于太阳光很强，无法看到那些在天空中位于太阳附近的星体. 只有在日全食时，才可能对太阳附近一些星体的表观位置进行短时间的测量. 1919 年日全食时所进行的测量的结果证实了爱因斯坦的预言：引力使光线发生偏折（图 10.10-4）.

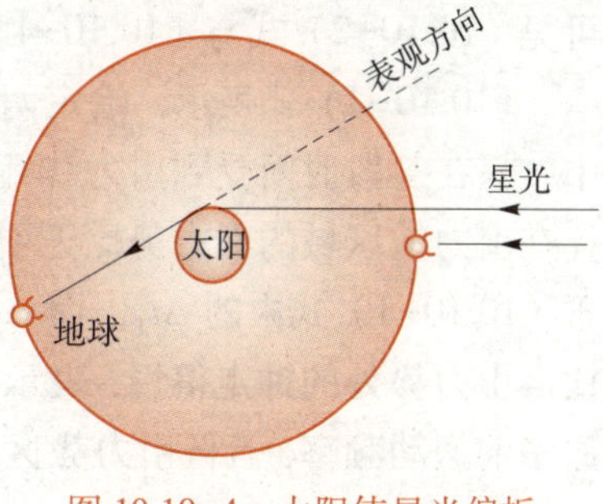

图 10.10-4　太阳使星光偏折
（图中夸大了这种效应）

4. 引力与时间　引力红移

广义相对论的另一个重要预言是在引力场中的时间间隔和光的频率的改变. 位于引力场强的地方的时钟比位于引力场弱的地方的时钟走得慢. 在广义相对论中，常用引力势——单位质量的引力势能来表示引力. 在引力场中，若取无限远处的引力势为零，则引力势为负. 若 Δt_1 为位于引力势为 φ_1 处的钟测得的时间间隔，Δt_2 为位于引力势为 φ_2 处的钟测得的时间间隔，则广义相对论预言：

$$\Delta t_2=\Delta t_1\left(1+\frac{\varphi_2-\varphi_1}{c^2}\right) \tag{10.10-1}$$

当 $\varphi_2>\varphi_1$ 时，$\Delta t_2>\Delta t_1$，即对于两事件的时间间隔，低引力势处的钟测得较小的数值，高引力势处的钟测得较大的时间间隔. 因此，低引力势处也就是引力场强的地方的钟走得慢些.

用狭义相对论中的时间延缓知识和等效原理，可以对引力场中钟的速率变化作出解释. 设有一转台，相对惯性系以恒定的角速度 ω 旋转，在转台中心放置一钟，在转台边缘放置另一钟. 若转台的半径为 R，则相对惯性系，位于转台边缘处的钟以速度 $v=\omega R$ 运动，而转台中心处的钟是静止的. 若位于边缘处的那只钟测得两事件的时间间隔为 Δt_R，则因运动的钟走慢，这时间间隔小于相对惯性系静止的钟所测得的时间间隔，亦即小于转台中心处的钟所测得的时间间隔 Δt_0. 而

$$\begin{aligned}\Delta t_R&=\Delta t_0\sqrt{1-v^2/c^2}\approx\Delta t_0\left(1-\frac{1}{2}\frac{v^2}{c^2}\right)\\&=\Delta t_0\left(1-\frac{1}{2}\frac{\omega^2R^2}{c^2}\right)\end{aligned} \tag{10.10-2}$$

但从转台参考系看，位于转台中心和边缘处的钟都是静止的，但边缘处的钟受到大小为 $F=m\omega^2R$ 的惯性离心力的作用. 根据等效原理，$F=m\omega^2R$ 的惯性力等效于 $F=m\omega^2R$ 的引力，在该引力作用下，转台边缘和中心处的引力势之差为

$$\varphi_R-\varphi_0=\frac{1}{m}\int_R^0F\mathrm{d}r=\int_R^0r\omega^2\mathrm{d}r=-\frac{1}{2}\omega^2R^2$$

可见（10.10 2）式与（10.10 1）式相同.

（10.10-1）式表示：给定两只结构相同的、最初相互静止的同步时钟，如果其中一只在某段时间受到引力作用，两钟不再同步，受引力场作用的那只钟被延迟. 存在引力的区域的引力势比无引力区域的引力势低，因此引力场中的钟的读数对应于（10.10-1）式中的 Δt_1，而 $\Delta t_1<\Delta t_2$. 振动的原子可作为一种钟，低引力势处的钟比高引力势处的钟走得慢. 表示低引力势处原子的振动频率将低于高引力势处同种原子的振动频率. 若低引力势区中原子的振动频率为 ν_1，高引力势处的同种原子的振动频率为 ν_2，则有

$$\nu_2\approx\nu_1\left(1+\frac{\varphi_2-\varphi_1}{c^2}\right)$$

设一光子，位于离地面高度为 h 处测得的频率为 ν，则当该光子落到地面时，测得的频率将变为

$$\nu'\approx\nu\left(1+\frac{gh}{c^2}\right)$$

从离地球无限远处（该处地球的引力势能为零）发射一个频率为 ν 的光子，则在到达地面时（注意到地面处的引力势为 $-G\dfrac{m_\mathrm{e}}{R_\mathrm{e}}$，$m_\mathrm{e}$ 为地球的质量，R_e 为地球的半径），其频率为

$$\nu' \approx \nu\left(1+G\frac{m_e}{R_e c^2}\right)$$

即到达地球时光子的频率增大.

若频率为 ν 的光子从质量为 m_s，半径为 R_s 的星球发出，逃逸到无限远处，则在无限远处测得该光子的频率为

$$\nu' \approx \nu\left(1-G\frac{m_s}{R_s c^2}\right)$$

即其频率变小，移向低频一侧，通常把此效应称为引力红移.

太阳表面的引力势能比地球表面要低（即负得更多），因此，太阳表面原子发射的光频率比地球上同种原子发射的光频率低. 在太阳光中的确观察到了这一效应，但因干扰太大难以测量. 直到 1960 年，才能够在地球上用一种全新的技术对此进行准确的测量，并确切地验证了引力红移效应.

我们曾提及，在激发原子发光时，原来给光子的能量有一部分为反冲原子所消耗. 光子能量的减少意味着其频率降低. 原子的反冲使发射光子频率降低称为反冲红移. 在地球表面的弱引力场中，反冲红移比引力红移大得多. 因而，淹没在反冲红移中的引力红移实际上是测不出的. 1957 年，联邦德国的物理学家穆斯堡尔（R.Mössbauer）发现了完全消除反冲红移的方法. 在一定条件下，低温固态晶体内原子可以被紧密地束缚住，致使它们在发光时不发生反冲，从这种原子的深处，原子可以全频率地发射各种特征光子，不发生任何反冲红移. 美国物理学家庞德（R.Pound）等人认识到“穆斯堡尔效应”最终将可以验证引力红移. 1960 年庞德和他的学生 G.A.雷布卡宣布了他们的实验结果，证实了 1907 年爱因斯坦关于引力红移的预言.

可以从完全不同的角度来说明引力红移. 光子虽无静止质量，但具有惯性质量，能量为 $h\nu$ 的光子的惯性质量为 $h\nu/c^2$. 光子不但有惯性质量，也有引力质量. 一个光子，当它处在离地面高度为 L 时，其频率为 ν，能量为 $h\nu$. 当它落下 L 距离时，减少的势能为 $mgL=h\nu/c^2 gL$，因此光子的能量应增加，频率变为 ν'，于是

$$h\nu' \approx h\nu+\frac{h\nu}{c^2}gh$$

故下落后光子的频率为

$$\nu' = \nu\left(1+\frac{gh}{c^2}\right)$$

频率的变化可以用图 10.10-5 表示.

而光子从恒星表面逃逸到无穷远处，因引力势能增加，光子的能量减少，于是频率也降低，这就是引力红移，可以用图 10.10-6 表示. 对引力红移的这一看法表明了广义相对论与将时空、引力和能量等概念联系在一起的富有魅力的方法之间的内在一致性.

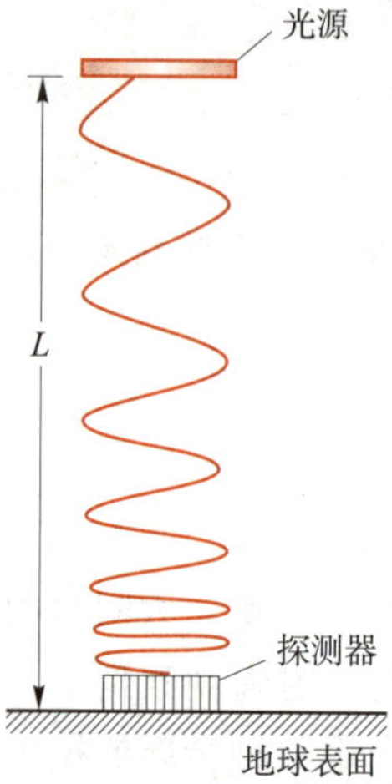

图 10.10-5 引力红移的示意图

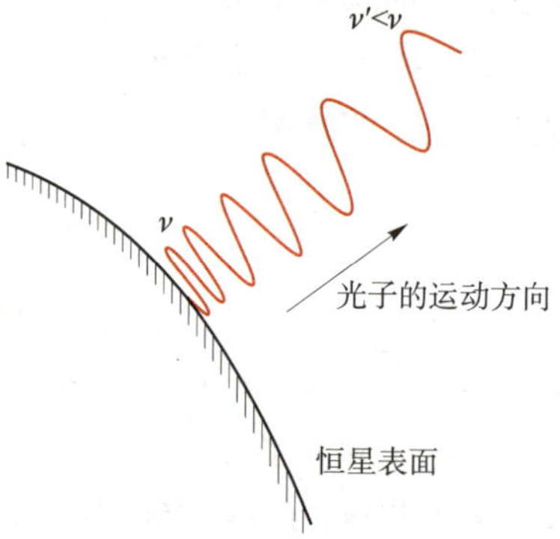

图 10.10-6 一个从恒星表面逃逸到无穷远处的光子获得“势能”，而失去等量的动能

5. 引力与空间 水星的运动

广义相对论预言，引力将影响长度的测量. 物体的长度在强引力场中将收缩. 设一转台，相对惯性系以恒定的角速度 ω 旋转. 从地面参考系看，位于转台中心处的尺，相对地面接近静止，沿转台边缘圆周放置的尺相对地面运动，根据长度收缩效应，位于边缘的尺的长度将收缩. 但从转台参考系看，位于转台中心和边缘的尺都是静止的，它们仅有的差别是位于边缘处的尺受到惯性离心力作用. 根据等效原理，惯性离心力等效于引力，在转台中心处，等效引力场比较弱，在转台边缘处，等效引力场比较强，即在引力场作用下，长度要收缩，引力场越强，长度缩短越多. 距离标度与引力势有关将对行星绕太阳的运动发生影响. 1915 年，当爱因斯坦得到了关于引力和时空性质的完整数学表述形式时，他根据等效原理，对行星运动的修正作出了预言，并指出了对水星运动的影响. 当水星沿椭圆轨道运动时，它将周期性地进入引力势较大和较小的区域，从而经历时空性质的周期性变化，这种变化导致水星的椭圆轨道本身绕太阳缓慢地进动. 尽管水星轨道进动还包含了其他因素的作用，但广义相对论的作用确实存在，而且有关的效应早已发现，只是当爱因斯坦作出此项预言后，才得到解释，并由此使预言得到证实.

转台上的长度测量引出的另一有意义的事件是在加速参考系中，几何学本身必须改变. 我们知道，沿转台半径测量距离时，因长度所沿的方向与相对运动方向垂直而不受转动的影响，但沿着圆周去测量长度时则要受到转动的影响，这表明圆周周长与直径之比值不再是恒量 π，这是广义相对论引进的违反常识的又一奇特结论. 根据等效原理，这就导致引力使空间成为非欧几里得的，引力使欧几里得几何学的一般定律不再成立. 例如，圆的周长与直径不具有相同的比率，直角三角形不满足勾股定律等.

6. 广义相对论的基本原理

等效原理是广义相对论的最重要的基本原理，这一原理的实验基础是引力质量和惯性质量等价性的实验证明，由等效原理引出的许多结论已在上面作了讨论. 爱因斯坦把狭义相对论的关于作匀速运动的参考系之间的相对性原理推广为关于作任意运动的参考系之间的相对性原理，认为物理定律在一切参考系中都具有相同的形式，即它们在任意坐标变换下都具有协变性. 这就是广义协变性原理，或广义相对性原理，它是广义相对论的另一基本原理. 爱因斯坦认为时间和空间的几何不能先验地给定，而应当由物质及其运动所决定. 这个思想直接导致用黎曼几何来描写存在引力场的时间和空间，并成为写下引力场方程的依据. 爱因斯坦场方程建立了时空几何同物质分布的必然联系，认为引力是一种几何效应，引力的存在，使时空弯曲，因此广义相对论研究的时空是弯曲的时空.

爱因斯坦关于时空、物质、运动之间联系的认识，来自马赫的观点，马赫认为，惯性起源于物体相对于遥远星系的加速运动，是遥远星系对加速物体产生的一种引力效应. 爱因斯坦把马赫的这一观点称为马赫原理，并认为广义相对论与马赫原理是一致的，这充分表明马赫的观点对爱因斯坦的影响. 但事实上，广义相对论与马赫原理并不一致，马赫的观点并未得到实验验证.

近几十年来，广义相对论得到了新的验证和发展，特别是 20 世纪 60 年代以来，在天文学方面得到了广泛的应用. 引力红移、雷达回波等实验进一步证实了这一理论的预言. 脉冲星和微波背景辐射的发现，证实了以广义相对论为基础的中子星理论和大爆炸宇宙论的预言. 近年来，对于脉冲双星的观测也提供了有关引力波存在的证据. 20 世纪 60 年代以来，奇性理论和黑洞理论的研究取得很大进展. 关于正能定理的猜测得到了证明，有关引力的量子理论以及把引力同其他相互作用统一起来的研究也极为活跃. 所有这些，不仅丰富了我们对广义相对论理论基础的认识，同时也揭露了广义相对论本身所不能解决的一些重大疑难问题，为进一步探索引力相互作用，以及时间、空间和宇宙的奥秘提出了新课题.

小　结

本章介绍相对论的基本原理. 如本章开始所指出的，狭义相对论的核心是对时间和空间观念的深刻审视. 爱因斯坦在对经典时空观进行缜密审查和对诸如迈克耳孙-莫雷等实验进行深入思考的基础上，提出光速不变原理和相对性原理这两条基本假设，由此导出同时性不是绝对的，而与参考系有关这一与日常经验相悖的观念，继而得出时间延缓和长度收缩这两个重要结论. 在此基础上自然得出洛伦兹变换，并赋予该变换（原由洛伦兹为在以太框架下解释迈克耳孙-莫雷实验和使麦克斯韦方程在形式上满足协变性而提出）以全新的意义. 按相对论的洛伦兹变换，时间和空间不再是相互独立的，而是相互关联、相互依存的. 本章接着在洛伦兹变换基础上讨论了因果性、速度和加速度变换、相对论多普勒效应和孪生子佯谬等典型的相对论运动学问题. 在相对论运动学基础上，简单讨论了动量、能量、质量和力等相对论动力学问题，导出与牛顿力学形式完全不同的动力学关系（但守恒定律仍然有效），并得出被称为 20 世纪最重要的方程——质能关系. 最后，简要地介绍了广义相对论的基本思想和重要结论及其实验验证，揭示了时间、空间与物质及其运动的紧密联系.

思考题

10.1　迈克耳孙实验能否作为光速不变原理的证明？为什么？能否把这实验作为狭义相对论的实验基础？

10.2　在图 10.3-1 中，若光的接收器位于 x 轴上的 P 点，则根据光速不变原理，两个参考系中的观测者对光信号传到接收器的迟早有何见解？若认为光速服从伽利略的速度合成公式，则有何见解？

10.3　在图 10.3-3 所示的假想实验中，相对地面来说，因 B' 与 B 重合，A' 与 A 重合，两事件同时发生，故由 $A'A$，$B'B$ 发出的光信号同时到达 M 点. 但相对车厢，这两事件并非同时发生，故由 $A'A$ 和 $B'B$ 发出的光信号不同时传到 M 点，你认为这种看法对吗？

10.4　在图 10.3-8 中，若 B' 经过 B 时，轨道上的 B 钟指示读数为零，车厢中的 B' 钟读数也是零，则图 10.3-8 应如何修正？

10.5　在图 10.3-9 和图 10.3-10 中，若 B 经过 B' 时，B 钟和 B' 钟的读数相同，都指示零读数，则这两幅图应如何修正？

10.6　相对某一参考系，发生在同一地点的 AB 两事件的次序是 A 先于 B，对所有其他参考系，事件 A 是否总是先于事件 B？相对其他参考系，这两事件是否发生在同一地点？

10.7　如果光速服从伽利略的速度变换公式，由图 10.4-4 求出 Δt 和 $\Delta t'$ 的关系.

10.8　相对论中，刚体与不可压缩流体这两个概念是否有效？为什么？

10.9　在图 10.4-10 中，假定车厢参考系中有一系列与 K 钟校正同步的钟，当 K 钟经过 A 点时，(a) 车厢参考系中经过 B 点的那只钟的读数为多少？(b) 在图 b 中，经过 A 点的车厢参考系中的钟的读数为多少？

10.10　在图 10.4-11 中，假定车厢中有一系列与 K 钟同步的钟. 当 A 先经过 K 钟时，经过 B 点的车厢参考系中的那只钟的读数是多少？B 点经过 K 钟时，正好经过 A 点的车厢参考系中的那只钟的读数是多少？

10.11　在 § 10.4 的例 4 中，我们曾求得四个不同时刻的时间间隔，50 min、30 min、18 min，它们三者有何区别和联系？

10.12　何谓本征长度和本征时间间隔？有人说，本征长度就是物体的真实长度，你同意这种说法吗？

10.13　试用洛伦兹变换导出 (10.4-6) 式.

10.14　有一间仓库，长为 3.5 m，相对的两壁各有一门. 若把一长为 4 m 的铁杆放进仓库，则杆的一端将露在仓库的门外，因而两门不可能同时关闭，如思考题10.14 图所示. 某甲学习过相对论，他声称有一种方法，不必把杆割断，弯曲或偏斜，能在极短的时间内，把杆放进仓库并同时关上仓库的两门（当杆端碰击门时，门会自动打开）你认为甲能否实现他的想法？若可能的话，将怎样实现？若

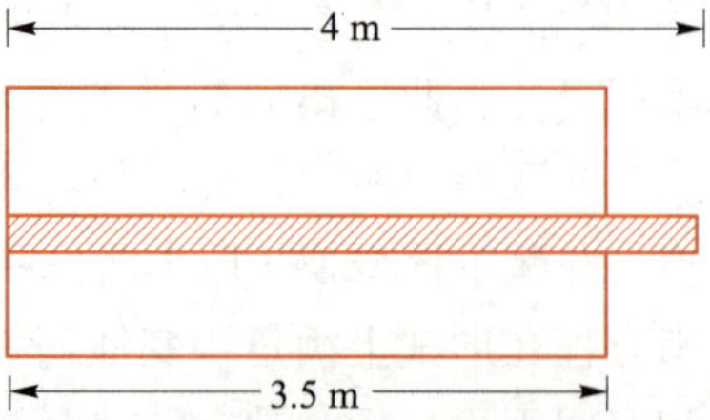

思考题 10.14 图

有一观测者某乙永远相对杆静止，他对某甲设计的方案有何看法？

10.15　在 S 系中，沿 x 轴停放着两艘相同的飞船，飞船长 100 m，相距 200 m，如思考题 10.15 图所示．现设想两飞船同时点燃火箭的发动机，并在极短的时间内加速到 $v=\frac{4}{5}c$．(1) 试从 S 系的观点，画出加速后两飞船的图像．怎样解释所画出的图像？(2) 若参考系 S′相对 S 系以 $v=\frac{4}{5}c$ 的速度沿 x 方向运动，试从 S′系的观点画出加速前两飞船的图像，即两飞船的初始状态．(3) 试从 S′观点画出两飞船加速后的图像并作出说明．

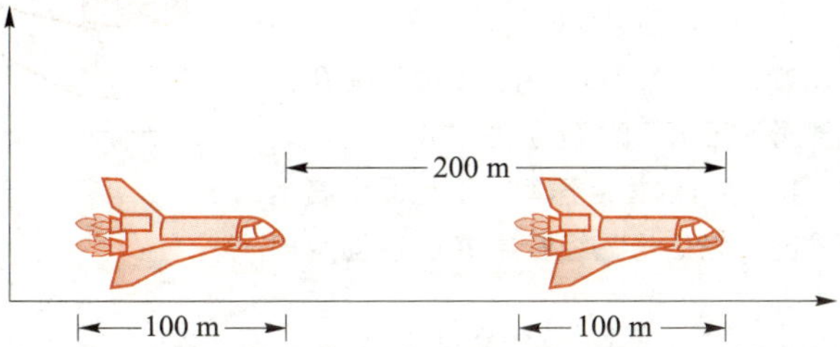

思考题 10.15 图

10.16　一水平放置的栅栏由相距为 15 cm 的金属丝组成．一静止长度为 15 cm 的钢尺以 $v=\frac{4}{5}c$ 的速度在栅栏上滑过，尺与金属丝垂直，如思考题 10.16 图所示．(1) 从栅栏静止的参考系看，钢尺的长度是多少？(2) 尺在通过栅栏时，因受竖直方向的扰动能否落入栅栏？(3) 从相对钢尺静止的参考系看，栅栏金属丝之间的距离为多少？(4) 钢尺能否落入栅栏？(5) 若能的话，怎样描述落入过程？(6) 刚体的概念在相对论中是否仍有意义？

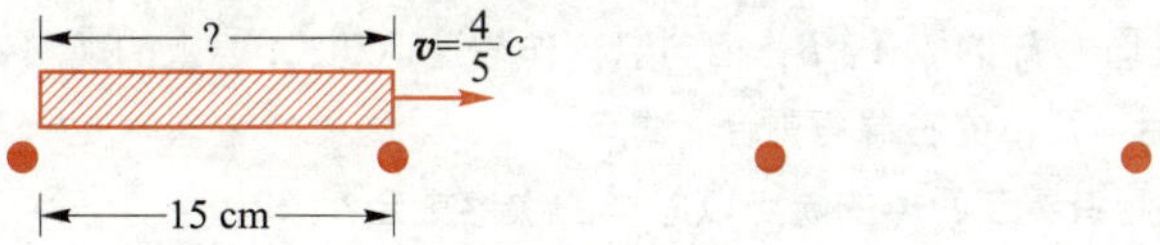

思考题 10.16 图

10.17　相对论的多普勒效应与声波的多普勒效应有何不同？

10.18　能量是不变量吗？能量守恒定律是不变的定律吗？

10.19　一质点的动量矢量与其速度矢量平行吗？一质点的动量的变化与其速度的变化平行吗？试分别从经典和相对论两种情况讨论之．

习　题

10-1　一飞船以 $v=0.6c$ 的速率沿平行于地面的轨道飞行．飞船上沿运动方向放置一根杆子，在地面上的人测得此杆子的长度为 l，求此杆子的本征长度 l_0．

10-2　在一惯性系的同一地点，先后发生两个事件，其时间间隔为 0.2 s，而在另一惯性系中测得此两事件的时间间隔为 0.3 s，求两惯性系之间的相对运动速率．

10-3　一飞船经地球飞往某空间站，该空间站相对地球静止，与地球之间的距离为 9.0×10^9 m．地球上的钟和空间站上的钟是校正同步的．当飞船飞经地球时，宇航员将飞船上的钟拨到与地球上的钟相同的示数．当飞船飞经空间站时，宇航员发现飞船上的钟比空间站上的钟慢了 3 s．求飞船的飞行速率．

10-4　S′系相对 S 系以速度 $0.8c$ 沿 x 轴运动．S 系和 S′系的原点在 $t=t'=0$ 时重合．一事件在 S′系中发生在 $x'=300$ m$(y'=z'=0)$，$t'=2\times10^{-7}$ s．求该事件在 S 系中发生的空间位置 x 和时间 t．

10-5　S′系相对 S 系以恒速沿 x 轴运动．在 S 系中两事件发生在同一时刻，并沿 x 轴相距 2×10^{4} m．而在 S′系中，测得两事件的空间间隔为 3×10^{4} m，试问在 S′系中测得的两事件的时间间隔是多少？

10-6　一静长为 l_0 的飞船以恒速 v 相对地面飞行．飞船的头部 A' 在 $t=t'=0$ 时通过地面上的 A 点，如题 10-6 图所示．此时有一光信号从 A' 发向 B'．

(1) 按飞船的时间 (t')，该信号何时到达船尾 B'？

(2) 按地面上的测量，该信号何时 (t_1) 到达船尾 B'？

(3) 按地面上的测量，船尾何时 (t_2) 通过 A 点？

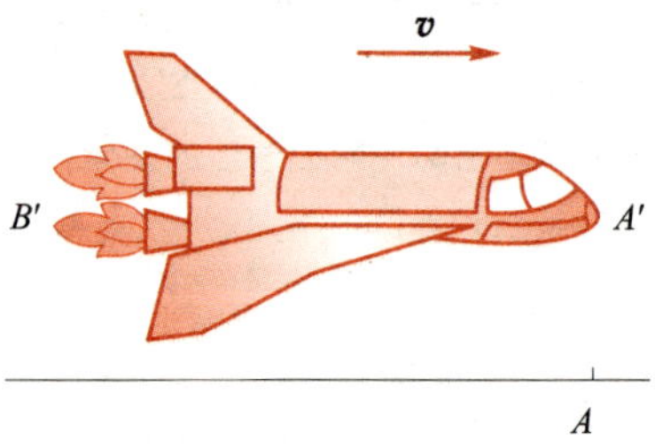

题 10-6 图

10-7　静长为 L 的车厢，以恒定速率 v 沿地面向右运动．自车厢的左端 A 发出一光信号，经右端 B 的镜面反射后回至 A 端．

(1) 在车厢里的人看来，光信号经多少时间 $\Delta t_1'$ 到达 B 端？从 A 发出经 B 反射后回至 A，共需多少时间 $\Delta t'$？

(2) 在地面上的人看来，光信号经多少时间 Δt_1 到达 B 端？从 A 发出经 B 反射后回至 A，共需多少时间 Δt？

10-8　一艘静长为 90 m 的飞船以速度 $v=0.8c$ 飞行．当飞船的尾部经过地面上某信号站时，该信号站发出一光信号．

(1) 当光信号到达飞船头部时，飞船头部离地面信号站的距离为多远？

(2) 按地面上的时间，信号从信号站发出共需多少时间 Δt 才到达飞船头部？

10-9　两根静长均为 l_0 的棒 A、B，相向沿棒作匀速运动．A 棒上的观测者发现两棒的左端先重合，相隔时间 Δt 后，两棒的右端再重合．试问：

(1) B 棒上的观测者看到两棒的端点以怎样的次序重合？

(2) 两棒的相对速度是多大？

(3) 对于看到两棒以大小相等、而方向相反的速度运动的观测者来说，两棒端点以怎样的次序重合？

10-10　两根相互平行的米尺，各以 $v=\dfrac{3}{5}c$ 的速率相向运动，运动方向平行于尺子．求任一尺子上的观察者测量另一尺子的长度．

10-11　Farley 等人在 1968 年对 μ^- 介子所作的实验测得 μ^- 介子的速度 $v=0.996\,6c$，其平均寿命 $\tau=26.15\times10^{-6}$ s．已知 μ^- 介子在其静止的参考系中的平均寿命为 $\tau_0=2.2\times10^{-6}$ s．试问此实验在多大精度上与相对论的预言相符？

10-12　π 介子的本征寿命为 2.5×10^{-8} s．在实验室里测得一 π 介子在它一生中行进的距离为 375 m．求此 π 介子相对实验室的运动速度．

10-13　一艘飞船以 $v=0.8c$ 的速度飞经地球，飞船和地球上的观察者一致同意这事件发生在中午 12：00．

(1) 按照飞船上的时钟读数，该飞船于 12：30 飞经一个行星际宇航站，该站相对地球固定，其时钟指示地球时间．试问这一事件在该站什么时间发生？

(2) 在地球坐标上该站离地球多远？

(3) 在飞船时间 12：30（即飞船飞经该宇航站时），飞船用无线电向地球发回报告．试问按地球时间，地球何时收到信号？

（4）如果地面站立即回答，试问按飞船时间，飞船何时接到回答？

10-14　一道闪光从 O 点发出，在 P 点被吸收．在 S 系中，OP 具有长度 l 且与 x 轴成 θ 角，如题 10-14 图所示．在相对于 S 系以恒速 v 沿 x 轴运动的 S′系中：

（1）从光的发出到吸收相隔多长时间 $\Delta t'$？

（2）光的发出点 O 到吸收点 P 的空间间隔 l'是多大？

10-15　在 S′系中，一光束在与 x'轴成 θ_0 角的方向射出．求在 S 系中光束与 x 轴所成的角 θ．S′系以速度 v 沿 x 轴相对 S 系运动．

10-16　一航天飞机沿 x 方向飞行，接收到一颗恒星发出的光信号．在恒星静止的参考系中，飞机的飞行速度为 v，恒星发出光信号的方向与飞机的轴成 θ 角，如题 10-16 图所示．

（1）在飞机静止的参考系中此角 θ'为多大？

（2）若飞机的前端有一半球形的观察室，飞船上的人能看到所有 $\theta'<\frac{\pi}{2}$的恒星．试证明：若 $v\to c$，则飞机上的人几乎能看到所有的恒星．

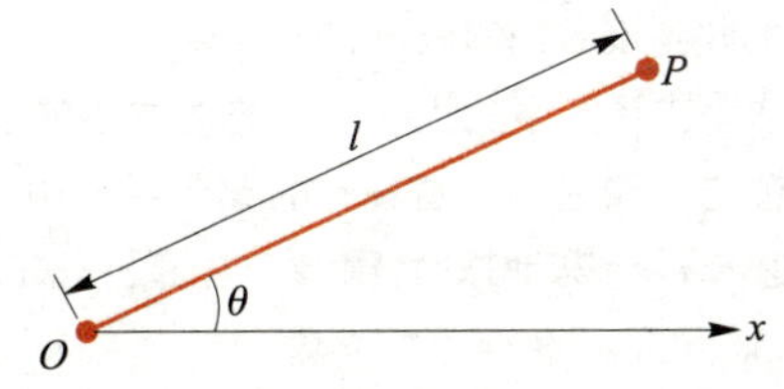

题 10-14 图

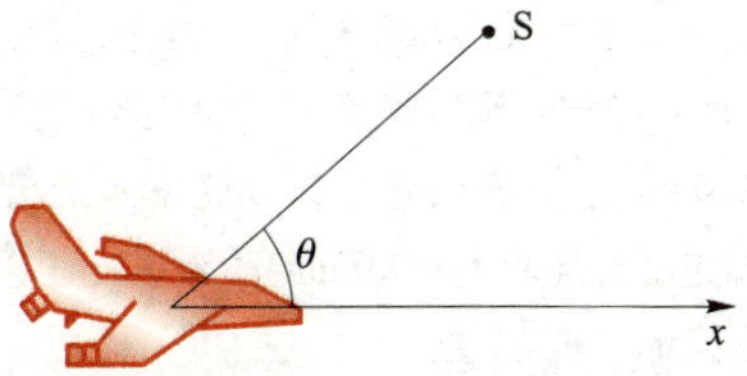

题 10-16 图

10-17　在实验室里测得一根沿 x 方向运动的棒与 x 轴的夹角 $\theta_1=45°$．在相对实验室参考系以 $v=0.6c$ 的速度沿 x 方向运动的另一参考系 S′中，测得此夹角$\theta'=35°$．

（1）求棒相对实验室参考系的运动速度；

（2）棒相对 S′系的运动速度为多大？

（3）在棒静止的参考系 S″中，棒与 x''轴的夹角 θ''为多大？

10-18　三艘飞船 A、B、C 沿同一直线飞行．B 船上的观察者发现，A、C 两船以 $v=0.7c$的相同速率远离 B 船．

（1）求 A 船上的观察者观测到的 B、C 两船的速率．

（2）若 B 船相对地面的飞行速率为 $v_B=0.9c$，求 A、C 两船相对地面的飞行速率．

10-19　光在介质中的传播速率 $c_n=\frac{c}{n}$，这里 n 是介质的折射率．设光在流动的水中传播，水的流速为 v，折射率为 n_0，在水静止的参考系中，光沿水流方向的传播速度为 $c_n'=\frac{c}{n_0}$．求在实验室参考系中测得的该光速 c_n．

10-20　如题 10-20 图所示，一块厚玻璃以速率 v 向右运动．在 A 点有一闪光灯，它发出的光通过玻璃后到达 B 点．A、B 之间的距离为 L，玻璃在其静止的坐标系中的厚度为 D，玻璃的折射率为 n．问光由 A 点传播到 B 点需多少时间？

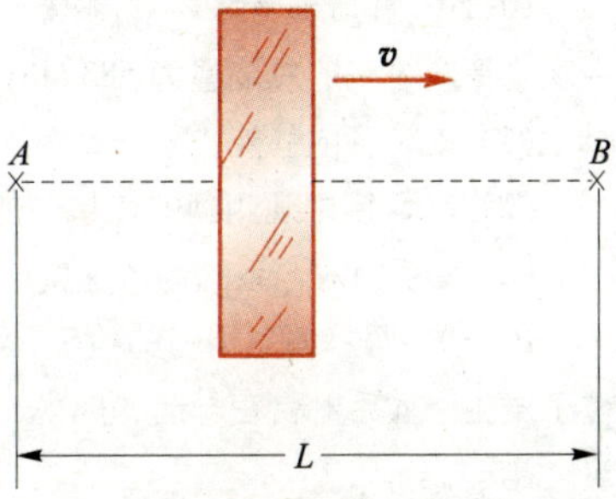

题 10-20 图

10-21　一宇航员乘坐宇宙飞船去星际航行．如果他从静止开始离开地球，在他的瞬时静止参考系（即与某一瞬时该飞船相对地球运动速度相同的惯性系．不同的时刻对应不同的惯性系）中持续以 $g=9.8\ \mathrm{m/s^2}$ 的加速度作加速运动.

（1）在地球时间 t 时，他已经飞过了多长的距离？

（2）在他的速率达到 $\frac{1}{2}c$ 时之前，他已经飞行了多长时间？

10-22 氢原子发出的一条光谱线 H_8 的波长 $\lambda=0.410\ 1\times10^{-6}\ \mathrm{m}$. 在极隧射线管中，氢原子的速率可达 $v=5\times10^5\ \mathrm{m/s}$. 当氢原子以此速率向着观察者飞行时，此谱线的波长将增大还是减小？波长将改变多少？已知光速 $c=3\times10^8\ \mathrm{m/s}$.

10-23 对遥远星系发来的光所作的光谱分析表明，光的谱线非常明显地移向可见光谱的红端，这可解释为作为光源的这些星系正向远离地球的方向退行而引起的多普勒效应，故称退行红移.

比如钾光谱中有一对容易辨认的吸收线（K 线与 H 线），其谱线的波长在 395.0 nm 附近. 而来自牧夫星座一个星云的光中，我们在波长为 447.0 nm 处发现了这两条谱线. 试求该星云的退行速度.

10-24 地面上的人观测到两艘飞船以相同的速率 $v=0.5c$ 沿同一直线相向飞行. 若其中一艘飞船发出一束波长 $\lambda_0=632.8\ \mathrm{nm}$ 的激光，求另一艘飞船收到该激光的波长.

10-25 当一光源以速率 v_1 向地球靠近时，在地球静止系 S 中的人 A 看到光源发出的是绿光（$\lambda_1=500.0\ \mathrm{nm}$），而在相对地球以速率 v_2 运动（与光源的运动沿同一直线）的参考系 S′中的人 B 看到的却是红光（$\lambda_2=600.0\ \mathrm{nm}$）. 当该光源以相同的速率 v_1 远离地球时，A 看到的是红光（λ_2）.

（1）求 v_1、v_2 的值；

（2）当光源以 v_1 远离地球时，B 看到光的波长为多大？

10-26 半人马座 α 星与地球相距 4.3 l.y.，两个孪生兄弟中的一个 A 乘坐速度为 $0.8c$ 的宇宙飞船去该星旅行. 他在往程和返程途中每隔 0.01 a 的时间（飞船静止参考系的时间）发出一个无线电信号. 另一个留在地球上的孪生兄弟 B 也在相应过程中每隔 0.01 a 的时间（地球静止参考系的时间）发出一个无线电信号.

（1）在 A 到达该星以前，B 收到多少个 A 发出的信号？

（2）在 A 到达该星以前，A 收到多少个 B 发出的信号？

（3）A 和 B 各自共收到多少个从对方发出的信号？

（4）当 A 返回地球时，A 比 B 年轻了几岁？试证明两孪生兄弟都同意此观点.

10-27 一粒子的动能等于静能的一半，试求其运动速度.

10-28 一沿 x 轴正方向运动的光子具有 100 MeV 的能量，另一沿 y 轴正方向运动的光子具有 300 MeV 的能量. 若有一粒子的总能量和动量与此两光子的总能量和总动量相同. 试求：

（1）该粒子的静质量 m_0；

（2）该粒子的运动速度 v.

10-29 在 S 参考系中观测得一粒子的总能量为 500 MeV，动量为 400 MeV/c. 而在 S′参考系中观测得该粒子的总能量为 583 MeV. 试求：

（1）该粒子的静能；

（2）在 S′系中观测到的该粒子的动量；

（3）S′系相对 S 系的运动速度.

10-30 两静质量相同的粒子，一个处于静止状态，另一个的总能量为其静能的 4 倍. 当此两粒子发生碰撞后粘合在一起，成为一复合粒子. 求此复合粒子的静质量与碰撞前单个粒子的静质量之比.

10-31 一个以 $0.8c$ 的速率沿 x 方向运动的粒子衰变成两个静质量均为 m_0 的粒子，其中一个

粒子以 0.6c 的速率沿$-y$ 方向运动．设衰变前粒子的静质量为 m_0'．试求

（1）另一个粒子的运动速率和方向（用题 10-31 图中的 θ 表示）；

（2）m_0/m_0'的值．

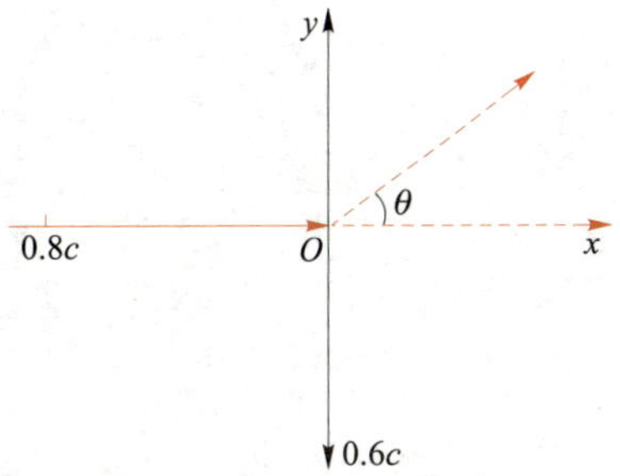

题 10-31 图

10-32　设有一宇宙飞船完全通过发射光子而获得加速．当该宇宙飞船从静止开始加速至 $v=0.6c$ 时，其静质量为初始值的几分之几？

10-33　静止的电子偶（即一个电子和一个正电子）湮灭时产生两个光子，如果其中一个光子再与另一个静止电子碰撞．求它能给予该电子的最大速度．

10-34　动能为 6×10^3 MeV 的质子与静止质子碰撞时，能形成质子-反质子对．若用动能相同的两质子对撞来实现此反应，试求动能的最小值．已知质子的静能为 938 MeV．

10-35　设有一处于激发态的原子以速率 v 运动．当其发射一能量为 E' 的光子后衰变至其基态，并使原子处于静止状态，此时原子的静质量为 m_0．若激发态比基态能量高 E_0，试证明：

$$E'=E_0\left(1+\frac{E_0}{2m_0c^2}\right)$$

10-36　太空火箭（包括燃料）的初始质量为 m_0'，从静止起飞，向后喷出的气体相对火箭的速度 u 为常量．当火箭相对地球速度为 v 时，其静质量为 m_0，试求 m_0/m_0'的值与速度 v 之间的关系．设此过程中忽略其他天体的引力影响．

10-37　光子火箭从地球起飞时初始静质量（包括燃料）为 m_0'，向相距为 $R=1.8\times10^6$ l.y.的仙女座星云飞行．要求火箭在火箭时间 25 a 后到达目的地．设不计其他星球的引力影响．

（1）忽略火箭加速和减速所需的时间，求火箭所需的速度；

（2）设到达目的地时火箭的静质量为 m_0，求 m_0'/m_0 的最小值．

10-38　一个 α 粒子以速率 $v_1=\frac{4}{5}c$ 进入厚度 $d=0.35$ m 的水泥防护墙，当此粒子从墙的另一面出来时，速率减小为 $v_2=\frac{5}{13}c$．已知 α 粒子的静质量 $m_0=\frac{2}{3}\times10^{-26}$ kg．设墙对粒子的作用力是常量．

（1）在墙静止的参考系 S 中作用力 F_0 的值为多大？

（2）在以速率 v_1 沿粒子运动方向相对墙运动的参考系 S′中作用力 F_0'的值为多大？

（3）在 S 与 S′系中粒子穿过墙各需多长时间？

附录A

常用矢量公式

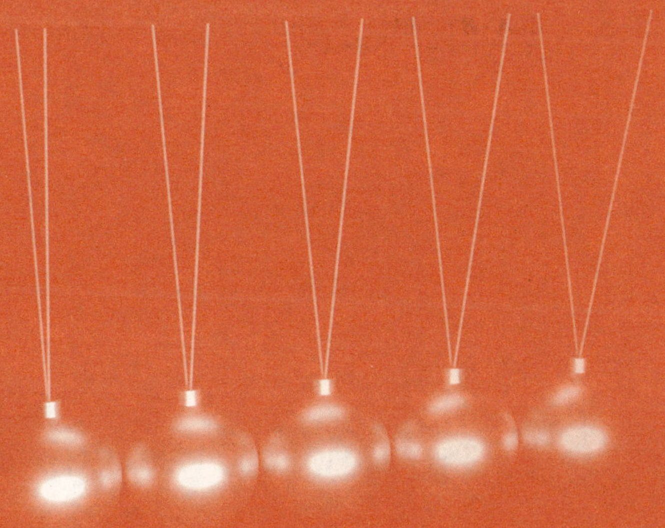

矢量代数

一般公式

$$\boldsymbol{A}+\boldsymbol{B}=\boldsymbol{B}+\boldsymbol{A}$$

$$\boldsymbol{A}-\boldsymbol{B}=\boldsymbol{A}+(-\boldsymbol{B}),\ \boldsymbol{A}\cdot\boldsymbol{B}=\boldsymbol{B}\cdot\boldsymbol{A}=AB\cos(\boldsymbol{A},\ \boldsymbol{B})$$

$$\boldsymbol{A}\times\boldsymbol{B}=-\boldsymbol{B}\times\boldsymbol{A},\ |\boldsymbol{A}\times\boldsymbol{B}|=AB\sin(\boldsymbol{A},\ \boldsymbol{B})$$

$$\boldsymbol{A}\cdot(\boldsymbol{B}\times\boldsymbol{C})=\boldsymbol{B}\cdot(\boldsymbol{C}\times\boldsymbol{A})=\boldsymbol{C}\cdot(\boldsymbol{A}\times\boldsymbol{B})$$

$$\boldsymbol{A}\times(\boldsymbol{B}\times\boldsymbol{C})=(\boldsymbol{A}\cdot\boldsymbol{C})\boldsymbol{B}-(\boldsymbol{A}\cdot\boldsymbol{B})\boldsymbol{C}$$

分量表示

$$\boldsymbol{A}+\boldsymbol{B}=(A_x+B_x)\boldsymbol{i}+(A_y+B_y)\boldsymbol{j}+(A_z+B_z)\boldsymbol{k}$$

$$\boldsymbol{A}\cdot\boldsymbol{B}=A_xB_x+A_yB_y+A_zB_z$$

$$\boldsymbol{A}\times\boldsymbol{B}=\begin{vmatrix}\boldsymbol{i} & \boldsymbol{j} & \boldsymbol{k}\\ A_x & A_y & A_z\\ B_x & B_y & B_z\end{vmatrix}$$

$$\boldsymbol{A}\cdot(\boldsymbol{B}\times\boldsymbol{C})=\begin{vmatrix}A_x & A_y & A_z\\ B_x & B_y & B_z\\ C_x & C_y & C_z\end{vmatrix}$$

矢量的时间导数

$$\frac{\mathrm{d}(\boldsymbol{A}+\boldsymbol{B})}{\mathrm{d}t}=\frac{\mathrm{d}\boldsymbol{A}}{\mathrm{d}t}+\frac{\mathrm{d}\boldsymbol{B}}{\mathrm{d}t}$$

$$\frac{\mathrm{d}(\alpha\boldsymbol{A})}{\mathrm{d}t}=\frac{\mathrm{d}\alpha}{\mathrm{d}t}\boldsymbol{A}+\alpha\frac{\mathrm{d}\boldsymbol{A}}{\mathrm{d}t}$$

$$\frac{\mathrm{d}(\boldsymbol{A}\cdot\boldsymbol{B})}{\mathrm{d}t}=\frac{\mathrm{d}\boldsymbol{A}}{\mathrm{d}t}\cdot\boldsymbol{B}+\boldsymbol{A}\cdot\frac{\mathrm{d}\boldsymbol{B}}{\mathrm{d}t}$$

$$\frac{\mathrm{d}(\boldsymbol{A}\times\boldsymbol{B})}{\mathrm{d}t}=\frac{\mathrm{d}\boldsymbol{A}}{\mathrm{d}t}\times\boldsymbol{B}+\boldsymbol{A}\times\frac{\mathrm{d}\boldsymbol{B}}{\mathrm{d}t}$$

附录B

常用数据

常用天文数据

地球表面重力加速度，g（赤道）	9.780 m/s^2
g（两极）	9.832 m/s^2
地球质量	5.976×10^{24} kg
地球平均密度	5.52×10^3 kg/m^3
地球赤道半径	6 378.14 km
日地平均距离	$1.495\ 98\times10^8$ km
地球公转平均速度	29.79 km/s
地球自转周期	23 h56 min4 s
太阳质量	$1.989\ 1\times10^{30}$ kg
太阳平均密度	1.409×10^3 kg/m^3
太阳半径	6.96×10^5 km
太阳中心温度	1.5×10^7 K
日地质量比，m_s/m_e	332 946.0
月地质量比，m_m/m_e	0.012 300 02
月地平均距离	(384 401±1) km
月球半径	1 738 km
月球表面重力加速度，$g_月$	1.62 m/s^2

（以上摘自《中国大百科全书·天文学卷》，1980 年 12 月版）

常用物理常量表

物理量	符号	数值	单位	相对标准不确定度
光速	c	299 792 458	m·s^{-1}	精确
引力常量	G	$6.674\ 30(15)\times10^{-11}$	m^3·kg^{-1}·s^{-2}	2.2×10^{-5}
普朗克常量	h	$6.626\ 070\ 15\times10^{-34}$	J·s	精确
元电荷	e	$1.602\ 176\ 634\times10^{-19}$	C	精确
电子质量	m_e	$9.109\ 383\ 713\ 9(28)\times10^{-31}$	kg	3.1×10^{-10}
质子质量	m_p	$1.672\ 621\ 925\ 95(52)\times10^{-27}$	kg	3.1×10^{-10}
中子质量	m_n	$1.674\ 927\ 500\ 56(85)\times10^{-27}$	kg	5.1×10^{-10}
电子比荷	$-e/m_e$	$-1.758\ 820\ 008\ 38(55)\times10^{11}$	C·kg^{-1}	3.1×10^{-10}
阿伏伽德罗常量	N_A	$6.022\ 140\ 76\times10^{23}$	mol^{-1}	精确
玻耳兹曼常量	k	$1.380\ 649\times10^{-23}$	J·K^{-1}	精确

注：表中的数据为国际科学理事会国际数据委员会（CODATA）2022 年的国际推荐值。

参考文献